21 世纪高等教育给排水科学与工程系列教材

给水排水工程结构

第 2 版

主　编　张　飘
副主编　王　萱　冯海英
参　编　李东方
主　审　时旭东

机 械 工 业 出 版 社

本书是依据 GB 50010—2010《混凝土结构设计规范》、GB 50003—2011《砌体结构设计规范》、GB 50069—2002《给水排水工程构筑物结构设计规范》及 CECS 138:2002《给水排水工程钢筋混凝土水池结构设计规程》等编写而成的。

全书共十一章,第一章至第八章介绍的是钢筋混凝土结构和砌体结构的基本构件理论计算方法,系统地介绍了钢筋混凝土材料和砌体材料的力学性能、概率极限状态设计法以及受弯、受压和受拉构件及结构基础的承载力计算;第九章至第十一章介绍的是给水排水工程结构基本构筑物的理论计算和设计方法,以及中小型地面泵房结构设计的基本理论及设计方法。

本书贯彻少而精的原则,在内容上由浅入深,循序渐进,重点突出,强调实际工程的应用。

本书适合普通高等院校给排水科学与工程专业师生及从事水工结构的工程技术人员使用。

本书配有电子课件,免费提供给选用本书作为教材的授课教师,请需要者登录机械工业出版社教育服务网(www.cmpedu.com)注册下载,或根据书末的"信息反馈表"索取。

图书在版编目(CIP)数据

给水排水工程结构/张飘主编. —2 版. —北京:机械工业出版社,2013.11(2023.7 重印)

21 世纪高等教育给排水科学与工程系列教材

ISBN 978-7-111-44701-6

Ⅰ.①给… Ⅱ.①张… Ⅲ.①给水工程—工程结构—高等学校—教材②排水工程—工程结构—高等学校—教材 Ⅳ.①TU991

中国版本图书馆 CIP 数据核字(2013)第 264878 号

机械工业出版社(北京市百万庄大街 22 号 邮政编码 100037)
策划编辑:刘 涛 责任编辑:刘 涛 臧程程
版式设计:霍永明 责任校对:樊钟英
封面设计:陈 沛 责任印制:常天培
北京机工印刷厂有限公司印刷
2023 年 7 月第 2 版第 9 次印刷
184mm×260mm・27.5 印张・680 千字
标准书号:ISBN 978-7-111-44701-6
定价:58.00 元

电话服务 网络服务
客服电话:010-88361066 机 工 官 网:www.cmpbook.com
　　　　　010-88379833 机 工 官 博:weibo.com/cmp1952
　　　　　010-68326294 金 书 网:www.golden-book.com
封底无防伪标均为盗版 机工教育服务网:www.cmpedu.com

第2版前言

本书的内容安排参考了 2004 年由中国建筑工业出版社出版的《全国高等学校土建类专业本科教育培养目标和培养方案及主干课程教学基本要求——给水排水工程专业》中"给水排水工程结构"课程的基本要求，及由高等学校给排水科学与工程专业指导委员会编制的《高等学校给排水科学与工程本科指导性专业规范》（中国建筑工业出版社，2012 年）中专业知识体系内的核心知识领域推荐课程"土建工程基础"的核心内容的要求。由于目前各高等院校对这一课程的讲授学时不统一，大体上在 48～64 学时，因此在编写本书时，考虑了适应各学时安排的内容选择问题。书中标有"＊"号的章节可作为不在课堂讲授的参考内容，其他章节也可根据具体情况在讲授时作适当删减。

本书绪论、第二章、第十章以及第六章的部分内容由河北建筑工程学院张飘编写；第一章、第八章、第十一章及第六章的部分内容由山东农业大学王萱编写；第七章、第九章由河北工程大学冯海英编写；第三章、第四章及第五章由内蒙古农业大学李东方编写。全书由张飘主编并统稿，清华大学土木水利学院时旭东教授主审。时旭东教授认真审核了全书，并提出了宝贵的修改意见，在此对时教授表示衷心的感谢。

本书在编写过程中，参考了大量文献资料，引用了其中的部分内容，在此，谨向这些文献的作者表示感谢。

由于编者水平有限，书中不妥之处在所难免，敬请读者批评指正。

编　者

第1版前言

本教材的内容安排参考了1983年全国高等院校给水排水专业教学大纲会议制定的四年制本科用"给水排水工程结构"课程教学大纲，及2003年出台的由高等学校土建学科教学委员会给水排水工程专业指导委员会编制的《全国高等学校土建类专业本科教育培养目标和培养方案及主干课程教学基本要求》中"给水排水工程结构"课程的基本要求，由于目前各高等院校对这一课程的讲授学时不统一，大体上在48～64学时，因此在编写本教材时，考虑了适应各学时安排的内容选择问题。书中标有"＊"号的章节可作为不在课堂讲授的参考内容，其他章节也可根据具体情况在讲授时作适当删减。

本书绪论、第二章、第十章及第六章的部分内容由河北建筑工程学院张飘编写；第一章、第六章、第八章及第十一章由山东农业大学王萱编写；第七章、第九章由河北工程大学冯海英编写；第三章、第四章及第五章由内蒙古农业大学李东方编写。全书由张飘主编并统稿，清华大学土木水利学院时旭东教授主审。时旭东教授认真审核了全书，并提出了宝贵的修改意见，在此对时教授表示衷心的感谢。另外，山东农业大学赵星明及河北建筑工程学院张海平也参与了本书编写的部分工作。

本书在编写过程中，参考了大量文献资料，引用了其中的部分内容，在此，谨向这些文献的作者表示感谢。

由于编者水平有限，书中不妥之处在所难免，敬请读者批评指正。

编　者

目　　录

绪　　论

给水排水工程结构通常是由各类构筑物和建筑物组成的。常用的构筑物有水池、水塔、取水井、沟渠、管道、检查井等，建筑物则包括泵房及其他生产、管理用房。"给水排水工程结构"课程所讨论的就是这些构筑物和建筑物的结构设计问题。

在给水排水工程中，构筑物和建筑物的结构部分往往占用相当大的一部分基本建设投资，而结构设计的质量又直接关系到给水排水工程的坚固性、适用性和经济性。因此，结构设计是给水排水工程设计中相当重要的组成部分。

一、工程结构及其分类

由一定材料制成的若干构件，相互连接而建成的能承受荷载和其他间接作用的体系，叫做工程结构。它是建筑物和构筑物中承重骨架的总称。组成工程结构的基本构件有板、梁、柱、墙、基础、索、杆等。

工程结构可有不同的分类方法。按照使用功能的不同可分为建筑结构、桥梁工程结构、给水排水工程结构、岩土工程结构、水利工程结构、特种工程结构等；按照结构受力体系不同可分为墙体结构、框架结构、排架结构、网架结构、悬索结构、拱结构、空间薄壳结构、舱体密封结构等；按照结构构件所用材料不同可分为混凝土结构、砌体结构、混合结构、钢结构、木结构等。

二、给水排水工程常用结构及其特点

给水排水工程结构是结构工程中的一个专门领域，由于其使用要求、结构形式、作用荷载以及施工方法都有特殊性，故其设计计算理论和方法同一般结构工程有所不同，主要特点表现在：第一，给水排水构筑物大多是形状比较复杂的空间薄壁结构，对抗裂抗渗、防冻保温及防腐有严格要求；第二，变形要求除了考虑一般工程可能遇到的重力荷载、风雪荷载、水压力、土压力外，对温度作用、混凝土收缩、地基不均匀沉降引起的变形也应缜密考虑。

混凝土结构、砌体结构和混合结构是给水排水工程的常用结构。混凝土结构是钢筋混凝土结构、预应力混凝土结构和素混凝土结构的总称，其中钢筋混凝土结构是工程结构中应用最广泛的结构形式，也是本书重点阐述的内容。

由钢筋和混凝土按照一定方式结合而成的构件，在建筑中组成承担外荷载和变形作用的骨架体系，称为钢筋混凝土结构。由不同尺寸或形状的块体（包括砖、石等各种砌块）用砂浆作粘结剂砌筑而成的结构称为砌体结构。

我国当前的大、中型给水排水构筑物一般采用的均是钢筋混凝土结构，其中大型圆水池多采用预应力混凝土结构；而一些小型构筑物则采用部分钢筋混凝土结构、部分砌体结构的混合形式，或全部采用砌体结构以及配筋砌体结构。给水排水工程中的房屋建筑则大多采用混合结构，其中某些大型泵房也可以全部采用钢筋混凝土结构。钢筋混凝土结构和砌体结构之所以能在给水排水工程中得到广泛应用，是由它本身的特点所决定的。

（一）钢筋混凝土结构构件的受力特性

混凝土是一种抗压强度较高而抗拉强度相当低的材料，而钢筋的抗拉强度和抗压强度都相当高。工程中，在钢筋强度满足要求的情况下，因其柔性大，挠度满足不了工程要求。如果将这两种材料采取一定的方式结合起来，应用到工程中，钢筋和混凝土这两种材料可以发挥各自的优点，且能摒弃各自所存在的缺点，从而做到经济合理、物尽其用。

取图1a、b两根试验梁进行试验比较。图1a所示为一根未配置钢筋的素混凝土简支梁，跨度为4m，截面尺寸为 $b \times h = 200mm \times 300mm$，混凝土强度等级为C20，梁的跨中作用一集中荷载 P，对其进行破坏性试验。结果表明，当荷载较小时，截面上的应力如同弹性材料制成的梁一样，沿着高度呈直线分布；当荷载增大到使梁内最大弯矩截面处受拉区边缘纤维拉应力达到混凝土抗拉极限强度时，该处的混凝土被拉裂，裂缝沿截面高度方向迅速开展，试件随即发生断裂破坏，此时的破坏荷载值 P 只有8kN。这种梁不仅破坏时受压区混凝土的抗压能力远未充分利用，而且破坏发生得很突然，事先没有明显的预兆。因此，素混凝土结构构件在大多数工程中没有什么实用价值。

如果在该梁的受拉区配置三根直径为16mm的HRB335级钢筋（记作3Φ16），并在受压区配置两根直径为10mm的架立钢筋和适当的箍筋（记作2Φ10），再进行同样的加荷试验（图1b），当加荷到一定数值使梁截面受拉区边缘纤维应力达到混凝土抗拉极限强度时，混凝土被拉裂。在裂缝处原由混凝土和钢筋共同承担的拉力转由钢筋单独承担，而受压区压力仍由混凝土承担，故可以继续加荷。此时梁的变形将相应发展，裂缝的数量和宽度也相应地增大增多，直到受拉钢

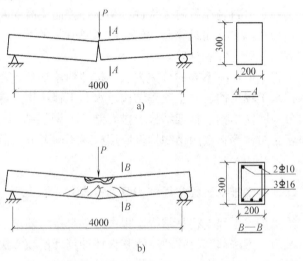

图1　素混凝土梁与钢筋混凝土梁的破坏情况对比

筋抗拉强度和受压混凝土抗压强度均被充分利用时，试件才发生破坏，此时的破坏荷载为36kN。这种钢筋混凝土梁，破坏前其裂缝及变形都发展得很充分，有明显的破坏预兆。

上述试验表明，在混凝土结构中配置一定数量的钢筋以后，结构构件可以得到如下效果：

1）结构的承载力有很大提高。

2）结构的其他受力特性同时得到了显著改善。

（二）钢筋混凝土结构的其他特点

钢筋混凝土结构除了比素混凝土结构具有较高的承载力和较好的受力性能以外，与其他结构相比还具有下列优点：

1）就地取材。钢筋混凝土结构中，砂和石料所占比例很大，水泥和钢筋所占比例较小，砂和石料一般都可以由建筑工地附近取材。

2）节约钢材。钢筋混凝土结构的承载力较高，大多数情况下（如受弯构件及受压构

件）可用来代替钢结构，因而节约钢材，降低造价。

3）耐久、耐火性强。钢筋埋放在混凝土中，混凝土具有弱碱性，钢筋在混凝土的保护下不易发生锈蚀，因而提高了结构的耐久性。当发生火灾时，钢筋混凝土结构不会像木结构那样易被燃烧，也不会像钢结构那样因熔点较低遭遇火灾很快被软化而导致结构破坏。

4）可模性好。钢筋混凝土结构可以根据需要浇筑成任何形状和尺寸。

5）整体性、抗震性较好。钢筋混凝土结构，特别是现浇钢筋混凝土结构，具有良好的整体性和抗震性。

钢筋混凝土结构还具有良好的抗渗性和抗冻性，这些特点都是给水排水构筑物所特别需要的。

钢筋混凝土结构也具有下述一些缺点：

1）自重大。钢筋混凝土的重度约为 $25kN/m^3$，比砌体和木材的重度都大。它虽然比钢材的重度小，但结构的截面尺寸较大，因而其自重远远超过相同跨度或承载力的钢结构的重量。

2）抗裂性较差。混凝土的抗拉强度很低，因此，普通钢筋混凝土结构的受拉区经常带裂缝工作。

3）加固和改建比较困难，以及在低温条件下施工时需要采取专门的保温防冻措施。

近年来已经采取了不少措施来克服上述缺点。其中比较突出的，如：通过推广装配式结构以及在现浇钢筋混凝土结构中采用工具式滑动模板和定型化大模板等来降低施工成本，加快施工进度；通过采用预应力混凝土结构来改善构件的抗裂性，降低材料消耗和减轻自重。特别是在大型圆水池池壁上采用预应力混凝土结构，其效果更为显著。

（三）砌体结构的特点

砌体结构是一种传统的结构形式。它虽然具有一些显而易见的缺点，如需要笨重的手工操作，结构本身体积大，抗裂和抗渗性能差，抗震能力差等，但因为它能充分利用地方材料，不用或少用两大主材（钢材、木材），造价低，施工条件简单，因此在给水排水工程中的小型构筑物中仍然用得不少。砌体的受力特点也是抗压强度较高，而抗拉强度很低，因此它主要适用于轴心受压和偏心较小的受压构件。如果受材料供应条件限制而需要采用砌体材料砌筑水池池壁时，也可采取在灰缝内配置钢筋或在砌体内设置钢筋混凝土带的办法来提高砌体的抗拉强度。正因为砌体的抗拉强度低，所以砌体结构在给水排水构筑物中对温度应力、地基不均匀沉降和地震作用等比较敏感，容易出现裂缝，其抗渗性能也比较差，必须采取专门的防水措施。这些因素使砌体结构在给水排水工程中的应用受到一定限制。

三、本课程的任务、特点及学习方法

给水排水工程结构设计工作一般是由工艺、结构、建筑等工种相互配合，共同完成的。结构设计是给水排水工程设计中的一个有机组成部分，它与工艺设计以及建筑设计之间存在着既相互联系又相互制约的辩证关系。

结构设计的任务是根据工程任务中所提出的各项条件和要求（如工程地点、供水水源情况或所处理的废水性质、设计规模、投资及占地面积等），结合当地的工程实际，与工艺和建筑设计相配合，选择结构方案和结构形式，再根据各个构筑物或建筑物的受力特点和地质条件，确定其计算简图，选定钢筋等级和混凝土强度等级，然后根据内力分析结果计算截

面尺寸和配筋数量，并采取必要的构造措施，最后完成结构施工图。

给水排水工程的结构设计应全面符合坚固适用、经济合理、技术先进的设计原则。通常设计人员需要通过深入的调查研究，全面掌握与工程项目设计有关的第一手资料。在此基础上，根据结构本身的特定规律，对各种影响因素进行综合分析对比，正确处理可能出现的各种矛盾。例如，在设计中常需要对能够满足工艺要求的各种构筑物的布置方案或结构方案，进行技术经济指标的综合分析对比，以确定相对最佳方案。又如，在确定结构的受力体系和计算简图时，由于给水排水构筑物的受力情况和结构体系往往比较复杂，设计人员常需根据具体情况对结构体系进行某种简化，以便用比较简单的计算方法求解内力。这时，关键的是简化后的计算简图应尽可能正确地反映结构的实际受力情况。如若不然，即使计算再精确，其结果也必然是不可靠的。

本书的编写目的是使学生通过本课程的学习，掌握必要的钢筋混凝土结构及砌体结构的基本理论以及结构设计的基本计算方法，以便在工艺设计时能够主动地考虑构筑物和建筑物结构设计的可能性、合理性和经济性。而且，在必要时能独立进行一般结构构件和简易构筑物的设计，或运用本课程中所介绍的基本知识正确处理施工中的结构问题。

本书内容共十一章。第一章介绍土建结构常用材料的力学性能。第二章到第八章分别介绍钢筋混凝土结构设计的基本原理和各类基本构件的设计计算方法及构造要求，这是结构设计的基础理论部分。考虑到专业对本课程的要求，各章在内容安排上侧重于阐明物理概念和公式、图表的应用，而不在试验结果分析和公式推导上花费过多篇幅。第九章介绍了一般钢筋混凝土梁板的设计要点。这部分内容是设计各类现浇钢筋混凝土结构的通用基础知识。由于给水排水构筑物，特别是大、中型构筑物的结构体系通常都比较复杂，设计工作多是由专业结构设计人员完成的。根据专业对本课程的要求，本书不可能对各类复杂构筑物的设计理论逐一进行介绍，故在第十章中仅以比较简单的、有代表性的构筑物，即圆形水池和矩形水池为例，对构筑物结构设计的全过程作了比较全面的介绍，以使学生对这类构筑物的设计方法和计算步骤有一个比较完整的概念。第十一章简单介绍了中小型地面泵房的设计要点。

在学习本课程的过程中，学生应注意以下几点：

1）混凝土与砌体均为弹塑性复合材料，力学性能比较复杂，力学公式多数都不能直接被应用，因此结构基本计算理论是以试验为基础的。书中基本构件计算公式中有相当一部分是根据试验研究得到的半理论半经验公式，对这些公式的学习应注意其试验基础、试件受力破坏过程和特征、简化的物理力学模型、公式的适用条件和应用方法。

2）由于结构基本计算理论是以试验为基础的，所以其计算公式或简化的物理力学模型均有一定的局限性，换句话说，结构计算只是结构设计的手段之一，并不是所有问题都能通过计算来解决。为使设计的实际工程结构安全、适用，构造设计是结构设计不可缺少的重要内容之一。构造设计的基本原则大体上可以归纳为：保证结构的实际工作尽可能与计算假定相符合；采用构造措施来保证结构足以抵抗计算中忽略了而实际上可能存在的内力；采用构造措施避免发生不希望的破坏状态；采用构造措施来保证结构在灾害或偶然事件发生时的相对稳定性，避免因结构的局部破坏而造成整个结构坍塌；采用构造措施来增强结构的抗裂性、抗渗性和耐久性等。构造设计更多地依赖于经验，本书所介绍的构造知识，部分为规范所规定，部分为行之有效的常规做法。学生在学习构造知识时往往感到繁琐枯燥，经常有所偏废，应该克服这种现象。在工程事故中，由于构造不当而造成的灾害屡见不鲜，因此，对构造问题不能掉以轻心。在学习构造知识时，应注重对构造原则的理解和掌握；对所用的构造措施，应明确认识其目的；对一些基本的构造规定，应加强记忆。

3）结构设计是一种富有创造性的劳动，任何一项设计都有多种方案可供选择，即使是在给定的荷载作用下设计同一种构件，构件的截面形式和尺寸、配筋方式和数量都可以有多种方案。这时往往需要综合考虑结构的适用性、材料选择、造价、施工条件等多方面因素，才能做出较为合理的方案。为此，在本课程的学习过程中要注意培养自己综合分析问题的能力，避免教条思想，生搬硬套。同时应能注意培养自己在结构设计中的决策能力。在结构设计的全过程中，材料和结构类型的选择及结构布置等决策性步骤，对结构的安全适用、经济合理性往往比个别截面设计计算具有更大影响。

4）本课程内容实践性强，工程质量控制要求严谨，学生在学习的过程中，同时要注意学习相关规范。结构设计规范是国家颁布的关于结构设计计算和构造要求的技术规定和标准，设计、施工等工程技术人员都必须遵守技术法规，增强法制观念，所以熟悉并学会应用有关规范同样是学习本课程的重要任务之一。

第一章
土建结构常用材料的力学性能

钢筋混凝土结构和砌体结构是土木建筑工程中的常用结构。了解钢筋、混凝土及砌体材料的力学性能，是掌握钢筋混凝土和砌体结构构件的受力性能、计算理论和设计方法的基础。钢筋混凝土结构和砌体结构的计算、构造和设计问题一般都和材料性能密切相关。

第一节 钢 筋

一、钢筋的强度和变形

（一）钢筋的应力-应变曲线

普通钢筋混凝土及预应力混凝土结构所用的钢筋可分为两类：有明显流幅的钢筋和无明显流幅的钢筋（习惯上分别称它们为软钢和硬钢）。

（1）有明显流幅的钢筋的拉伸应力-应变曲线 有明显流幅的钢筋的典型拉伸应力-应变曲线如图 1-1 所示，其特点如下：

1）自开始加荷到应力达到比例极限之前（Oa 段），应力与应变成正比。

2）超过比例极限后，应力与应变不再成正比，应变的增加速度变得比应力快，但在 a' 点以下，应变在卸荷后可全部恢复，因此对应于 a' 点的应力称为"弹性极限"。

3）应力超过弹性极限，在卸荷后应变已不能全部恢复。当应力应变达到 b 点后进入屈服阶段，钢筋会在应力不增加的情况下产生相当大的塑性变形，直到应力-应变曲线上的 d 点为止，此时应力-

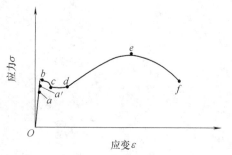

图 1-1 有明显流幅的钢筋的
拉伸应力-应变曲线

应变曲线基本呈水平线 cd。这种现象称为"屈服"，c、d 两点间的应变值称为"屈服台阶"或"流幅"。对于一般有明显流幅的钢筋来说，b、c 两点分别称为屈服上限和屈服下限。屈服上限为开始进入屈服阶段时的应力，呈不稳定状态；达到屈服下限时，应变增长，应力基本不变，比较稳定。相应于屈服下限 c 点的应力称为屈服极限，屈服极限又称"屈服强度"。

由于弹性极限与屈服极限之间的差距很小，故常忽略弹性极限。

4）超过 d 点后，钢筋应力开始重新增长，但伴之以相当明显的塑性变形，这个阶段

（*de* 段）称为钢筋的"强化阶段"。对应于最高点 *e* 的应力称为强度极限，又称钢筋的抗拉强度。

5）过 *e* 点后，在试件的某个较薄弱部位应变急剧增加，应力随之下降，钢筋直径迅速变细，即产生"缩颈"现象（图 1-2），达到 *f* 点试件在缩颈处被拉断。

（2）无明显流幅的钢筋的拉伸应力-应变曲线　无明显流幅的钢筋的典型的拉伸应力-应变曲线如图 1-3 所示。这类钢筋的抗拉强度一般都很高，但变形很小，也没有明显的屈服点，通常取相当于残余应变为 0.2% 时的应力值 $\sigma_{0.2}$（即把钢筋拉到该应力值后放松到应力为零，这时的残余应变为 0.2%）作为假想屈服点，称为条件屈服强度（图 1-3）。

图 1-2　钢筋受拉时的缩颈现象

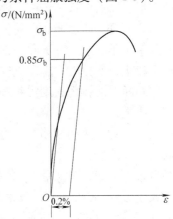

图 1-3　无明显流幅的钢筋的拉伸应力-应变曲线
注：σ_b 为最大拉应力。

（二）钢筋的强度和变形指标

（1）屈服强度和抗拉强度　对于有明显流幅的钢筋，屈服强度是关键的强度指标。因为结构构件中某一截面钢筋应力达到屈服强度后，它将在荷载基本不增加的情况下产生持续的塑性变形，绝大多数构件在钢筋尚未进入强化阶段之前就已破坏或产生过大的变形与裂缝。因此，一般结构设计中不考虑钢筋强化阶段的工作，而取屈服强度作为设计强度的设计依据。此外，钢筋的屈强比（屈服强度与抗拉强度的比值）表示结构可靠性的潜力。在抗震结构中，考虑受拉钢筋可能进入强化阶段，要求其屈强比不大于 0.8，因而钢筋的抗拉强度是检验钢筋质量的另一强度指标。

由于无明显流幅的钢筋的屈服强度不易测定，因此这类钢筋的检验以抗拉强度作为主要指标。条件屈服强度所对应的应力值 $\sigma_{p0.2}$ 约为抗拉强度的 0.85 倍，即

$$\sigma_{p0.2} = 0.85\sigma_b \tag{1-1}$$

式中　σ_b——钢筋的抗拉强度。

各类钢筋的强度指标详见附录 A 中表 A-1（1）和表 A-1（2）。

钢筋除需有足够的强度外，还应具有一定的塑性变形性能。钢筋的塑性变形通常以钢筋试件的伸长率和冷弯性能两个指标来衡量。

（2）钢筋的伸长率　钢筋的伸长率可用钢筋断后伸长率和钢筋最大力下的总伸长率两个指标分别表示。

如图 1-4 所示，一定标距长度（l_1）的钢筋试件在拉断后所残余的塑性应变称为钢筋的

断后伸长率，用百分率表示［式（1-2）］。伸长率越大，塑性越好。

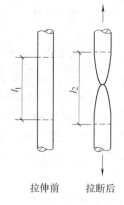

$$\delta = \frac{l_2 - l_1}{l_1} \times 100\% \qquad (1\text{-}2)$$

式中 δ——断后伸长率（%）；

l_1——钢筋拉伸前的标距长度，钢筋标距 l_1 通常取为试件直径的 5 倍或 10 倍，相应的断后伸长率以 δ_5 或 δ_{10} 表示；

l_2——钢筋包含缩颈区的量测标距断后的长度。

钢筋断后伸长率只能反映钢筋残余变形的大小，包括断口缩颈区域的局部变形。断后伸长率忽略了弹性变形，不能反映钢筋受力的总体变形能力。而且，断后伸长率受标距取值大小影响，使得不同标距长度得到的结果不一致。对于同一钢筋，标距长度取值较大时测得的断后伸长率较小，而标距长度取值较小时测得的断后伸长率较大。另外，量测钢筋断后的标距长度需将断后的两段钢筋对合后量测，容易产生人为误差。鉴于此，GB 50010—2010《混凝土结构设计规范》采用钢筋最大力下的总伸长率来统一评价钢筋的塑性性能。

图 1-4 钢筋拉伸断裂示意图

钢筋最大力下的总伸长率 δ_{gt}（又称均匀伸长率）是钢筋达到最大应力 σ_b 时的变形，包括塑性残余变形 ε_r 和弹性变形 ε_e 两部分，如图 1-5 所示。最大力下的总伸长率 δ_{gt} 可用下式表示：

$$\delta_{gt} = \left(\frac{L - L_0}{L_0} + \frac{\sigma_b}{E_s} \right) \times 100\% \qquad (1\text{-}3)$$

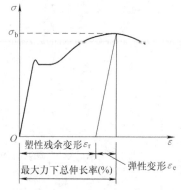

式中 δ_{gt}——最大力下的总伸长率（%）；

L_0——试验前钢筋的原始标距长度（不包含缩颈区）；

L——试验后量测标距之间的距离；

σ_b——钢筋的最大拉应力（极限抗拉强度）；

E_s——钢筋的弹性模量。

图 1-5 钢筋最大力下的总伸长率

上式前项反映了钢筋的塑性残余变形，后项反映了钢筋在最大力下的弹性变形。

钢筋最大力下的总伸长率按照图 1-6 进行量测。在距离断裂点较远的一侧选择 Y 和 V 两个标记点，标记点 Y 或 V 与夹具的距离不应小于 20mm 或钢筋的公称直径 d 两者中较大值，标记点 Y 或 V 与断裂点之间的距离不应小于 50mm 或钢筋的公称直径两倍（2d）两者中较大值。标记点 Y 和 V 之间的原始标距（L_0）至少应为 100mm。钢筋拉断后量测标记点 Y 和 V 之间的距离（L），根据钢筋拉断时的最大拉应力 σ_b，代入公式即可计算出最大力下的总伸长率 δ_{gt}。

（3）冷弯性能 钢筋的冷弯性能通过冷弯试验来检验。它是衡量钢筋塑性性能的又一项指标。将钢筋围绕某一规定直径 D 的辊轴（弯心）进行弯曲（图 1-7），α 称为冷弯角，试验时一般取 180°或 90°。要求在达到规定的冷弯角度时钢筋不发生裂纹、起层和断裂。冷弯性能可间接地反映钢筋的塑性性能和内在质量。冷弯试验中，钢辊直径 D 越小、冷弯角 α 越大，则钢筋塑性越好。

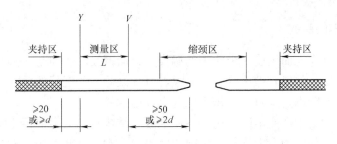

图1-6 钢筋最大力下的总伸长率的量测图

屈服强度、抗拉强度、伸长率和冷弯性能是对有明显流幅的钢筋进行质量检验的四项主要指标，而对无明显流幅的钢筋则只测定后三项。

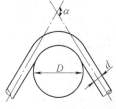

图1-7 钢筋的冷弯试验

（三）钢筋的弹性模量 E_s

钢筋在屈服前（严格地讲是在比例极限之前），应力、应变为直线关系，其比值即为弹性模量。

$$E_s = \frac{\sigma_s}{\varepsilon_s} \qquad (1-4)$$

式中 σ_s——屈服前的钢筋应力（N/mm^2）；

ε_s——相应的钢筋应变。

各种钢筋的弹性模量由钢筋受拉试验测定，同一种钢筋的受拉和受压弹性模量相同，其值详见附录 A 中表 A-2（1）。

二、钢筋的化学成分

钢筋所采用的原材主要是碳素钢和普通低合金钢。碳素钢的化学成分以铁元素为主，同时在冶炼过程中还含有未除掉的少量杂质，如碳、硅、锰、硫、磷等元素。碳素钢按其含碳量（质量分数）的多少可分为低碳钢（含碳量小于 0.25%）、中碳钢（含碳量为 0.25% ~ 0.6%）和高碳钢（含碳量为 0.6% ~ 1.4%）。碳素钢的力学性能与含碳量多少有关，随着含碳量增加，钢材强度提高，而其塑性、韧性降低，焊接性能变差。

在钢的冶炼过程中有目的地加入一种或几种合金元素（如锰、硅、钒、钛、铬等），所得到的钢材称为合金钢。所加合金元素可有效提高钢材的强度、塑性、抗腐蚀性、抗冲击韧性等综合性能。若加入合金元素的总含量在 5% 以下，称为普通低合金钢，如 20 锰硅、25 锰硅、40 硅锰钒、45 硅锰钒等。普通低合金钢具有强度高、塑性及焊接性好的特点，因此应用广泛。

由于我国钢材的产量和用量巨大，为了节省合金资源，降低价格，冶金行业近年来研制开发出细晶粒钢筋，这种钢筋不需要或只需要添加很少的合金元素，通过控制轧钢的温度形成细晶粒的金相组织，可以达到与添加合金元素相同的效果，其强度和延性完全能够满足混凝土结构对钢筋性能的要求。但宜控制焊接工艺以避免影响其力学性能。

在钢的化学成分中，磷、硫是有害元素，其量超过 0.045% 后会使钢材变脆、塑性显著降低，不利于焊接。

三、钢筋级别和品种

钢筋按其外形分为光面钢筋和带肋钢筋两类。光面钢筋的表面是光圆的，与混凝土的粘结强度较低，带肋钢筋外形有螺旋纹、人字纹、月牙纹等。在现行的钢筋标准中，螺旋纹和人字纹钢筋统称等高肋钢筋。月牙纹钢筋称为月牙肋钢筋。

按其加工工艺和力学性能不同，用于钢筋混凝土结构和预应力混凝土结构中的钢筋或钢丝分为热轧钢筋、中强度预应力钢丝、消除应力钢丝、钢绞线和预应力螺纹钢筋。

热轧钢筋是由低碳钢、普通低合金钢或细晶粒钢在高温状况下轧制而成的，有明显的屈服点和流幅，断裂时有"缩颈"现象，伸长率比较大，用作钢筋混凝土结构中的钢筋和预应力混凝土结构中的非预应力钢筋。热轧钢筋根据其力学指标的高低，分为 HPB300 级（符号 Φ）、HRB335 级（符号 Φ）、HRBF335 级（符号 Φ^F）、HRB400 级（符号 Φ）、HRBF400 级（符号 Φ^F）、RRB400 级（符号 Φ^R）、HRB500 级（符号 Φ）和 HRBF500 级（符号 Φ^F）。其中 HPB300 级为低碳钢光面钢筋，HRB 系列为低合金钢热轧带肋钢筋，HRBF 系列为细晶粒热轧带肋钢筋，RRB 系列为余热处理钢筋，由轧制的钢筋经高温淬水，余热处理后提高强度，价格相对较低，但其焊接性、机械连接性能及施工适应性稍差，须控制其应用范围。一般可在对延性及加工性能要求不高的构件中使用，如基础、大体积混凝土以及跨度及荷载不大的楼板、墙体中应用。根据国家的技术政策，推广 400MPa、500MPa 级高强钢筋作为受力的主导钢筋，限制并准备淘汰 335MPa 级钢筋。

中强度预应力钢丝、消除应力钢丝、钢绞线和预应力螺纹钢筋是用于预应力混凝土结构中的预应力筋。其中，中强度预应力钢丝的抗拉强度为 800～1270MPa，外形有光面（符号 Φ^{PM}）和螺旋肋（符号 Φ^{HM}）两种。

消除应力钢丝是将高碳钢轧制成盘条，经过多次冷拔后存在较大的内应力，采用低温回火处理来消除内应力，经过处理而成的钢丝。消除应力钢丝的抗拉强度为 1470～1860MPa，外形有光面（符号 Φ^P）和螺旋肋（符号 Φ^H）两种。

钢绞线（符号 Φ^S）是将多根高强钢丝通过绞盘机拧成螺旋状，再经低温回火，消除应力而成的。钢绞线的抗拉强度为 1570～1960MPa，通常有 1×3、1×7 两类（分别由 3 根、7 根钢丝捻制的）。

预应力螺纹钢筋（符号 Φ^T）又称精轧螺纹粗钢筋，抗拉强度为 980～1230MPa，是用于预应力混凝土中的大直径高强度钢筋，这种钢筋在轧制时沿钢筋纵向全部轧有规律性的肋条，可以用螺钉套管连接和螺钉锚固，不需要再加工螺钉，也不需要焊接。

常用钢筋、钢丝、钢绞线的外形如图 1-8 所示。

四、钢筋的冷加工

冷加工钢筋是由热轧钢筋在常温下用机械的方法进行再加工的，钢筋的冷加工分为冷拉、冷拔和冷轧。冷加工钢筋可提高钢筋的强度、节约钢材，但钢筋的塑性性能要下降。当选择冷加工钢筋时，应遵守有关设计及施工规程。

（一）冷拉

冷拉是在常温下用卷扬机或其他张拉设备将热轧钢筋拉到超过其屈服强度后的某一应力（图 1-9 k 点），然后卸荷至零的过程。在钢筋第一次超过屈服强度而产生塑性变形的过程中，

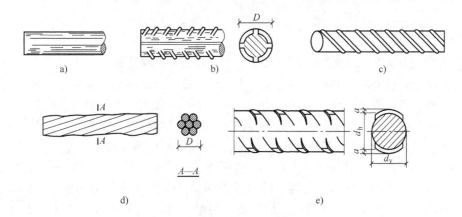

图 1-8　常用钢筋、钢丝、钢绞线的外形

a) 光面钢筋　b) 月牙肋钢筋　c) 螺旋肋钢丝　d) 钢绞线（7 股）　e) 精轧螺纹粗钢筋

钢材内部组织中沿滑移面两侧的晶格将发生扭曲或破碎。因此，当钢筋再次受拉时，对塑性变形的阻力就会增大，宏观表现就是钢筋的屈服强度提高，而伸长率减小，这种现象称为"冷拉强化"。如图 1-9 所示，钢筋的原应力-应变曲线为 $Oabdkef$。拉伸钢筋，使应力达到 k 点，然后卸载至零，应力-应变曲线沿 kO_1 至 O_1 点，此时 OO_1 为钢筋的残余应变。若立即重新张拉，钢筋的应力-应变曲线将沿 O_1kef 变化，钢筋屈服强度由 b 点提高到 k 点。若钢筋经冷拉后卸荷，停留一段时间后再行加荷，则应力-应变曲线

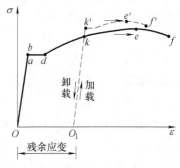

图 1-9　钢筋冷拉的 σ-ε 曲线

将沿 $O_1k'e'f'$ 行进，屈服强度将提高到 k' 点。kk' 的变化反映了一种时间效应，这一现象称为"时效硬化"或"冷拉时效"。

必须注意的是焊接时产生的高温会使钢筋软化（强度降低，塑性增加）。因此，需要焊接的冷拉钢筋应先焊接而后冷拉。另外，冷拉只能提高钢筋的抗拉强度而不能提高其抗压强度。

（二）冷拔

冷拔是将热轧钢筋用强力拔过比其直径小的硬质合金拔丝模。这时钢筋受到纵向拉力和横向压力的作用，内部结构发生变化，截面变小而长度拔长。经过几次冷拔，钢筋抗拉强度比母材大幅度提高，但塑性却明显降低，且没有了明显的流幅（图 1-10），钢筋由原来的软钢变成了硬钢。随着钢筋冷拔次数增多，其抗拉强度提高，塑性降低。冷拔可以同时提高钢筋的抗拉强度和抗压强度。

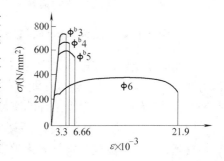

图 1-10　冷拔钢丝的 σ-ε 曲线

（三）冷轧

冷轧带肋钢筋是以低碳钢或低合金钢为原料，在常温下进行轧制而成的，表面具有纵肋和月牙横肋的钢筋，其强度提高幅度接近冷拔低碳钢丝，而塑性性能优于冷拔低碳钢丝。

五、钢筋的连接

钢筋的连接方法有三种类型：绑扎搭接、焊接连接和机械连接。

绑扎搭接是将被连接的两根钢筋搭接一定长度，并用细钢丝捆绑成形。这种连接构造简单、施工方便、工程应用广泛，是目前钢筋连接的主要手段之一。钢筋搭接的长度，受钢筋强度、直径、外形、受力状态等因素影响。在钢筋混凝土结构中采用绑扎搭接时其位置和搭接长度必须满足 GB 50010—2010《混凝土结构设计规范》中的规定。

焊接连接是将两根钢筋通过闪光对焊、电弧焊、电渣焊、压焊、气焊等方法实现接长。其中闪光对焊、电渣焊、压焊在工程上使用较为频繁。焊接连接应考虑钢筋的焊接性（钢筋中碳及各种合金元素的质量分数）。热轧钢筋可焊，而消除应力钢丝及钢绞线则不可焊。焊接连接传力直接、节省钢筋、成本较低，是一种性能良好的连接方式。焊接接头的焊接质量与钢材的焊接性、焊接工艺、焊工的技艺水平、焊接时的气候条件及环境等因素有关，保证焊接质量有一定的难度。

机械连接是通过机械手段将两钢筋端头连接在一起，主要形式有：挤压套筒连接、锥螺纹套筒连接、辊轧直螺纹连接、镦粗直螺纹连接等。这种连接质量稳定可靠、操作简单、不用电、无明火、施工速度快，适用于钢筋强度高、直径大、密集布置等情形。机械连接质量上会优于焊接，但是成本较高。

不论采用何种连接方式，钢筋接头处很可能成为薄弱环节，为了减少接头对钢筋受力的不利影响，在钢筋接头比较集中的区段可增设构造钢筋，并应严格遵守有关规范要求。GB 50069—2002《给水排水工程构筑物结构设计规范》对钢筋接头有以下要求：

1）对具有抗裂性要求的构件（处于轴心受拉或小偏心受拉状态），其受力钢筋不得采用绑扎搭接接头。当受拉钢筋的直径 $d > 28mm$ 及受压钢筋的直径 $d > 32mm$ 时，不宜采用绑扎搭接接头。

2）受力钢筋的接头应优先采用焊接接头，非焊接的搭接接头应设置在构件受力较小处。

3）受力钢筋的接头位置，应按现行《混凝土结构设计规范》的规定相互错开；如必要时，同一截面处的绑扎钢筋的搭接接头面积可加大到 50%，相应的搭接长度应增大 30%。

六、钢筋混凝土结构对钢筋性能的要求

钢筋的性能包括钢筋的强度（屈服强度和极限强度）、塑性性能（伸长率和冷弯性能）、锚固性能（表面形状）、连接性能（焊接性等）以及钢筋的疲劳性能、耐蚀性能、热稳定性能等，在选择钢筋时，根据工程的实际情况应加以重视。

1）强度。钢筋应具有可靠的屈服强度和极限强度，钢筋的强度越高，钢材的用量越少。提高钢筋强度除改变钢材的化学成分、生产新钢种外，另一种方法就是对钢筋进行冷加工以提高其屈服强度。

2）塑性。钢筋塑性好，在断裂前有足够的变形，能给人以破坏的预兆。同时，钢筋的塑性性能越好，钢筋加工成形也越容易。因此，应保证钢筋的伸长率和冷弯性能合格。

3）焊接性。在很多情况下，钢筋之间的连接需通过焊接，因此要求在一定的工艺条件下钢筋焊接后不产生裂纹及过大的变形，保证焊接后的接头性能良好。

4）与混凝土的粘结力。钢筋和混凝土这两种物理性能不同的材料之所以能结合在一起共同工作，主要是由于混凝土在结硬时，牢固地与钢筋粘结在一起，相互传递内力的缘故。钢筋表面的形状对粘结力有重要影响。在寒冷地区，对钢筋的低温性能也有一定的要求。

第二节　混　凝　土

普通混凝土是用水泥、水和骨料（细骨料如砂、粗骨料如石子）等原材料按一定配合比例经搅拌后入模浇筑振捣并通过养护硬化而形成的人工石材。

混凝土各组成成分的数量比例（如骨料级配、水灰比）对混凝土强度和变形有重要影响，在很大程度上混凝土的性能还取决于搅拌程度、浇筑的密实性和对它的养护。

混凝土在凝结硬化过程中，水泥和水形成的水泥胶块（包括水泥结晶体和水泥凝胶体）把骨料粘在一起。水泥结晶体和砂石骨料组成混凝土的弹性骨架，它起着承受外力的主要作用，并使混凝土产生一定的弹性变形。水泥凝胶体则起着调整和扩散混凝土应力的作用，并使混凝土具有相当的塑性变形。

在混凝土凝结初期，由于水泥胶块的收缩以及泌水、骨料下沉等原因，在骨料与水泥胶块的接触面上以及水泥胶块内部将形成微裂缝。此微裂缝也称粘结裂缝，它是混凝土内最薄弱的环节。混凝土受荷前存在的微裂缝在荷载作用下开展，这对混凝土的强度和变形会产生重要影响。

混凝土强度随时间延长而增长，强度增长速度初期较快，尔后慢慢趋于稳定。对使用普通水泥的混凝土，若以龄期 3d 的受压强度为 1，则 1 周为 2，4 周为 4，3 个月为 4.8，1 年为 5.2 左右。龄期 4 周的强度大致稳定，可作为混凝土早期强度的界限（图 1-11）。混凝土强度能随时间延长而增长的主要原因是水泥凝胶体向结晶体转化有一个长期过程。

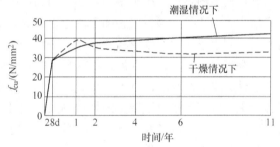

图 1-11　混凝土强度随时间的变化情况

一、混凝土的强度

（一）混凝土的抗压强度

混凝土在结构中主要承受压力，因此其抗压强度是最重要的强度指标。影响混凝土抗压强度的因素很多，其中主要有水泥的强度等级和用量、骨料的级配、水灰比、龄期以及捣制方法和养护温湿度等。除此以外，试验方法、加荷速度以及试件形状不同时，也会测得不同的强度值。试验表明，在测定混凝土抗压强度时，混凝土试件的尺寸和横向变形的约束条件是影响试验结果的主要因素。图 1-12 所示是三种同盘混凝土轴心受压试件，承受压力面均为 150mm × 150mm。试验结果表明：高宽比 $h/b = 3$ 的棱柱体试件（图 1-12b）比正立方体试件（图 1-12a）的抗压强度低 20% 左右，而局部承压试件（图 1-12c）又约为正立方体试件抗压强度的三倍，且三试件的破坏形态亦各不相同。

在压力作用下，压力机承压钢板或垫板的横向变形比破坏阶段混凝土试件的横向变形小

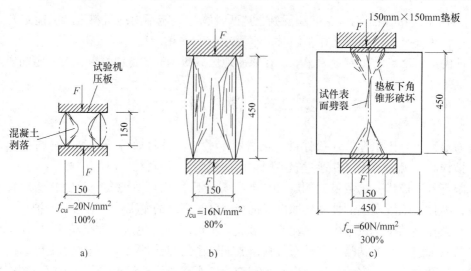

图 1-12 同盘混凝土制作不同尺寸试件受力试验

得多，因此将通过未涂润滑剂的承压钢板（或垫板）与混凝土接触面产生的摩擦阻力对混凝土试件的横向变形形成约束。此横向约束力的大小随离混凝土接触面的垂直距离的增大而递减。在图 1-12a 所示的正立方体试件中，因试件高度较小，这种水平横向约束影响可以一直达到试件高度中部。从受压破坏试件的中部混凝土剥落后所剩两个对顶棱台（图 1-12a）的形状可明显地看出这种水平约束影响向高度中部递减的规律。如图 1-12b 所示，由于试件高度增大，上下承压钢板接触面上摩擦阻力的影响已达不到试件高度的中部，故试件中部混凝土未受到水平约束而处于横向可自由变形状态。在一定范围内，高宽比越大，中部自由变形区域高度也就越大，因此测得的受压强度也将随高宽比增大而减小。图 1-12c 所示的局部受压试件，由于混凝土试件不但受到承压面上摩擦阻力的约束影响，而且更主要的是还受到承压面以外未直接受压混凝土的横向约束，故其抗压强度比前两种试件的抗压强度都高出很多。以上三种试件的试验对比说明，混凝土的抗压强度与其横向变形的约束条件有密切关系，故在钢筋混凝土构件的受力分析和承载力计算中，应根据不同受力状态采用不同的抗压强度。在实际工程中，还可以利用上述特性，有意识地加强对受压构件混凝土的横向约束，以提高抗压强度，从而提高构件的承载力。

（1）立方抗压强度（f_{cu}） 由上述分析可见，混凝土抗压强度与混凝土组成材料、施工方法等许多因素有关，同时还受试件尺寸、加荷方式、加荷速度等因素的影响，因此必须建立一个标准的强度测定方法和相应的强度评定标准。立方抗压强度就是用来评定混凝土强度等级的一种标准。

GB 50010—2010《混凝土结构设计规范》（以下简称《规范》）规定：用边长为 150mm 的正立方体试件，在标准条件下（温度为（20±3）℃、相对湿度大于或等于 90%）养护 28 天，用标准试验方法（加荷速度为 0.15 ~ 0.25N/（mm² · s），试件表面不涂润滑剂，全截面受压）加压至试件破坏时所测得的最大平均压应力作为混凝土立方抗压强度（N/mm²），简称"立方强度"或"标准强度"，用符号 f_{cu} 表示。

《规范》将混凝土强度划分为 14 个等级：C15、C20、C25、C30、C35、C40、C45、C50、C55、C60、C65、C70、C75、C80。C 表示混凝土的强度等级，C 后的数字表示混凝土

立方抗压强度标准值。如 C20 级混凝土，就表示混凝土立方抗压强度标准值为 $20N/mm^2$（即 20MPa）。一般将混凝土强度等级大于等于 C50 的混凝土称为高强混凝土。

钢筋混凝土结构的混凝土强度等级不应低于 C20；当采用强度等级为 $400N/mm^2$ 及以上的钢筋时，混凝土强度等级不宜低于 C25；承受重复荷载作用的构件，混凝土强度等级不得低于 C30；在预应力混凝土结构构件中，混凝土强度等级不宜低于 C40 且不应低于 C30；在现浇混凝土结构中，贮水或水处理构筑物、地下构筑物的混凝土强度等级不应低于 C30。当建筑物具有耐久性要求，如抗渗、抗冻、耐蚀时，混凝土的强度等级尚需根据具体技术要求确定。

（2）混凝土的轴心抗压强度（f_c）　混凝土的抗压强度不仅与试件的尺寸有关，而且与试件的形状有关。在实际工程中，以受压为主的钢筋混凝土构件，大多数情况是构件长度远大于截面尺寸，如果以立方抗压强度作为实际构件中混凝土抗压强度的设计取值，将会过高而偏于不安全。所以采用棱柱体试件（高度大于边长的试件）比正立方体试件能更好地反映混凝土的实际抗压能力。GB/T 50081—2002《普通混凝土力学性能试验方法标准》规定以 $150mm \times 150mm \times 450mm$ 的棱柱体试件作为混凝土轴心抗压强度试验的标准试件，制作养护条件和试验方法同正立方体试件，测得的抗压强度称为轴心抗压强度或称为棱柱体抗压强度，用符号 f_c 表示。混凝土轴心抗压强度低于立方抗压强度。试验表明：同样边长的混凝土试件，随着高度的增加（即由正立方体变为棱柱体），其抗压强度将下降。但当高宽比 $h/b > 3$ 以后，降低的幅度不再很大，并逐渐趋于稳定。

轴心抗压强度 f_c 是结构混凝土最基本的强度指标。但在工程中很少直接测定 f_c，而是测定立方抗压强度 f_{cu} 进行换算。其原因是立方体试件具有节省材料，便于试验时加荷对中，操作简单，试验数据离散性小等优点。由棱柱体试件（$150mm \times 150mm \times 450mm$）与边长为 150mm 的立方体试件的对比试验得到以下结果。轴心抗压强度的统计平均值 μ_{f_c} 与立方抗压强度统计平均值 $\mu_{f_{cu}}$ 的关系大致呈线性关系，其比值对普通混凝土为 0.76，对高强混凝土则大于 0.76。

考虑实际结构构件中的混凝土与试件混凝土之间存在制作、养护等的差异，在实际工程中，混凝土的抗压强度一般比测定试块的抗压强度要低，再考虑荷载对结构构件长期持续作用的影响，故实际取用的轴心抗压强度值应适当降低以策安全。《规范》根据国内外经验给出的轴心抗压强度标准值的统计平均值 $\mu_{f_{ck}}$ 与立方抗压强度标准值的统计平均值 $\mu_{f_{cu,k}}$ 的关系可用下式表达

$$\mu_{f_{ck}} = 0.88\alpha_{c1}\alpha_{c2}\mu_{f_{cu,k}} \tag{1-5}$$

式中　α_{c1}——轴心抗压强度与立方抗压强度的比值，《规范》规定，C50 及以下取 $\alpha_{c1} = 0.76$，对 C80 取 $\alpha_{c1} = 0.82$，中间按直线内插法确定；

α_{c2}——混凝土的脆性折减系数。当混凝土强度等级不大于 C40 时，取 $\alpha_{c2} = 1.0$；对 C80 取 $\alpha_{c2} = 0.87$，中间按直线内插法确定。

（二）混凝土的轴心抗拉强度

混凝土轴心抗拉强度用符号 f_t 表示。试验得到，混凝土的抗拉强度远小于其抗压强度，一般只有抗压强度的 1/18 ~ 1/9，且不与混凝土的抗压强度成比例增长。凡影响抗压强度的因素，一般对抗拉强度也有相应的影响。不过，不同因素对抗压强度和抗拉强度的影响程度不同。如：水泥用量增加，可使抗压强度增加较多，而抗拉强度则增加较少；用碎石拌制的混凝土，其抗拉强度比用卵石的要大，而骨料形状对抗压强度的影响则相对较小。

虽然在钢筋混凝土和预应力混凝土结构中，混凝土的主要作用不是承受拉力，但对于使用中不允许开裂的结构构件（如轴心受拉或小偏心受拉的水池池壁和多数预应力混凝土构件），其抗裂度的大小则在不同程度上取决于混凝土的轴心抗拉强度。因此，轴心抗拉强度 f_t 也是设计中直接取用的一个混凝土强度指标。

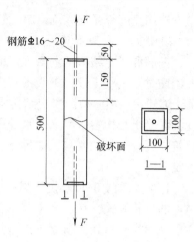

图 1-13 混凝土轴心抗拉强度基本测定方法

混凝土抗拉强度的测定方法有两类。一类是直接采用轴心抗拉试验的方法，如图 1-13 所示，对两端预埋钢筋的棱柱体试件（钢筋位于试件轴线上）施加拉力，拉力由钢筋传至混凝土截面，使试件均匀受拉，破坏时裂缝产生在试件中部，试件破坏时的平均拉应力即为混凝土的抗拉强度。这种试验方法预埋钢筋时难以对中，会形成偏心受力，使所测得的抗拉强度比实际强度偏低。另一类为间接测试方法，如劈裂试验、弯折试验等。图1-14所示为劈裂试验示意图，对圆柱体或立方体试件（标准试件尺寸为 150mm × 150mm × 150mm）通过弧形垫条及垫层施加线荷载，在试件中间垂直截面上除垫条附近极小部分外，都将产生均匀的拉应力。当拉应力达到混凝土抗拉强度时，试件沿中间垂直截面对半劈裂。

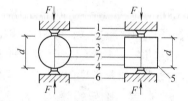

图 1-14 用劈裂法测定混凝土抗拉强度示意图

根据立方抗压和轴心抗拉的对比试验结果，基于与轴心受压相同原因，即考虑实际结构构件中混凝土与试件混凝土之间的差异等因素，《规范》给出轴心抗拉强度标准值的统计平均值 $\mu_{f_{tk}}$ 与 150mm 混凝土试块立方强度标准值的统计平均值 $\mu_{f_{cu,k}}$ 的关系为

$$\mu_{f_{tk}} = 0.88 \times 0.26 \alpha_{c2} \mu_{f_{cu,k}}^{2/3} = 0.23 \alpha_{c2} \mu_{f_{cu,k}}^{2/3} \tag{1-6}$$

式中，α_{c2} 的取值与式（1-5）中相同。

各种不同强度等级的混凝土强度指标见附录 A 中表 A-1（3）和表 A-1（4）。

二、混凝土的变形

混凝土的变形性能比较复杂，试验研究表明，混凝土的变形可分为两大类：一类是由外荷载作用而产生的受力变形，包括一次短期加载变形、长期荷载作用下的变形和重复荷载作用下的变形；另一类是由温度、湿度变化引起的混凝土体积收缩和膨胀变形。混凝土的这些变形性能对结构构件的工作有很重要的影响，因此对混凝土的变形性能应有足够的认识。

（一）混凝土在一次短期加载时的变形性能

混凝土在一次短期荷载作用下的变形性能，可由混凝土棱柱体受荷试验得到的应力-应变曲线来表述（图 1-15）。曲线由上升段 OC 和下降段 CF 两部分组成。

OA 段：应力较小（$\sigma \leqslant 0.3 f_c$），应力-应变关系曲线接近于直线，混凝土变形主要是骨料和水泥结晶体受力产生的弹性变形。混凝土内部的初始微裂缝基本没有发展。

AB 段：应力 σ 在（$0.3 \sim 0.8$）f_c 范围内，应变增加的速度大于应力增加的速度，应力-应变曲线逐渐呈现弯曲状态，混凝土出现了塑性性质。在此阶段，混凝土内部微裂缝已有所发展，但仍处于稳定状态。

BC 段：应力 σ 在 $(0.8 \sim 1.0)$ f_c 范围内，应变增长速度更快，随着应力的增大，混凝土内部微裂缝扩大且贯通，当应力达到最大值 f_c 时，试件表面出现与加压方向平行的纵向裂缝，试件开始破坏。这时的最大应力即为轴心抗压强度 f_c，相应的应变为峰值应变 ε_0，又称为混凝土界限压应变，其值在 $0.0015 \sim 0.0025$ 之间变动，平均取 $\varepsilon_0 = 0.002$。

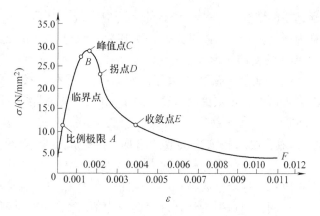

图 1-15 混凝土棱柱体受压应力-应变曲线

CD 段：随着微裂缝的贯通，结构内部整体性受到越来越严重的破坏，荷载传递路线不断减少，试件承载力下降，曲线呈向下弯曲，直到凸向发生改变，曲线在 *D* 点出现拐点。

DE 段：超过"拐点"曲线开始凸向应变轴，只靠骨料间的咬合及摩擦力与残余承压面承受荷载，此段曲线中曲率最大点 *E* 称为"收敛点"，此时达到混凝土的最大压应变 ε_{cu}，称为混凝土的极限压应变 ε_{cu}，ε_{cu} 包括弹性应变和塑性应变两部分。塑性应变部分越大表明变形能力越强，延性越好。

E 点以后主裂缝已很宽，结构内聚力几乎已耗尽，对无侧向约束的混凝土，收敛段已失去结构的意义。

混凝土受拉时的应力-应变曲线与受压时类似，如图 1-16 所示。该组曲线也具有上升段和下降段，当拉应力小于或等于 $0.5f_t$ 时，应力-应变关系接近直线；当拉应力增至约 $0.8f_t$ 时，应力-应变曲线明显偏离直线，塑性变形大为发展，达到峰值应力时对应的应变只有 $0.75 \times 10^{-4} \sim 1.15 \times 10^{-4}$。曲线下降段的坡度也随混凝土强度的提高而越来越陡。试件断裂时的极限拉应变大小与很多因素有关，一般可取为 $1.0 \times 10^{-4} \sim 1.5 \times 10^{-4}$。

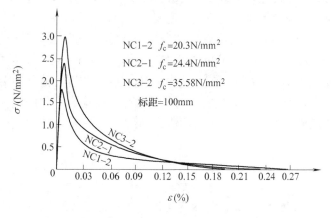

图 1-16 不同强度的普通混凝土拉伸应力-应变曲线

（二）混凝土在重复荷载作用下的变形性能

将试件加载至某一数值，然后卸载至零，并将这种过程多次重复，即通常所指的重复荷载作用。混凝土在重复荷载作用下的应力-应变特性与短期一次加载有显著不同。了解混凝土在重复荷载作用下的应力-应变特性，对研究承受重复荷载的构件，如吊车梁、受到车辆振动影响的桥梁以及钢筋混凝土抗震结构的承载力、延性和恢复力等特性均有重要意义。

（1）混凝土一次加卸载的应力-应变曲线 如图 1-17 所示，加载曲线为 *OA*，当应力达到 *A* 点时卸载，卸载曲线为 AB'。荷载卸至零时，混凝土的应变包括三部分：卸荷后立即恢复的应变称为弹性应变 ε_{ce}；停留一段时间后逐渐恢复的应变（BB' 段）ε_{ac}，称为弹性后效；

永远不能恢复的而残存在试件中的应变（$B'O$ 段）ε_{cp}，称为残余应变。由此可见，一次加载卸载过程，混凝土的应力-应变曲线形成了一个环状。

（2）在重复荷载作用下的应力-应变曲线 棱柱体混凝土试件在多次重复荷载作用下的应力-应变曲线如图 1-18 所示。当每次循环加载的应力 σ_1 较小时（$\sigma_1 < f_c^f$），随着加卸载重复次数的增加，残余应变将不再增长，混凝土加载和卸载的应力-应变曲线越来越闭合并接近一直线，这条直线与一次加载曲线在 O 点的切线基本平行；当作用在混凝土试件上的应力值增大到某一限值 f_c^f 时，随着重复加载次数的增多，应力-应变曲线也会渐变成直线，但再继续重复加载后，加载的应力-应变曲线的形状将发生变化，由凸向应力轴逐渐变为凸向应变轴，以致不能与卸载的应力-应变曲线形成封闭环。这就标志着混凝土内部微裂缝的发展加剧，试件趋近破坏。随着荷载重复次数的增加，应力-应变曲线的斜率不断降低，当荷载重复到一定次数时，混凝土试件因严重开裂或变形过大而破坏。这种因荷载重复作用而引起的混凝土破坏称为混凝土疲劳破坏，混凝土在重复荷载作用下的强度极限值称为混凝土的疲劳强度 f_c^f。

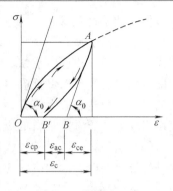

图 1-17 混凝土一次
加卸载的 σ-ε 曲线

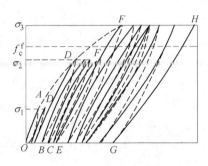

图 1-18 混凝土在重复
荷载下的 σ-ε 曲线

混凝土的疲劳强度用疲劳试验测定。疲劳试验采用 $100\text{mm} \times 100\text{mm} \times 300\text{mm}$ 或 $150\text{mm} \times 150\text{mm} \times 450\text{mm}$ 的棱柱体试件，把能使棱柱体试件承受至少 200 万次循环荷载作用而发生破坏的压力值称为混凝土的疲劳抗压强度。

混凝土的疲劳强度与荷载重复作用时应力变化的幅度有关。在相同的重复次数下，疲劳强度随着疲劳应力比值的增大而增大，疲劳应力比值（ρ_c^f）按下式计算

$$\rho_c^f = \frac{\sigma_{c,min}^f}{\sigma_{c,max}^f} \tag{1-7}$$

式中 $\sigma_{c,min}^f$、$\sigma_{c,max}^f$——截面同一纤维上的混凝土最小应力及最大应力。

（三）混凝土在长期荷载作用下的变形性能

大量试验结果表明，混凝土的塑性变形与荷载作用时间的长短有密切关系。混凝土在长期不变荷载作用下将产生两部分应变：一部分是荷载作用瞬间就产生的瞬时应变，以 ε_{ela} 表示；另一部分则是随着时间的增长而继续增大的应变，以 ε_{cr} 表示。混凝土在持续不变的荷载作用下产生的随时间延长而增长的应变（ε_{cr}）称为混凝土的徐变。图 1-19 所示是由一组混凝土棱柱体试件测得的典型的混凝土徐变曲线。

徐变开始发展很快，然后逐渐减慢，经过较长时间而趋于稳定。通常在前 6 个月可完成全部徐变的 70% ~80%，一年内可完成全部徐变的 90% 左右，剩下的变形在后续几年内完成，最大徐变量约为瞬时应变的 2 ~4 倍。

若荷载持续作用一段时间后卸载，混凝土变形会立即恢复一部分，称为瞬时恢复应变 ε'_{ela}，其值略小于加载时的瞬时应变 ε_{ela}。在卸载一段时间后，还会继续恢复一部分应变，称

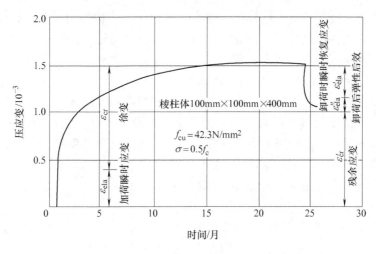

图 1-19 混凝土的徐变曲线

为弹性后效 ε_{ela}'''，约为徐变的 1/12。最后留下相当一部分不能恢复的应变，称为残余应变 ε_{cr}'。若以后再重新加载，则瞬时应变和徐变又会发生。

混凝土产生徐变具有两个原因：其一是尚未转化为结晶体的水泥凝胶体黏性流动；其二是混凝土内部的微裂缝在荷载长期作用下持续延伸和扩展。当应力不大时，徐变的产生以第一种原因为主；应力较大时，以第二种原因为主。

混凝土徐变与持续作用应力的大小有密切关系（图 1-20），持续应力越大，徐变越大。当持续应力 $\sigma_c \leqslant 0.5 f_c$ 时，徐变与应力呈线性关系，这种徐变称为线性徐变，线性徐变随时间的增长具有收敛性，渐近线与横坐标平行；当 $\sigma_c > 0.5 f_c$ 时，徐变与持续应力不再呈线性关系，称为非线性徐变。在非线性徐变的范围内，当持续应力过高时，徐变急剧增加不再收敛，当荷载持续一定时间后，徐变的增长可能会超过混凝土变形能力而使混凝土突然破坏。我国铁道科学研究院曾做

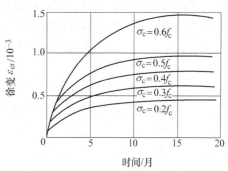

图 1-20 压应力与徐变的关系

过 $\sigma_c \approx 0.8 f_c$ 的持续受压试验，持荷 6 小时后，试件发生爆裂性突然破坏。因此，在正常使用阶段，混凝土应避免经常处于高应力状态。

影响混凝土徐变的因素很多，除上述应力条件外，还有混凝土的组成成分、配合比、养护和使用条件下的温度和湿度、混凝土的受荷龄期等。水泥用量越多，水灰比越高，徐变越大。骨料级配越好，骨料刚度越大，徐变越小。混凝土养护条件越好（包括采用蒸汽养护）和混凝土受荷龄期越长，徐变越小。混凝土在高温、低湿度条件下发生的徐变要比在低温、高湿度条件下发生的徐变大。此外，构件表面积较大的构件其徐变也较大。

混凝土的徐变对钢筋混凝土构件受力性能的影响，在多数情况下是不利的，如：徐变可使构件的变形增加；长细比较大的偏心受压构件，由于侧向挠度增大而使偏心距增大，从而降低构件承载力；在预应力混凝土结构中，徐变将引起相当大的预应力损失。混凝土的徐变对结构构件也有有利的影响：存在温度应力的结构，混凝土徐变可能使温度应力降低；引起

构件截面应力重分布或构件内力重分布，使构件截面应力或构件内力分布趋向均匀。例如，钢筋混凝土轴心受压柱由徐变引起的混凝土和受压钢筋之间的应力重分布，使钢筋和混凝土的应力有可能同时达到各自的强度，有利于充分发挥材料强度。

（四）混凝土的体积变形——混凝土的收缩和膨胀

在钢筋混凝土结构中，混凝土在结硬过程中体积减小的现象称为收缩；在长期使用过程中由于外面温湿度的变化引起混凝土体积增大的现象称为膨胀。它们与荷载的作用情况无关，即不论混凝土是否受力或受力大小，收缩和膨胀将依自身的特有规律发生和发展。

结构构件周围环境的湿度，实际是在不断变化的，因此混凝土的体积也就处在不断的湿胀干缩变化之中。混凝土的实际收缩曲线是一条带有随机性质的变化曲线，如图 1-21 中的虚线所示。调查研究结果表明，当湿度变化幅度相同时，混凝土的干缩变形约为湿胀的 6 倍。因此，对结构产生不利影响的主要是混凝土的收缩，而膨胀则可忽略不计。

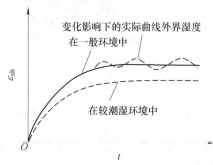

图 1-21 混凝土收缩应变与时间的关系

混凝土从开始结硬就产生收缩，整个收缩过程可延续两年以上。初期收缩变形发展较快，2 周可完成全部收缩量的 5%，1 个月约完成全部收缩量的 50%，3 个月后收缩减缓，最终收缩应变为 $2.0 \times 10^{-4} \sim 5.0 \times 10^{-4}$。

引起混凝土收缩的主要原因是：①干燥失水，如水泥水化凝固结硬、颗粒沉陷析水和干燥蒸发等；②由于碳化作用而引起的水泥凝胶体中的 $Ca(OH)_2$ 向 $CaCO_3$ 转化。

除养护条件外，混凝土收缩还与下列因素有关：①高强度等级水泥制成的混凝土，其收缩较大；②水泥用量越多，收缩越大；③水灰比越大，收缩越大；④骨料的弹性模量越大，收缩越小。除此之外，外界环境的湿度也是影响混凝土收缩的一个很重要的因素。

混凝土在结硬阶段的收缩以及使用阶段由温度变化所引起的变形，常给钢筋混凝土结构（如大中型给水排水构筑物）带来不利的影响。

以图 1-22 为例，假定混凝土构件的两端与其他结构整体浇筑在一起，即构件两端可以看成完全固定。当混凝土收缩或温湿度变化引起构件的伸长或缩短时，两端的约束将阻碍构件的自由变形。设两端无约束的构件在混凝土收缩或外界湿度降低时产生的收缩量为 $\Delta L = \varepsilon_c L$（或每侧各为 $\dfrac{\Delta L}{2} = \dfrac{\varepsilon_c L}{2}$）。其中 ε_c 为收缩应变，L 为构件长度。当构件由于两端受到约束而不能缩短时，也就相当于把构件从被缩短的状态强制拉到原有长度。这时，在构件截面中引起的拉应力为

$$\sigma = \varepsilon_c E_c \tag{1-8}$$

式中 E_c——混凝土的弹性模量。

当温湿度升高时，在截面中所引起的应力同样可以按这个公式进行计算。这种由于自由变形受到阻碍而产生的应力称为"强制应力"。由于混凝

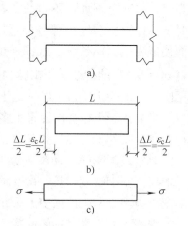

图 1-22 混凝土收缩对钢筋混凝土构件产生的附加应力

土的抗拉强度远比抗压强度为低，故对结构最不利的是由混凝土收缩或温湿度降低所引起的强制应力。一旦拉应力超过了混凝土的抗拉强度，构件将出现贯通整个截面的裂缝。

在钢筋混凝土构件中钢筋并不产生收缩（温度变形除外），故它将通过粘结力对混凝土的收缩起一定的阻碍作用。配有纵向钢筋的梁、柱或配有双向钢筋网的板，其收缩均比纯混凝土构件小。由于配筋率的不同，收缩率可减小 20% ~ 50%。但这种现象是以在混凝土中产生强制拉应力为代价的，如果配筋率过高而混凝土的收缩又大，则构件混凝土依然会因强制拉应力过高而开裂。

由混凝土体积变化在结构构件中引起的强制内力，同样会使混凝土产生徐变，这种徐变反过来能在一定程度上降低结构中的强制内力从而减小混凝土开裂的危险。

三、混凝土的弹性模量、变形模量和切线模量

混凝土是一种弹塑性材料。为此，混凝土构件受荷后，其应力 σ_c 及应变 ε_c 之间的关系不完全成正比。

图 1-23 所示混凝土应力-应变曲线上任意一点 K 处应力和应变分别为 σ_c 和 ε_c，ε_c 可分解为弹性应变 ε_{cc} 和塑性应变 ε_{cp} 两部分，即

$$\varepsilon_c = \varepsilon_{cc} + \varepsilon_{cp} \tag{1-9}$$

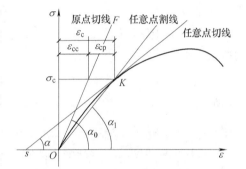

图 1-23　混凝土弹性模量、变线模量和切线模量计算图示

（1）弹性模量　在应力-应变曲线的原点 O 作曲线的切线，该切线的正切称为混凝土的原点弹性模量，记为 E_c，即

$$E_c = \tan\alpha_0 \tag{1-10}$$

混凝土的原点弹性模量也称混凝土的弹性模量，它反映的是混凝土的应力与其弹性应变的关系，即

$$E_c = \frac{\sigma_c}{\varepsilon_{cc}} \tag{1-11}$$

对于一定强度等级的混凝土，E_c 是一定值。

（2）变形模量　连接原点 O 和曲线上任意一点 K 的割线的正切称为混凝土的变形模量，记为 E'_c，也称割线模量，即

$$E'_c = \tan\alpha_1 \ 或 \ E'_c = \frac{\sigma_c}{\varepsilon_c} = \frac{\sigma_c}{\varepsilon_{cc} + \varepsilon_{cp}} \tag{1-12}$$

（3）切线模量　在应力-应变曲线上任一点 K 处作切线，切线与横坐标夹角的正切或其应力增量与应变增量的比值，称为相应于该点的应力的切线模量 E''_c

$$E''_c = \tan\alpha \tag{1-13}$$

或

$$E''_c = \frac{d\sigma_c}{d\varepsilon_c} \tag{1-14}$$

随着混凝土应力的增加，混凝土塑性变形的发展，混凝土的割线模量和切线模量均为变量。由式（1-11）与式（1-12）可推导出混凝土割线模量和弹性模量的关系为

$$E'_c = \frac{\sigma_c}{\varepsilon_c} = \frac{\varepsilon_{cc}}{\varepsilon_c} E_c = \nu' E_c \tag{1-15}$$

式中 ν'——混凝土受压时的弹性系数。

当应力较小时（$\sigma_c \leqslant 0.3 f_c$），混凝土基本上处于弹性阶段，可认为 $\nu' = 1$，即混凝土的割线模量等于混凝土的弹性模量。随着应力的增加，混凝土的弹性系数逐渐减小：当 $\sigma_c = 0.5 f_c$ 时，平均值约为 $\nu' = 0.85$；当 $\sigma_c = 0.8 f_c$ 时，ν' 约为 $0.4 \sim 0.7$。

混凝土受拉弹性模量与受压时基本一致，可取相同数值。受拉时的变形模量可表达为

$$E'_{ct} = \nu_t E_c \tag{1-16}$$

式中 ν_t——混凝土受拉时的弹性系数。

试验表明，对各种强度等级的混凝土，相应于应力达到抗拉强度 f_t 时的 ν_t 均可取 0.5，即相应于 f_t 的混凝土受拉变形模量可取 $E'_{ct} = 0.5 E_c$，这一取值在钢筋混凝土构件的抗裂验算中具有重要意义。

（4）混凝土弹性模量的确定 混凝土的弹性模量与混凝土立方抗压强度标准值 $f_{cu,k}$ 之间的关系，根据试验可用下面公式表达

$$E_c = \frac{10^5}{2.2 + \dfrac{34.7}{f_{cu,k}}} \tag{1-17}$$

式中 $f_{cu,k}$——混凝土的立方抗压强度标准值（N/mm²）。

《规范》对各强度等级混凝土所确定的弹性模量值就是根据上式计算出来的，具体数值见附录 A 中表 A-2（2）。

四、给水排水构筑物对混凝土的特殊要求

（一）耐久性能

结构的耐久性是对结构的功能要求之一，而混凝土的耐久性能是保证结构耐久性的前提条件。控制水灰比、降低渗透性、提高混凝土强度等级、增加混凝土密实性、控制混凝土中氯离子和碱的含量等对于混凝土的耐久性能起着非常关键的作用。《规范》将混凝土结构所处的环境分为五类，见表 1-1。

表 1-1 混凝土结构的环境类别

环境类别	条 件
一	室内干燥环境 无侵蚀性静水浸没环境
二 a	室内潮湿环境 非严寒和非寒冷地区的露天环境 非严寒和非寒冷地区与无侵蚀性的水或土壤直接接触的环境 严寒和寒冷地区的冰冻线以下与无侵蚀性的水或土壤直接接触的环境
二 b	干湿交替环境 水位频繁变动环境 严寒和寒冷地区的露天环境 严寒和寒冷地区冰冻线以上与无侵蚀性的水或土壤直接接触的环境

（续）

环境类别	条　件
三 a	严寒和寒冷地区冬季水位变动区环境 受除冰盐影响环境 海风环境
三 b	盐渍土环境 受除冰盐作用环境 海岸环境
四	海水环境
五	受人为或自然的侵蚀性物质影响的环境

注：1. 室内潮湿环境是指构件表面经常处于结露或湿润状态的环境。

　　2. 严寒和寒冷地区的划分应符合 GB 50176—1993《民用建筑热工设计规范》的有关规定。

　　3. 海岸环境和海风环境宜根据当地情况，考虑主导风向及结构所处迎风、背风部位等因素的影响，由调查研究和工程经验确定。

　　4. 受除冰盐影响环境是指受到除冰盐盐雾影响的环境；受除冰盐作用环境是指被除冰盐溶液溅射的环境以及使用除冰盐地区的洗车房、停车楼等建筑。

　　5. 暴露的环境是指混凝土结构表面所处的环境。

一、二、三类环境中，设计年限为 50 年的结构混凝土其耐久性基本要求应符合表 1-2 的规定。

表 1-2　结构混凝土材料的耐久性基本要求

环境等级	最大水胶比	最低强度等级	最大氯离子含量 （%）	最大碱含量 /（kg/m³）
一	0.60	C20	0.30	不限制
二 a	0.55	C25	0.20	
二 b	0.50（0.55）	C30（C25）	0.15	3.0
三 a	0.45（0.50）	C35（C30）	0.15	
三 b	0.40	C40	0.10	

注：1. 氯离子含量指其占胶凝材料总量的百分比。

　　2. 预应力构件混凝土中的最大氯离子含量为 0.06%；其最低混凝土强度等级宜按表中的规定提高两个等级。

　　3. 素混凝土构件的水胶比及最低强度等级的要求可适当放松。

　　4. 有可靠工程经验时，二类环境中的最低混凝土强度等级可降低一个等级。

　　5. 处于严寒和寒冷地区二 b、三 a 类环境中的混凝土应使用引气剂，并可采用括号中的有关参数。

　　6. 当使用非碱活性骨料时，对混凝土中的碱含量可不作限制。

给水排水工程结构由于其使用功能和所处环境的特殊性，除了要满足耐久性基本要求外，对混凝土的抗渗性能、抗冻性能及耐蚀性能要求较高。

（二）抗渗性能

混凝土抵抗压力水渗透的性能称为混凝土的抗渗性能。钢筋混凝土构筑物的抗渗性能以混凝土本身的密实性来满足要求，混凝土的抗渗能力用抗渗等级来表示，符号记为 S_i。抗渗等级是指对龄期为 28 天的混凝土抗渗试件，施加 $i \times 0.1 \text{N/mm}^2$ 水压后能满足不渗水的指标。例如抗渗等级为 S_4 的混凝土能在 0.4N/mm^2 的水压作用下满足不渗水指标。按照《给水排水工程构筑物结构设计规范》，给水排水构筑物所用混凝土的抗渗等级应按表1-3采用。

表1-3 混凝土抗渗等级 S_i 的允许值

最大作用水头与混凝土、壁、板厚度之比值 i_w	抗渗等级 S_i
<10	S_4
10~30	S_6
>30	S_8

（三）抗冻性能

混凝土在吸水饱和状态下，抵抗多次冻结和融化循环作用而不破坏、也不严重降低强度的性能称为混凝土的抗冻性能。在寒冷地区，外露的钢筋混凝土构筑物的混凝土应具有良好的抗冻性能，混凝土的抗冻性能一般用抗冻等级来表示，符号记为 F_i。抗冻等级 F_i 是指对龄期为28天的混凝土试件，在进行相应要求的冻融循环总次数 i 次作用后，与未受冻融的相同试件相比，混凝土强度等级降低不大于25%，且冻融试件质量损失不超过5%。冻融循环次数 i 指一年内气温从 +3℃以上降至 -3℃以下，然后回升到 +3℃以上的交替次数；对于地表水取水头部，尚应考虑一年中月平均气温低于 -3℃期间，因水位涨落而产生的冻融交替次数，此时水位每涨落一次按一次冻融计算。《给水排水工程构筑物结构设计规范》要求，给水排水构筑物所用混凝土的抗冻等级应符合表1-4的要求，混凝土抗冻等级应进行试验确定。

表1-4 混凝土抗冻等级 F_i 的允许值

气候条件 \ 结构类别·工作条件	地表水取水头部		其他
	冻融循环总次数		地表水取水头部的水位涨落区以上部位及外露的水池等
	≥100	<100	
最冷月平均气温低于 -10℃	F_{300}	F_{250}	F_{200}
最冷月平均气温在 -3~-10℃	F_{250}	F_{200}	F_{150}

注：气温应根据连续5年以上的实测资料，统计其平均值确定。

提高混凝土的强度等级及密实性可以提高混凝土的抗冻性能，强度等级相同的混凝土的抗冻性能与水泥品种有关。当考虑冻融作用时，混凝土用水泥不得采用火山灰质硅酸盐水泥和粉煤灰硅酸盐水泥。另外，贮水或水处理构筑物、地下构筑物的混凝土，不得采用氯盐作为防冻、早强的掺和料。

（四）耐蚀性能

耐蚀性能是指混凝土耐酸、碱、盐腐蚀的性能。酸性介质对混凝土的作用是一种化学腐蚀过程，酸能够与水泥中的硅酸三钙以及游离氢氧化钙化合而生成可溶性盐，因此混凝土抵抗各种酸腐蚀的能力很差。

苛性碱（KOH）能与水泥中的硅酸三钙和铝酸钙作用，生成胶结能力不高的氢氧化钙和易溶于碱性溶液的硅酸盐和铝酸盐，因此苛性碱对混凝土也有明显的化学腐蚀作用，当苛性碱溶液质量分数超过20%时，腐蚀过程进展较快。对于其他碱性介质如氨水、氢氧化钙等，混凝土则有一定的抵抗能力。

此外，由于混凝土内部存在孔隙和裂缝，酸、碱、盐浸入其中后，当干湿变化频繁时，可能在孔隙内产生盐类结晶。随着结晶不断增大，将会对孔壁产生很大的膨胀力，使混凝土结构表层逐渐剥落、粉碎，这种物理腐蚀过程称为"结晶腐蚀"。结晶腐蚀一般发生在贮液池结构液位变化部位的混凝土壁板内表面处。

在给水排水工程结构中，当贮水或水处理构筑物、地下构筑物的混凝土满足抗渗要求时，一般可不作防腐处理；对接触侵蚀性介质的混凝土，应按现行的有关规范或进行专门试验确定防腐措施。对于工业污水处理池，一般除酸性特别强的少量污水可用耐蚀材料建造专门用小型容池外，大量处理池仍可采用钢筋混凝土结构。当介质侵蚀性很弱时，只采用增加混凝土密实性的方法来提高其耐蚀能力；当介质腐蚀性较强时，需在池壁内侧、池底采取专门防腐措施（如涂刷沥青，涂刷耐酸漆，做沥青砂浆、水玻璃砂浆、树脂砂浆等面层，粘贴玻璃钢、耐腐蚀石材等）。当地下水中含有侵蚀介质时，埋入地下水以下的构筑物部分（壁板和底板）的外表面也应采取防腐措施。

在实际使用环境中，有时混凝土结构还要经受高温状态，虽然一般混凝土结构具有较好的耐热性和耐火性，但如果结构长期处于高温状态，其性能会受到相当大的损害，应采取提高混凝土结构耐热性、耐火性的措施。

第三节　钢筋和混凝土的共同工作

一、钢筋和混凝土共同工作的基本条件

在钢筋混凝土结构中，钢筋和混凝土这两种性质不同的材料之所以能结合成一个整体而共同工作，是以下面三个条件为前提的：

（1）两者之间具有较强的粘结应力　混凝土在结硬过程中能与被埋在其中的钢筋粘结在一起，若构件的构造处理得当，它们之间的粘结强度足以承担作用在钢筋与混凝土界面上的切应力。

（2）两者具有相近的线胀系数　混凝土与钢筋具有大致相同的线胀系数（混凝土平均为 $1.0 \times 10^{-5}℃^{-1}$；钢筋为 $1.2 \times 10^{-5}℃^{-1}$），故不致因两种材料的温度变形不同而产生过大的温度应力。

（3）混凝土对钢筋具有保护作用　混凝土包裹着钢筋，由于混凝土具有弱碱性，可以保护钢筋不锈蚀。但要保证这种效果还必须具备下述两个条件：

1）控制普通混凝土的裂缝宽度。处在一般环境中的钢筋混凝土构件，其受拉区混凝土虽然很难避免开裂，但对裂缝开展必须加以限制。否则，空气和水分将从过宽的裂缝浸入到钢筋表面，锈蚀将沿裂缝处钢筋表面向两侧发展，膨胀的锈铁将胀裂其周围混凝土的保护层，进而造成锈蚀过程的恶性循环。

2）混凝土保护层必须具有足够的厚度。空气中的二氧化碳与水泥中的游离氢氧化钙反应后生成碳酸钙，这种反应称为混凝土的碳化。在构件使用过程中，混凝土的碳化将以一定速度由混凝土构件表面向内发展。一旦碳化深度超过保护层厚度而到达钢筋表面，混凝土就会由于失去碱性而丧失对钢筋的保护作用。因此，保护层的厚度宜大于构件预计使用期限内混凝土的碳化深度。

二、钢筋与混凝土之间的粘结应力

粘结应力是指在钢筋与混凝土接触界面上所产生的沿钢筋纵向的切应力。界面上所能承受的最大切应力称为粘结强度。正是通过这种粘结作用使钢筋与混凝土两者之间可进行应力传递并协调变形。粘结应力按其在钢筋混凝土构件中的作用性质，可分为锚固粘结应力和局部粘结应力（开裂截面处的粘结应力）。

（一）锚固粘结应力

如图1-24a所示悬臂梁，承担负弯距的钢筋伸入支座后，必须要有足够的锚固长度（l_a），通过该长度上粘结应力的积累，使钢筋在靠近支座处充分发挥作用。图1-24b所示为钢筋的搭接接头，同样要有一定的搭接长度（l_1），这样才能保证通过粘结应力传递钢筋与混凝土之间的内力，以保证钢筋强度的充分发挥。

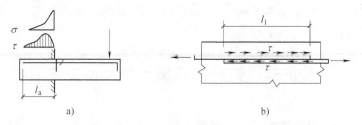

图1-24 锚固粘结应力

（二）局部粘结应力

局部粘结应力是指开裂构件裂缝两侧产生的粘结应力，其作用是使裂缝之间的混凝土参与工作，如图1-25所示。该类粘结应力的大小，反映了混凝土参与受力的程度。

钢筋与混凝土之间的粘结应力可用拔出试验来测定。在混凝土试件的中心埋置钢筋，如图1-26所示，在加荷端拉拔钢筋。则沿钢筋单位长度上的粘结应力τ_b可由图中1、2两点之间的钢筋拉力的变化除以钢筋与混凝土的接触面积来计算，即

$$\tau_b = \frac{\Delta\sigma_s A_s}{u \cdot 1} = \frac{d}{4}\Delta\sigma_s \qquad (1-18)$$

式中 $\Delta\sigma_s$——单位长度上钢筋应力的变化值；

A_s——钢筋截面面积；

u——钢筋周长。

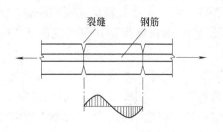

图1-25 局部粘结应力

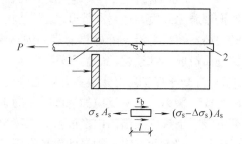

图1-26 钢筋拔出试验

式（1-18）表明，粘结应力使钢筋中的应力沿其长度发生变化，没有钢筋应力的变化也就不存在粘结应力。若已知钢筋应力σ_s的分布曲线，就可得到粘结应力τ_b的分布曲线，

图1-27所示为一拔出试验测得的钢筋应力及粘结应力分布情况。

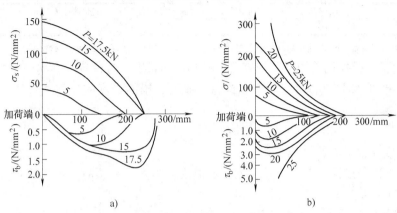

图1-27　钢筋应力及粘结应力

a）光圆钢筋　b）带肋钢筋

试验表明，钢筋与混凝土之间的粘结应力由三部分组成：一是混凝土收缩将钢筋紧紧握固而产生的摩擦力，钢筋和混凝土之间挤压力越大、接触面越粗糙，则摩擦力越大；二是水泥凝胶体与钢筋表面之间的胶合力，该力一般较小，当接触面发生相对滑移时，该力即消失；三是钢筋表面凹凸不平与混凝土之间产生的机械咬合力。带肋钢筋具有横肋，它与其周围混凝土间的咬合力是带肋钢筋粘结应力的主要来源。

根据拔出试验，粘结强度主要取决于混凝土强度等级和钢筋表面形状。混凝土强度等级越高，粘结强度也越高。但粘结强度的增长速度随混凝土强度的提高而逐渐减缓。带肋钢筋比光圆钢筋的实测粘结强度高 60% ~ 80%。另外，粘结强度还与钢筋的受力情况、钢筋周围的混凝土厚度有密切关系。

三、保证钢筋与混凝土间粘结应力的措施

（一）保证钢筋在混凝土中的锚固长度（l_a）和搭接长度（l_1）

钢筋的锚固长度和搭接长度对粘结能力的大小有重要影响，当钢筋的锚固长度不足时，有可能发生拔出破坏。《规范》规定了钢筋的最小锚固长度和最小搭接长度，在设计和施工中必须予以保证。

1. 基本锚固长度 l_{ab}

钢筋基本锚固长度与钢筋强度等级、混凝土抗拉强度、钢筋直径及其外形有关。《规范》规定对钢筋混凝土结构构件当计算中充分利用钢筋受拉强度时，受拉钢筋的基本锚固长度 l_{ab} 可按下式计算

$$l_{ab} = \alpha \frac{f_y}{f_t} d \tag{1-19}$$

式中　l_{ab}——受拉钢筋的基本锚固长度；

　　　α——锚固钢筋的外形系数，按表1-5取值；

　　　f_y——锚固钢筋的抗拉强度设计值；

　　　f_t——锚固区混凝土抗拉强度设计值，当混凝土强度等级高于 C60 时，按 C60 取值；

　　　d——锚固钢筋的直径或锚固并筋（钢筋束）的等效直径。

表1-5　锚固钢筋的外形系数 α

钢筋类型	光面钢筋	带肋钢筋	螺旋肋钢丝	三股钢绞线	七股钢绞线
α	0.16	0.14	0.13	0.16	0.17

注：光面钢筋末端应做180°弯钩，弯后平直段长度不应小于3d，但作受压钢筋时可不做弯钩。

一般情况下，受拉钢筋的锚固长度可取基本锚固长度。考虑各种影响钢筋与混凝土锚固强度的因素，当采取不同的埋置方式和构造措施时，锚固长度应按下式计算，且不应小于200mm：

$$l_a = \zeta_a l_{ab} \tag{1-20}$$

式中　l_a——受拉钢筋的锚固长度；

　　　ζ_a——锚固长度修正系数，按下列规定取用，当多于一项时，可连乘计算，但不应小于0.6。

纵向受拉钢筋的锚固长度修正系数 ζ_a 应按下列规定取用：

1）当带肋钢筋的直径大于25mm时，取1.1。

2）环氧树脂涂层带肋钢筋取1.25。

3）施工过程中易受扰动（如滑模施工）的钢筋取1.1。

4）当纵向受力钢筋的实际配筋面积大于其设计计算面积时，修正系数取设计计算面积与实际配筋面积的比值，但对有抗震设防要求及直接承受动力荷载的结构构件，不得采用此项修正。

5）锚固钢筋的混凝土保护层为3d时修正系数可取0.8，锚固钢筋的混凝土保护层为5d时修正系数可取0.7，中间内插值。此处d为锚固钢筋直径。

6）当纵向受拉钢筋末端采取弯钩或机械锚固措施时，包括弯钩或附加锚固端头在内的锚固长度（投影长度）可取为计算锚固长度的60%。机械锚固的形式及构造要求宜按图1-28所示，锚固长度范围内的箍筋不应小于3个，其直径不应小于纵向钢筋直径的0.25倍，其间距不应大于纵向钢筋直径的5倍；当纵向钢筋的混凝土保护层厚度不小于钢筋直径的5倍时，可不配置上述钢筋。弯钩和机械锚固形式和技术要求应符合表1-6的规定。

表1-6　钢筋弯钩和机械锚固的形式和技术要求

锚固形式	技术要求
90°弯钩	末端90°弯钩，弯钩内径4d，弯后直段长度12d
135°弯钩	末端135°弯钩，弯钩内径4d，弯后直段长度5d
一侧贴焊锚筋	末端一侧贴焊长5d同直径钢筋
两侧贴焊锚筋	末端两侧贴焊长3d同直径钢筋
末端穿孔塞焊锚板	末端与厚度d的锚板穿孔塞焊
螺栓锚头	末端旋入螺栓锚头

注：1. 焊缝和螺纹长度应满足承载力要求。
　　2. 螺栓锚头和焊接锚板的承压净面积不应小于锚固钢筋截面积的4倍。
　　3. 螺栓锚头的规格应符合相关标准的要求。
　　4. 螺栓锚头和焊接锚板的钢筋净间距不宜小于4d，否则应考虑群锚效应的不利影响。
　　5. 截面角部的弯钩和一侧贴焊锚筋的布筋方向宜向截面内侧偏置。

当锚固钢筋保护层厚度不大于5d时，钢筋锚固长度范围内应配置横向构造钢筋，其直径不应小于d/4；对梁柱斜撑等构件的间距不应大于5d，对板墙等平面构件间距不应大于10d，且均不应大于100mm。此处d为锚固钢筋直径。

对于受压钢筋，由于钢筋受压时会侧向膨胀，对混凝土产生挤压增加了粘结力，所以它

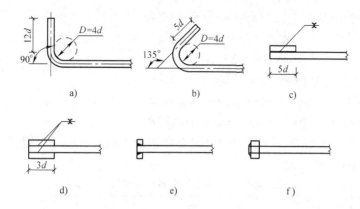

图 1-28　钢筋弯钩和机械锚固的形式和技术要求

a）末端带 90°弯钩　b）末端带 135°弯钩　c）末端一侧贴焊钢筋　d）末端两侧贴焊钢筋

e）末端穿孔塞焊锚板　f）螺栓锚头

的锚固长度可以短些。当计算中充分利用纵向钢筋的抗压强度时，其锚固长度不应小于相应受拉锚固长度的 0.7 倍。受压钢筋不应采用末端弯钩和一侧贴焊锚筋的锚固措施。

2. 搭接长度

当混凝土构件中的钢筋长度不够时，或因为构造要求需设施工缝或后浇带时，钢筋就需要搭接，即将两根钢筋的端头在一定长度内并放，并采用适当的连接将一根钢筋的力传给另一根钢筋。受拉钢筋搭接接头处的粘结比锚固粘结要差，实际工程中需要对受拉钢筋进行搭接时，搭接长度应大于锚固长度。受拉钢筋绑扎搭接接头的搭接长度 l_l 应根据位于同一连接区段内的钢筋搭接接头面积百分率按下式计算，且在任何情况下，纵向受拉钢筋绑扎搭接接头的搭接长度均不应小于 300mm。

$$l_l = \zeta_l l_a \tag{1-21}$$

式中　ζ_l——纵向受拉钢筋搭接长度修正系数，按表 1-7 取值。

表 1-7　纵向受拉钢筋搭接长度修正系数

纵向钢筋搭接接头面积百分率（%）	≤25	50	100
ζ_l	1.2	1.4	1.6

构件中的纵向受压钢筋，当采用搭接连接时，其受压搭接长度不应小于按式（1-21）计算的纵向受拉钢筋搭接长度的 0.7 倍，且在任何情况下不应小于 200mm。

横向钢筋可以限制混凝土内部裂缝的发展，使粘结强度提高。因此，在钢筋锚固区和搭接长度范围内，应加强横向箍筋（如箍筋加密等）。配置箍筋的直径不应小于搭接钢筋较大直径的 0.25 倍。对梁、柱、斜撑等构件，箍筋间距不应大于搭接钢筋较小直径的 5 倍，对板墙等平面构件，箍筋间距不应大于搭接钢筋较小直径的 10 倍，且均不应大于 100mm，当受压钢筋直径大于 25mm 时，尚应在搭接接头两个端面外 100mm 范围内各设置两个箍筋。

（二）满足钢筋最小间距和混凝土保护层最小厚度的要求

混凝土构件截面上有多根钢筋并列在一排时，钢筋的净间距对粘结强度有重要影响。当钢筋净间距不足时，外围混凝土将发生钢筋平面内贯穿整个梁宽的劈裂裂缝，造成混凝土保护层剥落，使粘结强度显著降低。

对带肋钢筋来说，钢筋周围的混凝土保护层厚度大小也对粘结强度有影响，带肋钢筋受力时，在钢筋凸肋的角端上，混凝土会发生内部裂缝，如果钢筋周围的混凝土过薄，会发生由于混凝土撕裂裂缝的延长而导致的破坏（图 1-29）。

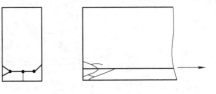

图 1-29 混凝土的撕裂裂缝

混凝土保护层厚度还应满足耐久性要求。构件中受力钢筋的保护层厚度不应小于钢筋的公称直径 d；设计年限为 50 年的混凝土结构，最外层钢筋的保护层厚度应符合表 1-8 的规定；设计年限为 100 年的混凝土结构，最外层钢筋的保护层厚度不应小于表 1-8 中数值的 1.4 倍。

表 1-8 纵向受力钢筋的混凝土保护层最小厚度 （单位：mm）

环境类别	板、墙、壳	梁、柱、杆
一	15	20
二 a	20	25
二 b	25	35
三 a	30	40
三 b	40	50

注：1. 混凝土强度等级不大于 C25 时，表中保护层厚度数值应增加 5mm。

2. 钢筋混凝土基础宜设置混凝土垫层，基础中钢筋的混凝土保护层厚度应从垫层顶面算起，且不应小于 40mm。

另外，CECS138:2002《给水排水工程钢筋混凝土水池结构设计规程》对钢筋的最小混凝土保护层厚度另有规定，见表 1-9。

（三）采用合理的混凝土浇筑方法

粘结强度与浇筑混凝土时钢筋的位置有关，当浇筑深度超过 300mm 的混凝土时，钢筋底面的混凝土会出现沉淀收缩和离析泌水，气泡逸出，使混凝土与水平放置的钢筋之间形成一层强度较低的空隙层，它将削弱钢筋与混凝土的粘结作用。因此，对高度较大的混凝土构件应分层浇筑和采用二次振捣。

（四）保证光面钢筋的粘结性能

光面钢筋的粘结锚固性能较差，因此除直径 12mm 以下的受压钢筋及焊接网或焊接骨架中的光面钢筋外，光面钢筋的末端均应做成半圆弯钩，弯钩的形式与尺寸如图 1-30 所示。带肋钢筋及焊接骨架中的光面钢筋由于其粘结力较好，可不做弯钩，轴心受压构件中的光面钢筋也可不做弯钩。

图 1-30 钢筋弯钩

另外，钢筋的表面粗糙程度也影响到粘结强度。轻度锈蚀的钢筋的粘结强度比无锈及经除锈处理的钢筋要高。所以，除锈蚀严重的钢筋外，钢筋一般可不必进行除锈处理。

表 1-9 钢筋混凝土保护层最小厚度

构件类别	工 作 条 件	保护层最小厚度/mm
墙、板、壳	与水、土接触或高湿度	30
	与污水接触或受水气影响	35
梁、柱	与水、土接触或高湿度	35
	与污水接触或受水气影响	40

（续）

构 件 类 别	工 作 条 件	保护层最小厚度/mm
基础、底板	有垫层的下层筋	40
	无垫层的下层筋	70

注：1. 墙、板、壳内的分布筋的混凝土净保护层最小厚度不应小于20mm；梁、柱内箍筋的混凝土净保护层最小厚度不应小于25mm。

2. 表列保护层厚度按混凝土等级不低于C25给出，当采用的混凝土等级低于C25时，保护层厚度尚应增加5mm。

3. 不与水、土接触或不受水气影响的构件，其钢筋的混凝土保护层的最小厚度，应按GB 50010—2010《混凝土结构设计规范》的有关规定采用。

4. 当构筑物位于沿海环境，受盐雾侵蚀显著时，构件的最外层钢筋的混凝土最小保护层厚度不应小于45mm。

5. 当构筑物的构件外表设有水泥砂浆抹面或其他涂料等质量确有保证的保护措施时，表列要求的钢筋的混凝土保护层厚度可酌量减小，但不得低于处于正常环境的要求。

第四节 砌 体 材 料

砌体结构是由块材和砂浆组成的。砌体结构材料的强度等级是根据其抗压强度而划分的，是确定砌体在各种受力状态下强度的基础数据。块体强度等级以符号"MU"表示，砂浆强度等级以符号"M"表示；混凝土砌块（砖）专用砌筑砂浆强度等级以符号"Mb"表示，蒸压灰砂普通砖、蒸压粉煤灰普通砖专用砌筑砂浆强度等级以符号"Ms"表示，混凝土砌块灌孔混凝土强度等级以符号"Cb"表示。

一、砌体材料分类

（一）块材

1. 砖

砖包括烧结普通砖、烧结多孔砖、非烧结硅酸盐砖、混凝土普通砖和混凝土多孔砖等类型。

（1）烧结普通砖 以粘土、页岩、煤矸石、粉煤灰为主要原料，经焙烧而成的实心和孔率不大于25%，且外形尺寸符合规定的砖，称为烧结普通砖，分为烧结粘土砖、烧结页岩砖、烧结煤矸石砖、烧结粉煤灰砖等。砖的外形尺寸为240mm×115mm×53mm，按照标准试验方法测得的抗压强度分为五个强度等级（表1-10）：MU30、MU25、MU20、MU15和MU10。

表1-10 烧结普通砖、烧结多孔砖强度等级 （单位：N/mm^2）

强 度 等 级	抗压强度平均值 $f_m \geqslant$	变异系数 $\delta \leqslant 0.21$ 抗压强度标准值 $f_k \geqslant$	变异系数 $\delta > 0.21$ 单块最小抗压强度值 $f_{min} \geqslant$
MU30	30.0	22.0	25.0
MU25	25.0	18.0	22.0
MU20	20.0	14.0	16.0
MU15	15.0	10.0	12.0
MU10	10.0	6.5	7.5

（2）烧结多孔砖　以粘土、页岩、煤矸石、粉煤灰为主要原料，经焙烧而成，主要用于结构中承重部位的多孔砖，称为烧结多孔砖，简称多孔砖。目前多孔砖分为 P 型砖（外形尺寸为 240mm × 115mm × 90mm 的砖）、M 型砖（外形尺寸为 190mm × 190mm × 90mm）等。这种砖的特点在于孔洞率应大于或等于 25%，孔的尺寸小而数量多，而且孔型及孔的大小和排列应符合规定。孔洞尺寸较大、孔洞率大于或等于 40% 且主要用于结构中非承重部位的砖，称为烧结空心砖，简称空心砖，其强度等级分为：MU10、MU7.5、MU5 和 MU3.5。

（3）硅酸盐砖　以硅质材料和石灰为主要原料或以工业废料粉煤灰、煤矸石、炉渣等为主要原料，经压制成坯、蒸压养护而成的实心砖，统称为硅酸盐砖。常用的有蒸压灰砂砖、蒸压粉煤灰砖、炉渣砖、矿渣砖等。生产推广这类砖，可大量利用工业废料，减少环境污染。各种硅酸盐砖均不需要焙烧，不适宜用于砌筑护壁、烟囱之类承受高温的砌体。

蒸压灰砂砖、蒸压粉煤灰砖的砖型和规格与烧结砖的相同，也可制成普通砖和多孔砖。按照标准试验方法测得的抗压强度分为四个强度等级：MU25、MU20、MU15 和 MU10。

（4）混凝土普通砖、混凝土多孔砖　以水泥为胶结材料，以砂、石等为主要骨料，加水搅拌，经成型、养护制成的一种多孔的混凝土半盲砖或实心砖。多孔砖的主要规格有 240mm × 115mm × 90mm、240mm × 190mm × 90mm、190mm × 190mm × 90mm 等；实心砖的主要规格有 240mm × 115mm × 53mm、240mm × 115mm × 90mm 等。强度等级分为 MU30、MU25、MU20 和 MU15。

2. 砌块

砌块比标准砖尺寸大，制作砌块的材料有许多种，承重用的砌块主要是普通混凝土小型空心砌块和轻集料（骨料）混凝土小型空心砌块，利用工业废料加工生产的各种砌块（如粉煤灰砌块、煤矸石砌块、炉渣混凝土砌块、加气混凝土砌块等）。

（1）普通混凝土小型空心砌块　按照 GB 8239—1997《普通混凝土小型空心砌块》，其主规格尺寸为 390mm × 190mm × 90mm，空心率不小于 25%，通常为 45% ~ 50%，砌块强度分为 MU20、MU15、MU10、MU7.5、MU5 和 MU3.5 六个等级，见表1-11。

表 1-11　普通混凝土小型空心砌块强度等级　　　　（单位：N/mm²）

强 度 等 级	砌块抗压强度	
	平均值不小于	单块最小值不小于
MU20	20.0	16.0
MU15	15.0	12.0
MU10	10.0	8.0
MU7.5	7.5	6.0
MU5	5.0	4.0
MU3.5	3.5	2.8

（2）轻集料混凝土小型空心砌块　按 GB/T 15229—2011《轻集料混凝土小型空心砌块》，轻集料混凝土小型空心砌块的主规格尺寸亦为 390mm × 190mm × 90mm，按孔的排数有单排孔、双排孔、三排孔等（图1-31）。砌块强度划分为 MU10、MU7.5、MU5、MU3.5 和 MU2.5 五个等级，见表1-12。

表1-12　轻集料混凝土小型空心砌块强度等级　（单位：N/mm²）

强度等级	砌块抗压强度		密度等级范围/
	平均值	最小值	（kg/m³）
MU10	≥10.0	8.0	≤1200① ≤1400②
MU7.5	≥7.5	6.0	≤1200① ≤1300②
MU5	≥5.0	4.0	≤1200
MU3.5	≥3.5	2.8	≤1000
MU2.5	≥2.5	2.0	≤800

注：当砌块的抗压强度同时满足2个强度等级或2个强度等级要求时，应以满足要求的最高强度等级为准。
① 除自燃煤矸石掺量不小于砌块质量35%以外的其他砌块。
② 自燃煤矸石掺量不小于砌块质量35%的砌块。

（3）石材　用作承重砌体的石材主要来源于重质岩石和轻质岩石。重质岩石的抗压强度高、耐久性好，但热导率大。轻质岩石的抗压强度低、耐久性差，但易开采和加工，热导率小。

石材按其加工后的外形规则程度，分为料石和毛石。料石中又有细料石、半细料石、粗料石和毛料石。毛石的形状不规

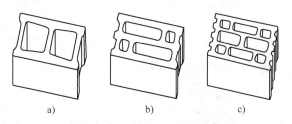

图1-31　混凝土小型空心砌块形式
a）单排孔　b）双排孔　c）三排孔

则，但要求毛石的中部厚度不小于200mm。石材的大小和规格不一，石材的强度等级通常用3个边长为70mm的立方体试件进行抗压试验，按其破坏强度的平均值而确定。石材的强度划分为MU100、MU80、MU60、MU50、MU40、MU30和MU20七个等级。试件也可采用表1-13所列边长尺寸的立方体，但应将破坏强度的平均值乘以表内相应的换算系数，以此确定石材强度等级。

表1-13　石材强度等级的换算系数

立方体边长/mm	200	150	100	70	50
换算系数	1.43	1.28	1.14	1	0.86

（二）砂浆

（1）砂浆　砂浆是由胶结料、细集料、掺和料加水搅拌而成的混合材料，在砌体中起粘结、衬垫和传递应力的作用。砌体中常用的砂浆有水泥砂浆、水泥混合砂浆和非水泥砂浆，其稠度、分层度和强度均需达到规定的要求。为改善砂浆的和易性可加入石灰膏、电石粉、粉煤灰及粘土膏等无机材料的掺和料。

砂浆的强度等级用边长为70.7mm的立方体试件进行抗压试验，每组为6块，按其破坏强度的平均值确定。普通砂浆的强度等级划分为五个：M15、M10、M7.5、M5和M2.5。蒸压灰砂普通砖和蒸压粉煤灰普通砖砌体采用的专用砌筑砂浆强度等级为Ms15、Ms10、Ms7.5和Ms5四级。工程上由于块体的种类较多，确定砂浆强度等级时应采用同类块体为砂

浆强度试件底模。

（2）混凝土小型空心砌块砌筑砂浆和灌孔混凝土 为了适应混凝土砌块等混凝土建筑制品应用需要，提高砌块建筑的质量，还有混凝土小型空心砌块砌筑砂浆和混凝土小型空心砌块灌孔混凝土。混凝土小型空心砌块砌筑砂浆是砌块建筑专用的砂浆，由水泥、砂、水以及根据需要掺入的掺和料和外加剂等，按一定比例，采用机械拌和制成。其掺和料主要采用粉煤灰，外加剂包括减水剂、早强剂、促凝剂、缓凝剂、防冻剂、颜料等。专用砂浆可使砌体灰缝饱满、粘结性能好，减少墙体开裂和渗漏，提高砌块建筑质量。这种砂浆的强度分为Mb30、Mb25、Mb20、Mb15、Mb10、Mb7.5 和 Mb5 七个等级，其抗压强度指标相应于 M30、M25、M20、M15、M10、M7.5 和 M5 等级的一般砌筑砂浆抗压强度指标。

小型空心混凝土砌块灌孔混凝土是由水泥、集料、水以及根据需要掺入的掺和料和外加剂等，按一定比例，采用机械搅拌后，用于浇筑混凝土小型空心砌块砌体芯柱或其他需要填实孔洞部位的混凝土。其掺和料主要采用粉煤灰，外加剂包括减水剂、早强剂、促凝剂、缓凝剂、膨胀剂等。它是一种高流动性和低收缩的细石混凝土，是保证砌块建筑整体工作性能、抗震性能、承受局部荷载的重要施工配套材料。小型空心混凝土砌块灌孔混凝土的强度等级分为 Cb40、Cb35、Cb30、Cb25 和 Cb20 五个等级，相应于 C40、C35、C30、C25 和 C20 混凝土的抗压强度指标。

二、砌体材料的选用

砌体结构所用材料的最低强度等级，应符合下列要求：五层及五层以上房屋的墙，以及受振动或层高大于 6m 的墙、柱所用材料的最低强度等级为砖采用 MU10，砌块采用 MU7.5，石材采用 MU30，砂浆采用 M5；对安全等级为一级或设计使用年限大于 50 年的房屋，墙、柱所用材料的最低强度等级应比上述规定至少提高一级；地面以下或防潮层以下的砌体、潮湿房间的墙所用材料的最低强度等级应符合表 1-14 所示的要求。

表 1-14 地面以下或防潮层以下的砌体、潮湿房间的墙所用材料的最低强度等级

潮湿程度	烧结普通砖	混凝土普通砖、蒸压普通砖	混凝土砌块	石材	水泥砂浆
稍潮湿的	MU15	MU20	MU7.5	MU30	M5
很潮湿的	MU20	MU20	MU10	MU30	M7.5
含水饱和的	MU20	MU25	MU15	MU40	M10

注：1. 在冻胀地区，地面以下或防潮层以下的砌体，不宜采用多孔砖，如采用时，其孔洞应用不低于 M10 的水泥砂浆预先灌实。当采用混凝土空心砌块时，其孔洞应采用强度等级不低于 Cb20 的混凝土预先灌实。

2. 对安全等级为一级或设计使用年限大于 50 年的房屋，表中材料强度等级应至少提高一级。

三、砌体的力学性能

（一）砌体的分类

砌体结构如果仅由砌块和砂浆组成，称为无筋砌体，如砖砌体、砌块砌体、石砌体等。如果在砌体中配置钢筋或钢筋混凝土，则称为配筋砌体。砌体配筋可大大提高砌体的抗压、抗弯和抗剪承载力。在我国得到广泛应用的配筋砌体结构有下列四类：

（1）网状配筋砖砌体 在砖砌体的水平灰缝中配置钢筋网片的砌体承重构件，称为网状配筋砖砌体，也称横向配筋砖砌体，主要用作承受轴心压力或偏心距较小的受压的墙、柱，如图 1-32 所示。

（2）组合砖砌体 由砖砌体和钢筋混凝土或钢筋砂浆组成的砌体，称为组合砖砌体。图 1-33a 所示为采用钢筋混凝土作面层或钢筋砂浆作面层的组合砖砌体构件，可用作偏心距较大的偏心受压墙、柱。组合砖砌体还可用作剪力墙，先在两侧砌筑墙体作模板，然后在中间空腔内灌注配有竖向和横向钢筋的混凝土墙片，其受力性能与钢筋混凝土剪力墙相近，如图 1-33b 所示。

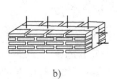

a) b)

图 1-32 网状配筋砖砌体 图 1-33 组合砖砌体

（3）复合配筋砌体 复合配筋砌体是在块体的竖向孔洞内设置钢筋混凝土芯柱，在水平灰缝内设置水平钢筋的砌体，这种砌体可以有效地提高墙体的抗弯和抗剪能力，如图 1-34 所示。在混凝土小型空心砌块砌体的孔洞内设置竖向钢筋和在水平灰缝设置水平钢筋，并用灌孔混凝土灌实的砌体承重构件，称为配筋混凝土砌块砌体构件。

（4）约束砌体（集中配筋砌体） 约束砌体是在墙体周边设置钢筋混凝土边框或构造梁、柱所形成的砌体。这类砌体可以提高墙体的抗压或局部受压承载力，提高墙体的抗震性能，目前在我国得到广泛应用，如图 1-35 所示。

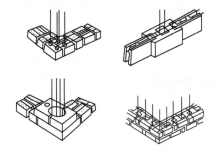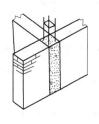

图 1-34 复合配筋砌体 图 1-35 约束砌体

（二）砌体的受压性能

1. 砌体受压破坏

普通砖砌体轴心受压时，从受荷开始到破坏可划分为三个受力阶段。

第一阶段：从砌体开始受压，随压力的增大至出现第一条裂缝（或第一批裂缝）。其特点是砌体处于弹性受力阶段，仅在单块砖内产生细小的裂缝，如不增加压力，该裂缝亦不发展。砖砌体内产生第一批（条）裂缝时的压力大约为破坏压力的 50% ~ 70%，如图 1-36a 所示。

第二阶段：随着压力的增大，单块砖内裂缝不断发展，并沿竖向通过若干皮砖，逐渐形成一段一段的裂缝。其特点是砌体进入弹塑性受力阶段，即使压力不再增加，砌体压缩变形增长快，砌体内裂缝继续加长增宽。此时的压力约为破坏压力的 80% ~ 90%，如图 1-36b 所示。砌体结构在使用中，若出现这种状态是十分危险的，应立即采取措施或进行加固处理。

第三阶段：压力继续增加至砌体完全破坏。其特点是砌体中裂缝急剧加长增宽、个别砖被压碎或形成小柱体，最后某些小立柱被压碎或丧失稳定而引起整个砖砌体的破坏，如图1-36c所示。破坏时的压力除以砌体横截面面积所得到的应力称为砌体的抗压强度。

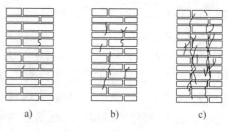

图1-36 砖砌体受压破坏

a）第一阶段 b）第二阶段 c）第三阶段

试验结果表明，砖砌体在受压破坏时，单块砖先开裂，砌体的抗压强度总是低于它所采用砖本身的抗压强度。其他砌块砌体的受压破坏特征与上述普通砖砌体的受压破坏特征大致相同，但又各有其本身的特性。如多孔砖砌体较普通砖砌体具有更为显著的脆性破坏特征。

2. 砌体的抗压强度

砌体是一种各向异性的复合材料，受压时具有一定的塑性变形能力。影响砌体抗压强度的主要因素有：砌体材料的物理、力学性能（块体和砂浆的强度、块体的规整程度和尺寸、砂浆的变形与和易性）、砌体工程施工质量、砌体强度试验方法等因素。GB 50003—2011《砌体结构设计规范》给出砌体抗压强度平均值计算公式为

$$f_{\mathrm{m}} = k_1 f_1^{\alpha}(1 + 0.07 f_2) k_2 \tag{1-22}$$

式中 f_{m}——砌体轴心抗压强度平均值；

k_1——与砌体类别有关的参数（表1-15）；

f_1——块材抗压强度平均值；

α——与块体类别有关的参数（表1-15）；

f_2——砂浆抗压强度平均值；

k_2——砂浆强度影响的修正系数（表1-15）。

表1-15 各类砌体轴心抗压强度平均值计算参数

砌 体 种 类	k_1	α	k_2
烧结普通砖、烧结多孔砖、蒸压灰砂砖、蒸压粉煤灰砖	0.78	0.5	当$f_2 < 1$时，$k_2 = 0.6 + 0.4 f_2$
混凝土砌块	0.46	0.9	当$f_2 = 0$时，$k_2 = 0.8$
毛料石	0.79	0.5	当$f_2 < 1$时，$k_2 = 0.6 + 0.4 f_2$
毛石	0.22	0.5	当$f_2 < 2.5$时，$k_2 = 0.4 + 0.24 f_2$

注：1. k_2在表列条件以外时均等于1。

2. 混凝土砌块砌体的轴心抗压强度平均值，当$f_2 > 10$MPa时，应乘系数$1.1 - 0.01 f_2$，MU20的砌体应乘系数0.95，且满足$f_1 \geqslant f_2$，$f_1 \leqslant 20$MPa。

（三）砌体的受拉、受弯和受剪性能

1. 砂浆和块体的粘结强度

砌体抗拉和抗剪强度大大低于其抗压强度。抗压强度主要取决于砌块强度，而在大多数情况下，砌体受拉、受弯和受剪破坏发生在砂浆和块体的连接面上，因此，砌体抗拉、抗弯和抗剪强度将决定于灰缝强度，即砂浆与块体的粘结强度。

根据力的作用方向，粘结强度分为法向粘结强度s和切向粘结强度τ两类。前者，力垂

直作用于灰缝面，如图 1-37a 所示；后者，力平行于灰缝面，如图 1-37b 所示。试验表明，法向粘结强度很低，且不宜保证。粘结强度的分散性较大，在正常情况下与砂浆强度有关。

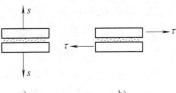

砂浆和砌块在水平灰缝内和在竖向灰缝内的粘结强度是不同的。由于砌体中竖向灰缝一般不能很好地填满砂浆，砂浆硬化时的收缩大大削弱，甚至完全破坏了块

图 1-37　砌体的法向受力和切向受力

体与砂浆的粘结，因此，在计算中对竖向灰缝的粘结强度不予考虑，仅考虑水平灰缝的粘结强度。

2. 砌体受拉、受弯及受剪破坏形态

砌体受拉、受弯、受剪时可能发生沿齿缝（灰缝）破坏、沿块体破坏和沿竖向灰缝破坏以及沿通缝（灰缝）破坏。

（1）砌体轴心受拉破坏　砌体轴心受拉时，按拉力作用方向，有三种破坏形态。当轴心拉力方向与砌体的水平灰缝平行时（图 1-38a），砌体可能沿灰缝截面 I—I 破坏（图 1-38b），破坏面呈齿状，此种破坏称为砌体沿齿缝截面轴心受拉破坏；砌体也可能沿块体和竖向灰缝截面 II—II 破坏（图 1-38c），破坏面较整齐，此破坏状态称为砌体沿块体截面（往往包括竖缝截面）轴向受拉破坏。当轴心拉力方向与砌体的水平灰缝垂直时（图 1-38d），砌体可能沿通缝截面 III—III 破坏（图 1-38e），这种破坏状态称为砌体沿水平通缝截面轴心受拉破坏。砌体轴心受拉破坏发生均比较突然，属于脆性破坏。

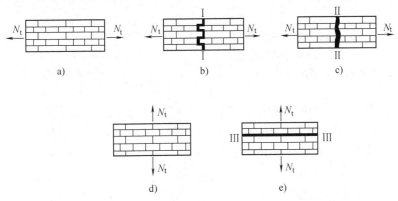

图 1-38　轴心受拉破坏形态

在上述各种受拉破坏状态中，砌体的抗拉强度均取决于砂浆的粘结强度。对于图 1-38a 所示的情况，砌体的抗拉强度主要受砂浆的切向粘结强度控制。一般情况下，当砖的强度较高，而砂浆强度较低时，砂浆与块体间的切向粘结强度低于砖的抗拉强度，砌体将产生沿齿缝截面破坏。当砖的强度较低，而砂浆的强度较高时，砂浆的切向粘结强度大于砖的抗拉强度，砌体将产生沿砖截面破坏。在工程结构中，要求砖的强度等级不低于 MU10，故一般不致产生沿砖截面轴心受拉破坏（图 1-38c）。对于其他块材砌体，由于块体强度等级较高，受拉时裂缝一般也不沿块体截面产生，而是沿齿缝截面产生破坏。对于图 1-38d 所示的情况，砌体抗拉强度由砂浆的法向粘结强度控制。由于砂浆的法向粘结强度极低，砌体很易产生沿水平通缝截面的轴心受拉破坏。而且受砌筑质量等因素的影响，法向粘结强度往往得不

到保证，因此在结构中不允许采用沿水平通缝截面的轴心受拉构件。

当砌体沿齿缝截面轴心受拉时，全部拉力只考虑由水平灰缝砂浆承担。其抵抗的拉力不仅与水平灰缝的面积有关，还与砌体的组砌方法有关。因而用形状规则的块体砌筑的砌体，其轴心抗拉强度尚应考虑砌体内块体的搭接长度与块体高度比值的影响。

（2）砌体弯曲破坏　砌体沿水平方向弯曲时通常有两种破坏形态。截面内的拉应力使砌体沿齿缝截面破坏，称为砌体沿齿缝截面弯曲受拉破坏（图1-39a）；截面内的拉应力使砌体沿块体截面破坏，称为砌体沿块体截面弯曲受拉破坏（图1-39b）。砌体沿竖向弯曲时，可能使砌体沿通缝截面产生破坏，称为砌体沿通缝截面弯曲受拉破坏（图1-39c）。同轴心受拉破坏形态的分析比较可知，砌体弯曲抗拉强度主要取决于砂浆与砌体之间的粘结强度，且工程结构中沿块体截面的弯曲受拉破坏可以避免。

（3）砌体受剪破坏　当砌体受剪时，会发生沿通缝剪切破坏（图1-40a）、沿齿缝剪切破坏（图1-40b）和沿阶梯形缝剪切破坏（图1-40c）等三种破坏形式。沿块体和竖向灰缝的破坏很少遇到，且其承载力往往由其上砌体的弯曲抗拉强度决定。根据试验，三种抗剪强度基本一样。

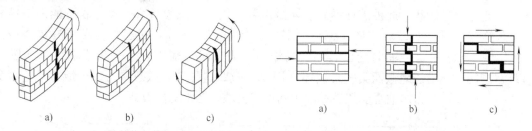

图1-39　砌体弯曲受拉破坏形态	图1-40　砌体受剪破坏形态
a）沿齿缝截面弯曲受拉破坏　b）沿块体截面弯曲受拉破坏　c）沿通缝截面弯曲受拉破坏	a）沿通缝剪切破坏　b）沿齿缝剪切破坏　c）沿阶梯形缝剪切破坏

（4）砌体抗拉、抗弯和抗剪强度计算公式　试验研究表明，砌体抗拉、抗弯和抗剪强度与砂浆强度有关，GB 50003—2011《砌体结构设计规范》对砌体抗拉、抗弯和抗剪强度平均值的计算，给出了下列统一形式的表达式：

砌体轴心抗拉强度平均值　　　　　$f_{t,m} = k_3 \sqrt{f_2}$　　　　　　　　　　　　　（1-23）

砌体弯曲抗拉强度平均值　　　　　$f_{tm,m} = k_4 \sqrt{f_2}$　　　　　　　　　　　　（1-24）

砌体抗剪强度平均值　　　　　　　$f_{v,m} = k_5 \sqrt{f_2}$　　　　　　　　　　　　（1-25）

式中　k_3、k_4、k_5——与砌体类别有关的计算系数（表1-16）。

表1-16　砌体轴心抗拉、弯曲抗拉和抗剪强度计算系数

砌 体 种 类	k_3	k_4		k_5
		沿齿缝	沿通缝	
烧结普通砖、烧结多孔砖	0.141	0.250	0.125	0.125
蒸压灰砂砖、蒸压粉煤灰砖	0.090	0.180	0.090	0.090
混凝土砌块	0.069	0.081	0.056	0.069
毛石	0.075	0.113	—	0.188

（四）砌体弹性模量

《砌体结构设计规范》按不同强度等级的砂浆，以砌体弹性模量与砌体抗压强度 f 成正比的关系来确定砌体弹性模量。但对于毛石砌体，由于其强度和弹性模量均大于砂浆的，砌体的变形主要取决于水平缝砂浆的变形，因此仅按砂浆的强度等级确定。各类砌体的受压弹性模量按表 1-17 采用。

表 1-17　砌体的弹性模量　　　　　　　（单位：N/mm²）

砌体种类	砂浆强度等级			
	≥M10	M7.5	M5	M2.5
烧结普通砖、烧结多孔砖砌体	1600f	1600f	1600f	1390f
混凝土普通砖、混凝土多孔砖砌体	1600f	1600f	1600f	—
蒸压灰砂普通砖、蒸压粉煤灰普通砖砌体	1060f	1060f	1060f	—
非灌孔混凝土砌块砌体	1700f	1600f	1500f	—
粗料石、毛料石、毛石砌体	—	5650	4000	2250
细料石砌体	—	17000	12000	6750

注：轻骨料混凝土砌块砌体的弹性模量，可按表中混凝土砌块砌体的弹性模量采用。

四、砌体的强度标准值和设计值

（一）基本规定

各类砌体的强度标准值（f_k）、设计值（f）的确定方法如下：

$$f_k = f_m - 1.645\sigma_f = (1 - 1.645\delta_f)f_m \tag{1-26}$$

$$f = \frac{f_k}{\gamma_f} \tag{1-27}$$

式中　f_m——各类砌体的强度平均值；

　　　σ_f——砌体强度的标准差；

　　　δ_f——砌体强度的变异系数；

　　　γ_f——砌体结构的材料性能分项系数。

我国砌体施工质量控制等级分为 A、B、C 三级，在结构设计中通常按 B 级考虑，即取 $\gamma_f = 1.6$；当为 C 级时，取 $\gamma_f = 1.8$，即砌体强度设计值的调整系数 $\gamma_a = 1.6/1.8 = 0.89$；当为 A 级时，取 $\gamma_f = 1.5$，可取 $\gamma_a = 1.05$。

不同受力状态下各类砌体强度标准值、设计值及其与平均值的关系，见表 1-18。

表 1-18　f_k、f 与 f_m 的相互关系

类　别	δ_f	f_k	f
各类砌体受压	0.17	0.72f_m	0.45f_m
毛石砌体受压	0.24	0.60f_m	0.37f_m
各类砌体受拉、受弯、受剪	0.20	0.67f_m	0.42f_m
毛石砌体受拉、受弯、受剪	0.26	0.57f_m	0.36f_m

注：表内 f 为施工质量控制等级为 B 级时的取值。

（二）抗压强度设计值

龄期为 28 天的以毛截面计算的砌体抗压强度设计值，当施工质量控制等级为 B 级时，

可根据块体和砂浆的强度等级按 GB 50003—2011《砌体结构设计规范》给出的砌体抗压强度 3.2.1 规定采用，表 1-19、表 1-20 所列为烧结普通砖和烧结多孔砖砌体、混凝土普通砖和混凝土多孔砖砌体的抗压强度设计值。

表 1-19　烧结普通砖和烧结多孔砖砌体的抗压强度设计值　　　　（单位：MPa）

砖强度等级	砂浆强度等级					砂浆强度
	M15	M10	M7.5	M5	M2.5	0
MU30	3.94	3.27	2.93	2.59	2.26	1.15
MU25	3.60	2.98	2.68	2.37	2.06	1.05
MU20	3.22	2.67	2.39	2.12	1.84	0.94
MU15	2.79	2.31	2.07	1.83	1.60	0.82
MU10	—	1.89	1.69	1.50	1.30	0.67

注：当烧结多孔砖的孔洞率大于 30% 时，表中数值应乘以 0.9。

表 1-20　混凝土普通砖和混凝土多孔砖砌体的抗压强度设计值　　　　（单位：MPa）

砖强度等级	砂浆强度等级					砂浆强度
	Mb20	Mb15	Mb10	Mb7.5	Mb5	0
MU30	4.61	3.94	3.27	2.93	2.59	1.15
MU25	4.21	3.60	2.98	2.68	2.37	1.05
MU20	3.77	3.22	2.67	2.39	2.12	0.94
MU15	—	2.79	2.31	2.07	1.83	0.82

（三）轴心抗拉、弯曲抗拉和抗剪强度设计值

砌体的轴心抗拉强度设计值、弯曲抗拉强度设计值和抗剪强度设计值按表 1-21 采用。

表 1-21　沿砌体灰缝截面破坏时砌体的轴心抗拉强度设计值、

弯曲抗拉强度设计值和抗剪强度设计值　　　　（单位：MPa）

强度类别	破坏特征及砌体种类		砂浆强度等级			
			≥M10	M7.5	M5	M2.5
轴心抗拉	 沿齿缝	烧结普通砖、烧结多孔砖	0.19	0.16	0.13	0.09
		混凝土普通砖、混凝土多孔砖	0.19	0.16	0.13	—
		蒸压灰砂普通砖、蒸压粉煤灰普通砖	0.12	0.10	0.08	—
		混凝土和轻集料混凝土砌块	0.09	0.08	0.07	—
		毛石	—	0.07	0.06	0.04
弯曲抗拉	 沿齿缝	烧结普通砖、烧结多孔砖	0.33	0.29	0.23	0.17
		混凝土普通砖、混凝土多孔砖	0.33	0.29	0.23	—
		蒸压灰砂普通砖、蒸压粉煤灰普通砖	0.24	0.20	0.16	—
		混凝土和轻集料混凝土砌块	0.11	0.09	0.08	—
		毛石	—	0.11	0.09	0.07
	 沿通缝	烧结普通砖、烧结多孔砖	0.17	0.14	0.11	0.08
		混凝土普通砖、混凝土多孔砖	0.17	0.14	0.11	—
		蒸压灰砂普通砖、蒸压粉煤灰普通砖	0.12	0.10	0.08	—
		混凝土和轻集料混凝土砌块	0.08	0.06	0.05	—

（续）

强度类别	破坏特征及砌体种类	砂浆强度等级			
		≥M10	M7.5	M5	M2.5
抗剪	烧结普通砖、烧结多孔砖	0.17	0.14	0.11	0.08
	混凝土普通砖、混凝土多孔砖	0.17	0.14	0.11	—
	蒸压灰砂普通砖、蒸压粉煤灰普通砖	0.12	0.10	0.08	—
	混凝土和轻集料混凝土砌块	0.09	0.08	0.06	—
	毛石	—	0.19	0.16	0.11

注：1. 对于用形状规则的块体砌筑的砌体，当搭接长度与块体高度的比值小于1时，其轴心抗拉强度设计值 f_t 和弯曲抗拉强度设计值 f_{tm} 应按表中数值乘以搭接长度与块体高度比值后采用。

2. 表中数值是依据普通砂浆砌筑的砌体确定，采用经研究性试验且通过技术鉴定的专用砂浆砌筑的蒸压灰砂普通砖、蒸压粉煤灰普通砖砌体，其抗剪强度设计值按相应普通砂浆强度等级砌筑的烧结普通砖砌体采用。

3. 对混凝土普通砖、混凝土多孔砖、混凝土和轻集料混凝土砌块砌体，表中的砂浆强度等级分别为：≥Mb10、Mb7.5 及 Mb5。

（四）砌体强度设计值的调整

在设计计算时需考虑砌体的使用情况对砌体强度设计值进行调整，即将上述砌体强度设计值乘以调整系数 γ_a，调整规定：

1）对无筋砌体构件，其截面面积小于 $0.3m^2$ 时，γ_a 为其截面面积加 0.7；对配筋砌体构件，当其中砌体截面面积小于 $0.2m^2$ 时，γ_a 为其截面面积加 0.8；构件截面面积以"m^2"计。

2）当砌体用强度等级小于 M5.0 的水泥砂浆砌筑时，对抗压强度设计值各表中的数值，γ_a 为 0.9；对抗拉、抗弯和抗剪强度设计值各表中的数值，γ_a 为 0.8。

3）当验算施工中房屋的构件时，γ_a 为 1.1。

施工阶段砂浆尚未硬化的新砌砌体的强度和稳定性，可按砂浆强度为零进行验算。对于冬期施工采用掺盐砂浆法施工的砌体，砂浆强度等级按常温施工的强度等级提高一级时，砌体强度和稳定性可不验算。配筋砌体不得用掺盐砂浆施工。

思 考 题

1-1 试绘制有明显流幅的钢筋（热轧钢筋）的应力-应变曲线，并指出各阶段的特点、各转折点的应力名称。

1-2 什么是屈服强度？

1-3 热轧钢筋的塑性性能有哪些？

1-4 检验钢筋质量有哪几项指标？

1-5 热轧钢筋分哪几级？各级强度及变形性能有何差别？

1-6 什么叫钢筋的冷拉？什么叫时效硬化？钢筋冷拉和冷拔的目的是什么？

1-7 为什么需要焊接的钢筋应先焊接后冷拉？

1-8 混凝土的立方抗压强度是如何确定的？

1-9 什么叫混凝土的轴心抗压强度？它与混凝土立方抗压强度有什么关系？

1-10 什么是混凝土的弹性模量？

1-11 什么叫混凝土的徐变、线性徐变和非线性徐变？混凝土的收缩和徐变有什么本质区别？

1-12 钢筋与混凝土之间的粘结力是如何产生的？为保证钢筋和混凝土之间有足够的粘结力应采取哪些措施？

1-13 为什么伸入支座的钢筋要有一定的锚固长度?

1-14 钢筋混凝土结构对钢筋的性能有哪些要求?

1-15 砌体结构中常用砌块有哪些类型?

1-16 砌块、砖和砂浆的强度等级是如何确定的?

第二章

土建结构基本计算原则

任何一项结构设计都面临着可靠性和经济性两方面的问题。一般地说，结构的可靠性和经济性是互相矛盾的，科学的设计方法就是要使所设计的结构在可靠性和经济性两方面能够达到最佳的协调。度量结构可靠性的指标称为"可靠度"。使结构在可靠性和经济性两方面能够达到最佳协调的关键之一是要合理地选择必须达到的可靠指标和采用科学的方法分析确定结构可能达到的可靠度。目前国际上已相当普遍地采用以结构的失效概率为依据的概率极限状态设计法，我国在 2008 年颁布的 GB 50153—2008《工程结构可靠性设计统一标准》（简称《标准》），规定结构可靠度应采用以概率理论为基础的极限状态设计方法分析确定，并对极限状态设计原则表达式等作出了统一规定。GB 50010—2010《混凝土结构设计规范》（简称《规范》）就是根据《标准》规定的原则制定的。本章将结合钢筋混凝土结构简要地阐述以概率理论为基础的极限状态设计法。

第一节　基本概念

一、结构上的作用

结构是建筑中承重骨架的总称。结构在使用过程中除了承受直接施加于其上的荷载（如结构自重，楼面上的人群、设备等荷载，屋面上的雪荷载，墙面上的风荷载等）作用外，还承受间接施加于其上的荷载（如地基沉降、温度变化、焊接、地震、冲击波等）作用。后者虽然不是直接施加在结构上的荷载，但可以像直接施加的荷载一样使结构产生外加变形或约束变形。施加在结构上的各种荷载以及引起结构产生外加变形和约束变形的各种因素，统称为结构上的作用。其中施加在结构上的各种荷载称为直接作用；引起结构外加变形或约束变形的地基沉降、温度变化、焊接、地震、冲击波等因素，称为间接作用。由不同的适用场合，结构上的作用可以按时间、空间位置的变异以及结构的反应进行分类。

（一）按时间的变异分类

由于结构上的荷载是随时间而变化的，所以分析结构可靠度时必须相对固定一个时间坐标系数以作为基准，这就是"设计基准期"。结构在设计基准期内应该能够可靠地工作。我国的建筑结构设计基准期一般定为 50 年。结构的设计基准期与结构的寿命有一定的联系，但两者并不完全相等。当结构的使用年限超过 50 年后，其失效概率将逐年增大，但并非立即报废。只要采取适当的维修措施，仍能正常使用。

（1）永久作用　永久作用指在设计基准期内，其量值不随时间而变化，或其变化与平均值相比可以忽略不计的作用。属于永久作用的有：结构自重、土壤压力、预加应力、基础沉降以及焊接等。

（2）可变作用　可变作用指在设计基准期内，其量值随时间发生变化，且变化的程度与平均值相比不可以忽略的作用。属于可变作用的有：安装荷载，楼面上的人群、家具重量等产生的活荷载，风荷载，雪荷载，还有起重机荷载以及温度变化等。

（3）偶然作用　偶然作用指在设计基准期内不一定出现，而一旦出现则量值很大，且持续的时间也较短的作用。属于偶然作用的有：地震、爆炸以及撞击等。

（二）按空间位置的变异分类

（1）固定作用　固定作用指在结构空间位置上不发生变化的作用。属于固定作用的有：楼面上的固定设备荷载以及结构构件的自重等。

（2）自由作用　自由作用指在结构空间位置上的一定范围内可以任意变化的作用。属于自由作用的有：楼面上的人群荷载、厂房中的起重机荷载等。

（三）按结构的反应分类

（1）静态作用　静态作用指对结构或构件不产生加速度或其产生的加速度很小可以忽略不计的作用。属于静态作用的有：自重、住宅及办公楼的楼面活荷载、屋面上的雪荷载等。

（2）动态作用　动态作用指对结构或构件产生不可忽略的加速度的作用。属于动态作用的有：起重机荷载、地震、设备振动、作用在高耸结构上的风荷载等。

二、作用效应

施加于结构上的各种作用，将使结构产生内力与变形，同时还将在支座处产生支座反力。内力的种类有弯矩、轴力、剪力和扭矩等。变形的种类有挠度、侧移和转角等。它们总称为作用效应。另外，混凝土结构的裂缝出现和开展也是一种作用效应。当作用为荷载时，其效应为"荷载效应"。

结构的作用效应可以按有关力学的方法进行计算。以图 2-1 所示的简支梁为例，在跨中集中荷载 P 作用下，梁在跨中产生的弯矩、跨中挠度以及支座反力等作用效应分别为

$$\left.\begin{aligned} M_C &= \frac{1}{4}PL \\ a_f &= \frac{1}{48EI}PL^3 \\ R_A = R_B &= \frac{1}{2}P \end{aligned}\right\} \qquad (2\text{-}1)$$

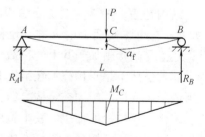

图 2-1　简支梁在跨中集中荷载作用下产生的作用效应

式中　EI——梁的截面抗弯刚度；

L——梁的计算跨长。

三、结构抗力

钢筋混凝土结构的截面尺寸、混凝土强度等级、配筋数量以及钢筋的种类等因素确定以后，截面便有一定的抵抗弯矩、轴力、剪力、扭矩等作用效应的能力。这种结构抵抗作用效应的能力，称为结构的抗力。由上可知，如果说结构上的作用效应是结构的预定使用功能所赋予的任务，则结构的抗力是结构本身所固有的完成任务的能力。

四、结构上的作用、作用效应以及结构抗力的随机性质

由概率论可知，随机事件可能有多种结果，但事先不能肯定哪一种结果一定发生，我们称这一事件具有随机性质。楼面上的人群荷载等，都不是固定不变的，它们可能不出现，也可能出现，其数量可能较大，也可能较小，因此其具有随机性质。即使是结构的自重，由于所用材料种类的不同或制作过程中不可避免的误差，其重量也不可能与设计值完全相等。地震、基础沉降、混凝土收缩、温度变化、焊接等间接作用同样也具有随机性质。作用效应与结构上的作用有直接的关系。因此，作用效应也具有随机性质。

影响结构抗力的主要因素是材料性能和结构的几何参数。由于材料性质以及生产工艺等因素的影响，即使是同一个钢厂生产的同一种钢材，或是同一个工地按照同一配合比制作的某一强度等级的混凝土，其强度和变形性能都会有一定的差异。结构制作误差和安装误差会引起结构几何参数的变异，结构抗力计算所采用的假设条件和计算公式的精确程度会引起结构计算结果的不定性。因此，结构的抗力也具有随机性质。

五、正态分布的特性

对各种随机变量，只能根据它们的分布规律，采用概率论和数理统计方法进行分析和处理。结构上的作用、作用效应和结构抗力的实际分布情况很复杂，为了简化起见，常假定它们服从图 2-2 所示的正态分布规律。下面扼要介绍正态分布的有关特性。

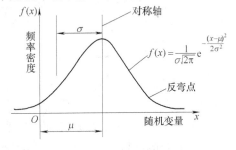

图 2-2 中，横坐标表示随机变量 x，纵坐标表示随机变量的频率密度 $f(x)$，μ 是随机变量的平均值，σ 是随机变量的标准差。正态分布曲线有以下几个特点：①曲线只有一个高峰，峰值在 $x = \mu$

图 2-2　正态分布曲线

处；②曲线有一个对称轴，在 $x = \mu$ 处左右对称；③当 $x \to +\infty$ 及 $x \to -\infty$ 时，$f(x) = 0$；④对称轴左右两边各有一个反弯点，反弯点也对称于对称轴。

正态分布曲线有三个特征值。

（1）平均值 μ　其计算公式为

$$\mu = \sum_{i=1}^{n} \frac{x_i}{n} \tag{2-2}$$

式中　x_i——第 i 个随机变量的值；

n——随机变量的个数。

由图 2-2 可看出，平均值 μ 越大，分布曲线的峰点离开纵坐标轴的水平距离越远。

（2）标准差 σ 其计算公式为

$$\sigma = \sqrt{\sum_{i=1}^{n} \frac{(\mu - x_i)^2}{n-1}} \qquad (2-3)$$

标准差在几何意义上表示分布曲线顶点到反弯点之间的水平距离。在图2-3中，给出了三条正态分布曲线，它们的平均值相同，但标准差不同。由图可见，标准差越大，分布曲线越扁平。

（3）变异系数 δ 其计算公式为

$$\delta = \frac{\sigma}{\mu} \qquad (2-4)$$

变异系数是衡量一批数据中各观测值相对离散程度的一种特征值。若有两批数据，它们的标准差相同，但平均值不同，则平均值较小的这组数据中，各观测值的相对离散程度较大。

由此可见，平均值、标准差和变异系数是决定正态分布曲线基本形状的三个特征值。

由概率论知，频率密度的积分称为概率。各频率之和等于1，即

$$P = \int_{-\infty}^{+\infty} f(x)\,\mathrm{d}x = 1 \qquad (2-5)$$

如图2-4所示，在横坐标上有几个特殊点：$\mu - \sigma$、$\mu - 1.645\sigma$ 和 $\mu - 2\sigma$。随机变量大于上述各值的概率分别为84.13%、95%和97.72%。

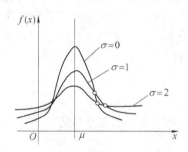

图2-3 标准差不同的
三条正态分布曲线

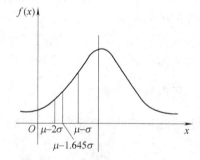

图2-4 正态分布图横坐标
上的几个特殊点

如果随机变量在这里代表材料的强度，则当将材料的标准值分别取为 $\mu - \sigma$、$\mu - 1.645\sigma$ 和 $\mu - 2\sigma$ 时，实际强度高于这些标准值的概率（又称保证率）分别为：84.13%、95%和97.72%。这时，标准差前面的系数1、1.645和2称为保证率系数。

正态分布的随机变量具有自己特有的运算法则。例如，若 x_1 和 x_2 为两个相互独立的随机变量且 $Z = x_1 \pm x_2$ 则

$$\left.\begin{array}{l} \mu_z = \mu_{x_1} \pm \mu_{x_2} \\ \sigma_z = \sqrt{\sigma_{x_1}^2 + \sigma_{x_2}^2} \end{array}\right\} \qquad (2-6)$$

第二节 结构的可靠度理论

一、结构的可靠度概念

设计任何建筑物和构筑物时，必须使其满足下列各项预定的功能要求。

（1）安全性　即要求结构能承受在正常施工和正常使用时可能出现的各种作用，以及在偶然事件发生时及发生后仍然保持必需的整体稳定性。

（2）适用性　即要求结构在正常使用时具有良好的工作性能，不出现过大的变形和过宽的裂缝。

（3）耐久性　即要求结构在正常的维护条件下具有足够的耐久性能，不发生锈蚀和风化现象。

安全性、适用性和耐久性是衡量结构可靠的标准。结构在规定的时间（一般为50年）内，在规定的条件（正常设计、正常施工、正常使用）下，完成预定功能（即结构的安全性、适用性、耐久性）的能力，称为结构的可靠性。

二、结构的可靠概率和失效概率

结构的工作状态可以用作用效应和结构抗力的关系式来描述，这种关系式称为"功能函数"。如果用 R 表示结构抗力，用 S 表示作用效应，用 $Z = g(S, R)$ 表示结构的功能函数，则最简单的功能函数为

$$Z = g(S, R) = R - S \tag{2-7}$$

随着条件的不同，功能函数有下面三种可能的结果：

1）$Z = R - S > 0$，即结构抗力大于作用效应，结构处于可靠状态。

2）$Z = R - S = 0$，即结构抗力等于作用效应，结构处于极限状态。

3）$Z = R - S < 0$，即结构抗力小于作用效应，结构处于失效状态。

因此，结构安全可靠工作的基本条件是

$$Z = R - S \geqslant 0 \tag{2-8}$$

而 $Z = R - S = 0$ 称为"极限状态方程"。

由于结构抗力 R 和作用效应 S 都是随机变量，所以，结构功能函数 Z 也是一个随机变量，而且是结构抗力和作用效应两个随机变量的函数。因此要求 Z 绝对保证只出现 $Z \geqslant 0$ 而不出现 $Z < 0$（失效状态）是不可能的，这就是为什么结构可靠度只宜定义为结构完成预定功能的概率的基本道理。

假定 R、S 是互相独立的，而且都服从正态分布，则结构的功能函数 Z 也服从正态分布。由式（2-6）、式（2-7）和式（2-4）可知，结构功能函数 Z 的三个特征值为

$$\left. \begin{aligned} \mu_Z &= \mu_R - \mu_S \\ \sigma_Z &= \sqrt{\sigma_R^2 + \sigma_S^2} \\ \delta_Z &= \frac{\sigma_Z}{\mu_Z} = \frac{\sqrt{\sigma_R^2 + \sigma_S^2}}{\mu_R - \mu_S} \end{aligned} \right\} \tag{2-9}$$

图2-5所示为结构功能函数的分布曲线。结构完成预定功能的概率，即结构满足式（2-8）的概率称为"可靠概率"（P_s）；而结构不能完成预定功能的概率，即 $Z < 0$ 的概率则称为"失效概率"（P_f）。图2-5中，纵坐标轴线以左阴影面积表示结构的失效概率 P_f，纵坐

标轴线以右分布曲线与横坐标轴所围成的面积表示结构的可靠概率 P_s。因此，结构的失效概率为

$$P_f = \int_{-\infty}^{0} f(Z) \, dZ \qquad (2\text{-}10)$$

结构的可靠概率为

$$P_s = \int_{0}^{+\infty} f(Z) \, dZ \qquad (2\text{-}11)$$

由图 2-5 可知，结构的失效概率与可靠概率的关系为

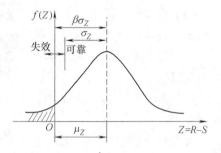

图 2-5　结构功能函数的分布曲线

$$P_s + P_f = 1 \qquad (2\text{-}12)$$

或

$$P_s = 1 - P_f \qquad (2\text{-}13)$$

因此，既可以用结构的可靠概率 P_s 来度量结构的可靠性，也可以用结构的失效概率 P_f 来度量结构的可靠性。失效概率 P_f 越小，结构的可靠度越大。目前国内外大多采用失效概率来度量结构的可靠度。它通常是综合考虑结构的风险和经济效果，定一个小到人们可以接受的失效概率限值 $[P_f]$，只要结构实际可能的失效概率不超过这个限值，即

$$P_f \leqslant [P_f] \qquad (2\text{-}14)$$

就可以认为所设计的结构是可靠的。

三、结构的可靠指标

用失效概率度量结构的可靠性具有明确的物理意义，能较好地反映问题的实质，但计算较复杂，故引入可靠指标 β 代替结构失效概率 P_f 来具体度量结构的可靠性。

可靠指标是度量结构可靠度的数值指标，可靠指标 β 与失效概率 P_f 的关系为 $\beta = -\Phi^{-1}(P_f)$，其中 $\Phi^{-1}(P_f)$ 为标准正态分布函数的反函数。

当仅有作用效应和结构抗力两个基本变量且均按正态分布时，可靠指标 β 可用结构功能函数 Z 的平均值 μ_Z 与其标准差 σ_Z 之比来表示，即

$$\beta = \frac{\mu_Z}{\sigma_Z} \qquad (2\text{-}15)$$

由上式可得

$$\mu_Z = \beta \sigma_Z \qquad (2\text{-}16)$$

如前所述，σ_Z 在几何意义上表示分布曲线的顶点到曲线的反弯点之间的距离。由图 2-5 可知，β 值越大，失效概率 P_f 的值就越小；反之，β 值越小，失效概率 P_f 的值就越大。因此，将 β 值称为可靠指标。

按可靠指标设计结构时，必须满足

$$\beta \geqslant [\beta] \qquad (2\text{-}17)$$

式中　$[\beta]$——结构构件必须达到的可靠指标，称为"目标可靠指标"。

式 (2-17) 和式 (2-14) 是等价的，其中 $[\beta]$ 与 $[P_f]$ 是相对应的。

《标准》规定，在承载能力极限状态设计结构时，结构构件的目标可靠指标应根据结构构件的破坏类型和安全等级按表 2-1 确定。

表中"延性破坏"又称"塑性破坏"，是指结构构件在破坏前有明显的变形或其他的预

兆。例如，正常设计的钢筋混凝土梁的受弯破坏，在破坏前有明显的挠度。"脆性破坏"是指结构构件在破坏前无明显的变形或其他预兆。例如，钢筋混凝土梁的受剪破坏及钢筋混凝土柱的轴心受压破坏都属于脆性破坏。脆性破坏由于猝不及防，其后果比延性破坏严重，故可靠指标要求较高。

表 2-1　结构构件承载力极限状态设计时采用的目标可靠指标 $[\beta]$ 值

破坏类型	安全等级					
	一级		二级		三级	
	$[\beta]$	$[P_f]$	$[\beta]$	$[P_f]$	$[\beta]$	$[P_f]$
延性破坏	3.7	1.1×10^{-4}	3.2	6.9×10^{-4}	2.7	3.5×10^{-3}
脆性破坏	4.2	1.3×10^{-5}	3.7	1.1×10^{-4}	3.2	6.9×10^{-4}

安全等级是指建筑结构的安全等级。《标准》规定，在按承载能力极限状态设计结构时，应根据结构破坏的可能产生的后果（危及人的生命、造成的经济损失、产生的社会影响等）的严重性，采用不同的安全等级。其划分应符合表 2-2 的要求。

表 2-2　建筑结构安全等级

安全等级	破坏后果	建筑物类型
一级	很严重	重要的工业与民用建筑物
二级	严重	一般的工业与民用建筑物
三级	不严重	次要的建筑物

第三节　荷载代表值和材料性能标准值

一、荷载代表值

"荷载代表值"是指在实用的极限状态设计表达式中所采用的荷载规定值。荷载可根据不同的设计要求来规定不同量值的代表值，使之能较好地反映其在设计中的特点。GB 50009—2012《建筑结构荷载规范》（简称《荷载规范》）根据《标准》所规定的原则，给出了结构设计通常必须考虑的三种荷载代表值：标准值、准永久值和组合值。其中标准值是荷载的基本代表值，而准永久值和组合值则是以标准值乘以相应的系数后得出的。下面分别介绍这三种代表值。

（1）荷载标准值　荷载标准值是指在结构的使用期间，在正常情况下可能出现的最大荷载值。由于荷载本身具有随机性，因而使用期间的最大荷载值也是随机变量，原则上可统一由设计基准期最大值概率的某一分位值来确定，即

$$Q_k = \mu_Q + \alpha\sigma_Q \tag{2-18}$$

式中　Q_k——某一种荷载的标准值；

μ_Q——该种荷载在设计基准期内最大值的统计平均值；

σ_Q——该种荷载在设计基准期内最大值的标准差；

α——保证率系数。

例如，当荷载最大值按正态分布，协定取 $\alpha = 1.645$ 时，则保证率为95%，Q_k 即为95%的分位值。

（2）荷载组合值 当所考虑的结构上有两种或两种以上可变荷载时，即应考虑荷载效应的组合值。由于所有荷载同时达到其单独出现时可能达到的最大值的概率极小，因此，除其中某一个产生最大荷载效应的主导可变荷载仍用标准值作为代表值外，其他伴随的可变荷载均应取某一小于其标准值的规定值作为其代表值，以反映多个可变荷载同时作用的特点，这一规定值称为"荷载组合值"。荷载组合值可用其标准值 Q_k 乘以不大于1.0的"荷载组合系数"ψ_c 来表达，即组合值为 $\psi_c Q_k$。组合系数 ψ_c 是根据多个可变荷载参与组合与单一可变荷载参与组合时，结构构件按极限状态分析的可靠指标具有最佳的一致性这一原则来确定的。ψ_c 的具体取值将在后面的荷载效应组合中来介绍。

（3）荷载准永久值 荷载准永久值是指可变荷载在设计基准期内具有较长的总持续期的代表值，其对结构的影响有如永久荷载。荷载准永久值采用荷载标准值乘以荷载准永久值系数来表达，即 $\psi_q Q_k$，ψ_q 为准永久值系数。住宅、办公楼等楼面活荷载的准永久值系数取0.4；教室、会议室、阅览室、商店等取0.5；藏书库、档案库取0.8；风荷载取0；雪荷载Ⅰ类分区取0.5，Ⅱ类分区取0.2，Ⅲ类分区取0。可变荷载准永久值系数取值分区可参阅《荷载规范》。荷载准永久值主要用于正常使用极限状态的计算中。

二、材料性能标准值

材料强度标准值是结构设计时采用的材料性能的基本代表值之一。材料性能标准值可取其概率分布的0.05分位值确定，材料强度的概率分布宜采用正态分布或对数正态分布。试验实测值的统计分析表明：钢筋混凝土结构的钢筋和混凝土的强度概率分布都可以采用正态分布，其强度标准值取实测值概率分布的0.05分位值确定时，可用下式表达

$$f_k = \mu_f - 1.645\sigma_f = \mu_f(1 - 1.645\delta_f) \tag{2-19}$$

式中 f_k——材料强度标准值；

μ_f——材料强度统计平均值；

σ_f——材料强度标准差；

δ_f——材料强度变异系数。

由式（2-19）所定义的材料强度标准值具有95%的保证率，具体值见附录A中表A-1（1）和表A-1（3）。

第四节 概率极限状态设计法

一、极限状态的定义及分类

如前所述，设计任何结构时都要求满足安全、适用和耐久性等功能。如果整个结构或结构的某一部分超过某一特定状态后，就不能满足上述规定的某一功能要求时，此特定状态便称为该功能的极限状态。《规范》将极限状态分为下列两类：

1. 承载力极限状态

结构或结构构件达到最大承载力、出现疲劳破坏、发生不适于继续承载的变形或因结构

局部破坏而引发的连续倒塌状态，称该结构构件达到了承载力极限状态。当结构或结构构件出现下列状态之一时，即认为超过了承载力极限状态：

1）整个构件或结构的某一部分作为刚体失去平衡。例如，当水塔较高，容量较大，而其埋置深度很小时，在风荷载等水平荷载作用下，整个水塔可能发生倾覆倒塌现象（图 2-6）。

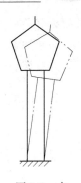

图 2-6　水塔倾覆

2）结构构件或连接部分因材料强度被超过而破坏（包括疲劳破坏），或因过度变形而不适于继续承载。例如，钢筋混凝土吊车梁在数十万或数百万次起重机荷载的反复作用下，混凝土或钢筋可能发生疲劳破坏，从而导致整个吊车梁破坏。

3）结构转变为机动体系。图 2-7 所示配置屈服台阶钢筋的两跨连续梁，当荷载达到一定值后，中间支座处截面的受拉钢筋首先屈服，这时该截面的抗力基本稳定不变，但变形可以继续增长，荷载可以进一步增加。当每一跨或任意跨荷载作用截面的受拉钢筋相继屈服后，整个结构或结构的某一部分转变为机动体系，于是该结构便超过了承载力极限状态。

4）结构或结构构件丧失稳定。图 2-8 所示钢筋混凝土细长柱，当轴向荷载达到临界荷载时，构件可能发生失稳破坏。

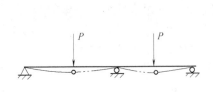

图 2-7　结构转变为机动体系　　　　　　图 2-8　柱子失稳

结构构件超过了承载力极限状态，说明其安全性已无保障。也就是说，一旦出现了上述任一极限状态，将会造成结构严重破坏，甚至会导致结构整体倒塌，造成人身伤亡及重大经济损失，因而应将出现承载力极限状态的概率控制在很小的范围内。

2. 正常使用极限状态

结构或结构构件达到正常使用的某项规定限值或耐久性能的某种规定状态，为正常使用极限状态。当结构或结构构件出现下列状态之一时，即认为超过了正常使用极限状态：

1）影响正常使用和外观的变形。

2）影响正常使用或耐久性能的局部损坏（包括裂缝）。

3）影响正常使用的振动。

4）影响正常使用的其他特定状态，如水池出现了渗漏现象等。

超过正常使用极限状态的后果，虽然一般不如超过承载力极限状态那么严重，但也是不可忽视的。因为过大的变形会造成房屋内粉刷层剥落、填充墙和隔断墙开裂以及屋面积水等后果；水池、油罐等结构开裂会引起渗漏现象；过大的裂缝会影响结构的耐久性，过大的变形和裂缝还将使用户在心理上产生不安全感。

通常的设计计算程序是先按承载力极限状态设计结构构件，而后按正常使用极限状态进行构件校核。

二、承载力极限状态设计方法

1. 一般公式

《标准》及《规范》规定，钢筋混凝土等各种结构承载力极限状态设计的一般公式为

$$\gamma_0 S \leqslant R \tag{2-20}$$

式中　γ_0——结构重要性系数，对建筑安全等级为一级、二级、三级的结构构件，应分别取不小于 1.1，1.0，0.9 的值；

　　　S——作用效应组合设计值，指由荷载设计值产生的轴力组合设计值、弯矩组合设计值和剪力组合设计值或扭矩组合设计值等；

　　　R——结构抗力设计值，指按材料强度设计值计算的截面所能抵抗的轴力、弯矩、剪力或扭矩设计值。

荷载设计值可由荷载标准值乘以对应的荷载分项系数来计算。材料强度设计值等于材料强度的标准值除以对应的材料分项系数。

式中的内力组合设计值，在承载力极限状态计算中一般不考虑偶然荷载，即式中 S 只包含永久荷载（恒荷载）和可变荷载（活荷载）的组合。这种组合称为"基本组合"。

2. 作用效应组合设计值 S

由可变荷载控制的效应组合设计值按式（2-21）计算：

$$S = \sum_{j=1}^{m} \gamma_{G_j} S_{G_jk} + \gamma_{Q_1} \gamma_{L_1} S_{Q_1k} + \sum_{i=2}^{n} \gamma_{Q_i} \gamma_{L_i} \psi_{c_i} S_{Q_ik} \tag{2-21}$$

由永久荷载控制的效应组合设计值按式（2-22）计算：

$$S = \sum_{j=1}^{m} \gamma_{G_j} S_{G_jk} + \sum_{i=1}^{n} \gamma_{Q_i} \gamma_{L_i} \psi_{c_i} S_{Q_ik} \tag{2-22}$$

式中　S_{G_jk}——按第 j 个永久荷载的标准值 G_{jk} 在计算截面上产生的荷载效应值；

S_{Q_1k}、S_{Q_ik}——可变荷载的标准值在计算截面上产生的荷载效应值，其中，S_{Q_1k} 为最大可变荷载 Q_{1k} 在计算截面上产生的荷载效应值，S_{Q_ik} 为除最大可变荷载以外的其他可变荷载 Q_{ik} 在计算截面上产生的荷载效应值；

　　　γ_{G_j}——第 j 个永久荷载的分项系数；

　　　γ_{Q_i}——第 i 个可变荷载的分项系数，其中 γ_{Q_1} 为最大可变荷载 Q_{1k} 的分项系数，见表2-3；

　　　γ_{L_i}——第 i 个可变荷载考虑设计使用年限的调整系数，其中 γ_{L_1} 为最大可变荷载 Q_{1k} 考虑设计使用年限的调整系数，见表2-4；

　　　ψ_{c_i}——第 i 个可变荷载 Q_i 的组合值系数，见表2-5；

　　　m——参与组合的永久荷载数；

　　　n——参与组合的可变荷载数。

　　永久荷载的标准值和可变荷载标准值可由《荷载规范》查得，它们在计算截面上产生的荷载效应值可按结构力学方法计算。永久荷载分项系数、可变荷载分项系数见表2-3。

表 2-3　荷载分项系数

荷　载　类　型		荷载分项系数
永久荷载	当永久荷载效应对结构不利时｜对由可变荷载效应控制的组合	1.2
	对由永久荷载效应控制的组合	1.35
	当永久荷载效应对结构有利时	$\leqslant 1$
可变荷载	对标准值大于 $4kN/m^2$ 的工业房屋楼面结构的活荷载	1.3
	其他情况	1.4

表 2-4　房屋建筑考虑结构设计使用年限的荷载调整系数 γ_L

结构设计使用年限/年	5	50	100
γ_L	0.9	1.0	1.1

注：1. 对设计年限为25年的结构构件，γ_L 应按各种材料结构设计规范的规定采用。

　　2. 对于荷载标准值可控制的活荷载，设计使用年限调整系数 γ_L 取 1.0。

表 2-5　民用建筑楼面和屋面可变荷载组合值系数 ψ_c

类　　别	组合值系数 ψ_c
书库、档案库、储藏室、密集书柜库	0.9
风荷载	0.6
其他	0.7

　　【例 2-1】　某有起重机的单层厂房，计算简图如图2-9所示。结构设计使用年限为50年。在左边柱柱底截面 A 处，屋面恒荷载、柱自重、吊车梁等永久荷载标准值产生的弯矩为 $-2.08kN \cdot m$（正号表示柱的左侧纤维受拉，负号表示柱的右侧纤维受拉），屋面活荷载标准值产生的弯矩为 $-0.11kN \cdot m$，左来风荷载标准值产生的弯矩为 $60.35kN \cdot m$，起重机的最大轮压作用于 A 柱时，荷载产生的总弯矩为 $20.70kN \cdot m$，求该截面在这些荷载作用下弯矩的组合设计值（建筑结构安全等级为二级）。

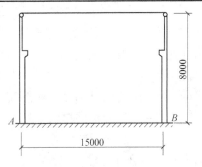

图 2-9　例 2-1 厂房立剖图尺寸

　　【解】　将各可变荷载的标准值在截面 A 处产生的弯矩值比较后可知，左来风标准值在该截面产生的弯矩值最大，因此有

$$M_{Gk} = -2.08kN \cdot m; \quad M_{Q1k} = 60.35kN \cdot m$$

$$M_{Q2k} = -0.11kN \cdot m; \quad M_{Q3k} = 20.70kN \cdot m$$

　　由表2-3查得：$\gamma_G = 1.2$，$\gamma_{Q1} = \gamma_{Q2} = \gamma_{Q3} = 1.4$；由表2-4查得：$\gamma_{L1} = \gamma_{L2} = \gamma_{L3} = 1.0$；由表2-5查得：$\psi_{c2} = 0.7$，$\psi_{c3} = 0.7$。

　　截面 A 处弯矩的组合设计值为

$$M = \gamma_G M_{Gk} + \gamma_{Q1} \gamma_{L1} M_{Q1k} + \gamma_{Q2} \gamma_{L2} \psi_{c2} M_{Q2k} + \gamma_{Q3} \gamma_{L3} \psi_{c3} M_{Q3k}$$

$$= [1.2 \times (-2.08) + 1.4 \times 1.0 \times 60.35 + 1.4 \times 1.0 \times 0.7 \times (-0.11) + 1.4 \times 1.0 \times$$

$$20.70 \times 0.7] kN \cdot m$$

$$= 102.17 kN \cdot m$$

3. 结构抗力设计值 R

结构抗力设计值 R 的一般表示式为

$$R = f\left(\frac{f_{ck}}{\gamma_c}, \frac{f_{sk}}{\gamma_s}, a_k, \cdots\right) \qquad (2\text{-}23)$$

令

$$f_c = \frac{f_{ck}}{\gamma_c} \text{和} f_s = \frac{f_{sk}}{\gamma_s} \qquad (2\text{-}24)$$

则

$$R = f(f_c, f_s, a_k, \cdots) \qquad (2\text{-}25)$$

式中 f_{ck}、f_{sk}——混凝土和钢筋的强度标准值;

γ_c、γ_s——混凝土和钢筋的材料分项系数;

f_c、f_s——混凝土和钢筋的强度设计值;

a_k——构件截面几何参数的标准值,即按设计尺寸确定的截面几何参数。

式(2-23)或式(2-25)为结构抗力设计值的一般表达式。对于各种具体的结构构件而言,有其具体的计算公式。

通过上面的讨论可见,我国建筑结构设计规范关于结构构件承载能力极限状态的设计方法引入了结构重要性系数、荷载分项系数和材料分项系数等三类系数。结构构件的可靠度是通过将各种荷载的标准值乘以大于1的荷载分项系数和将各种材料强度的标准值除以大于1的材料分项系数来实现的。

三、正常使用极限状态设计方法

正常使用极限状态的设计方法包括对变形和裂缝宽度的控制进行验算,要求结构或结构构件在荷载作用下其变形和裂缝宽度的验算值不超过相应的规定限值,即应符合下式要求:

$$S_d \leq C \qquad (2\text{-}26)$$

式中 S_d——正常使用极限状态荷载组合的效应计算值;

C——结构构件达到正常使用要求所规定的变形、裂缝宽度的限值。

《规范》及《标准》规定:钢筋混凝土构件按正常使用极限状态进行设计时,应按荷载的准永久组合并考虑长期作用的影响来进行。

荷载准永久组合的效应设计值按下式确定:

$$S_d = \sum_{j=1}^{m} S_{G_jk} + \sum_{i=1}^{n} \psi_{q_i} S_{Q_ik} \qquad (2\text{-}27)$$

式中, S_{G_jk}、S_{Q_ik} 的意义与式(2-21)相同, ψ_{q_i} 为第 i 个可变荷载的准永久值系数,其具体数值可由《荷载规范》查得。某一可变荷载的准永久值,是指该可变荷载等于超过某个荷载值的时间占设计基准期一半的那个荷载值,以此作为持续作用的荷载值。

1. 变形验算

我国建筑结构设计规范关于变形验算的一般公式为

$$a_{fmax} \leq a_{flim} \qquad (2\text{-}28)$$

式中 a_{fmax}——在考虑了荷载长期效应组合使构件挠度随时间增长的影响的情况下,按荷载准永久组合计算的构件最大挠度;

a_{flim}——规范规定的受弯构件的最大挠度限值,按附录 A 中表 A-3 采用。

2. 裂缝控制

《规范》将预应力混凝土和普通钢筋混凝土构件的裂缝控制划分为三个等级，并分别规定了控制条件。

一级——严格要求不出现裂缝的构件。要求在标准荷载效应组合作用下，构件受拉边缘混凝土不应出现拉应力，即

$$\sigma_{ck} - \sigma_{pc} \leqslant 0 \tag{2-29}$$

式中　σ_{ck}——荷载效应的标准组合下抗裂验算截面边缘的混凝土法向应力；

　　　σ_{pc}——扣除全部预应力损失后，在抗裂验算截面边缘混凝土的预压应力。

二级——一般要求不出现裂缝的构件。按荷载效应标准组合进行计算时，构件受拉边缘混凝土允许产生拉应力，但拉应力不应超过规定的控制值，即

$$\sigma_{ck} - \sigma_{pc} \leqslant f_{tk} \tag{2-30}$$

式中　f_{tk}——混凝土的抗拉强度标准值。

三级——允许出现裂缝的构件。最大裂缝宽度按荷载的准永久组合并考虑长期作用的影响进行计算。其一般计算公式为

$$\omega_{max} \leqslant \omega_{lim} \tag{2-31}$$

式中　ω_{max}——按荷载准永久组合作用下并考虑荷载长期效应组合影响所求得的最大裂缝宽度；

　　　ω_{lim}——最大裂缝宽度限值。

一级、二级裂缝宽度控制等级只有预应力混凝土构件才能达到，普通钢筋混凝土构件只能达到三级。因此，普通钢筋混凝土构件在正常使用极限状态下一般都带裂缝工作。

设计时，构件的裂缝控制等级、混凝土拉应力限制系数及最大裂缝宽度允许值应根据构件所处环境等工作条件及所用钢筋种类来选择。各类构件应采用的裂缝控制等级、混凝土拉应力限制系数及最大裂缝宽度限值列于附录 A 中表 A-4（1）、表 A-4（2）中。

思　考　题

2-1　什么是结构上的作用？试对结构上的直接作用和间接作用各举五个例子。

2-2　结构的找平层和粉灰层属永久作用还是可变作用？试述其道理。

2-3　作用效应与结构上的作用有何联系与区别？

2-4　试说明正态分布曲线上三个特征值的几何意义。

2-5　结构构件必须满足哪些功能要求？

2-6　试说明可靠概率与失效概率之间的关系。

2-7　什么是结构的极限状态？我国建筑结构设计规范将结构的极限状态分成哪两类？

计　算　题

2-1　某矩形钢筋混凝土简支梁，结构安全等级为二级，承受永久荷载标准值 $g_k = 6kN/m$（含梁自重），可变荷载标准值 $q_k = 15kN/m$，梁的计算跨度为 5.0m，梁的截面尺寸为 200mm×500mm，试计算梁跨中截面的弯矩设计值（结构设计使用年限为 50 年）。

2-2　某钢筋混凝土简支梁，截面尺寸为 $b×h = 200mm×450mm$，梁的计算跨长为 5.2m，梁上均布活荷载设计值为 24kN/m（不含梁自重），钢筋混凝土重度取 25kN/m³，结构安全等级为一级，试求梁的最不利截面处作用效应设计值（结构设计使用年限为 50 年）。

第三章
钢筋混凝土受弯构件正截面承载力计算

第一节　概　　述

受弯构件通常是指弯矩和剪力共同作用的构件。结构中的梁和板都是典型的受弯构件。由材料力学可知，受弯构件在外力的作用下，其截面以中和轴为界，分为受压与受拉两区，两区应力的合力组成内力矩以抵抗外力矩。由于混凝土的抗拉强度很低，故需在受拉区布置钢筋来协助承受拉力，这种仅在受拉区配有受力钢筋的构件称为单筋受弯构件（图3-1a）；同时在截面受拉区和受压区配置受力钢筋的构件称为双筋受弯构件（图3-1b）。

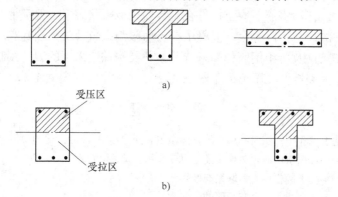

图 3-1　受弯构件截面配筋形式
a) 单筋受弯构件　b) 双筋受弯构件

钢筋混凝土构件的破坏有两种形态：一种是由弯矩所引起，破坏截面与构件的纵轴线垂

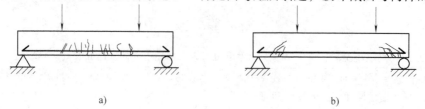

图 3-2　受弯构件破坏形态
a) 正截面破坏　b) 斜截面破坏

直，称为正截面破坏；一种是由弯矩、剪力共同作用所引起，破坏截面与构件纵轴线呈某一倾角，称为斜截面破坏（图3-2）。本章主要讨论工程中最常见的单筋矩形截面、双筋矩形截面和单筋T形截面钢筋混凝土受弯构件的正截面承载力计算。

第二节　钢筋混凝土受弯构件试验结果分析

确定钢筋混凝土受弯构件正截面承载力，即确定抵抗破坏弯矩 M_u，是正截面承载力计算中所要讨论的关键问题。由于钢筋混凝土受弯构件的受力性能不同于均质弹性体受弯构件，在这种情况下，为了确定 M_u 的计算方法，就需要通过试验获得钢筋混凝土梁在荷载作用下的截面应力应变分布规律和破坏特征。

一、钢筋混凝土梁正截面的破坏特征

试验表明，钢筋混凝土梁配筋量的大小不同，不仅影响构件承载能力，而且其破坏形态也将发生变化。梁的配筋量可用配筋率 ρ 表示，即受力钢筋截面面积与正截面有效截面面积的比，如图3-3所示。

$$\rho = \frac{A_s}{bh_0} \qquad (3-1)$$

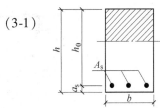

式中　A_s——纵向受力钢筋的截面面积；

$\quad$ b——梁的截面宽度；

$\quad$ h_0——梁的截面有效高度 $h_0 = h - a_s$；

$\quad$ h——梁的截面高度；

$\quad$ a_s——受拉钢筋合力作用点至截面受拉边缘的距离。

图3-3　钢筋混凝土正截面示意图

为简化计算，a_s 取值：对于板，取 $a_s = 20mm$；对于梁，当采用一排钢筋时，一般取 $a_s = 35mm$；当采用双排钢筋时，一般取 $a_s = 60mm$。

根据配筋率的不同，钢筋混凝土梁可能出现下面三种不同的破坏形式：

（1）少筋梁破坏　配筋率过小的梁称为"少筋梁"。梁内受拉钢筋配置很少，其破坏特征是受拉区混凝土一旦开裂，裂缝处的钢筋应力即达到屈服强度，甚至进入强化阶段，而受压区混凝土尚未达到抗压强度。若梁内配置的是无明显流幅的钢筋，则梁一裂即断（图3-4a）。这类破坏发生突然，破坏前无明显预兆，通常称之为"脆性破坏"。少筋梁的截面尺寸大，承载力却很低，很不经济，且破坏前无明显预兆，故实际工程上一般不允许采用。

（2）适筋梁破坏　当梁的配筋率适中时，其破坏特征首先是纵向受拉钢筋屈服，维持应力不变而发生显著的塑性变形，直到受压区边缘的混凝土应变达到极限压应变，梁才发生破坏。适筋梁破坏前，受拉区混凝土出现明显的主裂缝，并随着受拉钢筋的塑性流动而急剧开展，同时梁的挠度也快速增长，因此梁在破坏前有明显

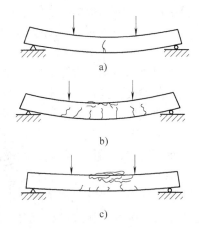

图3-4　梁正截面的三种破坏形式
a）少筋梁　b）适筋梁　c）超筋梁

预兆，通常称为"延性破坏"（图 3-4b）。适筋梁破坏时，梁中钢筋和混凝土两种材料强度基本上都得到充分利用，因此它是作为设计依据的一种破坏形式。

（3）超筋梁破坏 配筋率过大的梁称为"超筋梁"。梁内受拉筋配置过多，其破坏特征是受压区混凝土首先达到极限压应变，而受拉区钢筋的应力小于屈服强度，梁因受压区混凝土被压碎而整体破坏（图 3-4c）。超筋受弯构件破坏前无明显预兆，同样属于"脆性破坏"。超筋梁中钢筋强度不能充分利用，且破坏前又无明显预兆，设计时应尽量避免。

二、适筋受弯构件的试验研究

（一）试验方案

为了研究受弯构件正截面的受弯性能，常采用图 3-5 所示的试验方案，即在一根矩形截面简支适筋梁上对称施加两个集中荷载 P。在忽略梁自重的情况下，在两个集中荷载之间的 CD 区段内梁的剪力为零，弯矩为一常量，即 $M = Pa$，CD 区段称为纯弯段。AC、DB 段既有弯矩又有剪力，称为剪弯段。采用这种荷载布置方案是为了研究受弯性能时排除剪力的干扰。

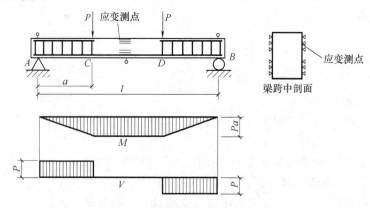

图 3-5 梁的受弯试验示意图

为了研究梁内应力和应变的变化，沿梁高粘贴长标距（大于 100mm）电阻应变片，以测量混凝土的纵向应变，在钢筋上预先粘贴上电阻应变片，以测量受拉钢筋的应变。同时在跨中和支座处布置百分表或倾角仪测量梁的跨中挠度 a_f。试验采用分级加载形式，直到梁破坏为止。

试验研究表明：适筋受弯构件在自加荷始至破坏整个过程，随着荷载的增加及混凝土塑性应变的发展，其正截面上的应力是在不断变化的，因而混凝土的应力分布图形也是不断变化的。概括分析，适筋梁正截面的受力过程可以分为以下三个阶段。

（二）受力过程

钢筋混凝土适筋梁各受力阶段截面应力、应变分布如图 3-6 所示。

（1）第 I 阶段——拉区混凝土截面开裂前 这一阶段分两步发展。

第 I 阶段：当开始加载时，由于弯矩 M 很小，梁截面上各纤维的应变也很小，混凝土基本上处于弹性工作阶段，应力与应变成正比，故截面上的应力与应变均为三角形分布。受拉区由于钢筋的存在，其中和轴较匀质弹性体的中和轴稍低。

第 I_a 阶段：随着荷载增加，弯矩 M 加大，当混凝土受拉区边缘纤维应变接近其极限拉

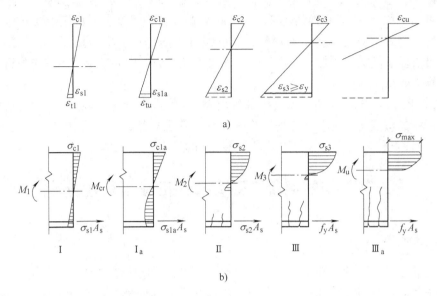

图 3-6　钢筋混凝土适筋梁各受力阶段截面应力、应变分布

a) 应变分布　b) 应力分布

应变时，应变增长远较应力增长快，应力-应变关系偏离直线，故受拉区应力图形渐呈曲线，这表明了受拉区混凝土的塑性特征。当 M 增加到使受拉区边缘纤维应变达到混凝土受弯的极限拉应变 ε_{ct} 时，梁处于即将开裂的极限状态，即达到了第 I 阶段末，以 I_a 表示。此时在截面受压区边缘纤维应变值相对较小，受压混凝土基本上仍处于弹性工作状态，故其压应力分布图形仍接近三角形，而受拉区拉应力图形则呈曲线分布，截面受拉区边缘混凝土拉应力即将达到其抗拉强度 f_t，截面中和轴的位置稍有上升，此时弯矩即将达到开裂弯矩 M_{cr}。在 I_a 阶段，由于粘结力的存在，受拉钢筋应变与其附近同水平面的混凝土拉应变相等，即钢筋应变接近 ε_{ct} 值，故相应的钢筋拉应力为 $\sigma_s = E_s \varepsilon_{ct} = \dfrac{E_s f_t}{0.5 E_c} = 2\alpha_E f_t$，式中 $\alpha_E = \dfrac{E_s}{E_c}$ 称为钢筋和混凝土的弹性模量比。

I_a 阶段可作为受弯构件正截面抗裂度及开裂弯矩计算的依据。

（2）第 II 阶段——从拉区混凝土截面开裂到裂缝处纵向受拉钢筋屈服前　当 $M = M_{cr}$ 时，在纯弯区段抗拉能力最薄弱的截面处会出现第一批裂缝，梁进入第 II 阶段。在裂缝截面处混凝土退出工作，拉力全部由钢筋承担，受拉钢筋应力较混凝土开裂前突然增大很多。裂缝出现后，截面的中和轴又有所上移，但中和轴以下尚未开裂的混凝土仍可承受部分拉应力。

随着荷载的增长，截面应变增大，在较大标距内量测的平均应变分布仍保持直线分布。但此时受压混凝土应力增长速度比应变增长速度慢，故压应力呈曲线分布。当荷载继续增加，受拉钢筋应力刚刚达到屈服强度 f_y 时进入第三阶段，相应的弯矩记为 M_y，称为屈服弯矩。

第 II 阶段是正常使用阶段，在这一阶段梁的挠度及裂缝宽度变化较大，可作为变形和裂缝开展的计算依据。

（3）第 III 阶段——从纵向受拉钢筋屈服到梁最终破坏　此阶段也分两个过程进行。

第Ⅲ阶段：由于裂缝扩展并沿梁高向上延伸，截面中和轴亦不断上移，受压区高度减小，受拉钢筋总拉力 $T = f_y A_s$ 保持不变。为了保持截面内力平衡，受压区混凝土应力必然增大，受压区边缘纤维应变也将迅速增长，受压混凝土塑性特征更明显，其应力图形更趋丰满。在第Ⅲ阶段虽然截面受拉与受压的合力保持不变，但因中和轴上移致使内力臂加大，弯矩亦相应增大。

第Ⅲ$_a$阶段：当 M 增加到梁抵抗极限弯矩 M_u 时，进入第Ⅲ阶段末，以Ⅲ$_a$表示。此时受压边缘纤维的应变达到混凝土非均匀受压时的极限压应变 ε_{cu}，梁开始破坏。

第Ⅲ$_a$阶段可作为计算受弯构件正截面承载力的依据。

第三节　钢筋混凝土受弯构件正截面承载力计算

一、基本假定

为了能够推导出受弯构件正截面承载力计算公式，根据所做的大量试验研究，对钢筋混凝土构件正截面承载力计算统一采用下列四项基本假定（同样适用于轴心受压、偏心受压、轴心受拉、偏心受拉等不同受力类型的构件）。

1）平截面假定——弯曲前的平面，弯曲后仍保持平面。对有弯曲变形的构件，弯曲变形后截面上任一点的应变与该点到中和轴的距离成正比。

2）忽略截面受拉区混凝土的作用，受拉区拉力全部由钢筋承担。

3）将受压区混凝土应力-应变关系简化为图3-7所示的理想 σ_c-ε_c 曲线。它是借用混凝土轴心受压的应力-应变曲线来推断混凝土非均匀受压的应力-应变曲线的变化规律，但此处已将轴心受压的应力-应变曲线简化为两个阶段。

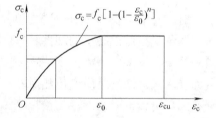

图3-7　简化的混凝土受压时的应力-应变曲线

第一阶段：当 $0 \leqslant \varepsilon_c \leqslant \varepsilon_0$ 时（上升段），σ_c-ε_c 曲线为抛物线，即

$$\sigma_c = f_c \left[1 - \left(1 - \frac{\varepsilon_c}{\varepsilon_0} \right)^n \right] \tag{3-2}$$

第二阶段：当 $\varepsilon_0 \leqslant \varepsilon_c \leqslant \varepsilon_{cu}$ 时（水平段），σ_c-ε_c 曲线为一平行于 ε_c 轴的直线，即

$$\sigma_c = f_c \tag{3-3}$$

n、ε_0、ε_{cu} 的取值如下：

$$n = 2 - \frac{1}{60} \left(f_{cu,k} - 50 \right) \tag{3-4}$$

$$\varepsilon_0 = 0.002 + 0.5 \times \left(f_{cu,k} - 50 \right) \times 10^{-5} \tag{3-5}$$

$$\varepsilon_{cu} = 0.0033 - \left(f_{cu,k} - 50 \right) \times 10^{-5} \tag{3-6}$$

式中　σ_c——混凝土压应变为 ε_c 时的混凝土压应力；

　　　ε_0——混凝土压应力刚达到 f_c 时的混凝土压应变，当计算的 ε_0 值小于 0.002 时，应取 0.002；

　　　ε_{cu}——正截面处于非均匀受压时的混凝土极限压应变，当计算的 ε_{cu} 值大于 0.0033

时，应取 0.0033；

f_c——混凝土轴心抗压强度设计值；

$f_{cu,k}$——混凝土立方体抗压强度标准值；

n——系数，当计算的值大于 2.0 时，取为 2.0。

4）简化的钢筋 σ_s-ε_c 曲线，如图 3-8 所示。

当 $0 \leqslant \varepsilon_s \leqslant \varepsilon_y$ 时　　　$\sigma_s = \varepsilon_s E_s$　　　(3-7)

当 $\varepsilon_s > \varepsilon_y$ 时　　　$\sigma_s = f_y$　　　(3-8)

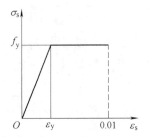

图 3-8　简化的钢筋受拉时的应力-应变曲线

纵向钢筋的应力取钢筋应变与其弹性模量的乘积，但其绝对值不应大于其相应的强度设计值。纵向受拉钢筋的极限拉应变为 0.01。

二、受弯构件正截面承载力计算原理

（一）受压区混凝土应力图形的简化——等效矩形应力图形

当已知截面某点混凝土的应变时，由基本假定 3）利用式（3-2）或式（3-3），可求出该点混凝土纤维的应力。因平截面假定受压区混凝土的纵向压应变呈三角形分布（图 3-9a），故混凝土受压区的应力分布图与混凝土应力-应变曲线具有矩形和抛物线形的对应关系。

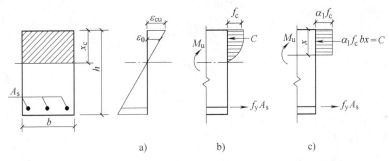

图 3-9　受压区应力图形的简化

从理论上讲，图 3-9b 所示的应力图形的函数已知，故可用积分法求得受压区混凝土压应力合力及其作用点位置。但计算过于复杂，不便于设计应用，因此需对受压区混凝土曲线应力分布图形做进一步简化。通常是用等效矩形应力图形（图 3-9c）来代替曲线应力分布图形。两个图形的等效条件是：受压区混凝土的压应力合力 C 大小相等，作用位置相同。

设理论应力图形中受压区混凝土的总高度为 x_c，等效矩形应力图形的高度为 x，令

$$x = \beta_1 x_c \tag{3-9}$$

设理论应力图形中混凝土压应力的峰值为 f_c，等效矩形应力图形的压应力为 σ_c，令

$$\sigma_c = \alpha_1 f_c \tag{3-10}$$

若取 $\varepsilon_0 = 0.002$，$\varepsilon_{cu} = 0.0033$ 上式中的 α_1 和 β_1 系数，可由图 3-9a、b、c 对应关系的几何理论推导求出。

$$\beta_1 = 0.824, \quad \alpha_1 = 0.968 \tag{3-11}$$

由式（3-11）可看出 α_1、β_1 系数值为碎数，为简化计算，《规范》给出了由不同混凝土强度等级所对应的 α_1、β_1 系数值见表 3-1。

表 3-1　混凝土受压区等效矩形应力图形的系数

	≤C50	C55	C60	C65	C70	C75	C80
α_1	1.0	0.99	0.98	0.97	0.96	0.95	0.94
β_1	0.8	0.79	0.78	0.77	0.76	0.75	0.74

（二）单筋矩形受弯构件正截面承载力基本计算公式

由基本假定条件及受压区混凝土等效矩形应力图形，单筋矩形截面梁受弯承载力计算简图如图 3-10 所示。

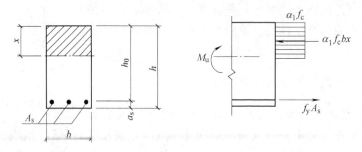

图 3-10　单筋矩形受弯构件正截面承载力计算图示

利用静力平衡条件，即可建立单筋矩形受弯构件正截面承载力计算公式。

$$\sum x = 0 \qquad\qquad \alpha_1 f_c bx = f_y A_s \tag{3-12}$$

$$\sum M = 0 \qquad\qquad M_u = \alpha_1 f_c bx\left(h_0 - \frac{x}{2}\right) \tag{3-13}$$

$$\text{或} \qquad\qquad M_u = f_y A_s\left(h_0 - \frac{x}{2}\right) \tag{3-14}$$

式中　M_u——受弯承载力设计值，即极限弯矩设计值；

　　　f_c——混凝土轴心抗压强度设计值；

　　　f_y——钢筋抗拉强度设计值；

　　　A_s——受拉钢筋截面面积；

　　　b——梁的截面宽度；

　　　x——混凝土等效矩形受压区计算高度；

　　　h_0——截面有效高度，$h_0 = h - a_s$；

　　　h——梁的截面高度；

　　　a_s——受拉钢筋合力点至截面受拉边缘的距离；

　　　α_1——系数，取值见表 3-1。

（三）相对界限受压区高度及适筋梁的配筋率

（1）相对界限受压区高度 ξ_b　当钢筋和混凝土强度确定之后，梁内配筋存在一个特定的配筋率 ρ_{max}，它能使在受拉钢筋应力达到屈服强度的同时，受压区混凝土边缘纤维压应变也恰好到达极限压应变值。钢筋混凝土构件在这一状态下的破坏称为"界限破坏"。这种受拉区与受压区同时破坏的截面也正是适筋梁与超筋梁的界限。

根据梁的实际配筋率 ρ 的大小，梁可分为三种破坏情况：当 $\rho_{min} \leqslant \rho \leqslant \rho_{max}$，适筋破坏；当 $\rho = \rho_{max}$，界限破坏；当 $\rho > \rho_{max}$，超筋破坏。式中，ρ_{max} 称为最大配筋率。

等效矩形受压区高度 x 与截面有效高度 h_0 之比，称为相对受压区高度，即

$$\xi = \frac{x}{h_0} \tag{3-15}$$

ξ 也称为截面配筋特征值或配筋指标，是一个反映梁基本性能的重要设计参数。当受弯构件处于"界限破坏"时，等效矩形截面受压区高度 x_b 与截面有效高度 h_0 之比，称为相对界限受压区高度 ξ_b。

不同破坏类型应变分布如图 3-11 所示。对于界限破坏，当受拉钢筋的应变 ε_s 等于它开始屈服时的应变值 ε_y 时（即 $\varepsilon_s = \varepsilon_y$），受压区边缘的应变也刚好达到混凝土受弯时的极限压应变值 ε_{cu}，此时，受弯构件的配筋率为 ρ_{max}，相应的受压区实际高度为 x_{cb}，x_{cb} 称为界限受压区实际高度。

由式（3-12）可得

$$\rho = \frac{A_s}{bh_0} = \frac{x}{h_0} \cdot \frac{\alpha_1 f_c}{f_y} \tag{3-16}$$

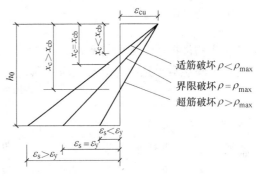

图 3-11　适筋破坏、超筋破坏和界限破坏的应变分布

上式表明，当材料强度一定时，配筋率 ρ 与相对受压区高度 x/h_0 成正比。如果受弯构件的实际配筋率 $\rho < \rho_{max}$，则相应的 $x < x_{cb}$，根据平截面假定，此时的钢筋应变 ε_s 必然大于 ε_y，即 $\varepsilon_s > \varepsilon_y$，这说明在混凝土被压碎前，受拉钢筋已经屈服，即属于适筋受弯构件的破坏情况；反之，如果 $\rho > \rho_{max}$，则相应的 $x > x_{cb}$，按平截面假定，此时钢筋应变 $\varepsilon_s < \varepsilon_y$，即受压区混凝土破坏时受拉钢筋尚未屈服。通过上述分析可见，受弯构件的破坏特征直接与 x/h_0 有关。将式（3-15）代入式（3-16）得

$$\rho = \xi \frac{\alpha_1 f_c}{f_y} \tag{3-17}$$

或

$$\xi = \frac{x}{h_0} = \rho \frac{f_y}{\alpha_1 f_c} = \frac{A_s}{bh_0} \cdot \frac{f_y}{\alpha_1 f_c} \tag{3-18}$$

由图 3-11 的几何关系可得

$$\frac{x_{cb}}{h_0} = \frac{\varepsilon_{cu}}{\varepsilon_{cu} + \varepsilon_y}$$

引入 $x_b = \beta_1 x_{cb}$，代入上式得

$$\frac{x_b}{\beta_1 h_0} = \frac{\varepsilon_{cu}}{\varepsilon_{cu} + \varepsilon_y} \tag{3-19}$$

对有明显屈服点的钢筋，$\varepsilon_y = \frac{f_y}{E_s}$，因此，可求得相对界限受压区高度 ξ_b 为

$$\xi_b = \frac{x_b}{h_0} = \frac{\beta_1}{1 + \dfrac{f_y}{\varepsilon_{cu} E_s}} \tag{3-20}$$

从上式可知，相对界限受压区高度 ξ_b 仅与材料性能有关。实际工程中常用相对界限受压区高度 ξ_b 值见表 3-2。

表3-2 相对界限受压区高度 ξ_b 值

混凝土强度等级	≤C50	C55	C60	C65	C70	C75	C80
HPB300 级钢筋	0.576	0.566	0.556	0.547	0.537	0.528	0.518
HRB335 级钢筋 HRBF335 级钢筋	0.550	0.541	0.531	0.522	0.512	0.503	0.493
HRB400 级钢筋 HRBF400 级钢筋 RRB400 级钢筋	0.518	0.508	0.499	0.490	0.481	0.472	0.463

（2）最大配筋率 ρ_{max}　当 $\xi = \xi_b$ 时，相应的配筋率即为最大配筋率，即相应的 ρ 即为 ρ_{max}，由式（3-17）有

$$\rho_{max} = \xi_b \frac{\alpha_1 f_c}{f_y} \tag{3-21}$$

若受弯构件内的实际配筋率 $\rho \leqslant \rho_{max}$，即可保证构件不发生超筋破坏。从式（3-21）知，最大配筋率同混凝土强度等级及钢筋级别有关，应用时可参考表3-3。

表3-3 受弯构件最大配筋率 ρ_{max}

钢筋级别	混凝土强度等级							
	C15	C20	C25	C30	C35	C40	C45	C50
HPB300	0.015	0.020	0.025	0.030	0.036	0.041	0.045	0.049
HRB335 HRBF335	0.013	0.017	0.021	0.026	0.031	0.035	0.038	0.042
HRB400 HRBF400 RRB400	0.010	0.014	0.017	0.020	0.024	0.027	0.030	0.033

（3）适筋梁的最小配筋率 ρ_{min}　最小配筋率为少筋梁与适筋梁的配筋界限。限制受弯构件的配筋率不低于最小配筋率是为了使构件不出现少筋梁的破坏现象。但确定 ρ_{min} 是一个较复杂的问题，它需要涉及诸多因素，如裂缝控制，抵抗温湿度变化以及混凝土收缩、徐变等引起的次应力等。《规范》根据国内外的经验，对各种构件的最小配筋率作了规定，可由附录 B 中表 B-3 查得。

当 $\rho < \rho_{min}$ 时为少筋梁，少筋梁在设计中一般是不允许采用的。设计时，为避免设计成少筋梁，要求受弯构件的实际配筋率 $\rho \geqslant \rho_{min} \dfrac{h}{h_0}$。若计算得出 $\rho < \rho_{min} \dfrac{h}{h_0}$ 时，应按 $\rho = \rho_{min} \dfrac{h}{h_0}$ 配筋。

（4）经济配筋率　对于截面高宽比适当的受弯构件，在满足 $\rho_{min} \leqslant \rho \leqslant \rho_{max}$ 的条件下为了达到较好的经济效果，设计时尽可能使配筋率控制在经济配筋率的范围内。根据设计经验，钢筋混凝土受弯构件常用的经济配筋率如下：板 0.3% ~ 0.8%；矩形截面梁 0.6% ~ 1.5%；T 形截面梁 0.9% ~ 1.8%。

第四节　钢筋混凝土适筋受弯构件正截面承载力计算

一、单筋矩形截面受弯构件正截面承载力计算

（一）基本计算公式及适用条件

（1）基本计算公式　首先将作用在受弯构件上的荷载标准值乘以荷载分项系数后作为荷

载设计值，求出危险截面上的弯矩设计值 M，然后由截面能承担的极限弯矩 M_u［式（3-13）或式（3-14）］，根据承载力极限状态设计法，可得正截面承载力计算公式：

$$M \leqslant M_u = \alpha_1 f_c bx\left(h_0 - \frac{x}{2}\right) \tag{3-22}$$

或

$$M \leqslant M_u = f_y A_s\left(h_0 - \frac{x}{2}\right) \tag{3-23}$$

由式（3-15）可得，$x = \xi h_0$，代入上述两式，受弯构件承载力计算公式可表示如下：

$$\left.\begin{array}{l} M \leqslant M_u = \alpha_1 f_c bh_0^2 \xi(1 - 0.5\xi) \\ M \leqslant M_u = f_y A_s h_0(1 - 0.5\xi) \end{array}\right\} \tag{3-24}$$

或

（2）基本公式的适用条件　为了保证受弯构件发生适筋破坏，上列公式应满足如下适用条件：

1）为防止受弯构件发生超筋破坏，保证截面破坏时受拉钢筋屈服，基本公式［式（3-12）、式（3-22）、式（3-23）、式（3-24）］应满足：

$$\xi \leqslant \xi_b$$

或

$$x \leqslant x_b = \xi_b h_0$$

或

$$\rho \leqslant \rho_{max} = \xi_b \frac{\alpha_1 f_c}{f_y} \tag{3-25}$$

将 $x_b = \xi_b h_0$ 代入式（3-24），得单筋矩形截面受弯构件在适筋条件下所能承担的最大弯矩

$$M_{ub} = \alpha_1 f_c bh_0^2 \xi_b(1 - 0.5\xi_b) \tag{3-26}$$

2）为防止受弯构件发生少筋破坏，基本公式［式（3-12）、式（3-22）、式（3-23）、式（3-24）］应满足：

$$\rho \geqslant \rho_{min}\frac{h}{h_0} \tag{3-27}$$

（二）用系数法计算受弯构件正截面承载力

由基本公式［式（3-22）或式（3-24）］可见，设计截面必须求解二次方程，这虽无困难，但毕竟麻烦费时，为了简化计算，可根据基本公式制成计算系数表供设计时查用。计算系数表的形式很多，下面仅介绍其中一种可用于任意混凝土强度等级的常用系数表的编制及其应用。

在式（3-24）中，令

$$\alpha_s = \xi(1 - 0.5\xi)，则\ \xi = 1 - \sqrt{1 - 2\alpha_s} \tag{3-28}$$

$$\gamma_s = 1 - 0.5\xi，即\ \gamma_s = \frac{1 + \sqrt{1 - 2\alpha_s}}{2} \tag{3-29}$$

于是基本计算公式［式（3-24）］即可简化为

$$M \leqslant M_u = \alpha_s bh_0^2 \alpha_1 f_c \tag{3-30}$$

$$M \leqslant M_u = \gamma_s h_0 f_y A_s \tag{3-31}$$

在式（3-30）中，$\alpha_s bh_0^2$ 相当于梁的截面模量或称为梁的截面抵抗矩，因此 α_s 称为截面模量系数或称为截面抵抗矩系数。在适筋范围内，配筋率越高，$\xi = \dfrac{\rho f_y}{\alpha_1 f_c}$ 越大，α_s 值也就越

大，截面的受弯承载力也越大。由式（3-31）则可看出，$\gamma_s h_0$ 相当于内力臂，因此 γ_s 称为内力臂系数。γ_s 越大，意味着内力臂越大，截面的受弯承载力也越大。

由式（3-28）、式（3-29）可见，α_s 和 γ_s 都是 ξ 的函数，故可将它们之间的函数关系制成如附录 B 中表 B-1 的系数表，供设计时查用。

（三）公式应用

在受弯构件设计中，基本公式的应用主要有两种情况：截面设计及截面复核。

（1）截面设计 截面设计是在已知弯矩设计值 M 的条件下，选定材料（混凝土强度等级、钢筋级别）、确定截面尺寸及配筋。

由于承载力基本计算公式中只有两个相互独立的基本公式［式（3-12）、式（3-22）］，而未知数却有多个，在这种情况下应先根据实际情况和经验选定混凝土及钢筋的强度等级、截面尺寸，再利用基本公式计算受拉钢筋面积 A_s，最后利用附录 B 中表 B-2（1）、表 B-2（2）的钢筋表选出应配受拉钢筋的直径和根数。

截面设计并非单一解，当 M、f_c 和 f_y 已定时，可选择不同的截面尺寸，得出相应的配筋量。截面尺寸越大（尤其是 h 越大），需混凝土越多，模板用量越大，但所需的钢筋就越少，反之同理。根据实际工程经验，在满足适筋要求的条件下，截面选择过大或过小都会提高造价。为了获得较好的经济效果，在梁的高度比较适宜的情况下，应尽可能控制梁的配筋率在经济配筋率范围内。

（2）截面复核 实际工程中往往要求对设计图样上的或已建成的结构作承载力复核，称为截面复核。这时一般是已知材料强度等级（f_c、f_y）、截面尺寸（b、h）及配筋量 A_s（钢筋根数与直径）。若设计弯矩 M 为未知，则可理解为求构件的抗力 M_u；若设计弯矩 M 为已知，则可理解为求出 M_u 后与 M 比较，看是否能满足 $M \le M_u$，如满足，说明该构件正截面承载力 M_u 满足要求。

利用系数 ξ 和 α_s 作单筋矩形截面受弯构件正截面承载力计算步骤参考图 3-12。

【例 3-1】 某现浇钢筋混凝土平板，简支在砖墙上，计算跨度 $l = 2.36\text{m}$，如图 3-13 所示。安全等级为二级，一类环境，结构设计使用年限为 50 年。板上作用有均布活荷载标准值为 $q_k = 3\text{kN/m}^2$。水磨石地面及细石混凝土垫层共 30mm 厚（重度标准值为 22kN/m³），板底粉刷 10mm 厚（重度标准值为 17kN/m³），钢筋混凝土重度标准值为 25kN/m³，混凝土强度等级 C25，纵向受拉钢筋采用 HPB300 热轧钢筋，板厚为 100mm，试确定受拉钢筋截面面积并配筋。

【解】 （1）确定计算参数 梁、板混凝土及钢筋的强度等级应根据构件的使用要求、受力特点、施工方法和材料供应情况，参考第一章所述原则确定。本例采用 C25 混凝土及 HPB300 级钢筋。查附录 A 中表 A-1（2）和表 A-1（4）可知 $f_c = 11.9\text{N/mm}^2$，$f_t = 1.27\text{N/mm}^2$，$\alpha_1 = 1.0$，$f_y = 270\text{N/mm}^2$，$\xi_b = 0.576$，$\gamma_G = 1.2$，$\gamma_Q = 1.4$，$\gamma_L = 1.0$。

取单位板宽进行计算：截面尺寸为 $b = 1000\text{mm}$，板厚 $h = 100\text{mm}$。

计算截面有效高度 h_0：取 $a_s = 20\text{mm}$，$h_0 = h - a_s = (100 - 20)\text{mm} = 80\text{mm}$。

（2）荷载计算

恒载标准值 g_k：

水磨石地面及细石混凝土垫层 $0.03\text{m} \times 1\text{m} \times 22\text{kN/m}^3 = 0.66\text{kN/m}$

钢筋混凝土板自重 $0.1\text{m} \times 1\text{m} \times 25\text{kN/m}^3 = 2.50\text{kN/m}$

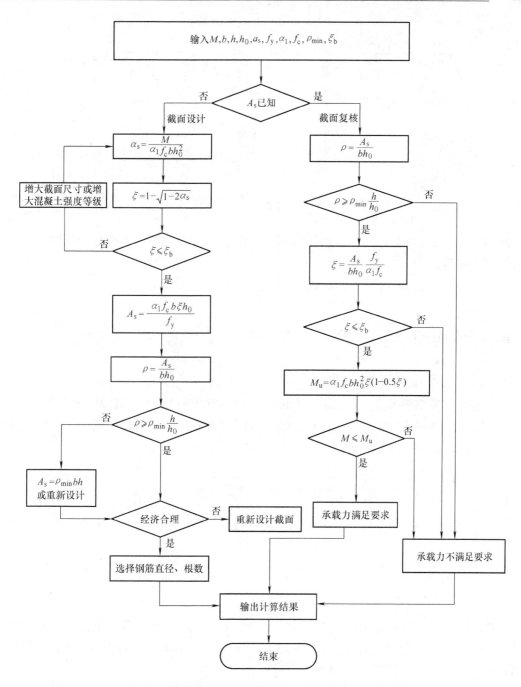

图 3-12　单筋矩形截面受弯构件正截面承载力计算框图

板底粉刷　　　　　　　$0.01\mathrm{m} \times 1\mathrm{m} \times 17\mathrm{kN/m^3} = 0.17\mathrm{kN/m}$

均布恒载标准值　　$g_k = (0.66 + 2.50 + 0.17)\ \mathrm{kN/m} = 3.33\mathrm{kN/m}$

均布活荷载标准值为　　　　$q_k = 3\mathrm{kN/m^2} \times 1\mathrm{m} = 3\mathrm{kN/m}$

（3）内力计算　计算简图如图 3-14 所示。板跨中最大弯矩设计值为

$$M = \frac{1}{8}(1.2g_k + 1.4q_k)l^2 = \frac{1}{8} \times (1.2 \times 3.33 + 1.4 \times 3) \times 2.36^2\mathrm{kN \cdot m} = 5.706\mathrm{kN \cdot m}$$

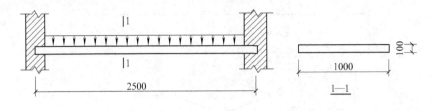

图 3-13 例 3-1

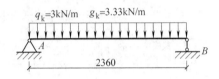

图 3-14 例 3-1 计算简图

（4）配筋计算

$$\alpha_s = \frac{M}{\alpha_1 f_c b h_0^2} = \frac{5.706 \times 10^6}{1.0 \times 11.9 \times 1000 \times 80^2} = 0.075$$

$$\xi = 1 - \sqrt{1 - 2\alpha_s} = 1 - \sqrt{1 - 2 \times 0.075} = 0.078 \leqslant \xi_b$$

= 0.576，不超筋。

$$A_s = \frac{\alpha_1 f_c b \xi h_0}{f_y} = \frac{1.0 \times 11.9 \times 1000 \times 0.078 \times 80}{270} \text{mm}^2 = 275.0 \text{mm}^2$$

$$\rho_{min} = 45 \frac{f_t}{f_y}\% = 45 \times \frac{1.27}{270}\% = 0.212\% > 0.2\%$$

$$\rho = \frac{A_s}{bh_0} = \frac{275.0}{1000 \times 80} = 0.344\% > \rho_{min}\frac{h}{h_0} = 0.212\% \times \frac{100}{80} = 0.27\%$$

满足最小配筋率要求，同时在经济配筋率 0.3% ~ 0.8% 范围内，计算结果合理。

由附录 B 中表 B-2（2）及构造要求选择钢筋，受拉钢筋选用Φ8/10@200，实际的 A_s = 322mm²。分布钢筋选用Φ8@250，配筋图如图 3-15 所示。

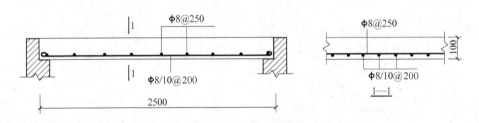

图 3-15 例 3-1 配筋图

【例 3-2】 某矩形截面钢筋混凝土梁，安全等级二级，一类环境。截面尺寸及配筋如图 3-16所示。混凝土强度等级为 C30，纵向受拉钢筋为 HRB400，该梁需承受弯矩设计值 M =280.0kN·m，试复核该梁正截面承载力是否满足要求。

【解】 （1）确定计算参数 C30 混凝土及 HRB400 级钢筋，查附录 A 中表 A-1（2）和表 A-1（4）可知：

$f_c = 14.3\text{N/mm}^2$，$f_t = 1.43\text{N/mm}^2$，$f_y = 360\text{N/mm}^2$，$\xi_b = 0.518$，$\alpha_1 = 1.0$。

确定截面有效高度 h_0：钢筋为两排布置，取 $a_s = 60\text{mm}$，则

$$h_0 = h - a_s = (600 - 60)\text{mm} = 540\text{mm}$$

（2）验算适用条件 查钢筋表，选用6Φ20，$A_s = 1884\text{mm}^2$，$\rho_{min} = 45\frac{f_t}{f_y}\% = 45 \times \frac{1.43}{360}\%$

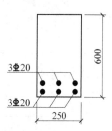

图 3-16　例 3-2
配筋图

$= 0.18\% < 0.2\%$，所以取 $\rho_{\min} = 0.2\%$

$$\rho = \frac{A_s}{bh_0} = \frac{1884}{250 \times 540} = 1.40\% > \rho_{\min}\frac{h}{h_0} = 0.2\% \times \frac{600}{540} = 0.22\%，不$$

少筋。

由表 3-2 查得 $\xi_b = 0.518$，则

$$\rho_{\max} = \xi_b\frac{\alpha_1 f_c}{f_y} = 0.518 \times \frac{1.0 \times 14.3}{360} = 2.06\%$$

故　　　　　　$\rho = 1.40\% < \rho_{\max} = 2.06\%$，不超筋。

截面配筋率满足适筋条件。

（3）由式（3-12）计算 x

$$x = \frac{f_y A_s}{\alpha_1 f_c b} = \frac{360 \times 1884}{1.0 \times 14.3 \times 250}\mathrm{mm} = 189.7\mathrm{mm}$$

（4）由式（3-22）计算 M_u 并判断该梁正截面承载力是否满足要求

$$M_u = \alpha_1 f_c bx\left(h_0 - \frac{x}{2}\right) = 1.0 \times 14.3 \times 250 \times 189.7 \times \left(540 - \frac{189.7}{2}\right)\mathrm{N \cdot mm} = 301.89 \times 10^6\mathrm{N \cdot mm}$$

$= 301.89\mathrm{kN \cdot m} > M = 280\mathrm{kN \cdot m}$ 满足要求

二、双筋矩形截面受弯构件正截面承载力计算

双筋矩形截面受弯构件是指在受拉区和受压区都配有纵向受力钢筋的构件。在受压区配置纵向受压钢筋与混凝土共同承担压力，在受拉区配置纵向受拉钢筋，承担拉力。一般板较薄，不宜采用双筋截面。双筋截面一般用于下列情况：

1）当构件承担的弯矩较大，采用单筋截面无法满足 $x \leqslant \xi_b h_0$ 的条件时，而截面尺寸受限制不能增大，混凝土强度等级也不宜再提高，则可考虑采用双筋截面。

2）当构件同一截面在不同的荷载组合作用下承受变向弯矩时，在截面两侧均应配置受力钢筋。

3）由于构造要求，在截面受压区配置受力钢筋，以增加截面的延性。此外，受压钢筋在一定程度上可减小混凝土的徐变，从而可减小构件在短期荷载和长期荷载作用下的变形。

在工程中，按双筋截面配筋计算是不经济的，除上述情况外，一般不宜采用。

（一）基本计算公式及适用条件

试验表明：只要满足 $\xi \leqslant \xi_b$ 的条件，双筋截面受弯构件仍然具有适筋截面构件的破坏特征，即受拉钢筋首先屈服，在经历了流幅过程后，混凝土才被压碎。故双筋受弯构件在进行抗弯承载力计算时，受压区混凝土仍可采用等效矩形应力图形，混凝土的应力仍取 $\alpha_1 f_c$。

在双筋截面中必须注意的是受压钢筋的受力工作状态。在设计双筋截面受弯构件时，应使构件内受压钢筋的抗压强度得到充分利用。由于受弯构件在整个受力过程中受压钢筋和其周围的受压混凝土的应变始终一致，故当截面破坏时受压钢筋的应力能够达到其抗压强度的必要条件是受压钢筋及与其同一纤维处的混凝土的压应变应不小于钢筋受压屈服时的应变值 $\varepsilon_y'\left(\varepsilon_y' = \dfrac{f_y'}{E_s}\right)$，$f_y'$ 和 E_s 分别为受压钢筋的抗压强度设计值和弹性模量)，热轧钢筋的 ε_y' 见

表3-4。

表3-4 热轧钢筋的 $\varepsilon_{\mathrm{y}}'$

钢筋强度等级	HPB300	HRB335、HRBF335	HRB400、HRBF400、RRB400	HRB500、HRBF500
$\varepsilon_{\mathrm{y}}'$	0.0013	0.0015	0.0018	0.0021

由表3-4可看出，受压钢筋如为热轧钢筋，当其受压应变 $\varepsilon_{\mathrm{s}}' \geqslant f_{\mathrm{y}}'/E_{\mathrm{s}}$ 时，即意味着能够受压屈服，而满足这一条件的前提是受压钢筋的位置离截面中和轴的距离必须足够大，即 $x_{\mathrm{c}} - a_{\mathrm{s}}'$ 的值足够大（a_{s}' 为受压区全部受压钢筋合力点至截面受压边缘的距离）。当 a_{s}' 为确定值时，根据平截面假定，可得出

$$\frac{\varepsilon_{\mathrm{s}}'}{\varepsilon_{\mathrm{cu}}} = \frac{x_{\mathrm{c}} - a_{\mathrm{s}}'}{x_{\mathrm{c}}}$$

若 $\varepsilon_{\mathrm{s}}' \geqslant \varepsilon_{\mathrm{y}}'$，可导出 $x \geqslant \dfrac{\beta_1}{1 - \dfrac{\varepsilon_{\mathrm{y}}'}{\varepsilon_{\mathrm{cu}}}} a_{\mathrm{s}}'$。

对各种不同强度等级的混凝土和钢筋，都可推导出 x 的最小限值。为了简化计算，《规范》统一规定 $x \geqslant 2a_{\mathrm{s}}'$。不论何种级别的混凝土和热轧钢筋，当满足这一条件时，受压钢筋的应力均可达到其抗压强度设计值。但还必须注意到应采取必要的构造措施，保证受压钢筋不会在其压应力达到抗压强度以前即被压屈而失效。由试验知，当梁内布置有适当的封闭箍筋时（箍筋直径不小于受压钢筋直径 d 的 $1/4$，而间距 s 不大于 $15d$ 或 $400\mathrm{mm}$，如图3-17所示），可以防止受压钢筋被压屈而向外凸出，从而使受压钢筋和混凝土能够共同变形，受压钢筋在混凝土被压碎的时候能受压屈服。

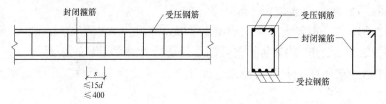

图3-17 双筋截面梁中布置封闭箍筋的构造要求

（1）基本计算公式 如图3-18所示，由平衡条件可写出双筋矩形受弯构件正截面承载力两个基本计算公式：

由 $\sum x = 0$ 得

$$\alpha_1 f_{\mathrm{c}} bx + f_{\mathrm{y}}' A_{\mathrm{s}}' = f_{\mathrm{y}} A_{\mathrm{s}} \tag{3-32}$$

由 $\sum M = 0$ 得

$$M \leqslant M_{\mathrm{u}} = \alpha_1 f_{\mathrm{c}} bx \left(h_0 - \frac{x}{2} \right) + f_{\mathrm{y}}' A_{\mathrm{s}}' (h_0 - a_{\mathrm{s}}') \tag{3-33}$$

式中 f_{y}'——钢筋的抗压强度设计值；

A_{s}'——受压钢筋截面面积；

a_{s}'——受压钢筋合力点到截面受压边缘的距离。

其他符号意义同前。

（2）适用条件 上述基本计算公式应满足下面两个适用条件。

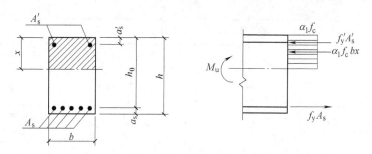

图 3-18　双筋矩形梁正截面承载力计算应力图形

1）为了防止构件发生超筋破坏，应满足：

$$\xi \leq \xi_b$$

2）为了保证受压钢筋在截面破坏时能达到抗压强度设计值，应满足：

$$x \geq 2a_s' \tag{3-34}$$

双筋矩形截面受弯构件一般不会发生少筋破坏，故可不验算最小配筋率。

如果不能满足式（3-34）的要求，即 $x < 2a_s'$ 时，可近似取 $x = 2a_s'$，这时受压钢筋的合力点将与受压区混凝土压应力的合力点相重合，此时对受压区合力点取矩，即可得到双筋正截面受弯承载力的近似计算公式

$$M \leq M_u = f_y A_s (h_0 - a_s') \tag{3-35}$$

这种简化计算方法回避了受压钢筋应力可能为未知量的问题，且偏于安全。

当 $\xi \leq \xi_b$ 的条件未能满足时，原则上仍以增大截面尺寸或提高混凝土强度等级为好，只有在这两种措施都受到限制时，才可考虑用增大受压钢筋用量的办法来减小 ξ。在设计中必须注意到过多地配置受压钢筋将使总的用钢量过大而不经济，且钢筋排列过密，使施工质量难以保证。

（二）公式应用

（1）截面设计　设计双筋矩形截面受弯构件时，A_s 总是未知量，而 A_s' 则可能遇到未知或已知这两种不同情况。下面分别介绍这两种情况下的截面设计方法。

1）已知 M、b、h 和材料强度等级，计算所需 A_s 和 A_s'。在两个基本公式［式（3-32）和式（3-33）］中共有三个未知数，即 A_s、A_s' 和 x，因而需再补充一个条件方能求解。在实际工程设计中，为了减小受压钢筋面积，使总用钢量 $A_s + A_s'$ 最省，应充分利用受压区混凝土承担压力，因此，可先假定受压混凝土高度 $x = x_b = \xi_b h_0$ 或 $\xi = \xi_b$，这就使得 x 或 ξ 成为已知，而只需求算 A_s 和 A_s'。

2）已知 M、b、h 和材料强度以及 A_s'，计算所需 A_s。此时，A_s' 既然已知，即可按式（3-33）求解 x 可得

$$x = h_0 \left\{ 1 - \sqrt{1 - \frac{2[M - f_y' A_s'(h_0 - a_s')]}{\alpha_1 f_c b h_0^2}} \right\} \tag{3-36}$$

若 $2a_s' \leq x \leq \xi_b h_0$，则将 x 值代入式（3-32），即可求得 A_s。若 $x < 2a_s'$，则以式（3-35）求得 A_s'。具体计算步骤详见图 3-19。

（2）截面复核　已知截面尺寸 b、h、材料强度等级以及 A_s 和 A_s'，复核双筋受弯构件正截面承载力，即求截面所能承担的弯矩 M_u。

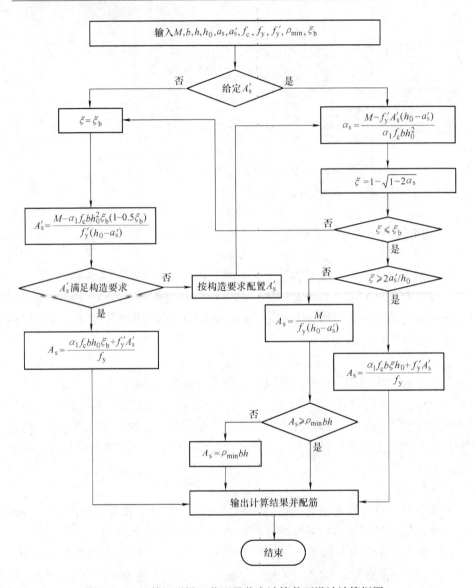

图 3-19　双筋矩形梁正截面承载力计算截面设计计算框图

此时，可首先由式（3-32）求得 x。当符合 $2a_s' \leqslant x \leqslant \xi_b h_0$ 时，将 x 值代入式（3-33），便可求得正截面承载力 M_u。

若 $x < 2a_s'$，则近似地按式（3-35）计算 M_u，即 $M_u = f_y A_s (h_0 - a_s')$。

若 $x > \xi_b h_0$，则说明构件已为超筋截面，但并不意味着承载力不满足要求。对于已建成的结构构件，其承载力只能按 $x = \xi_b h_0$ 计算，此时，将 $x = \xi_b h_0$ 代入式（3-33），所得 M_u 即为此梁的极限承载力。如果所复核的梁尚处于设计阶段。则应重新设计使之不成为超筋梁。具体计算步骤如图 3-20 所示。

【例 3-3】　已知梁截面尺寸 $b = 200$mm，$h = 450$mm，安全等级为二级，一类环境。混凝土强度等级为 C20，钢筋选用 HRB335 级，梁截面尺寸及材料强度等级由于特殊原因不可改变。梁承担的弯矩设计值 $M = 157.8$kN·m，试计算所需的纵向钢筋。

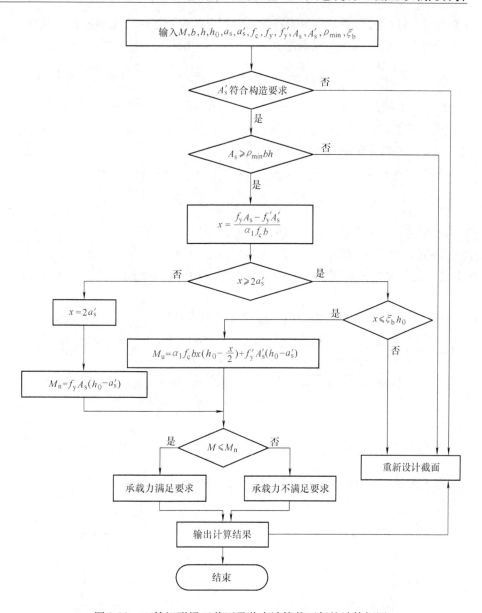

图 3-20　双筋矩形梁正截面承载力计算截面复核计算框图

【**解**】　（1）确定计算参数　由混凝土 C20，钢筋 HRB335 级，查表可知：$f_c = 9.6\text{N/mm}^2$，$\alpha_1 = 1.0$，$f_y = f'_y = 300\text{N/mm}^2$，$\xi_b = 0.55$。

由于梁承担的弯矩相对较大，截面相对较小，估计受拉钢筋较多，需布置两排，故取 $a_s = 60\text{mm}$，$h_0 = (450 - 60)\ \text{mm} = 390\text{mm}$。

（2）验算是否需按双筋截面计算　单筋矩形截面受弯构件在适筋条件下所能承担的最大弯矩为

$$M_{u1max} = \alpha_1 f_c b h_0^2 \xi_b (1 - 0.5\xi_b)$$

$$= 1.0 \times 9.6 \times 200 \times 390^2 \times 0.55 \times (1 - 0.5 \times 0.55)\text{N} \cdot \text{mm}$$

$$= 116.45 \times 10^6 \text{N} \cdot \text{mm} = 116.45\text{kN} \cdot \text{m} < M = 157.8\text{kN} \cdot \text{m}$$

而梁截面尺寸及材料强度等级由于特殊原因不可改变，说明需按双筋截面进行计算。

（3）配筋计算 为使总用钢量最小，取 $x = \xi_b h_0$，由式（3-33）得

$$A_s' = \frac{M - \alpha_1 f_c b h_0^2 \xi_b (1 - 0.5\xi_b)}{f_y'(h_0 - a_s')} = \frac{(157.8 - 116.45) \times 10^6}{300 \times (390 - 35)} \text{mm}^2 = 388.3 \text{mm}^2$$

由构造要求，A_s' 的最小用量一般不宜小于 2Φ10，即 $A_{s\min}' = 157 \text{mm}^2$。现 $A_s' = 388.3 \text{mm}^2 >$ 157mm^2，故受压钢筋截面面积满足构造要求。

由式（3-32）求得受拉钢筋总面积为

$$A_s = \frac{\alpha_1 f_c b \xi_b h_0 + f_y' A_s'}{f_y} = \frac{1.0 \times 9.6 \times 200 \times 0.55 \times 390 + 300 \times 388.3}{300} \text{mm}^2$$
$$= 1761.1 \text{mm}^2$$

（4）实选钢筋 受压钢筋选用 2Φ16，即 $A_s' = 402 \text{mm}^2$。

受拉钢筋选用 3Φ22 + 2Φ20，$A_s = 1768 \text{mm}^2$，截面配筋如图 3-21 所示。

【例 3-4】 已知其他条件同例 3-3，但梁的受压区已配置 3Φ18 受压钢筋，试求受拉钢筋 A_s。

【解】 （1）充分发挥已配 A_s' 的作用 查附录 B 中表 B-2（1），得 3Φ18 的 $A_s' = 763 \text{mm}^2$。

（2）$\alpha_s = \dfrac{M - f_y' A_s'(h_0 - a_s')}{\alpha_1 f_c b h_0^2} = \dfrac{157.8 \times 10^6 - 300 \times 763 \times (390 - 35)}{1.0 \times 9.6 \times 200 \times 390^2} = 0.262$

$$\xi = 1 - \sqrt{1 - 2\alpha_s} = 1 - \sqrt{1 - 2 \times 0.262} = 0.310 \leqslant \xi_b = 0.55$$

$$\xi = 0.310 > \frac{2a_s'}{h_0} = \frac{2 \times 35}{390} = 0.18$$

$$A_s = \frac{\alpha_1 f_c b \xi h_0 + A_s' f_y'}{f_y} = \frac{1.0 \times 9.6 \times 200 \times 0.310 \times 390 + 763 \times 300}{300} \text{mm}^2 = 1533.76 \text{mm}^2$$

实际选用 5Φ20，$A_s = 1570 \text{mm}^2$。截面配筋如图 3-22 所示。

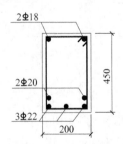

图 3-21 例 3-3 截面配筋图

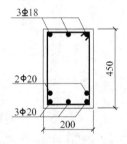

图 3-22 例 3-4 截面配筋图

比较例 3-3 和例 3-4 可以看出，在理论计算所得总用钢量中，例 3-3 由于充分利用了混凝土的抗压能力，其总用钢量 $A_s + A_s' = (1761.1 + 388.3) \text{mm}^2 = 2149.4 \text{mm}^2$，比例 3-4 的总用钢 $A_s + A_s' = (1533.76 + 763) \text{mm}^2 = 2296.76 \text{mm}^2$ 要省。

【例 3-5】 已知某梁，截面尺寸为 $b \times h = 200 \text{mm} \times 450 \text{mm}$，一类环境，选用 C25 混凝土和钢筋 HRB400，已配有 2Φ12 受压钢筋和 3Φ25 受拉钢筋，需承受的弯矩设计值为 $M = 130 \text{kN} \cdot \text{m}$。试验算该梁受弯正截面是否安全。

【解】 （1）确定计算参数 由混凝土 C25，钢筋 HRB400 级，查表可知：$f_c =$

11.9N/mm²，$\alpha_1 = 1.0$，$f_y = f_y' = 360\text{N}/\text{mm}^2$，$\xi_b = 0.518$。

2Φ12 受压钢筋，$A_s' = 226\text{mm}^2$；3Φ25 受拉钢筋，$A_s = 1473\text{mm}^2$，一类环境 $c = 25\text{mm}$，取 $a_s = 35\text{mm}$，$h_0 = h - a_s = (450 - 35)\text{mm} = 415\text{mm}$，$a_s' = 35\text{mm}$。

（2）计算 x　由式（3-32）可得

$$x = \frac{f_y A_s - f_y' A_s'}{\alpha_1 f_c b} = \frac{360 \times 1473 - 360 \times 226}{1.0 \times 11.9 \times 200}\text{mm} = 188.6\text{mm} \geqslant 2a_s'$$

$$= 2 \times 35\text{mm} = 70\text{mm}$$

且 $x = 188.6\text{mm} \leqslant \xi_b h_0 = 0.518 \times 415\text{mm} = 215.0\text{mm}$，满足适用条件。

（3）计算 M_u 并校核截面　由式（3-33）可得

$$M_u = \alpha_1 f_c bx\left(h_0 - \frac{x}{2}\right) + f_y' A_s'(h_0 - a_s')$$

$$= 1.0 \times 11.9 \times 200 \times 188.6 \times \left(415 - \frac{188.6}{2}\right)\text{N} \cdot \text{mm} + 360 \times 226 \times (415 - 35)\text{N} \cdot \text{mm}$$

$$= 174.9\text{kN} \cdot \text{m} > M = 130\text{kN} \cdot \text{m}$$

故该梁受弯正截面承载力满足要求。

三、T 形截面受弯构件的正截面承载力计算

（一）简述

如前所述，在受弯构件正截面承载力计算中，不考虑受拉区混凝土承担拉力［基本假定 2)］。如果把受拉区混凝土挖去一部分，将受拉钢筋集中布置，使之形成 T 形截面（图 3-23），这样并不会降低截面的受弯承载能力却可以节省混凝土，减轻构件自重，材料的利用也比矩形截面更为合理。

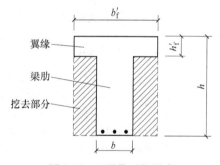

图 3-23　T 形截面的形成

在图 3-23 中，T 形截面由受压翼缘和梁肋（腹板）两部分组成，T 形截面上部伸出的部分称为翼缘，中间部分称为梁肋或腹板。b_f' 和 h_f' 分别表示受压翼缘的宽度和厚度，b 和 h 分别表示肋宽和梁高。

在实际工程中，T 形截面受弯构件应用十分广泛，图 3-24 所示是几种常见的 T 形截面形式的构件。其中整浇梁板结构，由于板、梁连在一起共同工作，因而梁在跨中正弯矩作用下应按 T 形截面计算；薄腹梁和空心板虽属于工字形截面，因在正截面计算中不考虑受拉区混凝土作用，故也应按 T 形截面计算。

理论上说，加大 T 形截面的翼缘宽度，这样能使受压区高度减小，内力臂增大，从而减少受拉钢筋用量。但是对 T 形梁的试验研究表明，梁受弯后翼缘的压应力分布沿翼缘宽度方向并不是均匀分布的，如图 3-25 所示，靠近肋部翼缘压应力最大，离肋部越远，压应力则逐渐减小，在一定距离以外，翼缘将不能充分发挥其受力作用。考虑到翼缘的上述特点，设计时应对 T 形梁的翼缘宽度加以限制，对实际翼缘很宽的梁，如现浇梁板结构中的梁，需要规定翼缘的计算宽度。假定计算宽度内翼缘的应力为均匀分布，并使按计算宽度算得的梁受弯承载力与梁的实际受弯承载力接近。《规范》规定，T 形、I 形及倒 L 形截面受弯构件受

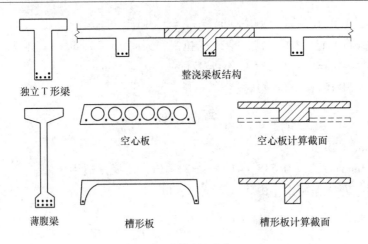

图 3-24 常见梁板 T 形截面形式

压区的翼缘计算宽度 b_f' 按表 3-5 各项中的最小值取用。

表 3-5 T 形、I 形及倒 L 形截面受弯构件翼缘计算宽度 b_f'

考虑情况		T 形、I 形截面		倒 L 形截面
		肋形梁（板）	独立梁	肋形梁（板）
1	按计算跨度 l_0 考虑	$\dfrac{l}{3}$	$\dfrac{l}{3}$	$\dfrac{l}{6}$
2	按梁（纵肋）净距 s_n 考虑	$b + s_n$	—	$b + \dfrac{s_n}{2}$
3	按翼缘高度 h_f' 考虑	$b + 12h_f'$	b	$b + 5h_f'$

注：1. 表中 b 为梁的腹板宽度；h_0、s_n、b_f' 和 h_f' 如图 3-26 所示。

2. 肋形梁跨内设有间距小于纵向间距的横肋时，可不遵守表中情况 3 的规定。

3. 对有加腋 T 形、I 形截面和倒 L 形截面（图3-26c），当受压区加腋的高度 $h_h \geqslant h_f'$，且加腋的宽度 $b_h \leqslant 3h_h$ 时，则其翼缘计算宽度可按表中情况 3 规定增加 $2b_h$（T 形、I 形截面）和 b_h（倒 L 形截面）采用。

4. 独立梁受压区的翼缘板在荷载作用下经验算沿纵肋方向可能产生裂缝时，其计算宽度应取用腹板宽度 b。

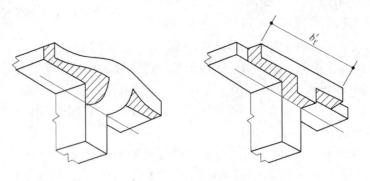

图 3-25 T 形梁翼缘中压应力沿宽度方向的分布及简化

（二）T 形截面受弯构件基本计算公式及适用条件

由于 T 形截面受压区面积较大，混凝土足以承担压力，因此一般的 T 形截面都设计成单筋截面。根据截面破坏时中和轴的位置不同，T 形截面受弯构件的计算可分为以下两种类型。

1. 第一类 T 形截面（图 3-27）

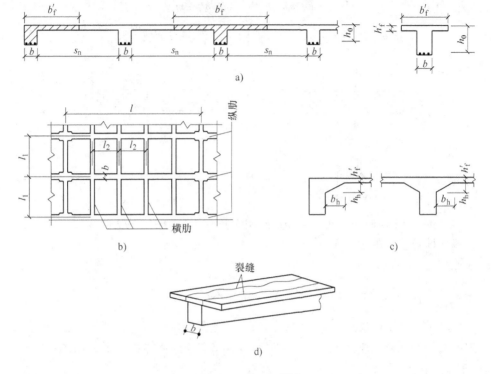

图 3-26　表 3-5 附图

（1）基本计算公式　这一类梁的截面虽为 T 形，但由于中和轴通过翼缘，即 $x \leqslant h'_f$，而计算时不考虑中和轴以下混凝土的作用，故受压区截面仍为矩形，因此可按 $b'_f \times h$ 的矩形截面计算其正截面承载力。这时，只需将单筋矩形梁基本计算公式中的 b 改为 b'_f，就可得到第一类 T 形截面受弯构件的基本计算公式，即

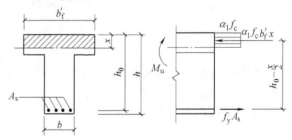

图 3-27　第一类 T 形截面受弯构件正截面承载力计算应力图形

$$\alpha_1 f_c b'_f x = f_y A_s \tag{3-37}$$

$$M \leqslant M_u = \alpha_1 f_c b'_f x \left(h_0 - \frac{x}{2} \right) \tag{3-38}$$

（2）基本计算公式的适用条件

1）$x \leqslant \xi_b h_0$。由于 T 形截面的翼缘厚度 h'_f 一般都比较小，既然 $x \leqslant h'_f$，因此这个条件通常都能满足，不必验算。

2）$\rho = \dfrac{A_s}{bh_0} \geqslant \rho_{min} \dfrac{h}{h_0}$。

2. 第二类 T 形截面（图 3-28）

（1）基本计算公式　这一类截面的中和轴通过肋部，即 $x > b'_f$，故受压区截面为 T 形。如图 3-28 所示，可得第二类 T 形梁正截面承载力的基本计算公式为

$$\alpha_1 f_c bx + \alpha_1 f_c (b'_f - b) h'_f = f_y A_s \tag{3-39}$$

$$M \leqslant M_u = \alpha_1 f_c bx \left(h_0 - \frac{x}{2} \right) + \alpha_1 f_c (b'_f - b) h'_f \left(h_0 - \frac{h'_f}{2} \right) \tag{3-40}$$

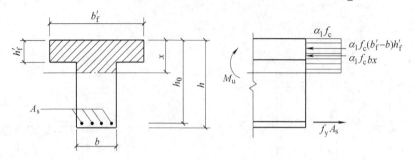

图3-28 第二类T形截面受弯构件正截面承载力计算应力图形

（2）基本计算公式的适用条件

1）$x \leqslant \xi_b h_0$。

2）$\rho = \dfrac{A_s}{bh_0} \geqslant \rho_{min} \dfrac{h}{h_0}$。这个条件一般均能满足，不必验算。

3. 两类T形截面的判别

当中和轴正好通过翼缘底面，即 $x = h'_f$ 时（图3-29），是两类T形截面的界限状态，由图3-29得

$$\alpha_1 f_c b'_f h'_f = f_y A_s \tag{3-41}$$

$$M \leqslant M_u = \alpha_1 f_c b'_f h'_f \left(h_0 - \frac{h'_f}{2} \right) \tag{3-42}$$

当 $\alpha_1 f_c b'_f h'_f \left(h_0 - \dfrac{h'_f}{2} \right) \geqslant M$ 或 $\alpha_1 f_c b'_f h'_f \geqslant f_y A_s$ 时，属于第一类T形截面。

当 $\alpha_1 f_c b'_f h'_f \left(h_0 - \dfrac{h'_f}{2} \right) < M$ 或 $\alpha_1 f_c b'_f h'_f < f_y A_s$ 时，属于第二类T形截面。

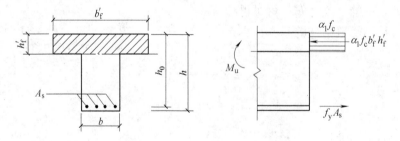

图3-29 两类T形截面的界限

（三）基本计算公式的应用

T形截面受弯构件正截面承载力计算包括截面设计和截面复核两种情况。首先需确定T形梁的类型，然后按相应公式计算钢筋数量或复核截面的承载力。计算步骤如图3-30和图3-31所示。

【例3-6】 某整浇梁板结构的次梁，计算跨度6m，次梁间距2.4m，截面尺寸如图3-32所示。跨中最大弯矩设计值 $M = 64$kN·m，混凝土强度等级为C25，钢筋HRB400级，试计

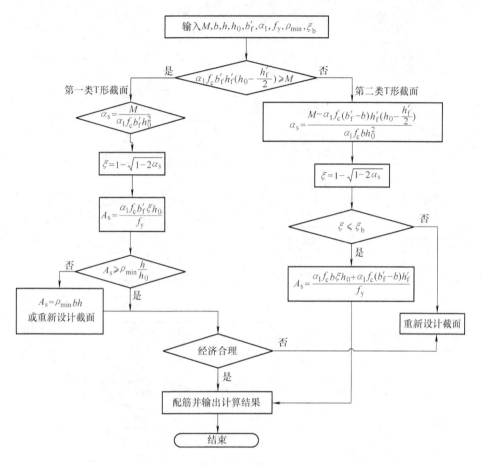

图 3-30　T 形截面受弯构件正截面承载力计算截面设计计算框图

算次梁受拉钢筋面积 A_s（$a_s = 40\text{mm}$）。

【解】　（1）确定计算参数　$f_c = 11.9\text{N/mm}^2$，$\alpha_1 = 1.0$，$f_y = 360\text{N/mm}^2$，$f_t = 1.27\text{N/mm}^2$

$$h_0 = h - a_s = (450 - 40)\text{mm} = 410\text{mm}$$

（2）确定翼缘计算宽度 b_f'　根据表 3-5 知：

按梁的计算跨度 l_0 考虑 $b_f' = \dfrac{l_0}{3} = \dfrac{6000}{3}\text{mm} = 2000\text{mm}$

按梁（肋）净距 s_n 考虑 $b_f' = b + s_n = (200 + 2200)\ \text{mm} = 2400\text{mm}$

按梁翼缘高度 h_f' 考虑 $b + 12h_f' = (200 + 12 \times 70)\ \text{mm} = 1040\text{mm}$

取三项中的最小者 $b_f' = 1040\text{mm}$

（3）判别类型

$$\alpha_1 f_c b_f' h_f'\left(h_0 - \frac{h_f'}{2}\right) = 1.0 \times 11.9 \times 1040 \times 70 \times \left(410 - \frac{70}{2}\right)\text{N} \cdot \text{mm}$$

$$= 324.9\text{kN} \cdot \text{m} > M = 64\text{kN} \cdot \text{m}$$

故属于第一类 T 形截面。

（4）求受拉钢筋面积 A_s

$$\alpha_s = \frac{M}{\alpha_1 f_c b_f' h_0^2} = \frac{64 \times 10^6}{1.0 \times 11.9 \times 1040 \times 410^2} = 0.031$$

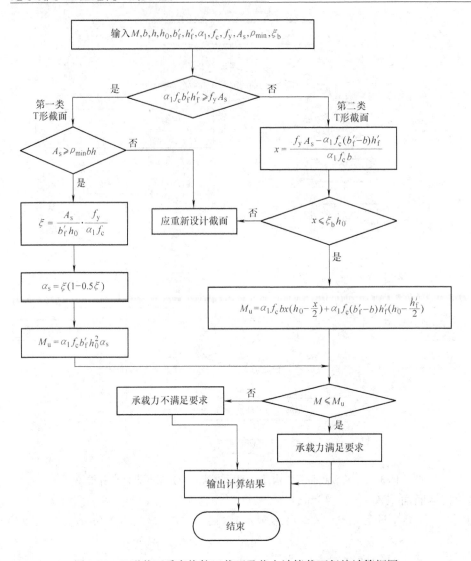

图 3-31 T 形截面受弯构件正截面承载力计算截面复核计算框图

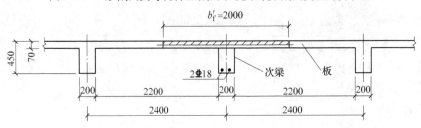

图 3-32 例 3-6 截面及尺寸图

$$\xi = 1 - \sqrt{1 - 2\alpha_s} = 1 - \sqrt{1 - 2 \times 0.031} = 0.031$$

$$A_s = \frac{\alpha_1 f_c b_f' \xi h_0}{f_y} = \frac{1.0 \times 11.9 \times 1040 \times 0.031 \times 410}{360} \text{mm}^2 = 436.9 \text{mm}^2$$

选择钢筋 2Φ18，$A_s = 509 \text{mm}^2$，配筋如图 3-32 所示。

（5）验算适用条件

$$\rho_{\min} = 45\frac{f_t}{f_y}\% = 45 \times \frac{1.27}{360}\% = 0.16\% < 0.2\%, \ \ 取\rho_{\min} = 0.2\%。$$

$$\rho = \frac{A_s}{bh_0} = \frac{509}{200 \times 410} = 0.62\% > \rho_{\min}\frac{h}{h_0} = \rho_{\min}\frac{450}{410} = 0.2\% \times \frac{450}{410} = 0.22\%$$

满足要求。

【例3-7】 某T形梁承担弯矩设计值 $M = 230 \text{kN} \cdot \text{m}$，截面尺寸如图3-33所示。混凝土强度等级为C30，钢筋采用HRB400级，试计算该梁受拉钢筋面积 A_s。

【解】 （1）确定计算参数

$$f_c = 14.3 \text{N/mm}^2, \ \alpha_1 = 1.0, \ f_y = 360 \text{N/mm}^2, \ \xi_b = 0.518$$

纵向钢筋按两排布置，取 $a_s = 60\text{mm}$，$h_0 = (500 - 60) \text{mm} = 440\text{mm}$。

（2）判别类型

$$\alpha_1 f_c b_f' h_f'\left(h_0 - \frac{h_f'}{2}\right) = 1.0 \times 14.3 \times 380 \times 100 \times \left(440 - \frac{100}{2}\right)\text{N} \cdot \text{mm}$$
$$= 211.9 \times 10^6 \text{N} \cdot \text{mm} = 211.9\text{kN} \cdot \text{m} < M$$
$$= 230\text{kN} \cdot \text{m}$$

属于第二类T形截面。

（3）计算 A_s

$$\alpha_s = \frac{M - \alpha_1 f_c (b_f' - b) h_f'\left(h_0 - \dfrac{h_f'}{2}\right)}{\alpha_1 f_c b h_0^2}$$

$$= \frac{230 \times 10^6 - 1.0 \times 14.3 \times (380 - 180) \times 100 \times \left(440 - \dfrac{100}{2}\right)}{1.0 \times 14.3 \times 180 \times 440^2} = 0.238$$

$$\xi = 1 - \sqrt{1 - 2\alpha_s} = 1 - \sqrt{1 - 2 \times 0.238} = 0.276 \leqslant \xi_b = 0.518$$

$$A_s = \frac{\alpha_1 f_c b \xi h_0 + \alpha_1 f_c (b_f' - b) h_f'}{f_y}$$

$$= \frac{1.0 \times 14.3 \times 180 \times 0.276 \times 440 + 1.0 \times 14.3 \times (380 - 180) \times 100}{360}\text{mm}^2$$

$$= 1662.74\text{mm}^2$$

（4）实际选用5Φ22，$A_s = 1900\text{mm}^2$，截面配筋如图3-33所示。

【例3-8】 一根T形截面简支梁，截面尺寸 $b \times h = 250\text{mm} \times 600\text{mm}$，$b_f' = 500\text{mm}$，$h_f' = 100\text{mm}$，混凝土强度等级为C20，钢筋采用HRB335，在梁的下部配有两排共6Φ25的受拉钢筋，该截面承受的弯矩设计值为 $M = 350\text{kN} \cdot \text{m}$，试校核梁是否安全（环境类别为一类）。

【解】 （1）确定计算参数

$$f_c = 9.6\text{N/mm}^2, \ f_y = 300\text{kN} \cdot \text{m}, \ \alpha_1 = 1.0, \ \xi_b = 0.55。$$

取 $a_s = 60\text{mm}$，则 $h_0 = (600 - 60) \text{mm} = 540\text{mm}$。

（2）判断截面类型　查表知：6Φ25，$A_s = 2945\text{mm}^2$

$$f_y A_s = 300 \times 2945\text{N} = 883.5\text{kN} > \alpha_1 f_c b_f' h_f'$$
$$= 1.0 \times 9.6 \times 500 \times 100\text{N} = 480\text{kN}$$

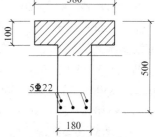

图3-33　例3-7配筋图

该梁属于第二类 T 形截面。

（3）求 x

$$x = \frac{f_y A_s - \alpha_1 f_c (b_f' - b) h_f'}{\alpha_1 f_c b}$$

$$= \frac{300 \times 2945 - 1.0 \times 9.6 \times (500 - 250) \times 100}{1.0 \times 9.6 \times 250} \text{mm}$$

$$= 268 \text{mm} < \xi_b h_0 = 0.55 \times 540 \text{mm} = 297 \text{mm}$$

满足要求。

（4）求 M_u

$$M_u = \alpha_1 f_c b x \left(h_0 - \frac{x}{2} \right) + \alpha_1 f_c (b_f' - b) h_f' \left(h_0 - \frac{h_f'}{2} \right)$$

$$= 1.0 \times 9.6 \times 250 \times 268 \times \left(540 - \frac{268}{2} \right) \text{N} \cdot \text{mm} + 1.0 \times 9.6 \times$$

$$(500 - 250) \times 100 \times \left(540 - \frac{100}{2} \right) \text{N} \cdot \text{mm}$$

$$= 378.74 \text{kN} \cdot \text{m} > M = 350 \text{kN} \cdot \text{m}$$

截面安全。

第五节　构 造 要 求

设计钢筋混凝土结构构件，除了需要通过计算确定截面形状、主要截面尺寸和配筋数量之外，还必须满足必要的构造要求。结构构件的构造要求是根据长期生产实践经验和科学试验结果总结出来的，它主要考虑那些不需要或目前不可能通过计算来确定的问题。构造措施是否合理对工程质量影响很大，对此决不应忽视。本节仅介绍与受弯构件正截面承载力设计有关的一些构造问题。

一、受弯构件截面形状及尺寸

梁常见的截面形状有矩形、T 形、I 字形、箱形、倒 L 形等；板的常见截面形状有矩形、槽形、空心板形等。梁和板的区别仅在于梁的截面高度一般大于其宽度，而板的截面高度则远小于其宽度。

在初选截面尺寸时梁的截面高度可参考表3-6估算。同时，考虑便于施工和利于模板的定型化，构件截面尺寸宜统一规格。具体可按下述要求选用。

梁高 h 常采用 200mm、250mm、300mm、350mm、400mm、…、750mm、800mm、900mm、1000mm 等。梁高800mm 以下级差为50mm，800mm 以上级差为100mm。梁的宽度 b 可根据截面的高宽比 h/b 确定。对于矩形截面梁一般取 $h/b = 2.0 \sim 3.5$；T 形截面梁一般取 $h/b = 2.5 \sim 4.0$。梁宽 b 常采用 120mm、150mm（180mm）、200mm（220mm）、250mm、300mm、350mm 等，梁宽350mm 以上级差为50mm。括号里的数值仅用于木模板。

现浇板的厚度以 10mm 作为级差，常用的厚度有 60mm、70mm、80mm、90mm、100mm 等，可参考表3-7进行估算。现浇板的宽度一般比较大，设计计算时一般取 $b = 1000$mm。

随着施工技术的发展和各种新型构件的使用，构件的截面形状和尺寸也必然有所变化，上面提到的数字并非严格规定，设计时可根据施工条件和使用要求灵活掌握。

表 3-6　梁截面高度初估值

构件种类		h/l	构件种类		h/l
整体肋形梁	次梁	$\frac{1}{18} \sim \frac{1}{12}$	矩形截面独立梁	简支梁	$\geqslant \frac{1}{14}$
	主梁	$\frac{1}{14} \sim \frac{1}{8}$		连续梁	$\geqslant \frac{1}{18}$

表 3-7　现浇钢筋混凝土板的最小厚度

板的类型		厚度/mm
单向板	屋面板	60
	民用建筑楼板	60
	工业建筑楼板	70
	行车道下的楼板	80
双向板		80
密肋板	面板	50
	肋高	250
悬臂板	板的悬臂长度小于或等于500mm	60
	板的悬臂长度1200mm	100
无梁楼盖		150
现浇空心楼盖		200

二、混凝土保护层

混凝土保护层是指纵向钢筋外边缘到构件外边缘的距离。其既可保护钢筋不被锈蚀，使钢筋与混凝土之间具有足够的粘结力，同时在火灾等情况下，延缓钢筋的温度上升，以免过快丧失承载力。

梁、板受力钢筋的混凝土保护层厚度应遵循第一章中表 1-8 及表 1-9 的规定。

三、受力钢筋

梁、板受力钢筋的面积由计算确定，但其直径、间距、根数和排数应符合下述规定。

1. 梁

梁内纵向受力钢筋应采用的级别为 HRB400 级、HRB500 级、HRBF400 级、HRBF500 级。当梁高 $h \geqslant 300\text{mm}$ 时，d 不应小于 10mm。当梁高 $h < 300\text{mm}$ 时，钢筋直径 d 不应小于 8mm。在同一根梁中，钢筋直径的种类不宜太多，且两种直径的差值应大于或等于 2mm，以便于肉眼辨别。

钢筋间距：为了保证混凝土的浇灌质量和便于绑扎钢筋，梁下部纵向钢筋的净距不应小于钢筋的最大直径 d，且不得小于 25mm，梁上部纵向钢筋的净距不得小于 $1.5d$，且不得小于 30mm，如图 3-34 所示。

梁受拉区和受压区纵向受力钢筋的根数：当梁宽 $b \geqslant 150\text{mm}$ 时应不少于两根；当梁宽 $b < 150\text{mm}$ 时可为一根。钢筋应沿梁宽均匀排列，一般排成一排；当根数较多，按一排布置

不能满足保护层和钢筋的净距要求时，可排成两排。在一般梁内最好不要布置第三排，以免内力臂减小太多，影响受力效果。对纵向受拉钢筋必须排成三排的大型梁，第三排钢筋的净距应比下面两排扩大一倍。

梁的纵向受力钢筋伸入支座内的根数不应小于两根。由钢筋根数与直径确定的钢筋截面面积见附录 B 中表 B-2（1）。

2. 板

板中受力钢筋宜采用 HRB400 级、HRB500 级、HRBF400 级、HRBF500 级，也可采用 HPB300 级、HRB335 级、HRBF335 级，直径通常采用 6mm、8mm、10mm 等。当采用绑扎钢筋网时，板中受力钢筋的间距不宜小于 70mm。同时为了分散集中荷载，使板受力均匀，钢筋间距又不宜过大。当板厚 $h \leqslant 150mm$ 时，钢筋间距不宜

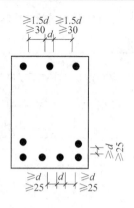

图 3-34 梁内受力钢筋间距的构造规定

大于 200mm；当板厚 $h > 150mm$ 时，钢筋间距不宜大于 $1.5h$，且不宜大于 250mm。板中伸入支座的下部钢筋，其间距不应大于 400mm，其截面面积不应小于跨中受力钢筋截面面积的 1/3。

每米板宽各种钢筋间距及钢筋截面面积见附录 B 中表 B-2（2）。

四、板的分布钢筋

板内在垂直于受力钢筋的方向还应按构造要求配置分布钢筋，分布钢筋应布置在受力钢筋的内侧，方向与受力钢筋垂直，并在交点处绑扎或焊接。分布钢筋除在施工时固定受力钢筋的位置外，还可将板面上的集中荷载（或局部荷载）更均匀地传递给受力钢筋，并且可承担由于混凝土的收缩和外界温度变化在结构中所引起的附加应力。

《规范》规定：单向板中垂直于受力方向单位长度内的分布钢筋的截面面积不宜小于单位宽度内受力钢筋截面面积的 15%，且配筋率不宜小于 0.15%，其间距不宜大于 250mm（集中荷载较大时，不宜大于 200mm），分布钢筋的直径不宜小于 6mm。但对于预制板，当有实践经验或具有可靠措施保障时，其分布钢筋的间距和数量可不受此限制。如果钢筋混凝土板处于温度变化频繁且变化幅度较大的环境中，则其分布钢筋数量应适当增加。

五、梁的纵向构造钢筋

（1）架立钢筋 为了将受力钢筋和箍筋连接成钢筋骨架，并在施工中保持钢筋的正确位置，凡箍筋转角处没有配置纵向受力钢筋的都应沿梁长方向设置架立钢筋，如图 3-35 所示。架立钢筋的直径：当梁的跨度小于 4m 时，不宜小于 8mm；当梁的跨度为 4～6m 时，不宜小于 10mm；当梁的跨度大于 6m 时，不宜小于 12mm。

（2）梁侧构造钢筋及拉结筋 当梁的腹板高度 $h_w \geqslant$ 450mm 时，在梁的两个侧面应沿高度配置纵向构造钢筋，每侧纵向构造钢筋（不包括梁上、下部受力钢筋及架立钢筋）的截面面积不应小于腹板截面面积 bh_w 的 0.1%，且其间距不

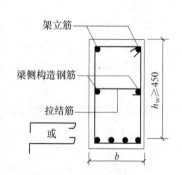

图 3-35 梁内纵向构造钢筋

宜大于 200mm，用以加强钢筋骨架的刚度，承受构件中部由于混凝土收缩及温度变化所引起的拉应力。

h_w 对矩形截面取有效高度 h_0，对 T 形截面取有效高度 h_0 减去翼缘高度 h'_f：$h_0 - h'_f$，对 I 形截面取腹板净高 $h_0 - (h'_f + h_f)$。梁侧构造钢筋应以拉结筋相连（图 3-35），拉结筋直径一般与箍筋相同，间距为 500 ~ 700mm，常取为箍筋间距的整数倍，梁内箍筋的构造要求详见第四章。

思　考　题

3-1　什么叫纵向受拉钢筋的配筋率？钢筋混凝土受弯构件正截面有哪几种破坏形态？其破坏特征有哪些不同？在实际工程中为什么应避免把梁设计成少筋梁或超筋梁？

3-2　适筋梁从开始加载到正截面破坏经历了哪几个阶段？各阶段截面上应力-应变分布、裂缝开展、中和轴位置、梁跨中挠度的变化规律如何？各阶段的主要特征是什么？特定的三个阶段分别是哪种极限状态设计的依据？

3-3　进行正截面承载力计算时引用了哪些基本假定？

3-4　什么是界限破坏？界限相对受压区高度 ξ_b 与什么有关？ξ_b 与最大配筋率 ρ_{max} 有何关系？

3-5　纵向受拉钢筋的最大配筋率 ρ_{max} 和最小配筋率 ρ_{min} 是根据什么原则确定的？《规范》规定的最小配筋率 ρ_{min} 是多少？

3-6　什么是单筋截面？单筋矩形截面受弯构件正截面承载力的基本计算公式是如何建立的？为什么要规定其适用条件？

3-7　根据单筋矩形截面受弯构件承载力计算公式，分析一下提高混凝土强度等级、提高钢筋级别、加大构件截面宽度和高度等对提高受弯构件正截面承载力，哪种方法最有效？

3-8　什么是双筋截面？在双筋截面中受压钢筋起什么作用？为何一般情况下采用双筋截面梁不经济？为什么说受压钢筋不宜采用高强度的钢筋？受弯构件在什么条件下才可用双筋截面进行计算？

3-9　当矩形截面受弯构件的截面尺寸、混凝土强度等级和钢筋级别以及承受的弯矩设计值均已知时，如何判别该受弯构件应设计成单筋还是双筋？

3-10　为什么要确定 T 形截面受压翼缘计算宽度？如何确定？

3-11　当材料的强度等级、弯矩、截面高度都相同时，以下四种截面（图 3-36）的正截面承载力需要的钢筋面积 A_s 是否一样？为什么？

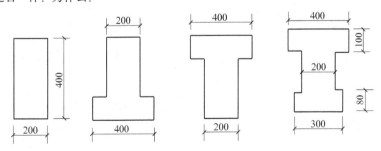

图 3-36　思考题 3-11 图

3-12　T 形截面如何分类？怎样判别第一类 T 形截面和第二类 T 形截面？

3-13　T 形截面承载力计算公式与单筋矩形截面及双筋矩形截面承载力计算公式有何异同点？

3-14　一般民用建筑的梁、板截面尺寸是如何确定的？混凝土保护层的作用是什么？

3-15　对梁内纵向受拉钢筋的根数、直径及间距有何规定？纵向受拉钢筋在什么情况下才按两排设置？

习 题

3-1 一钢筋混凝土矩形截面简支梁，一类环境，承受跨中弯矩设计值 $M = 220\text{kN} \cdot \text{m}$，计算跨长为 6m。混凝土强度等级为 C25，HRB400 级钢筋。试确定梁的截面尺寸及配筋。

3-2 某单跨简支板，一类环境，计算跨度 $l = 2.18\text{m}$，承受均布荷载设计值 6kN/m（包括自重），混凝土强度等级为 C25，HRB335 级钢筋。试确定该简支板的厚度 h 及所需受拉钢筋截面面积 A_s，并选配钢筋，绘制配筋图。

3-3 一钢筋混凝土矩形梁截面尺寸 $b \times h = 200\text{mm} \times 500\text{mm}$，混凝土强度等级为 C25，HRB335 钢筋（2Φ18），试验算当该梁承受弯矩设计值 $M = 80\text{kN} \cdot \text{m}$ 时是否安全。

3-4 已知某梁的截面尺寸 $b \times h = 250\text{mm} \times 650\text{mm}$，最大弯矩设计值为 $M = 420\text{kN} \cdot \text{m}$，混凝土强度等级为 C25，钢筋为 HRB400 级，求所需纵向受力钢筋面积，并选筋，画配筋图。

3-5 已知一矩形梁截面尺寸为 $b \times h = 200\text{mm} \times 500\text{mm}$，承受弯矩设计值 $M = 246\text{kN} \cdot \text{m}$，混凝土强度等级为 C25，已配 HRB335 级受拉钢筋 6Φ20（取 $a_s = 70\text{mm}$）。试复核该梁是否安全，若不安全，在不可改变截面尺寸和混凝土强度等级的情况下重新设计。

3-6 某梁的截面尺寸为 $b \times h = 250\text{mm} \times 500\text{mm}$，所承担的弯矩设计值为 $M = 170\text{kN} \cdot \text{m}$，混凝土强度等级为 C25，钢筋为 HRB335 级，在梁的受压区已配置 2Φ22 的受力钢筋，求所需受拉钢筋面积。

3-7 已知一双筋矩形截面梁，截面尺寸 $b \times h = 250\text{mm} \times 450\text{mm}$，混凝土强度等级为 C30，HRB335 级钢筋。配置 2Φ12 受压钢筋，3Φ25 + 2Φ22 受拉钢筋。试求该截面所能承受的最大弯矩设计值。

3-8 某 T 形截面梁，$b'_f = 500\text{mm}$，$b = 200\text{mm}$，$h'_f = 100\text{mm}$，$h = 500\text{mm}$，混凝土强度等级为 C25，钢筋为 HRB335 级，$M = 200\text{kN} \cdot \text{m}$，求所需纵向受力钢筋截面面积。

3-9 已知 T 形截面梁，处于一类环境，截面尺寸 $b \times h = 250\text{mm} \times 650\text{mm}$，$b'_f = 600\text{mm}$，$h'_f = 120\text{mm}$，承受弯矩设计值 $M = 430\text{kN} \cdot \text{m}$，采用 C30 混凝土和 HRB400 级钢筋。求该截面所需的纵向受拉钢筋截面面积。若选用混凝土强度等级为 C50，其他条件不变，试求纵向受拉钢筋截面面积，并将两种情况进行对比。

3-10 某 T 形截面梁，翼缘计算宽度 $b'_f = 1200\text{mm}$，$b = 200\text{mm}$，$h = 600\text{mm}$，$h'_f = 80\text{mm}$，混凝土强度等级为 C25，配有 4Φ20，HRB335 级受拉钢筋，承受弯矩设计值 $M = 131\text{kN} \cdot \text{m}$，试复核梁截面是否安全。

第四章

钢筋混凝土受弯构件斜截面承载力计算

第一节 受弯构件斜截面受力与破坏分析

一、斜裂缝出现前的受力分析

在一般情况下，受弯构件截面除作用有弯矩外，还伴随有剪力作用。图 4-1 所示为对称加载的简支梁。AC 为纯弯区段，由正截面承载力条件控制；AB、CD 段上同时作用有弯矩和剪力，称为剪弯区段，斜截面破坏就发生在这个区段内。

钢筋混凝土受弯构件的破坏试验结果表明：即使在正截面承载力有充分保证的条件下，受弯构件也可能沿某个斜截面发生破坏。因此，受弯构件在按正截面承载力进行计算之后，还应进行斜截面承载力计算。

钢筋混凝土斜截面破坏的现象是在剪弯区段内出现斜裂缝。下面简单介绍斜裂缝出现的原因。

由材料力学可知，如有一根由均质弹性材料制作的受弯构件，其受外荷载作用后，在剪弯区

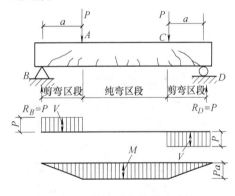

图 4-1 简支受弯构件试验梁

段内产生的弯矩和剪力将会在构件横截面上分别产生正应力 σ 和切应力 τ。在正应力和切应力共同作用下，梁截面上各点将产生方向和大小各不相同的主拉应力 σ_{tp} 和主压应力 σ_{cp}

$$\left.\begin{array}{l} \sigma_{tp} = \dfrac{\sigma}{2} + \sqrt{\dfrac{\sigma^2}{4} + \tau^2} \\[3mm] \sigma_{cp} = \dfrac{\sigma}{2} - \sqrt{\dfrac{\sigma^2}{4} + \tau^2} \end{array}\right\} \qquad (4\text{-}1a)$$

主应力的作用方向与梁纵轴线的夹角 α 由下式确定

$$\tan 2\alpha = \frac{2\tau}{\sigma} \qquad (4\text{-}1b)$$

对于钢筋混凝土梁，在荷载较小时，混凝土未开裂前，其受力情况接近于均质弹性材料

梁。图4-2所示，梁的主应力迹线（实线为主拉应力迹线，虚线为主压应力迹线）表示了梁内各点主应力作用方向的变化情况。从剪弯区段 $E—E$ 截面的中和轴、受压区、受拉区分别取出一个微元体，分别命名为微元体1、微元体2、微元体3，它们处于不同的受力状态。位于中和轴处的微元体1，其正应力为0，切应力最大，主拉应力 σ_{tp} 和主压应力与梁轴线呈45°；位于受压区的微元体2，由于压应力的存在，主拉应力 σ_{tp} 减小，主压应力增大，主拉应力 σ_{tp} 与梁轴线夹角大于45°；位于受拉区的微元体3，由于拉应力的存在，主拉应力增大，主压应力减小，主拉应力与梁轴线夹角小于45°。当主拉应力达到材料的抗拉强度时，将引起构件截面的开裂和破坏。

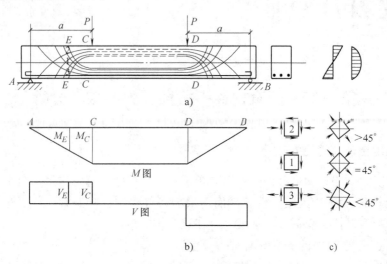

图4-2 斜裂缝出现前梁内应力状态

a）主应力迹线 b）内力图 c）剪弯段应力状态

由于混凝土抗拉强度很低，因此，只要主拉应力超过了混凝土的抗拉强度，就会在垂直于主拉应力轨迹线的方向产生斜向裂缝。为了避免梁沿斜截面产生破坏，除了要求梁具有合理的截面尺寸以及满足相应的构造要求外，通常还需要在梁内配置一定数量的箍筋和弯起钢筋，这些钢筋统称为"腹筋"。箍筋一般与梁轴线垂直，弯起钢筋通常由纵向受拉钢筋弯起而成，由于箍筋和弯起钢筋均与斜裂缝相交，因而能够有效地承担斜截面中的拉力，提高斜截面承载力。同时，箍筋、弯起钢筋还与梁内纵向受力钢筋和架立钢筋等绑扎或电焊在一起，构成了梁的钢筋骨架，如图4-3所示。

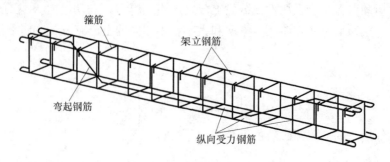

图4-3 钢筋骨架

工程实践表明，斜截面既可能是因受剪破坏，也可能是因受弯破坏。本章的内容就是讨论如何保证受弯构件的斜截面具有足够的抗剪和抗弯承载力。

二、无腹筋梁受力及破坏分析

无腹筋梁理论上是指钢筋混凝土受弯构件内不配置箍筋和弯起钢筋。实际工程中的梁一般都要配置箍筋，有时还配置弯起钢筋。讨论无腹筋梁的受力及破坏，主要是为有腹筋梁的斜截面受力分析奠定基础。无腹筋梁出现裂缝后，梁的应力将出现重新分布，如图4-4所示。

以 $AA'B'$ 斜裂缝为界取出脱离体，B' 为斜裂缝起点，A' 为斜裂缝终点，斜裂缝上端 AA' 为剪压区。根据作用在隔离体上的力及力矩平衡，可得

$$\sum x = 0, \quad C + V_{Ax} = T \tag{4-2}$$

$$\sum y = 0, \quad V = V_C + V_{Ay} + V_B \tag{4-3}$$

$$\sum M = 0, \quad M_A = Tz + V_B c \tag{4-4}$$

式中　V、M_A——荷载在斜截面上产生的剪力和弯矩；

　　　　C、V_C——斜裂缝上端混凝土剪压面上的压力和剪力；

　　　　　　T——纵向钢筋的拉力；

　　　　　V_B——纵向钢筋承受的横向剪力，又称销拴力；

　V_{Ax}、V_{Ay}——斜裂缝两侧混凝土发生相对错动产生的骨料咬合力的水平分力与竖向分力；

　　　　z、c——对应力的力臂。

随着斜裂缝的发展，骨料咬合力逐渐减弱以至消失。由于纵向钢筋下面混凝土保护层厚度不大，在销拴力的作用下可能沿纵向钢筋产生劈裂裂缝，所以"销拴作用"也不可靠。目前还很难准确测出 V_A、V_B 值，为便于计算，在极限状态下 V_A 和 V_B 可不予考虑。

由以上分析可见，钢筋混凝土无腹筋梁在斜裂缝出现前后其应力状态发生很大变化：

1）在斜裂缝出现前，梁的整个混凝土截面均能抵抗剪力，在斜裂缝出现后，主要是斜截面端部未开裂混凝土截面 AA' 来抗剪，因此梁一开裂，混凝土所承担的切应力突然增大。

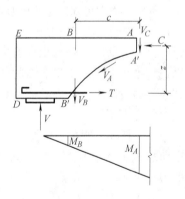

图4-4　无腹筋梁隔离体受力图

2）在斜裂缝出现前，BB' 截面纵向钢筋的拉力 T 由该截面的弯矩 M_B 决定，斜裂缝出现后，BB' 截面纵向钢筋的拉力由 AA' 截面的弯矩 M_A 所决定，而 $M_A > M_B$，所以斜裂缝出现后穿过斜裂缝的纵向钢筋应力突然增大，这也是简支梁纵筋需要在支座处增加一定锚固长度的原因之一。

3）斜裂缝上端的混凝土截面既受剪又受压，称为剪压区（图4-4中截面 AA'）。由于纵筋拉力的突增，应变相应增大，斜裂缝继续向上延伸，剪压区的切应力和压应力都将显著增大，混凝土处于剪压复合受力状态，当混凝土达到极限承载力时梁将发生破坏。

三、有腹筋梁受力及破坏分析

为了提高钢筋混凝土梁的受剪承载力，防止梁沿斜截面发生脆性破坏，在实际工程中一般在梁内均要配置腹筋。与无腹筋梁相比，有腹筋梁斜截面的受力性能和破坏形态既有相似之处又有一些不同的特点。

在斜裂缝出现前，箍筋的应力很小，主要由混凝土承担剪力，斜裂缝出现后，与斜裂缝相交的箍筋、弯起钢筋拉应力显著增大。弯起钢筋和箍筋不仅直接承担大部分剪力，而且能限制斜裂缝的延伸和开展，这样就增大了剪压区面积，间接提高了剪压区混凝土抗剪能力，还可以增大骨料的咬合作用和摩阻作用，以及延缓沿纵筋劈裂裂缝的发展，防止保护层的突然撕裂，从而提高纵筋的销拴作用。因此，配置腹筋可使梁的受剪承载力有较大提高。

第二节 受弯构件斜截面受剪破坏主要形态

一、两个基本概念

1. 剪跨比 λ

广义剪跨比是指如图 4-2 所示的剪弯区段中某一计算垂直截面的弯矩 M 与同一截面的剪力 V 和有效高度 h_0 乘积之比，即

$$\lambda = \frac{M}{Vh_0} \tag{4-5}$$

从材料力学可知，对于矩形截面的均质弹性材料梁，边缘正应力为 $\sigma = M/W = 6M/(bh^2)$；中和轴处的最大切应力为 $\tau = 1.5V/(bh)$，则正应力与切应力的比值为 $\sigma/\tau = 4M/(Vh) = 4\lambda$。因此，广义剪跨比是弯矩和剪力的相对比值，反映了梁内同一计算截面上正应力与切应力之比，从本质上反映了主应力的状态。对于钢筋混凝土梁，在出现斜裂缝以前，可能产生剪切破坏的剪弯区段的受力状态接近于均质弹性材料梁的受力状态。斜裂缝的出现及其特征与主应力状态有密切关系。

对于图 4-2 所示的对称集中荷载作用下的简支梁，弯矩和剪力都达到最大值的截面为集中荷载作用点靠剪弯一侧的截面（图 4-2 中的 $C—C$ 截面左侧），该截面的弯矩为 $M = Pa$，剪力为 $V = P$，故根据式（4-5），剪跨比可表达为

$$\lambda = \frac{M}{Vh_0} = \frac{Pa}{Ph_0} = \frac{a}{h_0} \tag{4-6}$$

参照式（4-6），《规范》规定：对所有以承受集中荷载为主的独立梁，在其受剪承载力计算中，都取计算截面（取集中荷载作用点处的截面）至支座的距离 a（称为"剪跨"）与截面有效高度 h_0 的比值，即 $\lambda = a/h_0$ 近似地代替 $\lambda = M/Vh_0$。通常将 $\lambda = M/Vh_0$ 称为"广义剪跨比"，$\lambda = a/h_0$ 则称为"计算剪跨比"。

2. 配箍率 ρ_{sv}

梁的配箍率 ρ_{sv} 是指梁的纵向水平截面（图 4-5 中的 2—2 截面）中单位面积的箍筋含量，通常用百分率表示，即

$$\rho_{sv} = \frac{nA_{sv1}}{bs} \times 100\% \tag{4-7}$$

式中 ρ_{sv}——配箍率；

$\quad\quad A_{sv1}$——单肢箍筋的截面面积；

$\quad\quad n$——箍筋的肢数；

$\quad\quad b$——梁的截面宽度，对于 T 形、工字形截面，应取肋宽；

$\quad\quad s$——箍筋间距。

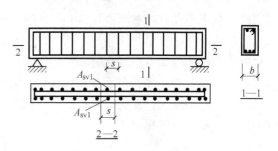

图 4-5 配箍率计算示意图

二、斜截面受剪破坏的主要形态

为了解决钢筋混凝土构件斜截面的承载力计算问题，国内外进行了大量试验研究。试验结果表明，由于受弯构件的剪弯区段内的剪跨比和配箍率的不同，斜截面破坏将产生三种不同的破坏形态。

（1）斜压破坏 这种破坏主要发生在剪跨比很小或剪跨比虽然适中但箍筋配置过多的情况，是由主压应力超过混凝土的抗压强度而引起。它的破坏特点是：随着荷载的增加和梁腹中主压应力的增大，梁腹被一系列平行的斜裂缝分割成许多倾斜的受压柱体，最后由于柱体中的混凝土被压碎而造成梁的破坏（图 4-6a）。破坏时腹筋中的应力一般均未达到屈服强度，故腹筋未能充分利用。同时，这种破坏没有明显的临界斜裂缝，破坏的发生带有突然性。因此，在设计中尽量避免采用。在 T 形或工字形截面梁中，由于腹板较薄，相对来说更容易发生这种破坏形态，故尤应引起注意。

（2）剪压破坏 剪压破坏主要发生在剪跨比适中、腹筋配置适当时的钢筋混凝土梁的剪弯区段。发生剪压破坏的梁，在荷载较小且尚未出现斜裂缝之前，箍筋的拉应力很小，剪弯区段内的应力几乎全部由混凝土承担，随着荷载的增加，斜裂缝相继出现。当荷载增加到一定程度后，在多条斜裂缝中将有一条明显加宽而形成所谓的"临界斜裂缝"，梁最终就将沿这条斜裂缝发生剪切破坏（图 4-6b）。

临界斜裂缝出现后，梁内产生了明显的应力重分布现象，即在斜裂缝中混凝土退出工作，箍筋的拉应力显著增加。剪压破坏的一个重要特点是临界斜裂缝并不会贯通整个截面高度，而在临界斜裂缝末端始终存在一个混凝土剪压区，这个混凝土剪压区既负担弯矩引起的压应力 σ_x，又承担切应力 τ_{xy}，有时还存在荷载直接作用引起的压应力 σ_y，从而处于既受压又受剪的复合应力状态。

当荷载继续增加时，与斜裂缝相交的箍筋和纵向钢筋的应力迅速增大，斜裂缝不断开展，剪区进一步缩小。最后，与斜裂缝相交的大部分箍筋屈服，箍筋应力基本不变而应变迅速增加，不能再有效抑制斜裂缝的开展和延伸，剪压区混凝土在切应力和压应力共同作用下达到极限承载力而破坏。综上所述，斜截面剪压破坏发生在临界斜裂缝形成之后，破坏开始于箍筋的屈服，随后剪压区混凝土破坏。

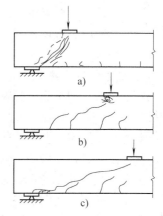

图 4-6 斜截面受剪破坏的主要形态
a）斜压破坏 b）剪压破坏
c）斜拉破坏

（3）斜拉破坏 当梁的剪跨比较大，且配箍率过低时，斜截面受剪将发生斜拉破坏。这种梁一旦出现斜裂缝，就会很快形成临界斜裂缝，并迅速伸展到受压边缘，使构件沿临界斜裂缝被拉成两部分而破坏（图4-6c）。出现斜裂缝时的荷载与破坏荷载之间的差距很小，临界斜裂缝的坡度较缓，伸展的范围较长，基本上不存在剪压区。由于这种破坏带有突然性且混凝土的抗压强度得不到充分利用，故在设计中不允许采用。

试验结果表明，梁斜截面受剪无论发生哪种破坏形态，破坏前均不产生明显的塑性变形。因此，总的来说，受剪破坏都属于"脆性破坏"，只能说剪压破坏的延性相对于其他两种破坏形态要好一些而已。

第三节 斜截面受剪承载力计算

一、影响斜截面受剪承载力的主要因素

由于受力状态及影响因素相当复杂，对斜截面受剪承载力的计算，目前尚未形成国内外统一的计算理论和方法。但试验表明，如果在剪切破坏的同时不致发生纵筋屈服（斜截面受弯破坏）和粘结锚固破坏，则影响斜截面受剪破坏的主要因素是剪跨比、配箍率、箍筋的强度、混凝土强度、纵筋的强度及其配筋率等。

1. 混凝土强度等级的影响

斜截面受剪破坏是因混凝土到达极限承载力而发生的，故混凝土的强度对受剪承载力影响很大。在剪跨比和其他条件相同时，斜截面受剪承载力 V_u 随混凝土强度 f_{cu} 的提高而增大，且与混凝土轴心抗拉强度 f_t 具有线性关系。

2. 配箍率和箍筋强度的影响

梁的抗剪试验结果表明，在临界斜裂缝出现以前，箍筋的应力很小，它对阻止斜截面的出现几乎没有什么作用，在临界斜裂缝出现以后，与斜裂缝相交的箍筋一方面直接参与抗剪；另一方面将阻止斜裂缝的开展，从而相对增大剪压区混凝土的面积，使梁的受剪承载力有较大提高。梁的受剪承载力随着配箍率及箍筋抗拉强度的增大而增大，试验分析表明，当其他条件相同时，可以认为梁的受剪承载力 V_u 与配箍率 ρ_{sv} 及箍筋抗拉强度 f_{yv} 的乘积 $\rho_{sv}f_{yv}$ 之间具有线性关系。

3. 剪跨比的影响

剪跨比对受剪承载力影响比较复杂，试验表明，剪跨比对集中荷载作用下的无腹筋梁影响最为显著。当剪跨比 $\lambda < 3.0$ 时，剪跨比越小，梁的受剪承载力越高；当 $\lambda > 3.0$ 时，受剪承载力趋于稳定，剪跨比的影响不再明显。对于均布荷载作用下的无腹筋梁，剪跨比应用跨高比来表达，试验表明，均布荷载作用时受剪承载力随跨高比的增大而降低。当 $l/h_0 > 15$ 时，受剪承载力趋于稳定。总的来说，均布荷载作用时受剪承载力随跨高比增大而下降的程度，比集中荷载作用时受剪承载力随剪跨比增大而下降的程度要小一些。

在有腹筋梁中，剪跨比的影响不及无腹筋梁那么显著，其影响程度与配箍率的大小有关。配箍率较小时，剪跨比的影响较大；随配箍率的增大，剪跨比的影响逐渐减弱。

在实际工程中，结构上的荷载情况很复杂，为了简化计算，《规范》所采用的计算方法只对集中荷载作用为主的情况下（包括作用有多种荷载，且其中集中荷载对支座截面或节点边缘所产生的剪力值占总剪力值的75%以上的情况）的矩形、T形、工字形截面独立梁才考虑计算剪跨比对受剪承载力的影响。除此以外的其他情况，则均不考虑剪跨比的影响。

除上述三个主要影响因素外，纵筋配筋率 ρ、加载方式及截面高度等因素对受剪承载力也有一定影响。但这些因素由于影响程度相对较小，同时也很难一一作出定量分析，因此没有将其引入计算公式，而是在确定梁的受剪承载力的经验公式时，采用大量试验受剪承载力实测值分布的偏下限作为设计计算的受剪承载力，以适当考虑这些在公式中未得到反映的因素的影响。

二、受剪承载力计算公式

在前面介绍的斜截面三种主要受剪破坏形态中，剪压破坏是大量常见的破坏形态，延性较好，通过改变配箍率来调整斜截面受剪承载力的变化幅度也较大。因此，以剪压破坏的受力特点作为建立梁的斜截面受剪承载力计算公式的依据，同时规定最小配箍率以防止发生斜拉破坏，通过限制截面最小尺寸或者最大配箍率防止发生斜压破坏。

《规范》所采用的计算方法是以国内大量试验结果为依据，在考虑主要影响因素及其影响规律的基础上建立起来的经验公式。

（一）仅配置箍筋时，矩形、T 形和工字形截面受弯构件的抗剪承载力计算公式

对于未配置弯起钢筋，或虽配置弯起钢筋但不考虑其参与抗剪的有腹筋梁，如果以 V_{cs} 表示破坏斜截面上的受剪承载力设计值，则由前述主要影响因素的分析可知，V_{cs}/bh_0 和 $\rho_{sv}f_{yv}$ 及 $V_{cs}/(bh_0)$ 和 f_t 之间均为线性关系，故当不考虑剪跨比影响时，可用下列两项和的线性表达式表达它们之间的关系：

$$\frac{V_{cs}}{bh_0} = \alpha_{cv}f_t + \rho_{sv}f_{yv} \tag{4-8}$$

式中　α_{cv}——斜截面混凝土受剪承载力系数。

式（4-8）也可改写为

$$\frac{V_{cs}}{f_t bh_0} = \alpha_{cv} + \frac{\rho_{sv}f_{yv}}{f_t} \tag{4-9a}$$

其中，$\dfrac{V_{cs}}{f_t bh_0}$ 称为剪切特征值，$\dfrac{\rho_{sv}f_{yv}}{f_t}$ 称为配箍特征值。

当梁承受均布荷载作用，钢筋骨架中腹筋仅配箍筋时，根据大量受剪破坏试验实测结果，并经过可靠度分析，确定 $\alpha_{cv} = 0.7$；则有

$$\frac{V_{cs}}{f_t bh_0} = 0.7 + \frac{\rho_{sv}f_{yv}}{f_t} \tag{4-9b}$$

将式（4-7）代入上式并整理得

$$V_{cs} = 0.7f_t bh_0 + f_{yv}\frac{nA_{sv1}}{s}h_0 \tag{4-10}$$

（1）一般受弯构件的抗剪承载力计算公式

$$V \leqslant V_{cs} = 0.7f_t bh_0 + f_{yv}\frac{nA_{sv1}}{s}h_0 \tag{4-11}$$

式中　V——所计算斜截面起始点处垂直截面上的剪力设计值；

f_t、f_{yv}——混凝土轴心抗拉强度设计值及箍筋抗拉强度设计值，按附录 A 中表 A-1（2）和表 A-1（4）取用。

其余符号意义同前。

式（4-11）等号右边的第一项，即 $0.7f_tbh_0$，实际上是根据均布荷载作用下的无腹筋梁的试验结果确定的，因此，可以说 $0.7f_tbh_0$ 就是承受均布荷载为主的无腹筋梁的斜截面受剪承载力设计值；式（4-11）中等号右边的第二项应理解为在配有箍筋的条件下，梁的受剪承载力设计值相对于无腹筋梁提高的程度，即第二项中不仅包括箍筋直接承担的剪力值，还包括由于箍筋限制斜裂缝的开展等间接提高的混凝土抗剪能力。

（2）以承受集中荷载作用为主的独立梁（包括简支梁、连续梁和约束梁）的抗剪承载力计算公式　《规范》规定对集中荷载作用为主的矩形、T 形、工字形截面独立梁，则应考虑剪跨比的影响，按下式计算

$$V \leqslant V_{cs} = \frac{1.75}{\lambda + 1.0}f_tbh_0 + f_{yv}\frac{nA_{sv1}}{s}h_0 \tag{4-12}$$

式中　λ——计算截面的剪跨比，可取 $\lambda = a/h_0$，a 为计算截面至支座截面或节点边缘的距离。

计算截面取集中荷载作用点处的截面。当 $\lambda < 1.5$ 时，取 $\lambda = 1.5$；当 $\lambda > 3$ 时，取 $\lambda = 3$。以后凡需考虑剪跨比时，λ 的取值原则均同此。

式（4-11）和式（4-12）所代表的斜截面受剪承载力设计值，都是试验结果的偏下限。采用这些公式计算梁的受剪承载力时，不但可以满足承载能力极限状态的可靠度要求，而且由试验证明还能基本上控制使用阶段的斜裂缝宽度小于 0.2mm。

式（4-11）和式（4-12）主要依据的是矩形截面构件的试验结果。但试验表明，对于 T 形、工字形截面梁由于受压翼缘的存在，增大了混凝土截面区的面积，因而可提高这类梁的受剪承载力，但提高不多。故《规范》规定对 T 形、工字形截面梁不考虑翼缘对抗剪的有利作用，而仍按其肋部的矩形截面计算其受剪承载力。

如果出现 $V > V_{cs}$，可以采取的措施有增大截面尺寸，提高混凝土强度等级和箍筋级别，增大配箍率（增大直径、减少间距）和利用弯起钢筋抗剪等。

（二）当配置箍筋和弯起筋时，矩形、T 形和工字形截面受弯构件的抗剪承载力计算公式

梁的跨中正弯矩在接近支座时逐渐减小，所需受拉钢筋也可减少，故常在支座附近将部分多余正弯矩钢筋弯起以抵抗剪力而节约抗剪箍筋。当支座处剪力较大，仅用箍筋抗剪会形成箍筋过密时，也可设置专门的抗剪弯筋以分担剪力。此时，斜截面受剪承载力应按下式计算

$$V \leqslant V_{cs} + V_{sb} \tag{4-13}$$

式中　V_{sb}——与破坏斜截面相交的弯起钢筋所能承担的剪力设计值。

试验表明，V_{sb} 随弯筋截面积的增大而增大，两者呈线性关系。斜截面受剪破坏时，弯筋可能达到的应力与弯筋和斜裂缝相交交点的位置有关：当弯筋与临界斜裂缝交于临界斜裂缝末端时，则会因接近受压区，弯筋应力达不到其抗拉强度设计值。故弯筋在受剪破坏时的应力是不均匀的，公式中应当反映这一情况。

弯筋的抗剪作用如图 4-7 所示，它所能承担的剪力设计值可按下式计算：

$$V_{sb} = 0.8f_yA_{sb}\sin\alpha_s \tag{4-14}$$

式中　A_{sb}——与所计算斜截面相交的同一弯起平面内弯起钢筋的截面面积；

α_s——弯起钢筋与梁纵向轴线的夹角，在一般梁中取 $\alpha_s = 45°$；当梁高 $h > 800mm$ 时，取 $\alpha_s = 60°$；

f_y——弯起钢筋的抗拉强度设计值；

0.8——弯起钢筋的应力不均匀系数。

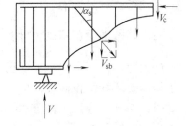

（1）一般受弯构件抗剪承载力计算公式

$$V \leqslant 0.7f_t bh_0 + f_{yv}\frac{nA_{sv1}}{s}h_0 + 0.8f_y A_{sb}\sin\alpha_s \quad (4\text{-}15)$$

图4-7 利用弯起钢筋抗剪受力图

（2）以承受集中荷载作用为主的独立梁的抗剪承载力计算公式

$$V \leqslant \frac{1.75}{\lambda + 1.0}f_t bh_0 + f_{yv}\frac{nA_{sv1}}{s}h_0 + 0.8f_y A_{sb}\sin\alpha_s \quad (4\text{-}16)$$

上述公式中各符号意义同前。

（三）按构造要求配置腹筋的受弯构件斜截面受剪承载力计算

通过大量的试验分析可知，在满足可靠度要求的前提下，若作用在受弯构件上的荷载在截面上产生的剪力不大时，可不进行承载力计算配置腹筋。《规范》规定此时的斜截面抗剪承载力计算公式如下：

（1）对小剪跨比（$\lambda < 1.5$）或以均布荷载为主的矩形、T 形及工字形截面梁

$$V \leqslant 0.7f_t bh_0 \quad (4\text{-}17)$$

（2）对以承受集中荷载为主的独立梁

$$V \leqslant \frac{1.75}{\lambda + 1.0}f_t bh_0 \quad (4\text{-}18)$$

若满足上述计算公式，则均可不进行斜截面受剪承载力计算，而仅需按《规范》规定的如下构造要求配置箍筋：

1）当梁高 $h > 300mm$ 时，应沿梁全长设置箍筋。

2）当梁高 $h = 150 \sim 300mm$ 时，可仅在构件端部各 1/4 跨度范围内设置箍筋；但当在构件中部 1/2 跨度范围内有集中荷载时，则应沿梁全长设置箍筋。

3）上述配置的箍筋面积应以配箍率 $\rho_{sv} \geqslant \rho_{sv,min}$ 计算，同时满足最小箍筋直径和表 4-2 的箍筋的最大间距的构造要求。

对于钢筋混凝土板，由于板通常跨高（厚）比较大，起控制作用的总是正截面受弯承载力，所以对房屋结构的楼板、屋面板一般不必验算斜截面受剪承载力，只在楼面荷载相当大时才进行验算。这时，因板一般都承受分布荷载，故不必考虑剪跨比影响而按式（4-11）验算。

另外，《规范》规定：对不配置箍筋和弯起钢筋的一般板类受弯构件，应满足下面公式：

$$V \leqslant 0.7\beta_h f_t bh_0 \quad (4\text{-}19)$$

$$\beta_h = \left(\frac{800}{h_0}\right)^{\frac{1}{4}} \quad (4\text{-}20)$$

式中 β_h——截面高度影响系数：当 h_0 小于 800mm 时，取 800mm；当 h_0 大于 2000mm 时，取 2000mm。

其他符号意义同前。

三、斜截面受剪承载力计算公式的适用范围

如前所述，以上斜截面受剪承载力计算公式是以剪压破坏为依据建立起来的，因此不适用于斜压破坏和斜拉破坏。为了避免设计成可能出现后两种破坏形态的梁，在运用前述设计公式时，必须符合以下两方面的限制条件。

（一）上限值——最小截面尺寸

为防止受弯构件产生斜压破坏，及防止构件在使用阶段产生斜裂缝过大和腹筋布置过密不便于施工等情况的发生，《规范》规定：矩形、T形和工字形截面的受弯构件，其受剪截面应符合下列条件：

当 $\dfrac{h_{\mathrm{w}}}{b} \leqslant 4$ 时

$$V \leqslant 0.25\beta_{\mathrm{c}} f_{\mathrm{c}} b h_{0} \tag{4-21}$$

当 $\dfrac{h_{\mathrm{w}}}{b} \geqslant 6$ 时

$$V \leqslant 0.2\beta_{\mathrm{c}} f_{\mathrm{c}} b h_{0} \tag{4-22}$$

当 $4 < \dfrac{h_{\mathrm{w}}}{b} < 6$ 时，按直线内插法取用，即可按下式计算

$$V \leqslant 0.025\left(14 - \frac{h_{\mathrm{w}}}{b}\right)\beta_{\mathrm{c}} f_{\mathrm{c}} b h_{0} \tag{4-23}$$

式中　h_{w}——梁截面的腹板高度，矩形截面梁取有效高度 h_{0}；T形截面梁取有效高度减去翼缘高度；工字形截面梁取腹板净高；

β_{c}——混凝土强度影响系数，当混凝土强度等级不超过 C50 时，取 $\beta_{\mathrm{c}} = 1.0$；当混凝土等级为 C80 时，取 $\beta_{\mathrm{c}} = 0.8$，其间按直线内插法取用；

f_{c}——混凝土轴心抗压强度设计值；

b——矩形截面的宽度，T形、I形截面的腹板宽度。

《规范》规定最小截面尺寸实际上相当于规定了腹筋数量的上限值。例如，对均布荷载作用的常用矩形梁 $\left(\dfrac{h_{\mathrm{w}}}{b} \leqslant 4\right)$，当仅配置箍筋时，满足式（4-21）就相当于其配置的箍筋必须满足

$$\rho_{\mathrm{sv}} \leqslant \rho_{\mathrm{sv,max}} = \frac{0.25\beta_{\mathrm{c}} f_{\mathrm{c}} - 0.7 f_{\mathrm{t}}}{f_{\mathrm{yv}}} \tag{4-24}$$

如不能满足式（4-21）～式（4-23）的要求时，则应加大梁截面尺寸，直到满足为止。

（二）下限值——最小配箍率 $\rho_{\mathrm{sv,min}}$

为防止在剪跨比较大的梁中出现突然发生的斜拉破坏，以及使梁的实际受剪承载力，特别是截面高度较大梁的受剪承载力不低于按基本计算公式求得的受剪承载力，当梁不能满足式（4-17）或式（4-18）的要求，而需通过受剪承载力计算来确定腹筋用量时，计算所得的箍筋用量应满足下列条件

$$\rho_{\mathrm{sv}} \geqslant \rho_{\mathrm{sv,min}} = 0.24\frac{f_{\mathrm{t}}}{f_{\mathrm{yv}}} \tag{4-25}$$

当一般梁按 $\rho_{sv} = \rho_{sv,min}$ 配筋时，其剪力特征值可将式（4-25）代入式（4-9b）得到 $\dfrac{V_{cs}}{f_t b h_0}$ $= 0.94$；对于集中荷载作用下的独立梁，则可得 $\dfrac{V_{cs}}{f_t b h_0} = \dfrac{1.75}{\lambda + 1.0} + 0.24$，这说明对一般钢筋混凝土梁，如果不满足式（4-17），但能满足

$$V \leqslant 0.94 f_t b h_0 \tag{4-26}$$

对集中荷载作用下的独立梁，如果不满足式（4-18），但能满足

$$V \leqslant \left(\frac{1.75}{\lambda + 1.0} + 0.24 \right) f_t b h_0 \tag{4-27}$$

则可不需进行斜截面抗剪承载力计算箍筋，而直接按最小配箍率配置箍筋，同时还应满足箍筋最小直径和最大间距的构造规定。

单纯用最小配箍率来控制箍筋的最低用量是不够的，还必须对箍筋最小直径和最大间距规定出限制条件，因为当箍筋间距过大时，斜裂缝将有可能不与箍筋相交，这时箍筋将无法起到有效提高梁受剪承载力的作用。为了使钢筋骨架具有足够的刚度，箍筋直径也不应过小。综合考虑以上因素后，《规范》对箍筋的最大间距和最小直径作了具体规定，箍筋的最大容许间距 s_{max} 详见表 4-2 及有关说明，对箍筋直径的要求详见本章第五节内容。

还需指出，当梁内配置有弯起钢筋时，如图 4-8 所示，前一排弯起钢筋的弯起点至后一排弯起钢筋弯终点之间的水平距离 s 以及第一排弯起钢筋的弯终点至梁支座边缘的水平距离 s_1 也不得大于表 4-2 中 $V > 0.7 f_t b h_0$ 一栏里规定的箍筋最大容许间距 s_{max}。

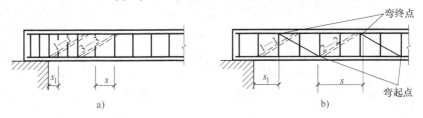

图 4-8　斜截面受剪承载力剪力设计值的计算截面

四、公式应用

（一）截面设计

截面设计是已知截面的剪力设计值、构件截面尺寸及混凝土强度等级及钢筋级别，求箍筋用量或求箍筋和弯起钢筋用量。

（1）斜截面抗剪承载力的计算位置　有腹筋梁斜截面受剪破坏一般发生在剪力设计值较大或受剪承载力较弱的部位，通常应重点考虑以下部位斜截面的起始端，并计算相应的剪力设计值进行受剪承载力计算。

1）支座边缘处的截面（图 4-8a、b 中的 1—1 截面），取支座边缘处的剪力值。

2）受拉区弯起钢筋弯起点处的截面（图 4-8b 中的 2—2 截面），计算距支座第一排弯起钢筋时，取支座边缘处的剪力值；计算距支座第二排及以后各排弯起钢筋时，取前排弯起钢筋弯起点（下弯点）处的剪力值。

3）箍筋截面面积或间距改变处的截面（图 4-8a 中的 3—3 截面），取箍筋截面面积或间距开始改变处的剪力值。

4）腹板（梁肋）宽度改变处的截面，取腹板（梁肋）宽度开始改变处的剪力值。

（2）斜截面受剪承载力计算步骤

1）梁截面尺寸复核。梁的截面尺寸一般是根据正截面承载力和刚度等要求确定的。从斜截面受剪承载力方面考虑还应按式（4-21）～式（4-23）验算截面尺寸，如不满足式（4-21）～式（4-23），则应加大截面尺寸或提高混凝土强度等级，直到满足为止。

2）决定是否需要进行斜截面承载力计算。若梁所承受的剪力较小，而截面尺寸又较大，能满足式（4-17）或式（4-18）时，则可按最小配箍率及前述有关箍筋直径和间距的构造要求配置箍筋，而无需再作受剪承载力计算。

如果不满足式（4-17）或式（4-18）的要求，但满足式（4-26）或式（4-27）的要求，则可按最小配箍率和相应的构造要求配置箍筋，无需再作受剪承载力计算。

如果上述条件均不满足，则应继续以下步骤，根据受剪承载力设计公式计算所需腹筋数量。

3）仅配置箍筋时的箍筋计算。根据式（4-11）或式（4-12）可算出要求的 nA_{sv1}/s。

对一般梁

$$\frac{nA_{sv1}}{s} = \frac{V - 0.7f_t bh_0}{f_{yv}h_0} \tag{4-28}$$

对集中荷载作用下的独立梁

$$\frac{nA_{sv1}}{s} = \frac{V - \dfrac{1.75}{\lambda + 1.0}f_t bh_0}{f_{yv}h_0} \tag{4-29}$$

nA_{sv1}/s 值确定后，由构造要求确定箍筋肢数 n，由钢筋表选择箍筋直径确定单肢箍筋的截面面积 A_{sv1}，然后计算箍筋间距 s，并参照构造要求和尾数取整原则确定 s 的值。

4）采用弯起钢筋与箍筋共同抗剪确定腹筋数量。此时有两种计算方法：一种是先选定箍筋数量（包括箍筋肢数、直径和间距），然后计算所需弯起钢筋数量。箍筋既已选定，就可利用式（4-11）或式（4-12）算出 V_{cs} 值，需要的弯起钢筋截面面积则可由式（4-15）或式（4-16）算出。

$$A_{sb} = \frac{V - V_{cs}}{0.8f_y \sin\alpha_s} \tag{4-30}$$

另一种计算方法是先选定弯起钢筋截面面积 A_{sb}，然后计算箍筋用量，可按下列公式确定：

$$\frac{nA_{sv1}}{s} = \frac{V - 0.7f_t bh_0 - 0.8f_y A_{sb}\sin\alpha_s}{f_{yv}h_0} \tag{4-31}$$

或

$$\frac{nA_{sv1}}{s} = \frac{V - \dfrac{1.75}{\lambda + 1.0}f_t bh_0 - 0.8f_y A_{sb}\sin\alpha_s}{f_{yv}h_0} \tag{4-32}$$

后一种方法适用于跨中正弯矩钢筋较富裕，可以弯起一部分纵向受拉钢筋用来抵抗剪力的情况。若剪力图为三角形（均布荷载作用时）或梯形（集中荷载和均布荷载共同作用时），则弯起钢筋的计算应从支座边缘截面开始向跨中逐排计算，直至不需要弯起钢筋为止（见例4-1）。当剪力图为矩形时（集中荷载作用时），则在每一等剪力区段内只需计算一个截面所需弯起钢筋的截面面积 A_{sb}，在等剪力区段内按允许最大箍筋间距 s_{max} 配置箍筋，然后在所计算的等剪力区段内确定所需弯起钢筋排数，每排弯起钢筋的截面面积均不应小于所计

算的 A_{sb} 值。具体计算方法参考图 4-9。

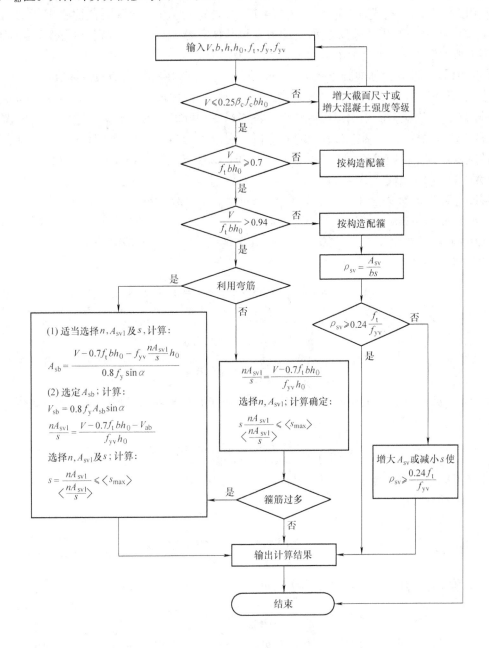

图 4-9　受弯构件斜截面受剪承载力计算截面设计计算框图

（二）截面复核

受弯构件斜截面截面复核是指已知构件的截面尺寸、所用材料等级及配筋数量（箍筋或弯起钢筋），求斜截面所能承担的剪力，或者已知外荷载产生的剪力来判断斜截面受剪承载力是否满足要求。

可首先判断箍筋是否满足构造要求及计算配箍率 ρ_{sv}，如有 $\rho_{sv} \leqslant \rho_{sv,min}$，则受剪承载力应按式（4-17）或式（4-18）确定；若 $\rho_{sv} > \rho_{sv,min}$，则应按式（4-21）~式（4-23）确定受剪

承载力上限值 $V_{u,max}$，然后根据只配置箍筋，或同时配有箍筋和弯起钢筋的两种不同情况，分别利用式（4-11）或式（4-12）或式（4-15）或式（4-16）计算斜截面受剪承载力 V_u，如果 $V_u \leqslant V_{u,max}$，则 V_u 即为梁所能承受的剪力设计值；若 $V_u > V_{u,max}$，则 $V_{u,max}$ 作为梁能够承受的最大剪力设计值。具体计算步骤参考图4-10。

【**例4-1**】 已知钢筋混凝土矩形截面简支梁，梁上作用有均布荷载设计值68kN/m（含梁自重）。梁净跨 $l_0 = 5300\text{mm}$，计算跨度 $l = 5500\text{mm}$；截面尺寸 $b \times h = 250\text{mm} \times 550\text{mm}$。混凝土采用C25，受拉纵筋采用HRB400级，箍筋采用HPB300级。根据正截面受弯承载力计算已配有6Φ22纵筋，按两排布置，混凝土保护层厚度为30mm，$a_s = 65\text{mm}$。试分别按如下两种情况确定该梁的腹筋用量：①该梁只配箍筋；②该梁内配有箍筋和弯起钢筋。

【**解**】 （1）确定计算参数

混凝土强度等级采用C25，$f_c = 11.9\text{N/mm}^2$，$f_t = 1.27\text{N/mm}^2$，$\beta_c = 1.0$；$h_0 = h - a_s = (550 - 65)\text{mm} = 485\text{mm}$；

HRB400级受拉钢筋，$f_y = 360\text{N/mm}^2$；HPB300级箍筋，$f_{yv} = 270\text{N/mm}^2$。

（2）求支座的剪力设计值

$$V = \frac{1}{2}ql = \frac{1}{2} \times 68 \times 5.5\text{kN} = 187.0\text{kN}$$

（3）校核截面尺寸

$$h_w = h - a_s = 485\text{mm}$$

$$\frac{h_w}{b} = \frac{485}{250} = 1.94 < 4$$

$0.25\beta_c f_c bh_0 = 0.25 \times 1.0 \times 11.9 \times 250 \times 485\text{N} = 360.7\text{kN} > 187.0\text{kN}$，截面尺寸足够。

（4）验算是否需要计算配置箍筋

$$\frac{V}{f_t bh_0} = \frac{187 \times 10^3}{1.27 \times 250 \times 485} = 1.21 > 0.94$$

故必须按计算配置箍筋。

（5）配筋计算

1）第一种情况：梁中仅配箍筋。

$$\frac{nA_{sv1}}{s} = \frac{V - 0.7f_t bh_0}{f_{yv}h_0} = \frac{187 \times 10^3 - 0.7 \times 1.27 \times 250 \times 485}{270 \times 485}\text{mm} = 0.605\text{mm}$$

采用双肢Φ8箍筋，$n = 2$，$A_{sv1} = 50.3\text{mm}^2$。

$$s = \frac{nA_{sv1}}{0.605} = \frac{2 \times 50.3}{0.605}\text{mm} = 166.28\text{mm}$$

取 $s = 160\text{mm}$。由表4-1查得 $V > 0.7f_t bh_0$，$500\text{mm} < h \leqslant 800\text{mm}$ 时，$s_{max} = 250\text{mm}$，故所取 s 满足要求。

2）第二种情况：梁中用箍筋和弯起钢筋共同抗剪。可先按构造配置箍筋，初步选用Φ8@250双肢箍筋，$A_{sv1} = 50.3\text{mm}^2$。

$$\rho_{sv} = \frac{nA_{sv1}}{bs} = \frac{2 \times 50.3}{250 \times 250} = 0.16\%$$

而 $\rho_{sv,min} = 0.24\dfrac{f_t}{f_{yv}} = \dfrac{0.24 \times 1.27}{270} = 0.11\% < \rho_{sv}$，满足要求。

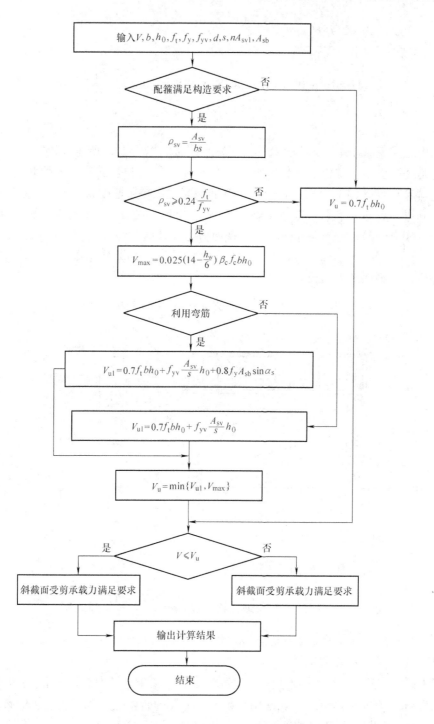

图 4-10　受弯构件斜截面受剪承载力计算截面复核计算框图

弯起钢筋弯起角 $\alpha_s = 45°$，计算第一排弯起钢筋的需要量：

按式（4-30）得

$$A_{sb1} = \frac{V - 0.7f_t bh_0 - f_{yv}\dfrac{nA_{sv1}}{s}h_0}{0.8f_y \sin\alpha_s}$$

$$= \frac{187 \times 10^3 - 0.7 \times 1.27 \times 250 \times 485 - 270 \times \dfrac{2 \times 50.3}{250} \times 485}{0.8 \times 360 \times \sin 45°}mm^2$$

$$= 130.2mm^2$$

由跨中已配置纵筋中弯起 $1\Phi22$，$A_{sb1} = 380.1mm^2$，满足计算所需的 A_{sb1}。

验算是否需要第二排弯起钢筋。如图 4-11 所示，第二排弯起钢筋的面积应根据第一排弯起钢筋弯起点 B 处的 V_B 计算。由于纵向钢筋混凝土保护层厚度为 30mm，故第一排弯起钢筋弯起点和弯终点间的水平距离为 $(550 - 30 \times 2)$ mm $= 490$mm，于是 B 点距支座边缘水平距离即为 $(50 + 490)$ mm $= 540$mm。求 B 截面剪力设计值 V_B：

$$V_B = (180.2 - 68 \times 0.54)kN = 143.5kN$$

支座边缘 A 截面的剪力设计值：

$$V_A = \frac{1}{2}ql_0 = \frac{1}{2} \times 68 \times 5.3kN = 180.2kN$$

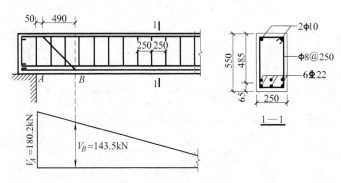

图 4-11　例 4-1 配筋图

而 B 截面的 V_{cs} 为

$$V_{cs} = 0.7f_t bh_0 + f_{yv}\frac{A_{sv}}{s}h_0$$

$$= \left(0.7 \times 1.27 \times 250 \times 485 + 270 \times \frac{2 \times 50.3}{250} \times 485\right)N$$

$$= 160.5kN > V_B = 143.5kN$$

故不需配置第二排弯起钢筋。

【例 4-2】　已知一钢筋混凝土矩形截面简支梁，安全等级为二级，处于一类环境中。截面尺寸为 $b \times h = 200mm \times 450mm$，两端搁置在 240mm 厚的砖墙上，梁的净跨为 3.5m，混凝土强度等级为 C25，箍筋采用 HPB300 级钢筋，弯起钢筋采用 HRB335 级，在支座边缘配有双肢箍筋 $\Phi8@150$，并有弯起钢筋 $2\Phi20$，弯起角为 45°。按斜截面受剪承载力计算该梁支座边缘处可承受的均布荷载设计值 p（含自重）。

【解】　（1）确定计算参数

混凝土强度等级采用 C25，$f_c = 11.9N/mm^2$，$f_t = 1.27N/mm^2$，$\beta_c = 1.0$；

HRB335 级受拉钢筋，$f_y = 300 \text{N/mm}^2$，弯起钢筋 2Φ20，$A_{sb} = 226 \text{mm}^2$；

HPB300 级箍筋，$f_{yv} = 270 \text{N/mm}^2$；双肢箍筋 Φ8 @ 150，$n = 2$，$A_{sv1} = 50.3 \text{mm}^2$，$s = 150 \text{mm}$。

取 $a_s = 35 \text{mm}$，$h_0 = h - a_s = 415 \text{mm}$

（2）验算最小配箍率

$$\rho_{sv,min} = 0.24 \frac{f_t}{f_{yv}} = 0.24 \times \frac{1.27}{270} = 0.11\%$$

$$\rho_{sv} = \frac{A_{sv}}{bs} = \frac{2 \times 50.3}{200 \times 150} = 0.34\% > \rho_{sv,min} = 0.11\%，满足要求。$$

（3）求 $V_{u,max}$

$$h_w = h_0 = 415 \text{mm}，\frac{h_w}{b} = \frac{415}{200} = 2.08 < 4$$

$$V_{u,max} = 0.25\beta_c f_c b h_0 = 0.25 \times 1.0 \times 11.9 \times 200 \times 415 \text{N} = 246.9 \text{kN}$$

（4）计算斜截面受剪承载力设计值 V_u

$$V_u = V_{cs} + V_{sb} = 0.7 f_t b h_0 + f_{yv} \frac{n A_{sv1}}{s} h_0 + 0.8 f_y A_{sb} \sin\alpha_s$$

$$= \left(0.7 \times 1.27 \times 200 \times 415 + 270 \times \frac{2 \times 50.3}{150} \times 415 + 0.8 \times 300 \times 226 \times \sin 45° \right) \text{N}$$

$$= 187.3 \text{kN} < V_{u,max} = 246.9 \text{kN}，故取 V_u = 187.3 \text{kN}。$$

（5）计算均布荷载设计值 p　因为是简支梁，该梁在均布荷载作用下最不利剪力值应在支座内边缘处，根据力学公式可得（梁的计算跨长 $l = l_0 + 240 \text{mm} = （3500 + 240）\text{mm} = 3740 \text{mm} \ 3.74 \text{m}$）：

$$p = \frac{2V_u}{l} = \frac{2 \times 187.3}{3.74} \text{kN/m} = 100.2 \text{kN/m}$$

该梁支座边缘处可以承受的均布荷载设计值为 100.2 kN/m。

第四节　斜截面受弯承载力分析及其构造措施

如果纵筋沿梁通长布置，既不弯起也不切断，根据第三章知识可知，纵筋根据受弯构件跨中最大弯矩设计值配置，则必然会满足任何截面上的弯矩要求，斜截面受弯承载力都会满足要求。但对于一般受弯构件而言，支座附近弯矩相对较小，而剪力较大，如将跨中纵筋在适当的地方弯起同箍筋共同抵抗支座附近的剪力，则钢筋将得到充分利用。因此，在实际工程中有时需要弯起或切断纵筋。从前面对无腹筋梁斜裂缝出现前后的应力分析可知，在斜裂缝出现前（图 4-4），BB' 正截面纵向钢筋的拉力 T 由该截面的弯矩 M_B 决定，斜裂缝出现后，斜截面 $B'A'$ 纵向钢筋的拉力由 AA' 截面的弯矩 M_A 所决定，而 $M_A > M_B$；如果纵向钢筋从跨中至 BB' 截面前弯起协助箍筋抗剪，则剩余的纵筋可能不够抵抗 M_B，BB' 正截面受弯承载力可能会成为问题。即使剩余的纵筋能够抵抗 M_B，BB' 正截面受弯承载力满足要求，但由于斜截面 $B'A'$ 上的弯矩值为 M_A，而 $M_A > M_B$，斜截面受弯承载力仍可能成为问题。如何在纵向钢筋弯起或切断时，既保证各正截面承载力满足要求，又保证斜截面受弯承载力满足要求，可通过绘制"抵抗弯矩图"来解决该问题。

一、抵抗弯矩图

抵抗弯矩图（M_u 图）也称为材料图，是根据受弯构件内各截面受力主筋的实际配置情况所绘制的正截面抵抗弯矩图形。它表示受弯构件各个正截面实际能够抵抗的弯矩设计值，即受弯承载力设计值 M_u，M_u 也称为抵抗弯矩。弯矩图表示的是受弯构件在外力作用下各正截面上产生弯矩设计值的大小。

（一）抵抗弯矩图的绘制

下面以图 4-12 所示的伸臂梁为例，介绍抵抗弯矩图的绘制步骤。

1）计算梁跨中及支座 B 处正截面的抵抗弯矩 $M_{u,max}$。对于简支段，纵向受拉钢筋配置在梁下部，按跨中最大弯矩 M_{max}（效应）计算求得受拉钢筋截面面积（截面设计），根据实际选用的受拉钢筋截面积可以逆推得到跨中正截面的抵抗弯矩 $M_{u,max}$（抗力）（截面复核），要求 $M_{u,max} \geq M_{max}$。B 支座处，纵向受拉钢筋则配置在梁上部，根据支座最大负弯矩确定其所需用量，支座截面的抵抗弯矩 $M_{Bu,max}$ 也可同理求得。

在简支梁段（AB 段），如果全部纵向钢筋一直伸入梁两端支座，则由于沿梁长各截面配筋数量相同，其各正截面抵抗弯矩值也就相等，亦即表示各正截面抵抗弯矩图纵坐标沿梁长处处等于 $M_{u,max}$。梁的抵抗弯矩图即为水平线 cc' 与弯矩图基线 oo' 形成 $occ'o'$ 的矩形图形。其实如果全部纵向受拉钢筋一直伸入梁两端支座，既不切断也不弯起，各个正截面和斜截面受弯承载力都将满足要求，则不用绘制抵抗弯矩图，这种情况下的抵抗弯矩图只是为了便于大家理解才提出的。

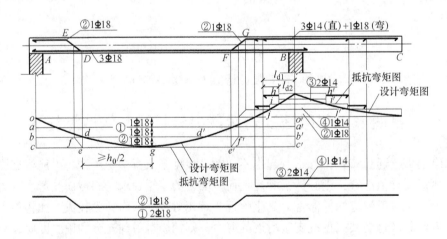

图 4-12 抵抗弯矩图的绘制及保证斜截面受弯承载力的构造措施

2）按钢筋截面积比将纵坐标 $M_{u,max}$ 划分成每根钢筋所能承担的弯矩，并作水平线。如图 4-12 所示，纵坐标 oa（$o'a'$）、ob（$o'b'$）、oc（$o'c'$）就将分别表示简支段正截面配有一根、两根、三根主筋时，截面所能承担的弯矩值，其中 ob（$o'b'$）为①号钢筋所能承担的弯矩值，bc（$b'c'$）为②号钢筋所能承担的弯矩值（此处应注意画抵抗弯矩图时从跨中弯起的钢筋若只有一排应放在最下面，如果有多排钢筋弯起，从跨中最先弯起的钢筋放在最下面，然后依次排列）。

3）钢筋理论不需要截面（理论切断截面）与钢筋充分利用截面。过 bb' 所作水平线与弯矩图各有左、右两个交点 d 和 d' 点。在 d 点以左及 d' 点以右的正截面中的弯矩设计值已小于 d 和 d' 处所对应正截面的弯矩设计值，故已不再需要②号钢筋来承担弯矩，因此，d 和 d' 点处所对应正截面即为按理论计算不需要②号钢筋的截面。若反过来由支座向跨中方向观察，则可看出，①号钢筋只有到达 d 和 d' 点后，才被充分利用，故 d 和 d' 点处的正截面也就是①号钢筋强度充分利用的截面。d 点和 d' 点称为②号钢筋的理论断点，同时又叫做①号钢筋的充分利用点。同理，g 点是②号钢筋的充分利用点。

4）钢筋弯起时抵抗弯矩图的绘制。将②号钢筋在某个部位，比如分别在 e 和 e' 处弯起。在上弯过程中，随着离弯起点 e 和 e' 水平距离的逐渐增大，②号钢筋在正截面中的内力臂不断减小，梁在弯起后所能承担的弯矩也随之不断降低，直至②号钢筋弯起段穿过梁中心线后，即可认为包括交点在内的后一弯起段中的内力臂已减小至零，而不能再承担正截面中的弯矩。从②号钢筋与轴线交点引垂线，使之与②号钢筋理论切断点 d 和 d' 所对应的水平线 bb' 交于 f 和 f' 点。因此，从弯起点 e 和 e' 至弯起钢筋与梁中心线的交点对应点 f 和 f' 之间所连接的直线段 ef 和 $e'f'$，就表示了弯起钢筋弯起段所能承担正截面中弯矩的变化全过程。只要弯起钢筋弯起段与梁中心线的交点所对应的 f 和 f' 点落在按计算不需要②号钢筋的 d 和 d' 处的正截面之外，则梁各个正截面的受弯承载力就可得到保证，于是折线图形 $obfee'f'b'o$ 即为②号钢筋在 e 和 e' 截面处弯起后的伸臂梁简支段的抵抗弯矩图。

5）钢筋切断时抵抗弯矩图的绘制。梁内纵向受拉钢筋一般不宜在受拉区截断，因为在部分钢筋截断处，特别是当一次截断的钢筋根数较多时，有可能出现过宽的裂缝，但在伸臂梁或连续梁支座附近的负弯矩区段内，往往由于配置在上部受拉区的纵向受拉钢筋较多，不可能全部向下弯折作为弯起钢筋使用，也不适于将未弯折的大部分钢筋在梁上部全部拉通作为构造的架立钢筋使用，故必然有一部分纵向受拉钢筋需在受拉区截断。对于本例的负弯矩区段，如首先切断③号钢筋，在按计算不需要③号钢筋的 i 和 i' 处的正截面处截断，则在 i 和 i' 处的正截面以外已无③号钢筋，故抵抗弯矩图发生突变，图形 $ihh'i'$ 即为在 i 和 i' 处的正截面处截断③号钢筋后的抵抗弯矩图，截断其他钢筋时的抵抗弯矩图可依此类推。

（二）抵抗弯矩图的作用

1）为了保证受弯构件各个正截面都有足够的受弯承载力，就必须使梁按实际布置的钢筋（含截断及弯起钢筋）所确定出的抵抗弯矩图将弯矩图包络在内，即要求梁按实际布置的钢筋所确定的抵抗弯矩值大于或等于同一截面中的弯矩设计值，即 $M_{u,max} \geqslant M_{max}$。

2）抵抗弯矩图越接近弯矩图，就说明纵向钢筋的利用越充分。但也不提倡为了钢筋利用充分而使得构造过于复杂不便于施工。

3）根据抵抗弯矩图进一步确定弯起钢筋弯起点和钢筋切断点位置，保证斜截面受弯承载力。

二、保证斜截面受弯承载力的构造措施

《规范》规定：只要在可能产生斜截面受弯破坏的部位采取必要的构造措施，就能保证一般钢筋混凝土梁的斜截面具有足够的受弯承载力，可不进行构件斜截面受弯承载力计算。

1. 弯起钢筋弯起位置的构造要求

《规范》规定：为了保证斜截面受弯承载力，弯起点与按计算充分利用该钢筋的截面之间的距离，不应小于 $h_0/2$（图 4-12 中 eg 段）；同时，在梁的受拉区，弯起钢筋的弯起点可在按正截面受弯承载力计算不需要该钢筋的截面之前弯起，但弯起钢筋与梁中心线的交点，应在不需要该钢筋的截面之外。这实际是保证钢筋弯起后正截面承载力满足要求。在设计中如果要利用弯起钢筋抗剪，为保证斜截面受剪承载力，则从支座边缘到第一排（相对支座而言）弯起钢筋弯终点的距离，以及前一排弯起钢筋的弯起点到后一排弯起钢筋弯终点的水平距离均不得大于箍筋的最大间距 s_{max}，以防止出现不与弯起钢筋相交的斜裂缝。

2. 纵向受拉钢筋在梁受拉区截断的构造要求

任何一根纵向受力钢筋在结构中要发挥其承载力作用，都应从"充分利用截面"处外伸一定的长度 l_{d1}，依靠这段长度与混凝土的粘结锚固作用保证钢筋强度被充分利用。同时，从"理论不需要截面"处也需外伸一定长度 l_{d2}，作为受力钢筋应有的构造措施（图 4-12）。

钢筋混凝土连续梁、框架梁支座截面承受负弯矩的纵向钢筋不宜在受拉区截断，如必须截断时，其延伸长度 l_d 取表 4-1 中 l_{d1} 和 l_{d2} 中的较大值。

表 4-1 负弯矩钢筋的延伸长度 l_d

截面条件	充分利用截面伸出 l_{d1}	理论不需要截面伸出 l_{d2}
$V \leqslant 0.7f_t bh_0$	$\geqslant 1.2l_a$	$\geqslant 20d$
$V > 0.7f_t bh_0$	$\geqslant 1.2l_a + h_0$	$\geqslant 20d$ 且 $\geqslant h_0$
$V > 0.7f_t bh_0$ 截断点仍位于负弯矩受拉区内	$\geqslant 1.2l_a + 1.7h_0$	$\geqslant 20d$ 且 $\geqslant 1.3h_0$

注：表中 l_a 为钢筋的最小锚固长度，由式（1-20）计算；d 为被截断纵筋的直径。

3. 钢筋混凝土梁纵向钢筋伸入支座的锚固长度

若在简支支座边缘附近出现斜裂缝，则斜裂缝末端垂直截面上的弯矩比支座边缘附近垂直截面上的弯矩大得多，因而与此斜裂缝相交的下部纵向受拉钢筋中的拉应力往往较大，若这些钢筋伸入支座的锚固长度不够，则可能因其在裂缝处被拔出而造成斜截面破坏。为了保证下部纵向受拉钢筋的可靠锚固，《规范》规定，钢筋混凝土简支梁的下部纵向受拉钢筋伸入梁支座范围内从支座边缘算起的锚固长度 l_{as} 应符合下列条件（图 4-13）：

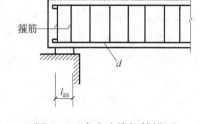

图 4-13 支座边缘钢筋锚固
长度取值示意图

当 $V \leqslant 0.7f_t bh_0$ 时：$l_{as} \geqslant 5d$。当 $V > 0.7f_t bh_0$ 时：带肋钢筋 $l_{as} \geqslant 12d$；光面钢筋 $l_{as} \geqslant 15d$。

若纵向受拉钢筋伸入梁支座范围内的锚固长度不符合上述规定，应采取在钢筋上加焊锚固钢板或将纵筋端部焊接在梁端的预埋件上等有效锚固措施。锚固的其他规定详见《规范》。

第五节 构 造 要 求

一、箍筋的构造要求

（1）箍筋的肢数和形式 箍筋一般采用 HPB300 级钢筋，当剪力较大时，也可采用 HRB335 级、HRBF335 级钢筋。箍筋的一般形式是封闭式，其末端做成 135° 弯钩且弯钩直

线段长度不应小于 $5d$，d 为箍筋直径。箍筋的肢数取决于梁宽及一层纵向钢筋的根数：当梁宽 $b \leqslant 400\text{mm}$ 且一层内的纵向受压钢筋不多于 4 根或一层内的纵向受拉钢筋不多于 5 根时，常用双肢箍筋（图 4-14a、b）；当梁宽 $b > 400\text{mm}$ 且一层内的纵向受压钢筋多于 3 根时，或梁宽 $b \leqslant 400\text{mm}$ 但一层内的纵向受拉钢筋多于 5 根时，应采用四肢箍筋（图 4-14c），四肢箍筋是由两个双肢箍筋套叠组成的。

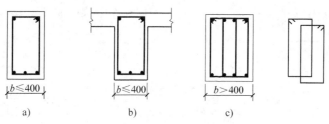

图 4-14　封闭式箍筋形式

（2）箍筋的直径　梁中箍筋最小直径，当截面高度 $h > 800\text{mm}$ 时，不宜小于 8mm；当 $h \leqslant 800\text{mm}$ 时，不应小于 6mm。

当梁中配有计算需要的受压钢筋时，箍筋的直径还不应小于 $d/4$（d 为受压钢筋的最大直径），且箍筋的弯钩直线段长度不应小于 5 倍的箍筋直径。

（3）箍筋的间距　梁内箍筋间距不宜过密，否则不便于施工，一般箍筋间距不小于 100mm。箍筋间距也不应过大，其最大间距应符合表 4-2 的规定。当梁内配置有按计算需要的纵向受压钢筋时，在绑扎骨架中，箍筋间距不应大于 $15d$（d 为受压钢筋的最小直径），同时不应大于 400mm；当一层内的纵向受压钢筋多于 5 根且直径大于 18mm 时，箍筋间距不应大于 $10d$。在绑扎骨架中的纵向受力钢筋的非焊接搭接接头长度范围内，应配置直径不小于搭接钢筋较大直径的 $1/4$ 的箍筋，当搭接钢筋为受拉时，其箍筋间距不应大于 $5d$ 且不应大于 100mm；当搭接钢筋为受压时，其箍筋间距不应大于 $10d$ 且不应大于 200mm（d 为搭接钢筋的较小直径）。当受压钢筋直径 $d > 25\text{mm}$ 时，尚应在搭接接头两个端面外 100mm 范围内各增设两个箍筋。

表 4-2　梁中箍筋的最大间距 $s_{\max}$　　　　　　（单位：mm）

梁高 h	$V > 0.7 f_t b h_0$	$V \leqslant 0.7 f_t b h_0$
$150 < h \leqslant 300$	150	200
$300 < h \leqslant 500$	200	300
$500 < h \leqslant 800$	250	350
$800 > h$	300	400

二、弯起钢筋的构造要求

（1）弯起钢筋的直径和根数　弯起钢筋一般是由纵向受力钢筋弯起而成，故其直径与纵向受力钢筋相同。为了保证有足够的纵向钢筋伸入支座，梁跨中纵向钢筋最多弯起 $2/3$，至少应有 $1/3$ 且不少于两根沿梁底伸入支座，梁底层钢筋中的角部纵筋不得弯起，梁顶层钢筋中的角部钢筋不应弯下。

（2）弯起钢筋的位置　弯起钢筋的位置（排数）和根数是按斜截面受剪承载力计算确

定的，弯起钢筋的位置还应符合保证斜截面受弯承载力的构造要求和斜截面受剪承载力要求的最大间距。

（3）弯起钢筋的锚固 弯起钢筋（纵筋或鸭筋）的弯终点外应留有平行于梁轴线的锚固长度，以保证弯起钢筋起到受力作用，具体锚固长度如图 4-15 所示。《规范》规定：当弯起钢筋在梁的受压区锚固时，其锚固长度不应小于 $10d$；当在梁的受拉区锚固时，其锚固长度不应小于 $20d$（d 为弯起钢筋的直径）。对光面钢筋在末端尚应设置弯钩（图 4-15）。

图 4-15 弯起钢筋构造

弯起钢筋不得采用浮筋（图 4-16a）；当支座处剪力很大而又不能利用纵筋弯起抗剪时，可设置仅用于抗剪的鸭筋（图 4-16b），其端部锚固与弯起钢筋相同。

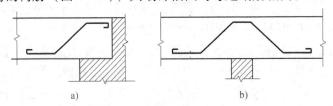

图 4-16 浮筋与鸭筋示意图
a）浮筋 b）鸭筋

思 考 题

4-1 钢筋混凝土受弯构件在荷载作用下为什么会产生斜裂缝？无腹筋梁中，斜裂缝出现前后，梁中应力状态有哪些变化？

4-2 钢筋混凝土梁在荷载作用下，一般在跨中产生垂直裂缝，在支座处产生斜裂缝，为什么？

4-3 在什么情况下按构造配置箍筋？此时如何确定箍筋的直径和间距？

4-4 受弯构件斜截面剪切破坏形态有哪几种？分别在什么情况下产生？其各自的破坏特点是什么？

4-5 影响有腹筋梁斜截面受剪承载力的主要因素有哪些？

4-6 梁在什么情况下进行斜截面受剪承载力计算时需考虑剪跨比 λ 的影响？

4-7 斜截面受剪承载力计算为什么要规定上、下限？为什么要对梁的截面尺寸加以限制？为什么要规定最小配箍率？

4-8 哪些截面需要进行斜截面受剪承载力计算？剪力设计值如何选取？

4-9 限制箍筋及弯起钢筋的最大间距 s_{max} 的目的是什么？当箍筋间距满足 s_{max} 时，是否一定满足最小配箍率的要求？

4-10 箍筋在受弯构件中除了承受剪力外，还起哪些作用？箍筋主要的构造要求有哪些？

4-11 确定弯起钢筋的根数和间距时，应考虑哪些因素？为什么位于梁最底层两侧角部的钢筋不能弯起？

4-12 什么是抵抗弯矩图？如何绘制？它与设计弯矩图有什么关系？

4-13　抵抗弯矩图中钢筋的"理论切断截面"和"充分利用截面"的意义各是什么？

4-14　什么情况下有可能发生斜截面受弯破坏？保证斜截面受弯承载力的构造措施有哪些？

习　　题

4-1　钢筋混凝土简支梁，截面尺寸为 $b \times h = 200\text{mm} \times 500\text{mm}$，$a_s = 35\text{mm}$，混凝土强度等级为 C30，HPB300 级箍筋。承受均布荷载，剪力设计值 $V = 140\text{kN}$，试求所需受剪箍筋。

4-2　图 4-17 所示钢筋混凝土简支梁，集中荷载设计值 $P = 120\text{kN}$，$g + q = 10\text{kN/m}$（含梁自重），混凝土强度等级为 C20，箍筋采用 HPB300 级钢筋。试计算该梁箍筋直径、间距并绘制配筋图。

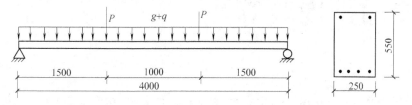

图 4-17　习题 4-2 受力及尺寸图

4-3　如图 4-18 所示，钢筋混凝土矩形截面简支梁 $b \times h = 250\text{mm} \times 600\text{mm}$，荷载设计值 $P = 170\text{kN}$（含梁自重）。采用混凝土强度等级为 C25，纵筋用 HRB335 级钢筋，箍筋用 HPB300 级钢筋。试设计该梁，要求：①确定纵向受力钢筋直径与根数；②配置腹筋。

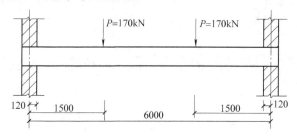

图 4-18　习题 4-3 受力及尺寸图

4-4　如图 4-19 所示，钢筋混凝土简支梁，承受均布荷载设计值 $(g + q)$，混凝土强度等级为 C20，纵筋用 HRB335 级钢筋，箍筋采用 HPB300 级钢筋，试求：

1）当采用箍筋Φ8@200mm 时梁的允许荷载设计值 $(g + q)$。

2）当采用箍筋Φ10@250mm 时梁的允许荷载设计值 $(g + q)$。

3）若按正截面抗弯强度计算时梁的允许荷载设计值 $(g + q)$。

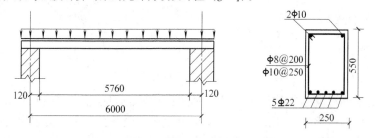

图 4-19　习题 4-4 构件尺寸及配筋图

第五章

钢筋混凝土受弯构件的裂缝
宽度和挠度验算

结构构件除应满足承载力极限状态要求以保证其安全性外，还应满足正常使用极限状态的要求，以保证其适用性和耐久性。正常使用极限状态的验算主要包括裂缝验算和变形验算。

由于结构构件不满足正常使用极限状态比不满足承载力极限状态对生命财产的危害性小，因此，正常使用极限状态的目标可靠指标可以小些。《规范》规定：混凝土结构构件应根据其使用功能及外观要求，在正常使用极限状态下，对需要控制变形的构件进行变形验算；对允许出现裂缝的构件进行受力裂缝宽度验算。

第一节　钢筋混凝土受弯构件的裂缝宽度验算

一、概述

裂缝产生主要有两个因素，一是荷载因素，二是非荷载因素，如材料收缩、温度变化、湿度变化、混凝土碳化以及地基的不均匀沉降等。很多裂缝往往是几种因素共同作用的结果。调查表明，工程实际中结构物产生的裂缝属于非荷载因素引起的约占 80%，属于荷载因素引起的约占 20%。裂缝按成因分类如图 5-1 所示。

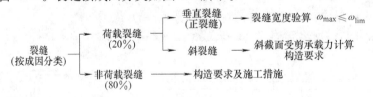

图 5-1　裂缝的类型

裂缝问题是钢筋混凝土结构所特有的一个颇为重要的问题。裂缝开展得过宽，会引起钢筋严重锈蚀，降低结构强度，缩短结构使用年限。在承受水压力的给水排水结构中，裂缝还会降低结构的抗渗性和抗冻性，甚至造成漏水，从而影响结构的正常使用。此外，过宽的裂缝还会影响建筑外观并引起使用者心理上的不安全感。因此，对裂缝必须加以控制，尤其在钢筋混凝土给水排水构筑物中，更应特别注意裂缝问题。

试验结果表明，只要按《规范》规定的方法作了斜截面受剪承载力计算，并相应配置了符合计算及构造规定的腹筋，构件在荷载短期作用下，斜裂缝宽度一般都不会超过 0.2mm，即使再考虑一部分荷载长期作用的影响，斜裂缝宽度也不会太大，所以《规范》没有对斜裂缝宽度的计算和要求作专门的规定。非荷载引起的裂缝十分复杂，目前主要是通过采取合适的施工和构造措施来避免裂缝出现或过度地开展。目前国内对钢筋混凝土构件由荷载引起的垂直裂缝形成的规律、影响因素和计算方法都作了广泛研究。《规范》给出的裂缝宽度验算方法只针对混凝土结构受力产生的垂直裂缝进行裂缝宽度验算。

《规范》将混凝土构件的裂缝控制等级分为三级（见第二章）。允许出现裂缝的钢筋混凝土构件，必须满足下式要求，即

$$\omega_{max} \leqslant \omega_{lim} \tag{5-1}$$

式中　ω_{max}——按荷载效应准永久组合并考虑长期作用影响计算的最大裂缝宽度；

ω_{lim}——最大裂缝宽度限值，见附录 A 中表 A-4（1）和表 A-4（2）。

因此，裂缝宽度验算的主要任务是计算确定受弯构件的 ω_{max} 值。ω_{max} 求得后，按式（5-1）判断是否超出限值。在《规范》中，对钢筋混凝土受弯、受拉、偏心受压以及允许开裂的预应力混凝土轴心受拉和受弯构件的裂缝宽度采用了统一的计算公式，只是有关系数对不同构件取不同值而已。对给水排水工程结构，在裂缝控制的机理与原则上与建筑工程相同，但根据多年的工程经验及给水排水工程结构裂缝控制的特点，CECS138：2002《给水排水工程钢筋混凝土水池结构设计规程》对水池结构的裂缝宽度计算作了相应的规定，具体计算方法见附录 F。

二、裂缝的形成与开展

为了探讨钢筋混凝土受弯构件裂缝的形成和开展规律，目前已做过不少试验，其中多数结果是从简支梁纯弯区段中得出的。

试验表明：在裂缝出现之前，受拉区混凝土和钢筋共同承担拉力，此时，在纯弯区段内，各截面受拉区混凝土边缘的拉应力大致相同（设为 σ_{tk}），σ_{tk} 小于混凝土的抗拉强度标准值 f_{tk}。

随着荷载的增加，当混凝土受拉边缘的拉应力 $\sigma_{tk} = f_{tk}$ 时，由于混凝土的不均匀性，在受拉区混凝土最薄弱处将出现第一条（批）裂缝（图 5-2b）。此时各截面原均匀分布的应力状态立即发生变化。裂缝截面上的混凝土退出了工作，而钢筋所承担的拉应力则因混凝土脱离工作将其所承担的拉应力转嫁给钢筋而突然由 σ_{sk1} 增大到 σ_{sk2}，应力分布发生了图 5-2b 所示的变化。离开裂缝截面，由于混凝土与钢筋共同工作，通过它们之间的粘结应力 τ_b，突增的钢筋应力又逐渐传给混凝土，使混凝土的应力逐渐增大到 f_{tk}，而钢筋的应力逐渐降低到 σ_{sk1}。

当进行少许加载后，在离开裂缝截面一定距离的部位，由于弯矩引起的拉应力超过该处混凝土抗拉强度，可能会出现第二条（批）裂缝。

第二条（批）裂缝出现后，钢筋和混凝土的应力变化以及粘结应力的分布如图 5-2c 所示。随着荷载的继续增加，新的裂缝将陆续出现，直到裂缝的间距小到相邻两条裂缝之间的受拉区混凝土拉应力不可能再达到其抗拉强度，才不会再产生新的裂缝。当然，实际上构件难免还会出现一些新的微小裂缝，不过一般不会再形成主裂缝，故可以认为此时裂缝的数量和间距已基本趋于稳定。

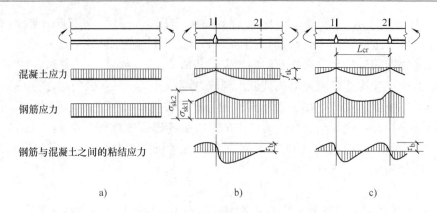

图 5-2　裂缝的形成过程

a) 裂缝出现前　b) 第一条裂缝出现时　c) 第二条裂缝出现后

三、裂缝宽度的计算公式

（一）平均裂缝宽度 ω_m

同一条裂缝在构件表面上的宽度不同，沿着裂缝的深度，其宽度也不同。通常所验算的裂缝宽度是指裂缝在受弯构件的截面内所有纵向受拉钢筋合力作用位置水平处的宽度。平均裂缝宽度 ω_m 是指各条裂缝按上述定义确定的裂缝宽度的平均值。

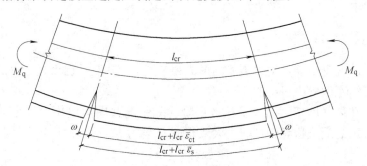

图 5-3　平均裂缝间距内钢筋与混凝土的伸长

由于混凝土材料的不均匀性，在纯弯区段内最终出现的各条主裂缝之间的距离并不完全相同。但为了简化计算起见，可按平均裂缝间距 l_{cr} 来分析，如图 5-3 所示。在裂缝之间的各个截面，由于混凝土的应力（应变）不同，相应的钢筋应力（应变）也相应变化，在裂缝截面处钢筋应变 ε_s 最大，而两相邻裂缝中间截面处钢筋的应变最小。

根据裂缝开展的粘结-滑移理论，认为裂缝宽度是由钢筋和混凝土之间的粘结破坏，出现相对位移而引起的，裂缝处钢筋伸长而混凝土回缩。故裂缝宽度 ω 应等于在裂缝之间沿钢筋合力作用点处水平位置钢筋和混凝土的总变形（拉伸、收缩）之差，即

$$\omega = \int_0^{l_{cr}} (\varepsilon_s - \varepsilon_{ct}) \, d\varepsilon \tag{5-2}$$

式中　ε_s——相邻两裂缝间距内受拉钢筋的实际拉应变；

ε_{ct}——相邻两裂缝间距内与受拉钢筋同一纤维层处混凝土的实际拉应变。

由于裂缝间距内各截面钢筋及混凝土的拉应变不同，为简化计算，取相邻两裂缝间距内

钢筋和混凝土的平均拉应变分别为 $\bar{\varepsilon}_s$、$\bar{\varepsilon}_{ct}$，则 $\Delta_s = \bar{\varepsilon}_s l_{cr}$，$\Delta_{ct} = \bar{\varepsilon}_{ct} l_{cr}$，则平均裂缝宽度 ω_m 由下式确定

$$\omega_m = \Delta_s - \Delta_{ct} = \bar{\varepsilon}_s l_{cr} - \bar{\varepsilon}_{ct} l_{cr} = \bar{\varepsilon}_s l_{cr}\left(1 - \frac{\bar{\varepsilon}_{ct}}{\bar{\varepsilon}_s}\right) \tag{5-3}$$

式中　Δ_s——相邻两裂缝间距内受拉钢筋的伸长量；

　　　Δ_{ct}——相邻两裂缝间距内与受拉钢筋同一纤维层处混凝土的伸长量；

　　　l_{cr}——平均裂缝间距；

　　　$\bar{\varepsilon}_s$——在 l_{cr} 范围内，按荷载效应准永久组合计算的裂缝间距内受拉钢筋平均应变；

　　　$\bar{\varepsilon}_{ct}$——在 l_{cr} 范围内，按荷载效应准永久组合计算的裂缝间距内受拉钢筋合力作用点处水平纤维层的受拉混凝土平均应变。

裂缝间受拉混凝土平均应变 $\bar{\varepsilon}_{ct}$ 与钢筋平均应变 $\bar{\varepsilon}_s$ 比较起来是一个很小的值，根据试验资料分析，可对受弯构件、偏心受压构件取 $\dfrac{\bar{\varepsilon}_{ct}}{\bar{\varepsilon}_s} = 0.23$。设裂缝截面处的钢筋应变为 ε_s，则 $\varepsilon_s = \sigma_{sq}/E_s$，$\sigma_{sq}$ 为按荷载效应的准永久组合计算裂缝截面处的钢筋应力，E_s 为钢筋弹性模量。令

$$\bar{\varepsilon}_s = \psi \varepsilon_s = \psi \frac{\sigma_{sq}}{E_s} \tag{5-4}$$

式中　ψ——裂缝间钢筋应变不均匀系数，即 $\psi = \bar{\varepsilon}_s/\varepsilon_s$。

将 $\dfrac{\bar{\varepsilon}_{ct}}{\bar{\varepsilon}_s} = 0.23$ 及式（5-4）代入式（5-3），可得

$$\omega_m = 0.77\psi \frac{\sigma_{sq}}{E_s} l_{cr} \tag{5-5}$$

式（5-5）为荷载效应的准永久组合下平均裂缝宽度的计算模型，此式不但适用于受弯构件，同时也适用于偏心受压构件。下面分别讨论式（5-5）中 σ_{sq}、l_{cr} 及 ψ 的计算方法。

（二）平均裂缝间距 l_{cr}

分析表明，平均裂缝间距主要取决于纵向受拉钢筋的有效配筋率 ρ_{te}、钢筋直径 d 及钢筋表面特征，同时还与混凝土保护层厚度有关。

根据试验结果，平均裂缝间距可按以下半经验半理论公式计算：

$$l_{cr} = \beta\left(1.9c_s + 0.08\frac{d_{eq}}{\rho_{te}}\right) \tag{5-6}$$

$$d_{eq} = \frac{\sum n_i d_i^2}{\sum n_i \nu_i d_i} \tag{5-7}$$

式中　c_s——最外层纵向受拉钢筋外边缘至受拉区混凝土底边的距离。当 $c_s < 20mm$ 时，取 $c_s = 20mm$；当 $c_s > 65mm$ 时，$c_s = 65mm$；

　　　d_{eq}——纵向受拉钢筋等效直径；

　　　n_i、d_i——受拉区第 i 种纵向钢筋根数及公称直径（mm）；

　　　ν_i——受拉区第 i 种纵向钢筋的相对粘结特性系数，光面钢筋 $\nu = 0.7$，带肋钢筋 $\nu = 1.0$；

　　　ρ_{te}——受拉钢筋的有效配筋率，指按有效受拉混凝土截面面积计算的纵向受拉钢筋配

筋率，即 $\rho_{te} = A_s / A_{te}$，其中有效受拉混凝土截面面积 A_{te} 应根据图5-4所示各种截面的阴影线部分计算，即统一取有效受拉区高度为 $0.5h$，按下式计算：

$$A_{te} = 0.5bh + (b_f - b)h_f \tag{5-8}$$

如 $\rho_{te} < 0.01$，应取 $\rho_{te} = 0.01$；

A_s——受拉区纵向钢筋截面面积；

β——裂缝间距调整系数，与构件受力类型有关，对受弯构件，取 $\beta = 1.0$。

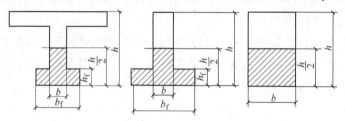

图5-4 有效受拉混凝土截面面积 A_{te}

（二）裂缝截面钢筋应力 σ_{sq}

在按荷载效应准永久组合作用计算的弯矩值作用下，裂缝截面的钢筋应力 σ_{sq} 根据正常使用阶段（第三章受弯构件正截面受力过程的第Ⅱ阶段）的应力状态（图5-5），按下列近似公式计算：

$$\sigma_{sq} = \frac{M_q}{0.87A_s h_0} \tag{5-9}$$

式中 M_q——按荷载效应的准永久组合计算的弯矩值；

　　$0.87h_0$——内力臂长的近似值。

（四）钢筋应变不均匀系数 ψ

钢筋应变不均匀系数为裂缝之间钢筋平均应变与裂缝截面处钢筋应变之比（$\psi = \overline{\varepsilon_s} / \varepsilon_s$），必有 $\psi \leqslant 1$。ψ 越小，裂缝之间混凝土协助钢筋抗拉的作用越强；$\psi = 1$，$\overline{\varepsilon_s} = \varepsilon_s$，即裂缝之间的钢筋应力等于裂缝截面的钢筋应力，钢筋与混凝土之间的粘结力完全丧失，混凝土不再协助钢筋抗拉。因此，ψ 反映了裂缝之间混凝土协助钢筋抗拉的程度。《规范》规定，可按下式计算 ψ：

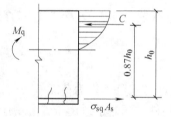

图5-5 受弯构件正截面受力过程的第Ⅱ阶段应力状态图

$$\psi = 1.1 - \frac{0.65f_{tk}}{\rho_{te}\sigma_{sq}} \tag{5-10}$$

式中 f_{tk}——混凝土轴心抗拉强度标准值。

试验研究表明，ψ 应在 $0.2 \sim 1.0$ 范围内取值，《规范》规定当 $\psi < 0.2$ 时，取 $\psi = 0.2$；当 $\psi > 1.0$ 时，取 $\psi = 1.0$。对直接承受重复荷载作用的构件，直接取 $\psi = 1.0$。

（五）最大裂缝宽度 ω_{max}

求得平均裂缝宽度后，构件的最大裂缝宽度还应考虑以下使裂缝进一步加宽的因素：

1）由于裂缝发生和发展的随机性，实际裂缝宽度是不均匀的。构件在荷载效应的准永久组合下的最大裂缝宽度应以平均裂缝宽度乘以大于1.0的短期裂缝宽度扩大系数 τ_s。

2）由于荷载长期作用的影响，裂缝宽度会随时间增长而有所加大，因此最大裂缝宽度还应再乘以考虑荷载长期作用影响的扩大系数 τ_1。

综上所述，将式（5-5）乘以 τ_s 和 τ_1，并将式（5-6）的 l_{cr} 代入，可得出按荷载效应的准永久组合并考虑荷载长期效应组合影响钢筋混凝土受弯构件的最大裂缝宽度计算公式：

$$\omega_{\max} = 0.77\tau_s\tau_1\psi\frac{\sigma_{sq}}{E_s}\left(1.9c_s + 0.08\frac{d_{eq}}{\rho_{te}}\right) \tag{5-11}$$

根据试验结果的统计分析及以往的经验，可取 $\tau_s = 1.66$，$\tau_1 = 1.5$。因此，受弯构件的最大裂缝宽度计算公式的最终形式为

$$\omega_{\max} = 1.9\psi\frac{\sigma_{sq}}{E_s}\left(1.9c_s + 0.08\frac{d_{eq}}{\rho_{te}}\right) \tag{5-12}$$

钢筋混凝土受弯构件裂缝宽度验算步骤如图 5-6 所示。

按以上方法计算确定的 $\omega_{\max}$ 应满足式（5-1）的要求。若不能满足，宜尽量保持钢筋总截面面积不变，减小钢筋直径，增加钢筋根数，或选择使用带肋钢筋，采取上述措施若仍不能使裂缝宽度满足要求，也可增加钢筋截面面积 A_s，加大有效配筋率 ρ_{te}，从而减小钢筋应力 σ_{sq} 和裂缝间距 l_{cr}，达到式（5-1）的要求。

四、不需作裂缝宽度验算的最大钢筋直径

从上述裂缝宽度验算方法可以看出，其计算过程甚为繁琐，因此，寻求满足裂缝宽度限制的简化设计方法是必要的。从式（5-12）可以看出，影响裂缝宽度的主要因素是钢筋应力 σ_{sq}、钢筋直径 d、受拉区有效配筋率 ρ_{te} 和混凝土保护层厚度 c_s，由于 c_s 值变化不大，故可认为起主要作用的是前三项。将式（5-10）代入式（5-12）及式（5-1）并取等号，就可得到满足 $\omega_{\lim}$ 的 σ_{sq}-d_{eq}-ρ_{te} 相关关系式：

当 $0.2 < \psi < 1.0$ 时

$$\sigma_{sq} = \frac{E_s\omega_{\lim}}{1.1\times1.9\times\left(1.9c_s + 0.08\dfrac{d_{eq}}{\rho_{te}}\right)} + 0.591\frac{f_{tk}}{\rho_{te}} \tag{5-13a}$$

当 $\psi \geqslant 1.0$ 时，取 $\psi = 1.0$

$$\sigma_{sq} = \frac{E_s\omega_{\lim}}{1.9\times\left(1.9c_s + 0.08\dfrac{d_{eq}}{\rho_{te}}\right)} \tag{5-13b}$$

当 $\psi \leqslant 0.2$ 时，取 $\psi = 0.2$

$$\sigma_{sq} = \frac{E_s\omega_{\lim}}{0.76\times\left(1.9c_s + 0.08\dfrac{d_{eq}}{\rho_{te}}\right)} \tag{5-13c}$$

以上各式中当 $\rho_{te} < 0.01$ 时，取 $\rho_{te} = 0.01$。

在构件设计时，当按承载力极限状态计算确定了 A_s 之后，即可确定 ρ_{te}，并按式（5-9）确定 σ_{sq}。将 $\omega_{\lim}$、σ_{sq} 和 ρ_{te} 代入上列公式，可求出钢筋直径 d_{eq}，即为不需验算裂缝宽度的最大钢筋直径。

附录 C 中图 C-1 就是根据上列公式编制，并作偏于安全的简化处理的 $\sigma_{sq} - d_{eq} - \rho_{te}$ 相关关系图。对于常遇情况，可直接利用此图确定不需再进行裂缝宽度验算的最大钢筋直径。

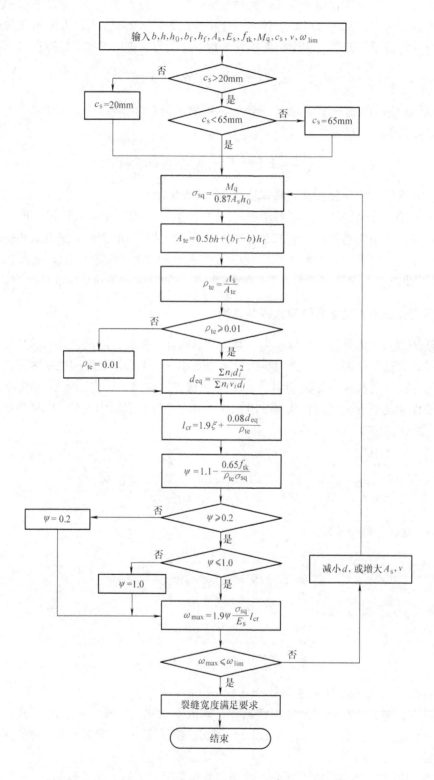

图 5-6 受弯构件裂缝宽度验算框图

【例5-1】　某简支梁计算跨度 $l = 7.0 \text{m}$，矩形截面尺寸为 $250 \text{mm} \times 700 \text{mm}$。混凝土强度等级为 C25（$E_c = 2.8 \times 10^4 \text{N/mm}^2$），钢筋为 HRB335 级（$E_s = 2.0 \times 10^5 \text{N/mm}^2$）。承受均布恒荷载标准值（含梁自重）$g_k = 19.74 \text{kN/m}$，均布活荷载标准值 $q_k = 10.5 \text{kN/m}$，准永久值系数为 0.5。通过正截面抗弯承载力计算，已选定纵向受拉钢筋为 $2\,\Phi\,22 + 2\,\Phi\,20$（$A_s = 1388 \text{mm}^2$）。该梁处于室内正常环境中，试验算其裂缝宽度（$\omega_{\text{lim}} = 0.3 \text{mm}$）。

【解】　（1）计算恒荷载标准值引起的跨中最大弯矩 M_1

$$M_1 = \frac{1}{8} g_k l^2 = \frac{1}{8} \times 19.74 \times 7.0^2 \text{kN} \cdot \text{m} = 120.91 \text{kN} \cdot \text{m}$$

（2）计算活荷载准永久值引起的跨中最大弯矩 M_2

$$M_2 = \frac{1}{8} q_k \Psi_q l^2 = \frac{1}{8} \times 10.5 \times 0.5 \times 7.0^2 \text{kN} \cdot \text{m} = 32.2 \text{kN} \cdot \text{m}$$

（3）计算跨中最大弯矩准永久值

$$M_q = M_1 + M_2 = (120.91 + 32.2) \text{kN} \cdot \text{m} = 153.1 \text{kN} \cdot \text{m}$$

（4）按荷载效应的准永久组合计算的钢筋混凝土构件纵向受拉钢筋的应力

$$\sigma_{sq} = \frac{M_q}{0.87 h_0 A_s} = \frac{153.1 \times 10^6}{0.87 \times 665 \times 1388} \text{N/mm}^2 = 190.7 \text{N/mm}^2$$

（5）计算有效配筋率

$$\rho_{te} = \frac{A_s}{A_{te}} = \frac{A_s}{0.5bh} = \frac{1388}{0.5 \times 250 \times 700} = 0.0159$$

查附录 A 中表 A-1（3）得 C25 混凝土抗拉强度标准值 $f_{tk} = 1.78 \text{N/mm}^2$。

（6）计算裂缝间纵向受拉钢筋应变不均匀系数

$$\psi = 1.1 - 0.65 \frac{f_{tk}}{\rho_{te} \sigma_{sq}} = 1.1 - 0.65 \times \frac{1.78}{0.0159 \times 190.7} = 0.718$$

带肋钢筋 $\nu = 1.0$，受拉区纵向钢筋的等效直径

$$d_{eq} = \frac{\sum n_i d_i^2}{\sum n_i \nu_i d_i} = \frac{2 \times 22^2 + 2 \times 20^2}{2 \times 1.0 \times 22 + 2 \times 1.0 \times 20} \text{mm} = 21 \text{mm}$$

（7）计算最大裂缝宽度

$$\omega_{\text{max}} = 1.9 \psi \frac{\sigma_{sq}}{E_s} \left(1.9 c_s + 0.08 \frac{d_{eq}}{\rho_{te}} \right)$$

$$= 1.9 \times 0.718 \times \frac{190.7}{2.0 \times 10^5} \times \left(1.9 \times 25 + 0.08 \times \frac{21}{0.0159} \right) \text{mm}$$

$$= 0.2 \text{mm} < \omega_{\text{lim}} = 0.3 \text{mm}$$

满足要求。

第二节　钢筋混凝土受弯构件的挠度验算

一、概述

在设计中，一般梁板的挠度验算是为了控制构件的变形，以满足正常使用极限状态的要求。

受弯构件挠度过大将损害或完全丧失构件的适用性功能，如楼盖构件挠度过大将造成楼面凹凸不平而影响正常使用；屋面或水池顶盖构件的挠度过大会使排水不畅，造成积水及增加渗漏的可能性；吊车梁的挠度过大会妨碍起重机的正常运行；挠度过大的过梁会影响门窗开启等。过大的挠度还会造成非承重构件的损坏，如框架横梁的挠度过大，可能将下层非承重轻质填充墙局部压碎，并使此横梁上的轻质填充墙形成两点支撑而造成支撑处墙体的局部损坏等。过大的挠度还影响房屋外观，而引起使用者产生心理上的不安全感。因此，对受弯构件的挠度必须加以限制。

进行受弯构件挠度验算时，其正常使用极限状态设计表达式为

$$a_{f\,max} \leqslant a_{f\,lim} \tag{5-14}$$

式中　$a_{f\,max}$——受弯构件按荷载效应的准永久组合并考虑荷载长期作用影响计算的挠度最大值；

　　　$a_{f\,lim}$——受弯构件的挠度限值，见附录 A 中表 A-3。

因此，受弯构件挠度验算的主要任务是计算 a_f，再按式（5-14）比较即可知道挠度是否符合限值规定。

二、钢筋混凝土受弯构件挠度计算的特点

由工程力学知，匀质弹性材料梁的跨中挠度计算公式为

$$a_f = \alpha \frac{Ml^2}{EI} \tag{5-15}$$

式中　α——与荷载形式和支撑条件有关的系数，可按结构力学方法确定；对于常见荷载形式和支撑条件，也可从有关手册中直接查得；例如，对承受均布荷载的简支梁，$\alpha = 5/48$；

　　　M——梁跨中最大弯矩；

　　　EI——匀质弹性材料梁的截面抗弯刚度，为常量；

　　　l——梁的计算跨度。

从上述挠度计算公式可以看出，当匀质弹性材料梁的截面尺寸和材料一定时，截面抗弯刚度 EI 为常量，所以梁挠度 a_f 与弯矩 M 之间存在着线性关系。但是试验表明，钢筋混凝土梁 a_f 与 M 之间的关系却是非线性的，一般呈图 5-7 所示的曲线规律，变形的发展大致可分为下述三个阶段。

第 Ⅰ 阶段：裂缝出现以前，梁的工作接近于弹性，M-a_f 曲线基本呈直线状态。临近裂缝出现时，曲线微向右弯，这是由于混凝土受拉区塑性变形的出现，使梁的抗弯刚度开始降低所致。

第 Ⅱ 阶段：裂缝出现以后，裂缝截面受拉区混凝土逐步退出工作，使构件截面面积减小，导致平均截面惯性矩降低，以及受压区混凝土塑性变形的发展，致使梁的抗弯刚度明显降低，a_f 增加较快。M-a_f 曲线以越来越大的幅度偏离直线。

第 Ⅲ 阶段：钢筋应力达到屈服极限时，抗弯刚度急剧下降，弯矩 M 基本上不增加，而挠度 a_f 却急剧增长，直到构件最终失去抵抗变形的能力。

这三个阶段与第三章中所述的受弯构件正截面的三个受力阶段是一致的。

根据上面的分析可知，钢筋混凝土梁的抗弯刚度不是常量，而是随作用弯矩的增加而不

断降低的变量（图 5-8），因此，钢筋混凝土受弯构件的挠度计算实质可归结为抗弯刚度计算问题，抗弯刚度确定以后，挠度即可按材料力学和结构力学的方法进行计算。

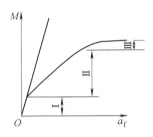
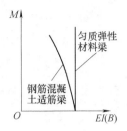

图 5-7　a_f 与 M 关系曲线　　　　　图 5-8　M 与 EI（B）关系曲线

此外，上述刚度变化特点是从短期荷载试验中得出的。由于混凝土的徐变性能，在长期荷载作用下梁的刚度还会进一步降低。钢筋混凝土受弯构件的这一特点，也必须在挠度计算中加以考虑。

三、短期刚度 B_s

钢筋混凝土梁在荷载效应准永久组合作用下的刚度，简称"短期刚度"，用符号 B_s 表示。截面曲率与其刚度有关，而从几何关系分析，曲率是由构件截面受拉区伸长、受压区缩短造成的，截面拉压变形越大，曲率也越大。如果已知截面受拉钢筋和受压区混凝土的应变值，将能求得其曲率，再根据相应的弯矩和曲率关系，即可确定钢筋混凝土受弯构件的截面刚度。

为排除剪切变形影响，我们仅研究适筋梁纯弯段的弯曲变形性能。根据前面对裂缝的形成与开展分析，在荷载效应标准组合作用下，纯弯段内裂缝基本稳定，裂缝分布可理想化为均匀分布状态，裂缝间距近似取 l_{cr}（平均裂缝间距）。裂缝出现后，受压混凝土和受拉钢筋的应变沿构件长度方向的分布是不均匀的，中和轴为波浪状，曲率分布也是不均匀的，裂缝截面曲率最大，相邻裂缝之间截面曲率最小。为了计算方便，取各个截面受压区高度的平均值所确定的中和轴作为平均中和轴（图 5-9），截面上的应变、曲率也均采用平均值。若以裂缝平均间距 l_{cr} 为一单元（图 5-10），根据平截面假定，其受拉钢筋的伸长量为 $\Delta_s = \overline{\varepsilon_s} l_{cr}$，受压区边缘混凝土的缩短量为 Δ_c 为 $\Delta_c = \overline{\varepsilon_c} l_{cr}$（$\overline{\varepsilon_c}$ 意义同前）。

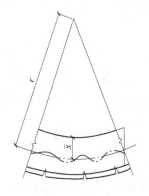
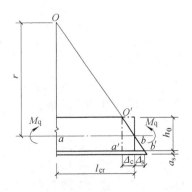

图 5-9　平均中和轴　　　　　　图 5-10　截面曲率计算简图

如图 5-10 所示，纯弯段平均中和轴的曲率半径为 r，则曲率为 $1/r$。$\triangle Oab$ 与 $\triangle O'a'b'$ 相似，可得

$$\frac{l_{cr}}{r} = \frac{(\overline{\varepsilon_c} + \overline{\varepsilon_s}) l_{cr}}{h_0}$$

即

$$\frac{1}{r} = \frac{\overline{\varepsilon_c} + \overline{\varepsilon_s}}{h_0} \tag{5-16}$$

由材料力学知，梁的弯矩-曲率物理关系为

$$\frac{1}{r} = \frac{M}{EI}$$

对于荷载效应准永久组合下的钢筋混凝土梁可表达为

$$\frac{1}{r} = \frac{M_q}{B_s} \tag{5-17}$$

将式（5-16）代入式（5-17）并整理得

$$B_s = \frac{M_q h_0}{\overline{\varepsilon_s} + \overline{\varepsilon_c}} \tag{5-18}$$

由前可知

$$\overline{\varepsilon_s} = \psi \varepsilon_s = \psi \frac{\sigma_{sq}}{E_s} = \psi \frac{M_q}{0.87 h_0 A_s E_s} \tag{5-19}$$

而 $\overline{\varepsilon_c}$ 也可用此种形式表达

$$\overline{\varepsilon_c} = \frac{M_q}{\zeta b h_0^2 E_c} \tag{5-20}$$

式中 ζ——确定受压区边缘混凝土平均应变的抵抗矩系数，它综合反映了受压区混凝土的塑性、应力图形完整性、内力臂系数及裂缝间混凝土应变不均匀性等因素的影响，故也称综合影响系数。

将式（5-19）、式（5-20）代入式（5-18）得

$$B_s = \frac{M_q h_0}{\psi \dfrac{M_q}{0.87 h_0 A_s E_s} + \dfrac{M_q}{\zeta b h_0^2 E_c}} \tag{5-21}$$

经整理后得

$$B_s = \frac{E_s A_s h_0^2}{\dfrac{\psi}{0.87} + \dfrac{\alpha_E \rho}{\zeta}} \tag{5-22}$$

式中 α_E——钢筋弹性模量与混凝土弹性模量之比，即 $\alpha_E = E_s / E_c$；
ρ——配筋率，$\rho = A_s / b h_0$。

式（5-22）中唯一待定的参数是混凝土受压区边缘平均应变综合影响系数 ζ。试验表明，在第 Ⅱ 阶段，即正常使用阶段，$\alpha_E \rho / \zeta$ 可取为与 $\alpha_E \rho$ 有关的常数。根据试验结果的回归分析，可取

$$\frac{\alpha_E \rho}{\zeta} = 0.2 + \frac{6\alpha_E \rho}{1 + 3.5\gamma_f'} \tag{5-23}$$

将式（5-23）代入式（5-22），可得矩形、T 形、倒 T 形、工字形截面受弯构件短期刚度的计算公式

$$B_s = \frac{E_s A_s h_0^2}{1.15\psi + 0.2 + \dfrac{6\alpha_E \rho}{1 + 3.5\gamma_f'}} \tag{5-24}$$

式中　γ_f'——受压翼缘面积与腹板有效面积之比，即

$$\gamma_f' = \frac{(b_f' - b)h_f'}{bh_0} \tag{5-25}$$

式中，符号的意义和取值方法均同前。

四、长期刚度 B

在荷载长期效应组合作用下，钢筋混凝土受弯构件的挠度会随时间而增大，刚度随时间而降低，这一过程一般要持续数年之久才趋于稳定。

此种刚度降低的主要原因是材料的徐变，一方面受弯构件压区混凝土在压力持续作用下产生徐变；另一方面在裂缝之间的拉区混凝土也会因受拉徐变和受拉钢筋与混凝土之间的滑移徐变而进一步退出工作。若在受压区配置受压钢筋，能减小压区混凝土徐变，从而可减小构件的长期挠度。

长期刚度的严格定义应该是：按荷载效应准永久组合并考虑荷载长期作用影响的刚度。

对 M_q 引起的挠度需考虑随时间而增大。《规范》规定由 M_q 引起的挠度由于徐变而增大为其短期挠度的 θ 倍。则按荷载效应的准永久组合值计算并考虑荷载长期作用影响的总挠度值可用结构力学公式表达为

$$a_f = \alpha \frac{M_q l^2}{B_s} \cdot \theta = \alpha \frac{M_q l^2}{\dfrac{B_s}{\theta}}$$

于是得到：

$$B = \frac{B_s}{\theta} \qquad M_q = M_{gk} + \psi_q M_{qk} \tag{5-26}$$

式中　M_q——按荷载效应的准永久组合计算的弯矩值，取计算区段内的最大弯矩值；

　　　θ——考虑荷载长期作用对挠度增大的影响系数；

　　M_{gk}——按恒荷载效应的标准组合计算的计算区段内的最大弯矩值；

　　ψ_q——活荷载对应的准永久值系数；

　　M_{qk}——按活荷载效应标准组合计算的计算区段内的最大弯矩值。

θ 值可按下列规定取用：当未配置受压钢筋，即 $\rho' = \dfrac{A_s'}{bh_0} = 0$ 时，$\theta = 2.0$；当配置有受压钢筋，且 $\rho' = \rho$ 时，$\theta = 1.6$；当 $0 < \rho' < \rho$ 时，θ 按直线内插法确定。对于翼缘位于受拉区的倒 T 形截面，由于裂缝的出现使较大部分混凝土退出工作，对截面刚度影响较大，所以 θ 值应在以上取值的基础上增加 20%。

式（5-26）中 B 即为长期刚度。

五、挠度验算方法

刚度确定以后，挠度 a_f 即可用结构力学公式计算。当荷载效应组合中参与组合的所有

荷载的分布状态均相同时，a_{fmax} 可按下式计算

$$a_{fmax} = \alpha \frac{M_q l^2}{B} \tag{5-27}$$

对于承受均布荷载的简支梁：

$$a_{fmax} = \frac{5}{384} \frac{(g_k + q_k \psi_q) l^4}{B} \tag{5-28}$$

$$B = \frac{B_s}{\theta}$$

式中　　g_k、q_k——均布恒荷载、活荷载标准值；

　　　　ψ_q——活荷载的准永久值系数。

钢筋混凝土受弯构件截面的抗弯刚度随弯矩增大而减小，对于同一根梁由于不同区段受力状态的不同，使弯矩沿梁长处于非均匀分布，因此，严格地说，即使是等截面的钢筋混凝土梁，其在使用阶段的刚度也是不等的。为了简化计算，《规范》规定在等截面构件中，可假定各同号弯矩区段内的刚度相等，并取用该区段内最大弯矩处的刚度为全区段的刚度。对于简支梁，取最大弯矩截面的刚度按等刚度梁计算，对于连续梁和框架梁，则各跨中正弯矩区段和各支座负弯矩区段将取不同的刚度，此时挠度计算以采用图乘法或共轭法较为简便。

刚度确定以后，计算 a_{fmax} 并验算是否满足式（5-14）的要求，如不满足，则应采取措施增大构件的刚度，最有效的办法是增大构件的截面高度；当设计上构件截面尺寸不能加大时，可考虑增加纵向受拉钢筋截面面积或提高混凝土强度等级，对某些构件还可以充分利用纵向受压钢筋对长期刚度的有利影响，在受压区配置一定数量的受压钢筋。此外，采用预应力混凝土构件也是提高受弯构件刚度的有效措施。

钢筋混凝土受弯构件挠度验算步骤参考图5-11。

六、不需作挠度验算的最大跨高比

对于荷载状态和支承条件比较简单的受弯构件，通常可以采用控制最大跨高比 l/h_0 的办法来控制挠度，即只要实际采用的跨高比不超过某种限值时，挠度也就不会超过允许值而不必验算，这种允许的最大跨高比可以从同时满足承载力和允许挠度值的条件求得。例如，对于只承受均布恒载和均布活荷载的单筋矩形截面梁，此时荷载长期效应组合对挠度增大的影响系数为 $\theta = 2.0$。恒载分项系数 $\gamma_G = 1.2$，活荷载分项系数为 $\gamma_Q = 1.4$，则根据同时满足承载力和允许挠度值的条件可导得允许的最大跨高比为

$$\left[\frac{l}{h_0}\right] = \frac{\dfrac{\varphi a_{flim}}{\alpha l}}{\dfrac{(1.465 + 6\alpha_E \rho) f_y}{\gamma_0 (1.2 + 0.2\zeta) E_s}\left(1 - 0.5\rho \dfrac{f_y}{\alpha_1 f_c}\right) - \dfrac{0.325 h f_{tk}}{\alpha_E \rho h_0 E_c}} \tag{5-29}$$

式中　　α——与荷载和支承条件有关的挠度系数，对承受均布荷载的简支梁，$\alpha = 5/48$；

　　　　ζ——活荷载效应准永久值与荷载短期效应组合值之比，即

　　　　φ——长期刚度与短期刚度的比值。

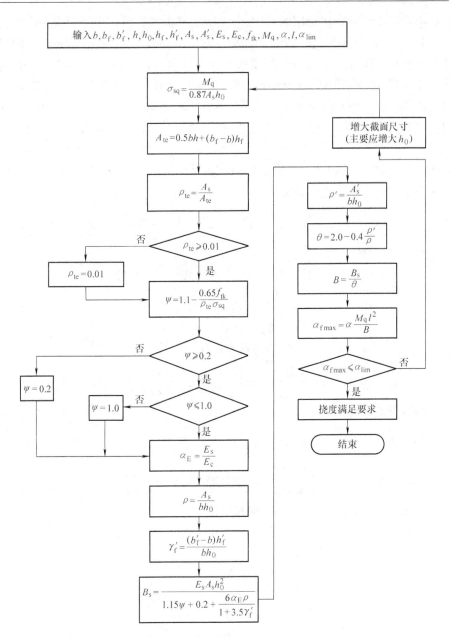

图 5-11　受弯构件挠度验算框图

注：对翼缘受拉的 T 形截面受弯构件，θ 应增加 20%。

$$\zeta = \frac{M_{Qk}\psi_q}{M_q} = \frac{M_{Qk}\psi_q}{M_{Gk} + M_{Qk}\psi_q} \tag{5-30}$$

M_{Gk}、M_{Qk}——恒荷载标准值引起的弯矩和活荷载标准值引起的弯矩。

其余符号意义同前。

由式（5-29）可以看出，当材料、支承条件、$a_{f\,lim}$、φ 值、γ_0 值确定后，允许的最大跨高比 l/h_0 主要与受拉钢筋配筋率 ρ 及活荷载效应相对值 ζ 有关。将这种关系编制成图表供设计查用，可免去挠度验算的繁琐计算工作。

附录 C 中图 C-2 给出了较常用的 $[l/h_0]$ $-\rho$ 关系曲线，可供设计时应用。

【例5-2】 承受均布荷载的矩形截面简支梁，$b \times h = 200mm \times 450mm$，计算跨度 $l = 5.2m$。永久荷载标准值 $g_k = 5kN/m$，可变荷载标准值 $q_k = 10kN/m$，准永久值系数 $\psi_q = 0.5$。混凝土强度等级 C20，采用纵向受拉钢筋 HRB335 级 3Φ16，保护层厚度 $c_s = 25mm$。试验算梁的跨中最大裂缝宽度和最大挠度是否满足要求。（$\omega_{lim} = 0.3mm$，$a_{flim} = l/250$）

【解】 （1）确定计算参数　混凝土强度等级 C20，$f_{tk} = 1.54N/mm^2$，$E_c = 2.55 \times 10^4 N/mm^2$，$a_s = 35mm$。

HRB335 级受拉钢筋 3Φ16，查表得 $A_s = 603mm^2$，$E_s = 2.0 \times 10^5 N/mm^2$。

（2）求荷载效应准永久组合弯矩值

$$M_q = \frac{1}{8} \times (g_k + \psi_q q_k) l^2 = \frac{1}{8} \times (5 + 0.5 \times 10) \times 5.2^2 kN \cdot m = 33.8 kN \cdot m$$

（3）求 ρ_{te}、σ_{sk}、ψ

$$h_0 = h - a_s = (450 - 35)mm = 415mm$$

$$\rho_{te} = \frac{A_s}{0.5bh} = \frac{603}{0.5 \times 200 \times 450} = 0.0134 > 0.01$$

$$\sigma_{sq} = \frac{M_q}{0.87 A_s h_0} = \frac{33.8 \times 10^6}{0.87 \times 603 \times 415} N/mm^2 = 155.25 N/mm^2$$

$$\psi = 1.1 - \frac{0.65 f_{tk}}{\rho_{te} \sigma_{sq}} = 1.1 - \frac{0.65 \times 1.54}{0.0134 \times 155.25} = 0.619$$

（4）裂缝宽度验算

$$\omega_{max} = 1.9\psi \frac{\sigma_{sq}}{E_s} \left(1.9 c_s + 0.08 \frac{d_{eq}}{\rho_{te}}\right)$$

$$= 1.9 \times 0.619 \times \frac{155.25}{2.0 \times 10^5} \times \left(1.9 \times 25 + 0.08 \times \frac{16}{0.0134}\right) mm$$

$$= 0.13mm < \omega_{lim} = 0.3mm，满足要求。$$

（5）挠度验算

$$\alpha_E = \frac{E_s}{E_c} = \frac{2.0 \times 10^5}{2.55 \times 10^4} = 7.84$$

$$\rho = \frac{A_s}{bh_0} = \frac{603}{200 \times 415} = 0.00726$$

$$B_s = \frac{E_s A_s h_0^2}{1.15\psi + 0.2 + 6\alpha_E \rho} = \frac{2.0 \times 10^5 \times 603 \times 415^2}{1.15 \times 0.619 + 0.2 + 6 \times 7.84 \times 0.00726} N \cdot mm^2$$

$$= 16.57 \times 10^{12} N \cdot mm^2$$

$$\rho' = 0，\quad \theta = 2.0$$

$$B = \frac{B_s}{\theta} = \frac{16.57 \times 10^{12}}{2} N \cdot mm^2 = 8.29 \times 10^{12} N \cdot mm^2$$

$$a_{fmax} = \alpha \frac{M_q l^2}{B} = \frac{5}{48} \times \frac{33.8 \times 10^6 \times 5.2^2 \times 10^6}{8.29 \times 10^{12}} mm$$

$$= 11.48mm < \frac{l}{250} = \frac{5.2}{250}m = 20.8mm$$

满足要求。

思　考　题

5-1　验算钢筋混凝土受弯构件变形和裂缝宽度的目的是什么？验算时，为什么采用荷载准永久值计算挠度和裂缝宽度？

5-2　钢筋混凝土受弯构件，随着荷载的增加为什么裂缝条数不会无限制地增加，而是当荷载到一定阶段裂缝即基本稳定？

5-3　钢筋混凝土受弯构件受拉区裂缝之间的钢筋应变不均匀系数 ψ 与哪些因素有关？

5-4　钢筋混凝土受弯构件的刚度和裂缝宽度与哪些因素有关？提高构件截面抗弯刚度和减小裂缝宽度的主要措施是什么？

5-5　试说明建立受弯构件刚度（B_s）计算公式的基本思路和方法，它在哪些方面反映了钢筋混凝土的特点？

5-6　钢筋混凝土结构构件开裂的原因有哪些？

5-7　何谓钢筋混凝土构件截面的抗弯刚度？它与材料力学中理想匀质弹性材料梁的刚度相比有何区别？有何特点？

5-8　试分析减小受弯构件挠度和裂缝宽度的有效措施是什么？

5-9　在挠度和裂缝宽度验算公式中，分别是怎样体现"按荷载准永久组合并考虑荷载长期作用影响"进行计算的？

习　　题

5-1　某截面尺寸 $b \times h = 250\text{mm} \times 700\text{mm}$ 的钢筋混凝土简支梁，其跨中正截面承受的 $M_q = 185.22\text{kN} \cdot \text{m}$，钢筋采用 HRB335 级，混凝土强度等级为 C20，混凝土保护层厚度 $c_s = 30\text{mm}$，截面有效高度 $h_0 = 655\text{mm}$，受力筋截面面积 $A_s = 1964\text{mm}^2$（4Φ25），最大裂缝宽度限值 $\omega_{\lim} = 0.2\text{mm}$，试验算裂缝宽度是否满足要求。

5-2　某钢筋混凝土简支梁，计算跨长 $l = 6.0\text{m}$，截面尺寸 $b \times h = 250\text{mm} \times 600\text{mm}$，采用 HRB335 级钢筋 3$\Phi$20，强度等级为 C25 的混凝土。承受包括自重在内的均布恒荷载标准值 $g_k = 16\text{kN/m}$、活荷载标准值 $q_k = 12\text{kN/m}$（准永久值系数 $\psi_q = 0.8$），允许挠度值为 $l/200$，试验算该梁的挠度是否满足要求。

5-3　某钢筋混凝土简支走道板，板宽 $b = 600\text{mm}$，板厚 $h = 100\text{mm}$，计算跨度 $l = 2.2\text{m}$，钢筋混凝土重力密度取 25kN/m^3，水泥砂浆面层厚20mm（20kN/m^3），板底抹灰厚12mm（16kN/m^3）。活荷载标准值 $q_k = 2.5\text{kN/m}$，准永久值系数 $\psi_q = 0.5$。混凝土强度等级 C25，HRB335 级钢筋，混凝土保护层厚度 $c_s = 15\text{mm}$，挠度限值 $a_{\text{flim}} = \dfrac{l}{200}$，最大裂缝宽度限值 $\omega_{\lim} = 0.3\text{mm}$，试配置纵向受拉钢筋，并验算挠度和裂缝宽度。

第六章

钢筋混凝土受压构件

第一节 受压构件的分类及构造要求

一、分类

受压构件是工程结构中承受纵向压力作用的构件。在工业与民用建筑中，柱是典型的受压构件，另外，有顶盖的矩形水池池壁，桥梁结构中的桥墩、桩等也均属于受压构件。受压构件按其受力情况可分为轴心受压构件和偏心受压构件。当轴向压力的作用点与构件截面形心重合时，为轴心受压构件；当轴向压力作用点只对构件正截面偏离一个主轴时，为单向偏心受压构件；当轴向压力的作用点对构件正截面偏离两个主轴时，为双向偏心受压构件，如图6-1所示。

按照箍筋的作用及配筋方式不同，钢筋混凝土柱分为两种：配有纵向钢筋和普通箍筋的柱，简称普通箍筋柱；配有纵向钢筋和螺旋式（或焊接环式）箍筋的柱，简称螺旋箍筋柱（也称为间接钢筋柱）。普通箍筋柱中箍筋的作用是防止纵筋的压屈，改善构件的延性并与纵筋形成骨架，便于施工；纵筋则协助混凝土承受压力，承受可能存在的不大的弯矩以及混凝土收缩和温度变形引起的拉应力，并防止构件产生突然的脆性破坏。螺旋箍筋柱中，箍筋的形状为圆形（在纵筋外围连续缠绕或焊接钢环），且间距较密，其作用除了上述普通箍筋的作用外，还对核心部分的混凝土形成约束，提高混凝土的抗压强度，增加构件的承载力，并提高构件的延性，如图6-2所示。

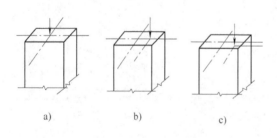

图6-1 受压构件类型

a) 轴心受压 b) 单向偏心受压 c) 双向偏心受压

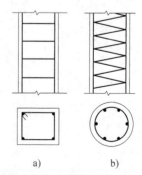

图6-2 柱中箍筋的配置形式

a) 普通箍筋柱 b) 螺旋箍筋柱

本章着重介绍配有普通箍筋的单向偏心受压构件的计算。

二、构造要求

1. 截面形式和尺寸

为了模板制作的方便，轴心受压构件一般采用正方形、圆形、正多边形截面；偏心受压构件一般采用矩形、工字形截面（长边为偏心方向，长短边比一般为 $1.5 \sim 2$）。截面尺寸不宜太小，一般应限制在 $l_c/b \leqslant 30$、$l_c/d \leqslant 25$ 及 $l_c/h \leqslant 25$（b 为矩形截面短边，h 为长边，l_c 为柱的计算长度，d 为圆形截面直径）。截面短边尺寸一般不宜小于 300mm，为了便于支模，柱截面尺寸小于 800mm 时，应取 50mm 的倍数；柱截面尺寸大于 800mm 时，应取 100mm 的倍数。对预制装配式受压构件，当截面尺寸较大时，常常采用工字形截面，工字形截面要求翼缘厚度不小于 120mm，因为翼缘太薄，会使构件过早出现裂缝，同时在靠近柱底处的混凝土容易在车间生产过程中碰坏，影响柱的承载力和使用年限。腹板厚度不宜小于 100mm，工字形截面高度 h 一般大于 500mm。

2. 材料强度

受压构件的承载力主要取决于混凝土的强度，因此宜采用强度等级较高的混凝土。目前，我国一般结构中柱的混凝土强度等级常采用 C30 ~ C50。钢筋通常采用 HRB400 级、HRB500 级、HRBF400 级和 HRBF500 级。箍筋一般采用 HPB300 级、HRB400 级、HRBF400 级、HRB500 级、HRBF500 级钢筋，也可采用 HRB335 级、HRBF335 级热轧钢筋。

3. 纵向钢筋

纵向受压柱主要承受压力，配置在柱中的钢筋如果太细，容易失稳，纵向受力钢筋从箍筋之间外凸。因此，《规范》要求纵向受力钢筋的直径不宜小于 12mm，工程上通常采用直径为 16 ~ 32mm 的钢筋。轴心受压构件纵向受力钢筋应沿截面的四周均匀放置，钢筋的根数一般不得少于 4 根；偏心受压构件的纵向受力钢筋应沿垂直于弯矩作用方向的两个短边放置；圆柱中纵向钢筋宜沿周边均匀布置，根数不宜少于 8 根，且不应少于 6 根。全部纵向钢筋的最小配筋率，强度等级为 HPB300 级、HRB335 级、HRBF335 级的钢筋为 0.6%；强度等级为 HRB400 级、HRBF400 级、RRB400 级的钢筋为 0.55%；强度等级为 HRB500 级、HRBF500 级的钢筋为 0.5%；全部纵向钢筋的配筋率不宜大于 5%；偏心受压构件一侧钢筋的配筋率不应小于 0.2%。

当偏心受压柱的截面高度 $h \geqslant 600$mm 时，在柱的侧面上应设置直径为 10 ~ 16mm 的纵向构造钢筋，并相应设置复合箍筋或拉筋，如图 6-3 所示。柱中纵向受力钢筋的净间距不应小于 50mm；在偏心受压柱中，垂直于弯矩作用平面的侧面上的纵向受力钢筋以及轴心受压柱中各边的纵向受力钢筋，其中距不宜大于 300mm。纵向钢筋的混凝土保护层厚度应满足要求（表 1-8、表 1-9）。

4. 箍筋

箍筋在受压构件中起重要作用，它与纵筋形成钢筋骨架，可有效防止纵筋受压屈曲。柱中箍筋应做成封闭式，圆柱中的箍筋搭接长度不应小于第一章中规定的锚固长度，且末端应做成 135° 弯钩，弯钩末端平直段长度不应小于箍筋直径的 5 倍。箍筋直径不宜小于 $d/4$（d 为纵筋最大直径），且不应小于 6mm。箍筋间距不应大于 400mm 及构件截面的短边尺寸，且不应大于 15d（d 为纵筋的最小直径）。

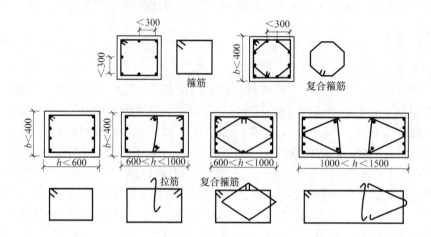

图6-3 复杂截面的箍筋形式

当柱中全部纵筋的配筋率超过3%时，箍筋直径不应小于8mm，其间距不应大于10d（d为纵筋的最小直径），且不应大于200mm。箍筋末端应做成135°弯钩，且弯钩末端平直段长度不应小于10d（d为纵筋的最小直径）；箍筋也可焊成封闭环式。

当柱截面短边尺寸大于400mm，且各边纵筋配置根数多于3根时，或当柱截面短边不大于400mm，但各边纵筋配置根数多于4根时，应设置复合箍筋（图6-3）。

对于截面形状复杂的构件，不可采用具有内折角的箍筋，避免产生向外的拉力致使折角处的混凝土破损，如图6-4所示。

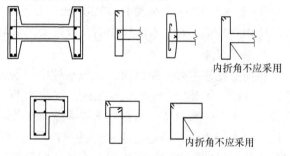

图6-4 受压构件的箍筋配置构造

第二节 配有普通箍筋的轴心受压构件

一、轴心受压短柱的破坏特征

试验表明，受压短柱在轴心荷载作用下全截面受压，整个截面的压应力呈均匀分布。由于钢筋与混凝土之间的粘结力，从开始加荷到构件破坏，两者的压应变始终保持一样。当初始荷载较小时，构件处于弹性工作状态，σ_c-N、σ_s'-N曲线基本上呈线性变化，两种材料应力的比值基本上等于它们的弹性模量之比（$\sigma_s'/\sigma_c = E_s\varepsilon_s/E_c\varepsilon_c = E_s/E_c$）。

随着荷载的增加，混凝土的塑性变形开始发展，变形模量逐渐降低，σ_c-N曲线趋于平缓，即混凝土应力增长速度变慢，而钢筋由于在屈服之前一直处于弹性工作状态，应力与应变成正比，钢筋应力的增长速度加快，这时在相同荷载增量下，钢筋的压应力比混凝土的压应力增加得快。随着荷载的继续增加，柱中开始出现微细裂缝，在临近破坏荷载时，柱四周出现明显的纵向裂缝，混凝土保护层脱落，箍筋间的纵筋发生压屈外凸，混凝土被压碎，柱即告破坏（图 6-5）。破坏时，混凝土的应力达到其轴心抗压强度 f_c，钢筋应力达到受压时的屈服强度 f'_y，最大荷载下其压应变值约为 0.0025～0.0035。在设计计算时，以混凝土的压应变达到 0.002 为控制条件，并认为此时混凝土及受压钢筋都达到了各自的强度设计值。

二、长细比的影响

图 6-5　钢筋混凝土短柱的破坏形态

试验表明，对于比较细长的柱子，在轴心压力作用下，不仅发生压缩变形，同时还产生横向挠度，出现弯曲现象。产生弯曲的原因是多方面的，如构件几何尺寸有误差、构件材料制作不均匀、钢筋位置在施工中移动使截面物理中心与其几何中心偏离、加载作用线与构件轴线偏离等，这些因素造成的初始偏心距的影响是不可忽略的。

加载后，由于初始偏心距产生了附加弯矩和相应的侧向挠度，而侧向挠度又增大了荷载的偏心距。随着荷载的增加，侧向挠度和附加弯矩不断增大，这样相互影响的结果，会使长柱在轴力 N 和弯矩 M 的共同作用下产生破坏。破坏时，首先在凹侧出现纵向裂缝，随后混凝土被压碎，纵筋压屈向外凸出，凸侧混凝土出现垂直于纵轴方向的横向裂缝，侧向挠度急剧增大，柱子破坏（图 6-6）。

试验表明：对截面尺寸、混凝土强度等级及配筋均相同的长柱和短柱进行比较，长柱的破坏荷载低于短柱，并且柱子越细长，承载力降低越多。对于很细长的柱子还有可能发生失稳破坏。此外，在长期荷载作用下，由于混凝土的徐变，侧向挠度将增加得更多，从而使长柱的承载力降低得更多，长期荷载在全部荷载中所占的比例越多，其承载力降低越多。

为了反映长细比较大的柱子承载能力降低的程度，《规范》采用稳定系数 φ 来表示长柱承载力降低的程度。φ 表示材料和截面条件相同的长柱与短柱的承载力比值，即 $\varphi = N_u^l / N_u^s$（N_u^l 为长柱的承载力，N_u^s 为短柱的承载力）。

在一般情况下，混凝土强度等级及配筋率对 φ 值的影响较小，可以忽略不计，认为 φ 值仅与柱的长细比有关。所谓长细比，是指构件的计算长度 l_c 与其截面的回转半径 i 之比；对于矩形截面为 l_c/b（b 为矩形截面柱短边尺寸），对圆形截面为 l_c/d（d 为圆形截面柱直径尺寸）。

图 6-7 所示为根据试验数据得到的稳定系数 φ 与长细比 l_c/b 的关系曲线。从图中可以看

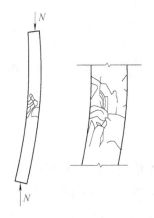

图 6-6　轴心受压长柱的破坏形态

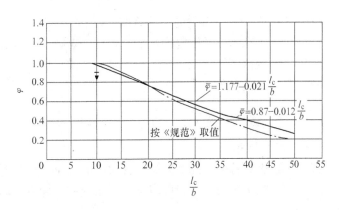

图 6-7　试验得到的 φ 值与长细比 l_c/b 关系曲线

出，l_c/b 越大，φ 值越小。当 $l_c/b < 8$ 时，柱的承载力没有降低，$\varphi \approx 1.0$，可不考虑纵向弯曲问题，$l_c/b < 8$ 的柱可称为短柱；而当 $l_c/b \geqslant 8$ 时，φ 值随长细比的增大而减小。表6-1 为《规范》给出的稳定系数值，供设计时直接查用。

表6-1　钢筋混凝土轴心受压构件的稳定系数 φ

l_c/b	≤8	10	12	14	16	18	20	22	24	26	28
l_c/d	≤7	8.5	10.5	12	14	15.5	17	19	21	22.5	24
l_c/i	≤28	35	42	48	55	62	69	76	83	90	97
φ	1.0	0.98	0.95	0.92	0.87	0.81	0.75	0.70	0.65	0.60	0.56
l_c/b	30	32	34	36	38	40	42	44	46	48	50
l_c/d	26	28	29.5	31	33	34.5	36.5	38	40	41.5	43
l_c/i	104	111	118	125	132	139	146	153	160	167	174
φ	0.52	0.48	0.44	0.40	0.36	0.32	0.29	0.26	0.23	0.21	0.19

注：表中 l_c 为构件的计算长度；b 为矩形截面的短边尺寸；d 为圆形截面的直径；i 为截面最小回转半径。

轴心受压构件的计算长度 l_c 与其两端的支承情况有关，各种理想支承条件下的计算长度可从表6-2中取用。

表6-2　轴心受压构件计算长度

构件两端支承情况	两端铰支	两端固定	一端铰支一端固定	一端自由一端固定
图　形				
计算长度 l_c	l	$0.5l$	$0.7l$	$2l$

在实际工程中，由于支承条件常常不是理想铰支或固定，因此应根据具体情况对表6-2中的计算长度进行调整。例如水池顶盖的支柱，当顶盖为装配式时，取 $l_c = 1.0H$，H 为从基础顶面至池顶轴线的高度；当采用无梁顶盖时，取 $l_c = H_n - \dfrac{C_t + C_b}{2}$，其中 H_n 为水池内部净高，C_t、C_b 分别为上、下柱帽的计算宽度。

应当注意，当轴心受压构件长细比超过一定数值后（如矩形截面当 $l_c/b > 35$ 时），构件可能发生"失稳破坏"，即构件截面尚未发生材料破坏之前，已不能保持稳定平衡而破坏，设计中应避免这种情况。

三、轴心受压构件承载力计算

（一）基本公式

根据短柱破坏特征，配有纵筋和普通箍筋的轴心受压柱，截面承载力计算简图如图6-8所示。考虑长柱承载力降低和可靠度的调整因素，即可得出轴心受压构件的正截面受压承载力计算公式

$$N \leqslant N_u = 0.9\varphi \ (f_c A + f'_y A'_s) \tag{6-1}$$

式中 N——轴向压力设计值；

$\quad\varphi$——钢筋混凝土构件的稳定系数，按表 6-1 采用；

$\quad f_c$——混凝土轴心抗压强度设计值，查附录 A 中表 A-1（4）；

$\quad f'_y$——纵向钢筋的抗压强度设计值，查附录 A 中表 A-1（2）；

$\quad A'_s$——全部纵向钢筋的截面面积；

$\quad A$——构件截面面积，当纵向钢筋配筋率 $\rho' > 3\%$ 时（$\rho' = A'_s/A$），

$\quad\quad A$ 应改为混凝土净面积 A_n，$A_n = A - A'_s$；

$\quad 0.9$——为了保持与偏心受压构件正截面承载力具有相近的可靠

$\quad\quad$ 度而采用的折减系数。

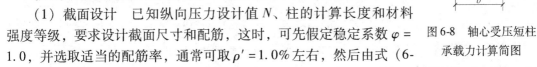

图 6-8 轴心受压短柱
承载力计算简图

（二）设计计算方法

轴心受压构件在工程设计中，一般会遇到下面两种情况。

（1）截面设计 已知纵向压力设计值 N、柱的计算长度和材料强度等级，要求设计截面尺寸和配筋，这时，可先假定稳定系数 $\varphi = 1.0$，并选取适当的配筋率，通常可取 $\rho' = 1.0\%$ 左右，然后由式（6-1）计算所需要的截面面积 A，并根据 A 选定柱截面尺寸，再以实选的截面短边尺寸 b 和计算长度 l_0 由表 6-1 查得稳定系数 φ 值。将有关数据代入式（6-2），可求得所需要的纵向钢筋的截面面积，即

$$A'_s = \frac{\dfrac{N}{0.9\varphi} - f_c A}{f'_y} \tag{6-2}$$

【例 6-1】 某清水池装配式顶盖的中间支柱，承受顶传来的轴向压力设计值 $N = 1050\mathrm{kN}$（包括柱自重），柱高 $H = 5.0\mathrm{m}$，混凝土强度等级为 C30，钢筋为 HRB 400 级。试确定柱截面尺寸及配筋。

【解】 由附录分别查得：$f'_y = 360\mathrm{N/mm}^2$，$f_c = 14.3\mathrm{N/mm}^2$。

先假定稳定系数 $\varphi = 1.0$，纵向配筋率 $\rho' = 1\%$，把 φ 和 ρ' 代入式（6-1），求得柱截面面积为

$$A = \frac{\dfrac{N}{0.9}}{f_c + \rho' f'_y} = \frac{\dfrac{1050000}{0.9}}{14.3 + 0.01 \times 360}\mathrm{mm}^2 = 65176.91\mathrm{mm}^2$$

选用正方形截面，边长 $b = \sqrt{65176.91}\,\mathrm{mm} = 255\mathrm{mm}$，取 $b = 300\mathrm{mm}$。柱计算长度取 $l_c = 1.0H$，$H = 5.0\mathrm{m}$。

$l_c/b = 5000/300 = 16.67$，查表 6-1 得 $\varphi = 0.85$，将已知数据代入式（6-2）求主纵向钢筋截面面积

$$A'_s = \frac{\dfrac{N}{0.9\varphi} - f_c A}{f'_y} = \frac{\dfrac{1050000}{0.9 \times 0.85} - 14.3 \times 300^2}{360}\mathrm{mm}^2 = 238\mathrm{mm}^2$$

选用 4 Φ 14（图 6-9），$A'_s = 615\mathrm{mm}^2$，$\rho' = \dfrac{A'_s}{A} = \dfrac{615}{300 \times 300} = 0.68\% > \rho_{\min} = 0.5\%$。

箍筋选用 Φ 6@200，直径大于 $d/4 = 14\mathrm{mm}/4 = 3.5\mathrm{mm}$；间距小于 400mm，同时小于 $b = 300\mathrm{mm}$，亦小于 $15d = 15 \times 14\mathrm{mm} = 210\mathrm{mm}$。满足各项构造要求。

【例6-2】 某钢筋混凝土框架结构，底层中柱按轴心受压构件计算，柱的计算长度 $l_c = 6.4\text{m}$，承受轴向压力设计值 $N = 2450\text{kN}$，采用 C30 混凝土，HRB400 级钢筋，柱的截面尺寸为 $400\text{mm} \times 400\text{mm}$，试确定柱截面配筋。

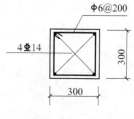

图 6-9　例 6-1 配筋图

【解】　（1）查数据　C30 混凝土，$f_c = 14.3\text{N/mm}^2$，HRB400 级钢筋，$f'_y = 360\text{N/mm}^2$。

（2）确定稳定系数 φ　由 $l_c/b = 6400/400 = 16$，查表 6-1 得，$\varphi = 0.87$。

（3）计算配筋面积、选配钢筋　由式（6-2）得

$$A'_s = \frac{1}{f'_y}\left(\frac{N}{0.9\varphi} - f_c A\right) = \frac{1}{360} \times \left(\frac{2450 \times 10^3}{0.9 \times 0.87} - 14.3 \times 400^2\right)\text{mm}^2 = 2336\text{mm}^2$$

$$\rho' = \frac{A'_s}{A} = \frac{2336}{400 \times 400} = 1.46\% > \rho_{\min} = 0.5\%$$

选配纵向受压钢筋 8 Φ 20（$A'_s = 2513\text{mm}^2$），箍筋配置 Φ 6@300，满足构造要求。配筋图如图 6-10 所示。

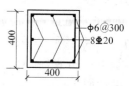

图 6-10　例 6-2 配筋图

（4）截面复核　已知柱的截面尺寸、配筋数量、材料强度等级以及计算长度，验算截面承受某一轴向力时是否安全，即计算截面能承受多大的轴向力。计算步骤：先根据长细比 l_c/b（l_c/i）由表 6-1 查出 φ 值，然后按式（6-1）计算所能承受的轴向力 N_u 值。

第三节　偏心受压构件

一、矩形截面偏心受压构件正截面承载力计算

图 6-11 所示受压轴向力 N 和弯矩 M_0 共同作用的截面，可等效于截面理论偏心距为 $e_t = M_0/N$ 的偏心受压截面。当偏心距 $e_t = 0$ 时，即弯矩 $M_0 = 0$ 时，为轴心受压情况；当 $N = 0$ 时，为受弯情况。因此，偏心受压构件的受力性能和破坏形态介于轴心受压和受弯之间。在实际工程中，钢筋混凝土偏心受压构件是很常见的，例如有顶盖的矩形水池池壁，承受由顶盖传来的轴向压力和由顶盖荷载及侧向水压力或土压力引起的弯矩和剪力（图 6-12a）；大型二级泵房的钢筋混凝土柱，承受由屋盖荷载、起重机荷载和自重引起的轴向压力以及由这些荷载的偏心作用和水平荷载所引

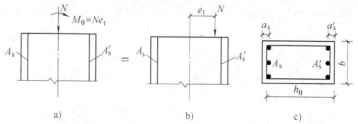

图 6-11　偏心受压构件及截面配筋

a）压弯构件　b）偏心受压构件　c）截面配筋

起的弯矩和剪力（图6-12b），这些结构构件都属于偏心受压构件。

（一）正截面受力过程及破坏形态

试验表明：偏心受压构件的破坏形态
与相对偏心距 e_0/h_0 的大小和纵向钢筋的
配筋率有关，偏心受压短柱的破坏可分为
以下两种情况：

（1）受拉破坏——大偏心受压破坏
当轴向压力的相对偏心距 e_0/h_0 较大，且
受拉钢筋（远轴向力 N 一侧钢筋）配置不
太多时，在偏心压力作用下，构件截面靠
近轴向力一侧受压，远轴向力一侧受拉。

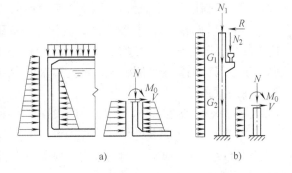

图6-12　工程中常见的偏心受压构件

当荷载增加到一定值后，受拉区混凝土首先产生横向裂缝，裂缝处混凝土退出工作。随着荷
载的继续增加，受拉区钢筋的应力及应变增速加快，裂缝随之不断地增多和延伸，受压区高
度逐渐减小。临近破坏时，横向水平裂缝急剧开展，并形成一条主要破坏裂缝，受拉钢筋首
先达到屈服强度，随着受拉钢筋屈服后的塑性变形，中和轴迅速向受压区边缘移动，受压区
面积不断缩小，受压区混凝土应变快速增加，最后受压区边缘混凝土达到极限压应变而被压
碎，从而导致构件破坏。此时，受压区的钢筋一般也达到其屈服强度。

这种破坏特征与适筋的双筋截面梁类似，属于"延性破坏"。由于破坏始于受拉钢筋首先屈
服，而后受压区混凝土被压碎，故称为受拉破坏，或称为大偏心受压破坏，如图6-13所示。

（2）受压破坏——小偏心受压破坏　当轴向压力的相对偏心距 e_0/h_0 较小，或者相对偏
心距 e_0/h_0 虽较大，但远轴向力一侧钢筋配置得太多时，在荷载作用下，截面大部分受压或
全部受压，此时可能发生以下几种破坏情况：

1）当相对偏心距 e_0/h_0 较小时，截面大部分受压，小部分受拉，如图6-14a所示。由于
中和轴靠近远轴力一侧，截面远轴力一侧边缘的混凝土拉应变很小，此时，远轴力一侧混凝

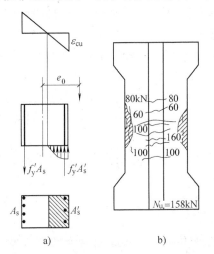

图6-13　受拉破坏时的截面应力和破坏形态
a）截面应力　b）受拉破坏形态

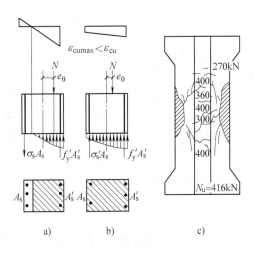

图6-14　受压破坏时的截面应力和受压破坏形态
a）、b）截面应力　c）受压破坏形态

土可能开裂，也可能不开裂。破坏时，近轴向力一侧的混凝土被压碎，远轴力一侧受压钢筋达到抗压屈服强度，但远轴力一侧钢筋受拉但未达到抗拉屈服强度。

2）当相对偏心距 e_0/h_0 很小时，构件全截面受压，如图 6-14b 所示。靠近轴向力一侧的压应力较大，随着荷载逐渐增大，这一侧混凝土首先被压碎（发生纵向裂缝），构件破坏，该侧受压钢筋达到抗压屈服强度。而远离轴向力一侧的混凝土未被压碎，钢筋虽受压，但未达到抗压屈服强度。

3）当相对偏心距 e_0/h_0 较大，但远轴向力一侧钢筋配置太多时，同样是部分截面受压，部分截面受拉。随着荷载的增大，近轴力一侧混凝土被压碎，近轴力一侧受压钢筋应力达到抗压屈服强度，构件破坏。而远轴力一侧受拉钢筋应力未能达到抗拉屈服强度，这种破坏形态类似于受弯构件的超筋梁破坏。

三种情况的破坏特征都是靠近轴向力一侧的受压区混凝土应变先达到极限压应变，受压钢筋达到屈服强度而破坏，故称受压破坏，又称为小偏心受压破坏，如图 6-14c 所示。当轴向压力的偏心距极小，靠近轴向力一侧的钢筋较多，而远离轴向力一侧的钢筋相对较少时，轴向力可能在截面的几何形心和实际重心之间，离轴向压力较远一侧的混凝土的压应力反而大些，该侧边缘混凝土的应变可能先到其极限值，混凝土被压碎而破坏（称为"反向破坏"）。

试验还表明，从加载开始到接近破坏为止，用较大的测量标距量测得到的偏心受压构件的截面平均应变值都较好地符合平截面假定。

（3）大、小偏心受压构件的界限 在"受拉破坏"和"受压破坏"之间存在着一种界限状态，称为界限破坏。界限破坏的特征是在受拉钢筋应力达到抗拉屈服强度的同时，受压区边缘混凝土的应变也达到极限压应变而破坏。这一特征与受弯构件适筋与超筋的界限破坏特征完全相同。于是可利用平截面假定得到大、小偏心受压构件的计算判别准则：当 $\xi \leqslant \xi_b$ 时，为大偏心受压破坏；当 $\xi > \xi_b$ 时，为小偏心受压破坏。

其中各符号的意义与受弯构件正截面承载力计算中相应符号意义相同。

（二）弯矩增大系数 η_{ns}

构件在偏心轴力 N 作用下将产生纵向弯曲，使构件跨中截面的偏心距由理论偏心距 e_t 增大到 $e_t + a_f$，如图 6-15 所示。轴力较小时，挠度数值很小；随着轴力的增大，挠度增加相对较快。但长细比较小的短柱（如 $l_c/h \leqslant 5.0$ 的矩形截面柱，h 为截面高度），由于纵向弯曲小，在设计时一般可忽略 a_f 的影响，截面由于材料达到强度极限而破坏，这种破坏称为"材料破坏"。对于细长柱（如 $l_c/h > 30$ 的矩形截面柱），在荷载的作用下，其破坏是由于构件纵向弯曲失去平衡而引起的，这样的破坏称为"失稳破坏"。失稳破坏具有突然性，且材料强度未充分发挥，在实际工程中避免采用细长柱。

由此可见，偏心受压构件中，轴向压力 N 在产生挠曲变形的构件内引起的曲率，使截面的弯矩产生了增量 $a_f N$，也称为附加弯矩，于是有

$$M = (e_t + a_f)N = \left(1 + \frac{a_f}{e_t}\right)e_t N = \eta_{ns} M_0 \tag{6-3}$$

式中 M——偏心受压构件在轴向力作用下杆件挠曲产生附加弯矩后控制截面的弯矩设计值，简称计算弯矩设计值；

      M_0——偏心受压构件端截面按结构分析确定的弯矩设计值，对偏心受压柱，简称柱端弯矩设计值；

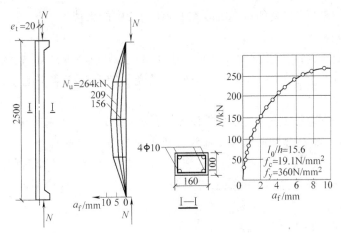

图 6-15　柱轴力 N 和挠度 a_f 的关系

η_{ns}——弯矩增大系数。

$$\eta_{ns} = 1 + \frac{a_f}{e_t} \tag{6-4}$$

由式 (6-4) 可以看出：确定 η_{ns} 值的关键在于确定 a_f。试验表明，影响 a_f 值大小的因素主要是偏心受压构件破坏截面的曲率。根据对实测偏心受压构件挠曲的试验结果和理论分析，《规范》给出了计算弯矩增大系数 η_{ns} 的实用表达式

$$\eta_{ns} = 1 + \frac{1}{1300\left(\frac{M_0}{N} + e_a\right)/h_0}\left(\frac{l_c}{h}\right)^2 \zeta_c \tag{6-5}$$

式中　l_c——构件计算长度，可近似取偏心受压构件上下支撑点之间的距离；

h——截面高度；

h_0——截面有效高度；

ζ_c——偏心受压构件的截面曲率修正系数，可按式 (6-6) 计算；

N——与弯矩设计值 M 相应的轴向压力设计值；

M_0——柱端弯矩设计值；

e_a——附加偏心距。

$$\zeta_c = \frac{0.5f_c A}{N} \tag{6-6}$$

A——构件截面面积。

当 $\zeta_c > 1.0$ 时，取 $\zeta_c = 1.0$。

当 $l_c/h < 5$ 时，可直接取 $\eta_{ns} = 1$。

（三）初始偏心距 e_i 的确定

由于配筋不对称、混凝土质量不均匀、施工偏差及实际受力状态之间的差异等因素，构件轴向力的实际初始偏心距可能大于按理论计算的对截面几何重心的偏心距。为了安全，在承载力计算时，应考虑这种偏差的影响，可以采用在理论偏心距上增加一个附加偏心距的方法。《规范》规定初始偏心距 e_i 由下式确定

$$e_i = e_0 + e_a \tag{6-7}$$

式中　e_0——轴向力对截面重心的偏心距，$e_0 = \dfrac{M}{N}$，N 和 M 意义同上；

e_a——附加偏心距,其值取 20mm 和 $h/30$ 两者中的大值。

（四）大、小偏心受压的判别

在进行偏心受压构件截面设计计算时,由于 A_s 及 A'_s 为未知数,故无法确定 ξ 的大小,所以无法利用 ξ 与 ξ_b 的比较来判别大、小偏心的受压情况。在常用配筋范围内,可采用下列判别式进行判别:

当 $e_i > 0.3h_0$ 时,可按大偏心受压构件设计;当 $e_i \leqslant 0.3h_0$ 时,可按小偏心受压构件设计。

（五）矩形截面非对称配筋偏心受压构件正截面承载力计算

偏心受压构件的配筋方式分为 $A_s = A'_s$ 的对称配筋和 $A_s \neq A'_s$ 的非对称配筋两种。采用非对称配筋截面,可以在充分利用混凝土的前提下,按实际需要选择不同的 A_s 和 A'_s,因而能够节约钢材。

1. 大偏心受压构件计算($\xi \leqslant \xi_b$)

（1）基本计算公式 大偏心受压构件的破坏特征是:受拉钢筋先达到屈服,然后受压区边缘混凝土被压碎,大偏心受压构件的计算简图如图 6-16 所示。采用的基本假定同受弯构件,混凝土非均匀受压区的压应力图形用等效矩形应力图形代替,其高度等于按平截面假定所确定的中和轴的高度乘以系数 β_1,矩形应力图形的应力值取 $\alpha_1 f_c$。

根据力的平衡条件及各力对受拉钢筋合力点取矩的力矩平衡条件,可得到以下两个基本公式:

$$N \leqslant N_u = \alpha_1 f_c bx + f'_y A'_s - f_y A_s \quad (6\text{-}8)$$

$$Ne \leqslant N_u e = \alpha_1 f_c bx \left(h_0 - \frac{x}{2} \right) + f'_y A'_s \ (h_0 - a'_s)$$

$$(6\text{-}9)$$

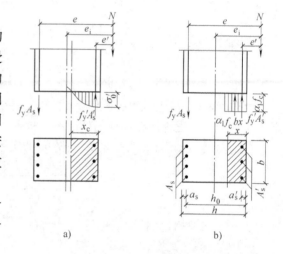

图 6-16 大偏心受压破坏的截面计算图形

a) 截面应力分布图 b) 等效计算简图

式中 N——轴向力设计值;

α_1——系数,当混凝土强度等级不超过 C50 时,α_1 取 1.0;当混凝土强度等级为 C80 时,α_1 取 0.94;其间按线性内插法确定;

e——轴向力作用点到受拉钢筋 A_s 合力点的距离;

$$e = e_i + \frac{h}{2} - a_s \quad\quad (6\text{-}10)$$

e_i——初始偏心距;

x——等效矩形混凝土受压区计算高度。

（2）公式适用条件

1）保证构件破坏时受拉区钢筋应力先达到屈服强度,要求:

$$x \leqslant \xi_b h_0 \quad\quad (6\text{-}11)$$

2）保证构件破坏时,受压钢筋应力能达到抗压屈服强度设计值,要求:

$$x \geqslant 2a'_s \quad\quad (6\text{-}12)$$

（3）截面设计 已知截面尺寸 $b \times h$、混凝土强度等级、钢筋种类、轴向力设计值 N、

弯矩设计值 M_0 和构件的计算长度 l_0，计算纵向钢筋截面面积 A_s 和 A_s'。

在计算之前，首先需要判别构件是否属于大偏心受压情况。此时，钢筋数量尚未确定，受压区高度 x 亦属未知，故无法用 $\xi \leqslant \xi_b$ 的条件确切判断，而只能先按偏心距的大小初步判别，即当 $e_i > 0.3h_0$ 时，可先按大偏心受压计算。

情况1：A_s 和 A_s' 均未知。

此时基本公式［式（6-8）和式（6-9）］中有三个未知数 A_s、A_s' 和 x，无唯一解。与双筋梁做法相同，为了节约钢材，使总配筋面积（$A_s + A_s'$）达到最小，可取 $x = \xi_b h_0$ 代入式（6-9），得到钢筋 A_s' 的计算公式：

$$A_s' = \frac{Ne - \alpha_1 f_c b h_0^2 \xi_b \ (1 - 0.5\xi_b)}{f_y' \ (h_0 - a_s')} \tag{6-13}$$

如果所求得的 A_s' 满足最小配筋面积的要求，即 $A_s' \geqslant A_{s,\min}' = \rho_{\min}' bh$，则将所求得的 A_s' 和 $x = \xi_b h_0$ 代入式（6-8），即可求得受拉钢筋 A_s。

$$A_s = \frac{\alpha_1 f_c b h_0 \xi_b + f_y' A_s' - N}{f_y} \tag{6-14}$$

所求得的 A_s 应满足最小配筋面积的要求，即 $A_s \geqslant A_{s,\min} = \rho_{\min} bh$。

若以式（6-14）求得 $A_s < \rho_{\min} bh$，则应按最小配筋率确定 A_s，即 $A_s = \rho_{\min} bh$，此时尚应按小偏压情况进行验算。

若以式（6-13）求得 $A_s' < \rho_{\min}' bh$，则说明假设 $\xi = \xi_b$ 过大，而应改用取 $A_s' = \rho_{\min}' bh$。然后，按"情况2"计算 A_s。

情况2：A_s' 为已知，求 A_s。

从式（6-8）及式（6-9）中可看出，仅有两个未知数 A_s 和 x，有唯一解，先由式（6-9）求解 x，即

$$x = h_0 \left\{ 1 - \sqrt{1 - \frac{2 \ [Ne - f_y' A_s' \ (h_0 - a_s')]}{\alpha_1 f_c b h_0^2}} \right\} \tag{6-15a}$$

或

$$\xi = 1 - \sqrt{1 - \frac{2 \ [Ne - f_y' A_s' \ (h_0 - a_s')]}{\alpha_1 f_c b h_0^2}} \tag{6-15b}$$

若 $2a_s' \leqslant x \leqslant \xi_b h_0 \left(\text{或} \dfrac{2a_s'}{h_0} \leqslant \xi \leqslant \xi_b \right)$，则可将 x（或 $\xi = \dfrac{x}{h_0}$）代入式（6-8）求得 A_s。

$$A_s = \frac{\alpha_1 f_c b x + f_y' A_s' - N}{f_y} \tag{6-16a}$$

或

$$A_s = \frac{1}{f_y} (\alpha_1 f_c b h_0 \xi + f_y' A_s' - N) \tag{6-16b}$$

若 $x > \xi_b h_0$，说明已知的 A_s' 过小，应按 A_s' 为未知的情况，此时可假设 $\xi = \xi_b$ 重新计算 A_s 和 A_s'（即按情况1计算），也可按小偏心受压情况计算。

若 $x < 2a_s'$，说明受压钢筋的应力达不到 f_y'，此时可偏于安全地近似取 $x = 2a_s'$，按下式计算 A_s。

$$Ne' = f_y A_s \ (h_0 - a_s') \tag{6-17}$$

$$A_s = \frac{Ne'}{f_y \ (h_0 - a_s')} \tag{6-18}$$

式中　e'——轴向压力作用点至钢筋 A_s' 合力点的距离，$e' = e_i - 0.5h + a_s'$。

求得的 A_s 若小于 $\rho_{min}bh$，应取 $A_s = \rho_{min}bh$。

大偏心受压构件不对称配筋截面设计计算框图如图 6-17 所示。

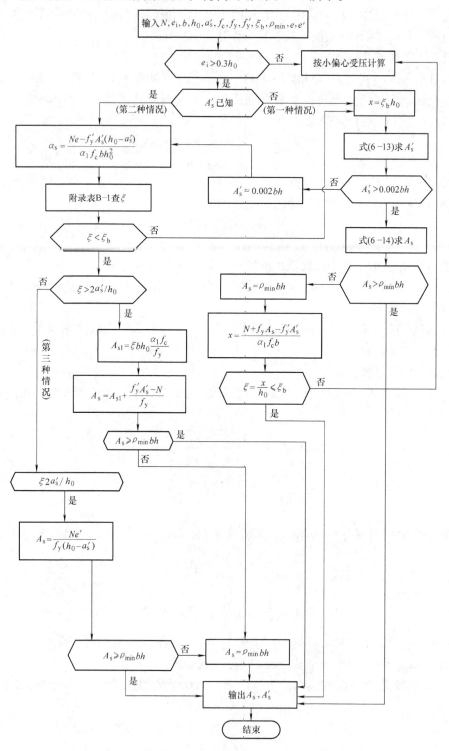

图 6-17 大偏心受压不对称配筋截面设计计算框图

【例6-3】 已知：荷载作用下柱的轴向力设计值 $N = 1250\text{kN}$，柱端弯矩设计值 $M_0 = 250\text{kN} \cdot \text{m}$，截面尺寸 $b \times h = 300\text{mm} \times 500\text{mm}$，计算长度 $l_c = 4.5\text{m}$，采用 C30 的混凝土，纵向钢筋采用 HRB400（$f_y = f'_y = 360\text{N/mm}^2$），环境类别为一类，计算纵向钢筋 A_s 及 A'_s。

【解】 （1）查数据 环境类别为一类，柱混凝土保护层最小厚度为 20mm，设 $a_s = a'_s = 40\text{mm}$，$h_0 = 460\text{mm}$，材料强度 $f_c = 14.3\text{N/mm}^2$、$f_y = f'_y = 360\text{N/mm}^2$，$\xi_b = 0.518$，$\alpha_1 = 1.0$。

（2）计算弯矩增大系数 η_{ns}

$$\zeta_c = \frac{0.5 f_c A}{N} = \frac{0.5 \times 14.3 \times 300 \times 500}{1250 \times 10^3} = 0.858 < 1.0$$

取附加偏心距 $e_a = 20\text{mm}$（e_a 取 20mm 或 $\frac{1}{30}h = \frac{1}{30} \times 500\text{mm} = 16.67\text{mm}$ 两者之中的较大者）。

则
$$\eta_{ns} = 1 + \frac{1}{1300(M_0/N + e_a)/h_0}\left(\frac{l_c}{h}\right)^2 \zeta_c$$

$$= 1 + \frac{1}{1300 \times (250 \times 10^3/1250 + 20)/460} \times \left(\frac{4500}{500}\right)^2 \times 0.858 = 1.11$$

（3）计算柱的设计弯矩 M
$$M = \eta_{ns} M_0 = 1.11 \times 250\text{kN} \cdot \text{m} = 278\text{kN} \cdot \text{m}$$

（4）计算初始偏心距 e_i
$$e_0 = \frac{M}{N} = \frac{278 \times 10^6}{1250 \times 10^3}\text{mm} = 222.4\text{mm}$$

则 $e_i = e_0 + e_a = (222.4 + 20)\text{mm} = 242.4\text{mm} \geqslant 0.3h_0 = 0.3 \times 460\text{mm} = 138\text{mm}$
初步判断为大偏心受压构件。

（5）计算配筋 A_s 及 A'_s
$$e = e_i + \frac{h}{2} - a_s = (242.4 + 250 - 40)\text{mm} = 452.4\text{mm}$$

令 $\xi = \xi_b = 0.518$

$$A'_s = \frac{Ne - \alpha_1 f_c b h_0^2 \xi_b (1 - 0.5\xi_b)}{f'_y (h_0 - a'_s)}$$

$$= \frac{1250 \times 10^3 \times 452.4 - 1.0 \times 14.3 \times 300 \times 460^2 \times 0.518 \times (1 - 0.5 \times 0.518)}{360 \times (460 - 40)}\text{mm}^2$$

$$= 1436\text{mm}^2 > \rho'_{min} bh = 0.002 \times 300 \times 500\text{mm}^2 = 300\text{mm}^2$$

$$A_s = \frac{\alpha_1 f_c b h_0 \xi_b + f'_y A'_s - N}{f_y} = \left(\frac{1.0 \times 14.3 \times 300 \times 460 \times 0.518 - 1250 \times 10^3}{360} + 1436\right)\text{mm}^2$$

$$= 803\text{mm}^2 > \rho_{min} bh = 0.002 \times 300 \times 500\text{mm}^2 = 300\text{mm}^2$$

由钢筋表查得，受压钢筋选 3 Φ 25（$A'_s = 1473\text{mm}^2$），受拉钢筋选 3 Φ 20（$A_s = 942\text{mm}^2$）
全部钢筋配筋率为

$$\frac{A_s + A'_s}{bh} = \frac{1473 + 942}{300 \times 500} = 1.61\% > 0.55\%，符合要求。$$

配筋如图 6-18 所示。

【**例 6-4**】　已知某柱截面尺寸 $b \times h = 400\text{mm} \times 500\text{mm}$，计算长度 $l_c = 4.5\text{m}$，混凝土用 C30（$f_c = 14.3\text{N}/\text{mm}^2$），钢筋用 HRB400 级（$f_y = f'_y = 360\text{N}/\text{mm}^2$），柱端弯矩设计值 $M_0 = 160\text{kN} \cdot \text{m}$，轴向力设计值 $N = 320\text{kN}$，环境类别为一类，试确定 A_s 和 A'_s。

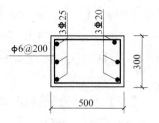

图 6-18　例 6-3 配筋图

【**解**】　（1）查数据　环境类别为一类，柱混凝土保护层最小厚度为 20mm，取 $a_s = a'_s = 40\text{mm}$，$h_0 = 460\text{mm}$，材料强度 $f_c = 14.3\text{N}/\text{mm}^2$、$f_y = f'_y = 360\text{N}/\text{mm}^2$，$\xi_b = 0.518$，$\alpha_1 = 1.0$，$l_c = 4500\text{mm}$。

（2）计算弯矩增大系数 η_{ns}

$$\zeta_c = \frac{0.5 f_c A}{N} = \frac{0.5 \times 14.3 \times 400 \times 500}{320 \times 10^3} = 4.47 > 1.0，故取 \zeta_c = 1.0；取附加偏心矩 e_a =$$

20mm（e_a 取 20mm 或 $\frac{1}{30}h = \frac{1}{30} \times 500\text{mm} = 16.67\text{mm}$，二者之中的较大者）。

于是有

$$\eta_{ns} = 1 + \frac{1}{1300(M_0/N + e_a)/h_0}\left(\frac{l_0}{h}\right)^2 \zeta_c$$

$$= 1 + \frac{1}{1300 \times (160 \times 10^3/320 + 20)/460} \times (4500/500)^2 \times 1 = 1.06$$

（3）计算柱的设计弯矩 M

$$M = \eta_{ns} M_0 = 1.06 \times 160\text{kN} \cdot \text{m} = 169.6\text{kN} \cdot \text{m}$$

（4）计算初始偏心距 e_i

$$e_0 = \frac{M}{N} = \frac{169.6 \times 10^6}{320 \times 10^3}\text{mm} = 530\text{mm}$$

则

$$e_i = e_0 + e_a = (530 + 20)\text{mm} = 550\text{mm} > 0.3 h_0 = 0.3 \times 460\text{mm} = 138\text{mm}$$

初步判断为大偏心受压。

$$e = e_i + + \frac{h}{2} - a'_s = \left(550 + \frac{500}{2} - 40\right)\text{mm} = 760\text{mm}$$

（5）计算受压构件截面面积 A'_s　按第 1 种情况计算：

取　　　　　　　　　　　　$\xi = \xi_b = 0.518$

$$A'_s = \frac{Ne - \alpha_1 f_c \xi_b b h_0^2 (1 - 0.5\xi_b)}{f'_y (h_0 - a'_s)}$$

$$= \frac{320 \times 10^3 \times 760 - 1.0 \times 14.3 \times 0.518 \times 400 \times 460^2 \times (1 - 0.5 \times 0.518)}{360 \times (460 - 40)}\text{mm}^2 < 0$$

说明取 $\xi = \xi_b$ 过大。

取 $A'_s = \rho'_{min} b h = 0.002 b h = 0.002 \times 400 \times 500\text{mm}^2 = 400\text{mm}^2$，采用 2 ⏀ 16，$A'_s = 402\text{mm}^2$，应按第 2 种情况计算。

（6）计算受拉钢筋截面面积 A_s

$$x = h_0\left\{1 - \sqrt{1 - \frac{2[Ne - f'_y A'_s (h_0 - a'_s)]}{\alpha_1 f_c b h_0^2}}\right\}$$

$$= 460 \times \left(1 - \sqrt{1 - \frac{2 \times [320 \times 10^3 \times 760 - 360 \times 402 \times (460 - 40)]}{1.0 \times 14.3 \times 400 \times 460^2}}\right) \text{mm}$$

$$= 75.53\text{mm} < \xi_b h_0 = 0.518 \times 460\text{mm} = 238\text{mm}$$

且 $x < 2a'_s = 2 \times 40\text{mm} = 80\text{mm}$，应按式（6-18）计算 A_s

$$e' = e_i - \frac{h}{2} + a'_s = \left(550 - \frac{500}{2} + 40\right)\text{mm} = 340\text{mm}$$

$$A_s = \frac{Ne'}{f_y(h_0 - a'_s)} = \frac{320 \times 10^3 \times 340}{360 \times (460 - 40)}\text{mm}^2 = 719.6\text{mm}^2$$

$$> \rho_{\min} b' h' = 0.002 \times 400 \times 500\text{mm}^2 = 400\text{mm}^2$$

选受拉钢筋 $3 \boldsymbol{\Phi} 18$（$A_s = 763\text{mm}^2$）。

全部钢筋配筋率：

$$\frac{A_s + A'_s}{bh} = \frac{763 + 402}{400 \times 500} = 0.58\% > 0.55\%，满足要求。$$

配筋图如图 6-19 所示。

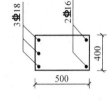

图 6-19 例 6-4 配筋图

2. 小偏心受压构件计算（$\xi > \xi_b$）

（1）基本计算公式 小偏心受压构件的破坏特征是：近轴向力一侧的混凝土被压碎，受压钢筋达到屈服；远轴向力一侧的钢筋可能受拉也可能受压，但一般都达不到屈服。小偏心受压构件的计算简图如图 6-20a、b 所示。计算时受压区的混凝土压应力图形仍采用等效矩形应力图形。

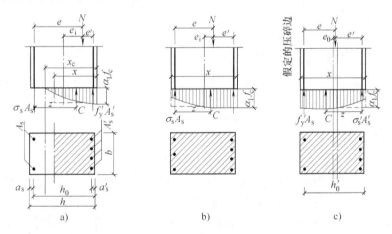

图 6-20 小偏心受压破坏截面计算图形

a）A_s 受拉不屈服 b）A_s 受拉不屈服 c）A_s 受压屈服

如图 6-20a 所示，根据力及力矩平衡条件，得到小偏心受压构件正截面承载力的计算公式

$$N \leqslant N_u = \alpha_1 f_c bx + f'_y A'_s - \sigma_s A_s \tag{6-19}$$

$$Ne \leqslant N_u e = \alpha_1 f_c bx\left(h_0 - \frac{x}{2}\right) + f'_y A'_s (h_0 - a'_s) \tag{6-20}$$

式中 x——受压区计算高度，当 $x > h$ 时，计算时取 $x = h$；

σ_s——远轴向压力一侧钢筋的应力；

其余符号意义同式（6-8）、式（6-9）。

（2）σ_s 计算公式 小偏心受压构件计算的关键问题是如何确定远轴向压力一侧钢筋的应力 σ_s。在理论上，σ_s 可根据正截面承载力计算的基本假定，主要是平截面假定来确定，小偏心受压截面的应变分布分为有受拉区和无受拉区两种情况，如图 6-21 所示。按照应变分布的几何关系，不难导出远轴向压力一侧钢筋的应变为

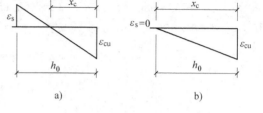

图 6-21 小偏心受压时截面应变分布图
a）有受拉区 b）无受拉区

$$\varepsilon_s = \varepsilon_{cu}\left(\frac{1}{\dfrac{x}{\beta_1 h_0}} - 1\right) = \varepsilon_{cu}\left(\frac{\beta_1 h_0}{x} - 1\right)$$

则钢筋应力为

$$\sigma_s = \varepsilon_s E_s = \varepsilon_{cu}\left(\frac{\beta_1 h_0}{x} - 1\right)E_s = \varepsilon_{cu}\left(\frac{\beta_1}{\xi} - 1\right)E_s \tag{6-21}$$

式中 ε_{cu}——混凝土极限压应变，当混凝土强度等级小于或等于 C50 时，取值为 0.0033；当混凝土强度等级大于 C50 时，$\varepsilon_{cu} = 0.0033 - (f_{cu,k} - 50) \times 10^{-5}$；

β_1——系数，当混凝土强度等级不超过 C50 时，取 $\beta_1 = 0.8$；当混凝土强度等级为 C80 时，取 $\beta_1 = 0.74$；当混凝土强度等级为 C50～C80 时，β_1 值按线性内插法确定。

其他符号意义同前。

以上即为计算钢筋应力 σ_s 的理论公式。但是如果用上式与前面的基本平衡方程联立解算小偏心受压构件，需解含 ξ 或 x 的三次方程，计算工作量大。为简化计算，根据小偏心受压构件试验测得的构件破坏时的 σ_s 值，《规范》用下列直线方程来反映 σ_s 随 ξ 的变化规律：

$$\sigma_s = \frac{f_y}{\xi_b - \beta_1}(\xi - \beta_1) \tag{6-22}$$

按上式计算的钢筋应力应符合下列条件：

$$-f'_y \leqslant \sigma_s \leqslant f_y \tag{6-23}$$

式中 f_y、f'_y——所计算的抗拉强度和抗压强度设计值，f'_y 前的"–"号表示压应力。

（3）截面设计 试验得出：在混凝土强度等级为 C30～C50 的范围内，当 $e_i < 0.3h_0$ 时，截面一般属小偏心受压。其截面设计也分为 A_s 和 A'_s 均为未知及 A'_s 已知求 A_s 的两种情况。

情况 1：A_s 和 A'_s 均未知。

非对称配筋情况下，可供小偏心受压截面设计利用的有两个平衡方程，即式（6-19）、式（6-20）和一个应力方程，即式（6-22），但在这三个方程中却有四个未知数：A'_s、A_s、σ_s 和 x（或 ξ）。因此，要得出唯一解，还需补充一个附加条件。与大偏心受压截面设计相仿，在 A_s 及 A'_s 均为未知时，也以 $A_s + A'_s$ 最小作为附加条件。

在小偏心受压的情况下，由于远离轴向力一侧的纵向钢筋无论是受压还是受拉一般均未达到屈服强度（除非是偏心过小且同时轴向压力又很大的情况），因此一般可取 A_s 等于最小

配筋面积，这样得出的总用钢量最少。由于在未得出计算结果之前无法判断 A_s 是受压还是受拉，故在计算时统一取 $A_s = 0.002bh$（图6-20a）。

对近轴向力一侧受压钢筋合力点取矩，有

$$Ne' = \alpha_1 f_c bx\,(0.5x - a_s') - \sigma_s A_s\,(h_0 - a_s')$$

将 $x = \xi h_0$ 及式（6-22）中 σ_s 的表达式代入上式，有

$$Ne' = \alpha_1 f_c bh_0^2 \xi\left(0.5\xi - \frac{a_s'}{h_0}\right) - \frac{\xi - \beta_1}{\xi_b - \beta_1} f_y A_s\,(h_0 - a_s')$$

整理后有

$$0.5\alpha_1 f_c bh_0^2 \xi^2 - \left[\alpha_1 f_c bh_0 a_s' - \frac{f_y A_s\,(h_0 - a_s')}{\beta_1 - \xi_b}\right]\xi - \left[Ne' + \frac{\beta_1 f_y A_s\,(h_0 - a_s')}{\beta_1 - \xi_b}\right] = 0$$

上式为 ξ 的二次方程，将有关数字代入，即可求得 ξ。

$$\xi = \left(\frac{a_s'}{h_0} - \frac{A}{B}\right) + \sqrt{\left(\frac{a_s'}{h_0} - \frac{A}{B}\right)^2 + \frac{2\,(\beta_1 - \xi_b)\,Ne'}{B} + 2\beta_1 \frac{A}{B}} \tag{6-24}$$

式中

$$A = f_y A_s\,(h_0 - a_s') = 0.002bhf_y\,(h_0 - a_s')$$

$$B = (\beta_1 - \xi_b)\,\alpha_1 f_c bh_0^2$$

$$e' = \frac{h}{2} - e_i - a_s'$$

将式（6-24）求得的 ξ 以 $x = \xi h_0$ 代入式（6-20），则可求得 A_s'。

$$A_s' = \frac{Ne - \alpha_1 f_c bh_0^2 \xi\,(1 - 0.5\xi)}{f_y'\,(h_0 - a_s')} \tag{6-25}$$

式中　$e = e_i + \dfrac{h}{2} - a_s$。

如果求得的 $\xi > h/h_0$，则应取 $\xi = h/h_0$，代入上式进行计算。

如果按式（6-24）求得的 $\xi \leqslant \xi_b$，则应按大偏心受压进行计算。

应当注意，在偏心距很小且轴向压力较大的小偏心受压截面中，远离纵向力一侧的纵向钢筋有可能达到受压屈服强度。为了估算在这种情况下的 A_s，《规范》建议：

当 $N > f_c bh$ 时，认为受压破坏可能发生在远离轴向压力 A_s 的一侧，此时在截面设计时首先应按图6-22（或图6-20c）所示受力平衡状态，对 A_s' 重心取矩建立 A_s 的计算公式。另外，为保守起见，获得轴力所产生的弯矩值偏大一些，轴向压力在偏心方向的初始偏心距应取 $e_i = e_0 - e_a$。同时，取 $x = h$，由力矩平衡条件得

$$Ne' \leqslant \alpha_1 f_c bh\left(h_0' - \frac{h}{2}\right) + f_y' A_s\,(h_0' - a_s) \tag{6-26}$$

式中

$$e' = \frac{h}{2} - a_s' - e_i$$

$$e_i = e_0 - e_a$$

$$h_0' = h - a_s'$$

则

$$A_s = \frac{Ne' - \alpha_1 f_c bh\left(h_0' - \dfrac{h}{2}\right)}{f_y'\,(h_0' - a_s)} \tag{6-27}$$

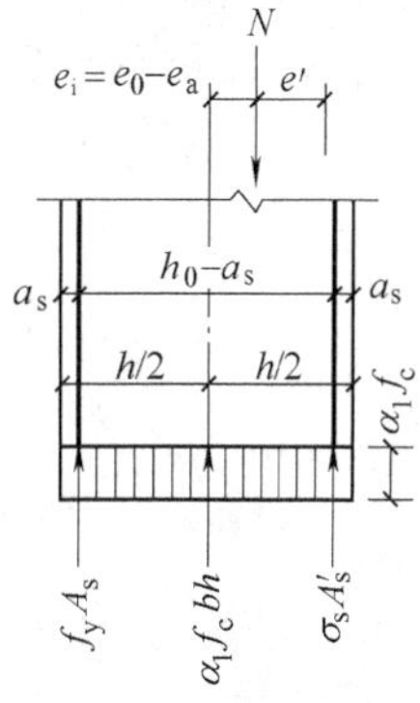

图6-22　e_a 与 e_0 反向
时全截面受压

情况2：已知 A_s（或 A_s'）求 A_s'（或 A_s）。

当 A_s 为已知时（$A_s > 0.002bh$），可直接由式（6-24）计算 ξ，仅将此时的 A_s 取为给定值，即令 $A = f_y A_s$ $(h_0 - a_s')$，然后将 ξ 值代入式（6-25）求出 A_s'。

当 A_s' 为已知时，则由式（6-20）先算出 x 及 $\xi = \dfrac{x}{h_0}$，然后将 ξ 值代入式（6-22）求得 A_s 的钢筋应力 σ_s：当 $\xi < \beta_1$ 时，σ_s 为拉应力（正值）；当 $\xi > \beta_1$ 时，σ_s 为压应力（负值）。然后，将 ξ 和 σ_s（带正负号）值同时代入式（6-19）求得 A_s。

小偏心受压构件非对称配筋截面设计计算步骤参见框图6-23所示。

【例6-5】 截面尺寸 $b \times h = 400\text{mm} \times 500\text{mm}$ 的钢筋混凝土柱，承受轴向压力设计值 $N = 2500\text{kN}$，柱端弯矩设计值 $M_0 = 167.5\text{kN} \cdot \text{m}$，该柱计算长度 $l_c = 7.5\text{m}$，混凝土强度等级为 C30（$f_c = 14.3\text{N/mm}^2$），纵向钢筋为 HRB 400 级（$f_y = f_y' = 360\text{N/mm}^2$），取 $a_s = a_s' = 40\text{mm}$。试确定截面配筋。

【解】 （1）判断大小偏心

$$h_0 = h - a_s = (500 - 40)\ \text{mm} = 460\text{mm}$$

$$\zeta_c = \frac{0.5 f_c A}{N} = \frac{0.5 \times 14.3 \times 400 \times 500}{2500 \times 10^3} = 0.572$$

$$e_a = 20\text{mm}（e_a\ 取\ 20\text{mm}\ 或\ \frac{1}{30}h = 16.67\text{mm}\ 两者之中大值）$$

$$\eta_{ns} = 1 + \frac{1}{1300 \times \left(\dfrac{M_0}{N} + e_a\right)/h_0} \left(\frac{l_c}{h}\right)^2 \zeta_c$$

$$= 1 + \frac{1}{1300 \times \left(\dfrac{167.5 \times 10^6}{2500 \times 10^3} + 20\right)/460} \times \left(\frac{7500}{500}\right)^2 \times 0.572$$

$$= 1.52$$

$$M = \eta_{ns} M_0 = 1.52 \times 167.5\text{kN} \cdot \text{m} = 254.6\text{kN} \cdot \text{m}$$

$$e_0 = \frac{M}{N} = \frac{254.6 \times 10^6}{2500 \times 10^3}\text{mm} = 101.84\text{mm}$$

则 $e_i = e_0 + e_a = (101.84 + 20)\text{mm} = 121.84\text{mm} < 0.3h_0 = 0.3 \times 460\text{mm} = 138\text{mm}$

初步判断为小偏心受压。

（2）按最小配筋率确定 A_s

$$A_s = 0.002bh = 0.002 \times 400 \times 500\text{mm}^2 = 400\text{mm}^2$$

（3）计算 ξ

$$\xi_b = 0.518$$

$$e' = \frac{h}{2} - e_i - a_s' = \left(\frac{500}{2} - 121.84 - 40\right)\text{mm} = 88.16\text{mm}$$

$$A = f_y A_s\ (h_0 - a_s') = 360 \times 400 \times (460 - 40)\ \text{N} \cdot \text{mm} = 60480000\text{N} \cdot \text{mm}$$

$$B = (\beta_1 - \xi_b)\ \alpha_1 f_c b h_0^2$$

$$= (0.8 - 0.518) \times 1.0 \times 14.3 \times 400 \times 460^2 \text{N} \cdot \text{mm}$$

$$= 341319264\text{N} \cdot \text{mm}$$

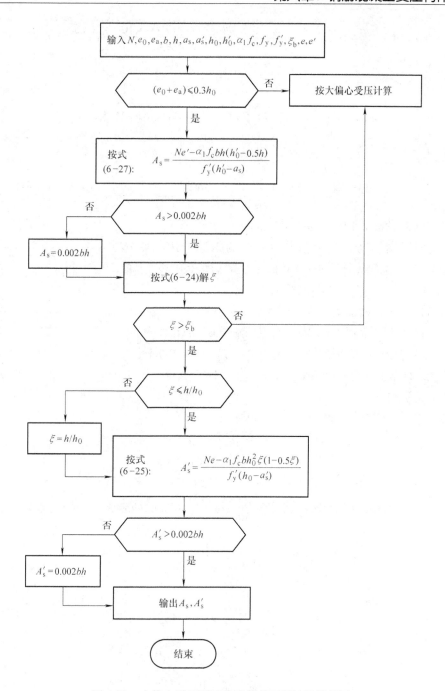

图 6-23　小偏心受压不对称配筋截面设计计算框图

$$A/B = 0.177$$

由式（6-24）得

$$\xi = \left(\frac{a'_s}{h_0} - \frac{A}{B} \right) + \sqrt{\left(\frac{a'_s}{h_0} - \frac{A}{B} \right)^2 + \frac{2\ (\beta_1 - \xi_b)\ Ne'}{B} + 2\beta_1 \frac{A}{B}}$$

$$= -0.090 + \sqrt{(-0.090)^2 + \frac{2 \times (0.8 - 0.518) \times 2500 \times 10^3 \times 88.16}{341319264} + 1.6 \times 0.177}$$

$$= 0.720$$

（4）计算 A'_s

$$e = e_i + \frac{h}{2} - a_s = \left(121.84 + \frac{500}{2} - 40\right)\text{mm} = 331.84\text{mm}$$

$$A'_s = \frac{Ne - \alpha_1 f_c b h_0^2 \xi\ (1 - 0.5\xi)}{f'_y\ (h_0 - a'_s)}$$

$$= \frac{2500000 \times 331.84 - 1.0 \times 14.3 \times 400 \times 460^2 \times 0.720 \times\ (1 - 0.5 \times 0.720)}{360 \times\ (460 - 40)}\text{mm}^2$$

$$= 1798.08\text{mm}^2 > 0.002bh = 400\text{mm}^2$$

（5）选择纵向钢筋　远离纵向力一侧的钢筋选用 3 ⬥ 16 （$A_s = 402\text{mm}^2$），靠近纵向力一侧的纵向钢筋选用 2 ⬥ 25 + 2 ⬥ 22 （$A'_s = 1742\text{mm}^2$），截面配筋如图 6-24 所示。

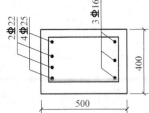

图 6-24　例 6-5 配筋图

【例 6-6】　已知截面尺寸 $b \times h = 400\text{mm} \times 500\text{mm}$ 偏心受压柱，承受轴向力设计值 $N = 3200\text{kN}$，柱端弯矩设计值 $M_0 = 65\text{kN} \cdot \text{m}$，采用 HRB 400 级纵向钢筋（$f_y = f'_y = 360\text{N/mm}^2$），C30 强度等级混凝土（$f_c = 14.3\text{N/mm}^2$），柱的计算长度 $l_c = 6.0\text{mm}$，$a_s = a'_s = 35\text{mm}$。试确定所需纵向钢筋用量 A_s 和 A'_s。

【解】　（1）判断大小偏心

$$h_0 = (500 - 35)\ \text{mm} = 465\text{mm}$$

$$\zeta_c = \frac{0.5f_c A}{N} = \frac{0.5 \times 14.3 \times 400 \times 500}{3200 \times 10^3} = 0.45$$

$$e_a = 20\text{mm}\ \left(\text{取 } 20\text{mm 或} \frac{h}{30} = \frac{500}{30}\text{mm} = 16.67\text{mm 两者之中的较大者}\right)$$

$$\eta_{ns} = 1 + \frac{1}{1300\left(\frac{M_0}{N} + e_a\right)/h_0}\left(\frac{l_c}{h}\right)^2 \zeta_c$$

$$= 1 + \frac{1}{1300 \times \left(\frac{65 \times 10^6}{3200 \times 10^3} + 20\right)/465} \times \left(\frac{6000}{500}\right)^2 \times 0.45 = 1.57$$

$$M = \eta_{ns} M_0 = 1.57 \times 65\text{kN} \cdot \text{m} = 102.05\text{kN} \cdot \text{m}$$

$$e_0 = \frac{M}{N} = \frac{102.05 \times 10^6}{3200 \times 10^3}\text{mm} = 32\text{mm}$$

则

$$e_i = e_0 + e_a = (32 + 20)\text{mm} = 52\text{mm}$$

初步判断截面属于小偏心受压。

（2）确定 A_s

由于 $N = 3200000\text{N} > f_c bh = 14.3 \times 400 \times 500\text{N} = 2860000\text{N}$，所以应按防止远轴向力一侧混凝土可能先被压碎的条件确定 A_s。此时取

$$e_i = e_0 - e_a = (32 - 20)\ \text{mm} = 12\text{mm}$$

$$h'_0 = h - a'_s = (500 - 35)\ \text{mm} = 465\text{mm}$$

$$e' = \frac{h}{2} - a'_s - e_i = \left(\frac{500}{2} - 35 - 12\right)\text{mm} = 203\text{mm}$$

则由式（6-27）得

$$A_s = \frac{Ne' - f_c bh\left(h'_0 - \dfrac{h}{2}\right)}{f'_y\ (h'_0 - a_s)} = \frac{3200 \times 10^3 \times 203 - 14.3 \times 400 \times 500 \times \left(465 - \dfrac{500}{2}\right)}{360 \times (465 - 35)}\text{mm}^2$$

$$= 224.16\text{mm}^2 < \rho_{\min} bh = 0.002 \times 400 \times 500\text{mm}^2 = 400\text{mm}^2$$

实选 3 $\underline{\Phi}$ 16 （$A_s = 402\text{mm}^2$）。

（3）求 A'_s

$$\xi_b = 0.518$$

$$A = f_y A_s\ (h_0 - a'_s) = 360 \times 402 \times (465 - 35)\ \text{N} \cdot \text{mm} = 62229600\text{N} \cdot \text{mm}$$

$$B = (\beta_1 - \xi_b)\ \alpha_1 f_c bh_0^2$$

$$= (0.8 - 0.518) \times 1.0 \times 14.3 \times 400 \times 465^2 \text{N} \cdot \text{mm}$$

$$= 348779574\text{N} \cdot \text{mm}$$

$$A/B = 62229600/348779574 = 0.178$$

$$e' = \frac{h}{2} - e_i - a'_s = \left(\frac{500}{2} - 52 - 35\right)\text{mm} = 163\text{mm}$$

$$e = e_i + \frac{h}{2} - a_s = \left(52 + \frac{500}{2} - 35\right)\text{mm} = 267\text{mm}$$

$$\frac{a'_s}{h_0} - \frac{A}{B} = \frac{35}{465} - 0.178 = -0.102$$

由式（6-24）

$$\xi = \left(\frac{a'_s}{h_0} - \frac{A}{B}\right) + \sqrt{\left(\frac{a'_s}{h_0} - \frac{A}{B}\right)^2 + \frac{2\ (\beta_1 - \xi_b)\ Ne'}{B} + 1.6\frac{A}{B}}$$

$$= (-0.102) + \sqrt{(-0.102)^2 + \frac{2 \times (0.8 - 0.518) \times 3200 \times 10^3 \times 163}{348779574} + 1.6 \times 0.178}$$

$$= 0.965$$

$$A'_s = \frac{Ne - \alpha_1 f_c bh_0^2 \xi\ (1 - 0.5\xi)}{f'_y\ (h_0 - a'_s)}$$

$$= \frac{3200 \times 10^3 \times 267 - 1.0 \times 14.3 \times 400 \times 465^2 \times 0.965 \times (1 - 0.5 \times 0.965)}{360 \times (465 - 35)}\text{mm}^2$$

$$= 1529.42\text{mm}^2$$

选 5 $\underline{\Phi}$ 20 （$A'_s = 1570\text{mm}^2$）。截面配筋图如图 6-25 所示。

3. 截面复核

在进行截面复核时，一般已知构件的计算长度 l_c、截面尺寸、材料强度及截面配筋，要求计算截面所能承受的轴向力 N_u 及弯矩 M_u。由于 $M = Ne_0$，所以截面复核实际上有两种情形，即已知轴向力设计值 N、偏心距 e_0，验算截面能否承受该轴向力 N 值；或

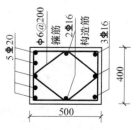

图 6-25　例 6-6 配筋图

者已知轴向力设计值 N，计算偏心距 e_0 或截面能承受的弯矩设计值 M_u。

(1) 弯矩作用平面的承载力复核

1) 给定轴向力设计值 N，求弯矩作用平面所承担的弯矩设计值 M_u。

由于给定截面尺寸，配筋和材料强度均已知，未知数有 x、e_0 和 M 三个。

此时先按大偏心受压按式 (6-8) 求 x，即

$$x = \frac{N - A_s' f_y' + A_s f_y}{\alpha_1 f_c b} \tag{6-28}$$

a. 若求出的 $x \leqslant \xi_b h_0$ 时，则为大偏心受压。如果 $x \geqslant 2a_s'$，则将 x 代入式 (6-9) 可求出 e_0；如果 $x < 2a_s'$，则取 $x = 2a_s'$ 利用式 (6-17) 求解 e_0，截面所承担的弯矩设计值为 $M_u = N e_0$。

b. 若求出的 $x > \xi_b h_0$ 时，为小偏心受压，按式 (6-19)、式 (6-22) 重新求 x。

如果求得的 $x < (2\beta_1 - \xi_b) h_0$，将 x 代入式 (6-20) 求 e_0，截面所承担的弯矩设计值为 $M_u = N e_0$。

如果求得的 $x \geqslant (2\beta_1 - \xi_b) h_0$，则取 $\upsilon_s = -f_y'$，由式 (6-19)、式 (6-20) 求 e_0；还应符合式 (6-26) 求 e_0，二者取小值，截面所承担的弯矩设计值为 $M_u = N e_0$。

如果求得的 $x > h$，则取 $x = h$，$\sigma_s = -f_y'$，由式 (6-20) 求 e_0；还应符合式 (6-26) 求 e_0，两者取小值，截面所承担的弯矩设计值为 $M_u = N e_0$。

2) 给定轴向力作用的偏心距 e_0，求截面所承担的轴向力设计值 N_u。

此时的未知数为 x 和 N_u 两个。因截面配筋已知，故可先按大偏心受压情况，即按图6-16所示对轴向力 N 作用点取矩，根据力矩平衡条件得

$$\alpha_1 f_c b x \left(e - h_0 + \frac{x}{2} \right) - f_y A_s e + f_y' A_s' e' = 0 \tag{6-29}$$

式中，$e = e_i + \dfrac{h}{2} - a_s$，$e' = e_i - \dfrac{h}{2} + a_s'$，$e_i = e_0 + e_a$，$e_0 = \eta_{ns} e_t$。

由式 (6-29) 可求得 x。

a. 若求出的 $x \leqslant \xi_b h_0$ 时，为大偏心受压。

如果 $x \geqslant 2a_s'$，即可将 x 代入式 (6-8)，求截面能承受的轴向力 N_u。

如果求出的 $x < 2a_s'$，则取 $x = 2a_s'$，按式 (6-17) 求截面能承受的轴向力 N_u。

b. 若求出的 $x > \xi_b h_0$ 时，为小偏心受压。应按小偏心受压基本公式重新求 x。如图6-20a所示，对轴向力 N 作用点取矩，根据力矩平衡条件得

$$\alpha_1 f_c b x \left(e - h_0 + \frac{x}{2} \right) - \sigma_s A_s e - f_y' A_s' e' = 0 \tag{6-30}$$

式中，$e = e_i + \dfrac{h}{2} - a_s$，$e' = \dfrac{h}{2} - e_i - a_s'$。

将 $\sigma_s = \dfrac{\xi - \beta_1}{\xi_b - \beta_1} f_y$ 代入式 (6-30) 可求得关于 x 一元二次方程。

$$x^2 + 2Bx + 2C = 0 \tag{6-31}$$

$$x = -B + \sqrt{B^2 - 2C} \tag{6-32}$$

式中

$$B = e\left(1 + \frac{1}{\beta_1 - \xi_b} \cdot \frac{f_y A_s}{\alpha_1 f_c b h_0}\right) - h_0 \left.\right\}$$

$$C = \frac{1}{\alpha_1 f_c b}\left(\frac{\beta_1}{\xi_b - \beta_1} f_y A_s e - f'_y A'_s e'\right) \left.\right\} \tag{6-33}$$

如果 $\xi_b h_0 < x \leqslant (2\beta_1 - \xi_b) h_0$ 时，将 x 代入式（6-19）可得截面能承受的轴向力 N_u。

如果 $x > (2\beta_1 - \xi_b) h_0$，则取 $\sigma_s = -f'_y$，按式（6-19）、式（6-20）重新求解 x 及 N_u，同时还应考虑 A_s 一侧混凝土可能先压坏的情况，还应符合式（6-26）的要求，于是有

$$N \leqslant N_u = \frac{\alpha_1 f_c b h (h'_0 - 0.5h) + f'_y A_s (h'_0 - a_s)}{e'} \tag{6-34}$$

如果 $x > h$，则取 $x = h$，$\sigma_s = -f'_y$，代入式 $N_u e' = \alpha_1 f_c b x \left(\frac{x}{2} - a'_s\right) - \sigma_s A_s (h_0 - a'_s)$ 求 N_u，同时还应符合式（6-26）要求。

（2）垂直于弯矩作用平面的承载力计算　除了在弯矩作用平面内依照偏心受压进行截面复核计算外，当构件在垂直于弯矩作用平面内的长细比 l_c/b 较大时，尚应根据 l_c/b 确定稳定系数 φ，按轴心受压情况验算垂直于弯矩作用平面的受压承载力，并与上面求得的 N_u 比较后，取小值为偏压构件的最大承载力。

【例6-7】　已知偏心受压柱的截面尺寸 $b = 400\text{mm}$，$h = 500\text{mm}$，采用 C30 级混凝土、HRB400 级钢筋，A_s 选用 2 ⬒ 20（$A_s = 628\text{mm}^2$），A'_s 选用 4 ⬒ 20（$A'_s = 1256\text{mm}^2$），柱的计算长度均为 $l_c = 6.0\text{m}$，设轴向力的偏心距 $e_0 = 100\text{mm}$，环境类别为一类。求该柱所能承受的轴向力设计值。

【解】　（1）查数据　环境类别为一类，柱混凝土保护层最小厚度为 20mm，取 $a_s = a'_s = 40\text{mm}$，$h_0 = 460\text{mm}$，$\xi_b = 0.518$，$f_c = 14.3\text{N/mm}^2$，$f_y = f'_y = 360\text{N/mm}^2$，$\alpha_1 = 1.0$，$\beta_1 = 0.8$，$e_0 = 100\text{mm}$。

（2）判别大小偏心受压　附加偏心距 $e_a = 20\text{mm}$（取 20mm 或 $\frac{1}{30}h = \frac{1}{30} \times 500\text{mm} = 16.67\text{mm}$。两者之中的较大者），则初始偏心距 $e_i = e_0 + e_a = (100 + 20)\text{mm} = 120\text{mm} < 0.3h_0 = (0.3 \times 460)\text{mm} = 138\text{mm}$

故先按小偏压情况计算。

（3）计算混凝土受压区高度 x

$$e = e_i + \frac{h}{2} - a_s = (120 + 250 - 40)\text{mm} = 330\text{mm}$$

$$e' = \frac{h}{2} - e_i - a'_s = (250 - 120 - 40)\text{mm} = 90\text{mm}$$

由式（6-33）得

$$\begin{aligned}
B &= e\left(1 + \frac{1}{\beta_1 - \xi_b} \cdot \frac{f_y A_s}{\alpha_1 f_c b h_0}\right) - h_0 \\
&= 330 \times \left(1 + \frac{1}{0.8 - 0.518} \times \frac{360 \times 628}{1 \times 14.3 \times 400 \times 460}\right)\text{mm} - 460\text{mm} \\
&= -29.45\text{mm}
\end{aligned}$$

$$C = \frac{1}{\alpha_1 f_c b}\left(\frac{\beta_1}{\xi_b - \beta_1}f_y A_s e - f'_s A'_s e'\right)$$

$$= \frac{1}{1 \times 14.3 \times 400} \times \left(\frac{0.8}{0.518 - 0.8} \times 360 \times 628 \times 330 - 360 \times 1256 \times 90\right)\text{mm}^2$$

$$= -44116.04\text{mm}^2$$

代入式（6-32）解得 $x = -B + \sqrt{B^2 - 2C} = 29.45\text{mm} + \sqrt{(-29.45)^2 + 2 \times 44116.04}\text{mm}$
$= 327.95\text{mm}$

（4）计算截面能承受的轴向力 N_u　因为 $(2\beta_1 - \xi_b)h_0 = (2 \times 0.8 - 0.518) \times 460\text{mm}$ $= 497.72\text{mm}$，$\xi_b h_0 = 0.518 \times 460\text{mm} = 238.28\text{mm}$，所以 $\xi_b h_0 < x < (2\beta_1 - \xi_b)h_0$。将 x 代入式（6-19）可得截面能承受的轴向力 N_u。

$$N \leqslant N_u = \alpha_1 f_c bx + f'_y A'_s - \frac{\xi - \beta_1}{\xi_b - \beta_1}f_y A_s$$

$$= 1 \times 14.3 \times 400 \times 327.95\text{N} + 360 \times 1256\text{N} - \frac{(327.95 \div 460) - 0.8}{0.518 - 0.8} \times 360 \times 628\text{N}$$

$$= 2258233.63\text{N}$$

$$= 2258.23\text{kN}$$

（5）垂直于弯矩作用平面的承载力 N_u　$l_c/b = 6000/400 = 15$，查表 6-1 得 $\varphi = 0.895$。
由式（6-1）得

$$N_u = 0.9\varphi(f_c A + f'_y A'_s) = 0.9 \times 0.895 \times [14.3 \times 400 \times 500 + 360 \times (1256 + 628)]\text{N}$$
$$= 2850.05\text{kN} > 2258.23\text{kN}$$

故该柱的承载力 N_u 为 2258.23kN。

【例 6-8】　已知偏心受压柱的截面尺寸 $b = 400\text{mm}$，$h = 500\text{mm}$，轴向力设计值 $N = 800\text{kN}$，计算长度 $l_c = 4.0\text{m}$，采用 C30 级混凝土，纵筋采用 HRB400 级钢筋，A_s 选用 5 ⚲ 20（$A_s = 1570\text{mm}^2$），A'_s 选用 4 ⚲ 28（$A'_s = 1017\text{mm}^2$），$a_s = a'_s = 40\text{mm}$，环境类别为一类。求该柱能承受的柱端弯矩值。

【解】　$h_0 = 460\text{mm}$，$\xi_b = 0.518$，$f_c = 14.3\text{N/mm}^2$，$f_y = f'_y = 360\text{N/mm}^2$，$\alpha_1 = 1.0$，$\beta_1 = 0.8$。

（1）判别大小偏心受压　按式（6-28）求 x。

$$x = \frac{N - A'_s f'_y + A_s f_y}{\alpha_1 f_c b} = \frac{800 \times 10^3 - 1017 \times 360 + 1570 \times 360}{1.0 \times 14.3 \times 400}\text{mm} = 174.66\text{mm}$$

$\leqslant \xi_b h_0 = 0.518 \times 460\text{mm} = 238\text{mm}$，故为大偏心受压，且 $x \geqslant 2a'_s = 80\text{mm}$。

（2）计算 e_i　由式（6-20）

$$Ne = \alpha_1 f_c bx(h_0 - 0.5x) + f'_y A'_s(h_0 - a')$$

得 $800 \times 10^3 e = 1.0 \times 14.3 \times 400 \times 174.66 \times (460 - 0.5 \times 174.66) + 360 \times 1017 \times 420$

解得 $e = 657.61\text{mm}$。
由式（6-10）得

$$e_i = e - \frac{h}{2} + a_s = (657.61 - 250 + 40)\text{mm} = 447.61\text{mm}$$

（3）计算柱端设计弯矩 M　取附加偏心距 $e_a = 20\text{mm}$（e_a 取 20mm 或 $\frac{1}{30}h = \frac{1}{30} \times 500\text{mm} = $

16.67mm 两者之中的较大者)。

$$e_0 = e_i - e_a = (447.61 - 20)\text{mm} = 427.61\text{mm} = 0.428\text{m}$$

$$M = Ne_0 = 800 \times 0.428\text{kN} \cdot \text{m} = 342\text{kN} \cdot \text{m}$$

(4)计算柱端弯矩 M_0

$$\zeta_c = \frac{0.5f_c A}{N} = \frac{0.5 \times 14.3 \times 400 \times 500}{800 \times 10^3} = 1.79 > 1 \text{ 取 } \zeta_c = 1$$

$$\eta_{ns} = 1 + \frac{1}{1300(M_0/N + e_a)/h_0}\left(\frac{l_0}{h}\right)^2 \zeta_c$$

$$= 1 + \frac{1}{1300 \times (M_0/800 \times 10^3 + 20)/460} \times (4000/500)^2 \times 1.0$$

$$= 1 + \frac{22.65}{M_0/800 \times 10^3 + 20}$$

由 $M = \eta_{ns}M_0$ 得

$$342 \times 10^6 = 1 \times \left(1 + \frac{22.65}{M_0/800 \times 10^3 + 20}\right)M_0$$

$$M_0^2 - 307.88M_0 - 5472 = 0$$

$$M_0 = 324.72\text{kN} \cdot \text{m}$$

该截面能承受的弯矩设计值为 324.72kN·m。

(六)矩形截面对称配筋偏心受压构件正截面承载力计算

在实际工程中,常在受压构件的两侧配置相同的钢筋,称为对称配筋(即截面两侧采用规格相同、面积相等的钢筋)。偏心受压构件在不同的荷载组合作用下,同一截面有时会承受不同方向的弯矩,例如框、排架柱在风荷载、地震力等方向不定的水平荷载作用下,截面上弯矩的作用方向会随荷载作用方向的变化而改变,当弯矩数值相差不大时,可采用对称配筋;有时虽然两个方向的弯矩数值相差较大,但按对称配筋设计求得的纵筋总量比按非对称配筋设计得出的纵筋总量增加不多时,均宜采用对称配筋。对称配筋设计比相同条件下的非对称配筋设计用钢量要多一些,但是施工方便,特别是对外形对称的装配式柱,采用对称配筋可避免吊装方向错误。对称配筋的计算同样包括截面设计和截面复核。

1. 截面设计

(1)大小偏心的判别 对称配筋截面设计时,截面两对边采用相同等级和相同数量和面积的钢筋,即取 $A_s = A'_s$,$f_y = f'_y$,$a_s = a'_s$,由于附加了对称配筋的条件,因而在截面设计时,大小偏压的基本公式中的未知量只有两个,可以联立求解,不再需要附加条件。

由于在截面设计之前,不知构件属于大偏心受压还是小偏心受压,此时可先取 $f_y A_s = f'_y A'_s$ 代入式(6-8),直接求得 x 值,即

$$x = \frac{N}{\alpha_1 f_c b} \tag{6-35}$$

若 $x \leqslant \xi_b h_0$ 时,为大偏心受压;若 $x > \xi_b h_0$ 时,为小偏心受压。

在界限状态下,由于 $\xi = \xi_b$,利用式(6-8)还可得到界限破坏状态时的轴向力为

$$N_b = \alpha_1 f_c b h_0 \xi_b \tag{6-36}$$

对称配筋时,大小偏心受压也可用如下方法进行判别:

当 $e_i > 0.3h_0$，且 $N \leq N_b$ 时，为大偏心受压。

当 $e_i \leq 0.3h_0$，或虽 $e_i > 0.3h_0$，但 $N > N_b$ 时，为小偏心受压。

（2）大偏心受压构件截面设计 先用式（6-35）计算 x，如果 $x = \xi h_0 \geq 2a_s'$，则将 x 代入式（6-9）可得

$$A_s = A_s' = \frac{Ne - \alpha_1 f_c b h_0^2 \xi (1 - 0.5\xi)}{f_y' (h_0 - a_s')} \tag{6-37}$$

式中 $e = e_i + h/2 - a_s$。

如果计算所得的 $x = \xi h_0 < 2a_s'$，应取 $x = 2a_s'$，根据式（6-18）计算

$$A_s = A_s' = \frac{Ne'}{f_y (h_0 - a_s')} \tag{6-38}$$

式中，$e' = e_i - h/2 + a_s'$。

（3）小偏心受压构件截面设计 当由式（6-35），即 $x = \frac{N}{\alpha_1 f_c b}$ 求得的 $x > \xi_b h_0$ 时，则属于小偏心受压，此时将式（6-22），即 $\sigma_{si} = \frac{f_y}{\xi_b - \beta_1} (\xi - \beta_1)$，$x = \xi h_0$ 及 $f_y A_s - f_y' A_s'$ 代入基本公式［式（6-19）］得

$$N = \alpha_1 f_c b h_0 \xi + f_y' A_s' - f_y \frac{\xi - \beta_1}{\xi_b - \beta_1} A_s$$

解得
$$f_y' A_s' = f_y A_s = (N - \alpha_1 f_c b h_0 \xi) \frac{\xi_b - \beta_1}{\xi_b - \xi} \tag{6-39}$$

将式（6-39）代入式（6-20）得

$$Ne \frac{\xi_b - \xi}{\xi_b - \beta_1} = \alpha_1 f_c b h_0^2 \xi (1 - 0.5\xi) \frac{\xi_b - \xi}{\xi_b - \beta_1} + (N - \alpha_1 f_c b h_0 \xi)(h_0 - a_s') \tag{6-40}$$

可以看出上式是一个 ξ 的一元三次方程，解算三次方程对于一般设计而言过于繁琐，一般采用迭代法求解。《规范》建议用迭代法近似取 $\xi (1 - 0.5\xi) = 0.43$，则式（6-40）可由三次方程简化为一次方程

$$Ne \frac{\xi_b - \xi}{\xi_b - \beta_1} = 0.43 \frac{\xi_b - \xi}{\xi_b - \beta_1} \alpha_1 f_c b h_0^2 + (N - \alpha_1 f_c b h_0 \xi)(h_0 - a_s')$$

整理上式解得 ξ 值

$$\xi = \frac{N - \alpha_1 f_c b h_0 \xi_b}{\frac{Ne - 0.43 \alpha_1 f_c b h_0^2}{(\beta_1 - \xi_b)(h_0 - a_s')} + \alpha_1 f_c b h_0} + \xi_b \tag{6-41}$$

用上式求得 ξ 值后，代入式（6-20），可求得纵向钢筋截面面积

$$A_s = A_s' = \frac{Ne - \alpha_1 f_c b h_0^2 \xi (1 - 0.5\xi)}{f_y' (h_0 - a_s')} \tag{6-42}$$

同时需要满足 $A_s = A_s' \geq 0.002bh$ 的要求。

【例6-9】 已知柱截面 $b \times h = 400\text{mm} \times 500\text{mm}$，构件计算长度 $l_c = 5.5\text{m}$，荷载作用下柱的轴向力设计值 $N = 1200\text{kN}$，柱端弯矩设计值 $M_0 = 500\text{kN} \cdot \text{m}$，混凝土强度等级为C35，采用HRB400级钢筋，环境类别为二a类，采用对称配筋，求 A_s、A_s'。

【解】 （1）查数据 环境类别为二a类，柱混凝土保护层最小厚度为25mm，取 $a_s = $

$a_s' = 40\text{mm}$，$h_0 = 460\text{mm}$，$f_c = 16.7\text{N/mm}^2$，$f_y = f_y' = 360\text{N/mm}^2$，$\xi_b = 0.518$。

（2）计算柱的设计弯矩 M

$$\zeta_c = \frac{0.5f_c A}{N} = \frac{0.5 \times 16.7 \times 500 \times 400}{1200 \times 10^3} = 1.39 > 1.0 \text{ 取 } \zeta_1 = 1.0$$

$$e_a = 20\text{mm}\left(\text{取}20\text{mm 或}\frac{1}{30}h = \frac{1}{30} \times 500\text{mm} = 16.67\text{mm 两者之中较大者}\right)$$

$$\eta_{ns} = 1 + \frac{1}{1300\left(\frac{M_0}{N} + e_a\right)/h_0}\left(\frac{l_c}{h}\right)^2 \zeta_c$$

$$= 1 + \frac{1}{1300 \times \left(\frac{500 \times 10^6}{1200 \times 10^3} + 20\right)/460} \times \left(\frac{5500}{500}\right)^2 \times 1.0 = 1.098$$

则
$$M = \eta_{ns}M_0 = 1.098 \times 500\text{kN} \cdot \text{m} = 549\text{kN} \cdot \text{m}$$

（3）计算初始偏心距 e_i

$$e_0 = \frac{M}{N} = \frac{549 \times 10^6}{1200 \times 10^3}\text{mm} = 457.5\text{mm}$$

$$e_i = e_0 + e_a = (457.5 + 20)\text{mm} = 477.5\text{mm}$$

（4）判别大小偏压

$$x = \frac{N}{\alpha_1 f_c b} = \frac{1200 \times 10^3}{1.0 \times 16.7 \times 400}\text{mm} = 179.64\text{mm} < \xi_b h_0 = 0.518 \times 460\text{mm} = 238.28\text{mm}$$

属于大偏心受压。

$2a_s' = 70\text{mm}$，因此 $2a_s' < x < \xi_b h_0$。

（5）计算纵向钢筋截面面积

$$e = e_i + \frac{h}{2} - a_s = \left(477.5 + \frac{500}{2} - 40\right)\text{mm} = 687.5\text{mm}$$

$$A_s = A_s' = \frac{Ne - \alpha_1 f_c bx\ (h_0 - x/2)}{f_y'\ (h_0 - a_s')}$$

$$= \frac{1200 \times 10^3 \times 687.5 - 1.0 \times 16.7 \times 400 \times 179.64 \times\ (460 - 179.64/2)}{360 \times\ (460 - 40)}\text{mm}^2$$

$$= 2518.42\text{mm}^2$$

$$> \rho_{min}bh = 0.002 \times 500 \times 400\text{mm}^2 = 400\text{mm}^2$$

每边选筋 $2 \underline{\Phi} 28 + 2 \underline{\Phi} 30$，$A_s = A_s' = 1232\text{mm}^2 + 1413\text{mm}^2 = 2645\text{mm}^2$

$$\frac{A_s + A_s'}{bh} = \frac{2645 + 2645}{400 \times 500} = 2.64\% > 0.55\%，符合要求。$$

配筋如图 6-26 所示。

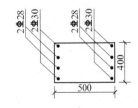

图 6-26　例 6-9 配筋图

【**例 6-10**】　柱截面 $b \times h = 400\text{mm} \times 600\text{mm}$，计算长度 $l_c = 4.8\text{m}$，柱的内力设计值 $N = 2500\text{kN}$，$M_0 = 350\text{kN} \cdot \text{m}$，混凝土采用 C35，钢筋采用 HRB400 级钢筋，环境类别为一类，采用对称配筋，求 A_s，A_s'。

【**解**】　（1）查数据　环境类别为一类，柱混凝土保护层最小厚度为 20mm，取 $a_s = a_s' =$

40mm，$h_0 = 560\text{mm}$，$f_c = 16.7\text{N/mm}^2$，$f_y = f'_y = 360\text{N/mm}^2$，$\xi_b = 0.518$，$\alpha_1 = 1.0$，$\beta_1 = 0.8$。

（2）计算柱的设计弯矩 M

$$\zeta_c = \frac{0.5 f_c A}{N} = \frac{0.5 \times 16.7 \times 400 \times 600}{2500 \times 10^3} = 0.802$$

取附加偏心距 $e_a = 20\text{mm}$（e_a 取 20mm 或 $\frac{1}{30}h = \frac{1}{30} \times 600\text{mm} = 20\text{mm}$ 二者之中的较大者）。

$$\eta_{ns} = 1 + \frac{1}{1300(M_0/N + e_a)/h_0}\left(\frac{l_c}{h}\right)^2 \zeta_c$$

$$= 1 + \frac{1}{1300 \times \left(\frac{350 \times 10^6}{2500 \times 10^3} + 20\right)/560} \times (4800/600)^2 \times 0.802 = 1.138$$

$$M = \eta_{ns} M_2 = 1.138 \times 350\text{kN} \cdot \text{m} = 398.3\text{kN} \cdot \text{m}$$

（3）判别大小偏压

$$e_0 = \frac{M}{N} = \frac{398.3 \times 10^6}{2500 \times 10^3}\text{mm} = 159.32\text{mm}$$

则初始偏心距为

$$e_i = e_0 + e_a = (159.32 + 20)\text{mm} = 179.32\text{mm}$$

由式(6-35)得 $x = \dfrac{N}{\alpha_1 f_c b} = \dfrac{2500 \times 10^3}{1.0 \times 16.7 \times 400}\text{mm} = 374.25\text{mm}$

$$> \xi_b h_0 = 0.518 \times 560\text{mm} = 290\text{mm}，应按小偏心受压计算。$$

（4）求 ξ

$$e = e_i + h/2 - a_s = (179.32 + 300 - 40)\text{mm} = 439.32\text{mm}$$

由 ξ 的近似公式(6-41)

$$\xi = \frac{N - \alpha_1 f_c b h_0 \xi_b}{\dfrac{Ne - 0.43\alpha_1 f_c b h_0^2}{(\beta_1 - \xi_b)(h_0 - a')} + \alpha_1 f_c b h_0} + \xi_b$$

$$= \frac{2500 \times 10^3 - 1.0 \times 16.7 \times 400 \times 560 \times 0.518}{\dfrac{2500 \times 10^3 \times 439.32 - 0.43 \times 16.7 \times 400 \times 560^2}{(0.8 - 0.518) \times (560 - 40)} + 1.0 \times 16.7 \times 400 \times 560} + 0.518$$

$$= 0.629$$

$$x = \xi h_0 = 0.629 \times 560\text{mm} = 352.24\text{mm}$$

（5）求 A_s, A'_s　由式(6-42)得

$$A_s = A'_s = \frac{Ne - \alpha_1 f_c b x(h_0 - 0.5x)}{f'_y(h_0 - a')}$$

$$= \frac{2500 \times 10^3 \times 439.32 - 1.0 \times 16.7 \times 400 \times 352.24 \times (560 - 0.5 \times 352.24)}{360 \times (560 - 40)}\text{mm}^2$$

$$= 1042\text{mm}^2$$

$$> \rho'_{min} bh = 0.002 \times 400 \times 600\text{mm}^2 = 480\text{mm}^2$$

每边选配钢筋　3 Φ 22（$A_s = A'_s = 1140\text{mm}^2$），$\dfrac{A_s + A'_s}{bh} = \dfrac{1140 + 1140}{400 \times 600} = 0.95\% > 0.6\%$，

符合要求。

截面配筋图如图 6-27 所示。

2. 截面复核

与非对称配筋截面复核的方法和步骤相同，仅在有关公式中取 $A_s = A'_s$ 即可。需说明的是由于 $A_s = A'_s$，因此对称配筋中小偏心受压不必再进行反向破坏验算。

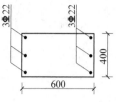

图 6-27 例 6-10 配筋图

二、偏心受压构件斜截面承载力计算

一般情况下，偏心受压柱所受剪力值相对较小，可不进行斜截面受剪承载力计算；但对于较大水平力作用下的框架柱、横向力作用下的桁架上弦压杆等，剪力影响相对较大，必须予以考虑。

试验表明，轴向压力能延迟裂缝的出现和发展，增加混凝土受压区的高度，从而提高斜截面受剪承载力。但有一定的限度，当轴压比 $N/(f_c bh)$ = 0.3 ~ 0.5 时，轴向压力对构件受剪承载力的有利影响最大。若轴压比继续增大，则其对构件受剪承载力的有利影响将降低，并转变为带有裂缝的小偏心受压破坏，图 6-28 列出了一组构件的试验结果。

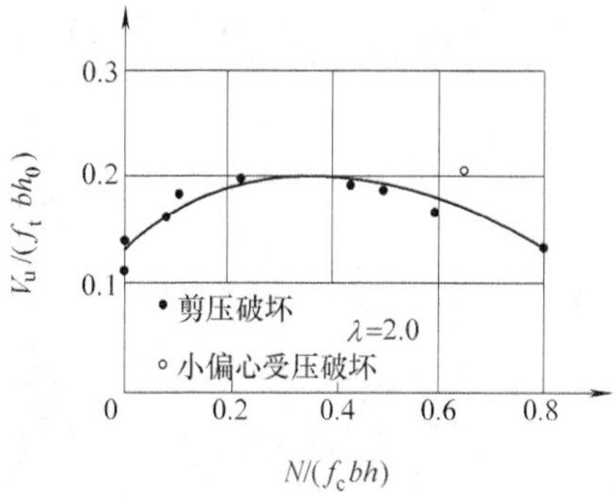

《规范》给出偏心受压构件斜截面受剪承载力计算公式：

$$V \leqslant V_u = \frac{1.75}{\lambda + 1} f_t bh_0 + f_{yv} \frac{nA_{sv1}}{s} h_0 + 0.07N \tag{6-43}$$

图 6-28 $V_u/(f_t bh_0)$ 与 $N/(f_c bh)$ 的关系

式中 λ——偏心受压构件的计算截面的剪跨比；

N——与剪力设计值相应的轴向压力设计值，当 $N > 0.3 f_c A$ 时，取 $N = 0.3 f_c A$；A 为构件的截面面积。

式（6-43）中 λ 按下述原则取值：①对各类结构的框架柱，取 $\lambda = M/Vh_0$，式中 M 为计算截面上与剪力 V 相应的弯矩设计值；当框架结构中柱的反弯点在层高范围内时，可取 $\lambda = H_n/2h_0$（H_n 为柱的净高）；当 $\lambda < 1$ 时，取 $\lambda = 1.0$；当 $\lambda > 3.0$ 时，取 $\lambda = 3.0$；②对其他偏心受压构件，当承受均布荷载时，取 $\lambda = 1.5$；当承受集中荷载时（包括作用有多种荷载且集中荷载对支座截面或节点边缘所产生的剪力值占总剪力的 75% 以上的情况），取 $\lambda = a/h_0$；当 $\lambda < 1.5$ 时，取 $\lambda = 1.5$；当 $\lambda > 3.0$ 时，取 $\lambda = 3.0$；此处，a 为集中荷载至支座或节点边缘的距离。

当偏心受压构件满足下列公式要求时，可不进行斜截面受剪承载力计算，而仅需根据构造要求配置箍筋。

$$V \leqslant \frac{1.75}{\lambda + 1.0} f_t bh_0 + 0.07N \tag{6-44}$$

与受弯构件类似，为防止由于配箍过多产生斜压破坏，偏心受压构件的受剪截面尺寸不应过小；为防止产生斜拉破坏，截面配箍应满足有关构造要求（见第四章）。

三、偏心受压构件的裂缝宽度验算

对于 $e_0/h_0 > 0.55$ 的偏心受压构件应进行裂缝宽度验算。偏心受压构件的最大裂缝宽度可按下列公式计算:

$$\omega_{\max} = 1.9\psi \frac{\sigma_{sq}}{E_s}\left(1.9c_s + 0.08\frac{d_{eq}}{\rho_{te}}\right) \tag{6-45}$$

式中,各符号的意义以及 ψ、E_s、c_s、d_{eq}、ρ_{te} 的取值方法与第五章受弯构件最大裂缝宽度的计算方法相同。

偏心受压构件的裂缝截面应力图形如图 6-29 所示。对受压区合力点取矩,可得到钢筋应力计算公式

$$\sigma_{sq} = \frac{N_q(e-z)}{A_s z} \tag{6-46}$$

$$z = \left[0.87 - 0.12(1-\gamma'_f)\left(\frac{h_0}{e}\right)^2\right]h_0 \tag{6-47}$$

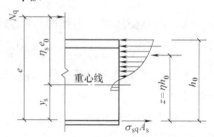

图 6-29 偏心受压构件裂缝截面应力分布示意图

$$e = \eta_s e_0 + y_s \tag{6-48}$$

$$\eta_s = 1 + \frac{1}{4000e_0/h_0}\left(\frac{l_c}{h}\right)^2 \tag{6-49}$$

$$\gamma'_f = (b'_f - b)h'_f/(bh_0) \tag{6-50}$$

式中　N_q——按荷载的准永久组合计算的轴向压力值;

　　　e——轴向压力作用点至纵向受拉钢筋合力点的距离;

　　　e_0——荷载准永久组合下的初始偏心距,$e_0 = \dfrac{M_q}{N_q}$;

　　　M_q——按荷载的准永久组合计算的弯矩值;

　　　η_s——使用阶段的轴心压力偏心距增大系数,当 $l_c/h \leqslant 14$ 时,取 $\eta_s = 1.0$;

　　　y_s——截面重心至纵向受拉钢筋合力点的距离;

　　　z——纵向受拉钢筋合力点与受压区合力点之间的距离,$z \leqslant 0.87h_0$;

　　　γ'_f——受压翼缘截面面积与腹板有效截面面积的比值;

　b'_f、h'_f——受压翼缘的宽度和高度,当 $h'_f > 0.2h_0$ 时,取 $h'_f = 0.2h_0$。

【例 6-11】 一矩形截面的对称配筋偏心受压柱,截面尺寸 $b \times h = 350\text{mm} \times 600\text{mm}$,受拉和受压钢筋均为 4 Φ 20 的 HRB400 级钢筋,采用 C30 混凝土,柱的计算长度 $l_c = 5\text{m}$,混凝土保护层厚度 $c_s = 30\text{mm}$,荷载效应准永久组合的 $N_q = 380\text{kN}$,$M_q = 160\text{kN·m}$。试验算该柱是否满足露天环境中使用的裂缝宽度要求($\omega_{\lim} = 0.2\text{mm}$)。

【解】 查表确定各类参数与系数:$A_s = A'_s = 1256\text{mm}^2$,$E_s = 2 \times 10^5 \text{N/mm}^2$,$f_{tk} = 2.01\text{N/mm}^2$,计算有关参数。

$$\frac{l_c}{h} = \frac{5000}{600} = 8.33 < 14,\quad \eta_s = 1.0$$

$$a_s = c + \frac{d}{2} = (30+10)\text{mm} = 40\text{mm}$$

$$h_0 = h - a_s = （600 - 40）\ \text{mm} = 560\text{mm}$$

$$e_0 = \frac{M_q}{N_q} = \frac{160000}{380}\text{mm} = 421\text{mm} > 0.55h_0 = 308\text{mm}$$

$$e = e_0 + \frac{h}{2} - a_s = （421 + 300 - 40）\ \text{mm} = 681\text{mm}$$

$$z = \left[0.87 - 0.12\left(\frac{h_0}{e}\right)^2\right]h_0 = \left[0.87 - 0.12 \times \left(\frac{560}{681}\right)^2\right] \times 560\text{mm} = 442\text{mm}$$

$$\sigma_{sq} = \frac{N_q（e - z）}{A_s z} = \frac{380000 \times （681 - 442）}{1256 \times 442}\text{N/mm}^2 = 164\text{N/mm}^2$$

$$\rho_{te} = \frac{A_s}{0.5bh} = \frac{1256}{0.5 \times 350 \times 600} = 0.012$$

$$\psi = 1.1 - \frac{0.65f_{tk}}{\rho_{te}\sigma_{sq}} = 1.1 - \frac{0.65 \times 2.01}{0.012 \times 164} = 0.436$$

计算最大裂缝宽度：

$$\omega_{max} = 1.9\psi\frac{\sigma_{sq}}{E_s}\left(1.9c_s + 0.08\frac{d}{\rho_{te}}\right) = 1.9 \times 0.436 \times \frac{164}{2 \times 10^5} \times \left(1.9 \times 30 + 0.08 \times \frac{20}{0.012}\right)\text{mm} = 0.129\text{mm}$$

验算裂缝：$\omega_{max} = 0.129\text{mm} < \omega_{lim} = 0.2\text{mm}$，满足要求。

思　考　题

6-1　在轴心受压构件中配置纵向钢筋和箍筋有何意义？与受弯构件相比，为什么轴心受压构件宜采用较高强度等级的混凝土？

6-2　在轴心受压构件中的受压钢筋什么情况下可以屈服？

6-3　什么情况下构件是偏心受压构件？偏心受压短柱和长柱的破坏有何本质区别？轴心受压中长柱的稳定系数 φ 如何确定？

6-4　在大偏心受压构件截面选择时：①什么情况下设 $\xi = \xi_b$？当求得的 $A'_s \leq 0$ 或 $A_s \leq 0$ 时，截面是否为大偏心受压？此时应如何求钢筋截面面积？②当 A'_s 已知时，是否还可假定 $\xi = \xi_b$？③什么时候出现 $\xi \leq \frac{2a'_s}{h_0}$？此时如何求钢筋截面面积？

6-5　在小偏心受压构件截面选择时，若 A'_s 和 A_s 均未知，为什么可以取 A_s 等于最小配筋面积？

6-6　偏心受压构件正截面破坏形态有几种？破坏特征怎样？与哪些因素有关？

6-7　偏心受压构件正截面承载力计算与受弯构件正截面承载力计算有何异同？当 $\xi > \xi_b$ 时，受拉钢筋的应力如何确定？

习　题

6-1　一泵房结构钢筋混凝土柱，其截面为正方形，按轴心受压构件计算。轴向压力设计值 $N = 3000\text{kN}$，柱计算长度按 5.6m 计算，混凝土为 C30，纵筋采用 HRB335 级钢筋，箍筋采用 HPB300 级钢筋。试确定柱截面尺寸并配置纵筋及箍筋。

6-2　某水厂泵房钢筋混凝土柱，矩形截面尺寸 $b \times h = 400\text{mm} \times 600\text{mm}$，计算长度 $l_c = 7.2\text{m}$。采用 C30 级混凝土，HRB400 级钢筋，内力设计值 $N = 2000\text{kN}$，$M_0 = 500\text{kN} \cdot \text{m}$。$a_s = a'_s = 40\text{mm}$，试确定所需纵向钢筋 A_s 及 A'_s。

6-3　某钢筋混凝土框架柱，其截面尺寸为 $b \times h = 400\text{mm} \times 600\text{mm}$，柱净高 H_n 为 3m，按偏心受压构件计算。柱端轴向压力设计值 $N = 250\text{kN}$，剪力设计值 $V = 350\text{kN}$，混凝土强度等级为 C30，纵筋采用 HRB335

级，箍筋采用 HPB235 级。试确定所需箍筋数量。

6-4 已知矩形截面轴心受压构件 $b \times h = 400\text{mm} \times 500\text{mm}$，$l_c = 8.8\text{m}$，混凝土强度等级为 C30，配有 HRB400 级纵向钢筋 8Φ20，承受轴向压力设计值 $N = 1200\text{kN}$，试校核该截面承载力。

6-5 已知矩形截面柱尺寸 $b \times h = 400\text{mm} \times 600\text{mm}$，计算长度 $l_c = 6.5\text{m}$，承受轴向压力设计值 $N = 720\text{kN}$，柱端弯矩设计值 $M_0 = 288\text{kN} \cdot \text{m}$，采用 C30 混凝土，HRB400 级钢筋，试求纵向钢筋截面面积 A_s 和 A'_s。

6-6 已知矩形截面偏压柱尺寸 $b \times h = 400\text{mm} \times 600\text{mm}$，计算长度 $l_c = 4.2\text{m}$，采用 C35 混凝土，HRB400 级钢筋，承受轴向压力设计值 $N = 500\text{kN}$，柱端弯矩设计值 $M_0 = 295\text{kN} \cdot \text{m}$，已知 $A'_s = 1256\text{mm}^2$（4Φ20），试求 A_s。

6-7 已知矩形截面偏压柱尺寸 $b \times h = 400\text{mm} \times 500\text{mm}$，$a_s = a'_s = 40\text{mm}$，轴向力设计值 $N = 1500\text{kN}$，柱端弯矩设计值 $M_0 = 150\text{kN} \cdot \text{m}$，$f_c = 16.7\text{N/mm}^2$，$f_y = f'_y = 360\text{N/mm}^2$，$l_c/h < 5$，求 A_s 及 A'_s。

6-8 已知矩形截面偏压柱尺寸 $b \times h = 400\text{mm} \times 600\text{mm}$，$a_s = a'_s = 40\text{mm}$，计算长度 $l_c = 4.5\text{m}$，承受轴向压力设计值 $N = 1380\text{kN}$，偏心距 $e_0 = M/N = 120\text{mm}$，采用 C30 混凝土和 HRB400 级钢筋，其中 A_s 为 4Φ22，A'_s 为 4Φ22，试校核该截面承载力。

6-9 已知矩形截面偏压柱尺寸 $b \times h = 300\text{mm} \times 500\text{mm}$，计算长度 $l_c = 2.4\text{m}$，采用 C30 混凝土和 HRB400 级钢筋，承受轴向压力设计值 $N = 600\text{kN}$，柱端弯矩设计值 $M_0 = 150\text{kN} \cdot \text{m}$，环境类别为一级，试按对称配筋求钢筋截面面积 $A_s = A'_s = ?$

6-10 已知矩形截面偏压柱尺寸 $b \times h = 500\text{mm} \times 700\text{mm}$，计算长度 $l_c = 4.8\text{m}$，承受轴向压力设计值 $N = 2800\text{kN}$，柱端弯矩设计值 $M_0 = 200\text{kN} \cdot \text{m}$，采用 C30 混凝土和 HRB400 级钢筋，试按对称配筋求钢筋截面面积 $A_s = A'_s = ?$

第七章

钢筋混凝土受拉构件

受拉构件是指承受平行于结构构件轴线方向的拉力作用的构件。当纵向拉力作用在截面重心上时构件称为轴心受拉构件，当拉力偏离构件截面重心时构件称为偏心受拉构件。同时承受轴心受拉和弯矩（有时还有剪力）的构件也属于偏心受拉构件。

工程上理想的轴心受拉构件是不存在的。但是对于地上式圆形水池池壁（环向），高压水管管壁（环向）以及房屋结构中的屋架或托架的受拉弦杆和腹杆（图7-1），刚架或拱的拉杆等均可近似按轴心受拉构件计算。

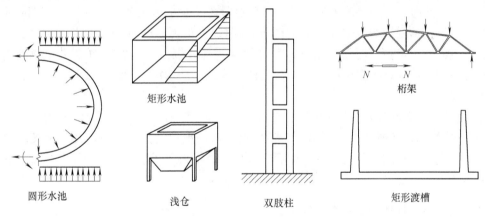

图 7-1　工程中常见的受拉杆件

在给水排水工程中也常会遇到钢筋混凝土偏心受拉构件。例如图7-1所示的平面尺寸较小、深度较大的矩形水池，在池内水压力作用下，池壁垂直截面内既有弯矩 M 作用，又受到轴心拉力 N 的作用；埋在地下的压力水管，在土压力和内水压力的共同作用下，管壁在环向也可能同时承受拉力和弯矩；贮仓壁板（水平向）、矩形渡槽的底板、工业厂房中双肢柱的受拉肢等均为偏心受拉构件。

第一节　轴心受拉构件

根据不同的使用条件，钢筋混凝土轴心受拉构件可分为允许出现裂缝的构件和不允许出现裂缝的构件两类。对于允许出现裂缝的构件，如屋架或托架的拉杆，其截面尺寸及配筋应通过承载力计算和裂缝宽度验算确定；对不允许出现裂缝的构件，如圆水池池壁，其截面尺寸及配筋数量则应通过承载力计算和抗裂度验算来确定。

一、轴心受拉构件的试验结果

钢筋混凝土轴心受拉构件的试验表明，从开始加载到破坏，其受力过程可分为三个阶段，如图7-2所示。

第Ⅰ阶段：当荷载较小时，纵向钢筋和混凝土共同承担拉力，这时由于混凝土近似处于弹性阶段，构件拉伸变形 Δl 与外荷载 N 基本上成正比。随着荷载的增加，混凝土逐渐表现出弹塑性性能，构件 Δl 的增长速度稍有增加，直到混凝土的拉应力达到轴心抗拉强度，应变接近于极限拉应变时，构件即将出现裂缝。第Ⅰ阶段末作为轴心受拉构件抗裂度验算的依据。

第Ⅱ阶段：构件带裂缝工作阶段。当混凝土的应力和应变分别达到抗拉强度和极限拉应变后，构件上就先后出现一系列间距相近的贯穿整个混凝土

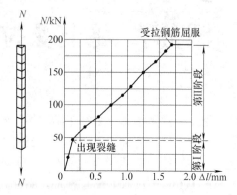

图7-2　轴心受拉构件 N-Δl 曲线

截面的裂缝。此时，开裂混凝土退出工作，裂缝处外力全部由钢筋承担，从而使钢筋应力骤然增加，构件拉伸变形明显增大，于是在 N-Δl 曲线上出现了第一个转折点。但是在裂缝和裂缝之间，混凝土仍在不同程度上协助钢筋承担一部分拉力，随着拉力 N 的继续增加，钢筋的拉应力和构件的裂缝宽度逐渐加大，构件刚度减小。构件的裂缝宽度和变形验算均以此阶段为依据。

第Ⅲ阶段：钢筋屈服到构件破坏阶段。随着 N 的增加，当裂缝截面中的钢筋达到屈服强度时，这时在 N-Δl 曲线上出现第二个转折点。构件承受的拉力不再增加，但变形仍将继续发展，直到钢筋达到极限拉应变，或裂缝开展过宽不再适于继续承载，于是构件即达到了承载能力的极限状态。

二、轴心受拉构件的承载力计算

从以上试验结果可知，钢筋混凝土轴心受拉构件在轴向拉力作用下，开裂后该截面处的混凝土退出工作，拉力全部由钢筋承担。构件的承载力，是由纵向钢筋数量及其屈服强度所决定的。根据图7-3，可写出轴心受拉构件的承载力计算公式：

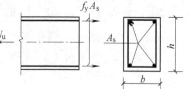

$$N \leq f_y A_s \qquad (7\text{-}1)$$

式中　N——轴向拉力设计值；

　　　A_s——纵向受力钢筋的全部截面面积；

　　　f_y——钢筋抗拉强度设计值。

图7-3　轴心受拉构件
承载力计算图示

三、轴心受拉构件抗裂度验算

GB 50069—2002《给水排水工程构筑物结构设计规范》规定，贮水或水质净化处理等构筑物，当在荷载组合作用下，构件截面处于轴心受拉或小偏心受拉状态时，应按不出现裂

缝控制，按下列公式进行抗裂度验算：

$$\sigma_{ck} \leqslant \alpha_{ct} f_{tk} \tag{7-2}$$

式中 σ_{ck}——荷载作用标准组合下所验算截面的混凝土拉应力；

α_{ct}——混凝土拉应力限制系数，可取 0.87；

f_{tk}——混凝土轴心抗拉强度标准值。

按上式计算的关键是如何确定 σ_{ck}，取即将开裂时截面的应力状态如图 7-4 所示。

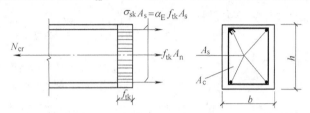

图 7-4 即将开裂时截面的应力状态

混凝土即将开裂时，其拉应力等于 f_{tk}，混凝土开裂前混凝土和钢筋应变相等，于是有

$$\sigma_{sk} = \varepsilon_s E_s = \varepsilon_{tu} E_s = \frac{f_{tk}}{E_{ct}} E_s = \frac{f_{tk}}{E_c} E_s = \alpha_E f_{tk} \tag{7-3}$$

式中 ε_s、ε_{tu}——钢筋应变和混凝土的极限拉应变；

E_{ct}——混凝土受拉时的弹性模量；

E_s、E_c——钢筋和混凝土的弹性模量；

α_E——钢筋和混凝土弹性模量比。

由平衡条件可得受拉构件即将开裂时所能承担的极限拉力为

$$N_{cr} = f_{tk} A_n + \sigma_{sk} A_s = f_{tk} A_n + \alpha_E f_{tk} A_s = f_{tk}(A_n + \alpha_E A_s)$$

如果引进拉应力限制系数，并用构件必须承担的荷载标准组合值 N_k 代替 N_{cr}，即可得到设计公式

$$N_k \leqslant \alpha_{ct} f_{tk}(A_n + \alpha_E A_s) \tag{7-4a}$$

或

$$\frac{N_k}{A_n + \alpha_E A_s} = \frac{N_k}{A_0} \leqslant \alpha_{ct} f_{tk} \tag{7-4b}$$

式（7-4b）左边即为混凝土的拉应力 σ_{ck}，即

$$\sigma_{ck} = \frac{N_k}{A_n + \alpha_E A_s} \tag{7-5}$$

式中 N_k——构件由荷载效应组合所确定的轴向拉力标准值；

A_0——计算截面的弹塑性换算截面面积，$A_0 = A_n + \alpha_E A_s$；相当于将钢筋截面面积 A_s 换算成等效的混凝土面积后的纯混凝土总截面面积，称为构件的弹塑性换算截面面积；

A_n——混凝土净截面面积，对矩形截面取 $A_n = bh - A_s$；

A_s——受拉钢筋截面面积。

当抗裂验算不能满足式（7-2）时，通常应增大构件截面尺寸或提高混凝土强度等级。增加配筋率虽然也可提高构件抗裂能力，但是不经济，因为构件开裂前钢筋应力很低，高强度钢筋不能充分发挥作用。

【例7-1】 某圆形水池池壁，在池内水压力作用下，池壁单位高度内产生的最大环向拉力标准值为 $N_k = 280\text{kN/m}$，池壁厚 $h = 220\text{mm}$，混凝土强度等级为 C25（$f_{tk} = 1.78\text{N/mm}^2$，$E_c = 2.8 \times 10^4\text{N/mm}^2$），受力钢筋为 HPB300 级（$f_y = 270\text{N/mm}^2$，$E_s = 2.1 \times 10^5\text{N/mm}^2$），试确定环向钢筋数量并进行抗裂度验算。

【解】 在池壁单位高度内产生最大环向拉力处，沿池壁高度取 1000mm 作为计算单元，取水压力的荷载分项系数为 $\gamma_Q = 1.27$。

（1）计算池壁的最大环向拉力设计值

$$N = 1.27 N_k = 1.27 \times 280\text{kN} = 355.6\text{kN}$$

（2）确定钢筋截面面积 A_s 由式（7-1）知

$$A_s = \frac{N}{f_y} = \frac{355600}{270}\text{mm}^2 = 1317\text{mm}^2$$

选用 Φ10@110 钢筋（$A_s = 1428\text{mm}^2$），对称布置在池壁内外两侧，配筋如图 7-5 所示。

（3）进行抗裂度验算

$$\alpha_E = \frac{E_s}{E_c} = \frac{2.1 \times 10^5}{2.8 \times 10^4} = 7.5$$

$$
\begin{aligned}
A_0 &= A_n + \alpha_E A_s = bh + (\alpha_E - 1)A_s \\
&= 220 \times 1000\text{mm}^2 + (7.5 - 1) \times 1428\text{mm}^2 \\
&= 229282\text{mm}^2
\end{aligned}
$$

$$
\begin{aligned}
\sigma_{ck} &= \frac{N_k}{A_0} = \frac{280 \times 10^3}{229282}\text{N/mm}^2 = 1.22\text{N/mm}^2 < \alpha_{ct} f_{tk} \\
&= 0.87 \times 1.78 = 1.55
\end{aligned}
$$

满足要求。

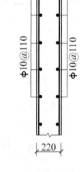

图 7-5 例 7-1
配筋图

四、轴心受拉构件裂缝宽度验算

轴心受拉构件的裂缝宽度按下式计算：

$$\omega_{max} = 2.7\psi \frac{\sigma_{sq}}{E_s}\left(1.9c_s + 0.08\frac{d_{eq}}{\rho_{te}}\right) \tag{7-6}$$

式中，裂缝间钢筋应变不均匀系数仍采用式（5-10）计算，即

$$\psi = 1.1 - \frac{0.65 f_{tk}}{\rho_{te}\sigma_{sq}}, (0.2 \leqslant \psi \leqslant 1.0)$$

以上两式中的 ρ_{te} 对轴心受拉构件应按全截面计算，即 $\rho_{te} = A_s/A_c$。其中 A_s 为全部受拉钢筋截面面积，A_c 为构件全截面面积，对矩形截面 $A_c = bh$。

轴心受拉构件开裂后拉力全部由钢筋承担，则在荷载准永久组合下裂缝截面的钢筋应力 σ_{sq} 应按下式计算

$$\sigma_{sq} = \frac{N_q}{A_s} \tag{7-7}$$

在设计允许开裂的轴心受拉构件时，一般是先按承载力计算确定受拉钢筋，并初步选定构件截面尺寸，然后再进行裂缝宽度验算。用式（7-6）计算出的最大裂缝宽度，不应超过附录 A 中表 A-4（1）和表 A-4（2）中所规定的最大裂缝宽度允许值，如不满足要求，可采

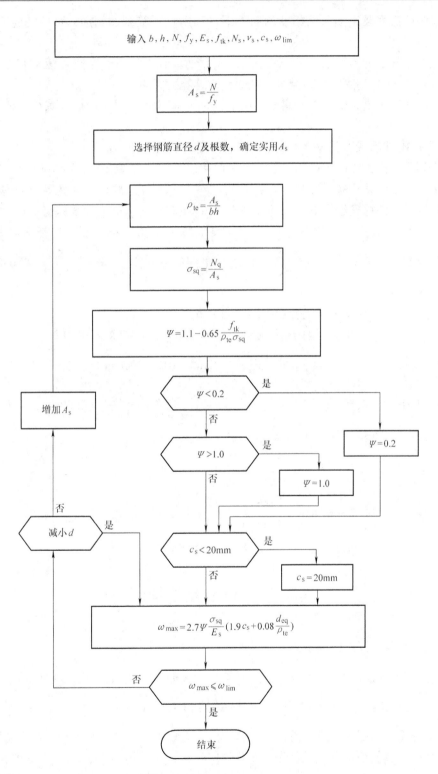

图 7-6　轴心受拉构件承载力及裂缝宽度计算框图

取下列措施对截面进行调整，直到满足为止。

1）在构件截面及钢筋截面不变的前提下，选用直径较细的钢筋，可使裂缝间距减小，从而减小裂缝宽度。

2）在配筋不变的情况下，适当减小混凝土截面面积，这虽然会使 ψ 值稍有增加，但随着配筋率增大，裂缝间距将明显减小，从而使裂缝宽度减小。

3）在上述两项措施仍不能满足的情况下，也可通过增大钢筋用量来减小裂缝宽度，但不太经济。

轴心受拉构件承载力及裂缝宽度计算具体步骤如图 7-6 所示。

【例 7-2】 某屋架下弦按轴心受拉构件设计，截面尺寸为 $200\text{mm} \times 160\text{mm}$，保护层厚度 $c_s = 20\text{mm}$，配置 HRB400 级钢筋 6 Φ 16（$A_s = 1206\text{mm}^2$），混凝土强度等级为 C25（$f_{tk} = 1.78\text{N/mm}^2$），恒载标准组合下产生的轴向力 $N_{Gk} = 100\text{kN}$，活荷载标准组合下的轴向力 $N_{Qk} = 60\text{kN}$，活荷载准永久值系数为 0.4，裂缝宽度限值 $\omega_{lim} = 0.2\text{mm}$，试进行裂缝宽度验算。

【解】（1）求基本参数 有效受拉区混凝土配筋率 $\rho_{te} = \dfrac{A_s}{bh} = \dfrac{1206}{200 \times 160} = 0.038 > 0.01$，

$E_s = 2 \times 10^5 \text{N/mm}^2$。

（2）计算荷载的准永久值组合产生的轴向力 N_q

$$N_q = N_{Gk} \times 1.0 + N_{Qk}\psi_q = (100 + 60 \times 0.4)\text{kN} = 124\text{kN}$$

钢筋应力 $$\sigma_{sq} = \frac{N_q}{A_s} = \frac{124 \times 10^3}{1206}\text{N/mm}^2 = 102.82\text{N/mm}^2$$

钢筋应变不均匀系数 $$\psi = 1.1 - \frac{0.65 f_{tk}}{\rho_{te}\sigma_{sq}} = 1.1 - \frac{0.65 \times 1.78}{0.038 \times 102.82} = 0.804$$

（3）计算最大裂缝宽度 由式（7-6）得

$$\omega_{max} = 2.7\psi \frac{\sigma_{sq}}{E_s}\left(1.9c_s + 0.08\frac{d_{eq}}{\rho_{te}}\right)$$

$$= 2.7 \times 0.804 \times \frac{102.82}{2.0 \times 10^5} \times \left(1.9 \times 20 + 0.08 \times \frac{16}{0.038}\right)\text{mm}$$

$$= 0.08\text{mm} < \omega_{lim} = 0.2\text{mm} \quad 裂缝宽度满足要求。$$

第二节 偏心受拉构件

一、大、小偏心受拉的界限

偏心受拉构件根据截面是否存在受压区而分为大偏心受拉和小偏心受拉两种情况。

从图 7-7a 可以看出，当轴向拉力 N 作用在 A_s 和 A_s' 以外，即 $e_0 = \dfrac{M}{N} > \dfrac{h}{2} - a_s$ 时，截面部分受拉，部分受压。因为如果以受拉钢筋合力点为力矩中心，则只有当截面左侧受压时才能保持力矩平衡，我们把这种情况称为大偏心受拉。

如图 7-7b 所示，若轴向拉力 N 作用在 A_s 和 A_s' 之间，即 $e_0 = \dfrac{M}{N} \leq \dfrac{h}{2} - a_s$ 时，截面将不存在受压区，构件中一般都将产生贯通整个截面的裂缝。截面开裂后，裂缝截面中的混凝土完全退出工作。根据平衡条件，拉力将由左、右两侧的钢筋 A_s 和 A_s' 承担，它们都是受拉钢筋，这种情况称为小偏心受拉。

由此可见，可以 N 作用点的位置，即以偏心距 e_0 的大小，区别大、小偏心受拉构件：当 $e_0 = \dfrac{M}{N} > \dfrac{h}{2} - a_s$ 时，为大偏心受拉构件，其破坏特点类似于受弯构件；当 $e_0 = \dfrac{M}{N} \leqslant \dfrac{h}{2} - a_s$ 时，为小偏心受拉构件，其破坏特点类似于轴心受拉构件。

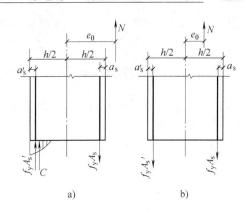

图 7-7　大、小偏心受拉的界限
a）大偏拉　b）小偏拉

二、矩形截面大偏心受拉构件正截面承载力计算

（一）基本计算公式及适用条件

（1）基本计算公式　适筋的大偏心受拉构件的破坏特征与适筋梁相似。当偏心拉力增大到一定程度时，受拉钢筋将首先达到抗拉屈服强度，随着受拉钢筋塑性变形的增长，受压区面积逐渐缩小，最后，构件由于受压区混凝土达到极限压应变而破坏。

大偏心受拉构件的计算图示如图 7-8 所示，受压区混凝土以等效矩形应力图进行受力分析。受拉钢筋应力达到抗拉强度设计值，受压钢筋应力当 $x \geqslant 2a_s'$ 时，也能达到抗压强度设计值。如图 7-8 所示，利用轴向力平衡条件及对 A_s 合力作用点取矩，可建立大偏心受拉构件的正截面承载力计算公式：

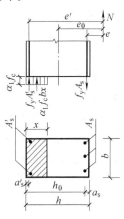

$$N \leqslant N_u = f_y A_s - f_y' A_s' - \alpha_1 f_c b x \qquad (7\text{-}8)$$

$$Ne \leqslant N_u e = \alpha_1 f_c b x \left(h_0 - \frac{x}{2} \right) + f_y' A_s' (h_0 - a_s') \qquad (7\text{-}9)$$

式中　e——轴向拉力 N 到 A_s 合力点的距离，$e = e_0 - \dfrac{h}{2} + a_s$。

（2）基本公式的适用条件　①$x \leqslant \xi_b h_0$；②$x \geqslant 2a_s'$。同时，A_s 和 A_s' 均应满足附录 B 中表 B-3 规定的最小配筋率要求。

图 7-8　大偏心受拉构件的计算图示

（二）公式应用

矩形截面大偏心受拉构件正截面承载力计算，同样包括截面设计和截面复核。

（1）截面设计　在截面设计中，大偏心受拉构件可能遇到下列两种情况。

情况 1：已知 A_s' 求 A_s。

在这种情况下，A_s' 已知，在式（7-8）和式（7-9）两个方程中有两个未知数，即 A_s 和 x，故可直接求解。将 $x = \xi h_0$ 代入式（7-9）求得

$$\xi = 1 - \sqrt{1 - 2\frac{Ne - A_s' f_y' (h_0 - a_s')}{\alpha_1 f_c b h_0^2}} \qquad (7\text{-}10)$$

若 $\dfrac{2a_s'}{h_0} \leqslant \xi \leqslant \xi_b$，则可将 $x = \xi h_0$ 代入式（7-8）求得靠近偏心拉力一侧的受拉钢筋截面面积。

$$A_s = \frac{N + \alpha_1 f_c \xi b h_0 + A_s' f_y'}{f_y} \tag{7-11}$$

若由式（7-10）算得 $\xi \leqslant \frac{2a_s'}{h_0}$ 或为负值，说明受压钢筋 A_s' 位于混凝土受压区合力作用点的内侧，将达不到屈服强度，此时可按下列两种情况计算。

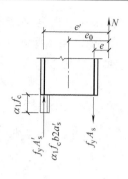

1）当 $Ne \geqslant 2a_s' b \alpha_1 f_c (h_0 - a_s')$ 时，近似取 $x = 2a_s'$，如图7-9所示。这时对受压区合力点取短，A_s 的计算公式为

$$A_s = \frac{Ne'}{f_y(h_0 - a_s')} \tag{7-12}$$

式中，$e' = e_0 + \frac{h}{2} - a_s'$。

2）当 $Ne < 2a_s' b \alpha_1 f_c (h_0 - a_s')$ 时，取 $A_s' = 0$，可以利用受弯构件的 ξ、γ_s、α_s 系数表来求解。先按下式确定 α_s。

$$\alpha_s = \frac{Ne}{\alpha_1 f_c b h_0^2} \tag{7-13}$$

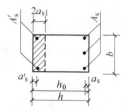

图7-9 取 $x = 2a_s'$ 时
计算 A_s 图示

由附录B中表B-1查得相应的 γ_s、ξ 值，然后计算受拉钢筋的截面面积

$$A_s = \frac{N(e + \gamma_s h_0)}{f_y \gamma_s h_0} = \frac{N}{f_y}\left(\frac{e}{\gamma_s h_0} + 1\right) \tag{7-14}$$

若由式（7-10）算得 $\xi > \xi_b$，说明受压钢筋过少，不满足适用条件，应按情况2重新确定 A_s'。

情况2：A_s 和 A_s' 均未知。

这种情况下，A_s 和 A_s' 均未知，在基本计算公式中，两个平衡方程有三个未知数，需要补充一个条件才能求解，从计算简便和用料经济出发，可采用 $x = \xi_b h_0$ 为补充条件。将 x 代入式（7-9）即可求得受压钢筋截面面积 A_s'。若 $A_s' \geqslant \rho_{min}' bh$，取 $\xi = \xi_b$ 代入式（7-11）求 A_s。如果 $A_s' < A_{s,min}' = \rho_{min}' bh$ 或为负值时，应按最小配筋面积和构造规定选用 A_s' 的直径和根数，然后，按情况1（已知 A_s'）求 A_s。

（2）截面复核 可仿照大偏心受压构件截面复核方法和步骤进行计算。

三、矩形截面小偏心受拉构件正截面承载力计算

小偏心受拉构件的破坏特征与轴心受拉构件类似，构件破坏时，裂缝截面中全部混凝土均已退出工作，拉力完全由 A_s 和 A_s' 承担，当 $A_s'/A_s = e/e'$（e、e' 见图7-10）时，A_s 和 A_s' 的应力均可达到屈服强度。

根据图7-10所示的计算图示，分别对 A_s 和 A_s' 合力点取矩，可建立小偏心受拉构件的正截面承载力计算公式：

$$\sum M_{A_s} = 0 \quad Ne \leqslant f_y A_s'(h_0 - a_s') \tag{7-15}$$

$$\sum M_{A_s'} = 0 \quad Ne' \leqslant f_y A_s(h_0' - a_s) \tag{7-16}$$

式中

$$e = \frac{h}{2} - e_0 - a_{\mathrm{s}}$$

$$e' = \frac{h}{2} + e_0 - a'_{\mathrm{s}}$$

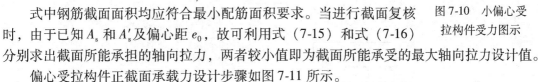

图 7-10　小偏心受拉构件受力图示

其他符号意义同大偏心受拉构件。

在进行截面设计时，可由式（7-15）和式（7-16）直接写出 A_{s} 和 A'_{s} 的计算公式

$$A'_{\mathrm{s}} = \frac{Ne}{f_{\mathrm{y}}(h_0 - a'_{\mathrm{s}})} \qquad (7\text{-}17)$$

$$A_{\mathrm{s}} = \frac{Ne'}{f_{\mathrm{y}}(h_0 - a'_{\mathrm{s}})} \qquad (7\text{-}18)$$

式中钢筋截面面积均应符合最小配筋面积要求。当进行截面复核时，由于已知 A_{s} 和 A'_{s} 及偏心距 e_0，故可利用式（7-15）和式（7-16）分别求出截面所能承担的轴向拉力，两者较小值即为截面所能承受的最大轴向拉力设计值。

偏心受拉构件正截面承载力设计步骤如图 7-11 所示。

【例 7-3】　某矩形水池，池壁厚为 200mm，混凝土强度等级为 C25（$f_{\mathrm{c}} = 11.9\mathrm{N/mm^2}$），钢筋为 HRB335 级（$f'_{\mathrm{y}} = 300\mathrm{N/mm^2}$），由内力计算池壁某垂直截面中的弯矩设计值 $M = 26.3\mathrm{kN \cdot m/m}$（使池壁内侧受拉），轴向拉力设计值 $N = 27.2\mathrm{kN/m}$，试确定垂直截面中沿池壁内侧和外侧所需的 A_{s} 和 A'_{s}。

【解】　（1）判别大小偏心受拉　取 $a_{\mathrm{s}} = a'_{\mathrm{s}} = 35\mathrm{mm}$ 则 $h_0 = (200 - 35)\mathrm{mm} = 165\mathrm{mm}$。

$$e_0 = \frac{M}{N} = \frac{26300000}{27200}\mathrm{mm} = 967\mathrm{mm} > \frac{h}{2} - a_{\mathrm{s}} = \left(\frac{200}{2} - 35\right)\mathrm{mm} = 65\mathrm{mm}$$

属于大偏心受拉构件。

且

$$e = e_0 - \frac{h}{2} + a_{\mathrm{s}} = \left(967 - \frac{200}{2} + 35\right)\mathrm{mm} = 902\mathrm{mm}$$

$$e' = e_0 + \frac{h}{2} - a_{\mathrm{s}} = \left(967 + \frac{200}{2} - 35\right)\mathrm{mm} = 1032\mathrm{mm}$$

（2）计算受压区钢筋截面面积　令 $\xi_{\mathrm{b}} = 0.55, x = \xi_{\mathrm{b}} h_0$，由式(7-9)求受压钢筋截面面积

$$A'_{\mathrm{s}} = \frac{Ne - \alpha_1 f_{\mathrm{c}} b h_0^2 \xi_{\mathrm{b}}(1 - 0.5\xi_{\mathrm{b}})}{f'_{\mathrm{y}}(h_0 - a'_{\mathrm{s}})}$$

$$= \frac{27200 \times 902 - 1.0 \times 11.9 \times 1000 \times 165^2 \times 0.55 \times (1 - 0.5 \times 0.55)}{300 \times (165 - 35)}\mathrm{mm^2/m} < 0$$

说明受压区高度取值过大，按计算不需要受压钢筋，故按最小配筋率确定 A'_{s}。由表 B-3 查得 $\rho'_{\min} = 0.2\%$，则 $A'_{\mathrm{s}} = \rho'_{\min} bh = 0.2\% \times 1000 \times 200\mathrm{mm^2/m} = 400\mathrm{mm^2/m}$。

选用 $\underline{\Phi}10@130$，则 $A'_{\mathrm{s}} = 604\mathrm{mm^2/m}$。

（3）求受拉钢筋截面面积 A_{s}　由式（7-10）得

$$\xi = 1 - \sqrt{1 - 2\frac{Ne - A'_{\mathrm{s}} f'_{\mathrm{y}}(h_0 - a'_{\mathrm{s}})}{\alpha_1 f_{\mathrm{c}} b h_0^2}}$$

$$= 1 - \sqrt{1 - 2 \times \frac{27200 \times 902 - 604 \times 300 \times (165 - 35)}{1.0 \times 11.9 \times 1000 \times 165^2}} = 0.003$$

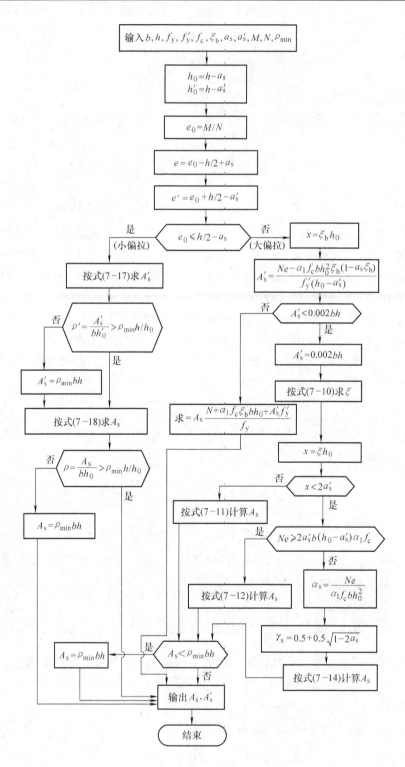

图7-11 偏心受拉构件正截面承载力设计步骤

$$x = \xi h_0 = 0.003 \times 165\text{mm} = 0.495\text{mm} < 2a'_s = 2 \times 35\text{mm} = 70\text{mm}$$

$$Ne = 27200 \times 902\text{N} \cdot \text{mm} = 24534400\text{N} \cdot \text{mm} < 2a'_s b\alpha_1 f_c (h_0 - a'_s)$$

$$= 2 \times 35 \times 1000 \times 1.0 \times 11.9 \times (165 - 35) \text{N} \cdot \text{mm}$$

$$= 108290000 \text{N} \cdot \text{mm}$$

取 $A_s' = 0$ 则 $\alpha_s = \dfrac{Ne}{\alpha_1 f_c b h_0^2} = \dfrac{27200 \times 902}{1.0 \times 11.9 \times 1000 \times 165^2} = 0.0757$。

$$\xi = 1 - \sqrt{1 - 2 \times 0.0757} = 0.0788$$

$$\gamma_s = \frac{1 + \sqrt{1 - 2\alpha_s}}{2} = \frac{1 + \sqrt{1 - 2 \times 0.0757}}{2} = 0.9606$$

由式（7-14）有

$$A_s = \frac{N(e + \gamma_s h_0)}{f_y \gamma_s h_0}$$

$$= \frac{N}{f_y}\left(\frac{e}{\gamma_s h_0} + 1\right) = \frac{27.2 \times 10^3}{300} \times \left(\frac{902}{0.9606 \times 165} + 1\right) \text{mm}^2/\text{m}$$

$$= 606.6 \text{mm}^2/\text{m}$$

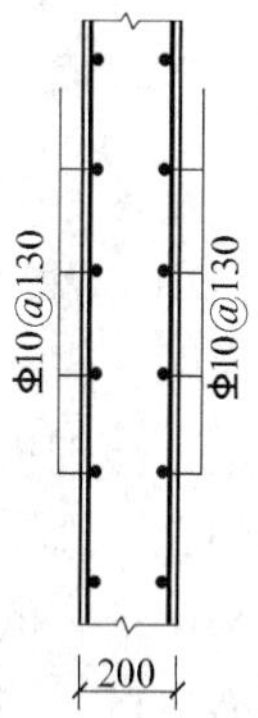

选用$\Phi 10@130$，则 $A_s = 604 \text{mm}^2/\text{m}$，配筋如图 7-12 所示。

【例7-4】 某矩形水池中的拉梁，截面尺寸为 $b \times h = 400\text{mm} \times 600\text{mm}$，梁中作用的弯矩设计值为 $M = 58\text{kN} \cdot \text{m}$，轴向拉力设计值为 $N = 580\text{kN}$，混凝土采用 C25（$f_c = 11.9\text{N/mm}^2$），钢筋为 HRB335 级（$f_y = 300\text{N/mm}^2$）。试确定拉梁中的钢筋 A_s 和 A_s'。

【解】　（1）判别大小偏心受拉。取 $a_s = a_s' = 35\text{mm}$，则 $h_0 = (600 - 35)\text{mm} = 565\text{mm}$。

$$e_0 = \frac{M}{N} = \frac{58000000}{580000}\text{mm} = 100\text{mm}$$

$$< \frac{h}{2} - a_s = \left(\frac{600}{2} - 35\right)\text{mm} = 265\text{mm}$$

属于小偏心受拉构件。

且

$$e = \frac{h}{2} - e_0 - a_s = (300 - 100 - 35)\text{mm} = 165\text{mm}$$

$$e' = \frac{h}{2} + e_0 - a_s' = (300 + 100 - 35)\text{mm} = 365\text{mm}$$

（2）计算受力钢筋截面面积。由式（7-17）求 A_s'。

$$A_s' = \frac{Ne}{f_y(h_0 - a_s')} = \frac{580000 \times 165}{300 \times (565 - 35)}\text{mm}^2 = 601.9\text{mm}^2$$

$$\rho' = \frac{A_s'}{bh_0} = \frac{601.9}{400 \times 565} = 0.266\% > 0.2\%$$

且

$$\rho' > (45 f_t / f_y)\% = (45 \times 1.27 / 300)\% = 0.191\%$$

配筋率满足要求。

由式（7-18）求 A_s。

$$A_s = \frac{Ne'}{f_y(h_0 - a_s')} = \frac{580000 \times 365}{300 \times (565 - 35)}\text{mm}^2 = 1331.4\text{mm}^2$$

显然配筋率满足要求。

（3）选筋、画配筋图。受拉较小一侧选用 3 Φ 16，$A_s' = 603\text{mm}^2$；另一侧选用

图 7-12　例 7-3 配筋图

3 Φ 16 + 2 Φ 22，A_s = 1363 mm²。截面配筋如图 7-13 所示。

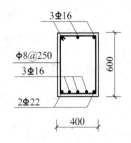

图 7-13 例 7-4 配筋图

四、偏心受拉构件斜截面承载力计算

在偏心受拉构件中，作用有弯矩和拉力的同时，一般也伴有剪力作用。因此，偏心受拉构件尚需进行斜截面受剪承载力计算。试验表明，在一个作用有轴向拉力，并产生若干贯穿全截面裂缝的构件上，施加横向荷载，则在弯矩作用下，受压区范围内的裂缝将重新闭合，而受拉区的裂缝则有所增大，并在剪弯区出现斜裂缝。由于轴向拉力的存在，斜裂缝的坡度比受弯构件要陡，且剪压区高度缩小，甚至使剪压区末端无剪压区。因此，构件的斜截面受剪承载力比无轴向拉力时明显降低，其降低程度则随轴向拉力的增大而增大。

对矩形截面偏心受拉构件的斜截面受剪承载力，《规范》采用下式计算：

$$V \leqslant \frac{1.75}{\lambda + 1} f_\mathrm{t} b h_0 + f_\mathrm{yv} \frac{n A_\mathrm{sv1}}{s} h_0 - 0.2N \tag{7-19}$$

式中　　V——剪力设计值；

λ——计算截面的剪跨比，$\lambda = M / (v h_0)$；当 $\lambda < 1.5$ 时，取 $\lambda = 1.5$；当 $\lambda > 3$ 时，取 $\lambda = 3$；当承受均布荷载时，取 $\lambda = 1.5$。

N——与剪力设计值 V 相应的轴向拉力设计值。

其余符号意义与受弯构件相同。

当式（7-19）右边的计算值小于 $f_\mathrm{yv} \dfrac{n A_\mathrm{sv1}}{s} h_0$ 时，应取等于 $f_\mathrm{yv} \dfrac{n A_\mathrm{sv1}}{s} h_0$，主要是考虑在偏心受拉构件中，箍筋的抗剪能力不会因轴向拉力的存在而降低，这相当于规定了 $0.2N$ 的上限值，即 $0.2N$ 项顶多只能将混凝土的抗剪能力抵消，且值 $f_\mathrm{yv} \dfrac{n A_\mathrm{sv1}}{s} h_0$ 不得小于 $0.36 f_\mathrm{t} b h_0$。同时，公式应符合截面限制条件和最小配箍率要求，同受弯构件。偏心受拉构件的箍筋构造要求同受弯构件。

五、小偏心受拉构件抗裂度验算

对处于小偏心受拉状态的水池池壁等不允许开裂的小偏心受拉构件，和轴心受拉构件一样，应符合式（7-2）的要求，即

$$\sigma_\mathrm{ck} \leqslant \alpha_\mathrm{ct} f_\mathrm{tk}$$

对小偏心受拉构件，σ_ck 可按下式计算：

$$\sigma_\mathrm{ck} = N_\mathrm{k} \left(\frac{e_0}{\gamma W_0} + \frac{1}{A_0} \right) \tag{7-20}$$

式中　　e_0——纵向力对截面重心的偏心距（mm），$e_0 = M_\mathrm{k} / N_\mathrm{k}$；

M_k——荷载效应标准组合下计算的弯矩值；

N_k——荷载效应标准组合下计算的轴向力；

γ——截面抵抗矩塑性系数，对矩形截面取 1.75；

W_0——构件换算截面受拉边缘的弹性抵抗矩（mm³）；

A_0——计算截面的弹性换算截面面积，按下式计算：

$$A_0 = A_n + \alpha_E(A_s + A'_s) \tag{7-21}$$

所谓换算截面，是将钢筋和混凝土均视为弹性材料，按等效原则将钢筋混凝土截面换算成纯混凝土截面。换算的原则是：

1）将钢筋换算成混凝土后，它所承担的内力不变，根据这一原则，面积为 A_s 的钢筋换算成混凝土后的面积为 $\alpha_E A_s$。

2）将钢筋换算成混凝土后，其形心应与原钢筋截面的形心重合，且对本身形心轴的惯性矩可以忽略不计。根据这一原则，可将图 7-14a 所示的实际钢筋混凝土截面换算成图 7-14b 所示截面。

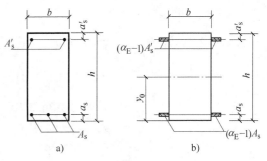

图 7-14 换算截面示意图
a）实际截面 b）换算截面

为了确定换算截面受拉边缘的弹性抵抗矩，必须先确定换算截面的几何形心轴位置及对几何形心轴的惯性矩。设 y_0 为换算截面最大受拉边至形心轴的距离（图 7-14），则

$$y_0 = \frac{\frac{1}{2}bh^2 + (\alpha_E - 1)A_s a_s + (\alpha_E - 1)A'_s(h - a'_s)}{bh + (\alpha_E - 1)A_s + (\alpha_E - 1)A'_s} \tag{7-22}$$

换算截面对中和轴的惯性矩为

$$I_0 = \frac{bh^3}{12} + bh\left(\frac{h}{2} - y_0\right)^2 + (\alpha_E - 1)A'_s(h - a'_s - y_0)^2 + (\alpha_E - 1)A_s(y_0 - a_s)^2 \tag{7-23}$$

换算截面的最大受拉边缘的弹性抵抗矩为

$$W_0 = \frac{I_0}{y_0} \tag{7-24}$$

当抗裂度验算不能满足要求时，最有效的方法是增大截面尺寸。以上抗裂验算方法也适用于大偏心受拉的构件，但大偏心受拉构件一般不会出现贯通裂缝，通常按允许开裂控制。

【例 7-5】 已知某矩形水池，池壁厚为 300mm，池壁某垂直截面内由荷载标准组合计算的弯矩值 $M_k = 11.6$ kN·m/m（使池壁外侧受拉），轴向拉力标准值 $N_k = 165$ kN/m，混凝土强度等级为 C25（$f_{tk} = 1.78$ N/mm²，$E_c = 2.8 \times 10^4$ N/mm²），受力钢筋选用 HRB335 级（$f_{yk} = 335$ N/mm²，$E_s = 2.0 \times 10^5$ N/mm²），采用对称配筋，在池壁内、外各配置 $\Phi 12@100$ 的受力钢筋如图 7-15 所示（$A_s = A'_s = 1131$ mm²/m），$a_s = a'_s = 35$ mm。试验算池壁能否满足正常使用极限状态的要求。

【解】 在池壁的该垂直截面取 1000mm 高作为计算单元。

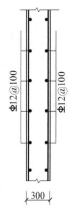

图 7-15 例 7-5 图示

（1）判定大、小偏心受拉。

$$e_0 = \frac{M_k}{N_k} = \frac{11600000}{165000}\text{mm} = 70.3\text{mm} < \frac{h}{2} - a_s = (150 - 35)\text{mm} = 115\text{mm}$$

属于小偏心受拉，应按式（7-2）和式（7-20）按不允许开裂进行验算。

（2）求 A_0 和 W_0。

$$\alpha_E = \frac{E_s}{E_c} = \frac{2.0 \times 10^5}{2.8 \times 10^4} = 7.14$$

$$A_0 = A_n + (\alpha_E - 1)(A_s + A_s') = 300 \times 1000\text{mm}^2 + 2 \times (7.14 - 1) \times 1131\text{mm}^2$$
$$= 313888.6\text{mm}^2$$

由于对称配筋，故 $y_0 = \frac{1}{2}h = 150\text{mm}$。

$$I_0 = \frac{1000 \times 300^3}{12} + 2 \times 6.14 \times 1131 \times (150 - 35)^2 \text{mm}^4 = 24.34 \times 10^8 \text{mm}^4$$

$$W_0 = \frac{I_0}{y_0} = \frac{24.34 \times 10^8}{150}\text{mm}^3 = 16.23 \times 10^6 \text{mm}^3$$

（3）由式（7-20）计算 σ_{ck} 并验算。

$$\sigma_{ck} = N_k\left(\frac{e_0}{\gamma W_0} + \frac{1}{A_0}\right) = 165 \times 10^3 \times \left(\frac{70.3}{1.75 \times 16.23 \times 10^6} + \frac{1}{313888.6}\right)\text{N/mm}^2$$

$$= 0.934\text{N/mm}^2 < \alpha_{ct}f_{tk} = 0.87 \times 1.78\text{N/mm}^2 = 1.55\text{N/mm}^2$$

池壁在使用阶段能满足要求。

六、偏心受拉构件的裂缝宽度验算

《规范》规定偏心受拉构件的最大裂缝宽度计算公式为

$$\omega_{max} = 2.4\psi\frac{\sigma_{sq}}{E_s}\left(1.9c_s + 0.08\frac{d_{eq}}{\rho_{te}}\right) \tag{7-25}$$

式中各符号意义同受弯构件。式中裂缝截面钢筋应力 σ_{sq} 可按下式计算确定：

$$\sigma_{sq} = \frac{N_q e'}{A_s(h_0 - a_s')} \tag{7-26}$$

式中　　N_q ——按荷载准永久组合计算的轴向拉力值；

　　　　e' ——轴向拉力 N_q 至 A_s' 合力作用点的距离，$e' = e_0 + \frac{h}{2} - a_s'$；

　　　　e_0 ——N_q 对截面几何重心轴的偏心距，$e_0 = \frac{M_q}{N_q}$；

　　　　M_q ——按荷载效应的准永久组合计算的弯矩值。

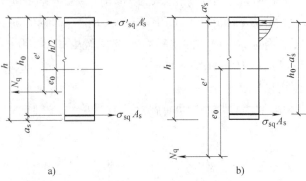

图 7-16　偏拉构件裂缝宽度验算示意图

其余符号意义同前。

对于小偏心受拉构件，式（7-26）是精确公式，即内力臂为 $h_0 - a'_s$（图 7-16a）；对于截面有受压区的大偏心受拉构件（图 7-16b），式（7-26）是近似的，此时同样取内力臂为 $h_0 - a'_s$，相当于近似地取混凝土受压区合力作用点与受压钢筋合力作用点重合，这样简化是偏于安全的。

给水排水工程钢筋混凝土水池结构设计中，对钢筋混凝土矩形截面处于大偏心受拉状态时的最大裂缝宽度计算见附录 F。

思　考　题

7-1　钢筋混凝土偏心受拉构件划分大、小偏心受拉界限的条件是什么？它们的受力特点和破坏特征各有何不同？

7-2　减小轴心受拉构件裂缝宽度的有效措施有哪些？与受弯构件有何异同？

7-3　偏心受拉构件一般应进行哪些计算和验算？

7-4　在工程中，哪些结构构件可按轴心受拉构件计算？哪些应按偏心受拉构件计算？

7-5　试说明为什么大、小偏心受拉构件的区分只与轴向力的作用位置有关，而与配筋率无关。

7-6　在受拉构件中，轴向力的存在是否会影响构件的受剪承载力？

习　　题

7-1　试计算一偏心受拉构件截面的钢筋用量。截面尺寸 $b \times h = 400\text{mm} \times 500\text{mm}$，取 $a_s = a'_s = 40\text{mm}$，承受轴向拉力设计值 $N = 375\text{kN}$，弯矩设计值 $M = 150\text{kN} \cdot \text{m}$，采用 C25 混凝土和 HRB335 级钢筋。

7-2　一钢筋混凝土矩形水池池壁厚 $h = 150\text{mm}$，采用混凝土强度等级为 C30，钢筋为 HRB400 级，沿池壁 1m 高度的垂直截面上（取 $b = 1000\text{mm}$）作用的轴向拉力设计值 $N = 22.5\text{kN}$，平面外的弯矩设计值 $M = 16.88\text{kN} \cdot \text{m}$（池壁外侧受拉）。试确定该 1m 高的垂直截面中的池壁所需的水平受力钢筋（$a_s = a'_s = 30\text{mm}$），并绘制配筋图。

7-3　已知矩形截面钢筋混凝土偏心受拉构件，截面尺寸 $b \times h = 200\text{mm} \times 400\text{mm}$，经计算承受轴向拉力设计值 $N = 560\text{kN}$，弯矩设计值 $M = 50\text{kN} \cdot \text{m}$，$a_s = a'_s = 40\text{mm}$，采用 C25 混凝土，HRB335 级钢筋。求所需纵向钢筋面积 A_s 和 A'_s。

7-4　某悬臂桁架上弦截面为矩形，$b \times h = 200\text{mm} \times 300\text{mm}$，截面中内力设计值 $N = 225\text{kN}$，$M = 22.5\text{kN} \cdot \text{m}$；准永久值 $N_q = 180\text{kN}$，$M_q = 18\text{kN} \cdot \text{m}$；允许最大裂缝宽度为 0.3mm，若混凝土用 C25，钢筋用 HRB335 级，$a_s = a'_s = 35\text{mm}$，试计算该截面的纵向受力钢筋并验算裂缝宽度是否满足要求。

第八章

基 础 设 计

第一节 概 述

一、基础的类型

基础是将结构所承受的各种作用传递到地基上的结构组成部分。地基基础设计必须根据建（构）筑物的用途和安全等级、建筑布置和上部结构类型，充分考虑建筑场地和地基的工程地质条件，结合施工条件和环境保护等要求，合理选择地基基础方案，因地制宜，力求基础工程安全可靠、经济合理和施工方便，以确保建（构）筑物的安全和正常使用。

地基可分为天然地基与人工地基。直接放置基础的天然土层称为天然地基。若天然地基土质过于软弱或有不良的工程地质问题，需要经过人工加固或处理后才能修筑基础，这种经过人工加固或处理的地基称为人工地基。

基础根据其埋置深度可以分为浅基础和深基础两类。当基础的埋置深度小于基础的最小宽度时，称为浅基础。浅基础埋入地层深度较浅（一般小于5m），设计计算时可以忽略基础侧面土体对基础的影响，基础结构形式和施工方法也较简单，造价也较低，是建筑物最常用的基础类型。浅基础根据基础形状和大小可以分为：独立基础、条形基础（包括十字交叉条形基础）、筏板基础、箱形基础等；根据基础所用材料和受力性能分为无筋扩展基础（刚性基础）、有筋扩展基础（柔性基础）和连续基础。

二、工程中常用基础的特性

（一）无筋扩展基础（刚性基础）

无筋扩展基础指由砖、毛石、混凝土或毛石混凝土等材料建造的且不需要配置钢筋的基础。这些材料有较好的抗压性能，但抗拉、抗剪强度不高，设计时要求限定基础的扩展宽度和基础高度的比值，以避免基础内的拉应力和切应力超过其材料强度。基础的相对高度一般都比较大，几乎不会发生弯曲变形，习惯上称为刚性基础。

刚性基础的特点是稳定性好、施工简便、能承受较大的荷载，主要缺点是自重大，且当基础持力层为软弱土时，由于扩大基础面积有一定限制，须对地基进行处理或加固。对于荷载大或上部结构对沉降差较敏感的情况，当持力层为深厚软土时，不适合采用刚性基础。

砖基础是应用最广泛的一种刚性基础（图8-1）。砖基础各部分的尺寸应符合砖的模数。

砖基础一般做成台阶式，俗称"大放脚"。其砌筑方式有两皮一收和二一间隔收（两皮一收与一皮一收相间）两种。两皮一收是每砌两皮砖，即120mm，收进1/4砖长，即60mm；二一间隔收是从底层开始，先砌两皮砖，收进1/4砖长，再砌一皮砖，收进1/4砖长，如此反复。

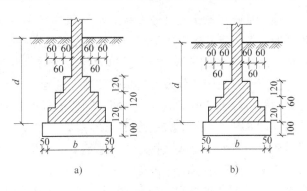

图8-1 砖基础
a）两皮一收砌法 b）二一间隔收砌法

砖基础采用的砖强度等级应不低于MU7.5，砂浆强度等级应不低于M2.5，在地下水位以下或地基土比较潮湿时，应采用水泥砂浆砌筑。基础底面以下一般先做100mm厚的灰土垫层或C15素混凝土垫层。

毛石基础是用未经人工加工的石材和砂浆砌筑而成的基础（图8-2）。其优点是易于就地取材，价格低，但施工劳动强度大。当毛石形状不规则时，其高度不应小于150mm。毛石基础每阶高度一般不小于200mm，通常取400～600mm，并由两层毛石错缝砌成。毛石基础的每阶伸出宽度不宜大于200mm。毛石基础底面以下一般铺设100mm厚的C15混凝土垫层。

混凝土和毛石混凝土基础的强度、耐久性与抗冻性都优于砖石基础，因此，当荷载较大或位于地下水位以下时，可考虑选用混凝土基础（图8-3）。混凝土基础水泥用量大，造价稍高，当基础体积较大时，可设计成毛石混凝土基础。毛石混凝土基础是在浇筑混凝土过程中，掺入20%～30%（体积分数）的毛石，以节约水泥用量。由于其施工质量控制较困难，使用并不广泛。混凝土基础一般用C15以上的素混凝土，每阶高度不应小于200mm。毛石混凝土基础中用于砌筑的毛石直径不宜大于300mm，每阶高度不应小于300mm。

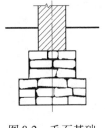

图8-2 毛石基础

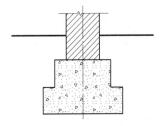

图8-3 混凝土基础

（二）有筋扩展基础（柔性基础）

有筋扩展基础指柱下钢筋混凝土独立基础和墙下钢筋混凝土条形基础。当基础承受外荷载较大且存在弯矩和水平荷载作用，同时地基承载力又较低，刚性基础不能满足地基承载力和基础埋置深度的要求时，可采用钢筋混凝土基础。钢筋混凝土基础用扩大基础底面积的方法来满足地基承载力的要求，而不必增加基础的埋置深度。它不仅具有一定的抗压强度，能承受较大的竖向荷载，且具有一定的抗拉、抗弯强度，能承受挠曲变形及其所产生的拉应力和切应力，因而能抵抗一定的不均匀沉降。

独立基础按形式又可分为墩式基础和杯口形基础（图8-4）。常见的墩式基础有台阶形和锥形；杯口形基础多用于装配式钢筋混凝土柱基，这种基础在预制柱吊装就位及杯口灌缝后和现浇柱基础就完全一样了。单独基础按受力状态分为轴心受压基础和偏心受压基础两种；按施工方法则可分为预制基础和现浇基础。

钢筋混凝土条形基础可分为墙下钢筋混凝土条形基础（图8-5）和柱下钢筋混凝土条形基础（图8-6）。墙下钢筋混凝土条形基础，横截面根据受力条件分为不带肋和带肋两种。当上部荷载较大，地基承载力低或地基土层不均匀，采用独立柱基础地基承载力及沉降不能满足要求，而增加基底面积及埋深又受到条件限制时，常把一个方向的柱基础连成一条，形成单向的柱下条形基础。当采用柱下条形基础仍不能满足要求时，可采用十字交叉基础（图8-7），使基底面积和整体刚度进一步增加，调整不均匀沉降的能力进一步提高。

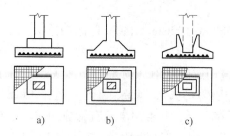

图8-4　独立基础

a）台阶形基础　b）锥形基础　c）杯口形基础

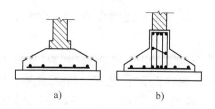

图8-5　墙下条形基础

a）不带肋　b）带肋

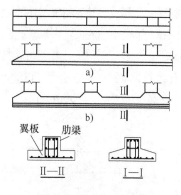

图8-6　柱下条形基础

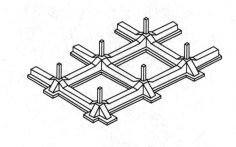

图8-7　柱下十字交叉基础

（三）连续基础

当采用十字交叉基础也不能满足地基承载力及容许变形要求时，可将基础建成筏板基础（即钢筋混凝土整片式基础），使基础面积与底层面积相等甚至更大。若在基础纵横向加肋梁，以加强底板刚度，减小底板厚度，即为肋梁式筏板基础；无肋梁时即为平板式筏板基础，如图8-8所示。筏板基础基底面积大，可减小基底压力，提高地基土的承载力，能更有效地增强基础的整体刚度，有利于调节地基的不均匀沉降，较能适应上部结构荷载分布的变化。对于有地下室的房屋或大型贮液结构，筏板基础是一种比较理想的基础结构。

箱形基础是由钢筋混凝土顶板、底板以及外墙、纵横内隔墙组成的一空间整体结构基础（图8-9），具有更大的抗弯刚度。箱形基础埋深较深，基础空腹开挖，卸除了基底原有的自重应力，减小了作用于基础底面的附加应力，降低了基础沉降，其抗震性能较好。条形基础、筏板基础、箱形基础等均属连续基础。

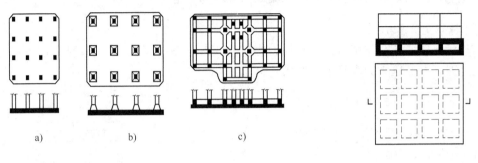

图 8-8　柱下筏板基础
a)、b) 平板式　c) 肋梁式

图 8-9　箱形基础

三、基础的埋置深度

基础埋置深度是指基础底面到设计地面的距离。一般来说，在满足地基稳定和变形的条件下，基础应尽量浅埋，以减少基础工程量，降低造价。影响基础埋深的因素很多，如建筑物的用途，有无地下室、设备基础和地下设施，基础的形式和构造，作用在地基上的荷载大小和性质，工程地质和水文地质条件，相邻建筑物的基础埋深，地基土冻胀和融陷的影响等。

在满足地基稳定和变形要求的前提下，当上层地基土的承载力大于下层土时，宜利用上层土作持力层。除岩石地基外，基础埋置深度不应小于0.5m，基础顶面距室外设计地面应至少0.1m，以确保基础不受外界的不利影响，如图8-10所示。

基础宜埋置在地下水位以上，当必须埋在地下水位以下时，应采取使地基土在施工时不受扰动的措施。当基础埋置在易风化的岩层上，施工时应在基坑开挖后立即铺筑垫层。

相邻建筑物，新建建筑物的基础埋深不宜大于原有建筑基础。当埋深大于原有建筑基础时，两基础间净距不小于相邻基础底面高差的1~2倍（图8-11）。

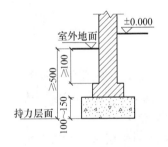

图 8-10　基础埋置深度

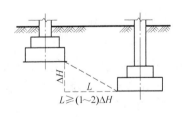

图 8-11　相邻建筑基础的埋深

季节性冻土地区基础埋置深度宜大于场地冻结深度。对于深厚季节冻土地区，当建筑基础底面土层为不冻胀、弱冻胀、冻胀土时，基础埋置深度可以小于场地冻结深度，基底允许冻土层最大厚度应根据当地经验确定。没有地区经验时可按规范。在冻胀较大的地基上还应根据情况采用相应的防冻害措施。

在抗震设防区，除岩石地基外，天然地基上的箱形和筏形基础埋置深度不宜小于建筑物高度的 1/15；桩箱或桩筏基础的埋置深度不宜小于建筑物高度的 1/18。

四、地基持力层承载力的验算——基础底面尺寸的确定

（一）轴心受压基础

当基础承受轴心荷载作用时，地基反力为均匀分布（图 8-12），按地基持力层承载力计算基底尺寸时，基底压力应满足下式要求：

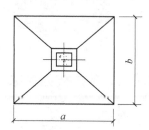

$$p_k = \frac{N_k + G_k}{A} \leqslant f_a \qquad (8\text{-}1)$$

式中　p_k——基础底面处的平均压力标准值(kN/m^2)；

　　　A——基础底面面积（m^2）；

　　　f_a——修正后的地基承载力特征值（kN/m^2），见 GB 50007—2011《建筑地基基础设计规范》规定；

　　　N_k——上部结构传至基础顶面的竖向力标准值（kN）；

　　　G_k——基础自重和基础上的土重标准值（kN）。

对一般实体基础，可近似地取 $G_k = \gamma_m dA$，γ_m 为基础及回填土的平均重度，可取 $\gamma_m = 20kN/m^3$，但在地下水位以下部分应扣除浮力，d 为基础平均埋深（m）。

图 8-12　轴心受压基础

由式（8-1）可得

$$A \geqslant \frac{N_k}{f_a - \gamma_m d} \qquad (8\text{-}2)$$

单独基础常采用正方形基础，由式（8-2）可得

$$b \geqslant \sqrt{\frac{N_k}{f_a - \gamma_m d}} \qquad (8\text{-}3)$$

式中　b——正方形基础边长。

条形基础通常沿基础长度方向取 1m 作为计算单元，此时可由式（8-2）得

$$b \geqslant \frac{N_k}{f_a - \gamma_m d} \qquad (8\text{-}4)$$

式中　b——条形基础基底宽度。

（二）偏心受压基础

偏心受压柱的基础，一般也是偏心受压基础，基础顶面上除作用有轴向压力 N_k 外还作用有弯矩 M_k 和剪力 V_k，基底土反力不是均匀分布的，应按基底土反力大的一侧来控制偏心受压基础的设计计算。

（1）地基土反力　由图 8-13 可求得作用在基础底面上的弯矩 M_{kbot} 和轴向力 N_{kbot}：

$$M_{kbot} = M_k \pm V_k h \qquad (8\text{-}5)$$
$$N_{kbot} = N_k + G_k \qquad (8\text{-}6)$$

式中　M_k、N_k、V_k——柱传给基础顶面的弯矩、轴向力和剪力标准值；

　　　G_k——基础自重标准值和基础以上回填土实际重量之和；

　　　h——基础高度。

根据偏心距 $e_0 = M_{kbot}/N_{kbot}$ 的不同，基础底面土反力将有如图 8-13 所示的三种可能的分

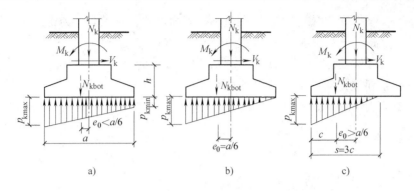

图 8-13　偏心受压柱下单独基础基底土反力分布

布状态。

当 $e_0 \leqslant a/6$（a 为基础底面平行于弯矩作用方向的边长）时，基底反力的分布状态如图 8-13a 或图 8-13b 所示，此时基础边缘处的地基反力最大值和最小值可按下式计算

$$p_{\substack{kmax \\ kmin}} = \frac{N_{kbot}}{ab} \pm \frac{6M_{kbot}}{ba^2} = \frac{N_{kbot}}{ab}\left(1 \pm \frac{6e_0}{a}\right) \tag{8-7}$$

式中　b——基础底面垂直于弯矩作用方向的边长。

当 $e_0 > a/6$ 时，按式（8-7）计算的 p_{kmin} 为拉应力。但是基础与地基之间是不可能存在拉应力的，p_{kmin} 为负值的后果将是基础底面与地基之间产生局部脱开，即基础翘起，基底土反力实际上将形成如图 8-13c 所示的局部三角形分布（分布宽度 $s = 3c$），此时，p_{kmax} 值可根据静力平衡条件按下式计算：

$$p_{kmax} = \frac{2N_{kbot}}{3b\left(\dfrac{a}{2} - e_0\right)} = \frac{2N_{kbot}}{3bc} \tag{8-8}$$

从图 8-13 可看出，随着作用压力偏心距的不断增大，基底反力分布以及地基的压缩将变得越来越不均匀，从而使基础的倾斜逐渐增大。为了使基础不致因过分倾斜而影响正常使用，对于有起重机的厂房，应控制 $e_0 \leqslant a/6$；对于无起重机的厂房，当基础荷载效应组合包括风荷载效应时，允许基础底面与地基局部脱开，即允许 $e_0 > a/6$，但应控制 $3c/a \geqslant 0.75$。

（2）基础底面尺寸的确定　偏心受压基础的底面，一般均设计成矩形。根据地基承载力确定偏心受压基础的基底面积尺寸时，由于未知量个数多于基本公式个数，因此需补充一定的条件。一般可先按轴心受压基础公式［式（8-2）］计算基底面积，然后将所得值根据偏心距的大小增大 20%~40%，即

$$A = ab = (1.2 \sim 1.4)\frac{N_k}{f_a - \gamma_m d} \tag{8-9}$$

而长、短边比 a/b 宜控制在 1.5~2.0 之间。

初步选定基底面积及尺寸后，应按式（8-7）计算偏心荷载作用下的基底应力 p_{kmax} 和 p_{kmin}，并应满足

$$p_{kmax} \leqslant 1.2f_a \tag{8-10a}$$

$$p_k = \frac{p_{kmax} + p_{kmin}}{2} \leqslant f_a \tag{8-10b}$$

如不满足式（8-10）的要求时，应调整基础底面尺寸，直到满足为止。

【例 8-1】 根据图 8-14 所示已知资料，由《建筑地基基础设计规范》规定确定出修正持力层承载力特征值 f_a = 224.75kN/m²。试确定该柱下基础的底面尺寸。

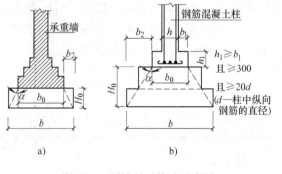

图 8-14 基础底面设计图

【解】 （1）初拟基础底面积尺寸。

$$A = (1.2 \sim 1.4)\frac{N_k}{f_a - \gamma_m d}$$

$$= (1.2 \sim 1.4) \times \frac{1600}{224.75 - 20 \times 2.0} m^2$$

$$= 10.4 \sim 12 m^2$$

取 $b = 3m$，$a = 4.5m$（$a/b = 1.5$）。

（2）计算地基反力，验算地基承载力。

$$\frac{N_k + G_k}{A} = \left(\frac{1600}{3 \times 4.5} + 20 \times 2\right) kN/m^2 = 158.52 kN/m^2$$

$$M_{kbot} = M_k + V_k \cdot 2 = (600 + 100 \times 2) kN \cdot m = 800 kN \cdot m$$

$$W = \frac{1}{6}ba^2 = \frac{1}{6} \times 3 \times 4.5^2 m^3 = 10.125 m^3$$

$$p_{\substack{kmax \\ kmin}} = \frac{N_k + G_k}{A} \pm \frac{M_{kbot}}{W} = \left(158.52 \pm \frac{800}{10.125}\right) kN/m^2 = (158.52 \pm 79.01) kN/m^2$$

$$p_{kmin} = 79.51 kN/m^2$$

$$p_{kmax} = 237.53 kN/m^2 < 1.2f_a = 269.7 kN/m^2$$

$$p_k = \frac{p_{kmax} + p_{kmin}}{2} = \frac{237.53 + 79.51}{2} kN/m^2 = 158.52 kN/m^2 < f_a = 224.75 kN/m^2$$

基础底面尺寸取值满足地基承载力要求。

第二节 无筋扩展基础（刚性基础）设计

刚性基础所用材料的抗压强度较高，抗拉、抗剪强度低，稍有挠曲变形，基础内拉应力就会超过材料的抗拉强度而产生裂缝。因此，设计时必须控制基础内的拉应力和切应力，结构设计通常是通过材料强度等级和台阶宽高比（台阶的宽度与高度之比）来确定基础截面尺寸，满足一定的刚度和强度，而无须进行内力分析和截面强度计算。图 8-15 所示为刚性基础构造示意图，要求每个台阶的宽高比都不得超过表 8-1 中所列的允许值，即

图 8-15 刚性基础构造示意图

$$\frac{b_2}{H_0} \leqslant \tan\alpha \qquad (8-11)$$

式中 α——无筋扩展基础的刚性角；

$\tan\alpha$——基础台阶宽高比的允许值见表 8-1。

设计时一般先选择适当的基础埋深和基础底面尺寸，设基础宽度为 b，根据上述要求基础高度应符合下式。

$$H_0 \geq \frac{b - b_0}{2\tan\alpha} \tag{8-12}$$

式中 b_0——基础顶面的砌体宽度；

H_0——基础高度。

采用刚性基础的钢筋混凝土柱，其柱脚高度 h_1 不得小于 b_1，且不应小于 300mm 及不得小于 $20d$，如图 8-15 所示。当柱纵向钢筋在柱脚内的竖向锚固长度不满足锚固要求时，可沿水平弯折，弯折后水平锚固长度不应小于 $10d$，也不应大于 $20d$（d 为柱纵向钢筋最大直径）。

表 8-1　无筋扩展基础台阶宽高比的允许值

基础材料	质量要求	台阶宽高比的允许值（$\tan\alpha$）		
		$p_k \leq$ 100kPa	100kPa $< p_k$ $\leq$200kPa	200kPa $< p_k$ $\leq$300kPa
混凝土基础	C15 混凝土	1:1.00	1:1.25	1:1.00
毛石混凝土基础	C15 混凝土	1:1.00	1:1.25	1:1.50
砖基础	砖不低于 MU10，砂浆不低于 M5	1:1.50	1:1.50	1:1.50
毛石基础	砂浆不低于 M5	1:1.25	1:1.50	—
灰土基础	体积比3:7 或2:8 的灰土，其最小干密度： 粉土 1550kg/m³ 粉质粘土 1580kg/m³ 粘土 1450kg/m³	1:1.25	1:1.50	—
三合土基础	石灰:砂:骨料体积比为 1:2:4～1:3:6，每层虚铺 220mm，夯至 150mm	1:1.50	1:2.00	—

注：1. p_k——基础底面处平均压应力标准值（kPa）。

2. 阶梯形毛石基础的每阶伸出宽度不宜大于 200mm。

3. 当基础由不同材料叠合组成时，应对接触部分作抗压验算。

4. 混凝土基础单侧扩展范围内，当基础底面平均压应力超过 300kPa 时，尚应进行抗剪验算；对基底反力集中于立柱附近的岩石地基，应进行局部承载力验算。

当基础承受的荷载较大时，按地基承载力要求确定的基础底面宽度 b 较大，相应的基础高度 H_0 也较大，此时基础自重、埋深以及材料用量随之增大。

【例 8-2】　某砖混结构山墙基础，传到基础顶面的荷载 $N_k = 180\mathrm{kN/m}$，室内外高差为 0.45m，墙厚 0.37m，地质条件见表 8-2，土层分布均匀，初步考虑以粉质粘土作为持力层，采用毛石刚性条形基础，采用 M5 水泥砂浆砌筑，试设计该条形基础。

【解】　以天然地面作为室外设计地面，取基础埋深 $d = 1.4\mathrm{m}$。

（1）确定基础底面积　基础平均埋深为 $d = (1.4 + 1.85)\mathrm{m}/2 = 1.63\mathrm{m}$。

$$b \geq \frac{N_k}{f_a - \gamma_m d} = \frac{180}{174.8 - 20 \times 1.63}\mathrm{m} = 1.27\mathrm{m}$$

取 $b = 1300\text{mm}$。

表 8-2 主要地质资料

自上向下土层序号	土层类别	厚度/m	主要性能参数	备注
1	耕土	1	$\gamma = 16\text{kN/m}^3$	
2	粉质粘土	5	$\gamma = 17.5\text{kN/m}^3$ $f_a = 174.8\text{kN/m}^2$ $e = 0.90$	地下水位按距地表面下 5m 处考虑
3	砾砂		$\gamma = 16\text{kN/m}^3$	

（2）确定基础构造尺寸 根据基底压力 $p_k = N_k/b + \gamma_m d = (180/1.3 + 20 \times 1.63)\text{kN/m}^2 = 171.06\text{kN/m}^2$。

查表 8-1，毛石基础台阶宽高比允许值为 1:1.5，取台阶高度 $h_1 = 400\text{mm}$，台阶宽度为 $b_1 \leqslant h_1/1.5 = (400/1.5)\text{mm} = 267\text{mm}$，若取台阶宽度 $b_1 = 200\text{mm}$，所需台阶数（以基础半宽计）为 $(1300/2 - 370/2)/200 = 2.35$。取台阶数为 3，此时台阶宽度值应 $b_1 = (1300/2 - 370/2)\text{mm}/3 = 155\text{mm}$，最后取台阶宽度 $b_1 = 160\text{mm}$，则实际基础底面宽度为

$$b = [370 + 2 \times (3 \times 160)]\text{mm}$$
$$= 1330\text{mm} > 1300\text{mm}，满足要求。$$

（3）绘制基础剖面图 如图 8-16 所示。

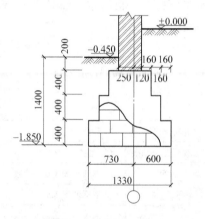

图 8-16 例 8-2 图

第三节 钢筋混凝土柱下基础设计

在给水排水构筑物中，常见的钢筋混凝土基础有整片式基础和单独柱下基础。有地下水压力作用的水池，或虽无地下水的作用但地基软弱的水池，当池内设置支柱时，常采用钢筋混凝土反无梁楼盖式底板，这种与池壁和支柱整体连接的底板构成了池壁与支柱所共有的整片式基础，这种整片式基础的设计计算方法将在第九章讲述。如果底板不受地下水压力的作用，而且地基较好，则可用如图 8-17 所示的基础，在柱和池壁下分别设置柱下单独基础和条形基础，此时水池底板结构由构造确定，底板与基础间可设分离缝，也可不设分离缝，一般单层房屋（如二级泵房）或多层房屋的钢筋混凝土柱，多采用钢筋混凝土单独基础。

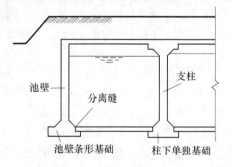

图 8-17 水池分离式基础

钢筋混凝土柱下单独基础的结构设计主要包括冲切承载力验算、局部受压计算（当基础混凝土强度等级小于柱的混凝土强度等级时）和抗弯计算。按基础冲切承载力确定基础高度，以防止基础高度不足，发生沿柱周边与基底连

线约呈45°方向的冲切面的拉开破坏；按基础受弯承载力确定底板上的双向受力钢筋，以防止扩展式基础因底板双向悬挑受力，造成控制截面的弯曲破坏；基础构造处理，以防止发生其他问题。基础设计需要涉及基底应力分布形式，考虑到柱下扩展基础的底面积并不太大，故假定基础是刚性构件，基底土反力呈线性分布。

一、基础冲切承载力验算

在柱荷载作用下，如果基础高度（或阶梯高度）不足，则将沿柱周边（或阶梯高度变化处）产生冲切破坏，形成45°斜裂面的角锥体，对最常见的矩形截面柱下的矩形基础，应分别验算柱与基础交接处和基础变阶处的冲切承载力。验算时取一个最不利冲切破坏锥面即可，见图8-18c梯形面积。只要该面不破坏，则其他锥面也不会破坏。对于图8-18a所示的冲切破坏锥面大于基础底面积的情形，冲切破坏永远不会发生，故不必验算。

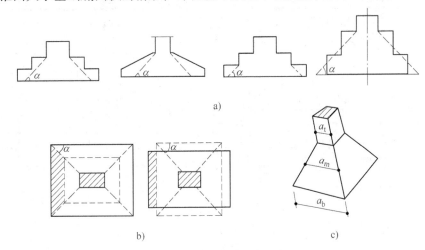

图 8-18 冲切破坏面

a）几种可能的冲切斜面（$\alpha = 45°$） b）两种可能的冲切作用面 c）冲切破坏斜面

为保证基础不发生冲切破坏，必须使冲切面外的由地基净反力产生的冲切力小于或等于冲切面处混凝土的抗冲切承载力。矩形基础一般沿柱短边一侧先产生冲切破坏，只需根据短边一侧的冲切破坏条件确定基础高度，即要求

$$F_1 \leqslant 0.7\beta_{hp}f_t a_m h_0 \tag{8-13}$$

$$a_m = \frac{a_t + a_b}{2} \tag{8-14}$$

冲切荷载 $$F_1 = p_j A_1 \tag{8-15}$$

式中 β_{hp}——受冲切承载力截面高度影响系数，当 h 不大于 800mm 时，β_{hp} 取 1.0；当 h 大于等于 2000mm 时，β_{hp} 取 0.9；其间按线性内插法取用；

f_t——混凝土轴心抗拉强度设计值；

h_0——基础冲切破坏锥体的有效高度；

a_m——冲切破坏锥体最不利一侧计算长度；

a_t——冲切破坏锥体最不利一侧斜截面的上边长，当计算柱与基础交接处的受冲切承载力时，取柱宽；当计算基础变阶处的受冲切承载力时，取上阶宽；

a_b——冲切破坏锥体最不利一侧斜截面在基础底面积范围内的下边长;

p_j——扣除基础自重及其上土重后相应于荷载效应基本组合时的地基土单位面积净反力,对偏心受压基础可取基础边缘处最大地基土单位面积净反力 p_{jmax} (轴压基础 $p_j = \dfrac{N}{A}$;对于偏压基础 $p_{jmin}^{jmax} = \dfrac{N}{A} + \dfrac{M}{W}$);

A_1——冲切验算时取用的部分基底面积,即图 8-19a 中的阴影面积 $ABCDEF$ 或图 8-19b 中的 $ABDC$;

F_1——相应于荷载效应基本组合时,作用在 A_1 上的地基土净反力设计值。

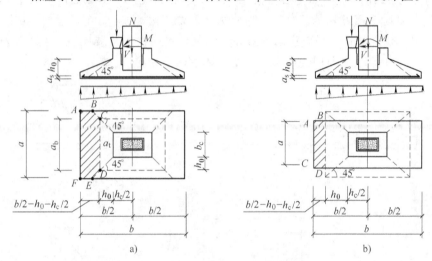

图 8-19 抗冲切验算示意图

对于矩形柱下矩形基础,A_1 可按下式计算:

当 $a > a_t + 2h_0$ 时
$$A_1 = \left(\frac{b}{2} - \frac{h_c}{2} - h_0 \right)a - \left(\frac{a}{2} - \frac{b_c}{2} - h_0 \right)^2 \tag{8-16}$$

当 $a \leqslant a_t + 2h_0$ 时
$$A_1 = \left(\frac{b}{2} - \frac{h_c}{2} - h_0 \right)a \tag{8-17}$$

冲切破坏锥体最不利一侧斜截面在基础底面积范围内的下边长 a_b 按下述方法取值:当冲切破坏锥体的底面落在基础底面以内(图 8-19a),计算柱与基础交接处的受冲切承载力时,取柱宽加两倍基础有效高度;当计算基础变阶处的受冲切承载力时,取上阶宽加两倍该处的基础有效高度。当冲切破坏锥体的底面在 a 方向落在基础底面以外,即 $a_t + 2h_0 \geqslant a$ 时(图 8-19b),$a_b = a$。

设计时一般先按经验设定基础高度,得出 h_0,再代入式(8-13)进行验算,直至满足要求。

当基础底面短边尺寸小于或等于柱宽加两倍基础有效高度时,应按下列公式验算柱与基础交接处截面受剪承载力:

$$V_s \leqslant 0.7\beta_{hs}f_t A_0 \tag{8-18}$$

$$\beta_{hs} = (800/h_0)^{1/4} \tag{8-19}$$

式中 V_s——柱与基础交接处的剪力设计值(kN),图 8-20 中的阴影面积乘以基底平均净反力;

β_{hs}——受剪切承载力截面高度影响系数，当 $h_0 < 800mm$ 时，取 $h_0 = 800mm$；当 $h_0 > 2000mm$ 时，取 $h_0 = 2000mm$；

A_0——验算截面处基础的有效截面面积（m^2）；当验算截面为台阶形或锥形时，可将其截面折算成矩形截面，截面的折算宽度和截面的有效高度按《建筑地基基础设计规范》附录 U 计算。

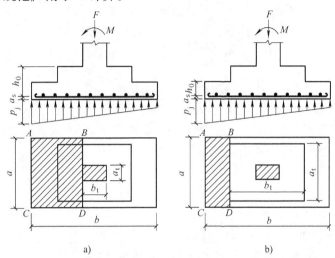

图 8-20　验算阶形基础受剪承载力示意图

a）柱与基础交接处　b）基础变阶处

二、基础受弯承载力计算

基础底板在荷载效应基本组合时的净反力 p_j 作用下，可视为固定于台阶根部或柱边的倒置悬臂板。一般矩形基础的长宽比小于 2，属于双向受弯构件，因此，应计算底板沿两个方向的受弯钢筋，配筋控制截面在柱边缘处或变阶处，其破坏特征是裂缝沿柱角至基础角将基础底面分裂成四块梯形面积，如图 8-21 所示。

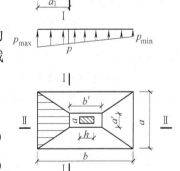

在单向偏心荷载作用下底板受弯时，当矩形基础台阶的宽高比小于或等于 2.5 和偏心距小于或等于 $b/6$ 时，任意截面的弯矩可按下列公式计算：

$$M_{I} = \frac{1}{12}a_1^2\Big[(2a + a')\Big(p_{max} + p - \frac{2G}{A}\Big) + (p_{max} - p)a\Big] \tag{8-20}$$

$$M_{II} = \frac{1}{48}(a - a')^2(2b + b')\Big(p_{max} + p_{min} - \frac{2G}{A}\Big) \tag{8-21}$$

式中　a_1——任意截面 I—I 至基底边缘最大反力处的距离；

图 8-21　基底配筋计算简图

p_{max}、p_{min}——基底边缘最大、最小反力设计值；

p——任意截面 I—I 处基底反力设计值；

G——考虑荷载分项系数的基础自重及其上的覆土自重设计值；当组合值由永久荷载

控制时，$G = 1.35G_k$，G_k 为基础及其上覆土的自重标准值。

对于轴心受压基础，其基底地基反力是均匀分布的。若用符号 p 表示其相应于荷载效应基本组合时的地基反力设计值，则式（8-20）及式（8-21）中只要以 $p_{max} = p_{min} = p$ 代入，即可得到轴心受压基础底板的弯矩 M_I 和 M_{II}。

$$\left.\begin{array}{c} M_I = \dfrac{p - G/A}{24}(b - b')^2(2a + a') \\[3mm] M_{II} = \dfrac{p - G/A}{24}(a - a')^2(2b + b') \end{array}\right\} \tag{8-22}$$

垂直于 I — I 截面的受力钢筋面积可按下式计算：

$$A_{sI} = \frac{M_I}{0.9h_0 f_y} \tag{8-23}$$

垂直于 II — II 截面的受力钢筋面积可按下式计算：

$$A_{sII} = \frac{M_{II}}{0.9(h_0 - d)f_y} \tag{8-24}$$

式中　d——沿 b 方向上的钢筋直径。

【例 8-3】　某水池顶盖支柱，截面尺寸为 300mm × 300mm，柱内受压钢筋采用 4 ϕ 12 的 HPB300 级钢筋（$f_y = 270\text{N/mm}^2$），柱下采用如图 8-22 所示的钢筋混凝土锥形基础，基础埋深为 1.8m，修正持力层承载力特征值 $f_a = 200\text{kN/m}^2$，基础及回填土的平均重度 $\gamma_m = 20\text{kN/m}^3$，基础采用 C20 混凝土（$f_t = 1.1\text{N/mm}^2$），基础下设置 C15 混凝土垫层。如果柱子传给基础的轴向压力标准值 $N_k = 625\text{kN}$，试进行基础设计。

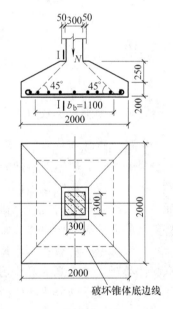

图 8-22　例 8-3 截面
尺寸及配筋图

【解】　（1）确定基础底面尺寸。该支柱为轴心受压构件，由式（8-2）得

$$A = \frac{N_k}{f_a - \gamma_m d} = \frac{625}{200 - 20 \times 1.8}\text{m}^2 = 3.81\text{m}^2$$

取 $b = a = 2\text{m}$。

（2）确定基础高度及验算受冲切承载力。初步选定基础高度 $h = 450\text{mm}$。柱内受压纵筋的锚固长度为 $0.7l_{ab} = 0.7 \times \alpha$ $\frac{f_y}{f_t}d = 0.7 \times 0.16 \times \frac{270}{1.1} \times 10\text{mm} = 275\text{mm}$，$h$ 能满足要求。本例为锥形基础，故只需验算由柱边开始的冲切面上的受冲切承载力。

基础下设置 C15 混凝土垫层，基础底面受力钢筋净保护层厚度可取 35mm，则按内层钢筋计算的受冲切破坏锥体的有效高度为

$$h_0 = (450 - 35 - 10 - 5)\text{mm} = 400\text{mm} = 0.4\text{m}$$

冲切破坏锥体的底边长为

$$a_b = b_b = a_t + 2h_0 = (300 + 2 \times 400)\text{mm} = 1100\text{mm} = 1.10\text{m}$$

冲切破坏锥体最不利一侧计算长度为

$$a_m = \frac{a_t + a_b}{2} = \frac{0.3 + 1.1}{2}m = 0.7m$$

基础底面地基净反力为

$$p_j = \frac{N}{A} = \frac{625 \times 1.2}{4.0}kN/m^2 = 187.5kN/m^2$$

由于 $a = 2000mm > a_b = 1100mm$，则 A_1 为

$$A_1 = \left(\frac{b}{2} - \frac{h_c}{2} - h_0\right)a - \left(\frac{a}{2} - \frac{b_c}{2} - h_0\right)^2$$

$$= \left(\frac{2}{2} - \frac{0.3}{2} - 0.4\right) \times 2m^2 - \left(\frac{2}{2} - \frac{0.3}{2} - 0.4\right)^2 m^2 = 0.7m^2$$

冲切力为

$$F_1 = p_j A_1 = 187.5 \times 0.7kN = 131.25kN$$

受冲切承载力为

$$0.7\beta_{hp}f_t a_m h_0 = 0.7 \times 1.0 \times 1.1 \times 700 \times 400N$$

$$= 215600N = 215.6kN > F_1 = 131.25kN$$

受冲切承载力满足要求。

（3）配筋计算。$G = 1.35G_k = 1.35\gamma_m A d = 1.35 \times 20 \times 4 \times 1.8kN = 194.4kN$。

由于基础为正方形，两个方向的弯矩相等，由式（8-20）得

$$M_I = M_{II} = \frac{p - G/A}{24}(b - b')^2(2a + a')$$

$$= \frac{187.5 - 194.4/4}{24} \times (2 - 0.3)^2 \times (2 \times 2 + 0.3)kN \cdot m$$

$$= 71.92kN \cdot m$$

近似取 $h_{0I} = h_{0II} = 400mm$，则由式（8-23）和式（8-24）可得两个方向的钢筋截面积均为

$$A_s = \frac{M_I}{0.9h_{0I}f_y} = \frac{71920000}{0.9 \times 400 \times 270}mm^2 = 740mm^2$$

每个方向各采用Φ10@100，$A_s = 785mm^2$。

三、基础构造要求

1）一般构造要求。轴压基础底面积多采用正方形；偏压基础多采用矩形，长边平行于弯矩方向，$b/a = 1.5 \sim 3$ 为宜。锥形基础的边缘高度不宜小于300mm，阶梯形基础的每阶高度宜为 $300 \sim 500mm$。

基础混凝土的强度等级不宜低于C20，基础下通常设置C15混凝土垫层，垫层厚度为 $70 \sim 100mm$，每边伸出基础边缘100mm。基础底板受力钢筋通常采用HPB300级或HRB335级，受力钢筋的最小配筋率不宜小于0.15%，直径不宜小于10mm，间距不宜大于200mm，也不宜小于100mm。墙下钢筋混凝土条形基础纵向分布钢筋的直径不宜小于8mm，间距不宜大于300mm，每延米分布钢筋的面积应不小于受力钢筋面积的15%。当设有垫层时钢筋

保护层厚度不宜小于40mm，当无垫层时，钢筋保护层厚度不宜小于70mm。当基础底板边长大于或等于2.5m时，该方向受弯钢筋长度可采取长短间隔布筋方式，但截断长度仅为全长的10%（图8-23）。

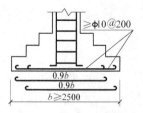

图8-23　基础配筋交错布置示意图

2）对现浇柱基础，采用锥形基础，其边缘高度一般不小于200mm，坡度 $i \leqslant 1:3$，如图8-24a所示。采用台阶形基础，每阶高度一般为300~500mm，当基础总高度 $h \leqslant 350mm$ 时，可用一阶；$350 < h \leqslant 900mm$ 用二阶；$h > 900mm$ 时，用三阶，如图8-24b、c所示。

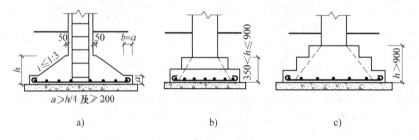

图8-24　现浇柱基础构造示意图

基础中应设插筋和柱中纵筋搭接，插筋的数量、直径、钢筋种类应与柱内搭接的纵筋相同；当基础高度不大时，插筋的下端宜做成直钩与基础底板配筋绑扎连接；当柱为轴压或小偏心受压、基础高度大于或等于1200mm 和柱为大偏心受压、基础高度大于或等于1400mm 时，可仅将四角插筋做成直钩并伸至基础底板，其余插筋深入基顶下 l_{ab} 或 l_{aE} 即可（图8-25）。l_{ab} 和 l_{aE} 分别为钢筋锚固长度和有抗震设防要求时的钢筋锚固长度。

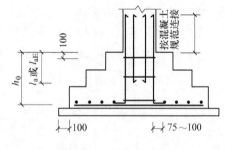

图8-25　插筋构造图

3）预制混凝土柱下基础，应满足以下构造要求：

① 柱子插入深度 h_1 按表8-3选用，并应满足锚固长度的要求和吊装时柱的稳定性。

表8-3　柱的插入深度 h_1　　　（单位：mm）

矩形或I形柱				双肢柱
$h < 500$	$500 \leqslant h < 800$	$800 \leqslant h \leqslant 1000$	$h > 1000$	
$(1 \sim 1.2)h$	h	$0.9h$ 且 $\geqslant 800$	$0.8h$ 且 $\geqslant 1000$	$(1/3 \sim 2/3)h_a$,$(1.5 \sim 1.8)h_b$

注：1. h 为柱截面长边尺寸；h_a 为双肢柱整个截面长边尺寸；h_b 为双肢柱整个截面短边尺寸。

2. 柱轴心受压或小偏心受压时，h_1 可以适当减小；偏心距大于 $2h$ 时，h_1 应适当加大。

② 基础的杯底厚度 a_1 和杯壁厚度 t，可按表8-4选用。

③ 杯壁构造配筋：当柱为轴心受压或小偏心受压且 $t/h_2 \geqslant 0.65$，或大偏心受压且 $t/h_2 \geqslant 0.75$ 时，杯壁可不配筋；当柱为轴心受压或小偏心受压且 $0.5 \leqslant t/h_2 < 0.65$ 时，杯壁可按表8-5构造配筋，其他情况应按计算配筋。

预制钢筋混凝土柱（包括双肢柱）与高杯口基础的连接构造见《规范》。

表 8-4　基础杯底厚度 a_1 和杯壁厚度 t （单位：mm）

柱截面长边尺寸 h	杯底厚度 a_1	杯壁厚度 t
$h < 500$	$\geqslant 150$	$150 \sim 200$
$500 \leqslant h < 800$	$\geqslant 200$	$\geqslant 200$
$800 \leqslant h < 1000$	$\geqslant 200$	$\geqslant 300$
$1000 \leqslant h < 1500$	$\geqslant 250$	$\geqslant 350$
$1500 \leqslant h < 2000$	$\geqslant 300$	$\geqslant 400$

注：1. 双肢柱的杯底厚度值可适当加大。

2. 当有基础梁时，基础梁下的杯壁厚度应满足其支承宽度的要求。

3. 柱子插入杯口部分的表面应凿毛。柱子与杯口之间的空隙，应用细石混凝土（比基础混凝土强度等级高一级）充填密实，其强度达到基础设计等级的 70% 以上时，方能进行上部吊装。

表 8-5　杯壁构造配筋

柱截面长边尺寸 h/mm	$h < 1000$	$1000 \leqslant h < 1500$	$1500 \leqslant h < 2000$
钢筋直径 ϕ/mm	$8 \sim 10$	$10 \sim 12$	$12 \sim 16$

注：表中钢筋置于杯口顶部，每边两根，如图 8-26 所示。

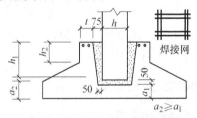

图 8-26　杯壁构造配筋

思 考 题

8-1　基础有哪些类型？

8-2　什么是地基承载力特征值？确定地基承载力的方法有哪些？

8-3　试述刚性基础和柔性扩展基础的区别。

8-4　何谓基础的埋置深度？影响基础埋深的因素有哪些？

8-5　基础设计应包括哪些内容？

8-6　刚性基础的主要特点是什么？设计时应满足何要求？

习 题

8-1　某砖墙承重房屋，采用条形基础，基础埋深 $d = 1.2\mathrm{m}$，承重砖墙厚 240mm，作用于地面标高处的荷载 $N_k = 180\mathrm{kN/m}$，拟采用砖基础。地基土为粉质粘土，$\gamma = 18\mathrm{kN/m^3}$，$e = 0.90$，$f_a = 190\mathrm{kN/m^2}$，试确定砖基础的底面宽度。

8-2　已知某泵房柱下基础上作用的荷载如图 8-27 所示，地基土为粉质粘土，修正持力层承载力特征值 $f_a = 247.2\mathrm{kN/m^2}$，试确定该柱下矩形基础的底面尺寸。

8-3　某单层厂房柱（截面尺寸为 400mm × 800mm）下单独基础，现浇顶面承受荷载的设计值为 $N_k = 625.7\mathrm{kN}$，$M_k = 271\mathrm{kN \cdot m}$，$V_k = 20.5\mathrm{kN}$，修正持力层承载力特征值 $f_a = 224.7\mathrm{kN/m^2}$，基底埋深 $d = 1.55\mathrm{m}$，混凝土强度等级 C20，HPB300 级钢筋，垫层厚 100mm，要求设计该基础（基础及其台阶上回填土平均重度为 $20\mathrm{kN/m^3}$；剪力 V_k 对基底产生的弯矩与 M_k 同向）。

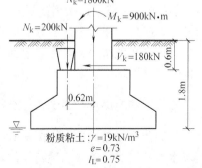

图 8-27　习题 8-2 图示

第九章

钢筋混凝土梁板结构

第一节　概　　述

钢筋混凝土梁板结构是工业与民用建筑和给水排水构筑物中广泛采用的一种结构形式，例如房屋的屋盖和楼盖、楼梯、雨篷、地下室的底板、水池结构的顶盖和底板，以及承受侧向水平力的矩形水池结构池壁和挡土墙等。

一、钢筋混凝土梁板结构按施工方法分类

（1）整体式梁板结构　这种结构的混凝土是在施工现场整体浇筑的，它的整体刚度好、抗震性能强、防水性好（这一点对给水排水工程构筑物尤为重要），在结构布置方面容易适应各种特殊要求。但缺点是工期较长，受气候和季节影响较大，在寒冷季节施工时还必须采取专门的防冻防寒措施。现浇整体式梁板结构适用于荷载较大、平面形状复杂或布置上有特殊要求的建筑物，以及对防渗、防漏或抗震要求较高的构筑物。

（2）装配式梁板结构　这种结构是在预制厂（或施工现场）预先制作梁、板结构构件，然后运到现场装配而成的。与整体式结构相比，它的整体性差、抗震性能差、防水性能差，用钢量稍多。但它有利于实现工厂化生产和机械化施工，可以加快施工进度，节约模板，而且施工不受季节影响。目前，装配式梁板结构多用于工业与民用建筑中的屋盖和楼盖结构中，在大型清水池的顶盖结构中也经常采用，图 9-1a、b 即为圆形水池和矩形水池装配式梁板结构顶盖的示意图。

（3）装配整体式梁板结构　这种结构的特点介于前两种结构之间，即其中的一部分构件（或结构的某一部分）采用预制，另一部分则采用现浇，并可以利用预制部分支承现浇部分的模板，或直接作为现浇部分的模板。例如采用装配整体式梁板结构的水池顶盖，就是将预制梁、板安装就绪后，再在它上面浇筑钢筋混凝土现浇结构层，从而能大量节约模板，增强结构的整体性。

二、钢筋混凝土梁板结构按结构形式分类

（1）肋形梁板结构　如图 9-1c 所示，肋形梁板结构是由板、梁和支柱组成的，可用作矩形水池结构的顶盖或房屋结构的屋盖和楼盖。

（2）无梁顶盖结构　如图 9-1d 所示，无梁顶盖结构将钢筋混凝土板直接支承在有柱帽

的中间支柱及周边墙壁上，而不设梁。这种结构底面平整，具有较大的净空，通风良好，适于用作多层商场、多层厂房、仓库的楼屋盖以及大型的圆形和矩形水池的底板和顶盖。

（3）圆形平板结构　大多用作圆形水池的顶盖和底板。当水池直径较小时可以做成无支柱圆形平板。对于直径为 6 ~ 10m 的圆形水池结构，则宜采用有中心支柱的圆形平板。

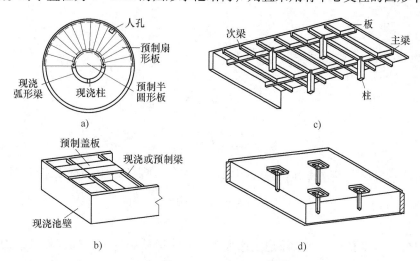

图 9-1　钢筋混凝土梁板结构常见类型

a）圆形水池预制顶盖　b）小型矩形水池预制顶盖
c）单向板肋形梁板结构　d）无梁顶盖

第二节　整体式单向板肋形梁板结构

图 9-1c 所示的钢筋混凝土肋形梁板结构中，作用在板面上的荷载将通过板传给梁，再由梁传至柱子或池壁，最后经由柱子和池壁的基础传入地基。肋形梁板结构中的板被梁分成若干个单区格，由于梁的布置方式不同，各区格板的长短边比例不相同，这将使板的受力情况发生变化。下面以图 9-2 所示的四边简支矩形板为例，来说明这个问题。

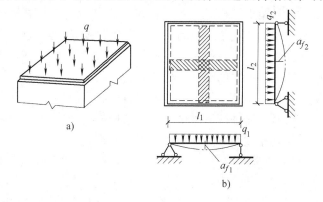

图 9-2　板上荷载沿两个垂直方向传递示意图

设板上承受的均布荷载为 q，两个方向的跨度分别为 l_1 和 l_2。若把板在两个方向分别划分成一系列相互垂直的板条，则板上荷载将分别由这两个方向的板条传给各自的支座。如图 9-2b 所示，现在从板的中部取出两个相互垂直的单位宽度的板条，并设 l_1 方向和 l_2 方向的板条所分担的荷载分别为 q_1 和 q_2，即

$$q = q_1 + q_2 \tag{9-1}$$

若略去相邻板条之间的扭矩影响，则这两个板条在跨中的挠度应分别为

$$a_{f_1} = \frac{5q_1 l_1^4}{384EI_1}, \ a_{f_2} = \frac{5q_2 l_2^4}{384EI_2}$$

显然，两个板条在交点处的挠度应该相等，即 $a_{f_1} = a_{f_2}$，若忽略两个板条在交叉处板条内钢筋位置高低和数量不同的影响，取 $I_1 \approx I_2$，于是有

$$\frac{q_1}{q_2} = \frac{l_2^4}{l_1^4} \tag{9-2}$$

联立式（9-1）和式（9-2）可得

$$q_1 = \frac{l_2^4}{l_1^4 + l_2^4} q$$

$$q_2 = \frac{l_1^4}{l_1^4 + l_2^4} q$$

从以上两式可以看出，随着 $\dfrac{l_2}{l_1}$ 值的增大，l_2 方向（即长边方向）分担荷载的比例将逐渐减小，而 l_1 方向（即短边方向）分担荷载的比例则逐渐增大。当 $l_2 = 2l_1$ 时，$q_1 = 0.94q$，$q_2 = 0.06q$。

由上述分析可以看出，当长短边之比大于 2 时，荷载中的绝大部分将沿短边方向传递。沿长边方向传递的荷载尚不及全部荷载的 6%，故在设计中可以忽略不计。这种主要沿短边方向传力的板，称为单向板。《规范》规定，当 $l_2/l_1 < 3$ 时，在设计中就应考虑荷载沿互相垂直的两个方向传递，这种板称为双向板。

单向板的计算方法与梁相同，故又称梁式板，一般包括以下三种情况：①悬臂板；②两对边支承板；③主要在一个方向受力的四边支承板。

一、结构布置

设计梁板结构时，首先要进行结构布置，由图 9-1c 可以看出，单向板肋形梁板结构是由板、次梁和主梁组成的，结构布置主要是确定柱网和主、次梁的间距、跨度等尺寸。常见的单向板肋形梁板的结构布置如图 9-3a 所示，其中，次梁的间距决定了板的跨度；主梁的间距决定了次梁的跨度；柱或墙的间距决定了主梁的跨度。对于尺寸较小的狭长形平面，也可以不设柱子和主梁，仅沿短边方向在承重墙之间设置次梁（图 9-3b）。

合理布置柱网和梁格，对于结构的经济性和适用性都有十分重要的意义，因此在进行顶盖的结构平面布置时，应注意以下几点：

1）梁板结构尽可能划分为等跨度，主梁跨度范围内次梁根数宜为偶数，以使主梁受力合理；避免较大荷载直接作用在板上；当板上开设较大洞口时，应采取加强措施。

2）结构布置应力求简单、整齐，以减少构件类型，方便施工。梁截面尺寸应考虑设置模板的方便性。

在肋形梁板结构中，板的混凝土用量可占到整个梁板结构混凝土总用量的 50%～70%，因此，板厚宜取较小值。由于次梁间距等于板跨，减小次梁间距，即可降低板厚。在房屋楼盖中，单向板的跨度一般为 1.7～2.7m，常用 2m 左右。而对于有覆土的水池顶盖，单向板的跨度则以 1.8m 左右为宜，无覆土时跨度可适当增大。此外，按刚度要求，板厚也不宜过小，房屋楼盖的板厚一般不宜小于 70mm，在有覆土的水池顶盖中，由于长期荷载较大，板

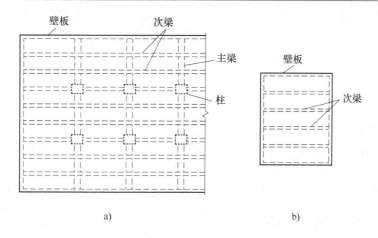

图 9-3　单向板肋形梁板结构的结构布置

厚最好不小于跨度的 1/25 和不小于 100mm。主、次梁的方向和跨度应根据建筑物的平面形式、尺寸和荷载大小合理安排，次梁的跨度一般为 4.0~6.0m，主梁的跨度则以 5.0~7.0m 为宜，主、次梁的高跨比见表 3-6，且主梁的高度至少应比次梁高 50mm。

二、荷载计算

池盖上作用的荷载分为永久荷载 g（恒荷载）和可变荷载 q（活荷载）两种。恒荷载包括结构自重、防水层重量以及覆土重量等，一般以均布荷载的形式作用于顶盖上；活荷载则包括人群荷载、临时堆积荷载、施工荷载以及雪荷载等。常用给水排水构筑物的活荷载值可参照附录 D 中表 D-1 采用。雪荷载及房屋的楼（屋）盖活荷载则应按 GB 50009—2012《建筑结构荷载规范》确定。对屋面和构筑物顶面，雪荷载和活荷载不同时考虑，两者取大值，在大部分情况下均由活荷载起控制作用。

在计算单向板时，通常沿短跨方向取 1m 宽板带作为计算单元（图 9-4），并按多跨连续梁进行内力分析，因此板面荷载就可直接作为计算单元板带上的线荷载而不必进行换算。次梁则承受板传来的均布荷载，其值为板面荷载乘以次梁间距（即板的跨度），同时还要承受次梁本身自重；主梁则承受各根次梁传下来的集中荷载，同时还要承受本身自重，自重都是均布荷载。对于主梁，因外荷载为集中荷载，如果自重严格地按均布荷载计算将使内力分析复杂化。考虑到主梁自重比次梁传来的荷载小得多，为了简化计算，可将其均布自重按次梁间距分段换算成作用位置相当于次梁传力位置的集中荷载。

在确定次梁和主梁的荷载时，通常均不考虑结构连续性的影响，即板传给次梁的荷载相当于次梁两侧简支板的反力，次梁传给主梁的荷载相当于主梁两侧简支次梁的反力。还应注意，在计算板和梁的荷载时，应把永久荷载和可变荷载分开计算，以便于按其不同的分布规律进行内力分析和进行最不利内力组合。

三、连续梁、板的内力计算

（一）计算简图

在整体式肋形梁板结构中板、次梁和主梁一般均按连续结构构件进行计算，板和次梁的支座可看做是铰支座或链杆支座，即不考虑次梁对板或主梁对次梁的约束影响，由此而引起

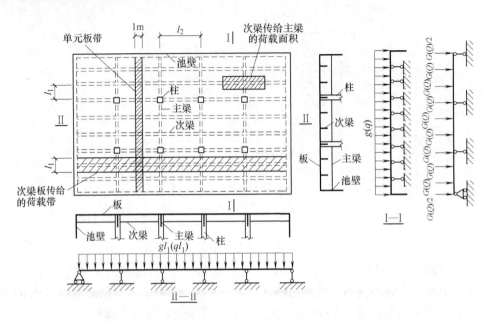

图 9-4　单向板肋形梁板结构各构件计算单元示意和受力计算简图

的误差可采用将部分活荷载计入恒荷载的方法使跨中弯矩适当减小而予以部分抵消。对于支承在钢筋混凝土柱上的主梁，当主梁与柱的线刚度比大于 5 时，也可将主梁视为多跨连续梁计算（图 9-4）。至于板端与钢筋混凝土壁板整体连接时，在板的端支座处产生的弹性固定力矩，将通过补充计算确定。

为了简化计算，当相邻跨长相差不超过 10% 时，仍可按等跨连续梁、板计算，但计算支座弯矩时，应取相邻两跨计算跨度的平均值作为计算跨度，而跨中弯矩则按本跨的计算跨度确定。

当等跨连续梁、板的跨数少于五跨时，按实际跨数计算内力；若跨数多于五跨，则可近似按五跨连续梁、板计算内力，因为随着跨数的增多，各中间跨内力的差异将越来越小，采用这种近似方法确定多于五跨的连续梁、板的内力，其误差是很小的。例如，图 9-5a 所示的八跨连续梁，即可按图 9-5b 所示的五跨连续梁的内力进行计算，而在确定八跨梁的内力和配筋时，则如图 9-5c 所示，中间各跨的跨中弯矩均取五跨梁的第三跨的跨中弯矩，而中间各支座的支座弯矩则取等于五跨梁 C 支座的支座弯矩，剪力也按同样原则确定。

梁、板的计算跨度是指支座反力之间的距离，可按下列规定采用：

对连续板：

边跨
$$l_{01} = l_{n1} + \frac{h}{2} + \frac{b}{2} \tag{9-3}$$

中间跨
$$l_0 = l_n + b \tag{9-4}$$

对连续梁：

边跨
$$\left.\begin{array}{l} l_{01} = l_{n1} + \dfrac{b}{2} + \dfrac{a}{2} \\[2mm] l_{01} = l_{n1} + \dfrac{b}{2} + 0.025 l_{n1} \end{array}\right\} \text{取较小值} \tag{9-5}$$

中间跨
$$l_0 = l_n + b \tag{9-6}$$

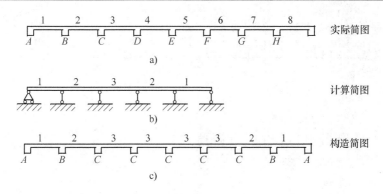

图 9-5　连续梁计算简图

式中　l_{n1}——边跨净跨度，即第一内支座边至边支座边的距离；

$\quad\quad l_n$——中跨净跨度，即相邻两内支座边之间的距离；

$\quad\quad b$——中间支座宽度；

$\quad\quad a$——板或梁端部伸入砖墙内的支承长度；

$\quad\quad h$——板厚。

以上计算跨度的取法，都是针对中间支座为整体浇筑的钢筋混凝土支座（梁、柱或壁板）而言的。如果边支座也是整体浇筑支座，则边支座计算跨度的取法与中间跨一样。

（二）活荷载的最不利布置与折算荷载

（1）活荷载的最不利布置　设计连续梁、板时，控制截面为各跨的跨中截面和支座截面，对各控制截面均需计算可能产生的最不利内力 M 和 V。由于活荷载的分布状态是可变的，对于某一控制截面，使之产生某种最不利内力（例如某跨跨中最大弯矩）的活荷载分布状态，通常不是所有跨都布满活荷载，而是某些跨有活荷载，其他跨无活荷载的某种特定分布状态，这就是所谓的活荷载最不利布置。恒荷载的分布状态是固定不变的，故控制截面最不利内力应是恒荷载所引起的内力和按最不利位置分布的活荷载引起的内力组合。根据影响线理论得出确定活荷载最不利布置的原则如下。

1）当求某跨跨中最大正弯矩时，应在本跨布置活荷载，然后向左、右两侧隔跨布置活荷载。例如，当确定五跨连续梁第一跨的跨中最大正弯矩时，活荷载的布置位置应在第一、三、五跨，如图 9-6a 所示。

2）当求某跨跨内最大负弯矩（最小正弯矩）时，本跨不布置活荷载，而在其相邻的左右两跨布置活荷载，然后隔跨布置活荷载。例如当确定五跨连续梁第三跨的跨内最大负弯矩时，活荷载应布置在第二、四跨，如图 9-6b 所示。

3）当求某支座的最大负弯矩时，应在该支座相邻两跨布置活荷载，然后隔跨布置活荷载。例如当确定五跨连续梁第一内支座的最大负弯矩时，活荷载应布置在第一、二、四跨，如图 9-6c 所示。

4）当求各支座左、右边缘的最大剪力时，活荷载的布置位置与确定该支座的最大负弯矩布置位置相同，如图 9-6c 所示。但当确定端支座最大剪力时，应在端跨布置活荷载，然后每隔一跨布置活荷载，如图 9-6a 所示。

（2）折算荷载　在前面曾提到支座转动实际受到约束引起的误差，可采用将部分活荷载计入恒荷载的方法使之减小，这种经过调整后的恒荷载和活荷载称为折算荷载。

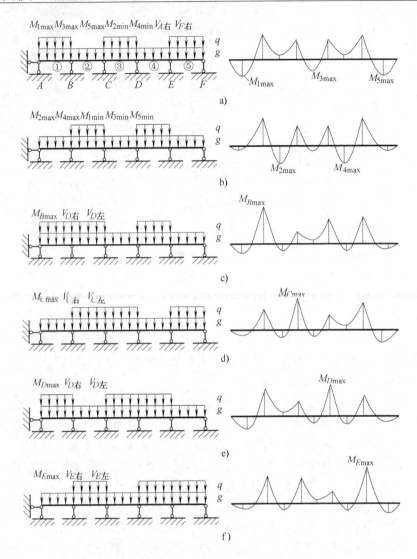

图 9-6 五跨连续梁（板）最不利活荷载布置及弯矩图

　　在进行内力计算时，均把梁和板的支座假定为理想的能自由转动的铰支座或链杆支座。但实际上板和次梁以及次梁和主梁都是整浇在一起的。当连续板的支座截面在图 9-7a 所示的荷载作用下发生转动时，将带动次梁发生扭转。因次梁有一定的抗扭刚度，它将在一定程度上阻碍连续板支座截面的自由转动，并使支座截面的转角由理想条件时的 θ（图 9-7b）减小为实际转角 θ'（图 9-7c）。同样，主梁的抗扭刚度也将减小次梁支座截面的转角。这就使得板和次梁在最不利活荷载布置作用下，有活荷载作用的各跨的跨中挠度和跨中弯矩也相应减小。为了能用简便方法反映梁、板整体性对内力的这种影响，一般对板和次梁的恒荷载和活荷载进行调整，即在恒荷载和活荷载的数值总和不变的前提下适当增大恒荷载，减小活荷载，使板和次梁在荷载调整之后，按理想计算简图算得的支座截面转角大体上相当于结构实际产生的转角 θ'（图 9-7d）。

　　由于次梁对板的约束作用比主梁对次梁的约束作用大，故板的荷载调整幅度大于次梁荷载的调整幅度。板和次梁的折算荷载取值如下。

对于板，取

$$\left.\begin{array}{l} g' = g + \dfrac{1}{2}q \\[2mm] q' = \dfrac{1}{2}q \end{array}\right\} \tag{9-7}$$

对于次梁，取

$$\left.\begin{array}{l} g' = g + \dfrac{1}{4}q \\[2mm] q' = \dfrac{3}{4}q \end{array}\right\} \tag{9-8}$$

式中　g、q——实际恒荷载和活荷载设
　　　　　　计值；
　　　g'、q'——折算恒荷载和活荷载设
计值。

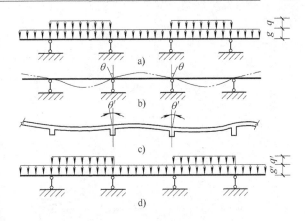

图 9-7　梁板整体性对内力的影响

a) 实际荷载布置情况　b) 理想支承情况下结构的变形
c) 结构的实际变形　d) 计算中采用调整后的荷载

在连续主梁以及不与支座整体连接（例如支座为砖墙）的连续板或连续次梁中，上述影响较小，不需对荷载进行调整。

（三）内力计算与内力包络图

（1）内力计算　钢筋混凝土连续梁、板的内力计算方法有两种：一种是弹性理论计算方法；另一种是考虑塑性内力重分布的计算方法。对裂缝和变形控制较严格的结构，一般都采用弹性理论计算方法。由于给水排水构筑物对裂缝宽度的控制较严，所以其结构的内力分析均采用弹性理论计算方法。

附录 D 中的表 D-2（1）～表 D-2（4）给出了二至五跨等跨连续梁（板）在不同荷载作用下的弯矩和剪力系数，根据这些系数即可用下面的公式计算出各控制截面的弯矩和剪力值。

均布及三角形荷载作用下：

$$\left.\begin{array}{l} M = K_1 g' l^2 + K_2 q' l^2 \\[2mm] V = K_3 g' l + K_4 q' l \end{array}\right\} \tag{9-9}$$

集中荷载作用下：

$$\left.\begin{array}{l} M = K_1 G l + K_2 Q l \\[2mm] V = K_3 G + K_4 Q \end{array}\right\} \tag{9-10}$$

式中　g'——计算均布或三角形恒荷载设计值；
　　　q'——计算均布或三角形活荷载设计值；
　G、Q——集中恒荷载设计值、集中活荷载设计值；
　K_1、K_2——对应于恒荷载分布状态和活载分布状态的弯矩系数，由附录 D 中表 D-2（1）
　　　　　　～表 D-2（4）查得；
　K_3、K_4——对应于恒荷载分布状态和活载分布状态的剪力系数，由附录 D 中表 D-2（1）
　　　　　　～表 D-2（4）查得。

不等跨连续梁、板的内力计算可查有关手册，或采用结构力学的方法求解。

（2）内力包络图　求出了支座截面和跨中截面的最大弯矩值、最大剪力值后，就可进行

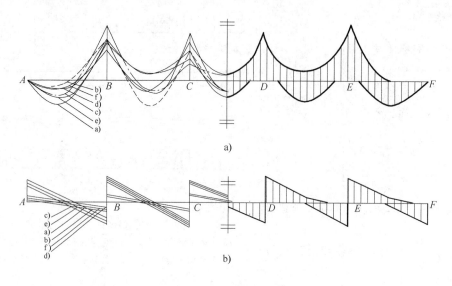

图9-8　内力包络图

a）弯矩包络图　b）剪力包络图

截面设计。但这只能确定支座截面和跨中截面的配筋，而不能确定钢筋在跨内的变化情况。将恒荷载作用下各截面产生的内力，与相应截面最不利活荷载布置下所产生的内力叠加，便得出截面可能出现的最不利内力，各截面最不利内力的连线称为内力包络图。如果将图9-6所示的六种情况的弯矩图画在同一个坐标系中，即得到图9-8所示的五跨连续梁弯矩叠合图，依照同样原则也可以画出梁的剪力叠合图。取叠合图的外包线，就得到弯矩包络图（图9-8a右侧部分）与剪力包络图（图9-8b右侧部分），它表示各截面在任意活荷载的布置下，可能出现的最大内力。

弯矩包络图是确定梁内纵向钢筋截断和弯起点的依据，即连续梁的材料图形必须根据弯矩包络图来绘制。当必须利用弯起钢筋抗剪时，剪力包络图是用来确定弯起钢筋需要的排数和确定弯起钢筋排列位置的依据，如果不必利用弯起钢筋抗剪，则一般不必绘制剪力包络图。

（四）两点修正

（1）支座边缘内力计算　按弹性理论方法计算连续梁、板内力时，取支座中心线之间的距离作为计算跨度，所得的支座弯矩即为支座中心理想铰支点弯矩。但实际结构的支座有一定的宽度，且梁板又与支座整体连接，致使在支座宽度内，其截面高度明显增大，故支座中心处弯矩虽最大，但并非最危险截面，支座边缘截面才是实际应控制的截面。如图9-9所示，内力设计值应以支座边缘为准，近似按以下公式计算：

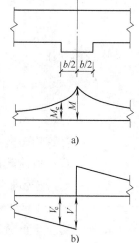

弯矩设计值 $\qquad M_e = M - V_0 \dfrac{b}{2}$ $\qquad$ (9-11)

剪力设计值：

均布荷载 $\qquad V_e = V - (g + q) \dfrac{b}{2}$ $\qquad$ (9-12)

图9-9　支座边缘内力
设计值的修正

集中荷载 $\qquad\qquad\qquad\qquad V_e = V \qquad\qquad\qquad\qquad$ (9-13)

式中 M、V——支座中心处的弯矩、剪力设计值；

$\qquad V_0$——按简支梁计算的支座剪力设计值（取绝对值）；

$\qquad b$——支座宽度；

$\qquad g$、q——作用在梁（板）上的均布恒荷载和活荷载设计值。

当连续梁、板直接搁置在砖墙上时，则不考虑上述影响，而按支座中心处最大内力计算。

（2）连续板端支座为弹性固定时的弯矩修正 当水池顶板与池壁整体连接时，应按端支座为弹性固定的连续板（图9-10a）计算内力，但精确计算较为繁琐，一般采用下述简化方法计算。

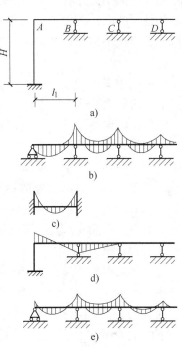

首先假定端支座为铰支，并利用附录 D 中表 D-2（1）～表 D-2（4）的内力系数求出连续板的弯矩（图9-10b），再假定第一跨为两端固定的单跨梁，求出端支座 A 处的固端弯矩 $\overline{M}_A$（图9-10c），同时求出池壁在侧向压力作用下的顶端固端弯矩 $\overline{M}_{WA}$，则节点 A 的不平衡弯矩为 $\overline{M}_A + \overline{M}_{WA}$。按照力矩分配法，将不平衡弯矩对顶板和池壁进行一次弯矩分配，并与固端弯矩 $\overline{M}_A$ 叠加，即可得到端支座弹性固定弯矩 M_A 的近似值。将此值作为外力施加于铰支板端，并假定此外力仅影响连续板端部的两跨，且取 B 支座的弯矩为 $0.27M_A$，由此而产生的端部两跨的弯矩如图9-10d 所示。最后将图9-10b 的弯矩图与图9-10d 的弯矩图叠加，即得端支座为弹性固定时连续板的近似弯矩图（图9-10e）。M_A 值的近似计算公式为

图9-10 弹性固端板弯矩修正

$$M_A = \overline{M}_A - (\overline{M}_A + \overline{M}_{WA}) \frac{K_{s1}}{K_{s1} + K_w} \qquad (9-14)$$

式中 $\overline{M}_A$——连续板的第一跨为两端固定单跨板时的固端弯矩；

$\qquad \overline{M}_{WA}$——池壁顶端的固端弯矩，当求 M_A 的最大值时，$\overline{M}_{WA}$ 应按池外有土，池内无水计算；$\overline{M}_A$、$\overline{M}_{WA}$ 的正负号均以弯矩分配法原则确定；

$\qquad K_{s1}$——顶板第一跨的线刚度，$K_{s1} = \dfrac{EI_{s1}}{l_1}$，$I_{s1}$ 为单位宽度顶板的截面惯性矩，l_1 为顶板第一跨的计算跨度；

$\qquad K_w$——池壁线刚度，$K_w = \dfrac{EI_w}{H}$，I_w 为单位宽度池壁竖向截条的截面惯性矩，H 为池壁计算高度。

还应指出，用上述方法计算端支座为弹性固定的连续板内力依然相当复杂，为了进一步简化计算，也可把端支座视为简支，仅在端支座处按构造配置负弯矩钢筋，其数量应不少于跨中正弯矩钢筋面积的 1/3，每米宽度内也不少于 5Φ8，以承担实际可能存在的端支座负弯

矩，并避免产生过大的裂缝。

四、单向板的配筋计算及构造

（一）截面设计要点

在确定单向板的厚度和弯矩后，即可根据第三章按单筋矩形截面进行正截面承载力计算，以确定各跨中和各支座所需钢筋数量。由于板的跨高比较大，斜截面受剪承载力不起控制作用，一般不必计算，也不必配置抗剪腹筋。对于正常使用极限状态，为满足给水排水构筑物的使用要求，需验算裂缝宽度。至于挠度，由于连续梁、板的挠度计算复杂，前面确定板厚时，应按不需作挠度验算的最大跨高比确定。

（二）构造要求

（1）板中受力钢筋　由计算确定的受力钢筋有承受负弯矩的板顶负筋和承受正弯矩的板底正筋，常用直径为6~16mm。正弯矩区段钢筋采用HPB300级钢筋时，端部采用半圆弯钩，负弯矩区段钢筋端部应做成向下的直钩，直钩的长度向下直接顶到模板，以起架立作用。为了增强架立刚度，板中负弯矩钢筋直径一般不宜小于8mm。当板厚$h < 150$mm时，受力钢筋的间距不应大于200mm；当板厚$h \geqslant 150$mm时，受力钢筋的间距不应大于$1.5h$，且不应大于250mm。伸入支座的钢筋，其间距不应大于400mm，且钢筋截面面积不得小于跨中受力钢筋的1/3。钢筋间距不宜小于70mm，沿荷载传递方向布置。在简支板支座处或连续板端支座及中间支座处，下部正弯矩区段钢筋伸入支座的长度不应小于$5d$（d为伸入支座钢筋最大直径）。

按计算求得的连续板各跨中截面和支座截面处钢筋面积各不相同，为了便于施工，选择板内正、负受力钢筋时，一般宜使各个截面的钢筋间距相同，而通过选用不同的直径来满足各个截面的钢筋需要量，钢筋直径不宜多于两种。

多跨连续板受力钢筋的配筋方式有弯起式（图9-11a、b）和分离式（图9-11c）两种。弯起式配筋，板底正筋向上弯起承担负弯矩，钢筋的弯起角一般为30°；当板厚大于120mm时，可采用45°，板上层钢筋的端头应作成直钩，直钩的长度向下直接顶到模板，以起架立作用。弯起式配筋正负弯矩区段之间的联系较强，可节约钢材，但钢筋制作较复杂。分离式配筋，整体性较弯起式配筋差，用钢量略高，但设计和施工都比较方便。当板厚超过120mm且承受较大的动荷载时，不

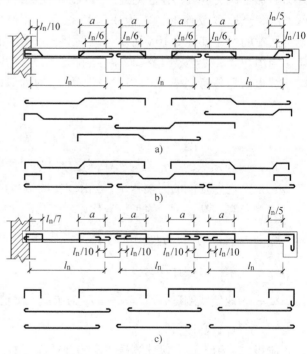

图9-11　连续单向板的配筋方式
a）一端弯起式　b）两端弯起式　c）分离式

宜采用分离式配筋。

多跨连续板各跨跨度相差不超过 20% 时，可不画内力包络图，而直接按图 9-11 确定受力钢筋的弯起点和截断点位置。图中 a 的取值：当板上均布活荷载 q 与均布恒荷载 g 的比值 $q/g \leqslant 3$ 时，$a = l_n/4$；当 $q/g > 3$ 时，$a = l_n/3$，l_n 为板的净跨长。连续板相邻跨度不满足上述条件，或各跨荷载相差很大时，则钢筋的弯起和截断应按弯矩包络图确定。

当板端与池壁整体连接时，端支座处钢筋的弯起点和截断点的位置可参照图 9-11 中间支座确定，同时，负弯矩钢筋伸入池壁内的锚固长度应不小于充分利用钢筋抗拉强度时的最小锚固长度（图 9-12）。

（2）板中构造钢筋 连续单向板除了按计算配置受力钢筋外，通常还应布置以下四种构造钢筋。

1）分布钢筋：沿单向板区格的长边方向，与受力钢筋垂直的方向应布置分布钢筋，分布钢筋放在受力钢筋的内侧，以使受力钢筋具有尽可能大的内力臂。

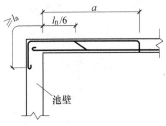

图 9-12 顶盖支座负弯矩钢筋的锚固

分布钢筋的主要作用：可以将板面荷载更为均匀地传递给受力钢筋；抵抗该方向温度和混凝土的收缩应力；在施工中固定受力钢筋的位置等。分布钢筋除满足最大间距限制外，受力钢筋的所有转角处，均宜布置分布钢筋，在梁的截面宽度范围内，可不布置分布钢筋。分布钢筋按构造配置，间距不应大于 250mm，直径不宜小于 6mm；对集中荷载较大的情况，分布钢筋的截面面积应适当增加，其间距不宜大于 200mm。对水池等给水排水工程构筑物中的板，分布钢筋应适当加强。在水池顶板中，单位宽度上分布钢筋的截面面积不宜小于单位宽度上受力钢筋截面面积的 15%，且配筋率不宜小于 0.15%。

2）与主梁垂直的附加负筋：单向板的配筋计算，仅考虑了沿短跨方向的跨中和支座弯矩。在沿长跨方向虽然弯矩很小，可以不予计算，但在构造上仍应配置一定数量的钢筋以抵抗实际上存在的弯矩。沿长跨的跨中弯矩，一般分布钢筋已足够抵抗，但沿长跨的支座负弯矩则应配置专门的构造钢筋来抵抗。主梁作为板沿长跨方向的支座，必须在主梁上部的板面配置附加负弯矩构造钢筋，以抵抗板沿长跨实际存在的支座负弯矩和防止板沿主梁边产生过宽的裂缝。此项负弯矩构造钢筋间距不宜大于 200mm，直径不宜小于 8mm，且不少于沿短跨跨中受力钢筋截面面积的 1/3，其伸出主梁每侧边缘的长度应不小于短跨方向计算跨度 l_0 的 1/4（图 9-13）。

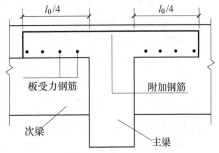

图 9-13 与主梁垂直的附加负筋

3）与承重墙垂直的附加负筋：当板边嵌固于砖墙中，或板与边梁整体连接，而在计算中按铰支考虑时，均应配置一定量的构造钢筋以抵抗实际可能存在的负弯矩。在板的长跨方向，应沿板边布置垂直于砖墙方向的负弯矩构造钢筋，其间距不宜大于 200mm，直径不宜小于 8mm，伸出墙边的长度不小于板的短边跨度 l_1 的 1/7（图 9-14）。在板的短跨方向，板边构造配筋原则相同，但其配筋数量应不少于跨中受力钢筋截面面积的 1/3。当受力钢筋采用弯起式配筋时，可将板下部受力钢筋的一部分弯起来充当这种负弯矩构造钢筋，如图9-11a左端所示。

4）板角附加钢筋：当板的周边嵌固在池壁或砌体墙内时，在板角部的顶面产生与墙大致成45°的斜向裂缝，为了限制这种裂缝，应在板角上部沿双向配置构造钢筋。其间距不宜大于200mm，直径不宜小于8mm，伸出墙边的长度不小于板的短边跨度l_1的1/4，如图9-14所示。

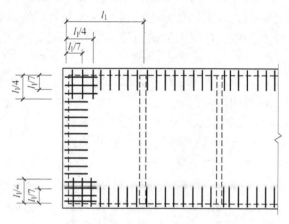

图9-14　板嵌固在承重砖墙内时板角及板边的构造钢筋

五、梁的配筋计算和构造

（一）梁的配筋计算要点

连续次梁和连续主梁根据正截面和斜截面承载力要求计算配置钢筋，同时还应满足裂缝宽度验算的要求。梁的挠度限制，通常采用使梁的跨高比不超过不需作挠度验算的最大跨高比来满足。

由于板和次梁、主梁整体连接，在梁的截面计算时，应视板为梁的翼缘，在正截面承载力计算时，梁正弯矩区段板处于受压区，应按T形截面计算；在负弯矩区段因板处于受拉区而应按矩形截面计算。在验算裂缝和挠度时，正弯矩区段仍按T形截面计算，负弯矩区段按倒T形截面计算。

在主梁支座处，主梁与次梁截面的上部纵向钢筋相互重叠（图9-15），主梁的负弯矩钢筋一般应放在次梁负弯矩钢筋的下面，致使主梁承受负弯矩的纵筋位置下移，梁的有效高度减小。所以在计算主梁支座处负弯矩区段的正截面和斜截面承载力时，应根据主梁负弯矩钢筋的实际位置来确定其有效高度h_0，其值可按下列公式估算：当为一排钢筋时，$h_0 = h - (50 \sim 60)$ mm；当为两排钢筋时，$h_0 = h - (70 \sim 80)$ mm。h为梁的截面高度。

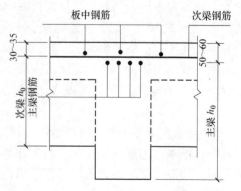

图9-15　主梁支座处负弯矩钢筋的布置

（二）梁的构造要求

梁的一般构造要求见第三、四章，在此只补充一些与连续梁有关的构造要求。

（1）纵筋的弯起和截断　次梁沿梁长纵向受力钢筋的弯起和截断，原则上应按弯矩及剪力包络图确定，但对等跨次梁或各跨跨度相差不超过20%的不等跨次梁，当均布活荷载设计值与恒荷载设计值的比值 $q/g \leqslant 3$ 时，其纵向受力钢筋的弯起和切断位置可参照图9-16确定。

主梁纵向受力钢筋的弯起和截断位置，应按内力包络图及绘制材料图来确定。

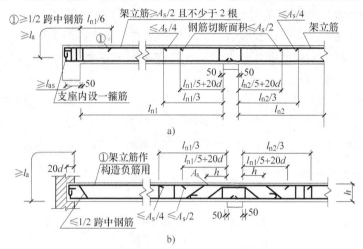

图9-16　等跨连续次梁中纵筋的弯起和截断位置的构造规定（$q/g \leqslant 3$）

a）无弯起钢筋　b）有弯起钢筋

在梁各跨的正弯矩钢筋中，除最外侧的两根钢筋必须伸入支座外，其余钢筋可在适当的位置弯起，以抵抗负弯矩或剪力。当需要用弯起钢筋抗剪时，第一排弯起钢筋的弯终点距支座边缘的距离不应大于允许的箍筋最大间距，习惯做法是在离支座边50mm处弯下第一排弯起钢筋。当纵筋不能在抗剪需要弯起的地方弯起，或弯起钢筋不够承受剪力时，可增设附加弯起钢筋（鸭筋），但不允许设置浮筋（图4-16）。

（2）梁端构造　当梁端支承在砖墙或砖柱上，以及当梁端与柱整体连接，而计算按简支考虑时，梁的端支座钢筋应满足图9-17的构造要求。图9-17中的②号钢筋可以是架立钢筋，也可以是附加钢筋，其截面面积应不小于跨中下部纵向受力钢筋截面面积的1/4，且不少于2Φ14，若为附加钢筋，其伸出支座内边缘的长度不应小于 $l_n/6$（l_n 为净跨跨长），下部纵向受力钢筋伸入支座的长度 l_{as} 应按第四章规定采用。

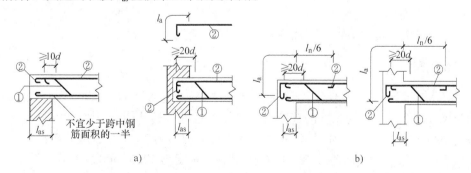

图9-17　纵向受力钢筋在端支座的锚固

a）当梁支承在砖墙或砖柱上时　b）当梁与柱整体连接，而在计算中按简支考虑时

（3）传递集中荷载的附加横向钢筋 当集中荷载不是作用在梁的顶面而是作用在梁的高度范围内时，容易引起梁的局部剪切破坏，为了避免这种破坏，当集中荷载作用在梁的高度范围内时，应在集中荷载两侧设置附加横向钢筋（箍筋或吊筋）。次梁对主梁的集中荷载作用就是这种情况的典型代表，在次梁与主梁相交处，次梁顶部在负弯矩作用下将产生裂缝（图 9-18），因此次梁传递给主梁的集中荷载将通过次梁和主梁交接面下部的受压区混凝土传到主梁截面高度的中、下部。试验表明，这种作用在主梁腹部的集中荷载将在主梁中、下部引起斜裂缝，甚至造成局部破坏，为了防止这种斜裂缝引起局部破坏，应在次梁（集中

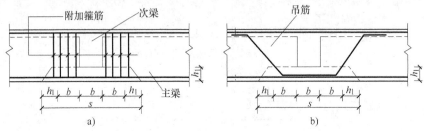

图 9-18 吊筋与附加箍筋的布置
a）附加箍筋 b）吊筋

力）两侧的一定范围内设置附加横向钢筋（吊筋或箍筋），如图 9-18 所示。附加横向钢筋应布置在长度为 s（$s = 2h_1 + 3b$，h_1 为主梁高度与次梁高度之差，b 为次梁宽度）的范围内。所需附加横向钢筋的总截面面积，按下式确定：

$$F_l \leqslant 2f_y A_{sb} \sin\alpha + mn A_{sv1} f_{yv}$$ （9-15）

式中 F_l——由次梁传至主梁的集中力设计值（kN）；

f_y——吊筋抗拉强度设计值（N/mm^2）；

f_{yv}——附加箍筋抗拉强度设计值（N/mm^2）；

A_{sb}——吊筋截面面积；

A_{sv1}——附加箍筋单肢的截面面积；

m——在 s 范围内附加箍筋的根数；

n——附加箍筋的肢数；

α——附加吊筋弯起部分与主梁轴线夹角；一般取 45°；当梁高 $h > 800mm$ 时，宜取 $\alpha = 60°$。

在实际设计时，可以只设置附加箍筋或只设置吊筋。

六、设计实例

【例 9-1】 某地下式矩形清水池，池高 $H = 4.2m$，池壁厚为 200mm，采用现浇钢筋混凝土肋形梁板顶盖，顶盖与池壁的连接近似按铰支考虑，其结构布置如图 9-19 所示。池顶覆土厚为 300mm（覆土重度为 $18kN/m^3$），活荷载标准值为 $7kN/m^2$，活荷载准永久值系数 $\psi_q = 0.1$，顶盖底面为 20mm 厚水泥砂浆抹面（砂浆重度为 $20kN/m^3$）。混凝土采用 C25 级，梁中纵向受力钢筋采用 HRB335 级，梁中箍筋、池壁及顶盖中受力钢筋均采用 HPB300 级。结构设计使用年限为 50 年，$\gamma_L = 1.0$，结构构件重要性系数 $\gamma_0 = 1.0$，试设计此水池顶盖。

【解】 （一）确定材料指标及梁、板截面尺寸

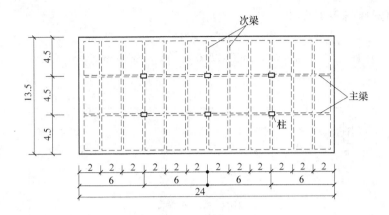

图 9-19　水池顶盖结构布置（尺寸单位：m）

C25 级混凝土	$f_c = 11.9 \text{N/mm}^2$	$f_t = 1.27 \text{N/mm}^2$
	$f_{tk} = 1.78 \text{N/mm}^2$	$E_c = 2.80 \times 10^4 \text{N/mm}^2$
HPB300 级钢筋	$f_{yv} = 270 \text{N/mm}^2$	$E_s = 2.1 \times 10^5 \text{N/mm}^2$
HRB335 级钢筋	$f_y = f_y' = 300 \text{N/mm}^2$	$E_s = 2.0 \times 10^5 \text{N/mm}^2$
钢筋混凝土	重度标准值为 25kN/m^3	
覆土	重度标准值为 18kN/m^3	
砂浆抹面层	重度标准值为 20kN/m^3	

根据结构布置中各构件的跨度取：板厚 100mm，次梁截面尺寸 $b \times h = 200\text{mm} \times 450\text{mm}$，主梁截面尺寸 $b \times h = 250\text{mm} \times 650\text{mm}$，柱截面尺寸为 $350\text{mm} \times 350\text{mm}$。

（二）板的设计

1. 荷载设计值

恒荷载分项系数结构自重 $\gamma_G = 1.2$，覆土重 $\gamma_G = 1.27$，活荷载分项系数因 $q_k = 7 \text{kN/m}^2 > 4 \text{kN/m}^2$，故 $\gamma_Q = 1.3$。

覆土重	$1.27 \times 18 \times 0.3 \text{kN/m}^2 = 6.86 \text{kN/m}^2$
板自重	$1.2 \times 25 \times 0.1 \text{kN/m}^2 = 3.0 \text{kN/m}^2$
抹面重	$1.2 \times 20 \times 0.02 \text{kN/m}^2 = 0.48 \text{kN/m}^2$
恒荷载	$g = 10.34 \text{kN/m}^2$
活荷载	$q = 1.3 \times 7 \text{kN/m}^2 = 9.1 \text{kN/m}^2$
总荷载	$g + q = (10.34 + 9.1) \text{kN/m}^2 = 19.44 \text{kN/m}^2$
	$q/g = 9.1/10.34 = 0.88 < 3$

考虑到次梁对板的转动约束影响，调整后折算荷载为

$$g' = g + \frac{q}{2} = \left(10.34 + \frac{9.1}{2}\right)\text{kN/m}^2 = 14.89 \text{kN/m}^2$$

$$q' = \frac{q}{2} = \frac{9.1}{2}\text{kN/m}^2 = 4.55 \text{kN/m}^2$$

取 1m 宽板带进行计算，计算单元上每延米荷载为

$$g' = 14.89 \text{kN/m}, \quad q' = 4.55 \text{kN/m}$$

2. 计算简图（图9-20）

计算跨度　边跨　$l_1 = l_n + b/2 = （1800 + 100）$ mm $= 1900$mm⊖

中跨　$l_i = l_n + b = （1800 + 200）$ mm $= 2000$mm

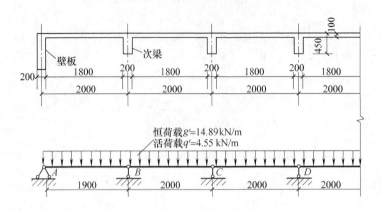

图 9-20　板计算简图

3. 内力计算

由于$l_2/l_1 = 2.25$，$2.0 < l_2/l_1 < 3.0$，《规范》规定$l_2/l_1 < 3.0$时可按单向连续板设计，应把沿长边方向的构造筋加强。连续板实际为12跨，利用附录D中表D-2（4）五跨连续梁的内力系数表进行计算。

跨中弯矩为

$$M_{1max} = （0.078 × 14.89 + 0.100 × 4.55）× 1.9^2 kN \cdot m = 5.84 kN \cdot m$$

$$M_{2max} = （0.033 × 14.89 + 0.079 × 4.55）× 2.0^2 kN \cdot m = 3.40 kN \cdot m$$

$$M_{3max} = （0.046 × 14.89 + 0.086 × 4.55）× 2.0^2 kN \cdot m = 4.30 kN \cdot m$$

支座弯矩为

$$M_{Bmax} = -（0.105 × 14.89 + 0.119 × 4.55）× \left[（1.9 + 2.0）/2\right]^2 kN \cdot m$$

$$= -8.00 kN \cdot m$$

$$M_{Cmax} = -（0.079 × 14.89 + 0.111 × 4.55）× 2.0^2 kN \cdot m = -6.73 kN \cdot m$$

支座边缘弯矩：

在支座B处

$$M_{B,e} = M_{B,max} - V_0 b/2 = \left（-8.00 + \frac{19.44 × 2.0}{2} × \frac{0.2}{2}\right）kN \cdot m = -6.06 kN \cdot m$$

在支座C处

$$M_{C,e} = M_{C,max} - V_0 b/2 = \left（-6.73 + \frac{19.44 × 2.0}{2} × \frac{0.2}{2}\right）kN \cdot m = -4.79 kN \cdot m$$

4. 配筋计算

板厚$h = 100$mm，顶板钢筋净保护层应取30mm，故$h_0 = （100 - 35）$ mm $= 65$mm。板正

⊖ 由于端支座近似取为简支，故此处计算跨度偏小，可取至壁板内边缘，以适当考虑端支座弹性固定对第一跨跨中弯矩，以及第一内支座负弯矩的影响。

截面承载力计算结果见表9-1。

表9-1 板的配筋计算

截　　面	边跨跨中	第一内支座	第二跨跨中	中间支座	中间跨中
$M/$（kN·m）	5.84	-6.06	3.40	-4.79	4.30
$\alpha_s = M/\alpha_1 f_c b h_0^2$	0.116	0.121	0.068	0.095	0.086
γ_s	0.938	0.935	0.965	0.950	0.955
$A_s = M/\gamma_s h_0 f_y / mm^2$	354.8	369.3	201	287.3	256.6
选用钢筋	φ8@130	φ8@130	φ6@130	φ6/8@130	φ6/8@130
实际配筋面积/mm²	387	387	218	302	302
配筋率 ρ（%）	0.60	0.60	0.34	0.46	0.46

5. 裂缝宽度验算

考虑到水池结构的功能和所处环境都有特殊性，故本例的裂缝宽度验算采用 GB 50069—2002《给水排水工程构筑物结构设计规范》所规定的最大裂缝宽度的计算方法（见附录 F）进行。

板的恒荷载标准值 $g_k = 18 \times 0.3 + 25 \times 0.1 + 20 \times 0.02 kN/m^2 = 8.3 kN/m^2$，活荷载准永久值 $q_q = 0.1 \times 7 kN/m^2 = 0.7 kN/m^2$，则折算恒荷载 $g'_q = (8.3 + 0.7/2) kN/m^2 = 8.65 kN/m^2$，折算活荷载 $q'_q = 0.7/2 kN/m^2 = 0.35 kN/m^2$。对边跨跨中由荷载准永久组合产生的跨中最大弯矩为

$$M_{1q} = (0.078 \times 8.65 + 0.10 \times 0.35) \times 1.9^2 kN \cdot m = 2.56 kN \cdot m$$

$$\sigma_{sq} = \frac{M_{1q}}{0.87 A_s h_0} = \frac{2.56 \times 10^6}{0.87 \times 387 \times 65} N/mm^2 = 116.98 N/mm^2$$

$$\rho_{te} = \frac{A_s}{A_{te}} = \frac{387}{0.5 \times 1000 \times 100} = 0.007 < 0.01, 取 \rho_{te} = 0.01$$

$$\psi = 1.1 - \frac{0.65 f_{tk}}{\rho_{te} \sigma_{sq} \alpha_2} = 1.1 - \frac{0.65 \times 1.78}{0.01 \times 116.98 \times 1.0} = 0.111 < 0.4, 取 \psi = 0.4$$

则

$$\omega_{max} = 1.8 \psi \frac{\sigma_{sq}}{E_s} \left(1.5c + 0.11 \frac{d}{\rho_{te}} \right)(1 + \alpha_1)\nu$$

$$= 1.8 \times 0.4 \times \frac{116.98}{2.1 \times 10^5} \times \left(1.5 \times 30 + 0.11 \times \frac{8}{0.01} \right) \times (1 + 0) \times 1.0 mm$$

$$= 0.053 mm < \omega_{lim} = 0.20 mm$$

其余各跨跨中及支座截面，经验算最大裂缝宽度均未超过允许值，验算过程从略。

6. 挠度验算

参考附录 A 中表 A-3 水池顶盖的允许挠度可取 $l/200$（l 为水池顶盖连续板计算跨度）。对等截面及等跨度的多跨连续梁板而言，一般可能的最大挠度将出现在边跨。因此，如果以边跨为准验算挠度，能够满足要求，则板的挠度限制均将得到满足。

按荷载准永久组合计算的边跨跨中最大弯矩进行计算。所得跨中最大弯矩为 $M_q = 2.56 kN \cdot m$。

已知 $\rho_{te} = 0.01$，$\psi = 0.4$

$$a_E = \frac{E_s}{E_c} = \frac{2.1 \times 10^5}{2.8 \times 10^4} = 7.5, \quad \theta = 2$$

$$B_s = \frac{E_s A_s h_0^2}{1.15\psi + 0.2 + 6\alpha_E\rho} = \frac{2.1 \times 10^5 \times 389 \times 65^2}{1.15 \times 0.4 + 0.2 + 6 \times 0.0064 \times 7.5} \text{N} \cdot \text{mm}^2$$

$$= 3.64 \times 10^{11} \text{N} \cdot \text{mm}^2$$

$$B = \frac{B_s}{\theta} = \frac{3.64 \times 10^{11}}{2} \text{N} \cdot \text{mm}^2$$

$$= 1.82 \times 10^{11} \text{N} \cdot \text{mm}^2$$

边跨跨中挠度 a_f 按简支梁用叠加法计算，即 a_f 由简支梁在均布荷载作用下的跨中挠度 a_{f_1} 和简支梁在右端支座负弯矩 M_{Bq} [M_{Bq} 由求边跨跨中最大正弯矩时荷载布置算得，$M_{Bq} = -(0.105 \times 8.65 + 0.053 \times 0.35) \times 1.95^2 \text{kN} \cdot \text{m} = -3.52 \text{kN} \cdot \text{m}$] 作用下的跨中挠度 a_{f_2} 叠加而成。所得挠度 a_f 近似认为是最大挠度，由此引起的误差忽略不计，则

$$a_f = a_{f_1} + a_{f_2} = \frac{5}{48} \times \frac{M_{1q}l^2}{B} + \frac{M_{Bq}l^2}{16B}$$

$$= \left(\frac{5 \times 2.56 \times 10^6 \times 1900^2}{48 \times 1.85 \times 10^{11}} - \frac{3.52 \times 10^6 \times 1900^2}{16 \times 1.85 \times 10^{11}} \right) \text{mm}$$

$$= (5.20 - 4.29) \text{mm} = 0.91 \text{mm} < a_{f_{\text{lim}}}$$

$$= l/200 = 9.5 \text{mm}$$

满足要求。

7. 板的配筋

板的配筋如图9-21所示，分布钢筋采用Φ8@250，每米板宽内的分布钢筋截面面积为201.0mm²，大于 $A_s/3 = (387/3) \text{mm}^2 = 129 \text{mm}^2$。

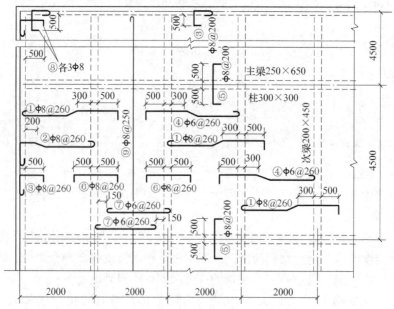

图9-21 板配筋图

（三）次梁的设计

1. 荷载计算

板传来恒荷载设计值 $\quad 10.34 \times 2.0\text{kN/m} = 20.68\text{kN/m}$

次梁自重设计值 $\quad 1.2 \times 25 \times 0.2 \times (0.45 - 0.1)\ \text{kN/m} = 2.1\text{kN/m}$

恒荷载 $\qquad\qquad\qquad g = 22.78\text{kN/m}$

活荷载 $\qquad\qquad\qquad q = 1.3 \times 7 \times 2.0\text{kN/m} = 18.2\text{kN/m}$

总荷载 $\qquad\qquad\qquad g + q = 40.98\text{kN/m}$

$\qquad\qquad\qquad\qquad q/g = 18.2/22.78 = 0.80 < 3$

考虑主梁抗扭刚度的影响，调整后折算荷载为

$$g' = g + \frac{q}{4} = \left(22.78 + \frac{18.2}{4}\right)\text{kN/m} = 27.33\text{kN/m}$$

$$q' = \frac{3q}{4} = \frac{3 \times 18.2}{4}\text{kN/m} = 13.65\text{kN/m}$$

2. 计算简图（图 9-22）

主梁截面尺寸为 $250\text{mm} \times 650\text{mm}$。

计算跨度：

边跨 $\quad l_1 = l_n + a/2 + b/2 = (4.275 + 0.2/2 + 0.25/2)\ \text{m} = 4.5\text{m}$

中跨 $\quad l_2 = l_n + b = (4.25 + 0.25)\ \text{m} = 4.5\text{m}$

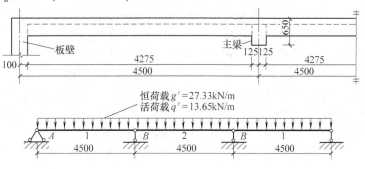

图 9-22 次梁计算简图

3. 内力计算

按附录 D 中表 D-2（2）三跨连续梁内力系数表，计算跨中及支座弯矩和各支座左右两侧的剪力。

跨中弯矩为

$$M_{1\text{max}} = (0.08 \times 27.33 + 0.101 \times 13.65) \times 4.5^2\text{kN} \cdot \text{m} = 72.19\text{kN} \cdot \text{m}$$

$$M_{2\text{max}} = (0.025 \times 27.33 + 0.075 \times 13.65) \times 4.5^2\text{kN} \cdot \text{m} = 34.57\text{kN} \cdot \text{m}$$

支座弯矩为

$$M_{B,\text{max}} = -(0.1 \times 27.33 + 0.117 \times 13.65) \times 4.5^2\text{kN} \cdot \text{m} = -87.68\text{kN} \cdot \text{m}$$

B 支座边缘处弯矩为

$$M_{B,e} = M_{B,\text{max}} - \frac{b}{2}V_0 = -87.68\text{kN} \cdot \text{m} + \frac{(27.33 + 13.65) \times 4.5}{2} \times \frac{0.25}{2}\text{kN} \cdot \text{m}$$

$$= -76.15\text{kN} \cdot \text{m}$$

A 支座右侧剪力为

$$V_{A,\max} = (0.4 \times 27.33 \times 4.5 + 0.45 \times 13.65 \times 4.5)\text{kN} = 76.84\text{kN}$$

A 支座右边缘剪力为

$$V_{A,e} = 76.84\text{kN} - \frac{(27.33 + 13.65) \times 0.2}{2}\text{kN} = 72.74\text{kN}$$

B 支座左侧剪力为

$$V_{B,\max}^{左} = (0.6 \times 27.33 \times 4.5 + 0.617 \times 13.65 \times 4.5)\text{kN} = 111.69\text{kN}$$

B 支座左侧边缘剪力为

$$V_{B,e}^{左} = 111.69\text{kN} - \frac{(27.33 + 13.65) \times 0.25}{2}\text{kN} = 106.57\text{kN}$$

B 支座右侧剪力为

$$V_{B,\max}^{右} = (0.5 \times 27.33 \times 4.5 + 0.583 \times 13.65 \times 4.5)\text{kN} = 97.30\text{kN}$$

B 支座右侧边缘剪力为

$$V_{B,e}^{右} = 97.30\text{kN} - \frac{(27.33 + 13.65) \times 0.25}{2}\text{kN} = 92.18\text{kN}$$

4. 正截面承载力计算

梁跨中按 T 形截面计算。其翼缘宽度 b_f' 取下面两项中的较小值。

$$b_f' = l/3 = (4.5/3)\text{m} = 1.5\text{m}$$
$$b_f' = b + s_n = (0.2 + 1.8)\text{m} = 2.0\text{m}$$

故取 $b_f' = 1.5\text{m}$。

梁、柱钢筋净保护层厚度取 35mm，故跨中 T 形截面的有效高度为

$$h_0 = (450 - 45)\text{mm} = 405\text{mm}(按一排钢筋考虑)$$

支座处按矩形截面计算，其有效高度 $h_0 = (450 - 70)$ mm $= 380$mm（按两排钢筋考虑）。次梁正截面承载力计算结果见表9-2。

表9-2 次梁正截面承载力计算结果

截面	1	*B*	2
$M/(\text{kN} \cdot \text{m})$	72.19	−76.15	34.57
截面类型	第一类 T 形	矩形	第一类 T 形
h_0/mm	405	380	405
$\alpha_s = M/\alpha_1 f_c b_f' h_0^2$	0.0246	—	0.0118
$\alpha_s = M/\alpha_1 f_c b h_0^2$	—	0.222	—
γ_s	0.09875	0.08728	0.9941
$A_s = M/\gamma_s h_0 f_y/\text{mm}^2$	602	765	283
选用钢筋	4 ⏀14	左弯 2 ⏀14 + 2 ⏀14（直）+ 1 ⏀14（鸭）	2 ⏀14
实际配筋面积/mm^2	615	769	308
配筋率 ρ（%）	0.76	1.01	0.38

5. 斜截面承载力计算

次梁剪力全部由箍筋承担时，斜截面承载力计算结果见表9-3。

由表 9-3 可看出，配置双肢 $\phi 6@200$ 的箍筋时，对于支座 A 和支座 B 右侧能满足要求，而在支座 B 左侧需设置弯起钢筋，$B_{左}$ 所需弯起钢筋面积为

$$A_{sb} = \frac{V - 0.7f_t bh_0 - f_{yv}\dfrac{nA_{sv1}}{s}h_0}{0.8f_y \sin 45°}$$

$$= \frac{106570 - 0.7 \times 1.27 \times 200 \times 380 - 270 \times \dfrac{2 \times 28.3}{200} \times 380}{0.8 \times 300 \times 0.707}\ mm^2$$

$$= 58.76 mm^2$$

故在 $B_{左}$ 考虑弯起两排钢筋，其中靠近支座一排为 $1\,\Phi 14$（$A_s = 153.9 mm^2$）的鸭筋，第二排由跨中弯起 $2\,\Phi 14$。$B_{左}$ 第二排弯起钢筋下部弯起点，距支座的距离为 $h + h_0 = （450 + 380 - 40）$ mm = 870mm，该处剪力为 $106.57 kN - （g' + q'）\times 0.87 = （106.57 - 40.98 \times 0.87）$ kN = 71kN，显然，配两排弯起钢筋已经足够。

表 9-3　斜截面承载力计算结果

截面	A	$B_{左}$	$B_{右}$
V/kN	72.74	106.57	92.18
$0.25f_c bh_0/kN$	226.1 > V	226.1 > V	226.1 > V
$0.7f_t bh_0/kN$	67.56 < V	67.56 < V	67.56 < V
箍筋肢数、直径	$2\phi 6$	$2\phi 6$	$2\phi 6$
$A_{sv} = nA_{sv1}/mm^2$	56.6	56.6	56.6
$s = \dfrac{f_{yv}nA_{sv1}h_0}{V - 0.7f_t bh_0}/mm$	1121.1	148.9	210.3
实际配筋间距/mm	200	200	200
是否需配弯筋	否	是	否

6. 裂缝宽度验算

次梁的折算恒荷载标准值 $g'_q = （8.3 \times 2 + 1.75 + \dfrac{1}{4} \times 7 \times 2 \times 0.1）$ kN/m = 18.7kN/m，折算活荷载准永久值 $q'_q = \dfrac{3}{4} \times 7 \times 2 \times 0.1 kN/m = 1.05 kN/m$。

第一跨跨中

$$M_{1q} = （0.08 \times 18.7 + 0.101 \times 1.05）\times 4.5^2 kN \cdot m = 32.44 kN \cdot m$$

$$\sigma_{sq} = \frac{M_{1q}}{0.87h_0 A_s} = \frac{32.44 \times 10^6}{0.87 \times 405 \times 615}N/mm^2 = 149.7 N/mm^2$$

$$\rho_{te} = \frac{A_s}{A_{te}} = \frac{615}{0.5 \times 200 \times 450} = 0.0137$$

$$\psi = 1.1 - \frac{0.65f_{tk}}{\rho_{te}\sigma_{sq}\alpha_2} = 1.1 - \frac{0.65 \times 1.78}{0.0137 \times 149.7 \times 1.0} = 0.536$$

$$l_{cr} = 1.5c_s + 0.11\frac{d_{eq}}{\rho_{te}} = （1.5 \times 35 + 0.11 \times \frac{14}{0.0137}）mm = 164.9mm$$

$$\omega_{max} = 1.8\psi\frac{\sigma_{sq}}{E_s}l_{cr}\nu = 1.8 \times 0.536 \times \frac{149.7}{2.0 \times 10^5} \times 164.9 \times 0.7$$

$$= 0.12mm < \omega_{lim} = 0.25mm \quad 满足要求。$$

B 支座

$$M_{Bq} = -(0.1 \times 18.7 + 0.117 \times 1.05) \times 4.5^2 kN \cdot m = -40.4kN \cdot m$$

$$M_{B,eq} = M_{Bq} - V_{0k}\frac{b}{2} = -40.4kN \cdot m + \frac{(18.7 + 1.05) \times 4.5}{2} \times \frac{0.25}{2}kN \cdot m$$

$$= -34.85kN \cdot m$$

$$\sigma_{sq} = \frac{M_{B,eq}}{0.87h_0A_s} = \frac{34.85 \times 10^6}{0.87 \times 370 \times 769}N/mm^2 = 140.8N/mm^2$$

对支座截面应按倒 T 形截面计算 ρ_{te}，即

$$\rho_{te} = \frac{A_s}{A_{te}} = \frac{A_s}{0.5bh + (b_f - b)h_f} = \frac{769}{0.5 \times 200 \times 450 + (1500 - 200) \times 100}$$

$$= 0.0044$$

$$\psi = 1.1 - \frac{0.65f_{tk}}{\rho_{te}\sigma_{sq}} = 1.1 - \frac{0.65 \times 1.78}{0.0044 \times 140.8} = -0.768 < 0.4, 取 \psi = 0.4$$

$$\omega_{max} = 1.8\psi\frac{\sigma_{sq}}{E_s}\left(1.5c_s + 0.11\frac{d}{\rho_{te}}\right)\nu$$

$$= 1.8 \times 0.4 \times \frac{140.8}{2.0 \times 10^5} \times \left(1.5 \times 35 + 0.11 \times \frac{14}{0.0044}\right) \times 0.7mm$$

$$= 0.143mm < \omega_{lim} = 0.25mm \quad 满足要求。$$

7. 挠度验算（跨高比验算）

现已知第一跨跨中，按荷载效应准永久组合计算的最大弯矩 $M_{1q} = 32.44kN \cdot m$，第一跨由实际恒荷载标准值引起的弯矩为

$$M_{1Gk} = 0.08 \times \left[(18 \times 0.3 + 25 \times 0.1 + 20 \times 0.02) \times 2 + \frac{2.1}{1.2}\right] \times 4.5^2 kN \cdot m$$

$$= 29.727kN \cdot m$$

根据附录 C 有

$$\zeta = 1 - \frac{M_{1Gk}}{M_{1q}} = 1 - \frac{29.727}{32.44} = 0.916$$

$$\eta = \frac{2 - 0.6\zeta}{2 - (1 - \psi_q)\zeta} = \frac{2 - 0.6 \times 0.916}{2 - (1 - 0.1) \times 0.916} = 1.234$$

构件类型及支承条件修正系数根据附表 C 中表 C-1 取 $\frac{0.8 + 0.65}{2} = 0.725$。第一跨的实际

配筋率为 $\rho = \frac{615}{200 \times 405} = 0.76\%$，则根据附录 C 中图 C-2 及以上修正系数可得

$$\left[\frac{l}{h_0}\right]_{lim} = 22 \times \frac{1.234}{0.725} = 37.44$$

而实际跨高比为

$$\frac{l}{h_0} = \frac{4500}{405} = 11.11 < \left[\frac{l}{h_0}\right]_{lim} = 37.44$$

故不必验算次梁的挠度。

8. 次梁配筋图

次梁配筋图，如图9-23所示。

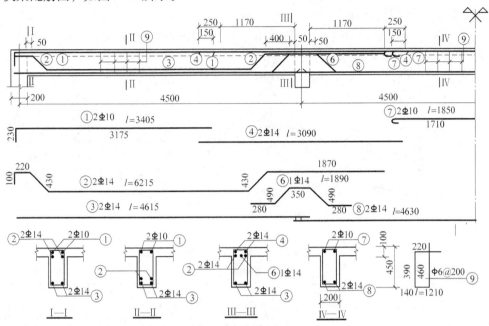

图9-23　次梁配筋图

（四）主梁设计

1. 荷载计算

次梁传来恒荷载设计值　　　$22.78 \times 4.5 \text{kN} = 102.51 \text{kN}$

主梁自重设计值　　　$1.2 \times 0.25 \times (0.65 - 0.1) \times 2 \times 25 \text{kN} = 8.25 \text{kN}$

恒荷载　　　　　　　　　$G = 110.76 \text{kN}$

次梁传来的活荷载设计值　　$Q = 18.2 \times 4.5 \text{kN} = 81.9 \text{kN}$

2. 计算简图

柱子截面尺寸为 $300 \text{mm} \times 300 \text{mm}$。

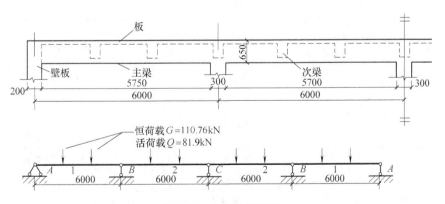

图9-24　主梁计算简图

计算跨度 $l = l_c = 6m$。

主梁计算简图，如图9-24所示。

3. 内力计算

（1）弯矩设计值及包络图

$$M = K_1 Gl + K_2 Ql = K_1 \times 110.76 \times 6 + K_2 \times 81.9 \times 6 = 664.6 K_1 + 491.4 K_2$$

具体计算见表9-4，弯矩包络图如图9-25所示。

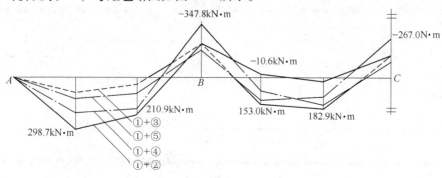

图9-25 主梁弯矩包络图

表9-4 主梁弯矩计算 （单位：kN·m）

序号	计算简图	截面 1$_a$	1$_b$	B	2$_a$	2$_b$	C
		K_1 或 K_2	K_1 或 K_2	K_1 或 K_2	K_1 或 K_2	K_1 或 K_2	K_1 或 K_2
		M_{1a}	M_{1b}	M_B	M_{2a}	M_{2b}	M_C
①		0.238	0.142	-0.286	0.078	0.111	-0.191
		158.2	94.4	-190.1	51.8	73.8	-126.9
②		0.286	0.237	-0.143	-0.127	-0.111	-0.095
		140.5	116.5	-70.3	-62.4	-54.5	-46.7
③		-0.048	-0.095	-0.143	0.206	0.222	-0.095
		-23.6	-46.7	-70.3	101.2	109.1	-46.7
④		0.226	0.119	-0.321	0.103	0.194	-0.048
		111.0	58.5	-157.7	50.6	95.3	-23.6
⑤		-0.032	-0.063	-0.095	0.174	0.111	-0.286
		-15.7	-30.9	-46.7	85.5	54.5	-140.1
	①+②	298.7	210.9	-260.4	-10.6	19.3	-173.6
	①+③	134.6	47.7	-260.4	153.0	182.9	-173.6
	①+④	269.2	152.9	-347.8	102.4	169.1	-150.5
	①+⑤	142.5	63.5	-236.8	137.3	128.3	-267.0

（2）剪力设计值及包络图

$$V = K_3 G + K_4 Q = 110.76 K_3 + 81.9 K_4$$

主梁剪力具体计算见表9-5，剪力包络图如图9-26所示。

表9-5　主梁剪力计算　　　　　　　　　　　　　　（单位：kN）

序号	计算简图	截面 A	$B_左$	$B_右$	$C_左$
		K_3 或 K_4	K_3 或 K_4	K_3 或 K_4	K_3 或 K_4
		V_A	$V_{B左}$	V_B	$V_{C左}$
①		0.714	-1.286	1.095	-0.905
		79.1	-142.4	121.3	-100.2
②		0.857	-1.143	0.048	0.048
		70.2	-93.6	3.9	3.9
③		-0.143	-0.143	1.048	-0.952
		-11.7	-11.7	85.8	-77.9
④		0.679	-1.321	1.274	-0.726
		55.6	-108.2	104.3	-59.5
⑤		-0.095	-0.095	0.810	-1.190
		-7.78	-7.78	66.3	-97.5
①+②		149.3	-236.0	125.2	-96.4
①+③		67.4	-154.1	207.1	-178.1
①+④		134.7	-250.6	225.6	-159.7
①+⑤		71.3	-150.2	187.6	-197.7

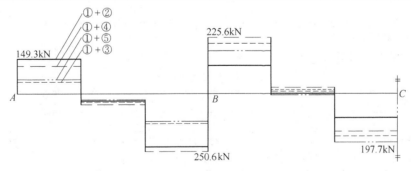

图9-26　主梁剪力包络图

4. 正截面承载力计算

各跨跨中按T形截面计算，其翼缘宽度 b_f' 取下面两项中的较小值。

$$b_f' = l/3 = (6/3)\text{m} = 2\text{m}；\quad b_f' = b + s_n = (0.25 + 4.25)\text{m} = 4.5\text{m}$$

故取 $b_f' = 2\text{m}$。

第一、二跨跨中的截面有效高度，均按两排钢筋考虑，则

$$h_0 = (650 - 60)\text{mm} = 590\text{mm}$$

B、C 支座按矩形截面计算，其截面有效高度为

$$h_0 = (650 - 80)\text{mm} = 570\text{mm}$$

各支座截面的配筋，应按支座边缘的弯矩值计算。

在 B 支座边缘处

$$M_{B,e} = M_B - V_0\frac{b}{2} = 347.8\text{kN} \cdot \text{m} - \frac{(110.76 + 81.9) \times 0.3}{2}\text{kN} \cdot \text{m}$$

$$= 318.9\text{kN} \cdot \text{m}$$

在 C 支座边缘处

$$M_{C,e} = M_C - V_0\frac{b}{2} = 267.0\text{kN} \cdot \text{m} - \frac{(110.76 + 81.9) \times 0.3}{2}\text{kN} \cdot \text{m}$$

$$= 238.1\text{kN} \cdot \text{m}$$

计算结果见表9-6。

表9-6 主梁正截面配筋计算

截面	1	B	2	C
$M/$（kN · m）	298.7	−318.9	182.9	−238.1
截面类型	第一类T形	矩形	第一类T形	矩形
h_0/mm	590	570	590	570
$\alpha_s = M/\alpha_1 f_c b'_f h_0^2$	0.036	—	0.022	—
$\alpha_s = M/\alpha_1 f_c b h_0^2$	—	0.330	—	0.246
γ_s	0.982	0.792	0.989	0.856
$A_s = M/\gamma_s h_0 f_y/\text{mm}^2$	1718.5	2355.0	1045	1627
选用钢筋	4 ⏀20 + 2 ⏀18	左弯 2 ⏀18 + 3 ⏀25（直）右弯 2 ⏀18	2 ⏀18 + 2 ⏀20	左弯 2 ⏀18 + 2 ⏀20（直）右弯 2 ⏀18
实际配筋面积/mm²	1765	2490	1137	1645
配筋率 ρ（%）	1.19	1.74	0.77	1.15

5. 斜截面承载力计算

主梁所需的箍筋计算见表9-7。

表9-7 主梁箍筋计算

截面	A	$B_左$	$B_右$	C
V/kN	149.3	250.6	225.6	197.7
$0.25f_c b h_0/\text{kN}$	423.9 > V	423.9 > V	423.9 > V	423.9 > V
$0.7f_t b h_0/\text{kN}$	126.7 < V	126.7 < V	126.7 < V	126.7 < V
箍筋肢数、直径	2 ⏀8	2 ⏀8	2 ⏀8	2 ⏀8
$A_{sv} = n A_{sv1}$	100.6	100.6	100.6	100.6
$s = \dfrac{f_{yv} n A_{sv1} h_0}{V - 0.7f_t b h_0}/\text{mm}$	685.1	125.6	157.5	218.0
实际配箍间距/mm	150	150	150	150
是否需配弯起筋	否	是	否	否

由表9-7可以看出，当配置Φ8@150的箍筋时，对支座 A 和支座 C 斜截面受剪均能满足要求，但对支座 B 的左侧应设置弯起钢筋，左侧每排弯起钢筋的面积为

$$A_{sb} = \frac{V - 0.7f_t b h_0 - f_{yv} \dfrac{n A_{sv1}}{s} h_0}{0.8 f_y \sin 45°}$$

$$= \frac{250600 - 0.7 \times 1.27 \times 250 \times 570 - 270 \times \dfrac{100.6}{150} \times 570}{0.8 \times 300 \times 0.707} mm^2$$

$$= 122.0 mm^2$$

选1Φ18，$A_{sb} = 254.5 mm$（鸭筋）。

在支座 B 左侧，自支座边缘到第一集中荷载作用点 l_b 之间的水平距离为 $(2.0 - 0.15)$ m $= 1.85$m，在这个区间内各个截面中剪力是相等的，故在靠近支座处布置1Φ18的鸭筋，然后均匀布置两排弯起钢筋。

支座 B 右侧可弯起钢筋承担负弯矩，可取与支座 B 左侧相同。

6. 裂缝宽度验算

恒荷载标准值 $G_k = \left(8.3 \times 2 + \dfrac{2.1}{1.2}\right) \times 4.5 kN + \dfrac{8.25}{1.2} kN = 89.45 kN$　活荷载准永久值 $Q_q =$

$\dfrac{Q \psi_q}{1.3} = \dfrac{81.9 \times 0.1}{1.3} kN = 6.3 kN$

按荷载效应准永久组合计算各控制截面的弯矩 M_q。

第一跨跨中为

$$M_{1q} = (0.238 \times 89.45 + 0.286 \times 6.3) \times 6 kN \cdot m = 138.6 kN \cdot m$$

第二跨跨中为

$$M_{2q} = (0.111 \times 89.45 + 0.222 \times 6.3) \times 6 kN \cdot m = 68.0 kN \cdot m$$

B 支座为

$$M_{Bq} = -(0.286 \times 89.45 + 0.321 \times 6.3) \times 6 kN \cdot m = 165.7 kN \cdot m$$

$$M_{B,eq} = -165.7 kN \cdot m + \frac{(89.46 + 6.3) \times 0.3}{2} kN \cdot m = -151.3 kN \cdot m$$

C 支座为

$$M_{Cq} = -(0.191 \times 89.45 + 0.286 \times 6.3) \times 6 kN \cdot m = -113.3 kN \cdot m$$

$$M_{C,eq} = -113.3 kN \cdot m + \frac{(89.45 + 6.3) \times 0.3}{2} kN \cdot m = 99.0 kN \cdot m$$

验算裂缝宽度时，所有跨中为T形截面，保护层厚 $c = 40$mm；所有支座截面为倒T形截面，保护层厚度必须考虑板、次梁与主梁钢筋的交叉重叠。因此，主梁负弯矩钢筋的保护层厚度为板的受力钢筋保护层厚度（30mm）加板在主梁上的负弯矩构造钢筋直径，再加次梁的外排负弯矩钢筋直径，即取 $c = (30 + 8 + 14)$ mm $= 52$mm。各截面裂缝宽度验算见表9-8。

表9-8 主梁裂缝宽度验算

截面	一跨跨中	B支座	二跨跨中	C支座
$M/(\mathrm{kN \cdot m})$	138.6	151.3	68.0	99.0
h_0/mm	590	570	590	570
$A_\mathrm{s}/\mathrm{mm^2}$	1765	2490	1137	1645
$\sigma_\mathrm{sq} = \dfrac{M_\mathrm{q}}{0.87h_0 A_\mathrm{s}}/(\mathrm{N/mm^2})$	153.0	122.5	116.5	121.4
$\rho_\mathrm{te} = \dfrac{A_\mathrm{s}}{0.5bh + (b_\mathrm{f} - b)\,h_\mathrm{f}}$	0.0217	0.01	0.014	0.01
$\psi = 1.1 - \dfrac{0.65 f_\mathrm{tk}}{\rho_\mathrm{te}\sigma_\mathrm{sq}\alpha_2}$	0.752	0.400	0.4	0.4
c_s/mm	40	52	40	52
$d = \dfrac{4A_\mathrm{s}}{u}$	19.37	21.58	19.06	18.71
$l_\mathrm{cr} = 1.5 c_\mathrm{s} + 0.11\dfrac{d}{\rho_\mathrm{te}}/\mathrm{mm}$	158.19	315.38	209.76	283.81
$\omega_\mathrm{max} = 1.8\psi\dfrac{\sigma_\mathrm{sq}}{E_\mathrm{s}} l_\mathrm{cr}\nu/\mathrm{mm}$	0.11	0.10	0.06	0.09

注：u 为钢筋截面的总周长。

从表9-8可以看出，所有控制截面裂缝宽度均比允许值小0.25mm，满足要求。

7. 挠度验算

对水池顶盖来说，最大挠度一般出现在第一跨。

（1）跨中正弯矩区段刚度计算 由裂缝验算已知第一跨按荷载效应准永久组合计算的最大正弯矩值为

$$M_{1\mathrm{q}} = 138.6\mathrm{kN \cdot m}$$

由前面计算已知，$A_\mathrm{s} = 1765\mathrm{mm^2}$，则

$$\rho_\mathrm{te} = \frac{A_\mathrm{s}}{0.5bh} = \frac{1765}{0.5 \times 250 \times 650} = 0.022$$

$$\sigma_\mathrm{sq} = \frac{138.6 \times 10^6}{0.87 \times 590 \times 1765}\mathrm{N/mm^2} = 153.0\mathrm{N/mm^2}$$

$$\psi = 1.1 - \frac{0.65 f_\mathrm{tk}}{\rho_\mathrm{te}\sigma_\mathrm{sk}} = 1.1 - \frac{0.65 \times 1.78}{0.022 \times 153.0} = 0.756$$

$$\alpha_\mathrm{E} = \frac{E_\mathrm{s}}{E_\mathrm{c}} = \frac{2.0 \times 10^5}{2.8 \times 10^4} = 7.14$$

$$\gamma'_\mathrm{f} = \frac{(b'_\mathrm{f} - b)h'_\mathrm{f}}{bh_0} = \frac{(2000 - 250) \times 100}{250 \times 590} = 1.186$$

$$\rho = \frac{A_\mathrm{s}}{bh_0} = \frac{1765}{250 \times 590} = 0.012$$

由此计算

$$B_s = \frac{E_s A_s h_0^2}{1.15\psi + 0.2 + \dfrac{6\alpha_E\rho}{1 + 3.5\gamma'_f}}$$

$$= \frac{2.0 \times 10^5 \times 1765 \times 590^2}{1.15 \times 0.756 + 0.2 + \dfrac{6 \times 7.14 \times 0.012}{1 + 3.5 \times 1.186}} \text{N} \cdot \text{mm}^2$$

$$= 1.051 \times 10^{14} \text{N} \cdot \text{mm}^2$$

$$B = \frac{B_s}{\theta} = \frac{1.051 \times 10^{14}}{2} \text{N} \cdot \text{mm}^2 = 5.255 \times 10^{13} \text{N} \cdot \text{mm}^2$$

（2）B 支座负弯矩区段刚度计算　此时 B 支座的负弯矩，必须是由使第一跨跨中产生最大正弯矩的荷载布置所引起的，按荷载效应准永久组合计算的负弯矩为 $M_{Bq} = -158.9 \text{ kN} \cdot \text{m}$（计算过程略）。$B$ 按倒 T 形截面来计算相关参数，即按有受拉翼缘计算。

已知 $A_s = 2490\text{mm}^2$，由基本公式计算知：$\psi = 0.4$，$\alpha_E = 7.14$。

$\rho = A_s/bh_0 = 2490 / (250 \times 570) = 0.0175$，代入刚度计算公式，则

$$B_s = \frac{E_s A_s h_0^2}{1.15\psi + 0.2 + 6\alpha_E\rho}$$

$$= \frac{2.0 \times 10^5 \times 2490 \times 570^2}{1.15 \times 0.4 + 0.2 + 6 \times 7.14 \times 0.0175} \text{N} \cdot \text{mm}^2$$

$$= 1.148 \times 10^{14} \text{N} \cdot \text{mm}^2$$

$$B = \frac{B_s}{1.2\theta} = \frac{1.148 \times 10^{14}}{1.2 \times 2} \text{N} \cdot \text{mm}^2 = 4.78 \times 10^{13} \text{N} \cdot \text{mm}^2$$

（3）用图乘法求跨中挠度　第一跨跨中挠度可用图 9-27 所示计算简图进行计算，按荷载效应标准组合计算的弯矩图如图 9-27b 所示。第一跨的最大挠度不会正好在跨度中央，但为了简化计算，以跨度中央挠度进行计算，由此带来的误差可以忽略不计。在跨度中央作用单位集中力所产生的弯矩图，如图 9-27c 所示。

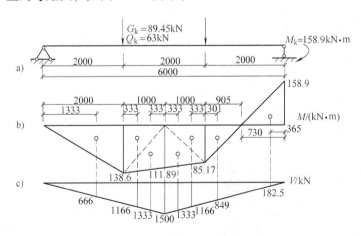

图 9-27　图乘法内力计算简图

跨中挠度为

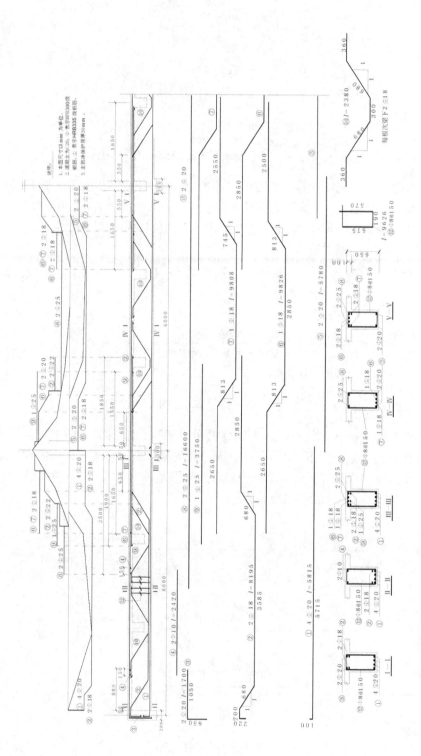

图 9-28 主梁配筋图

$$\alpha_f = \frac{1}{5.255 \times 10^{13}} \times (0.5 \times 138.6 \times 10^6 \times 2000 \times 666 + 0.5 \times 138.6 \times 10^6 \times 1000 \times$$

$$1166 + 0.5 \times 111.89 \times 10^6 \times 1000 \times 1333 + 0.5 \times 111.89 \times 10^6 \times 1000 \times 1333 +$$

$$0.5 \times 85.17 \times 10^6 \times 1000 \times 1166 + 0.5 \times 85.17 \times 10^6 \times 905 \times 849)\,mm -$$

$$\frac{1}{4.78 \times 10^{13}} \times (0.5 \times 158.9 \times 10^6 \times 1095 \times 182.5)\,mm$$

$$= 4.06 \times 10^{14} / (5.255 \times 10^{13})\,mm - 1.59 \times 10^{13} / (4.78 \times 10^{13})\,mm$$

$$= (7.726 - 0.332)\,mm = 7.394\,mm < l/200 = (6000/200)\,mm = 30\,mm$$

主梁挠度验算满足要求。

8. 主梁吊筋计算

由次梁传给主梁的全部集中荷载设计值为

$$F_l = (102.51 + 81.9)\,kN = 184.41\,kN$$

考虑此集中荷载全部由吊筋承受，所需吊筋截面面积为

$$A_{sb} = \frac{F_l}{2f_y \sin\alpha} = \frac{184.41 \times 10^3}{2 \times 300 \times 0.707}\,mm^2 = 434.7\,mm^2$$

吊筋采用 2 $\underline{\Phi}$ 18，$A_{sb} = 509\,mm^2$。

9. 主梁配筋图

主梁纵向钢筋的弯起和截断，应根据弯矩包络图来确定，主梁配筋图如图 9-28 所示。

第三节　整体式双向板肋形梁板结构

当四边支承板的长边与短边之比小于 3 时，应按双向板进行设计。由梁划分成多区格双向板的梁板结构，称为双向板肋形梁板结构。在双向板肋形梁板结构中，纵、横支承梁的交点处一般都设置钢筋混凝土柱（图 9-29）。对于小容量的矩形水池顶盖和底板以及普通快滤池的底板，常采用四边支承在池壁上的双向板。

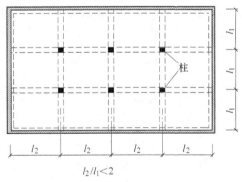

图 9-29　双向板结构布置

一、双向板的受力特点

双向板在荷载作用下将沿两个方向发生弯曲并产生内力。四边简支双向板的均布加载试验表明，板的竖向位移呈碟形，板的四角有上翘的趋势，因此板传给四边支座的压力沿边长

是不均匀的，中部大、两端小，大致按正弦曲线分布。在裂缝出现前，双向板基本上处于弹性工作阶段，短跨方向的最大正弯矩出现在中点，而长跨方向的最大正弯矩偏离跨中截面。

两个方向配筋相同的正方形板，由于跨中正弯矩最大，板的第一批裂缝出现在板底中间部分，如图9-30a所示，随着荷载不断增加，板底裂缝向四角扩展，直至因板的底部钢筋屈服而破坏。当接近破坏时，板顶面靠近四角附近，出现垂直于对角线方向，大体呈圆弧形的环状裂缝。这些裂缝的出现，又促进了板底对角线方向裂缝的进　步扩展。

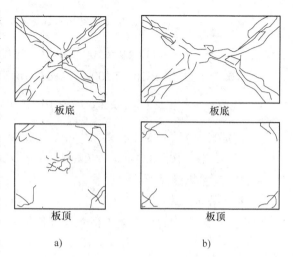

图9-30　钢筋混凝土双向板破坏时裂缝分布示意图

均布荷载作用下在两个方向配筋相同的矩形板，第一批裂缝出现在板底中部且平行于长边方向，随着荷载增加，裂缝向板四角延伸，裂缝与板边大体呈45°角，如图9-30b所示。在接近破坏时，板顶四角也出现大体呈圆弧形的环状裂缝，最后终因板底裂缝处受力钢筋屈服而破坏。

试验还表明，受力钢筋布置方向对破坏荷载的大小并无显著影响，但一般都把钢筋布置成与板边平行。这样，既能推迟第一批裂缝出现的时间，又便于施工。

二、双向板的内力计算及截面设计

（一）单区格双向板的内力计算

对于单区格板的内力计算，在实际设计工作中，常直接采用根据弹性薄板理论公式编制的实用内力系数表进行计算，附录D中表D-3和表D-4列出了不同边界条件的矩形板，在均布荷载和三角形分布荷载作用下的弯矩系数，单位板宽内的弯矩如下。

跨中弯矩为

$$M_x = \alpha_x^v q l^2 ,\ M_y = \alpha_y^v q l^2 \tag{9-16}$$

支座弯矩为

$$M_x^0 = \alpha_x^0 q l^2 ,\ M_y^0 = \alpha_y^0 q l^2 \tag{9-17}$$

在式（9-16）中

$$\alpha_x^v = \alpha_x + \nu \alpha_y ,\ \alpha_y^v = \alpha_y + \nu \alpha_x \tag{9-18}$$

式中　M_x、M_x^0——沿 l_x 方向的跨中和支座弯矩设计值；

　　　M_y、M_y^0——沿 l_y 方向的跨中和支座弯矩设计值；

　　　α_x^0、α_y^0——沿 l_x 和 l_y 方向的支座弯矩系数；

　　　α_x、α_y——当取材料的泊松比 $\nu = 0$ 时，沿 l_x 和 l_y 方向的跨中弯矩系数；

　　　α_x^v、α_y^v——当取材料的泊松比不为零时，沿 l_x 和 l_y 方向修正后的跨中弯矩系数；

　　　q——均布荷载，或三角形分布的最大荷载设计值；

　　　l——板的较小跨度；

ν——泊松比，对钢筋混凝土一般可取 $\nu = 0.2$ 或 $1/6$。

附录 D 中表 D-3 和表 D-4 的内力系数表有些取 $\nu = 0$，有些则取 $\nu = 1/6$。对于 $\nu = 0$ 的表，用于钢筋混凝土板时，支座弯矩系数 α_x^0、α_y^0 可直接采用，跨中弯矩系数 α_x^ν、α_y^ν 则应用式（9-18）进行换算；对于 $\nu = 1/6$ 的表，用于钢筋混凝土板时，α_x^0、α_y^0 和 α_x^ν、α_y^ν 均可直接从表中查用。

当作用为梯形分布荷载时，可将梯形分成均布和三角形两部分，并分别由附录 D 中表 D-3 及表 D-4 查得弯矩系数，算出相应的弯矩值，然后进行叠加，即可求得梯形荷载作用下双向板的弯矩值。但由于均布荷载和三角形荷载作用下的跨中最大弯矩并不出现在同一位置，故用上述方法求得的跨中弯矩是近似的。

（二）多区格连续双向板的内力计算

连续双向板的内力精确计算方法十分复杂，工程实用中一般是采用单区格板的内力系数进行近似计算，此法假定支承梁不产生竖向位移且不受扭；同时双向板沿同一方向相邻跨度差不能过大（$l_{0min}/l_{0max} \geqslant 0.75$），以免计算误差过大。

1. 跨中最大弯矩的计算

多区格连续双向板各区格跨中最大弯矩的计算，也需要考虑活荷载的最不利位置，这时，活荷载布置应以区格作为单元，按棋盘式布置（图 9-31a），在有活荷载作用的区格内将产生跨中最大弯矩。

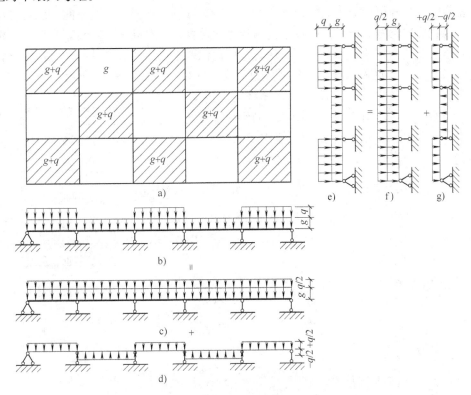

图 9-31 双向板活荷载的最不利布置

利用单区格板的内力系数来计算多区格连续板内力的关键是要设法使多区格连续板中的每一个区格都能忽略和相邻区格的连续性，而按一个独立的单区格板进行计算，并不致带来过于明显的误差。被划分成多区格的连续板如图 9-31 所示，当连续板中所有单区格都布满大小相等的均布荷载时（如恒荷载作用），所有中间支座的转角都将等于或接近于零，此时，可将所有中间支座均视为固定支座，各区格即可按单区格板独立进行计算。若在图 9-31a 的多区格连续板中，在画阴影线的区格内作用向下的（正的）均布荷载，在未画阴影线的区格中作用向上的（负的）均布荷载，且两个作用方向的荷载值相等，则在这样正负交替的荷载作用下，所有中间支座上的弯矩将等于或接近于零，此时，就可将中间支座视为不连续的铰支承，各区格同样可以视为单区格板独立进行计算。

如图 9-31c、d 所示，将连续板中作用荷载的最不利荷载分布情况分解成满布对称荷载 $g + q/2$ 和间隔布置反对称荷载 $\pm q/2$ 两种情况。然后分别以这两种荷载作用对连续板中有阴影区格进行跨中最大弯矩计算。对 $g + q/2$ 荷载作用情况，可近似认为所计算的区格板都是固定支承在中间支座上，对 $\pm q/2$ 荷载作用情况，可近似认为所计算的区格板在中间支承处都是简支。于是可以利用附录 D 中表 D-3 或表 D-4 中系数分别求出单区格板的跨中弯矩，然后进行叠加，即可得到连续板中各区格板的跨中最大弯矩。以上简化处理只是对多区格连续板的中间支座而言，对连续板的周边支座不论何种荷载状态均应按实际支承条件采用。

上述方法原则上只适用于两个方向都是等跨度的多区格连续双向板，但当同一方向板的跨度相差不大时，也可近似采用。

2. 支座弯矩计算

支座最大负弯矩可近似按活荷载满布所有区格来计算，此时，所有中间支座均可视为固定支座，也就可以不考虑连续性而按单区格板进行计算。但对某个中间支座来说，由相邻两个区格求出的支座弯矩常常并不相等，这时，可近似取平均值作为该处的支座弯矩值。

【例 9-2】 一多区格连续双向板，周边简支，区格划分如图 9-32 所示，中间支座为与板整体浇筑的梁，图中区格边长即为计算跨度。板上恒荷载设计值 $g = 6.8 \text{kN/m}^2$，活荷载设计值 $q = 5.0 \text{kN/m}^2$。试计算 D 区格的跨中弯矩和 B、D 区格之间的支座弯矩。

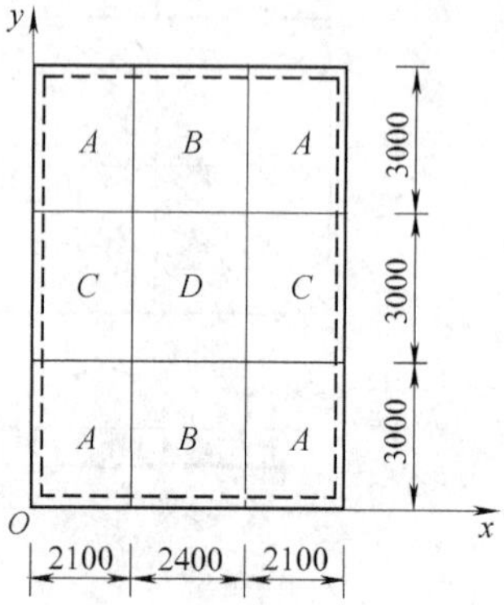

【解】 1. 计算 D 区格跨中弯矩

（1）$g + \dfrac{q}{2}$ 作用下的跨中弯矩 M'_{Dx}、M'_{Dy} 此时按四边固定的单区格板计算，$l_1/l_2 = 2.4/3.0 = 0.8$，由附录 D 中表 D-3 中可查得 $\nu = 0$ 时的跨中弯矩系数，$\alpha_x = 0.0271$，$\alpha_y = 0.0144$。取混凝土泊松比 $\nu = 1/6$，则

图 9-32 例 9-2 图

$$\alpha_x^\nu = \alpha_x + \nu\alpha_y = 0.0271 + \frac{1}{6} \times 0.0144 = 0.0295$$

$$\alpha_y^\nu = \alpha_y + \nu\alpha_x = 0.0144 + \frac{1}{6} \times 0.0271 = 0.0189$$

跨中弯矩为

$$M'_{Dx} = \alpha_x^\nu\left(g + \frac{q}{2}\right)l^2 = 0.0295 \times \left(6.8 + \frac{5.0}{2}\right) \times 2.4^2 \text{kN} \cdot \text{m} = 1.58 \text{kN} \cdot \text{m}$$

$$M'_{Dy} = \alpha_y^\nu\left(g + \frac{q}{2}\right)l^2 = 0.0189 \times \left(6.8 + \frac{5.0}{2}\right) \times 2.4^2 \text{kN} \cdot \text{m} = 1.012 \text{kN} \cdot \text{m}$$

(2) $\pm\dfrac{q}{2}$ 作用下的跨中弯矩 M''_{Dx}、M''_{Dy}　此时按四边铰支的单区格板计算。由附录 D 中表 D-3 可查得 $\nu=0$ 时的跨中弯矩系数，$\alpha_x=0.0561$，$\alpha_y=0.0334$。取混凝土泊松比 $\nu=1/6$，则

$$\alpha_x^\nu = 0.0561 + \frac{0.0334}{6} = 0.0617$$

$$\alpha_y^\nu = 0.0334 + \frac{0.0561}{6} = 0.0428$$

跨中弯矩为

$$M''_{Dx} = \alpha_x^\nu\left(\frac{1}{2}q\right)l^2 = 0.0617 \times \frac{5}{2} \times 2.4^2\,\text{kN}\cdot\text{m} = 0.888\,\text{kN}\cdot\text{m}$$

$$M''_{Dy} = \alpha_y^\nu\left(\frac{1}{2}q\right)l^2 = 0.0428 \times \frac{5}{2} \times 2.4^2\,\text{kN}\cdot\text{m} = 0.616\,\text{kN}\cdot\text{m}$$

(3) 活荷载最不利位置（$g+q$ 作用下）的跨中弯矩 M_{Dx}、M_{Dy}　将以上两项计算结果叠加，即得跨中最大弯矩为

$$M_{Dx} = M'_{Dx} + M''_{Dx} = (1.58 + 0.888)\,\text{kN}\cdot\text{m} = 2.468\,\text{kN}\cdot\text{m}$$

$$M_{Dy} = M'_{Dy} + M''_{Dy} = (1.012 + 0.616)\,\text{kN}\cdot\text{m} = 1.628\,\text{kN}\cdot\text{m}$$

2. 计算 B、D 区格间的支座负弯矩

(1) 按 D 区格计算 M^0_{Dy}　在满布荷载作用下，D 区格为四边固定板。由于固端弯矩与泊松比无关，故可直接用附录 D 中表 D-3 支座弯矩系数进行计算。当 $l_1/l_2=0.8$ 时，$\alpha_y^0=-0.0559$，故

$$M^0_{Dy} = \alpha_y^0(g+q)l^2 = -0.0559 \times (6.8+5) \times 2.4^2\,\text{kN}\cdot\text{m} = -3.799\,\text{kN}\cdot\text{m}$$

(2) 按 B 区格计算 M^0_{By}　在满布 $g+q$ 作用下，B 区格为沿 x 方向两边固定，沿 y 方向外边缘铰支，内边缘固定，即为三边固定，一边铰支的板。从附录 D 中表 D-3 可查得当 $l_x/l_y=0.8$ 时，$\alpha_y^0=-0.057$，故

$$M^0_{By} = \alpha_y^0(g+q)l^2 = -0.057 \times (6.8+5) \times 2.4^2\,\text{kN}\cdot\text{m}$$

$$= -3.874\,\text{kN}\cdot\text{m}$$

(3) 求作为 B、D 区格公共边的支座弯矩 $M^0_{BD,y}$　由于以上计算的 M^0_{Dy} 和 M^0_{By} 不平衡，故近似地取其平均值作为共用支座弯矩，即

$$M^0_{BD,y} = \frac{M^0_{Dy} + M^0_{By}}{2} = \frac{-3.799 - 3.874}{2}\,\text{kN}\cdot\text{m} = -3.837\,\text{kN}\cdot\text{m}$$

本题中所有区格的跨中弯矩和所有中间支座的负弯矩，只需注意不同边界条件区格的划分，计算方法都是相同的。

(三) 支承梁的内力计算

双向板上的荷载沿两个方向传到四边支承梁上，每根支承梁上的荷载并非均匀分布，一般是梁跨中荷载最大，越向两端越小。为了简化计算，可以从每个区格的四角各作一条分角线（图9-33），并将矩形区格分角线的两个交点连成一线，从而把每个区格划分为四块面积，并认为每块面积上的荷载就作用在邻近边的支承梁上。于是沿长边方向梁上荷载呈梯形分布，而沿短边方向梁上荷载呈三角形分布。

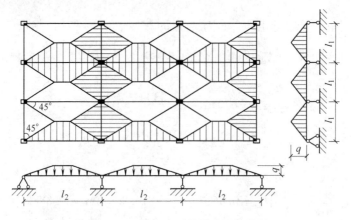

图 9-33 双向板支承梁受荷计算简图

对于梯形分布荷载作用下连续梁的内力计算，可将梯形荷载换算成能产生相等固端弯矩的等效均布荷载（图 9-34），并利用附录 D 中表 D-2（1）～表 D-2（4）的内力系数求得各支座的负弯矩值。再取各跨为简支梁，并以所求得的该跨支座负弯矩 M_n 和 M_{n+1} 及梯形荷载作用于该简支

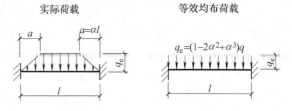

图 9-34 等效均布荷载换算图示

梁上（图 9-35），用一般力学方法即可求得该跨的跨中最大弯矩。支座剪力也可用此作用于端弯矩的简支梁求得。

梯形荷载作用下简支梁的跨中最大弯矩和支座剪力可按图 9-36 所示的公式计算。

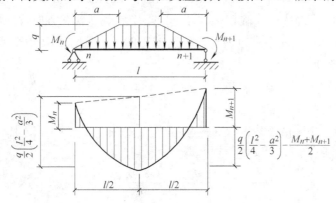

图 9-35 连续梁单跨弯矩计算图

需要指出的是，图 9-35 中的 $\dfrac{q}{2}\left(\dfrac{l^2}{4}-\dfrac{a^2}{3}\right)-\dfrac{M_n+M_{n+1}}{2}$ 是跨中的弯矩值，当 $M_n \neq M_{n+1}$ 时，它只是跨中最大正弯矩的近似值，确切的跨中最大正弯矩则作用在剪力为零的截面处。

在附录 D 的表 D-2（1）～表 D-2（4）中可直接查三角形分布荷载作用下连续梁的内力系数。多区格双向板支承梁的内力，同样应考虑活荷载的最不利布置，布置原则与单向板肋形梁板结构中的连续梁相同。

双向板支承梁的截面设计及配筋构造与单向板肋形梁板结构中的梁相同。

三、双向板的截面设计及构造要求

在设计双向板时，一般应先按经验选定板厚及材料强度等级，然后根据所计算出的跨中和支座弯矩通过正截面承载力计算求得各截面所需的钢筋面积。在计算跨中钢筋时，应注意两方向的钢筋上下重叠，因此，所取板的有效高度 h_0 不同，由于沿板的短边方向受力大，应将沿短边方向的钢筋放在外层，一般 h_0 取值为：短边方向 $h_0 = h - 20\text{mm}$，长边方向 $h_0 = h - 30\text{mm}$。

双向板的裂缝宽度验算可按第五章介绍的方法进行。由于双向板的刚度比单向板大，当板厚满足下面所述的构造要求时，通常可以不作挠度验算。

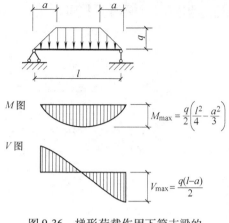

图 9-36 梯形荷载作用下简支梁的
弯矩和剪力图

双向板的跨度最大可达 $5.0 \sim 7.0\text{m}$，但对于有覆土的水池顶盖，一个区格的平面面积以不超过 25m^2 为宜。在房屋楼盖中，双向板的厚度应不小于 80mm，水池顶盖则不宜小于 100mm。当四边简支单区格双向板的厚度不小于 $l_1/45$，或多区格连续双向板的厚度不小于 $l_1/50$（l_1 为板的短边长）时，可不作挠度验算。对于有覆土的水池顶盖，由于恒荷载所占的比重较大，故板厚应适当增大，这时，四边简支单区格双向板的厚度不宜小于 $l_1/40$，多区格连续双向板的厚度则不宜小于 $l_1/45$。

按弹性理论方法计算出的双向板跨中弯矩，是板中间部分两个相互垂直方向的最大正弯矩值，如果将板沿两个互相垂直的方向分别划分成若干条平行的板带，则在任意一个方向中，总是中间板带的跨中弯矩最大，越向两边，板带的跨中弯矩越小。在布置双向板跨中钢筋时，为了既节约钢材又便于施工，当短边长 $l_1 > 2.5\text{m}$ 时，可以在两个方向各分为三个板带（图 9-37）。在中间板带，按计算出的跨中正弯矩确定配筋数量，而在边板带中，配筋数量可减少一半，但每米宽度内不得少于三根钢筋。由支座最大负弯矩确定的支座配筋，则应沿整个支座宽度均匀配置，而不进行折减。

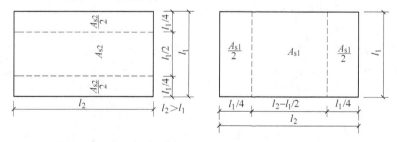

图 9-37 双向板跨中钢筋布置原则

双向板的配筋方式也有弯起式和分离式两种，分离式适用于板厚 $h \leqslant 120\text{mm}$ 且不经常承受动荷载的板。多区格连续双向板，采用弯起式配筋时，可将相邻区格中钢筋各弯起 $1/2 \sim 1/3$，来承担中间支座的负弯矩（图 9-38），当不能满足计算所需钢筋数量时，可增设直钢筋。双向板中受力钢筋的直径、间距及弯起点、切断点等规定与单向板相同，沿墙四边、墙角处的构造筋与与单向板相同。

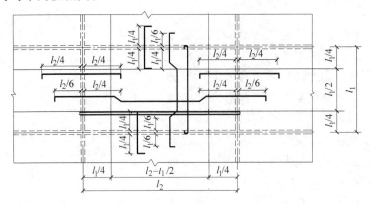

图 9-38 多跨连续双向板的弯起式配筋构造

采用弯起式钢筋时，为了施工方便，在确定各跨的跨中和支座配筋时，应使每个方向钢筋的间距相同，而用钢筋直径变化来调节所需配筋数量。分离式配筋比较简便，由于支座负弯矩钢筋与跨中正弯矩钢筋无关，各区格的跨中正弯矩钢筋间距不必强求一致。

第四节 圆形平板结构

圆形平板结构是沿周边支承于池壁上的等厚圆板。在给水排水工程构筑物中应用较为广泛，它可以用作圆形水池和水塔、水柜的顶板和底板等。一般情况下，当水池直径较小（一般小于6m）时，可采用无中心支柱圆形平板；若水池直径较大（直径在 6~10m），为避免圆板过厚及配筋过多，可在圆板中心加一支柱，即成为有中心支柱的圆形平板。

一、无中心支柱的圆形平板

（一）内力计算

沿周边支承的圆板，在轴对称荷载作用下，其内力和变形也具有轴对称性，如图 9-39a
所示的一半径为 r 的圆板，在均布荷载 q 的作用下，圆板内将产生两种弯矩：一种是作用在半径方向的径向弯矩，以 M_r 表示；另一种是作用在切线方向的切向弯矩，以 M_t 表示。若从圆板上由两条中心夹角为 $d\theta$ 的半径和两段半径相差为 dx 的圆弧截出一个单元体 $abcd$，则其各个截面上的内力如图 9-39b 所示。由于轴对称性，半径为 x 的圆周上任意一点的切向弯矩 M_t 必然相等，而且径向截面上任一点的剪力也必然为零，但是沿半径方向各点的挠度和倾角却各不相同，故作用在环形截面上的径向弯矩 M_r 和剪力 V 则随半径 x 变化而变化。

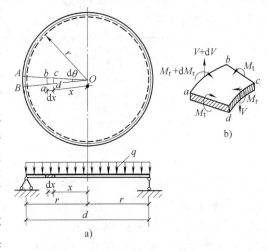

图 9-39 周边对称支承的无支柱圆形平板

设计圆板时，需求出圆板各处的径向弯矩 M_r、切向弯矩 M_t 和剪力 V。关于如何运用弹性力学中圆形薄板的弯曲理论求解圆板内力的问题，限于篇幅，在这里不作详细介绍，而仅列出圆板内力计算公式。

1. 周边为铰支的圆形平板

周边铰支圆形平板在均布荷载作用下，半径 x 处的径向弯矩 M_r 和切向弯矩 M_t 的计算公式如下：

$$M_r = \frac{19}{96}(1 - \rho^2)qr^2 = K_r qr^2 \tag{9-19}$$

$$M_t = \frac{1}{96}(19 - 9\rho^2)qr^2 = K_t qr^2 \tag{9-20}$$

式中　q——单位面积上的均布竖向荷载（N/mm²）；

r——圆形平板的半径（mm）；

ρ——距圆形平板中心为 x 点的相对距离，$\rho = x/r$；

K_r——径向弯矩系数，由附录 D 中表 D-5 查得；

K_t——切向弯矩系数，由附录 D 中表 D-5 查得。

M_r 是单位弧长内的径向弯矩（N·mm/mm），M_t 则是沿径向单位长度内的切向弯矩（N·mm/mm）。从附录 D 中表 D-5 可以看出，在周边铰支圆板的中心处，即 $\rho = 0$ 处，径向弯矩和切向弯矩为最大，且数值相等，即

$$M_r = M_t = 0.1979qr^2$$

而在圆板周边简支处，即 $\rho = 1$ 处：

$$M_r = 0, \ M_t = 0.1042qr^2$$

2. 周边为固定的圆形平板

当池壁与圆板整体连接且池壁抗弯刚度远大于圆板的抗弯刚度时，圆板则可看做是周边固定，此时径向弯矩 M_r 和切向弯矩 M_t 按下列公式计算：

$$M_r = \frac{1}{96}(7 - 19\rho^2)qr^2 = K_r qr^2 \tag{9-21}$$

$$M_t = \frac{1}{96}(7 - 9\rho^2)qr^2 = K_t qr^2 \tag{9-22}$$

式中，径向弯矩系数 K_r 和切向弯矩系数 K_t 由附录 D 中表 D-5 查得。从附录 D 中表 D-5 可看出，在周边固定的圆板边缘处，即 $\rho = 1$ 处，径向弯矩的绝对值最大，即

$$M_r = -0.125qr^2$$

而在圆心处，即 $\rho = 0$ 处，径向弯矩和切向弯矩相等，即

$$M_r = M_t = 0.0729qr^2$$

3. 周边为弹性固定的圆形平板

当池壁与圆板整体连接且池壁的抗弯刚度与圆板的抗弯刚度相差不大时，则应考虑池壁与圆板的变形连续性，按周边为弹性固定的圆形平板进行内力计算。这时可先假定圆板周边为铰支，并利用附录 D 中表 D-5 及式（9-19）、式（9-20）求出径向弯矩 M_{r1} 和切向弯矩 M_{t1}；然后视圆板的周边为固定，求出支座处单位宽度的径向固端弯矩 M_s^F，并同时考虑池壁顶端固端弯矩 M_w^F（其计算见第十章），用弯矩分配法对不平衡弯矩进行一次弯矩分配，并

与固端弯矩叠加，得到圆形平板支座处径向弹性固定弯矩的近似值 M_r^0，即

$$M_r^0 = M_s^F - (M_s^F + M_w^F) \frac{K_s}{K_s + K_w} \tag{9-23}$$

式中　K_s——圆板沿周边单位宽度的边缘抗弯刚度，$K_s = 0.104 \frac{Eh_t^3}{r}$；

　　　h_t——圆板厚度；

　　　r——圆板半径；

　　　E——混凝土的弹性模量（N/mm^2）；

　　　K_w——池壁单位宽度竖向截条的边缘抗弯刚度，$K_w = k_{M\beta} \frac{Eh_w^3}{H}$，$k_{M\beta}$ 为池壁的边缘刚度

　　　　　系数，可由附录 E 中表 E-1（30）查得，h_w 为池壁厚度，H 为池壁计算高度。

　　将求得的 M_r^0 看做是作用于铰支圆板周边的外力矩，圆板内各点的径向弯矩 M_{r2}、切向弯矩 M_{t2} 均等于外力矩 M_r^0，然后将径向弯矩 M_{r1}、M_{r2} 和切向弯矩 M_{t1}、M_{t2} 分别进行叠加，即得到圆形平板与池壁为弹性固定时的弯矩，如图 9-40 所示。

$$\left.\begin{array}{l} M_r = M_{r1} + M_{r2} \\ M_t = M_{t1} + M_{t2} \end{array}\right\} \tag{9-24}$$

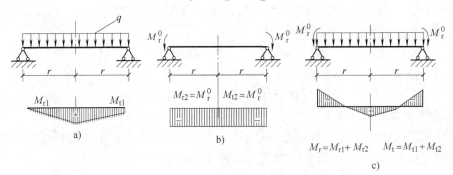

图 9-40　周边弹性固定圆板内力计算

另外，对受均布荷载作用的圆板，不论周边是铰支还是固定，其最大剪力总是发生在周边支座处，根据平衡条件，沿周边总剪力等于圆板上的总荷载，即

$$V_{max} 2\pi r = \pi r^2 q$$

所以

$$V_{max} = \frac{1}{2} qr \tag{9-25}$$

（二）截面设计及构造要求

1. 圆形平板厚度选择

圆形平板厚度一般不应小于 100mm，且支座截面应满足下式要求：

$$V < 0.7 f_t b h_0 \tag{9-26}$$

式中　V——剪力设计值（N/mm）；

　　　f_t——混凝土轴心抗拉强度设计值（N/mm^2）；

　　　b——单位弧长（一般取 1000mm）；

h_0——圆板截面的有效高度（mm）。

若不能满足式（9-26）要求，应增大板厚。

2. 受力钢筋的确定及构造

如图 9-41 所示，圆板中的受力钢筋是由环形钢筋和辐射钢筋组成的，沿环向每米弧长内所应配置的辐射钢筋数量由径向弯矩 M_r 的设计值确定，而沿半径方向每米长度内所应配置的环形钢筋数量则由切向弯矩 M_t 的设计值确定。

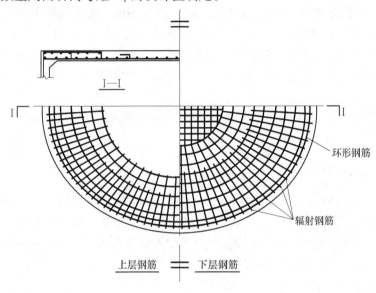

图 9-41　无中心支柱圆板配筋示意图

为了便于布置，辐射钢筋通常按整圈需要量计算，在离圆心为 x 处整圈所需要的钢筋截面面积可按下式计算：

$$A_{sr} = \frac{2\pi x M_r}{f_y \gamma_s h_0}$$　（9-27）

式中　M_r——离圆心为 x 处每米弧长的径向弯矩设计值；

　　　f_y——钢筋的屈服强度（N/mm²）；

　　　γ_s——内力臂系数，可根据 $\alpha_s = \dfrac{M_r}{1000 h_0^2 \alpha_1 f_c}$ 查表确定。

根据式（9-27）所计算的 A_{sr}，可以确定辐射钢筋的直径和整圈所需要辐射钢筋的根数，但是辐射钢筋的直径和根数并不能随 x 的变化而随意改变，整个圆板的正弯矩辐射钢筋和负弯矩辐射钢筋各只能采用一种直径的钢筋或两种不同直径的钢筋间隔布置，而根数则只能随着 x 由外向内有规律减少。因此，通常的做法是按 $x = 0.2r$、$0.4r$、$0.6r$、…处的径向弯矩计算该处在直径一致时所需的钢筋根数，然后按根数最多处布置钢筋，再向内分批截断减少，使各处的根数均能满足计算和构造要求。

计算表明，对周边铰支的等厚度圆板，径向正弯矩 $+2\pi x M_r$ 最大值在 $0.6r$ 处；对周边固定的等厚度圆板，径向正弯矩 $+2\pi x M_r$ 最大值在 $0.3r$ 处，在 $0.7r \sim 1.0r$ 处为负弯矩区，其最大值在支座截面处。因此，负弯矩辐射钢筋总是由支座截面确定的。另外，辐射钢筋根数宜采用双数，且周边处负弯矩辐射钢筋宜与池壁内抵抗同一弯矩的竖向钢筋连续配置。

沿径向每米长度内所需的环形钢筋截面面积由下式计算确定：

$$A_{st} = \frac{M_t}{f_y \gamma_s h_0} \tag{9-28}$$

式中　M_t——沿径向单位长度内的切向弯矩设计值；

　　　γ_s——内力臂系数，可根据 $\alpha_s = \dfrac{M_t}{1000 h_0^2 \alpha_1 f_c}$ 查表确定。

为避免圆心处钢筋过密，通常在距圆心 0.5m 的范围内，将下层辐射钢筋弯折成正方形网格，如图 9-41 所示，该钢筋网每个方向的钢筋间距均按圆心处的切向弯矩确定，同时，在正方形网格范围内不再布置环形钢筋。为方便施工，对于正交钢筋网范围以外的环形钢筋数量，可沿径向划分为若干个相等的区段，再按每段中的最大切向弯矩确定该段范围内的环形钢筋数量。

圆板配筋除应遵守一般钢筋混凝土薄板的有关构造要求外，正弯矩辐射钢筋伸入支座的根数，不应少于 3 根/m。

二、有中心支柱的圆板

当圆形水池直径在 6~10m 范围时，为减小水池顶盖圆形平板的板厚，宜在圆板中心处加设一根钢筋混凝土支柱，支柱的顶部通常扩大成柱帽，柱帽的作用是增强柱子与圆板的连接，增大圆板的刚度，提高圆板在中间支座处的受冲切承载力，减小圆板内的跨中弯矩和支座弯矩，节约钢筋。水池中常用的柱帽形式有下列两种：

1）无帽顶板柱帽（图 9-42a），主要用于荷载较轻的顶盖。

2）有帽顶板柱帽（图 9-42b），主要用于荷载大（例如有覆土）的顶盖。

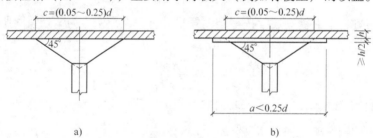

图 9-42　柱帽的形式
a）无帽顶板柱帽　b）有帽顶板柱帽
d—圆形水池计算直径

为便于施工，中心支柱和柱帽多做成正方形截面。如图 9-42 所示，柱帽的计算宽度 c（即柱帽两斜边与圆板底面交点之间的水平距离），一般取等于 $(0.05~0.25)d$，帽顶板边长 a 不宜大于 $0.25d$，其中 d 为圆形水池计算直径。

（一）圆板内力计算及配筋形式

有中心支柱圆板的计算方法与无中心支柱圆板类似，在弹性力学中属于同一类问题，但有中心支柱圆板的内力计算公式十分繁琐，故此处仅介绍内力系数法。此时，板中离圆心 x 处单位长度上的径向弯矩和切向弯矩可按下列简化公式计算：

$$M_r = \overline{K}_r q r^2 \tag{9-29}$$

$$M_t = \overline{K}_t qr^2 \tag{9-30}$$

式中 $\overline{K}_r$、$\overline{K}_t$——有中心支柱圆板的径向弯矩系数和切向弯矩系数,可根据圆板周边支承情况及柱帽相对有效宽度 c/d 查得(见附录 D 中表 D-6(1)～表 D-6(3))。

当圆板周边为弹性固定时,其计算方法和步骤与无中心支柱圆板的周边弹性固定计算方法基本相同。求板边弹性固定弯矩 M_r^0 的力矩分配法公式([式9-23])同样适用于有中心支柱的圆板,但需注意的是,有中心支柱圆板边缘单位弧长的抗弯刚度与无中心支柱圆板的边缘单位弧长的抗弯刚度不同,应按下式计算:

$$K_s = k\frac{Eh_t^3}{r} \tag{9-31}$$

式中 k——有中心支柱圆板的边缘抗弯刚度系数,由附录 D 中表 D-6(4)查得。

弯矩叠加公式[式(9-24)]也适用于有中心支柱圆板,但周边铰支、均布荷载作用下的弯矩 M_{r1}、M_{t1} 应按式(9-29)及式(9-30)计算,周边铰支、周边在弹性固定弯矩 M_r^0 作用下的 M_{r2}、M_{t2} 则应按下式计算:

$$\left.\begin{array}{l}M_{r2} = \overline{K}_r M_r^0 \\ M_{t2} = \overline{K}_t M_r^0\end{array}\right\} \tag{9-32}$$

有中心支柱圆板的正截面承载力设计、配筋方式与无中心支柱圆板相同,但中心支柱上部为负弯矩,故该处主要受力钢筋为上层钢筋,配筋形式如图 9-43 所示。中心支柱上辐射钢筋伸入支座的锚固长度应从以柱帽有效宽度 c 为直径的内切圆周算起。

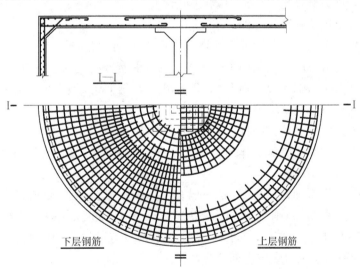

下层钢筋　　　　　　　　上层钢筋

图 9-43　周边弹性固定有中心支柱圆板的配筋示意图

(二)有中心支柱圆板的受冲切承载力计算

由于中心支柱以反力 N 向上支承圆板,在荷载作用下,圆板有可能沿柱帽周边发生冲切破坏(图 9-44a)。试验表明,冲切破坏面与水平面的夹角一般接近于 45°,为方便计算通常直接取夹角为 45°。当柱帽为无帽顶板时,冲切破坏只沿着图 9-44b 中的 Ⅰ—Ⅰ 截面发生;而有帽顶板时,冲切破坏既可能沿着图 9-44c 中的 Ⅱ—Ⅱ 截面发生,也可能沿着帽顶板边缘

Ⅰ—Ⅰ截面发生。

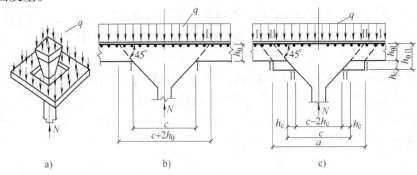

图 9-44 中心支柱顶板柱帽的冲切破坏

a) 冲切破坏示意图 b) 无帽顶板柱帽的冲切破坏

c) 有帽顶板柱帽的冲切破坏

为了保证圆板不沿上述截面发生冲切破坏，必须使冲切面外由外荷载引起的冲切力 F_l 不大于冲切面处的受冲切承载力，即当未配置受冲切箍筋或弯起钢筋时，应满足：

$$F_l \leqslant 0.7\beta_h f_t \eta u_m h_0 \tag{9-33}$$

$$\eta = \min\left(0.4 + \frac{1.2}{\beta_s}, 0.5 + \frac{\alpha_s h_0}{4 u_m}\right) \tag{9-34}$$

式中 F_l——冲切荷载设计值，对有中心支柱圆板为中心支柱对板的反力设计值 N 减去柱顶冲切破坏锥体范围内的荷载设计值；

     f_t——混凝土抗拉强度设计值；

     u_m——临界截面的周长，距冲切破坏锥体底面 $0.5h_0$ 的周长；

     h_0——截面的有效高度，取两个配筋方向的截面有效高度的平均值；

     β_h——截面高度影响系数，当 $h \leqslant 800\text{mm}$ 时，$\beta_h = 1.0$；当 $h > 2000\text{mm}$ 时，$\beta_h = 0.9$；其间按线性内插取值；

     α_s——柱位置影响系数：中柱，α_s 取40；边柱，α_s 取30；角柱，α_s 取20；

     β_s——局部荷载或集中反力作用面积为矩形时的长边与短边尺寸的比值，$2 \leqslant \beta_s \leqslant 4$；对圆形冲切面，$\beta_s = 2$。

若 Ⅰ—Ⅰ冲切面不满足式（9-33），一般宜增加板厚或适当扩大帽顶板尺寸 a；若 Ⅱ—Ⅱ冲切面不满足式（9-33），则宜增加帽顶板厚度 h_c 或适当扩大柱帽有效宽度 c。当尺寸受到限制而不允许采取上述措施时，可配置受冲切箍筋或弯起钢筋与混凝土共同抗冲切（图 9-45），此时，受冲切承载力应按下列公式计算。

当配置箍筋时

$$F_l \leqslant 0.5\eta f_t u_m h_0 + 0.8 f_{yv} A_{svu} \tag{9-35}$$

当配置弯起筋时

$$F_l \leqslant 0.5\eta f_t u_m h_0 + 0.8 f_y A_{sbu}\sin\alpha \tag{9-36}$$

式中 A_{svu}——与呈45°冲切破坏锥体斜截面相交的全部箍筋截面面积；

     A_{sbu}——与呈45°冲切破坏锥体斜截面相交的全部弯起筋的截面面积；

     α——弯起筋与板底面的夹角；

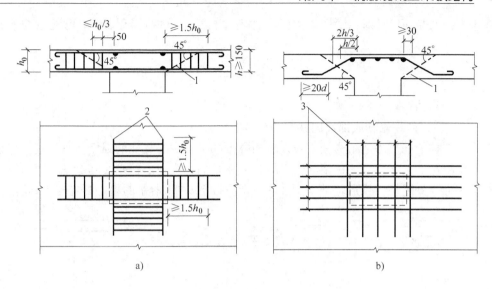

图 9-45　板中抗冲切钢筋布置

a) 箍筋　b) 弯起筋

1—冲切破坏锥体斜截面　2—架立钢筋　3—弯起钢筋不少于 3 根

其他符号意义同前。

同时，考虑到应控制箍筋或弯起筋数量不致过多，以避免其不能充分发挥作用以及在使用条件下因冲切发生的斜裂缝过宽，配置的箍筋或弯起钢筋的受冲切截面尚应符合下式：

$$F_l \leqslant 1.2\eta f_t u_m h_0 \tag{9-37}$$

对配置受冲切的箍筋或弯起钢筋的冲切破坏锥体以外的截面，尚应按式（9-33）进行受冲切承载力验算，此时 u_m 应取配置受冲切箍筋或弯起钢筋的冲切破坏锥体以外 $0.5h_0$ 处的最不利周长。

受冲切的箍筋或弯起钢筋，应符合下列构造规定：

1）圆板的厚度不应小于 150mm。

2）按计算所需的箍筋截面面积应全部配置在冲切破坏锥体范围内，此外，尚应按相同的箍筋直径和间距向外延伸配置在不小于 $1.5h_0$（图 9-45a）的范围内；箍筋应为封闭式，并应箍住专门设置的架立钢筋，箍筋直径不应小于 6mm，其间距不应大于 $h_0/3$。

3）弯起筋可由一排或两排组成，其弯起角度可根据板厚在 30°～45°之间选取（图 9-45b），弯起筋的倾斜段应与冲切破坏斜截面相交，其交点应在柱截面边缘以外（1/2～2/3）h 范围内，弯起筋直径不宜小于 12mm，且每一方向不应少于三根。

（三）中心支柱设计

中心支柱按轴压构件设计，板传给支柱的轴向压力可按下列公式计算：

在均布荷载作用下，当板周边为铰支或固定时，有

$$N = K_N q r^2 \tag{9-38}$$

当板周边为铰支，且板边缘作用有均匀弯矩 M_r^0 时

$$N = K_N M_r^0 \tag{9-39}$$

以上两式中的 K_N 为中心支柱的荷载系数，可由附录 D 中表 D-6（4）查得。

在进行柱的截面设计时，轴向压力尚应计入柱自重。柱的计算长度 l_0 可近似按下式确定：

$$l_0 = 0.7\left(H - \frac{c_t + c_b}{2}\right) \tag{9-40}$$

式中 H——柱的净高；

c_t、c_b——柱顶部柱帽和底部反向柱帽的有效宽度。

有中心支柱的圆形水池结构，一般顶板和底板都是有中心支柱的圆板，只是底板与顶板方向相反，故柱的下端也有一柱帽。当底板为分离式的，则下部柱帽实际上是一底面与底板底面在同一标高处的柱下锥形基础。支柱的柱帽应按图9-46所示的规定配置构造钢筋。

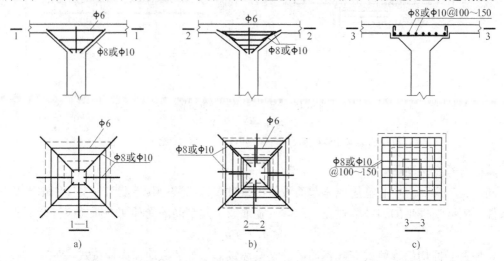

图9-46 柱帽构造配筋

a) 无帽顶板柱帽构造配筋 b) 有帽顶板柱帽构造配筋 c) 帽顶板构造配筋

*第五节 整体式无梁板结构

一、概述

无梁板结构是将钢筋混凝土板直接支承在带有柱帽的钢筋混凝土柱上，与柱组成板柱结构体系，而完全不设置主梁和次梁。无梁板沿周边宜伸出边柱以外，如果不伸出边柱以外，则宜设置边梁或直接支承在砖墙或混凝土壁板上，周边支承在边梁上时，边柱可不设柱帽或设半边柱帽。

无梁板结构的优点是结构所占净空高度小，板底面平整洁净，便于在板下安设管道或装饰。实践表明，当板上活荷载标准值超过 $5kN/m^2$，柱距在6m以内时，无梁板结构比肋形梁板结构经济。在多层厂房、多层仓库、商场、影剧院等工业与民用建筑中，采用无梁楼盖已相当普遍。在大、中型水池结构中，无梁顶盖是一种应用最多的传统结构形式。

无梁板结构多采用正方形柱网，也可采用矩形柱网，但不如正方形的经济。在有覆土的水池顶盖中，正方形柱网的轴线距离 l 以 3.5 ~ 4.5m 为宜。柱及柱帽通常采用正方形截面，柱帽形式与有中心支柱圆板的柱帽相同，柱帽尺寸参照图 9-47 确定。有覆土水池结构顶盖的柱帽，宜采用有帽顶板的柱帽，根据经验，当帽顶板宽度 a 在 $0.35l$ 左右，柱帽计算宽度 c 在 $0.22l$ 左右时，较为经济合理。无梁板的厚度，当采用无帽顶板柱帽时，不宜小于 $l/32$；当采用有帽顶板柱帽时，不宜小于 $l/35$；无柱帽时，柱上板带可适当加厚，加厚部分的宽度可取相应跨度的 0.3 倍。同时，在任何情况下，无梁板的厚度不宜小于 120mm。

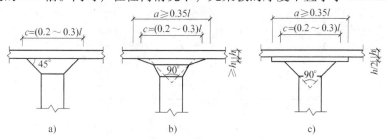

图 9-47　柱帽形式及尺寸

a）无帽顶板柱帽　b）折线顶板　c）有帽顶板柱帽

二、内力计算

（一）板的弯矩计算

无梁板结构内力按弹性理论精确计算的方法非常复杂，计算结果与试验数据也有一定出入，目前很少采用，工程上常采用简化的经验系数法和等代框架法近似计算，这种近似方法是以结构力学和经验为基础的。

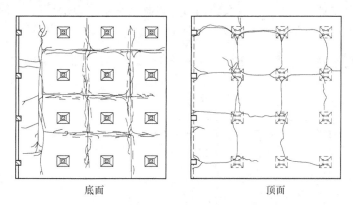

底面　　　　　　　　　顶面

图 9-48　无梁顶盖的破坏裂缝分布情况

1. 等代框架法

图 9-48 所示为一正方形柱网无梁板试验结构在均布荷载作用下达到承载力极限状态时的板面裂缝分布状态，板底面裂缝，即正弯矩裂缝；板顶面裂缝，即负弯矩裂缝。从图 9-48 中裂缝的走向基本上可以判断使无梁板产生破坏的弯矩是在两个方向都与柱列线平行的正交弯矩。每个方向的弯矩分布状态都是在跨中为正弯矩，在柱列线（支座）上为负弯矩。在沿柱列线方向截取一条板带来看，其弯矩分布与多跨框架梁（或连续梁）的弯矩分布是类似的，因此可以近似地将无梁板结构在两个方向以每列柱及其所支承的板带作为平面框架的计算单元，如图 9-49 所示。以计算 l_1 方向的弯矩为例，计算单元的宽度为垂直于计算方

向的柱距 l_2，计算单元的中心线（轴线）即为柱列线。将此计算单元视为板带和柱所组成的框架，由于此框架不同于普通的梁柱框架，故称为"等代框架"。

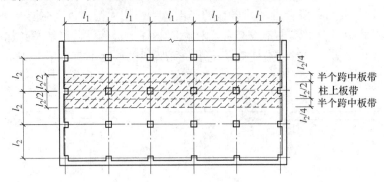

图 9-49 无梁板的计算单元

等代框架的计算跨度应按下列规定确定（仍以 l_1 方向为例）：

边柱无半柱帽的边跨：

$$l_{01} = l_1 - \frac{1}{3}c \tag{9-41}$$

中跨及边柱有半柱帽的边跨：

$$l_{01} = l_1 - \frac{2}{3}c \tag{9-42}$$

以上取法如图 9-50 所示，这种取法是考虑到柱对无梁板的支承反力不集中在一点，而是分布在柱帽的有效宽度 c 内。并假设柱帽对一侧板的支承反力按三角形分布，其合力作用点在离柱中心 $c/3$ 处。框架柱的计算高度，对于水池顶盖可取池壁内净高减去柱帽高度。当柱上、下柱帽高度不同时，可取为 $H_0 = H - \dfrac{c_t + c_b}{2}$，其中各符号的意义同式 (9-40)。

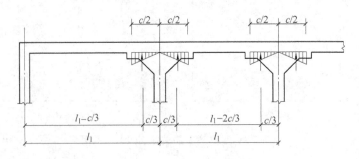

图 9-50 无梁板的计算跨度

等代框架的跨度和柱高确定以后，即可用普通框架的分析方法计算其横梁（即无梁板计算单元）的各跨跨中弯矩和支座弯矩值。

应注意：①等代框架横梁上的线分布荷载值为 ql_2（以计算 l_1 方向为例），q 为无梁板上单位面积内的荷载值；②按等代框架算得的板内弯矩都是计算单元宽度 l_2 内的总弯矩。

由于柱对板的支承在计算单元宽度内是局部支承，故使算得的等代框架横梁的跨中弯矩和支座弯矩在计算单元宽度 l_2 内的分布不是均匀的。弯矩沿横向的分布状态与无梁板的挠度沿横向不等有关，等代框架横梁无梁板的跨中挠度，在柱列线上为最小，而在两列柱之间，即计算单元的两侧边处为最大。在等代框架的支柱处，柱列线上挠度为零，而在计算单元的两侧边处则存在挠度。这种位移分布状态使等代框架横梁中弯矩的横向分布，呈柱列线上最大而向两侧逐渐减小，且支座弯矩横向分布的不均匀性比跨中弯矩更为显著。如果要精确考虑这种分布状态，将使计算和配筋复杂化，为简化计算，将计算单元沿横向再分为柱上板带和跨中板带两种板带（图9-49）。柱上板带以柱列线为中心线，其宽度为 $l_2/2$（即计算单元宽度的一半），跨中板带则为计算单元两侧各 $l_2/4$ 的宽度。对整个无梁板而言，则形成了宽度相等（都是柱距的一半）的柱上板带和跨中板带，并假设柱上板带的弯矩大于跨中板带，但在柱上板带和跨中板带中，各自弯矩的横向分布是均匀的。

将等代框架所算得的无梁板支座弯矩和跨中弯矩进行横向分配，分配给支座板带和跨中板带。板带弯矩分配系数可按表9-9采用。无梁板两个方向的弯矩都应按上述方法进行计算，且两个方向都应按全部荷载计算，这种方法称为"等代框架法"。

表9-9　板带弯矩分配系数

板带部位	各中间支座弯矩	各跨跨中弯矩	边支座弯矩
柱上板带	0.75	0.55	0.5
跨中板带	0.25	0.45	0.5

注：表中边支座为水池池壁，如果边支座也是柱，板无悬伸时，边支座弯矩分配系数对柱上板带可取0.9，对跨中板带可取0.1；板带悬伸时，分配系数同中间支座。

当无梁板结构承受侧向水平荷载时，所引起的内力也应用等代框架法进行计算。等代框架法适用于柱网边长比不大于2的无梁板结构。

2. 经验系数法

在实用中用等代框架法计算内力仍然较为麻烦，对于符合下面所述条件的无梁板结构，内力计算还可进一步简化，此方法称为"经验系数法"。经验系数法的适用条件：

1）每个方向至少应有三个连续跨。

2）同一方向各跨跨度相差应不超过20%，且端跨跨度不大于相邻的内跨。

3）任一区格长、短跨的比值不应大于1.5。

4）活荷载不大于恒荷载的3倍，且无侧向荷载作用，或虽有侧向荷载，但结构体系中设有可靠抗力支撑等。

对于符合上述条件的无梁板，可以在等代框架法的基础上采用下列进一步简化的假定，即

1）不考虑活荷载的最不利布置，对两个方向均按活荷载布满所有各跨计算。

2）无梁板在各中间支座处的转角为零。

3）边支座节点的弹性转角不能忽略，但仅考虑其对边支座、边跨及第一中间支座的影响。

经验系数法计算单元的取法和计算跨度的取法以及板带的划分均与等代框架法相同。

图9-51所示为典型无梁盖的板带划分和弯矩编号（两个方向相同），将其在每一方向都划分成四种板带，即中间区格柱上板带、中间区格跨中板带、边缘区格半边柱上板带和边缘区格跨中板带。由于在无梁楼盖的周边通常设有边梁（圈梁），边列柱上的板带因为有边梁参与共同抗弯而板所承受的弯矩将小于中间柱列上的柱上板带。与边列柱柱上板带相

邻的跨中板带也会受到边梁的影响而使其所承受的弯矩比中间区格跨中板带的弯矩小，因此将这两种板带称为边缘区格板带，以与不受边梁影响的其他（中间区格）板带相区别。严格地说，边梁的影响是由边向中逐渐衰减的，只是为了简化计算才近似地假设它只影响邻近的两条板带，至于边缘区格"半边"柱上板带，是为了说明该处柱上板带的实际宽度只有中间区格柱上板带的一半，但在按经验系数法计算弯矩时，为了方便，我们还是先将边列柱看成具有一条完整的柱上板带进行计算，到配筋计算时，再折算成半条板带中的弯矩。

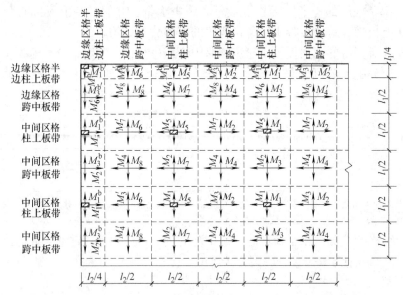

图9-51 无梁板结构的板带划分和弯矩编号

用经验系数法计算无梁板的弯矩时，图9-51所示的任一种板带的任一种弯矩都可用相应的经验系数乘以板带所在计算单元按简支梁计算的跨中最大弯矩 M_0 来表达。下面仍以沿 l_1 方向的计算单元来介绍经验系数法的计算过程。

计算单元各跨按简支梁计算的跨中最大弯矩 M_0 可按下列公式计算。

所有中间跨及边柱有半柱帽的边跨：

$$M_0 = \frac{1}{8}ql_2\left(l_1 - \frac{2}{3}c\right)^2 \tag{9-43}$$

边柱无半柱帽的边跨：

$$M_0^b = \frac{1}{8}ql_2\left(l_1 - \frac{1}{3}c\right)^2 \tag{9-44}$$

式中　q——板单位面积上作用的恒荷载和活荷载设计值；

　　l_1、l_2——两个方向的柱距；

　　c——柱距在计算弯矩方向的有效宽度。

由于假设所有中间支座处转角为零，故所有中间跨均可视为两端固定的梁，则其跨中弯矩应为简支梁跨中弯矩的1/3，即 $0.33M_0$；其两端支座弯矩的绝对值均为简支梁跨中弯矩的 2/3，即 $0.67M_0$。再将由此确定的计算单元跨中弯矩和支座弯矩按与等代框架法相同的比例（见表9-9）分配给柱上板带和跨中板带，即可得到中间区格柱上板带和跨中板带各中间跨的支座负弯矩和跨中正弯矩：

$$M_1 = 0.75 \times (-0.67M_0) = -0.5M_0$$

$$M_2 = 0.25 \times 0.67M_0 = -0.167M_0，实用时取 -0.15M_0$$

$$M_3 = 0.55 \times 0.33M_0 = 0.182M_0，实用时取 0.2M_0$$

$$M_4 = 0.45 \times 0.33M_0 = 0.15M_0$$

M_1、M_2、M_3、M_4 作用位置如图 9-51 所示。

对计算单元的边跨应考虑边支座节点弹性转角的影响，具体做法是先按边支座转角为零求出支座弯矩和跨中弯矩，再乘以考虑端节点转角影响的修正系数，即边支座负弯矩为 $\gamma \times 0.67M_0^b$，边跨跨中正弯矩为 $\beta \times 0.33M_0^b$，第一中间支座负弯矩为 $0.67\alpha\left(\dfrac{M_0^b + M_0}{2}\right)$。$\alpha$、$\beta$ 和 γ 为修正系数；M_0^b 为边跨按简支梁计算的跨中正弯矩值；M_0 为中间跨按简支梁计算的跨中正弯矩值。计算单元边跨各个弯矩确定以后，再按与中间跨相同的比例分配给柱上板带和跨中板带。

修正系数 α、β 和 γ 与单位宽度池壁壁板及顶板边跨板的线刚度有关，可根据 i_w/i_r 查图 9-52 的曲线确定。i_w 和 i_r 分别为池壁线刚度和顶板边跨板线刚度，可按下式计算。

$$i_w = \frac{Eh_w^3}{12H_w} \tag{9-45}$$

$$i_r = \frac{Eh^3}{12\left(l_1 - \dfrac{1}{3}c\right)} \tag{9-46}$$

式中　h_w——池壁壁板的厚度；

　　　H_w——池壁壁板的净高；

　　　h——无梁板的厚度。

当采用变厚池壁时，其上端的线刚度可近似按下式计算：

$$i_w^u = k\frac{E(h_w^d)^3}{12H_w} \tag{9-47}$$

式中　k——池壁变壁厚的线刚度系数，按图 9-53 确定；

　　　h_w^d——池壁壁板下端厚度。

当无梁顶盖与壁板为铰接时相当于 $i_w/i_r = 0$，故由图 9-52 查得系数 $\alpha = 1.45$，$\beta = 1.8$，$\gamma = 0$。

以上是对中间区格板带的计算，对于边缘区格板带，由于边梁的影响，可将中间区格板带的各弯矩乘以降低系数获得。边缘区格柱上板带的弯矩值，可取为中间区格柱上板带相应弯矩值的 50%（降低系数为 0.5）；边缘区格跨中板带的弯矩值为中间区格跨中板带相应弯矩值的 80%（降低系数为 0.8）。

以上是以 l_1 方向的计算单元为例说明经验系数法，在计算 l_2 方向时，只要将上面所有式中的 l_1 和 l_2 互换即可。

综上所述，对于边跨与中间跨计算跨度相等的无梁楼盖，按经验系数法计算的弯矩公式可以归纳成表 9-10。

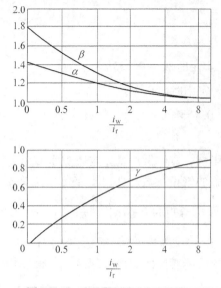

图 9-52 α、β 和 γ 与 i_w/i_r 的关系

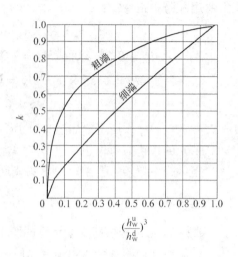

图 9-53 变壁厚线刚度系数与 h_w^u/h_w^d 的关系

h_w^u—壁板上端厚度 h_w^d—壁板下端厚度

表 9-10 无梁顶板各板带弯矩计算

板带	弯矩	中间支座负弯矩	中间跨跨中正弯矩	第一中间支座负弯矩	边跨跨中正弯矩	边支座负弯矩
中间区格	柱上板带	$M_1 = 0.5M_0$	$M_2 = 0.2M_0$	$M_5 = \alpha M_1$	$M_6 = \beta M_2$	$M_1^b = \gamma M_1$
	跨中板带	$M_3 = 0.15M_0$	$M_4 = 0.15M_0$	$M_7 = \alpha M_3$	$M_8 = \beta M_4$	$M_3^b = \gamma M_3$
边缘区格	半边柱上板带	$M_1' = 0.5M_1$	$M_2' = 0.5M_2$	$M_5' = \alpha M_1'$	$M_6' = \beta M_2'$	$M_1^{b\prime} = \gamma M_1'$
	跨中板带	$M_3' = 0.8M_3$	$M_4' = 0.8M_4$	$M_7' = \alpha M_3'$	$M_8' = \beta M_4'$	$M_3^{b\prime} = \gamma M_3'$

注：边缘区格半边柱上板带的宽度只有其他板带宽度的一半，即宽度为 $l/4$。但本表边缘区格半边柱上板带的弯矩仍是按板带宽度为 $l/2$ 给出的。因此，按这些弯矩计算出的钢筋用量应减半布置在边缘区格半边柱上板带内。

当各板带边跨计算跨度与中间跨度不同时，在计算边支座负弯矩和边跨跨中正弯矩时，总弯矩 M_0 应改用按边跨作为计算跨度计算的 M_0^b，见式（9-44）。而在确定各板带第一中间支座的支座负弯矩时，总弯矩则可近似取为 M_0 和 M_0^b 的平均值。

无梁顶板支承在钢筋混凝土壁板上时，边缘区格板带中垂直于板带方向的边支座负弯矩均接近于零，而各板带垂直于池壁方向的边支座负弯矩沿池壁方向均匀分布。因此，中间区格柱上板带和跨中板带的边支座弯矩可取它们的平均值，即表 9-10 中 M_1^b 和 M_3^b 的平均值。而边缘区格跨中板带的边支座负弯矩则可取为该平均值的 80%，其余弯矩值仍按表 9-10 不变。

当在圆形水池结构中采用无梁顶板时，柱网一般均采用正方形。板带的划分及弯矩编号如图 9-54 所示，各弯矩值仍按表 9-10 及上面所述矩形水池无梁顶盖的计算原则计算。

（二）支柱内力计算

无梁顶板支柱可按轴心受压构件计算，由顶板传给每根柱子的轴心压力为

$$N = ql_1l_2 \tag{9-48}$$

式中 q——板面恒荷载和活荷载单位面积均布荷载设计值。

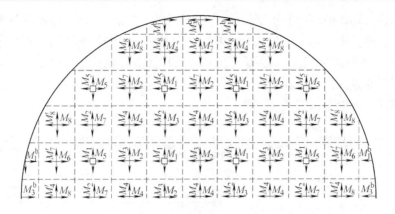

图 9-54　圆形无梁顶板的板带划分及弯矩编号

在支柱的截面设计时，尚应计入支柱的自重设计值。

三、截面设计及构造要求

各板带支座及跨中钢筋截面面积可近似按下式计算：

$$A_s = \frac{0.8M}{\frac{7}{8}f_y h_0} \tag{9-49}$$

式中　M——各截面板带宽度内的弯矩设计值；

　　0.8——考虑板的压力薄膜（穿顶）效应等有利影响的弯矩降低系数；

　　7/8——内力臂系数的近似值。

如果把由表 9-10 求得的弯矩值直接代入式（9-49），求得的 A_s 即为板带宽度内的钢筋数量；若把由表 9-10 求得的弯矩除以板带宽度后再代入式（9-49），则求得的 A_s 即为每米板宽内的钢筋数量。

当有帽顶板时，柱上板带支座截面有效高度，等于板的有效高度加帽顶板厚度。

由于无梁板的钢筋需要量是柱上板带和跨中板带分别计算确定的，故实际配筋时也要按柱上板带和跨中板带分别配置。

一般情况，柱上板带中由于支座负弯矩钢筋较跨中正弯矩钢筋多得多，故通常采用分离式配筋（图 9-55a）。为了保证施工时柱帽上部负弯矩钢筋不致弯曲变形，以及便于柱帽混凝土的浇筑，其直径不宜小于 12mm。跨中板带负弯矩钢筋与正弯矩钢筋的数量基本相同，故既可采用分离式配筋，也可采用弯起式配筋（图 9-55b）。在同一区格内，两方向弯矩同号时，应将较大弯矩方向的受力钢筋布置在外层。

受力钢筋的弯起和切断位置，可按图 9-55 所示的统一模式确定，还应注意到分布钢筋的配置。在一个方向的柱上板带和另一方向的跨中板带相交的部位，两个方向的受力钢筋不在同一水平处，柱上板带在该处为跨中，受力钢筋在下部；与之相交的另一方向的跨中板带在该处则为支座，受力钢筋在上部，故都需布置分布钢筋。对柱上板带与柱上板带相交处，两个方向的受力钢筋都在上部；对跨中板带与跨中板带相交处，两方向的受力钢筋都在下部，故都可以由两个方向的受力钢筋形成网片而不需设置专门的分布钢筋。

对无梁板的柱帽周边，尚应进行受冲切承载力计算，其计算方法与有中心支柱的圆板相同。需说明的是，冲切破坏面所承受的冲切力设计值，应扣除冲切破坏锥体范围内的荷载设计值。无梁板裂缝宽度验算方法与其他梁板结构没有区别。作为水池结构顶盖，可仅验算荷载准永久组合作用下的裂缝宽度。无梁板的挠度难以较准确地计算，通常只要满足板的最小厚度要求，即不必进行挠度验算。无梁板结构的支柱设计方法（包括柱帽）与有中心支柱圆板的支柱相同，这里不再赘述。

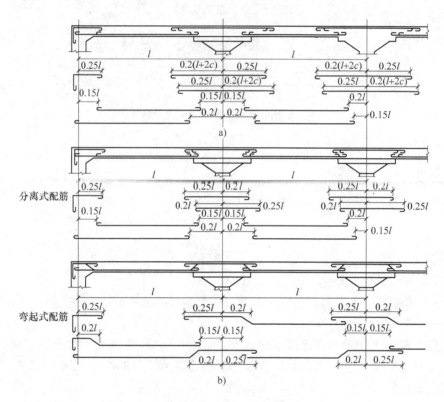

图9-55 无梁板配筋方式

四、设计实例

【例9-3】 现有一容量为1000m³的清水池，外径为19m，水池净高为4m。顶盖采用钢筋混凝土无梁顶板，柱网尺寸为3750mm×3750mm，顶板厚为120mm，柱帽计算宽度 c = 1.02m。顶板与池壁整体连接。池壁为变厚，上端厚120mm，下端厚220mm。池盖覆土为700mm，顶板下面抹20mm厚水泥砂浆，活荷载标准值为2.0kN/m²，混凝土采用C30，钢筋采用HPB300级。试计算顶板配筋。

【解】 （1）基本数据

水池内径：上口18.75m，下口18.55m。

柱网布置及尺寸如图9-56所示，柱帽尺寸如图9-57所示。

柱帽计算宽度：$c = 1020mm = \dfrac{1020}{3750}l = 0.272l$。

帽顶板宽度：$a = 1400mm > 0.35l = 0.35 \times 3750mm = 1312.5mm$。

C30级混凝土：$f_c = 14.3N/mm^2$，$f_t = 1.43N/mm^2$，$E_c = 3.0 \times 10^4N/mm^2$。

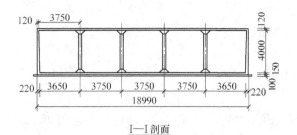

I—I 剖面

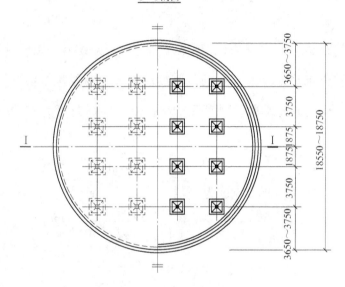

图 9-56　圆形水池结构平面图

HPB300 级钢筋：$f_y = 270\text{N/mm}^2$，钢筋混凝土重度 $\gamma = 25\text{kN/m}^3$，覆土重度 $\gamma = 18\text{kN/m}^3$。

水泥砂浆重度 $\gamma = 20\text{kN/m}^3$。

（2）荷载计算

覆土重	$18 \times 0.7\text{kN/m}^2 = 12.6\text{kN/m}^2$
板自重	$25 \times 0.12\text{kN/m}^2 = 3.0\text{kN/m}^2$
粉刷重	$20 \times 0.02\text{kN/m}^2 = 0.4\text{kN/m}^2$
恒荷载标准值	$g_k = 16\text{kN/m}^2$
活荷载标准值	$q_k = 2.0\text{kN/m}^2$

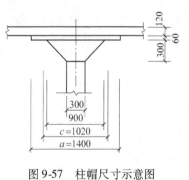

图 9-57　柱帽尺寸示意图

总荷载设计值　$g + q = (12.6 \times 1.27 + 1.2 \times 3.4 + 1.4 \times 2.0)\text{kN/m}^2 = 22.88\text{kN/m}^2$

（3）总弯矩计算

中间跨

$$M_0 = \frac{1}{8}(g + q)l\left(l - \frac{2}{3}c\right)^2$$

$$= \frac{1}{8} \times 22.88 \times 3.75 \times \left(3.75 - \frac{2}{3} \times 1.02\right)^2 \text{kN} \cdot \text{m}$$

$$= 101.1\text{kN} \cdot \text{m}$$

边跨

$$M_0^b = \frac{1}{8}(g + q)l\left(l - \frac{1}{3}c\right)^2$$

$$= \frac{1}{8} \times 22.88 \times 3.75 \times \left(3.75 - \frac{1}{3} \times 1.02\right)^2 \text{kN} \cdot \text{m}$$

$$= 124.7 \text{kN} \cdot \text{m}$$

计算第一中间支座弯矩时，总弯矩取其左、右两跨的平均值 M_{0m}，即

$$M_{0m} = \frac{M_0 + M_0^b}{2} = \frac{101.1 + 124.7}{2} \text{kN} \cdot \text{m} = 112.9 \text{kN} \cdot \text{m}$$

（4）各板带的弯矩计算　各跨中板带和柱上板带的弯矩编号如图 9-54 所示，弯矩计算按表 9-10 进行。首先求出池壁及顶板的线刚度。池壁为变厚度，根据 $\left(\dfrac{h_w^u}{h_w^d}\right)^3 = \left(\dfrac{120}{220}\right)^3 = 0.162$，由图 9-53 查得池壁上端的线刚度系数为 $k = 0.25$，于是可由式（9-47）算出池壁上端的线刚度为

$$i_w^u = k\frac{E(h_w^d)^3}{12H_w} = 0.25 \times \frac{E \times 220^3}{12 \times 4000} = 55.458E$$

由式（9-46）可算出顶盖的线刚度为

$$i_r = \frac{Eh^3}{12\left(l_1 - \frac{1}{3}c\right)} = \frac{E \times 120^3}{12 \times \left(3750 - \frac{1020}{3}\right)} = 42.23E$$

$$\frac{i_w^u}{i_r} = \frac{55.458E}{42.23E} = 1.31$$

由图 9-52 查得 $\alpha = 1.20$，$\beta = 1.29$，$\gamma = 0.55$。

根据表 9-10 计算出的各板带弯矩值列于表 9-11 中。

表 9-11　各板带弯矩值　　　　　　　　　　　　（单位：kN · m）

		柱上板带	跨中板带
中间区格	中间支座负弯矩	$M_1 = -0.5M_0 = -0.5 \times 101.1 = -50.5$	$M_3 = -0.15M_0 = -0.15 \times 101.1 = -15.17$
	中间跨中正弯矩	$M_2 = 0.2M_0 = 0.2 \times 101.1 = 20.2$	$M_4 = 0.15M_0 = 0.15 \times 101.1 = 15.17$
	第一中间支座负弯矩	$M_5 = \alpha M_1 = -\alpha \times 0.5 \times M_{0m}$ $= -1.2 \times 0.5 \times 112.9 = -67.74$	$M_7 = \alpha M_3 = -\alpha \times 0.15 \times M_{0m}$ $= -1.2 \times 0.15 \times 112.9 = -20.32$
	边跨跨中正弯矩	$M_6 = \beta M_2 = \beta \times 0.2 \times M_0^b$ $= 1.29 \times 0.2 \times 124.7 = 32.2$	$M_8 = \beta M_4 = \beta \times 0.15 \times M_0^b$ $= 1.29 \times 0.15 \times 124.7 = 24.13$
	边支座负弯矩	$M_1^b = M_3^b = -0.325\gamma M_0^b = -0.325 \times 0.55 \times 124.7 = -22.29$	
边缘区格	中间跨中正弯矩	—	$M_4' = 0.8M_4 = 0.8 \times 0.15 \times M_0^b = 14.96$
	第一中间支座负弯矩	—	$M_7' = \alpha M_3' = -0.12\alpha M_{0m} = -16.26$
	边跨跨中正弯矩	—	$M_8' = \beta M_4' = 1.29 \times 14.96 = 19.30$

（5）截面选择

截面有效高度取为

柱上板带支座截面　$h_0 = （120 + 60 - 15 - 25）mm = 140mm$

跨中板带跨中截面　$h_0 = （120 - 15 - 25）mm = 80mm$

其余截面　　　　　$h_0 = （120 - 5 - 25）mm = 90mm$

钢筋面积按式（9-45）计算

$$A_s = \frac{0.8M}{\frac{7}{8}f_y h_0} = \frac{M}{295 h_0}$$

各截面配筋的计算结果和实际配筋情况见表9-12。

表9-12　计算结果和实际配筋情况

弯矩值 / （N·mm）	h_0 /mm	所需钢筋数量 /mm²	选用钢筋	实际配筋数量 /mm²
$M_1 = -50.5 \times 10^6$	140	1223	12 φ 12@150	1357.2
$M_2 = 20.2 \times 10^6$	90	761	10 φ 10@185	785
$M_3 = -15.17 \times 10^6$	90	571	9 φ 10@200	706.5
$M_4 = 15.17 \times 10^6$	80	643	9 φ 10@200	706.5
$M_5 = -67.74 \times 10^6$	140	1640.2	15 φ 12@130	1696.5
$M_6 = 32.20 \times 10^6$	90	1213	12 φ 12@150	1357.2
$M_7 = -20.32 \times 10^6$	90	765	10 φ 10@185	785
$M_8 = 24.13 \times 10^6$	80	1023	9 φ 12@200	1018
$M_4' = 14.96 \times 10^6$	80	635	9 φ 10@200	706.5
$M_7' = -16.26 \times 10^6$	90	613	9 φ 10@200	706.5
$M_8' = 19.30 \times 10^6$	80	818.6	11 φ 10@170	863.5

注：1. 表中"所需钢筋数量"及"实际配筋数量"均为每个板带宽（1.875m）内的全部钢筋面积。

2. 表中所选钢筋均在允许误差范围内。

（6）受冲切承载力验算

1）沿帽顶板周边的受冲切面（见图9-44c 截面Ⅰ—Ⅰ）。

柱帽尺寸如图9-57所示，沿Ⅰ—Ⅰ截面受冲切时，冲切力设计值为

$$F_l = (g + q)[l_1 l_2 - (a + 2h_{0I})^2]$$
$$= 22.88 \times [3.75^2 - (1.4 + 2 \times 0.08)^2]N$$
$$= 244.6 \times 10^3 N$$

破坏锥体的平均周长 u_m 为

$$u_m = 4(a + 2h_{0I}) = 4 \times (1400 + 80)mm = 5920mm$$

受冲切承载力为

$$\eta = \min\left(1.0, 0.5 + \frac{10h_0}{u_m}\right) = \min\left(1.0, 0.5 + \frac{10 \times 80}{5920}\right) = 0.635$$

$$0.7f_t \eta u_m h_0 = 0.7 \times 1.43 \times 0.635 \times 5920 \times 80N = 301kN > 244.6kN$$

2）沿柱帽周边的受冲切面（见图9-44c 截面Ⅱ—Ⅱ）。

由图9-44c 可以看出，沿Ⅱ—Ⅱ截面受冲切时，冲切力设计值为

$$F_l = (g+q)\left[l_1 l_2 - (c+2h_{0\,\mathrm{I}})^2\right]$$
$$= 22.88 \times \left[3.75^2 - (1.02 + 2 \times 0.08)^2\right]\text{kN}$$
$$= 289.8\text{kN}$$

破坏锥体的平均周长 u_m 为

$$u_\mathrm{m} = 4(c - 2h_c + 2h_{0\,\mathrm{II}}) = 4 \times (1020 - 120 + 140)\text{mm} = 4160\text{mm}$$

受冲切承载力为

$$\eta = \min\left(1.0,\ 0.5 + \frac{10h_0}{u_\mathrm{m}}\right) = \min\left(1.0,\ 0.5 + \frac{10 \times 140}{4160}\right) = 0.837$$

$$0.7f_t \eta u_\mathrm{m} h_0 = 0.7 \times 1.43 \times 0.837 \times 4160 \times 140\text{N} = 488\text{kN} > 289.8\text{kN}$$

均符合要求。

（7）裂缝宽度验算过程　从略。

（8）顶板配筋图　如图 9-58 所示。

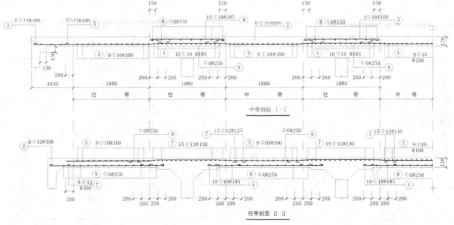

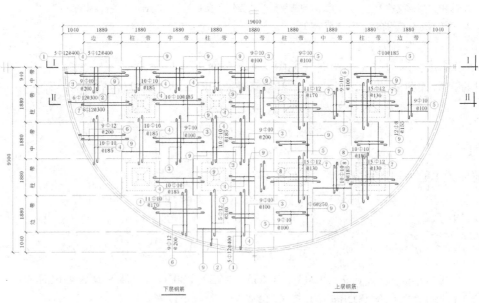

图 9-58　圆形清水池无梁顶板盖配筋图

*第六节　装配式梁板结构

装配式钢筋混凝土结构具有许多优点，如可以加快施工速度，节约模板，降低造价，易于保证构件质量，并有利于建筑工业化。因此，在我国单层厂房的钢筋混凝土结构几乎全部采用装配式结构。在多层工业与民用建筑的楼盖和屋盖结构中也相当普遍地采用装配式梁板结构。在给水排水工程构筑物中，矩形和圆形水池的顶盖、大型预应力圆水池的池壁及管道、沟渠等也常采用装配式结构。

装配式梁板结构整体性较差，抗震性能差。因此，在设计装配式楼盖时，一方面应注意合理地进行梁板结构布置和预制构件的选型；另一方面要处理好预制构件的连接以及预制构件和墙体的连接。

一、装配式梁板结构的布置

装配式梁板结构的布置原则与现浇整体式肋形梁板结构基本相同，装配式梁板结构的布置方案与所采用预制板的截面形式有关。预制板的截面形式主要有平板、空心板和槽形板三种类型。平板的适宜跨度为 2.0m 左右，故采用平板时，梁的布置与单向板肋形梁板结构中梁的布置相同。空心板和槽形板的常用最大跨度可达 6m，因此，采用空心板或槽形板时，通常只在一个方向布置梁，另一个方向布置板。工程实践经验表明，装配式梁板结构以采用空心板和槽形板较为经济，且结构构造简单，施工方便。在房屋建筑中，一般只在走廊等跨度较小的部位采用平板；一般单层工业厂房的屋盖大多采用槽形板；多层厂房和民用建筑的楼、屋盖结构则大多采用空心板。

装配式梁板结构可以采用预制板、预制梁全装配式方案；也可采用预制板、现浇梁方案；还可以采用装配整体式梁板结构。装配整体式梁板结构较常用的做法是先将预制的简支梁板构件安装定位，然后采取措施使梁、板在接头处形成能抵抗弯矩的整体。使板形成整体的常用做法是在预制板的接缝中增设钢筋，并在板面上增设能抵抗负弯矩的钢筋网，再灌缝并浇筑混凝土后浇层，具体做法是多种多样的。

装配整体式梁板结构的主要优点是结构的整体刚度和抗震性能比装配式梁板结构好，但设计和施工比较复杂。是否采用装配整体式，应根据对结构整体刚度、抗震要求等方面的需要和施工条件来决定。

在水池顶盖中采用装配式梁板结构时，通常采用槽形板或平板。对平面尺寸较大的矩形水池，可采用方形或矩形柱网，并在一个方向设置梁，然后在梁上铺设槽形板，槽形板的跨度以 4m 左右为宜。至于梁沿横向还是沿纵向设置，应根据使梁的数量最少的原则来确定。当具备必要的起重运输条件时，可采用预制梁、柱；如条件不足，也可设计成现浇梁、柱。当覆土厚度不大时，预制梁可设计成单跨简支梁；当覆土厚度较大时，为了减小梁的截面高度，也可采用装配整体式连续梁。

在平面尺寸较小的矩形水池中，可将单跨梁沿水池短边方向布置，直接支承在长向池壁上，再在梁上铺设预制板（图 9-1b）。

圆形水池采用装配式顶盖时，常采用扇形板、环形梁体系（图 9-1a），在圆心处可采用整块圆形平板或两块半圆形预制平板支承在最内一圈环梁上，在最内一圈环梁以外则采用扇形板。直径不超过12m的圆形水池，也可采用在具有圆形柱帽的现浇中心支柱上架设预制扇形板的做法，扇形板的截面以槽形为宜。圆环梁宜设计成整体连续的，施工中可采用装配整体式或现浇整体式。

二、装配式梁板结构构件

（一）预制板的形式和构造

（1）平板 平板是最简单的预制板，它上下表面平整，制作简单，但材料用量多。常用跨度为 1.2 ~ 2.4m，板厚 $h \geq \dfrac{l}{30}$，常用板厚为 60 ~ 90mm，常用板宽为 500 ~ 1000mm。在圆形水池顶盖中，平板可做成圆形、半圆形、扇形以及其他特殊形状。常用矩形预制平板的外形及配筋形式如图 9-59 所示。

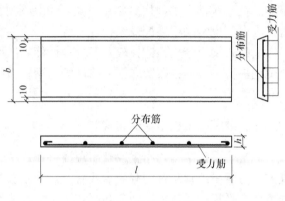

图 9-59 装配式平板

（2）空心板 空心板的常用截面形式如图 9-60 所示，这些截面形式在计算时都折算成 I 形截面，在承载力计算时实际上是按 T 形截面计算的。与平板比较，在跨度和承受的外荷载相同时，空心板的材料消耗少，自重轻，因此，空心板比平板的适应跨度大得多。

空心板还具有板上下表面平整，隔声隔热效果好等优点，其缺点是板面不能任意开洞。目前空心板大量用于民用建筑，如住宅、办公楼、教学楼等的楼盖中，在水池顶盖中也可采用，但当有覆土时，因荷载较大，空心板的技术经济指标不如槽形板。

在图 9-60 所示的几种孔洞形式中，方孔板和长圆孔板（图 9-60b、c）的孔洞率高，经济指标最好，圆孔板则较差。但方孔板及长圆孔板的制作（主要是孔洞的成形）远不如圆孔板简便，后者一般是采用钢管作芯模，在混凝土浇捣完毕后可立即抽芯。为了在抽芯时不使孔壁混凝土坍落，圆孔板上下壁的厚度不宜小于15mm，孔肋厚度不宜小于20mm。

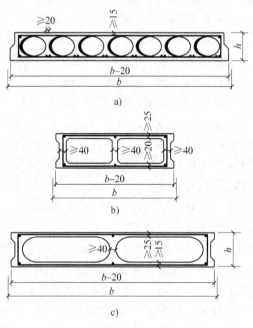

图 9-60 空心板

（3）槽形板 常用的槽形板如图 9-61 所示。槽形板实际上是一种梁板合一体系，其肋具有整体式单向板肋形梁板结构中次梁的作用。与空心板比较，槽形板由于省去了底板，制作更简化，材料强度的有效利用更充分，故经济指标较好，还具有板面开洞方便的优点。

槽形板大多用于荷载较大，对底面的平整要求不高的厂房、仓库的楼、屋盖和水池顶盖中。圆形水池顶盖的预制扇形板也可以采用槽形板，槽形板的面板厚度一般不宜小于 30mm，而在水池顶盖中大都在 40mm 以上。肋高一般为跨度的 1/17 ~ 1/22，当覆土较厚时，可增高到跨度的 1/15 左右。为了提高板的整体刚度，可在槽形板的两端和中间设置若干道横肋，横肋高度可以比主肋低，也可以和主肋平，横肋宽一般为 40 ~ 50mm，主肋宽则可取 50 ~ 70mm。

（4）夹心板　夹心板往往做成自防水保温屋面板，它在两层混凝土中间填充泡沫混凝土等保温材料，将承重、保温、防水三者结合在一起，工业与民用建筑常用。

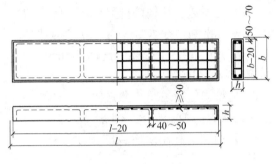

图 9-61　槽形板

预制板的厚度应满足承载力要求和刚度要求；板的宽度应根据制作、运输、起吊的具体条件而定，并且应照顾水池结构的尺寸来确定其宽度，以便于板的排列。板的实际宽度 b 应比板的标准宽度略小，板间留有 10 ~ 20mm 缝隙。这是考虑了预制板制作时的允许误差，且铺板后用细石混凝土灌缝，可以加强楼盖的整体性。

（二）预制梁的形式和构造

预制梁的截面形式有矩形、T 形、十字形（或花篮形）以及倒 T 形等（图 9-62）。在进行装配式顶板设计时，可根据工程的具体情况和使用要求选择合理的截面形式。例如，矩形截面梁制作方便，T 形截面梁受力更合理，倒 T 形、十字形及花篮形截面梁可在翼缘上放置预制板，从而降低结构高度。

为了加强装配式顶盖的整体刚度，如图 9-63 所示，可预制十字形截面梁下面的 T 形截面部分，并使箍筋伸出梁顶面，待预制板安装就绪后，将预制板端伸出的钢筋与梁上的架立钢筋和所伸出的箍筋相互绑扎，然后再浇灌梁上部板端之间的混凝土，使梁板连成整体。梁的预制部分可以是普通钢筋混凝土，也可以是预应力混凝土，这种梁称为叠合梁，其设计计算构造应遵守规范的有关专门规定。

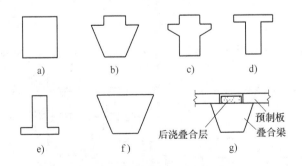

图 9-62　预制梁的截面形式

a）矩形　b）花篮形　c）有挑耳的花蓝形　d）T 形
e）倒 T 形　f）梯形　g）叠合梁

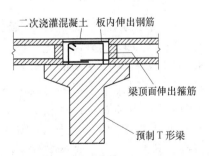

图 9-63　加强装配式梁板结构
整体性示意图

三、装配式梁板的计算要点

预制构件和现浇构件一样,应按规定进行承载能力极限状态的计算和正常使用条件下的变形和裂缝宽度验算。除此以外,预制构件尚应按制作、运输及安装时的荷载设计值进行施工阶段的验算。必要时应采取某些构造措施,以防止构件开裂。

1. 运输、吊装阶段的截面承载力验算要点

1)动力系数:按构件自重验算,但应考虑运输、吊装时的动力影响,应将构件自重乘以动力系数1.5,根据吊装时的实际情况,可适当增减。

2)应按构件在运输、堆放和吊装时的支点确定计算简图,如图9-64所示。

3)预制构件在施工阶段的安全等级,可较其使用时降低一级,但不得低于三级。

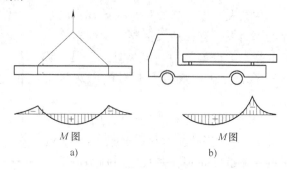

图9-64 梁板起吊、堆放及运输时支点示意图

a)起吊及堆放时 b)运输时

2. 吊环的计算与构造

在吊装过程中,每个吊环可考虑两个截面受力,故吊环截面面积可按下式计算确定:

$$A_s = \frac{G_k}{2m\sigma_{slim}} \tag{9-50}$$

式中 G_k——构件自重(不考虑动力系数)的标准值;

m——受力吊环数,当构件设有四个吊环时,计算中最多只能考虑其中三个同时发挥作用,取 $m = 3$;

σ_{slim}——吊环钢筋的限制应力,规范规定:每个吊环按2个截面计算的钢筋应力 $\sigma_{slim} = 65N/mm^2$(已将动力系数考虑在内)。

吊环应采用HPB300级钢筋,严禁使用冷拉钢筋,以保证吊环具有良好的塑性,防止起吊时脆性断裂。吊环锚入构件的深度应不小于 $30d$,d 为吊环钢筋的直径并应焊接或绑扎在钢筋骨架上。

四、装配式梁板的连接构造

为了加强装配式梁板结构的整体刚度,板与板的连接,可采用不低于C30的细石混凝土或不低于M15的砂浆灌缝(图9-65a)。若考虑抗震设防时,可在板缝内设置拉筋(图9-65b),此时板间缝隙可适当加宽。预制板支承在梁(或池壁)上,应坐浆 10 ~ 20mm,其支承长度不宜小于80mm。

若预制板支承在砖墙上,支承长度则不宜小于100mm(图9-66)。

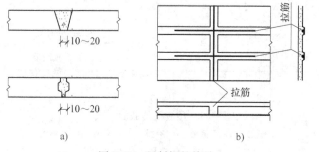

图9-65 预制板的接缝

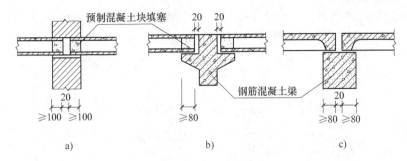

图 9-66　板与支承构件的连接

a) 空心板支承于砖墙上　b) 空心板支承于花篮梁上

c) 槽形板支承于矩形梁上

预制梁在墙上的支承长度不宜小于 180mm，且应在支座处坐浆 10～20mm，必要时还应设置混凝土垫块。

*第七节　板上开洞的构造处理

在水池顶盖、底板和池壁上经常要求开洞，如顶板上的检修孔、通风管道孔、池壁上的大小管道孔、池底的集水坑等，现将开洞时应注意的问题以及相应的构造措施介绍如下。

一、对孔洞位置的限制

在整体式肋形梁板结构中，只要不影响梁的截面，孔洞在各区格板面上的位置和大小一般不受限制。当孔洞较大时，布置洞口时可以截断单向板肋梁顶板的个别次梁。这时，被截断的次梁的跨数和内力相应发生变化，计算中应予以考虑。在整体式无梁顶板中，孔洞直径应不大于板带宽度的一半，并且最好设置在区格中间部位。

在装配式梁板结构顶盖中，孔洞位置应与预制构件的布置相协调，即孔洞不得影响梁的布置，而且应位于一块预制板的适宜位置，例如孔洞边缘离板边的距离不宜小于 60mm，以便主肋通过；槽形板上的孔洞应尽可能不影响横肋。如果孔洞尺寸超过了一块板的宽度，则应设置专门带孔洞的异形板。

池壁上开洞应尽可能做成圆形，而且圆洞直径 d 和矩形孔洞的宽度尺寸 b 不宜超过 1.2m。

二、孔洞处的构造措施

1）当圆孔直径 d 或矩形孔垂直于板跨度方向的宽度 b ≤300mm 时，板上的受力钢筋可绕过洞边，一般不需切断，在洞边也不需采取其他措施，如图 9-67 所示。

2）当圆孔直径 d 或矩形孔的宽度 b 为 300～1000mm 时，应将 d 或 b 范围内的钢筋切断并在洞边每侧配置加强钢筋，如图 9-68 所示。每侧加强钢筋的截面面积应不小于在开孔处被切断的受力钢筋截面面积的 50%（水池池壁上开孔时不少于 75%），且不小于 2 Φ 12；对水池池壁上的

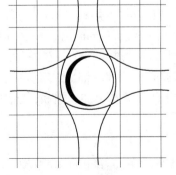

图 9-67　受力筋绕过洞口边缘示意图

矩形孔洞的四角尚应加设直径不小于 2 Φ 12 的弯起钢筋；对圆形孔洞应加设直径不小于 2 Φ 12 的环筋，在圆孔周边尚应设置放射状拉结钢筋。

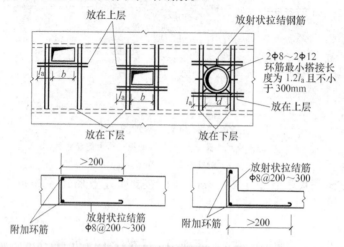

图 9-68 顶板小洞口钢筋加固构造措施

3）当圆孔直径 d 和矩形孔的宽度 b 大于 1000mm 时，需在洞边加设肋梁（图 9-69）。板中被截断钢筋应可靠地锚固在肋梁中，梁配筋按计算确定。每侧梁的截面惯性矩应不小于被挖去的板截面惯性矩的一半。

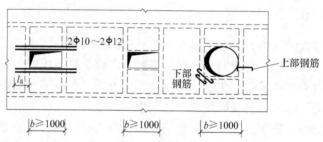

图 9-69 顶板大洞口钢筋加固构造措施

4）刚性连接的管道穿过钢筋混凝土壁板时，应视管道可能产生变位的条件，对孔洞周边进行适当的加固。当管道直径 $d \leqslant 300$mm 时，可仅在孔边设置 2 Φ 12 的加固环筋；当管道直径 $d > 300$mm，且壁板厚大于或等于 300mm 时，除加固环筋外，尚应设置放射状拉结筋 $\Phi 8@200 \sim 300$；管道直径 $d > 300$mm，且壁板厚小于 300mm 时，应在孔边壁厚局部加厚的基础上再设置孔边加固钢筋，如图 9-70 所示。

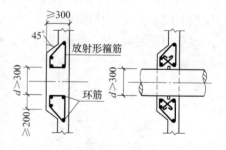

图 9-70 壁板穿管刚性连接

思 考 题

9-1 钢筋混凝土梁板结构按施工方法可分为几类？各自的特点是什么？

9-2 什么是单向板？什么是双向板？什么是单向板肋形梁板结构？什么是双向板肋形梁板结构？

9-3 单向板肋形梁板结构由哪些构件组成？在荷载计算中如何取各构件的计算单元？各构件单元上的

荷载如何计算?

9-4　在连续梁板的内力计算中,当等跨连续梁板实际跨数少于五跨时,按多少跨进行计算?当实际跨数多于五跨时,可近似按多少跨进行计算?

9-5　什么是连续梁的内力包络图?

9-6　单向板的计算要点是什么?其配筋方式分几种?

9-7　双向板的截面选择包括哪些内容?

9-8　为什么连续板、梁内力计算时要进行活荷载不利布置?活荷载最不利布置的原则有哪些?

9-9　什么是折算荷载?为何折算?

9-10　圆形平板水池结构直径的大小可分为几种?如何划分?

9-11　根据圆形平板的边界条件的不同,内力计算分三类,试说出在这三种情况下,圆板中心($\rho = 0$)及圆板周边($\rho = 1$)处弯矩的取值特点。

9-12　在圆形平板结构截面设计中受力钢筋有哪些?分别由什么弯矩确定?

9-13　在有中心支柱的圆形水池结构中,中心支柱按什么构件进行计算?其轴向力包括哪些内容?

9-14　整体式无梁顶板由哪些构件组成?

9-15　无梁楼盖的简化内力分析方法有哪些?试简述之。

习　题

9-1　图9-71所示为钢筋混凝土三跨连续板的计算简图。板承受的永久荷载设计值$g = 4\text{kN/m}$,可变荷载设计值$q = 15\text{kN/m}$。试利用内力系数表,计算该连续板各支座和跨中截面的最大弯矩(考虑活荷载的不利布置)。

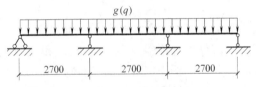

图9-71　习题9-1图

9-2　图9-72所示为钢筋混凝土三跨连续梁主梁的计算简图,次梁的作用位置等分主梁跨度。图中永久荷载设计值$G = 40\text{kN}$,可变荷载设计值$Q = 100\text{kN}$。试作该主梁的内力包络图。

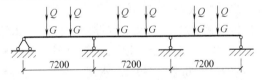

图9-72　习题9-2图

9-3　试求图9-73所示双向板楼盖中各板的跨中及支座单位板宽的弯矩设计值。已知楼面永久荷载设计值$g = 4\text{kN/m}^2$,$q = 8\text{kN/m}^2$。

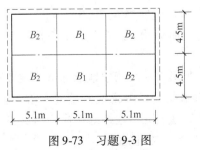

图9-73　习题9-3图

第十章

钢筋混凝土水池设计

第一节　水池的结构形式

水池是给水排水工程中主要构筑物之一。给水排水工程中的水池从用途上可以分为两大类：一类是水处理用池，如沉淀池、滤池、曝气池等；另一类是贮水池，如清水池、高位水池、调节池等。前一类水池的容量、形式和空间尺寸主要由工艺设计确定，然后按照工艺要求进行水池结构设计；后一类水池的容量、标高和水深由工艺设计确定，而池形及水池各构件的尺寸则由结构设计来确定，结构设计主要考虑水池结构的经济性、场地以及施工条件等因素。

水池常用的平面形状为圆形或矩形，其池体结构一般由池壁、顶盖和底板三部分组成。按照工艺上需不需要封闭，又可分为有顶盖（封闭水池）和无顶盖（开敞水池）两类。给水工程中的贮水池多数是有顶盖的（图10-1），而其他池子则多不设顶盖。

就贮水池来说，实践表明，当容量在 $3000m^3$ 以内时，一般圆形水池比容量相同的矩形水池具有更好的技术经济指标。圆形水池在池内水压力或池外土压力作用下，池壁环向处于轴心受拉或轴心受压状态，竖向则处于受弯状态，受力比较均匀明确。而矩形水池的池壁则处于以受弯为主的拉弯或压弯受力状态，当容量在 $200m^3$ 以上时，矩形水池池壁的长高比将超过2而主要靠竖向受弯来传递侧压力，因此池壁厚度常比圆形水池大。贮水池的设计水深变化范围不大，一般为 $3.5 \sim 5.0m$，故容量的增大主要原因是水池平面尺寸增大。当水池容量超过 $3000m^3$ 时，圆形水池的直径将超过30m，水压力将使池壁产生过大的环向拉力，此时除非对池壁施加环向预应力，否则将导致过厚的池壁而不经济。对大容量的矩形水池来说，壁厚取决于水深，当水深一定时，水池平面尺寸的扩大不会影响池壁厚度。所以容量大于 $3000m^3$ 的水池，矩形比圆形经济。经济分析还表明，就每立方米容量的造价、水泥用量和钢材用量等经济指标来说，当水池容量在 $3000m^3$ 以内时，不论圆形水池还是矩形水池，上述各项经济指标都随容量增大而降低。当容量超过 $3000m^3$ 时，矩形水池的各项经济指标基本趋于稳定。

就场地布置及施工来说，矩形水池对场地地形的适应性较强。特别是在山区狭长地带布置水池时，矩形水池常可节约用地及减少场地开挖的土方量。矩形水池还具有模板制作简单，模板损耗较少的优点。地震区的贮水池最好采用圆形，且容量不宜过大。当地震烈度为8度或9度时，每个贮水池的容量最好不超过 $2000m^3$。

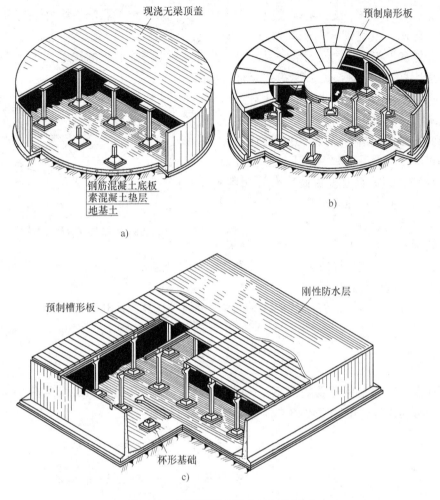

图 10-1 钢筋混凝土贮水池结构形式

水池池壁根据内力大小及其分布情况，可以做成等厚的或变厚的。变厚池壁的厚度按直线变化，变化率以 2%~5%（每米高增厚 20~50mm）为宜，无顶盖水池池壁厚度变化可以适当加大。现浇整体式钢筋混凝土圆形水池容量在 1000m³ 以下的，可采用等厚池壁；容量在 1000m³ 及 1000m³ 以上时，用变厚池壁较经济。

按照建造在地面上下位置不同，水池又可分为地下式、半地下式及地上式。为了尽量缩小水池的温度变化幅度，降低温度变形的影响，水池应优先采用地下式或半地下式。对于有顶盖的水池，顶盖以上应覆土保温。另一方面，水池的底面标高应尽可能高于地下水位，以避免地下水位对水池的浮托作用。当必须建造在地下水位以下时，池顶覆土又是一种最简便有效的抗浮措施。地震区的水池最好采用地下式或半地下式。

贮水池的顶盖和底板大多采用平顶和平底。在第九章所介绍的各种结构形式中，整体式无梁顶盖和无梁底板应用较广。装配式梁板结构应用也相当普遍。工程实践表明，对有覆土的水池顶盖，整体式无梁顶盖的造价和材料用量都比一般梁板体系低。当水池底板位于地下水位以下或地基较弱时，贮水池的底板通常做成整体式反无梁底板。当底板位于地下水位以上，且基土较坚实，持力层承载力特征值不低于 200kN/m² 时，底板和池壁、支柱基础则可以分开考虑。此时池壁、支柱基础按独立基础设计，底板的厚度和配筋均由构造确定，这种底板称为分离式（或铺砌式）底板（图 8-17）。分离式底板可设置分离缝，也可不设分离缝，后者在外观上与整体式反无梁底板无异，但计算时不考虑底板的作用，柱下基础及池壁基础均单独计算。有分离缝时分离缝处应有止水措施。

圆形水池的顶盖和底板也可以采用球形或锥形薄壳结构，这类结构的特点是可以跨越很大的空间而不必设置中间支柱。由于壳体厚度可以做得很薄，在混凝土和钢材用量上往往比平面结构经济。其缺点是模板制作费工费料，施工要求较高，而且水池净空高度不必要地增大。

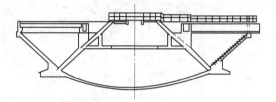

图 10-2　采用倒锥壳和倒球壳组合
池底的加速澄清池示意图

在水处理用池中，由于工艺的特殊要求，池底常做成倒锥壳、倒球壳或由多个旋转壳体组成的复杂池形。图 10-2 所示为采用倒锥壳和倒球壳组合池底的加速澄清池。

在本章的各节内容中，将重点介绍平底水池的设计计算方法和构造原则。

第二节　水池的荷载

作用在水池上的主要荷载如图 10-3 所示。池顶、池底及池壁荷载必须分别进行计算，必要时还应考虑温度、湿度变化和地震等因素对水池结构的作用。

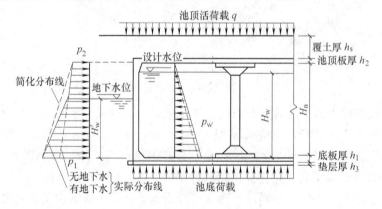

图 10-3　水池的荷载

一、池顶荷载

作用在水池顶板上的竖向荷载，包括顶板自重、防水层重、覆土重、雪荷载和活荷载。顶板自重及防水层重按实际计算。一般现浇整体式池顶的防水层只需用冷底子油打底再涂一道热沥青即可，其重量甚微，可以略去不计。池顶覆土的作用主要是保温与抗浮。保温要求的覆土厚度根据室外计算最低气温来确定。当计算最低气温在 −10℃ 以上时，覆土厚可取 0.3m；−10 ~ −20℃ 时，可取 0.5m；−20 ~ −30℃ 时，可取 0.7m；低于 −30℃ 时，应取 1.0m。覆土重度一般取 18kN/m³。

雪荷载标准值应根据 GB 50009—2012《建筑结构荷载规范》（简称《荷载规范》）的全国基本雪压分布图及计算雪荷载的有关规定来确定。

活荷载是考虑上人、临时堆放少量材料等的重量，活荷载标准值一般可取 $2.0kN/m^2$。建造在靠近道路处的地下式水池，应使覆土顶面高出附近地面至少 30cm，或采取其他措施以避免车辆开上池顶。

雪荷载和活荷载不同时考虑，即仅在这两种荷载中选择数值较大的一种进行结构计算。我国除新疆最北部少数地区的基本雪压值可能超过 $1.0kN/m^2$ 外，其他广大地区均在 0.8kN/m^2 以内，故一般都取活荷载进行计算。

二、池底荷载

当采用整体式底板时，底板就相当于一个筏板基础。池底荷载（kN/m^2）是指将使底板产生弯矩和剪力的那部分地基反力或地下水浮力，它的计算公式为

$$池底荷载 = 池顶荷载 + \frac{支柱总重 + 池壁总重}{底板面积} \qquad (10-1)$$

池底荷载的作用方向为垂直向上。当无地下水时，池底荷载是由地基反力引起的；当有地下水时，池底荷载是由地下水浮力和基土反力共同引起的。地下水浮力使基土反力减小，但作用于底板上的总的反力不变。

由式（10-1）计算得出的池底反力相当于从地基反力中扣除了底板和垫层的自重以及池内水重。这是由于直接作用于底板上的池内水重和底板、垫层的自重将与其引起的部分地基反力直接抵消而不会使底板产生弯矩和剪力。

三、池壁荷载

池壁承受的荷载除池壁自重、池顶荷载引起的竖向压力和可能的端弯矩外，主要是作用于水平方向的水压力和土压力。

水压力按三角形分布，池内底面处的最大水压力标准值为

$$p_{wk} = \gamma_w H_w \qquad (10-2)$$

式中 p_{wk}——池底处的水压力标准值（kN/m^2）；

γ_w——水的重度，对贮水池可取 $10kN/m^3$，对污水处理用池可取 $10 \sim 10.8kN/m^3$；

H_w——设计水深（m）。

虽然设计水位一般在池内顶面以下 $200 \sim 300mm$，但为简化计算，计算时常取水压力的分布高度等于池壁的计算高度。

池壁外侧的侧压力包括土压力、地面活荷载引起的附加侧压力及有地下水时的地下水压力。当无地下水时，池壁外侧压力按梯形分布；当有地下水且地下水位在池顶以下时，以地下水为界，分两段按梯形分布。在地下水位以下，除必须考虑地下水压力外，还应考虑地下水位以下的土由于水的浮力而使其有效重度降低对土压力的影响。为了简化计算，通常将有地下水时按折线分布的侧压力图形取成直线分布图形，如图 10-3 所示。因此，不论有无地下水，只需将池壁上、下两端的侧压力值算出来就可以了。

池壁土压力按主动土压力计算，顶端土压力标准值为

$$p_{\text{epk2}} = \gamma_s(h_s + h_2)\tan^2\left(45° - \frac{\varphi}{2}\right) \tag{10-3}$$

当无地下水时，池壁底端土压力标准值为

$$p_{\text{epk1}} = \gamma_s(h_s + h_2 + H_n)\tan^2\left(45° - \frac{\varphi}{2}\right) \tag{10-4}$$

当有地下水时，池壁底端外侧压力标准值为

$$p'_{\text{epk1}} = \left[\gamma_s(h_s + h_2 + H_n - H'_w) + \gamma'_s H'_w\right]\tan^2\left(45° - \frac{\varphi}{2}\right) + \gamma_w H'_w \tag{10-5}$$

地面活荷载引起的附加侧压力沿池壁高度传递为一常数，其标准值为

$$p_{\text{qk}} = q_k\tan^2\left(45° - \frac{\varphi}{2}\right) \tag{10-6}$$

式中　　γ_s——回填土重度，一般可取 18kN/m³；

　　　　γ'_s——地下水位以下回填土的有效重度，一般可取 10kN/m³；

　　　　φ——回填土的内摩擦角，根据土壤试验确定，当缺乏试验资料时，可取 30°；

　　　　q_k——地面活荷载标准值，一般取 2.0kN/m²，当池壁外侧地面可能有堆积荷载时，

　　　　　　　应取堆积荷载标准值，一般可取 10kN/m²；

h_s、h_2、H_n——池顶覆土厚、顶板厚和池壁净高；

　　　　H'_w——地下水位至池壁底部的距离。

池壁上、下两端的外部侧压力应根据实际情况取上述各种侧压力的组合值。对于大多数水池，当池顶处于地下水位以上时，顶端外侧压力组合标准值为

$$p_{k2} = p_{\text{qk}} + p_{\text{epk2}} \tag{10-7}$$

当地下水位在池壁底端以下时，池壁底端外侧压力组合标准值为

$$p_{k1} = p_{\text{qk}} + p_{\text{epk1}} \tag{10-8}$$

当池壁底端处于地下水位以下时，池壁底端外侧压力组合标准值为

$$p_{k1} = p_{\text{qk}} + p'_{\text{epk1}} \tag{10-9}$$

四、其他作用对水池结构的影响

除上述荷载的作用以外，温度和湿度变化、地震作用等也将在水池结构中引起附加内力，在设计时应予以考虑。

（一）温度和湿度的变化

混凝土处于温度或湿度变化状态下，要产生收缩或膨胀变形，当这种变形在结构中受到内部或外部约束而不能自由发展时，将会在结构中引起附加应力，此应力称为温度应力或湿度应力。产生附加应力的成因不同，一般可以分为下列两种情况来进行分析。

就温度变化而言，一种情况是由于池内水温与池外气温或土温的不同而形成的壁面温差；另一种是由于水池施工期间混凝土浇灌完毕时的温度与使用期间的季节最高或最低温度的不同而形成的中面平均温差。湿度变化产生的附加应力也可分为两种情况来考虑，即壁面湿差和中面平均湿差两种情况。壁面湿差是指水池开始装水或放空一段时间后再装水时，池壁内、外侧混凝土的湿度差；而中面平均湿差是指在水池尚未装水或放空一段时间后，相对于池内有水时池壁混凝土中面平均湿度的降低值。湿差和温差对结构的作用是类似的，故可

以将湿差换算成等效温差（或称"当量温差"）来进行计算。

在水池结构设计中，主要采取以下措施来消除或控制温差和湿差对结构造成的不利影响：

1）设置伸缩缝或后浇带，以减少由温度或湿度变化而产生变形的约束。

2）配置适量的构造钢筋，以抵抗可能出现的温度或湿度应力。

3）通过计算来确定温差和湿差造成的内力，即在结构的承载力和抗裂计算中加以考虑。

此外还可以采取以下措施以减少温度和湿度变化对结构产生变形的不利影响：合理地选择结构形式；采取保温隔热措施，如用水泥砂浆护面、用轻质保温材料或覆土保温，对地面式水池的外壁面涂以白色反射层；注意水泥品种和集料性质，如选用水化热低的水泥和热膨胀系数较低的集料，避免使用收缩性集料；严格控制水泥用量和水灰比；保证混凝土施工质量，特别是加强养护，避免混凝土干燥失水等。

通常采用设置伸缩缝的方法主要目的是减少中面季节温差和中面湿差对矩形水池的影响，以避免因水池平面尺寸过大而可能出现的温度裂缝和收缩裂缝。对于地面式或半地下式矩形水池，一般应沿池壁长度不超过 20m 设置一条伸缩缝；而对地下式水池则应不超过30m 设置一条伸缩缝。伸缩缝对减轻壁面温（湿）差所引起的应力没有什么作用，故当壁面温差（或壁面湿差的等效温差）超过5℃时，宜进行温度内力计算。圆形水池不宜设置伸缩缝，其温差影响原则上应通过计算解决。

对于覆土深度大于冰冻深度的有顶盖水池，可以不考虑温度和湿度的影响；对于池外有覆土的开敞式水池，若水源是地表水，可以不考虑壁面温差和壁面湿差的影响，但季节温差的作用仍应考虑；对于水温较高的水池，一般都应考虑温度应力。

（二）地震作用

对水池具有破坏性作用的地震荷载主要是水平方向的地震惯性力，包括水池的自重惯性力、动水压力和动土压力。一般来说，钢筋混凝土水池本身具有相当强的抗震能力。因此，对于设计烈度不大于 7 度的地面式及地下式水池，设计烈度不大于 8 度的地下式钢筋混凝土圆形水池，设计烈度不大于 8 度的平面长宽比小于 1.5、无变形缝的有盖地下钢筋混凝土矩形水池，只需采取一定的抗震构造措施，而不必作抗震计算。只有不属于上述情况的才应作抗震计算。计算方法可参阅抗震规范及有关专门资料。

五、荷载组合

以上所述各项荷载的取值，均指标准值。在按荷载效应的基本组合进行承载力极限状态设计时，各项荷载的标准值也就是其代表值，而荷载设计值则是荷载代表值与荷载分项系数的乘积。CECS138：2002《给水排水工程钢筋混凝土水池结构设计规程》规定："除结构自重外，各项永久作用的分项系数取值：当作用效应对结构不利时取 1.27；当对结构有利时取 1.0。"水池其他荷载分项系数，对于在《荷载规范》中已有明确规定的荷载，可按该规范的规定取值。水池一般应根据下列三种不同荷载组合分别计算内力：

1）池内满水，池外无土。

2）池内无水，池外有土。

3）池内满水，池外有土。

第一种组合出现在回填土以前的试水阶段。第二、三种组合是正常使用期间的放空和满池时的荷载状态。当然，这是指有覆土的水池，对于无覆土的且有保温措施的地面式水池，只需考虑第一种荷载组合。

一般来说，第一、二种荷载组合是引起相反的最大内力的两种最不利状态。但是若绘制池壁最不利内力包络图，则在包络图极值点以外的某些区段内，第三种荷载组合很可能起控制作用，这对池壁的配筋会有影响。而这种情况常常发生在池壁两端为弹性固定的水池中。若能判断出第三种荷载组合在池壁的任何部位均不会引起最不利内力，则在计算中可以不考虑这种荷载组合。池壁两端支承条件为自由、铰支和固定时，往往就属于这种情况。

对于多格的矩形水池，还必须考虑某些格充水、某些格放空的最不利组合。当必须计算温度、湿度变化引起的内力或地震荷载引起的内力时，则应在上述三种组合的基础上进一步考虑这些内力可能产生的不利影响。

水池结构按正常使用极限状态设计时应考虑哪些荷载组合可根据正常使用极限状态的设计要求来决定。水池结构构件正常使用极限状态的设计要求主要是裂缝控制。当荷载效应为轴心受拉或小偏心受拉时，其裂缝控制应按不允许开裂考虑，此时，凡承载力极限状态设计时必须考虑的各种荷载组合，在抗裂度验算时都应予以考虑。当荷载效应为受弯、大偏心受压或大偏心受拉时，裂缝控制按限制最大裂缝宽度考虑，此时，只考虑使用阶段的荷载组合，但可不计入活荷载短期作用的影响。正常使用极限状态设计所采用的荷载组合计算时，不考虑荷载分项系数。在计算荷载长期效应组合时，池顶荷载的准永久值系数可参照上人的平屋顶采用 0.4，地面堆积荷载的标准值可取 $10kN/m^2$，其准永久值系数可取 0.5。

第三节 地基承载力及抗浮稳定性验算

一、地基承载力验算

当采用分离式底板时，地基承载力按池壁下条形基础及柱下单独基础验算；当采用整体式底板时，应按筏板基础验算。除了比较大型的无中间支柱水池，在地基土比较软弱的情况下宜按弹性地基上的板考虑外，一般可假设地基反力为均匀分布，此时底板底面处的地基应力（即单位面积上的地基反力）计算值应按荷载基本组合的标准值计算，计算公式为

$$p_k = 池顶活荷载及覆土荷载 + \frac{水池总重量}{池底面积}$$

$$+ 底板单位面积上的水重 + 单位面积垫层重 \tag{10-10}$$

上式所算得的地基应力标准值 p_k 应满足 $p_k \leqslant f_a$，f_a 为修正后的地基承载力特征值，按 GB 50007—2011《建筑地基基础设计规范》的规定确定。

二、水池的抗浮稳定性验算

当水池底面标高在地下水位以下，或位于地表滞水层内而又无排除上层滞水措施时，地下水或地表滞水就会对水池产生浮力。当水池处于空池状态时就有被浮托起来或池底板和顶板被浮力顶裂的危险，此时，应对水池进行抗浮稳定性验算。

水池的抗浮稳定性验算一般包括整体抗浮和抗浮力分布均匀性（局部抗浮）两个方面。

进行水池整体抗浮稳定性验算是为了使水池不至于整体向上浮动，其验算公式为

$$\frac{G_{tk} + G_{sk}}{p_{buo}A} \geq 1.05 \tag{10-11}$$

式中　G_{tk}——水池自重标准值；

　　　G_{sk}——池顶覆土重标准值；

　　　A——算至池壁外周边的水池底面积；

　　　p_{buo}——水池底面单位面积上的地下水浮托力。

　　　p_{buo} 按下式计算：

$$p_{buo} = \gamma_m (H'_w + h_1) \eta_{red} \tag{10-12}$$

式中　η_{red}——浮托力折减系数，对非岩质地基取 1.0；对岩质地基应按其破碎程度确定，η_{red} 一般在 0.35~0.95 范围内取值，宜取较大值以策安全；

　　　$H'_w + h_1$——由池底面算起的地下水高度，如图 10-3 所示。

对有中间支柱的封闭式水池，如果式（10-11）得到满足，但抗浮力分布不够均匀，通过池壁传递的抗浮力在总抗浮力中所占比例过大，每个支柱所传递的抗浮力过小，则均匀分布在底板下的地下水浮力

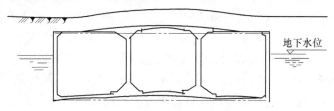

图 10-4　局部抗浮不够时水池的变形

有可能使中间支柱发生轴向上移而形成如图 10-4 所示的变形。这就相当于顶板和底板的中间支座产生了位移，必将引起计算中未曾考虑的附加内力，很可能使底板和顶板被顶裂甚至破坏。为了避免这种危险，对有中间支柱的封闭式水池，除了按式（10-11）验算整体抗浮稳定性以外，尚应按下式验算抗浮力分配的均匀性：

$$\frac{g_{sk} + g_{sl1k} + g_{sl2k} + \dfrac{G_{ck}}{A_{cal}}}{p_{buo}} \geq 1.05 \tag{10-13}$$

式中　g_{sk}——池顶单位面积覆土重标准值；

　g_{sl1k}、g_{sl2k}——池底板和顶板单位面积自重标准值；

　　　G_{ck}——池内单根支柱自重标准值；

　　　A_{cal}——池内单根支柱所辖的计算板单位面积，对两个方向柱距为 l_x 和 l_y 的正交柱网：

$$A_{cal} = l_x l_y$$

其余符号的意义同式（10-11）。

此项验算习惯上称为局部抗浮验算。开敞式水池和池内无支柱的封闭式水池不必验算局部抗浮。

封闭式水池的抗浮稳定性不够时，可以用增加池顶覆土的办法来解决。开敞式水池的抗浮稳定性不够时，则采用增加水池自重、将底板悬伸出池壁以外，并在上面压土或块石，或在底板下设置锚桩等办法来解决。

凡采用覆土抗浮的水池，在施工阶段尚未覆土以前，应采取降低地下水位或排除地表滞

水的措施。也可采用将水池临时灌满水的办法，以避免可能发生的空池浮起，但后一种方法只宜在闭水试验之后采用。

第四节 钢筋混凝土圆形水池设计

本节及第五节分别介绍钢筋混凝土圆形水池和矩形水池结构的设计方法，但仅限于平顶和平底水池，圆形水池则只讨论等厚池壁的情况。由于顶盖和底板的设计已在第九章中作了介绍，本节及下一节的重点将放在池壁的计算和构造规定方面，包括如何考虑池壁与顶盖和底板的共同工作等问题。

一、圆形水池主要尺寸及计算简图

圆形水池的主要尺寸包括水池的直径、高度，池壁厚度及顶盖、底板的结构尺寸等，这些尺寸都必须在水池结构的内力计算以前初步确定。圆形贮水池的高度一般为 3.5~6.0m，容量为 50~500m³ 时，高度常取为 3.5~4.0m；容量为 600~2000m³ 时，高度常取 4.0~4.5m。高度确定以后，即可由容量推算直径。池壁厚度主要取决于环向拉力作用下的抗裂要求，从构造规定出发，壁厚不宜小于 180mm（对单面配筋的小水池，不宜小于 120mm）。至于顶盖和底板的厚度、柱网尺寸及柱的截面尺寸，则应根据前几章所提出的原则，通过初步估算确定。

计算池壁内力时，水池的计算直径 d 应按池壁截面轴线最大间距确定；池壁的计算高度 H 则应根据池壁与顶盖和底板的连接方式来确定。当上、下端均为整体式连接，上端按弹性固定，下端按固定计算时，H 取池壁净高（H_n）加顶板厚度的一半（图 10-5a）；当两端均按弹性固定计算时，H 取池壁净高加顶板厚度的一半及底板厚度的一半；当池壁与顶板和底板采用非整体连接时，H 应取至连接面处（图 10-5b）；当采用图 10-13b 及图 10-14a、b 所示铰接构造时，计算高度取至铰接中心处；当池壁与底板整体连接，顶板简支于池壁顶部或二者铰接，池壁与底板为弹性固定时，H 应为净高 H_n 加底板厚度的一半；池壁下端固定、上端自由时，H 应为池壁净高 H_n。

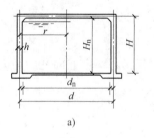 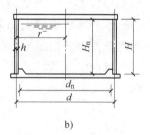

a)   b)

图 10-5 圆形水池池壁计算尺寸及上、下边界连接示意图

池壁两端的支承条件，应根据实际采用的连接构造方案确定。池壁底端如与底板整体连接，又能满足下面三个条件时，则可作为固定支承计算。这些条件是：

1) 如图 10-6 所示 $h_1 > (1.2~1.5) h$。

2) $a_1 > h$ 且 $a_2 \geqslant a_1$。

3）地基条件良好，地基土壤为低压缩性或中压缩性（压缩系数 $a_{1-2} < 0.5$）。

当为整体连接而不能满足上述要求时，应按弹性固定计算，即考虑池壁与底板的变形连续性，将池壁与底板的连接看成可以产生弹性转动的刚性节点。

池壁顶端通常只有自由、铰接或弹性固定三种边界条件。无顶盖或顶板自由搁置于池壁上时，属于自由边界。但若搁置情况如图 10-7 所示，则在池内水压力作用下按自由端计算，在池外土压力作用下按铰支计算。池壁与顶板整体连接，且配筋可以承受端弯矩时，应按弹性固定计算；如果只配置了抗剪力钢筋，则应按铰接计算。

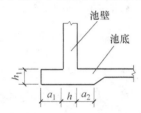

图 10-6　池壁与池底整体连接示意图

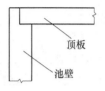

图 10-7　池壁与池顶非整体连接

二、池壁内力计算

（一）圆水池池壁内力计算的基本原理

由于池壁厚度 h 远小于水池的半径 r，圆水池池壁可以看成一圆柱形薄壳。在计算它的内力和变形时，可以忽略混凝土材料的非匀质性、塑性和裂缝的影响，假设壳体材料是各向同性的匀质连续弹性体。

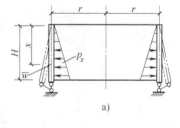

如前所述，直接作用在池壁上的荷载，主要是侧向水压力和土压力。由顶盖传来的竖向压力对池壁在侧向压力作用下产生的内力不会产生影响，因此在分析侧压力引起的池壁内力时不考虑竖向压力。在正常情况下，圆水池所承受的侧压力是轴对称的。在这种轴对称荷载作用下，池壁只会产生轴对称的变形和内力。这种圆水池池壁计算成为圆柱壳计算中最简单的一类问题。

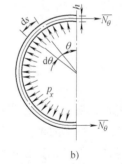

在各种边界条件和荷载分布状态下的池壁中，承受线性分布荷载的两端自由的池壁（图 10-8）是最简单的一种。这种池壁是一静定圆筒，筒中除了环向力外，不会产生任何其他内力。离壁顶为 x 高度处的环向力 $\overline{N}_\theta$ 可以通过静力平衡条件求得。取如图 10-8b 所示的单位高度的半圆环作为脱

图 10-8　两端自由的圆形水池
池壁计算简图

离体，作用在此半圆环上的外力和内力的平衡条件可以写成下列方程式：

$$\overline{N}_\theta = \int_0^{\frac{\pi}{2}} p_x r \sin\theta \mathrm{d}\theta = p_x r \int_0^{\frac{\pi}{2}} \sin\theta \mathrm{d}\theta = p_x r \tag{10-14}$$

式中　$\overline{N}_\theta$——两端自由时，池壁任意高度处的环向力（kN/m），以受拉为正；

p_x——任意高度处的侧向荷载（kN/m^2），以由内向外压为正；

r——池壁的计算半径（m）。

离壁顶 x 处的池壁径向位移 $\overline{w}$（图 10-8a）可以根据应力应变关系和几何关系确定。在 $\overline{N}_\theta$ 作用下池壁的环向伸长（或缩短）为

$$\Delta l = 2\pi r \frac{\overline{N}_\theta}{Eh}$$

径向位移 $\overline{w}$ 与 Δl 具有以下几何关系：

$$\Delta l = 2\pi(r + \overline{w}) - 2\pi r = 2\pi\overline{w}$$

故
$$\overline{w} = \frac{\Delta L}{2\pi} = \frac{\overline{N}_\theta r}{Eh} = \frac{p_x r^2}{Eh} \tag{10-15}$$

式中　h——池壁厚度；

　　　E——弹性模量。

当池壁边界受某种约束时，其变形和内力就将变得复杂得多，而必须用弹性力学的方法来求解。如图 10-9a 所示，以边界力来代替支承条件，并假设受力后的变形如图中的双点画线所示。离壁顶 x 处的池壁径向位移为 w，转角为 β。若取一高度为 dx，环向为单位弧长的微分体作为脱离体，根据对称性原理，可以确定在微分体各截面上只有以下内力作用：在垂直截面上只有环向力（N_θ）和环向弯矩（M_θ）；在水平截面上只有竖向弯矩（M_x）和剪力（V_x）如图 10-9b 所示，且这些内力只沿池壁高度方向变化，而沿圆周的分布则是均匀不变的，或者说这些内力只是 x 的函数，而与极坐标角 θ 无关。

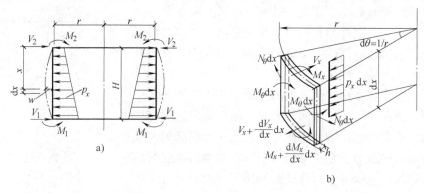

图 10-9　两端有约束的池壁内力分析

现对荷载及内力的符号作如下规定：p_x 以指向朝外为正，N_θ 以受拉为正，M_x 和 M_θ 以使池壁外侧受拉为正，V_x 以指向朝外为正。根据微分体的静力平衡条件、变形及位移之间的几何关系及应力应变间的物理关系，同时考虑池壁上、下端的边界条件，可以建立上述各个内力的计算关系式。但计算过程相当繁琐，为节省篇幅及简化计算，此处将内力推算步骤省略，直接介绍内力实用计算公式。

环向力为
$$N_\theta = k_{N_\theta} qr \tag{10-16}$$

竖向弯矩为
$$M_x = k_{M_x} qH^2 \tag{10-17}$$

环向弯矩为
$$M_\theta = \nu M_x \tag{10-18}$$

剪力为
$$V_x = k_{V_x} qH \tag{10-19}$$

式中　k_{N_θ}、k_{M_x}、k_{V_x}——环向力、竖向弯矩和剪力的内力系数，根据池壁上、下两端的边界条

件可直接查附录 E 中表 E-1（1）～表 E-1（29）；

ν——泊松比，对混凝土取 $\nu = 1/6$；

q——池壁底端截面处的最大侧压力设计值，最大水压力取 $q = r_G \gamma_w H$；最大土压力取 $q = p_{k1}$；

p_{k1}——见式（10-8）或式（10-9）中 p_{k1} 内各种荷载乘以相应的荷载分项系数得到。

附录 E 中表 E-1（1）～表 E-1（29）是常用的圆形水池池壁内力系数表。在水池尺寸确定以后，$\dfrac{H^2}{dh}$ 即为确定值，此时所有内力系数都是 $\dfrac{x}{H}$ 的函数。$\dfrac{H^2}{dh}$ 称为池壁的特征常数，$\dfrac{x}{H}$ 为所取池壁上的计算点的相对纵坐标（以壁顶为原点）。实践表明，利用这样的函数关系编制的内力系数表，在设计中应用起来非常方便。

对于支承条件超出附录 E 中表 E-1（1）～表 E-1（29）范围的水池，可根据已确定的水池特征常数 $\dfrac{H^2}{dh}$ 值（或 $\dfrac{H}{S}$ 值，式中 S 为圆柱壳的弹性特征值，按下式计算：$S = \sqrt[4]{\dfrac{r^2 h^2}{3(1-\nu^2)}}$ $= 0.765\sqrt{rh}$，其中 r 为圆柱壳计算半径，h 为池壁厚度，ν 为泊松比，对混凝土取为 $1/6$）的大小，参照下面几类情况，在计算时酌情予以简化。

1）对端部有约束的池壁，当 $\dfrac{H^2}{dh} < 0.2$（约相当于 $\dfrac{H}{S} < 0.81$）时，忽略环向力，按垂直单向板计算。即在池壁上截取单位宽度的竖条作为计算单元，像单向平板一样进行计算。

2）对端部有约束的池壁，当 $\dfrac{H^2}{dh} > 2.0$（约相当于 $\dfrac{H}{S} > 2.65$）时，通常称为长壁圆水池，计算时可以忽略两端约束力的相互影响，即计算一端约束力作用时，不管另一端为何种支承条件，均可将另一端假设为自由端。

3）当 $0.2 \leqslant \dfrac{H^2}{dh} \leqslant 2.0$（相当于 $0.81 \leqslant \dfrac{H}{S} \leqslant 2.65$）时，称为短壁圆水池，这时不能忽视两端约束力的影响，必须按精确理论计算。

4）当 $\dfrac{H^2}{dh} > 56$（相当于 $\dfrac{H}{S} > 13.8$）时，习惯上将这种圆水池称为深池。对于这类池子，端部约束的影响在 $0.25H$ 范围以内，在此范围外，池壁可以只按静定圆环（即按两端自由）计算环向力，不考虑竖向弯矩；在此范围以内则应按约束端的实际边界条件计算池壁内力。这一部分池壁内力可取靠约束端高度为 $H = \sqrt{56dh}$ 的一段水池，按一端有约束，另一端为自由的池壁，用附录 E 中表 E-1（1）～表 E-1（29）中相应边界条件和荷载状态下 $\dfrac{H^2}{dh} = 56$ 的内力系数进行计算。

（二）圆水池内力系数表的应用

附录 E 的表 E-1（1）～表 E-1（29）中，池壁两端边界条件包括底端固定、顶端自由，底端铰支、顶端自由，两端固定，两端铰支和底端固定、顶端铰支五种；池壁侧向作用有三角形分布荷载、矩形分布荷载和几种常见边缘力。

对于梯形分布的荷载，可将荷载分为两部分，一部分为三角形分布荷载，一部分为矩形分布荷载，利用附录 E 中表 E-1（1）～表 E-1（8）、表 E-1（10）～表 E-1（19）分别计算这两部分荷载引起的内力，然后再叠加起来，就是梯形荷载引起的池壁内力。此外所有边缘约束都可以用边缘约束力来代替，并将边缘约束力视为外力来分析池壁内力。因此，工程中可能遇到的各种边界条件和荷载状态的等厚圆柱形水池的池壁内力，基本上都可以利用附录 E 中表 E-1（1）～表 E-1（29）的内力系数来解决。

【例 10-1】 一敞口圆水池，池壁高 $H = 23\text{m}$，直径 $d = 9.75\text{m}$，壁厚 $h = 500\text{mm}$。池壁与底板按固定计算，试计算池壁在池内水压力作用下的内力标准值。

【解】 （1）计算池壁特征常数

$$\frac{H^2}{dh} = \frac{23^2}{9.75 \times 0.5} = 108.5 > 56$$

由此知水池为深池，在离底端 $0.25H = 0.25 \times 23\text{m} = 5.75\text{m}$ 范围以上可只按静定圆环计算由水压力引起的环向拉力。

（2）计算离池顶任意高度 $x(x < H - 0.25H = 17.25\text{m})$ 处的环向拉力标准值

$$N_{\theta k,x} = p_{wk,x}\frac{d}{2} = \gamma_w x\frac{d}{2} = 10 \times \frac{9.75}{2}x = 48.75x\text{kN/m}$$

此部分的环向拉力计算过程从略，计算结果如图 10-10a 所示。

（3）计算水池的池壁侧压力标准值 水池下部 $0.25H = 5.75\text{m}$ 高度范围内的内力按高度为

$H' = \sqrt{56dh} = \sqrt{56 \times 9.75 \times 0.5}\text{m} = 16.52\text{m}$ 的顶端自由、底端固定的池壁进行计算。

顶端为

$$p_{wk,2} = 10 \times (23 - 16.52)\text{kN/m}^2 = 64.8\text{kN/m}^2$$

底端为

$$p_{wk,1} = 10 \times 23\text{kN/m}^2 = 230\text{kN/m}^2$$

水池计算图形如图 10-11 所示。

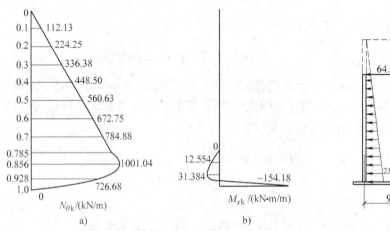

图 10-10 深池内力分布　　　　　图 10-11 深池计算简图

（4）内力计算 以 $H' = 16.52\text{m}$ 段的顶点为原点，任一计算点至原点的坐标为 x'。由于只需计算底部 5.75m 高度范围内的内力，故实际计算 $x' = 0.6H' \sim 1.0H'$（相当于底部 6.608m 范围）的一段。由于荷载为梯形分布，应分解为三角形和矩形，三角形分布荷载的

最大值为 $p = p_{wk,1} - p_{wk,2} = (230 - 64.8) \text{kN/m}^2 = 165.2 \text{kN/m}^2$，矩形分布荷载为 $p = p_{wk,2} = 64.8 \text{kN/m}^2$。内力系数由附录 E 中表 E-1(1)、表 E-1(2)、表 E-1(12)、表 E-1(13) 查得，各坐标点的内力见表 10-1。

表 10-1　底端 $0.6H' \sim 1.0H'$ 范围内的内力计算

$\dfrac{x}{H}$	$\dfrac{x'}{H'}$	三角形荷载作用				矩形荷载作用				$N_{\theta k}/$ (kN/m)	$M_{xk}/$ (kN·m/m)
		k_{N_θ}	$k_{N_\theta}pr$	k_{M_x}	$k_{M_x}pH'^2$	k_{N_θ}	$k_{N_\theta}pr$	k_{M_x}	$k_{M_x}pH'^2$		
		①	②	③	④	⑤	⑥	⑦	⑧	② + ⑥	④ + ⑧
0.713	0.6	0.600	483.21	0.0000	0	1.000	315.90	0.0000	0	799.11	0
0.785	0.7	0.721	580.66	0.0000	0	1.022	322.85	0.0000	0	903.51	0
0.856	0.8	0.837	674.08	0.0002	9.017	1.035	326.96	0.0002	3.537	1001.04	12.554
0.928	0.9	0.625	503.34	0.0005	22.542	0.707	223.34	0.0005	8.842	726.68	31.384
1.0	1.0	0.000	0.00	-0.0024	-108.20	0.000	0	-0.0026	-45.98	0	-154.18

整个池壁的环向拉力标准值 $N_{\theta k}$ 和竖向弯矩标准值 M_{xk} 的分布如图 10-10 所示。如果按较精确的方法计算，可得边缘弯矩 $M_{xk} = -153.56 \text{kN·m/m}$。可见按上述近似方法计算可以得到相当精确的边缘弯矩值。本例表明，深池的边缘约束影响范围不大，但边缘弯矩值不小，一般仍应按计算配置钢筋。

（三）壁端为弹性固定时的内力计算

弹性固定不同于固定之处，在于前者的端节点可以产生一定的弹性转动。此时，池壁弹性固定端的边界力不但和池壁所直接承受的侧向荷载有关，而且和与之连接的顶板或底板所承受的垂直荷载以及池壁及顶板（或底板）的抗弯刚度有关。因此，边端为弹性固定的池壁内力计算，关键在于如何确定其边界力。边界力确定以后，就可以视之为外力，分别计算边界力和侧向荷载所引起的内力，叠加后就得到了在侧向荷载作用下，边端为弹性固定的池壁内力，下面说明其具体计算方法。

1. 弹性固定端边界力的确定

弹性固定端的边界力包括边界弯矩和边界剪力两项。对平顶和平底圆水池，可以认为节点无侧移，边界弯矩可以用力矩分配法进行计算。

池壁两端都是弹性固定的有顶盖圆形水池，绝大部分为长壁圆水池，此时可以忽略两端边界力的相互影响，即在力矩分配法中，不必考虑节点间的传递，这就使力矩分配法的整个过程简化为只需对各个节点的不平衡弯矩进行一次分配。因此，池壁边界力可按下列公式计算：

$$M_{w,i} = \overline{M}_{w,i} - (\overline{M}_{w,i} + \overline{M}_{s,i}) \frac{K_w}{K_w + K_{s,i}} \tag{10-20}$$

式中　$M_{w,i}$——池壁底端（$i=1$）或顶端（$i=2$）的边缘弯矩；

$\overline{M}_{w,i}$——池壁底端或顶端的固端弯矩，可利用附录 E 的表 E-1(1) ～表 E-1(28) 中端部为固定时在池壁侧压力作用下的弯矩系数确定；对底端 $\overline{M}_{w1}$，取 $x = 1.0H$；对顶端 $\overline{M}_{w,2}$，取 $x = 0.0H$；

$\overline{M}_{s,i}$——底板（$i=1$）或顶板（$i=2$）的固端弯矩；

$K_{s,i}$——底板或顶板沿周边单位弧长的边缘抗弯刚度（见第九章）；

K_w——池壁单位宽度的边缘抗弯刚度，按下式计算：

$$K_w = k_{M\beta} \frac{Eh^3}{H} \tag{10-21}$$

$k_{M\beta}$——池壁刚度系数，由附录 E 中表 E-1（30）查得。

式（10-20）中各项弯矩的符号均以使节点逆时针方向转动为正。利用附录 E 中表 E-1（1）～表 E-1（30）的内力系数计算长壁圆形水池时，不必在内力计算以前算出边界剪力。

2. 池壁内力计算

边界弯矩确定以后，可将弹性固定支承取消，代之以铰接和边界弯矩，池壁内力即可用叠加法求得。现以两端均为弹性固定，池内作用有水压力的长壁圆水池为例，其内力计算过程如图 10-12 所示。

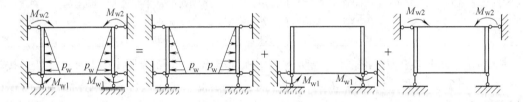

图 10-12　长壁圆水池池壁两端为弹性固定时的内力分析简图

在图 10-12 等号右边的第二、三项中，根据长壁圆水池的特点，忽略了远端影响，因此把没有边界力作用的一端看成是自由端。等号右边第一、二项计算简图在附录 E 中均有现成的内力系数可以直接利用，第三项计算简图只要将附录 E 中表 E-1（24）和表 E-1（25）倒转使用即可，即 x 由底端起向上量。

必须注意，在用力矩分配法计算边界力矩时，力矩的符号是以使节点逆时针转动为正，现在计算内力时，必须回复到以使池壁外侧受拉为正。两端都是弹性固定的短壁圆水池，边界力相互影响使计算复杂化，但这种情况很少遇到。

三、池壁截面设计

池壁截面设计包括：①计算所需的环向钢筋和竖向钢筋；②按环拉力作用下不允许出现裂缝的要求验算池壁厚度；③验算竖向弯矩作用下的裂缝宽度；④按斜截面受剪承载力要求验算池壁厚度。

池壁环向钢筋应根据最不利荷载组合所引起的环向内力计算确定。严格地说，这些内力包括环向拉力和环向弯矩两项，但当不考虑温（湿）差引起的内力时，环向弯矩（$M_\theta = \nu M_x = M_x/6$）的数值通常很小，可以忽略不计，故环向钢筋仅根据环拉力按轴心受拉构件的正截面承载力公式计算确定。由于环拉力沿壁高变化，计算时可将池壁沿竖向分成若干段，每段用该段的最大环拉力来确定单位高度所需要的钢筋截面面积，最后选定的钢筋应对称分布于池壁的内外两侧。当考虑温（湿）差引起的内力时，环向弯矩 M_θ 不可忽略（内力计算详见相关书籍，此处不赘述），则环向钢筋应按偏心受拉正截面承载力公式计算确定。

竖向钢筋一般按竖向弯矩计算确定，如果池顶盖传给池壁的轴向压力 N_x 较大，相对偏心距 $\dfrac{e_0}{h} = \dfrac{M_x}{N_x h} < 2.0$ 时，则应考虑 N_x 的作用，并按偏心受压构件进行计算（但不考虑弯曲影响，即取 $\eta_{ns} = 1.0$）。池壁顶端、底端和中间应分别根据其最不利正、负弯矩计算外侧和

内侧的竖向钢筋。根据弯矩分布情况，两端的竖向钢筋可在离端部一定距离处切断一部分。竖向钢筋应布置在环向钢筋的外边，以增大截面有效高度。

池壁底端如果做成滑动连接而按底端自由计算池壁内力时，考虑到实际上必然存在摩擦约束作用，可能使池壁内产生一定的竖向弯矩，池壁仍应按底端为铰支时竖向弯矩的50%~70%（根据可滑动的程度）选择确定竖向钢筋。

池壁在环向受拉时抗裂度验算和在竖向受弯（或偏压）作用时的裂缝宽度验算属于正常使用极限状态验算。当池壁在环向按轴心受拉或偏心受拉进行抗裂度验算未能满足要求时，应增大池壁厚度或提高混凝土强度等级。虽然池壁斜截面受剪承载力不够时也应增大池壁厚度或提高混凝土强度等级，但这种情况很少遇到，即对池壁厚度起控制作用的主要是环向抗裂。为避免设计计算时返工，通常在设计开始阶段确定水池的结构尺寸时，就按环向抗裂要求对池壁厚度作初步估算。池壁竖向弯矩作用下允许开裂，但最大裂缝宽度计算值应不超过附录A中表A-4（2）的限值。

四、底板设计概要

如第一节所述，水池底板有整体式和分离式（铺砌式）两种。整体式底板是整个底板相当于水池的基础，水池的全部重量和荷载都是通过底板传给地基的。对于有支柱的水池底板，通常假设地基反力均匀分布，其计算与顶板相同。对于无支柱的圆板，当直径不大时，也可按地基反力均布计算；当直径较大时，则应根据有无地下水来确定计算。当无地下水时，池底荷载为土反力，这时应按弹性地基上的圆板来确定池底土反力的分布规律；当有地下水且池底荷载主要是地下水的浮力时，则应按均匀分布荷载计算；当池底处于地下水位变化幅度内时，圆板应按弹性地基（地下水位低于底板）和均布反力（地下水位最高时）两种情况分别计算，并根据两种计算结果中的最不利内力来设计圆板截面。

分离式底板不参与水池主体结构的受力，而只是将其本身重量及直接作用在它上面的水重传给地基，通常可以认为在这种底板内不会产生弯矩和剪力，其厚度和配筋均由构造要求确定（参阅第五节矩形水池的底板构造）。当采用分离式底板时，圆水池池壁的基础为一圆环，原则上应作为支承在弹性地基上的环形基础来计算。但当水池直径较大，地基良好，且分离式底板与环形基础之间未设置分离缝时，可近似地将环形基础展开为直的条形基础进行计算，具体计算方法可参阅第五节有关部分。但此时，在基础截面内宜按偏心受拉钢筋的最小配筋率配置环向钢筋，且这种环向钢筋在基础截面上部及下部均应配置。

五、构造要求

（1）构件最小厚度　池壁厚度一般不小于180mm，但对采用单面配筋的小型水池池壁，可不小于120mm。现浇整体式顶板的厚度，当采用肋梁顶板时，不宜小于100mm；采用无梁顶板时，不宜小于120mm。底板的厚度，当采用肋梁底板时，不宜小于120mm；当采用平板或无梁底板时，不宜小于200mm。

（2）池壁钢筋和保护层厚度　池壁环向钢筋的直径应不小于6mm，竖向钢筋的直径应不小于8mm。钢筋间距应不小于70mm；壁厚在150mm以内时，钢筋间距不应大于200mm；壁厚超过150mm时，钢筋间距不宜大于1.5倍壁厚。但在任何情况下，钢筋最大间距不宜超过250mm。

环向钢筋通常采用搭接接头，搭接长度应符合《规范》要求，且不小于 40d （d 为钢筋直径）。受力钢筋最小保护层厚度详见第一章表 1-9 的相关规定。

（3）池壁与顶盖和底板的连接构造　池壁两端连接的一般做法如图 10-13 和图 10-14 所示。池壁和底板的连接，是一个比较重要的问题，它既要尽量符合计算假定，又要保证足够的抗渗能力，一般采用固定或弹性固定。但对于大型水池，采用这两种连接可能使池壁产生过大的竖向弯矩，此外当地基较弱时，这两种连接的实际工作性能与计算假定的差距可能较大，因此最好采用铰接。图 10-14a 所示为采用橡胶垫及橡胶止水带的铰接构造，这种做法的实际工作性能与计算假定比较一致，而且其防渗漏性也比较好，但橡胶垫及止水带必须用抗老化橡胶（如氯丁橡胶）特制，造价较高。当地基良好，不会产生不均匀沉陷时，可不用止水带而只用橡胶垫。图 10-14b 所示为一种简易的铰接构造，可用于抗渗漏要求不高的水池。

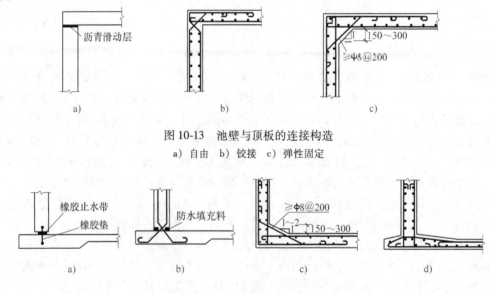

图 10-13　池壁与顶板的连接构造
a）自由　b）铰接　c）弹性固定

图 10-14　池壁与底板的连接构造
a）、b）铰接　c）弹性固定　d）固定

（4）地震区水池的抗震构造要求　加强结构的整体性是采取水池抗震构造措施的基本原则。水池的整体性主要取决于各部分构件之间连接的可靠程度以及结构本身的刚度和强度。对顶板有支柱的水池来说，顶板与池壁的可靠连接是保证水池整体性的关键。因此，当采用预制装配式顶板时，在每条板缝内应配置不少于 1Φ6 的钢筋，并用 M10 水泥砂浆灌缝；预制板应通过预埋件与梁焊接，每块板应有不少于三个角与梁焊在一起。当设防烈度为 9 度时，应在预制板上浇筑二期钢筋混凝土叠合层。钢筋混凝土池壁的顶部也应设置预埋件，以便与顶盖构件通过预埋件相互焊牢。

由于柱子是细长构件，对水平地震力比较敏感，所以其配筋应适当加强。当设防烈度为 8 度时，柱内纵筋的总配筋率不宜小于 0.6%，而且在柱两端 1/8 高度范围内的箍筋应加密到间距不大于 100mm；当设防烈度为 9 度时，纵筋总配筋率不宜小于 0.8%，并将两端 1/6 高度内的箍筋加密到间距不大于 100mm；柱与顶板应连接牢靠。

六、设计实例

一容量为 300m³ 的圆形清水池，结构方案及主要尺寸如图 10-15 所示。池顶覆土厚 700mm，地下水位在池底以上 1.8m 处，地基土为亚黏土，内摩擦角 $\varphi = 30°$，修正后的地基承载力特征值为 $f_a = 120 \text{ kN/m}^2$，池顶活荷载 $q_k = 2.0 \text{kN/m}^2$。池体材料采用 C30 混凝土和 HRB400 级钢筋。底板下浇筑 C15 素混凝土垫层，厚 100mm。水池内壁、顶板、底板以及支柱表面均用 1:2 水泥砂浆抹面，厚 20mm。水池外壁及顶面均刷冷底子油及热沥青各一道。现根据以上资料作水池结构设计。

（一）确定材料强度等级及水池各构件尺寸

C30 混凝土 $f_c = 14.3 \text{N/mm}^2$，$f_t = 1.43 \text{N/mm}^2$，$f_{tk} = 2.01 \text{N/mm}^2$，$E_c = 3.0 \times 10^4 \text{N/mm}^2$

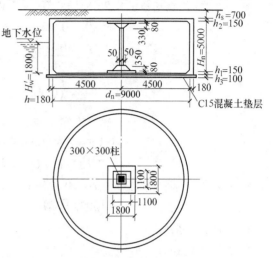

图 10-15　300m³ 圆形清水池结构布置图

HRB400 级钢筋 $f_y = f_y' = 360 \text{N/mm}^2$，$E_b = 2.0 \times 10^5 \text{N/mm}^2$

钢筋混凝土重度：25kN/m^3

素混凝土重度：23kN/m^3

水泥砂浆重度：20kN/m^3

（二）水池自重标准值及抗浮验算

1. 计算水池各构件自重标准值

$$池盖自重（包括粉刷）= 25 \times \left(\frac{\pi d_n^2}{4} \times h_2 \right) + 20 \times \left(\frac{\pi d_n^2}{4} \times 0.02 \right)$$

$$= 25 \times \left(\frac{\pi}{4} \times 9.0^2 \times 0.15 \right)\text{kN} + 20 \times \left(\frac{\pi}{4} \times 9.0^2 \times 0.02 \right)\text{kN}$$

$$= (238.56 + 25.43)\text{kN} = 264.0 \text{kN}$$

$$池壁自重（包括粉刷）= 25 \times \left[\pi(d_n + h)h(H_n + h_1 + h_2) \right] + 20 \times (\pi d_n H_n \times 0.02)$$

$$= 25 \times \left[\pi \times (9.0 + 0.18) \times 0.18 \times (5.0 + 0.15 + 0.15) \right]\text{kN} + 20 \times (\pi \times 9.0 \times 5.0 \times 0.02)\text{kN}$$

$$= (687.48 + 56.52)\text{kN} = 744.00 \text{kN}$$

$$池底自重（包括粉刷）= 25 \times \left(\frac{\pi}{4} d_n^2 h_1 \right) + 20 \times \left(\frac{\pi}{4} d_n^2 \times 0.02 \right)$$

$$= 25 \times \left(\frac{\pi}{4} \times 9.0^2 \times 0.15 \right)\text{kN} +$$

$$20 \times \left(\frac{\pi}{4} \times 9.0^2 \times 0.02 \right) \text{kN}$$

$$= (238.44 + 25.43) \text{kN} = 263.87 \text{kN}$$

支柱自重(包括粉刷) $= 25 \times [(0.08 + 0.08) \times 1.8^2 +$

$$(5.0 - 0.35 - 0.33 - 2 \times 0.08) \times$$

$$0.3^2 + \frac{0.33}{6} \times (0.3^2 + 0.96^2 + 1.26^2) +$$

$$\frac{0.35}{6} \times (0.4^2 + 1.1^2 + 1.5^2)]^{\ominus} +$$

$$20 \times [(5.0 - 0.35 - 0.33 - 0.08 \times 2) \times$$

$$0.30 \times 4 \times 0.02]^{\ominus} \text{kN}$$

$$= (31.17 + 2.00) \text{kN} = 33.17 \text{kN}$$

水池总自重标准值 $G_{tk} = (264.0 + 744.0 + 263.87 + 33.17) \text{kN}$

$$= 1305.04 \text{kN}$$

2. 整体抗浮验算

总浮力 $= \gamma_w (H'_w + h_1) \eta_{red} A$

$$= 10 \times (1.8 + 0.15) \times 1.0 \times \frac{\pi}{4} \times (9.0 + 2 \times 0.18)^2 \text{kN}$$

$$= 1341.08 \text{kN}$$

式中浮力折减系数 η_{red} 取 1.0。

池顶覆土标准值 $G_{sk} = \gamma_s \times \frac{\pi}{4} (d_n + 2h)^2 h_s$

$$= 18 \times \frac{\pi}{4} \times (9.0 + 2 \times 0.18)^2 \times 0.7 \text{kN} = 866.55 \text{kN}$$

整体抗浮验算

$$\frac{G_{tk} + G_{sk}}{总浮力} = \frac{1305.04 + 866.55}{1341.70} = 1.61 > 1.05 (满足要求)$$

3. 局部抗浮

池顶单位面积覆土重标准值为

$$g_{sk} = 18 \times 0.7 \text{kN/m}^2 = 12.6 \text{kN/m}^2$$

池底板单位面积自重标准值为

$$g_{sl1,k} = (25 \times 0.15 + 20 \times 0.02) \text{kN/m}^2 = 4.15 \text{kN/m}^2$$

池顶板单位面积自重标准值:

$$g_{sl2,k} = (25 \times 0.15 + 20 \times 0.02) \text{kN/m}^2 = 4.15 \text{kN/m}^2$$

按底面积每平方米计算的柱重标准值为

$$\frac{G_{ck}}{A_{cal}} = \frac{33.17}{\frac{\pi}{4} \times 4.5^2} \text{kN/m}^2 = 2.09 \text{kN/m}^2$$

⊖ 括号内为支柱的混凝土体积 = 上、下帽顶板体积 + 柱身体积 + 上、下柱帽体积。

⊜ 括号内为支柱柱身的抹面砂浆体积,柱帽锥体表面的抹面砂浆忽略不计。

上式近似取中心支柱自重分布在直径为 $\dfrac{d_n}{2}$ 的中心区域内，d_n 为水池内净空直径，$d_n = 9.0\text{m}$。

局部抗浮验算：

$$\frac{g_{sk} + g_{sl1,k} + g_{sl2,k} + \dfrac{G_{ck}}{A_{cal}}}{\gamma_w (H'_w + h_1) \eta_{red}}$$

$$= \frac{12.6 + 4.15 + 4.15 + 2.09}{10 \times (1.8 + 0.15) \times 1.0} = 1.18 > 1.05 (满足要求)$$

（三）地基承载力验算

覆土重、水池自重及垫层自重的荷载采用标准值，混凝土垫层的重度取 $\gamma_c = 23\text{kN/m}^3$；池顶活荷载标准值 $q_k = 2.0\text{kN/m}^2$，则地基土的应力为

$$p_k = \frac{G_{tk}}{\dfrac{\pi}{4}(d_n + 2h)^2} + \gamma_s h_s + q_k + \gamma_w H_w + \gamma_c h_3$$

$$= \left[\frac{1305.04}{\dfrac{\pi}{4} \times (9.0 + 2 \times 0.18)^2} + 18 \times 0.7 + 2.0 + 10 \times 5.0 + 23 \times 0.10 \right] \text{kN/m}^2$$

$$= (18.98 + 12.6 + 2.0 + 50 + 2.3) \text{kN/m}^2$$

$$= 85.88\text{kN/m}^2 < f_a = 120\text{kN/m}^2 (满足要求)$$

（四）结构内力计算

1. 计算简图的确定

池壁和顶板及底板的连接拟设计成弹性固定。水池各部分的尺寸已初步确定，如图 10-15 所示，则池壁的计算高度为

$$H = H_n + \frac{h_1}{2} + \frac{h_2}{2} = \left(5.0 + \frac{0.15}{2} + \frac{0.15}{2} \right)\text{m} = 5.15\text{m}$$

水池的计算直径为

$$d = d_n + h = (9.0 + 0.18)\text{m} = 9.18\text{m}$$

顶板及底板均按有中心支柱的圆板计算，顶板中心支柱的柱帽计算宽度为

$$C_t = (0.96 + 2 \times 0.08)\text{m} = 1.12\text{m}$$

底板中心支柱的柱帽计算宽度为

$$C_b = (1.10 + 2 \times 0.08)\text{m} = 1.26\text{m}$$

水池计算简图如图 10-16 所示。

2. 荷载计算

1）池顶均布荷载设计值。

板自重	$1.2 \times 4.15\text{kN/m}^2$	$= 4.98\text{kN/m}^2$
覆土重	$1.27 \times 12.6\text{kN/m}^2$	$= 16.00\text{kN/m}^2$
池顶活荷载	$1.4 \times 2.0\text{kN/m}^2$	$= 2.80\text{kN/m}^2$

内力计算时必须分别考虑无覆土及有覆土两种荷载组合。

无覆土时，池顶荷载仅考虑上列第一项恒荷载，即

$$g_{sl,2} = 4.98\text{kN/m}^2$$

有覆土时，应为上列各项之和，包括恒荷载和活荷载，即

$$g_{sl,2} + q_{sl,2} = (4.98 + 16.00 + 2.80)kN/m^2 = 23.78kN/m^2$$

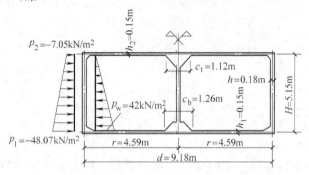

图 10-16　水池计算简图

2）池底均布荷载设计值。池顶无覆土时，池底均布荷载为

$$g_{sl,1} = 4.98kN/m^2 + \frac{744.00 \times 1.2 + 33.17 \times 1.2}{\frac{\pi}{4} \times (9.0 + 2 \times 0.18)^2}kN/m^2$$

$$= (4.98 + 13.56)kN/m^2 = 18.54kN/m^2$$

池顶有覆土时，池底均布荷载应考虑池顶活荷载及覆土重使地基土产生的反力，池底均布荷载为

$$g_{sl,1} + q_{sl,1} = (4.98 + 16.00 + 13.56 + 2.8)kN/m^2 = 37.34kN/m^2$$

3）池壁水压力及土压力设计值。池底处的最大水压力设计值为

$$p_w = 1.27\gamma_w H_w = 1.27 \times 10 \times 5.0kN/m^2 = 63.5kN/m^2$$

池壁顶端土压力设计值为

$$p_{ep,2} = -1.27\gamma_s(h_s + h_2)\tan^2\left(45° - \frac{\varphi}{2}\right)$$

$$= -1.27 \times 18 \times (0.7 + 0.15)\tan^2\left(45° - \frac{30°}{2}\right)kN/m^2$$

$$= -1.27 \times 5.10kN/m^2 = -6.48kN/m^2$$

池壁底端土压力设计值为

$$p_{ep,1} = -1.27\left[\gamma_s(h_s + h_2 + H_n - H'_w) + \gamma'_w H'_w\right]\tan^2\left(45° - \frac{\varphi}{2}\right)$$

$$= -1.27 \times \left[18 \times (0.7 + 0.15 + 5.0 - 1.8) + 10 \times 1.8\right] \times 0.333kN/m^2$$

$$= -1.27 \times 30.27kN/m^2 = -38.44kN/m^2$$

地面活荷载引起的池壁附加侧压力沿池壁高度为一常数，其设计值为

$$p_q = -1.4q_k\tan^2\left(45° - \frac{\varphi}{2}\right) = -1.4 \times 2.0 \times 0.333kN/m^2 = -0.93kN/m^2$$

地下水压力按三角形分布，池壁底端处的地下水压力设计值为

$$p'_w = -1.27\gamma_w H'_w = -1.27 \times 10 \times 1.8kN/m^2 = -22.86kN/m^2$$

池顶外侧的压力为

$$p_2 = p_q + p_{ep,2} = (-0.93 - 6.48)kN/m^2 = -7.41kN/m^2$$

池底外侧的压力为

$$p_1 = p_q + p_{ep,1} + p'_w = (-0.93 - 38.44 - 22.86)kN/m^2 = -62.23kN/m^2$$

3. 顶板、底板及池壁的固端弯矩设计值

1）顶板固端弯矩。由附录 D 中表 D-6（1）查得，当 $\beta = \dfrac{c_t}{d} = \dfrac{1.12}{9.18} = 0.122$，$\rho = \dfrac{x}{r} = 1.0$ 时，顶板固端弯矩系数为 -0.0518。

当无覆土时，顶板固端弯矩为

$$\overline{M}_{s2} = -0.0518 g_{sl,2} r^2 = (-0.0518 \times 4.98 \times 4.59^2)\,\text{kN} \cdot \text{m/m}$$
$$= -5.43\,\text{kN} \cdot \text{m/m（板外受拉）}$$

有覆土时的固端弯矩为

$$\overline{M}_{s2} = -0.0518(g_{sl,2} + q_{sl,2}) r^2 = (-0.0518 \times 23.78 \times 4.59^2)\,\text{kN} \cdot \text{m/m}$$
$$= -25.95\,\text{kN} \cdot \text{m/m（板外受拉）}$$

2）底板固端弯矩。由 $\beta = \dfrac{c_b}{d} = \dfrac{1.26}{9.18} = 0.137$ 及 $\rho = \dfrac{x}{r} = 1.0$ 查得底板固端弯矩系数为 -0.0503。

无覆土时，底板固端弯矩为

$$\overline{M}_{s1} = -0.0503 g_{sl,1} r^2 = (-0.0503 \times 18.54 \times 4.59^2)\,\text{kN} \cdot \text{m/m}$$
$$= -19.65\,\text{kN} \cdot \text{m/m（板外受拉）}$$

有覆土时的固端弯矩为

$$\overline{M}_{s1} = -0.0503(g_{sl,1} + q_{sl,1}) r^2 = (-0.0503 \times 37.34 \times 4.59^2)\,\text{kN} \cdot \text{m/m}$$
$$= -39.57\,\text{kN} \cdot \text{m/m（板外受拉）}$$

3）池壁固端弯矩。池壁特征常数为

$$\frac{H^2}{dh} = \frac{5.15^2}{9.18 \times 0.18} = 16.05 \approx 16.0$$

当池内满水，池外无土时，池壁固端弯矩可利用附录 E 中表 E-1（3）进行计算，即

底端（$x = 1.0H$）：

$$\overline{M}_{w1} = -0.0079 p_w H^2 = -0.0079 \times 63.5 \times 5.15^2\,\text{kN} \cdot \text{m/m}$$
$$= -13.30\,\text{kN} \cdot \text{m/m（壁内受拉）}$$

顶端（$x = 0.0H$）：

$$\overline{M}_{w2} = -0.0012 p_w H^2 = -0.0012 \times 63.5 \times 5.15^2\,\text{kN} \cdot \text{m/m}$$
$$= -2.02\,\text{kN} \cdot \text{m/m（壁内受拉）}$$

当池内无水，池外有土时，将梯形分布的外侧压力分解为两部分，一部分为三角形荷载，一部分为矩形荷载，然后利用附录 E 中表 E-1（3）和表 E-1（14），用叠加法计算池壁固端弯矩，即

底端（$x = 1.0H$）：

$$\overline{M}_{w1} = 0.0079 \times (p_1 - p_2) H^2 - 0.0091 p_2 H^2$$
$$= -0.0079 \times (-62.23 + 7.41) \times 5.15^2\,\text{kN} \cdot \text{m/m} +$$
$$\quad 0.0091 \times 7.41 \times 5.15^2\,\text{kN} \cdot \text{m/m}$$
$$= 13.28\,\text{kN} \cdot \text{m/m（壁外受拉）}$$

顶端（$x = 0.0H$）：

$$\overline{M}_{w2} = -0.0012(p_1 - p_2)H^2 - 0.0091p_2H^2$$

$$= -0.0012 \times (-62.23 + 7.41) \times 5.15^2 \text{kN} \cdot \text{m/m} +$$

$$0.0091 \times 7.41 \times 5.15^2 \text{kN} \cdot \text{m/m}$$

$$= 3.53 \text{kN} \cdot \text{m/m}(\text{壁外受拉})$$

将上述两种荷载组合的固端弯矩叠加，即可得到池内满水、池外有土时的固端弯矩，即

底端为　　$\overline{M}_{w1} = (-13.30 + 13.28)\text{kN} \cdot \text{m/m} = -0.05\text{kN} \cdot \text{m/m}(\text{壁内受拉})$

顶端为　　$\overline{M}_{w2} = (-2.02 + 3.53)\text{kN} \cdot \text{m/m} = 1.51\text{kN} \cdot \text{m/m}(\text{壁外受拉})$

4. 顶板、底板及池壁的弹性固定边界力矩

池壁特征常数$\dfrac{H^2}{dh} = 16.0$，属于长壁圆水池范畴，计算边界弯矩时，可忽略两端边界力的互相影响，边界弯矩用式（10-20）计算确定。各构件的边缘弯矩抗弯刚度为

底板　　　$K_{s,1} = k_{s,1}\dfrac{Eh_1^3}{r} = 0.326 \times \dfrac{E \times 0.15^3}{4.59} = 2.40E \times 10^{-4}$

顶板　　　$K_{s,2} = k_{s,2}\dfrac{Eh_2^3}{r} = 0.319 \times \dfrac{E \times 0.15^3}{4.59} = 2.35E \times 10^{-4}$

式中，系数$k_{s,1}$、$k_{s,2}$分别由$\dfrac{c_b}{d} = 0.137$及$\dfrac{c_t}{d} = 0.122$从附录D中表D-6（4）查得。

池壁　　　$K_w = k_{M\beta}\dfrac{Eh^3}{H} = 1.267 \times \dfrac{E \times 0.18^3}{5.15} = 1.435E \times 10^{-3}$

式中，系数$k_{M\beta}$由$\dfrac{H^2}{dh} = 16.0$从附录E中表E-1（30）两端固定栏查得。

1）第一种荷载组合（池内满水、池外无土）时的边界弯矩。各构件固端弯矩为

$$\overline{M}_{w1} = +13.30\text{kN} \cdot \text{m/m}; \overline{M}_{w2} = -2.02\text{kN} \cdot \text{m/m};$$

$$\overline{M}_{s,1} = +19.65\text{kN} \cdot \text{m/m}; \overline{M}_{s,2} = -5.43\text{kN} \cdot \text{m/m}$$

注意，上列弯矩符号已按力矩分配法的规则作了调整，即以使节点逆时针转动为正。于是各构件的弹性固定边界弯矩可计算如下：

底端：

$$M_{w1} = \overline{M}_{w1} - (\overline{M}_{w1} + \overline{M}_{s,1})\frac{K_w}{K_w + K_{s,1}}$$

$$= 13.30\text{kN} \cdot \text{m/m} - (13.30 + 19.65) \times \frac{1.435E \times 10^{-3}}{1.435E \times 10^{-3} + 2.40E \times 10^{-4}}\text{kN} \cdot \text{m/m}$$

$$= -14.93\text{kN} \cdot \text{m/m}(\text{壁外受拉})$$

$$M_{s,1} = \overline{M}_{s,1} - (\overline{M}_{s,1} + \overline{M}_{w1})\frac{K_{s,1}}{K_{s,1} + K_w}$$

$$= 19.65\text{kN} \cdot \text{m/m} - (19.65 + 13.30) \times \frac{2.40E \times 10^{-4}}{2.40E \times 10^{-4} + 1.435E \times 10^{-3}}\text{kN} \cdot \text{m/m}$$

$$= +14.93\text{kN} \cdot \text{m/m}(\text{板外受拉})$$

顶端：

$$M_{w2} = \overline{M}_{w2} - (\overline{M}_{w2} + \overline{M}_{s,2}) \frac{K_w}{K_w + K_{s,2}}$$

$$= -2.02\text{kN} \cdot \text{m/m} - (-2.02 - 5.43) \times \frac{1.435E \times 10^{-3}}{1.435E \times 10^{-3} + 2.35E \times 10^{-4}}\text{kN} \cdot \text{m/m}$$

$$= +4.38\text{kN} \cdot \text{m/m}(\text{壁外受拉})$$

$$M_{s,2} = \overline{M}_{s,2} - (\overline{M}_{s,2} + \overline{M}_{w2}) \frac{K_{s,2}}{K_{s,2} + K_w}$$

$$= -5.43\text{kN} \cdot \text{m/m} - (-5.43 - 2.02) \times \frac{2.35E \times 10^{-4}}{2.35E \times 10^{-4} + 1.435E \times 10^{-3}}\text{kN} \cdot \text{m/m}$$

$$= -4.38\text{kN} \cdot \text{m/m}(\text{板外受拉})$$

2）第二种荷载组合（池内无水、池外有土）时的边界弯矩。此时各构件的固端弯矩为

$$\overline{M}_{w1} = -13.28\text{kN} \cdot \text{m/m}, \quad \overline{M}_{w2} = 3.53\text{kN} \cdot \text{m/m}$$

$$\overline{M}_{s,1} = 39.57\text{kN} \cdot \text{m/m}, \quad \overline{M}_{s,2} = -25.95\text{kN} \cdot \text{m/m}$$

计算得各构件的弹性固定边界弯矩如下（计算过程从略）：
底端：

$$M_{w1} = -35.80\text{kN} \cdot \text{m/m}(\text{壁外受拉})$$

$$M_{s,1} = +35.80\text{kN} \cdot \text{m/m}(\text{板外受拉})$$

顶端：

$$M_{w2} = +22.80\text{kN} \cdot \text{m/m}(\text{壁外受拉})$$

$$M_{s,2} = -22.80\text{kN} \cdot \text{m/m}(\text{板外受拉})$$

3）第三种荷载组合（池内有水、池外有土）时的边界弯矩。各构件的固端弯矩为

$$\overline{M}_{w1} = 0.05\text{kN} \cdot \text{m/m}, \quad \overline{M}_{w2} = 1.51\text{kN} \cdot \text{m/m}$$

$$\overline{M}_{s,1} = 39.57\text{kN} \cdot \text{m/m}, \quad \overline{M}_{s,2} = -25.95\text{kN} \cdot \text{m/m}$$

算得各构件的弹性固定边界弯矩如下：
底端：

$$M_{w1} = -33.91\text{kN} \cdot \text{m/m}(\text{壁外受拉})$$

$$M_{s,1} = +33.91\text{kN} \cdot \text{m/m}(\text{板外受拉})$$

顶端：

$$M_{w2} = +22.51\text{kN} \cdot \text{m/m}(\text{壁外受拉})$$

$$M_{s,2} = -22.51\text{kN} \cdot \text{m/m}(\text{板外受拉})$$

5. 顶板结构内力计算

1）顶板弯矩。从以上计算结果可以看出，使顶板产生最大跨中正弯矩的应是第三种荷载组合，而使顶板产生最大边缘负弯矩的应是第二种荷载组合。但是这两种不同荷载组合下的边界弯矩值相近，为了简化计算，均以第二种荷载组合进行计算。此时，顶板可取如图10-17 所示的计算简图。顶板弯矩利用附录 D 中表 D-6（2）和表 D-6（3）以叠加法求得。径向弯矩和切向弯矩的设计值分别见表10-2 和表10-3，径向弯矩和切向弯矩的分布如图10-18 所示。

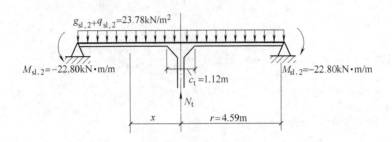

图 10-17 顶板计算简图

表 10-2 顶板的径向弯矩 M_r

计算截面 $\rho = \dfrac{x}{r}$	$g_{s,2} + q_{s,2}$ 作用下的 $M_r/(kN \cdot m/m)$		$M_{s,2}$ 作用下的 $M_r/(kN \cdot m/m)$		$M_r/$ $(kN \cdot m/m)$	$M_r \cdot 2\pi x/$ $(kN \cdot m)$
	$\overline{K}_r$	$\overline{K}_r(g_{s,2}+q_{s,2})r^2$	$\overline{K}_r$	$\overline{K}_r M_{s,2}$		
	①	②	③	④	⑤ = ② + ④	⑤ × 2πx
0.122	− 0.2224	− 111.42	− 1.8107	+ 41.28	− 70.14	− 246.66
0.20	− 0.0729	− 36.52	− 0.7300	+ 16.64	− 19.88	− 114.61
0.40	+ 0.0341	+ 17.08	+ 0.1491	− 3.40	+ 13.68	+ 157.73
0.60	+ 0.0554	+ 27.76	+ 0.5439	− 12.40	+ 15.36	+ 265.65
0.80	+ 0.0406	+ 20.34	+ 0.8042	− 18.34	+ 2.00	+ 46.12
1.00	0	0	+ 1.0000	− 22.80	− 22.80	− 657.21

注：$(g_{s,2} + q_{s,2}) \times r^2 = 23.78 \times 4.59^2 kN \cdot m/m = 501.00 kN \cdot m/m$，$M_{s,2} = -22.80 kN \cdot m/m$。

表 10-3 顶板的切向弯矩 M_t

计算截面 $\rho = \dfrac{x}{r}$	$g_{s,2} + q_{s,2}$ 作用下的 $M_t/(kN \cdot m/m)$		$M_{s,2}$ 作用下的 $M_t/(kN \cdot m/m)$		$M_t/$ $(kN \cdot m/m)$
	$\overline{K}_t$	$\overline{K}_t(g_{s,2}+q_{s,2})r^2$	$\overline{K}_t$	$\overline{K}_t M_{s,2}$	
	①	②	③	④	② + ④
0.122	− 0.0371	− 18.59	− 0.3018	+ 6.88	− 11.71
0.20	− 0.0590	− 29.56	− 0.5318	+ 12.13	− 17.43
0.40	− 0.0176	− 8.82	− 0.2500	+ 5.70	− 3.12
0.60	+ 0.0100	+ 5.01	+ 0.0343	− 0.78	+ 4.23
0.80	+ 0.0192	+ 9.62	+ 0.2558	− 5.83	+ 3.79
1.00	+ 0.0139	+ 6.96	+ 0.4337	− 9.90	− 2.94

注：同表 10-2 注。

2）顶板传给中心支柱的轴压力。顶板传给中心支柱的轴向压力可以利用附录 D 中表 D-6（4）的系数按下式计算：

$$N_t = 1.42(g_{s,2} + q_{s,2})r^2 + 8.94 M_{s,2}$$
$$= 1.42 \times 501.00 kN + 8.94 \times (-22.80) kN$$
$$= 507.59 kN$$

3）顶板周边剪力。沿顶板周边单位弧长上的剪力可按下式计算：

$$V_{s,2} = \left[(g_{s,2} + q_{s,2}) \times \frac{\pi d_n^2}{4} - N_t \right] \Big/ \pi d_n$$

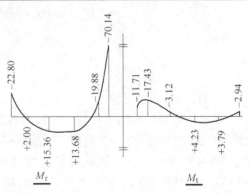

图 10-18 顶板弯矩图（单位：kN·m/m）

$$= \left[\left(23.78 \times \frac{\pi \times 9.0^2}{4} - 507.59\right)\middle/(\pi \times 9.0)\right]\text{kN/m} = 35.54\text{kN/m}$$

6. 底板内力计算

1）底板弯矩。底板的计算简图如图 10-19 所示。

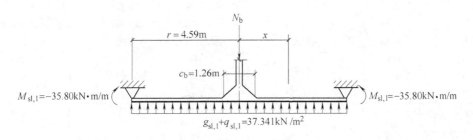

图 10-19　底板计算简图

使底板周边产生最大负弯矩的荷载组合为第二种组合，此时的荷载组合值为

$$g_{s,1} + q_{s,1} = 37.34\text{kN/m}^2,$$
$$M_{s,1} = -35.80\text{kN}\cdot\text{m/m}(\text{板外受拉})$$

使底板跨间产生最大正弯矩的荷载组合为第三种组合，此时的荷载组合值为

$$g_{s,1} + q_{s,1} = 37.34\text{kN/m}^2,$$
$$M_{s,1} = -33.91\text{kN}\cdot\text{m/m}(\text{板外受拉})$$

但两种组合仅 $M_{s,1}$ 有微小的差别，故底板内力均按第二种组合计算。底板的径向弯矩和切向弯矩设计值分别见表 10-4 和表 10-5，弯矩图如图 10-20 所示。

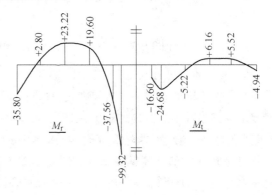

图 10-20　底板弯矩图（单位：kN·m/m）

表 10-4　底板的径向弯矩 M_r

计算截面 $\rho = \dfrac{x}{r}$	$g_{s,1} + q_{s,1}$ 作用下的 $M_r/(\text{kN}\cdot\text{m/m})$		$M_{s,1}$ 作用下的 $M_r/(\text{kN}\cdot\text{m/m})$		$M_r/$ $(\text{kN}\cdot\text{m/m})$	$M_r \cdot 2\pi x/$ $(\text{kN}\cdot\text{m})$
	$\overline{K_r}$	$\overline{K_r}(g_{s,1}+q_{s,1})r^2$	$\overline{K_r}$	$\overline{K_r}M_{s,1}$		
	①	②	③	④	⑤ = ② + ④	⑤ × 2πx
0.137	− 0.2037	− 160.25	− 1.7019	+ 60.93	− 99.32	− 392.22
0.20	− 0.0858	− 67.50	− 0.8364	+ 29.94	− 37.56	− 216.53
0.40	+ 0.0302	+ 23.76	+ 0.1161	− 4.16	+ 19.60	+ 225.99
0.60	+ 0.0536	+ 42.17	+ 0.5293	− 18.95	+ 23.22	+ 401.59
0.80	+ 0.0399	+ 31.39	+ 0.7985	− 28.59	+ 2.80	+ 64.57
1.00	0	0	+ 1.0000	− 35.80	− 35.80	− 1031.94

注：$(g_{s,1} + q_{s,1}) \times r^2 = 37.34 \times 4.59^2\text{kN}\cdot\text{m/m} = 786.68\text{kN}\cdot\text{m/m}$，$M_{s,1} = -35.80\text{kN}\cdot\text{m/m}$。

2）底板周边剪力。底板周边剪力可按下式计算：

$$V_{s,1} = \left[(g_{s,1} + q_{s,1})\frac{\pi d_n^2}{4} - N_b\right]\middle/(\pi d_n)$$

式中　N_b——中心支柱底端对底板的压力。

表 10-5　底板的切向弯矩 M_t

计算截面 $\rho = \dfrac{x}{r}$	$g_{s,1} + q_{s,1}$ 作用下的 $M_t/(kN \cdot m/m)$		$M_{s,1}$ 作用下的 $M_t/(kN \cdot m/m)$		$M_t/$ $(kN \cdot m/m)$
	$\bar{K}_t$	$\bar{K}_t(g_{s,1}+q_{s,1})r^2$	$\bar{K}_t$	$\bar{K}_t M_{s,1}$	
	①	②	③	④	②+④
0.137	−0.0340	−26.75	−0.2836	+10.15	−16.60
0.20	−0.0535	−42.09	−0.4862	+17.41	−24.68
0.40	−0.0182	−14.32	−0.2541	+9.10	−5.22
0.60	+0.0090	+7.08	+0.0257	−0.92	+6.16
0.80	+0.0183	+14.40	+0.2481	−8.88	+5.52
1.00	+0.0132	+10.38	+0.4280	−15.32	−4.94

注：同表10-4注。

N_b 可按下式计算：

$$N_b = N_t + 柱自重设计值 = (507.59 + 1.2 \times 33.17)kN = 547.39kN$$

于是

$$V_{sl,1} = \left[\left(37.34 \times \frac{\pi \times 9.0^2}{4} - 547.39 \right) \middle/ (\pi \times 9.0) \right]kN/m = 64.65kN/m$$

7. 池壁内力计算

1）第一种荷载组合（池内满水、池外无土）。根据图10-12所示的原则进行计算。池壁承受的荷载设计值为：底端最大水压力 $p_w = 63.5kN/m^2$；底端边界弯矩 $M_{w1} = 14.93kN \cdot m/m$（壁外受拉）；顶端边界弯矩 $M_{w2} = 4.38kN \cdot m/m$（壁外受拉）。

池壁环向力的计算见表10-6，其中系数由附录 E 中表 E-1（6）和表 E-1（25）查得。池壁竖向弯矩的计算见表10-7，其中系数由附录 E 中表 E-1（5）和表 E-1（24）查得。池壁特征常数 $\dfrac{H^2}{dh} = 16.0$。

表 10-6　第一种荷载组合（池内满水、池外无土）情况下的环向力 N_θ

$\dfrac{x}{H}$	x/m	水压力作用		底端 M_{w1} 作用		顶端 M_{w2} 作用		$N_\theta/(kN/m)$
		k_{N_θ}	$k_{N_\theta} p_w r$	k_{N_θ}	$k_{N_\theta}(M_{w1}/h)$	k_{N_θ}	$k_{N_\theta}(M_{w2}/h)$	
		①	②	③	④	⑤	⑥	②+④+⑥
0.0	0.00	0.000	0	+0.006	+0.498	0.000	0	0.498
0.1	0.515	0.099	28.86	+0.003	+0.249	1.099	26.739	55.848
0.2	1.030	0.197	57.42	−0.003	−0.249	0.775	18.856	76.027
0.3	1.545	0.297	86.57	−0.018	−1.493	0.297	7.226	92.303
0.4	2.060	0.403	117.46	−0.039	−3.235	0.033	0.803	115.028
0.5	2.575	0.521	151.86	−0.045	−3.732	−0.045	−1.095	147.033
0.6	3.090	0.651	189.75	0.033	2.737	−0.039	−0.949	191.538
0.7	3.605	0.766	223.27	0.297	24.630	0.018	0.438	248.338
0.8	4.120	0.779	227.06	0.775	64.280	−0.003	−0.073	291.267
0.9	4.635	0.547	159.43	1.099	91.150	0.003	0.073	250.653
1.0	5.150	0.000	0	0.000	0	0.006	0.146	0.146

注：1. x 从顶端算起。

2. 表中 $p_w r = 63.5 \times 4.59 kN/m = 291.47kN/m$，$M_{w1}/h = (14.93/0.18)kN/m = 82.94kN/m$，$M_{w2}/h = (4.38/0.18)kN/m = 24.33kN/m$。

表 10-7 第一种荷载组合（池内满水、池外无土）情况下的竖向弯矩 M_x

$\dfrac{x}{H}$	x/m	水压力作用		底端 M_{w1} 作用		顶端 M_{w2} 作用		$M_x/$
		k_{M_x}	$k_{M_x}p_wH^2$	k_{M_x}	$k_{M_x}M_{w1}$	k_{M_x}	$k_{M_x}M_{w2}$	$(\text{kN}\cdot\text{m/m})$
		①	②	③	④	⑤	⑥	②+④+⑥
0.0	0.000	0	0	0	0	1.000	4.380	4.380
0.1	0.515	0	0	0.001	0.015	0.353	1.546	1.561
0.2	1.030	0	0	0.002	0.030	0.021	0.092	0.122
0.3	1.545	0	0	0.002	0.030	−0.066	−0.289	−0.259
0.4	2.060	−0.0001	−0.168	−0.003	−0.045	−0.051	−0.223	−0.436
0.5	2.575	−0.0001	−0.168	−0.021	−0.314	−0.021	−0.092	−0.574
0.6	3.090	0.0001	0.168	−0.051	−0.761	−0.003	−0.013	−0.606
0.7	3.605	0.0008	1.347	−0.066	−0.985	−0.002	−0.009	0.353
0.8	4.120	0.0021	3.537	0.021	0.314	+0.002	+0.009	3.896
0.9	4.635	0.0029	4.884	0.353	5.270	0.001	0.004	10.158
1.0	5.150	0	0	1.000	14.930	0	0	14.930

注：1. x 从顶端算起。

2. 表中 $p_wH^2 = 63.5 \times 5.15^2\,\text{kN}\cdot\text{m/m} = 1684.18\,\text{kN}\cdot\text{m/m}$，$M_{w1} = 14.93\,\text{kN}\cdot\text{m/m}$，$M_{w2} = 4.38\,\text{kN}\cdot\text{m/m}$。

池壁两端剪力计算如下：

底端：

$$V_1 = -0.068p_wH + 7.393\frac{M_{w1}}{H}$$

$$= \left(-0.068 \times 63.5 \times 5.15 + 7.393 \times \frac{14.93}{5.15}\right)\text{kN/m}$$

$$= -0.805\text{kN/m}(\text{向内})$$

顶端：

$$V_2 = 7.393\frac{M_{w2}}{H}$$

$$= 7.393 \times \frac{4.38}{5.15}\text{kN/m}$$

$$= 6.26\text{kN/m}(\text{向外})$$

以上剪力计算公式及剪力系数，见附录 E 中表 E-1（6）和表 E-1（25）。

2）第二种荷载组合（池内无水、池外有土）。这时池壁承受的荷载为：土压力（图 10-21）$p_1 = -62.23\text{kN/m}^2$，$p_2 = -7.41\text{kN/m}^2$；底端边界弯矩 $M_{w1} = 35.80\text{kN}\cdot\text{m/m}$（壁外受拉），顶端边界弯矩 $M_{w2} = 22.80\text{kN}\cdot\text{m/m}$（壁外受拉）。

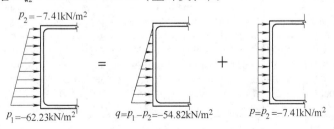

图 10-21 池壁荷载分解图

根据附录 E 中表 E-1（1）～表 E-1（29）的荷载条件，必须将梯形分布荷载分解成两部分（图 10-21），其中，三角形部分的底端最大值为

$$q = p_1 - p_2 = -62.23 \text{kN/m}^2 - (-7.41) \text{kN/m}^2 = -54.82 \text{kN/m}^2$$

矩形部分为

$$p = p_2 = -7.41 \text{kN/m}^2$$

这种荷载组合下的环向力计算见表 10-8，竖向弯矩计算见表 10-9。表中矩形荷载作用下的环向力系数 k_{N_θ} 和竖向弯矩系数 k_{M_x}，分别由附录 E 中表 E-1（17）和表 E-1（16）查得。

表 10-8　第二种荷载组合（池内无水、池外有土）情况下的环向力 N_θ

$\dfrac{x}{H}$	x/m	三角形荷载作用		矩形荷载作用		底端 M_{w1} 作用		顶端 M_{w2} 作用		$N_\theta/$
		k_{N_θ}	$k_{N_\theta}qr$	k_{N_θ}	$k_{N_\theta}pr$	k_{N_θ}	$k_{N_\theta}(M_{w1}/h)$	k_{N_θ}	$k_{N_\theta}(M_{w2}/h)$	(kN/m)
		①	②	③	④	⑤	⑥	⑦	⑧	②+④+⑥+⑧
0.0	0.000	0.000	0	0	0	0.006	1.19	0.000	0	1.19
0.1	0.515	0.099	−24.91	0.646	−21.97	0.003	0.60	1.099	139.21	92.93
0.2	1.030	0.197	−49.57	0.976	−33.19	−0.003	−0.60	0.775	98.17	14.81
0.3	1.545	0.297	−74.73	1.063	−36.15	−0.018	−3.58	0.297	37.62	−76.84
0.4	2.060	0.403	−101.40	1.054	−35.85	−0.039	−7.76	0.033	4.18	−140.83
0.5	2.575	0.521	−131.09	1.042	−35.44	−0.045	−8.95	−0.045	−5.70	−181.18
0.6	3.090	0.651	−163.80	1.054	−35.85	0.033	6.57	−0.039	−4.94	−196.02
0.7	3.605	0.766	−192.74	1.063	−36.15	0.297	59.10	−0.018	−2.28	−172.07
0.8	4.120	0.779	−196.01	0.976	−33.19	0.775	154.22	−0.003	−0.38	−75.36
0.9	4.635	0.547	−137.64	0.646	−21.97	1.099	218.69	0.003	0.38	59.46
1.0	5.150	0.000	0	0	0	0.000	0	0.006	0.76	0.76

注：1. x 从顶端算起。

2. 表中 $qr = -54.82 \times 4.59 \text{kN/m} = -251.62 \text{kN/m}$，$pr = -7.41 \times 4.59 \text{kN/m} = -34.01 \text{kN/m}$，$M_{w1}/h = (35.80/0.18) \text{kN/m} = 198.99 \text{kN/m}$，$M_{w2}/h = 22.80/0.18 \text{kN/m} = 126.67 \text{kN/m}$。

表 10-9　第二种荷载组合（池内无水、池外有土）情况下的竖向弯矩 M_x

$\dfrac{x}{H}$	x/m	三角形荷载作用		矩形荷载作用		底端 M_{w1} 作用		顶端 M_{w2} 作用		$M_x/$
		k_{M_x}	$k_{M_x}qH^2$	k_{M_x}	$k_{M_x}pH^2$	k_{M_x}	$k_{M_x}M_{w1}$	k_{M_x}	$k_{M_x}M_{w2}$	$(\text{kN}\cdot\text{m/m})$
		①	②	③	④	⑤	⑥	⑦	⑧	②+④+⑥+⑧
0.0	0.000	0	0	0	0	0	0	1.000	22.80	22.80
0.1	0.515	0	0	0.0029	−0.570	0.001	0.036	0.353	8.048	7.514
0.2	1.030	0	0	0.0021	−0.413	0.002	0.072	0.021	0.479	0.138
0.3	1.545	0	0	0.0007	−0.138	0.002	0.072	−0.066	−1.505	−1.571
0.4	2.060	−0.0001	0.145	0	0	−0.003	−0.107	−0.051	−1.163	−1.125
0.5	2.575	−0.0001	0.145	−0.0002	0.039	−0.021	−0.752	−0.021	−0.479	−1.047
0.6	3.090	0.0001	−0.145	0	0	−0.051	−1.826	−0.003	−0.068	−2.039
0.7	3.605	0.0008	−1.163	0.0007	−0.138	−0.066	−2.363	0.002	0.046	−3.618
0.8	4.120	0.0021	−3.053	0.0021	−0.413	0.021	0.752	0.002	0.046	−2.668
0.9	4.635	0.0029	−4.216	0.0029	−0.570	0.353	12.637	0.001	0.023	7.874
1.0	5.150	0	0	0	0	1.000	35.800	0.000	0	35.80

注：1. x 从顶端算起。

2. 表中 $qH^2 = -54.82 \times 5.15^2 \text{kN}\cdot\text{m/m} = -1453.96 \text{kN}\cdot\text{m/m}$，$pH^2 = -7.41 \times 5.15^2 \text{kN}\cdot\text{m/m} = -196.53 \text{kN}\cdot\text{m/m}$，$M_{w1} = 35.80 \text{kN}\cdot\text{m/m}$，$M_{w2} = 22.80 \text{kN}\cdot\text{m/m}$。

矩形荷载作用下的剪力系数由附录 E 中表 E-1（17）查得，池壁两端剪力计算如下：

底端：

$$V_1 = -0.068qH - 0.068pH + 7.393\frac{M_{w1}}{H}$$

$$= \left(0.068 \times 54.82 \times 5.15 + 0.068 \times 7.41 \times 5.15 + 7.393 \times \frac{35.80}{5.15}\right) kN/m$$

$$= 73.19 kN/m（向外）$$

顶端：

$$V_2 = -0.068pH + 7.393\frac{M_{w2}}{H}$$

$$= \left(0.068 \times 7.41 \times 5.15 + 7.393 \times \frac{22.80}{5.15}\right) kN/m$$

$$= 35.33 kN/m（向外）$$

3）第三种荷载组合（池内满水、池外有土）。这时池壁同时承受水压力和土压力，其两端边界弯矩为：$M_{w1} = 33.91 kN \cdot m/m$（壁外受拉），$M_{w2} = 22.51 kN \cdot m/m$（壁外受拉）。

利用图 10-12 的叠加原理计算这种荷载组合的内力时，水压力和土压力同时作用所引起的那部分内力可以利用前两种组合的计算结果，边界弯矩所引起的那部分内力则必须另行计算。池壁环向力和竖向弯矩的计算分别见表 10-10 和表 10-11。

表 10-10　第三种荷载组合（池内满水、池外有土）情况下的环向力 N_θ

$\frac{x}{H}$	x/m	水压力作用（见表10-6②）	土压力作用		底端 M_{w1} 作用		顶端 M_{w2} 作用		$N_\theta/$（kN/m）
			三角形荷载（见表10-8②）	矩形荷载（见表10-8④）	k_{N_θ}	$k_{N_\theta}\frac{M_{w1}}{h}$	k_{N_θ}	$k_{N_\theta}\frac{M_{w2}}{h}$	
		①	②	③	④	⑤	⑥	⑦	①＋②＋③＋⑤＋⑦
0.0	0.000	0	0	0	0.006	1.130	0	0	1.130
0.1	0.515	28.86	-24.91	-21.97	0.003	0.565	1.099	137.441	120.00
0.2	1.030	57.42	-49.57	-33.19	-0.003	-0.565	0.775	96.922	71.02
0.3	1.545	86.57	-74.73	-36.15	-0.018	-3.391	0.297	37.143	9.44
0.4	2.060	117.46	-101.40	-35.85	-0.039	-7.347	0.033	4.127	-23.01
0.5	2.575	151.86	-131.09	-35.44	-0.045	-8.478	-0.045	-5.628	-28.78
0.6	3.090	189.75	-163.80	-35.85	0.033	6.217	-0.039	-4.877	-8.56
0.7	3.605	223.27	-192.74	-36.15	0.297	55.952	-0.018	-2.251	48.08
0.8	4.120	227.06	-196.01	-33.19	0.775	146.002	-0.003	-0.375	143.49
0.9	4.635	159.43	-137.64	-21.97	1.099	207.041	0.003	0.375	207.24
1.0	5.150	0	0	0	0	0	0.006	0.750	0.750

注：1. x 从顶端算起。

2. 表中 $M_{w1}/h = 33.91/0.18 kN/m = 188.39 kN/m$，$M_{w2}/h = 22.51/0.18 kN/m = 125.06 kN/m$。

表 10-11 第三种荷载组合（池内满水、池外有土）情况下的竖向弯矩 M_x

$\frac{x}{H}$	x/m	水压力作用 （见表 10-7②） ①	土压力作用		底端 M_{w1} 作用		顶端 M_{w2} 作用		$M_x/$ $(\text{kN}\cdot\text{m/m})$ ①+②+③ +⑤+⑦
			三角形荷载 （见表 10-9②） ②	矩形荷载 （见表 10-9④） ③	k_{M_x} ④	$k_{M_x}M_{w1}$ ⑤	k_{M_x} ⑥	$k_{M_x}M_{w2}$ ⑦	
0.0	0.000	0	0	0	0	0	1.000	22.510	22.51
0.1	0.515	0	0	−0.570	0.001	0.034	0.353	7.946	7.41
0.2	1.030	0	0	−0.413	0.002	0.068	0.021	0.473	0.128
0.3	1.545	0	0	−0.138	0.002	0.068	−0.066	−1.486	−1.556
0.4	2.060	−0.168	0.145	0	−0.003	−0.102	−0.051	−1.148	−1.273
0.5	2.575	−0.168	0.145	0.039	−0.021	−0.712	−0.021	−0.473	−1.169
0.6	3.090	0.168	−0.145	0	−0.051	−1.729	−0.003	−0.068	−1.774
0.7	3.605	1.347	−1.163	−0.138	−0.066	−2.238	0.002	0.045	−2.147
0.8	4.120	3.537	−3.053	−0.413	0.021	0.712	0.002	0.045	0.828
0.9	4.635	4.884	−4.216	−0.570	0.353	11.970	0.001	0.023	12.091
1.0	5.150	0	0	0	1.000	33.910	0	0	33.910

注：1. x 从顶端算起。

2. 表中 $M_{w1} = 33.91\text{kN}\cdot\text{m/m}$，$M_{w2} = 22.51\text{kN}\cdot\text{m/m}$。

池壁两端剪力计算如下：

底端：

$$V_1 = -0.068(p_w + q)H - 0.068pH + 7.393\frac{M_{w1}}{H}$$

$$= \left[-0.068 \times (63.5 - 54.82) \times 5.15 + 0.068 \times\right.$$

$$\left.7.41 \times 5.15 + 7.393 \times \frac{33.91}{5.15}\right]\text{kN/m}$$

$$= 48.23\text{kN/m（向外）}$$

顶端：

$$V_2 = -0.068pH + 7.393\frac{M_{w2}}{H}$$

$$= 0.068 \times 7.41 \times 5.15\text{kN/m} + 7.393 \times \frac{22.51}{5.15}\text{kN/m}$$

$$= 34.91\text{kN/m（向外）}$$

4）池壁最不利内力的确定——内力叠合图的绘制。

根据以上计算结果所绘出的环向力和竖向弯矩叠合图，如图 10-22 所示。叠合图的外包线即为最不利内力图，由图中可看出，环拉力由第一、三种荷载组合控制，竖向弯矩主要由第二种荷载组合控制。剪力只需选择绝对值最大者作为计算依据。比较前面的计算结果，可知最大剪力产生于第二种荷载组合下的底端，即 $V_{\max} = 73.19\text{kN/m}$。

（五）截面设计

1. 顶板结构

（1）顶板钢筋计算 采用辐射钢筋和环形钢筋来抵抗两个方向的弯矩，为了便于排列，

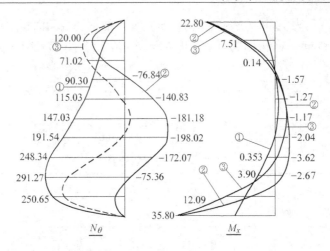

图 10-22 池壁内力叠合图（N_θ 单位：kN/m，M_x 单位：kN·m/m）

①第一种荷载组合 ②第二种荷载组合 ③第三种荷载组合

辐射钢筋按计算点处整个圆周上所需的钢筋截面面积来计算。

取钢筋净保护层为 30mm。辐射钢筋置于环形钢筋的外侧，则辐射钢筋的 a_s 取 35mm，在顶板边缘及跨间，截面有效高度均为 $h_0 = (150 - 35)\text{mm} = 115\text{mm}$；在中心支柱柱帽周边处，板厚应包括帽顶板厚在内，则 $h_0 = (230 - 35)\text{mm} = 195\text{mm}$。

辐射钢筋的计算见表 10-12，表中

$$\alpha_s = \frac{M_r}{\alpha_1 f_c b h_0^2} = \frac{M_r}{1.0 \times 14.3 \times 1000 \times h_0^2} = \frac{M_r}{14.3 \times 10^3 h_0^2}$$

$$A_s = \xi b h_0 \frac{\alpha_1 f_c}{f_y} = \xi \cdot 2\pi x h_0 \cdot \frac{1.0 \times 14.3}{360} = 0.249 \xi x h_0$$

A_s 为半径 x 的整个圆周上所需钢筋面积。当混凝土强度等级为 C30 时，板的最小配筋率为 $\rho_{\min} = 0.2\%$ 和 $45 f_t / f_y = 45 \times 1.43 / 360 = 0.18\%$ 中的大值，故对应的 $A_{s,\min}$ 为

$$A_{s,\min} = 0.002 \times 2\pi x h = 0.01256 x h$$

因此，当 $\xi < \dfrac{0.01256}{0.249} \cdot \dfrac{h}{h_0} = 0.0504 \dfrac{h}{h_0}$ 时，应按上式确定钢筋截面面积。

表 10-12 中括号内数据为最小配筋面积。

表 10-12 辐射钢筋计算

截 面		$M_r/$	h_0	$\alpha_s = \dfrac{M_r}{14.3 \times 10^3 h_0^2}$	ξ	$A_s = 0.249 \xi x h_0 /$	配筋/mm²
$\dfrac{x}{r}$	x/mm	$(\times 10^6 \text{N·mm/m})$				mm²	
0.122	560	− 70.14	195	0.129	0.139	3779.5 ⎫	35Φ12，$A_s = 3958.5$
0.2	918	− 19.88	115	0.105	0.111	2917.8 ⎭	
0.4	1836	+ 13.68	115	0.072	0.075	3951	36Φ12，$A_s = 4071.6$
0.6	2754	+ 15.36	115	0.081	0.085	6670 ⎫	
0.8	3672	+ 2.00	115	0.011	0.011	1118 ⎬	72Φ12，$A_s = 8143.2$
						(6918) ⎭	
1.0	4590	− 22.80	115	0.121	0.129	16937	150Φ12，$A_s = 16965$

环形钢筋的计算见表10-13，表中 A_s 为每米宽度内的钢筋截面面积。环形钢筋置于辐射钢筋内侧，取 $a_s = 45mm$，各截面的有效高度 $h_0 = （150 - 45）mm = 105mm$，因此

$$\alpha_s = \frac{M_t}{\alpha_1 f_c b h_0^2} = \frac{M_t}{1.0 \times 14.3 \times 1000 \times 105^2} = \frac{M_t}{1.577 \times 10^8}$$

$$A_s = \xi b h_0 \frac{\alpha_1 f_c}{f_y} = 1000 \times 105 \times \frac{14.3}{360}\xi = 4171\xi$$

表10-13 环形钢筋计算

截 面		$M_t /$	$\alpha_s = \dfrac{M_t}{1.577 \times 10^8}$	ξ	$A_s = 4171\xi /$	配筋/（mm²/m）
$\dfrac{x}{r}$	x/mm	$（\times 10^6 N \cdot mm/m）$			（mm²/m）	
0.122	560	-11.71	0.074	0.077	321 ⎫	Φ10@140, $A_s = 561$
0.2	918	-17.43	0.111	0.118	492 ⎭	
0.4	1836	-3.12	0.020	0.020	84.3（300）	Φ8@140, $A_s = 359$
0.6	2754	+4.23	0.027	0.027	114.2（300）	Φ8@140, $A_s = 359$
0.8	3672	+3.79	0.024	0.024	101.3（300）	Φ8@140, $A_s = 359$
1.0	4590	-2.94	0.019	0.019	80（300）	Φ8@140, $A_s = 359$

根据最小配筋率 $\rho_{min} = 0.2\%$，应满足 $A_s \geq 0.002 \times 1000 \times 150 mm^2 = 300 mm^2$。表10-13中括号内数据为最小配筋面积。

（2）顶板裂缝宽度验算

1）径向弯矩作用下的裂缝宽度验算。

（a）$x = 0.122m，r = 0.56m$ 处，$M_r = -70.14 kN \cdot m/m$。全圈配筋35Φ12，相当于每米长内的钢筋截面面积为

$$A_s = \frac{3958.5}{2\pi \times 0.56} mm^2/m \doteq 1125.6 mm^2/m$$

有效受拉混凝土截面面积为

$$A_{te} = 0.5bh = 0.5 \times 1000 \times 230 mm^2 = 115000 mm^2$$

按 A_{te} 计算的配筋率为

$$\rho_{te} = \frac{A_s}{A_{te}} = \frac{1125.6}{115000} = 0.0098$$

池顶荷载设计值与准永久值的比值为

$$\gamma_q = \frac{23.78}{4.15 + 12.6 + 2.0 \times 0.1} = 1.403$$

用于正常使用极限状态按荷载效应组合值计算的径向弯矩值 $M_{r,q}$ 可按下式计算：

$$M_{r,q} = \frac{M_r}{\gamma_q} = \frac{-70.14}{1.403} kN \cdot m/m = -50.00 kN \cdot m/m$$

裂缝截面的钢筋拉应力为

$$\sigma_{sq} = \frac{M_{r,q}}{0.87 h_0 A_s} = \frac{50.00 \times 10^6}{0.87 \times 195 \times 1125.6} N/mm^2 = 261.84 N/mm^2$$

钢筋应变不均匀系数为

$$\psi = 1.1 - 0.65 \frac{f_{tk}}{\rho_{te}\sigma_{sq}\alpha_2} = 1.1 - 0.65 \times \frac{2.01}{0.0098 \times 261.84 \times 1.0} = 0.591$$

裂缝宽度验算如下：

$$\omega_{max} = 1.8\psi \frac{\sigma_{sq}}{E_s}\left(1.5c + 0.11 \frac{d}{\rho_{te}}\right)(1 + \alpha_1)v$$

$$= 1.8 \times 0.591 \times \frac{261.84}{2.0 \times 10^5} \times \left(1.5 \times 30 + 0.11 \times \frac{12}{0.0098}\right) \times (1.0 + 0) \times 0.7 \text{mm}$$

$$= 0.175 \text{mm} < \omega_{lim} = 0.25 \text{mm}(满足要求)$$

（b）$x = 0.4\text{m}$，$r = 1.836\text{m}$，$x = 1.0\text{m}$、$r = 4.59\text{m}$ 等截面经验算，裂缝宽度均未超过允许限值，其计算过程从略。

2）切向弯矩作用下的裂缝宽度验算。从表 10-13 可以判断只需验算 $x = 0.2\text{m}$、$r = 0.918\text{m}$ 处的裂缝宽度，该处 $M_t = -17.43 \text{kN} \cdot \text{m/m}$，按荷载效应准永久组合计算的切向弯矩值 $M_{t,q} = \frac{M_t}{\gamma_q} = \frac{-17.43}{1.403} \text{kN} \cdot \text{m/m} = -12.42 \text{kN} \cdot \text{m/m}$，每米宽度内的钢筋截面面积为 $A_s = 561 \text{mm}^2/\text{m}$，$\rho_{te} = \frac{561}{0.5 \times 1000 \times 150} = 0.0075$，则

$$\sigma_{sq} = \frac{M_{t,q}}{0.87 h_0 A_s} = \frac{12.42 \times 10^6}{0.87 \times 105 \times 561} \text{N/mm}^2 = 242.35 \text{N/mm}^2$$

$$\psi = 1.1 - 0.65 \frac{f_{tk}}{\rho_{te}\sigma_{sq}\alpha_2} = 1.1 - 0.65 \times \frac{2.01}{0.0075 \times 242.35 \times 1.0} = 0.381$$

$$\omega_{max} = 1.8\psi \frac{\sigma_{sq}}{E_s}\left(1.5c + 0.11 \frac{d}{\rho_{te}}\right)(1.0 + \alpha_1)v$$

$$= 1.8 \times 0.381 \times \frac{242.35}{2.0 \times 10^5} \times \left(1.5 \times 40 + 0.11 \times \frac{10}{0.0075}\right) \times (1.0 + 0) \times 0.7 \text{mm}$$

$$= 0.120 \text{mm} < \omega_{lim} = 0.25 \text{mm}(满足要求)$$

（3）顶板边缘受剪承载力验算　顶板边缘每米弧长内的剪力设计值为 $V_{s,2} = 35.54 \text{kN/m}$，顶板边缘每米弧长内的受剪承载力为

$$V_u = 0.7 f_t b h_0 = 0.7 \times 1.43 \times 1000 \times 115 \text{N/m} = 115115 \text{N/m}$$

$$= 115.12 \text{kN/m} > 35.54 \text{kN/m}(满足要求)$$

（4）顶板受冲切承载力验算　顶板在中心支柱的反力作用下，应按图 10-23 所示验算是否可能沿 Ⅰ—Ⅰ 截面或Ⅱ—Ⅱ截面发生冲切破坏。

1）Ⅰ—Ⅰ 截面验算。有中心支柱圆板的受冲切承载力，当未配置抗冲切钢筋时，应按第九章式（9-33）进行验算。对 Ⅰ—Ⅰ 截面，冲切力计算公式 ［式（9-33）］可具体化为

$$F_l = N_t - (g_{sl,2} + q_{sl,2})(a + 2h_{01})^2$$

前面已经算得支柱反力，即支柱顶端所承

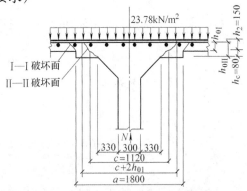

图 10-23　柱帽处受冲切承载力计算简图

受轴向压力 $N_t = 507.59$kN，顶板荷载 $(g_{sl,2} + q_{sl,2}) = 23.78$kN/m²，$a = 1800$mm，$h_{01} = 115$mm，则

$$F_l = 507.59\text{kN} - 23.78 \times (1.8 + 2 \times 0.115)^2\text{kN} = 409.59\text{kN}$$

Ⅰ—Ⅰ截面的计算周长为

$$u_m = 4(a + h_{01}) = 4 \times (1800 + 115)\text{mm} = 7660\text{mm}$$

$$\eta = \min\left(0.4 + \frac{1.2}{\beta_s}, 0.5 + \frac{\alpha_s h_{01}}{4u_m}\right), \beta_s = 1.0$$

中柱：$\alpha_s = 40$，则 $\eta = \min$ (1.6, 0.65)，取 $\eta = 0.65$。

Ⅰ—Ⅰ截面的受冲切承载力为

$$0.7 f_t \eta u_m h_{01} = 0.7 \times 1.43 \times 0.65 \times 7660 \times 115\text{N} = 573157.59\text{N}$$
$$= 573.16\text{kN} > F_l = 409.59\text{kN}(满足要求)$$

2）Ⅱ—Ⅱ截面验算。Ⅱ—Ⅱ截面的冲切力为

$$F_l = N_t - (g_{sl,2} + q_{sl,2})(c + 2h_{01})^2$$
$$= 507.59\text{kN} - 23.78 \times (1.12 + 2 \times 0.115)^2\text{kN} = 464.25\text{kN}$$

计算周长为

$$u_m = 4(c - 2h_c + h_{0Ⅱ}) = 4 \times (1120 - 2 \times 80 + 195)\text{mm} = 4620\text{mm}$$

$$\eta = \min\left(0.4 + \frac{1.2}{\beta_s}, 0.5 + \frac{\alpha_s h_{0Ⅱ}}{4u_m}\right) = \min\left(0.4 + \frac{1.2}{1.0}, 0.5 + \frac{40 \times 195}{4 \times 4620}\right) = \min(1.6, 0.92),$$

取 $\eta = 0.92$。

Ⅱ—Ⅱ截面的受冲切承载力为

$$0.7 f_t \eta u_m h_{0Ⅱ} = 0.7 \times 1.43 \times 0.92 \times 4620 \times 195\text{N}$$
$$= 829656.8\text{N} = 829.66\text{kN} > F_l = 464.25\text{kN}(满足要求)$$

（5）中心支柱配筋计算　中心支柱按轴心受压构件计算，轴向压力设计值为

$$N = N_t + 柱重设计值 = (507.59 + 33.17 \times 1.2)\text{kN} = 547.39\text{kN}$$

式中 33.17kN 为包括上、下帽顶板及柱帽自重在内的柱重标准值。严格地说，柱重中不应包括下端柱帽及帽顶板的重量，但此项重量在 N 值中所占比率甚微，不扣除偏于安全，故为简化计算，未予扣除。

支柱计算长度近似取为

$$l_0 = 0.7\left(H_n - \frac{c_t + c_b}{2}\right) = 0.7 \times \left(5.0 - \frac{1.12 + 1.26}{2}\right)\text{m} = 3.81\text{m}$$

柱截面尺寸为 300mm×300mm，则柱长细比为

$$\frac{l_0}{b} = \frac{3810}{300} = 12.7 < 8.0$$

查表 6-1 得 $\varphi = 0.94$

$$N \leq 0.9\varphi(f_y' A_s' + f_c A)$$

可得

$$A_s' = \frac{N/0.9 - \varphi f_c A}{\varphi f_y'} = \frac{547.39 \times 10^3/0.9 - 0.94 \times 14.3 \times 300^2}{1.0 \times 360}\text{mm}^2 < 0$$

故按构造配筋，选用 4Φ14，$A_s' = 615$mm²。配筋率 $\rho' = \frac{A_s'}{bh} = \frac{615}{300 \times 300} = 0.00683 =$

$0.683\% > \rho'_{min} = 0.55\%$，符合要求，箍筋采用$\Phi 8@200$。

2. 底板的截面设计和验算

这一部分内容和方法均与顶板相同，计算从略。

3. 池壁

（1）环向钢筋计算 根据图 10-22 的 N_θ 叠合图，考虑环向钢筋沿池壁高度分三段配置，即

1）$0.0H \sim 0.4H$（顶部 $0 \sim 2.06$m）。N_θ 按 140.83kN/m 计算，每米高所需的环向钢筋截面面积为

$$A_s = \frac{N_\theta}{f_y} = \frac{140.83 \times 10^3}{360} \text{mm}^2/\text{m} = 391.2\text{mm}^2/\text{m}$$

$< \rho_{min}bh = 0.002 \times 1000 \times 180 \times 2\text{mm}^2/\text{m} = 720\text{mm}^2/\text{m}$

应取 $A_s \geqslant 720\text{mm}^2/\text{m}$，分内外两排配置，每排用$\Phi 10@190$，$A_s = 826\text{mm}^2/\text{m}$。

2）$0.4H \sim 0.6H$（中部 $2.06 \sim 3.09$m）。N_θ 按 198.02kN/m 计算，则

$$A_s = \frac{N_\theta}{f_y} = \frac{198.02 \times 10^3}{360} \text{mm}^2/\text{m} = 550.1\text{mm}^2/\text{m}$$

$< \rho_{min}bh = 0.002 \times 1000 \times 180 \times 2\text{mm}^2/\text{m} = 720\text{mm}^2/\text{m}$

应取 $A_s \geqslant 720\text{mm}^2/\text{m}$，分内外两排配置，每排用$\Phi 10@190$，$A_s = 826\text{mm}^2/\text{m}$。

3）$0.6H \sim 1.0H$（底部 $3.09 \sim 5.15$m）。N_θ 按 291.27kN/m 计算，则

$$A_s = \frac{N_\theta}{f_y} = \frac{291.27 \times 10^3}{360} \text{mm}^2/\text{m} = 809.1\text{mm}^2/\text{m}$$

分内外两排配置，每排用 $\Phi 10@190$，$A_s = 826\text{mm}^2/\text{m}$。

（2）按环拉力作用下的抗裂要求验算池壁厚度 池壁的环向抗裂验算属正常使用极限状态验算，应按荷载效应组合标准值计算的最大环拉力 $N_{\theta k,max}$ 进行计算。$N_{\theta k,max}$ 可用最大环拉力设计值 $N_{\theta,max}$ 除以一个综合的荷载分项系数 γ 来确定。前面已经算得 $N_{\theta,max} = 291.27$kN/m，此值是由第一种荷载组合（池内满水、池外无土）引起的。水压力是水池的主要使用荷载，池内水压力根据 GB 50069—2002《给水排水工程构筑物结构设计规范》视为永久荷载，地表水或地下水的压力（侧压力、浮力）则视为可变作用，但其分项系数均取为 1.27。于是有 $\gamma = 1.27$，则

$$N_{\theta k,max} = \frac{297.27}{1.27}\text{kN/m} = 234.07\text{kN/m}$$

由 $N_{\theta k,max}$ 引起的池壁环向拉力按第七章式（7-5）计算：

$$\sigma_{ck} = \frac{N_{\theta k,max}}{A_c + \alpha_E A_s} = \frac{234.07 \times 10^3}{180 \times 1000 + \frac{2.0 \times 10^5}{3.0 \times 10^4} \times 826}\text{N/mm}^2 = 1.30\text{N/mm}^2$$

根据式（7-2）可知：

$$\sigma_{ck} = 1.30\text{N/mm}^2 < \alpha_{ct}f_{tk} = 0.87 \times 2.01\text{N/mm}^2 = 1.75\text{N/mm}^2$$

抗裂符合要求，说明池壁厚度足够。

（3）斜截面受剪承载力验算 已知 $V_{max} = 73.19$kN/m，池壁钢筋净保护层厚取 30mm，则对竖向钢筋可取 $a_s = 35$mm，$h_0 = h - a_s = (180 - 35)\text{mm} = 145$mm，受剪承载力为

$$0.7f_tbh_0 = 0.7 \times 1.43 \times 1000 \times 145\text{N/m} = 145145\text{N/m}$$

$$= 145.15 \text{kN/m} > V_{\max} = 73.19 \text{kN/m}(符合要求)$$

（4）竖向钢筋计算

1）顶端。$M_{w2} = +22.80 \text{kN} \cdot \text{m/m}$（壁外受拉），由第二种荷载组合（池内无水、池外有土）引起，相应的每米宽池壁轴向压力设计值即为顶板周边每米弧长的剪力设计值，即

$$N_{x2} = V_{sl,2} = 35.54 \text{kN/m}$$

相对偏心距为

$$\frac{e_0}{h} = \frac{M_{w2}}{N_{x2}h} = \frac{22.80}{35.54 \times 0.18} = 3.56 > 2.0$$

在这种情况下，通常可以忽略轴向压力的影响，而按受弯构件计算，即

$$\alpha_s = \frac{M_{w2}}{\alpha_1 f_c b h_0^2} = \frac{22.80 \times 10^6}{1.0 \times 14.3 \times 1000 \times 145^2} = 0.076$$

相应的 $\gamma_s = 0.961$。

则

$$A_s = \frac{M_{w2}}{\gamma_s h_0 f_y} = \frac{22.80 \times 10^6}{0.961 \times 145 \times 360} \text{mm}^2/\text{m} = 454.5 \text{mm}^2/\text{m}$$

考虑到顶板和池壁顶端的配筋连续性，池壁顶端也和顶板边缘抗弯钢筋一样，采用Φ12@190，$A_s = 595 \text{mm}^2/\text{m}$，配筋率为 $\rho = \frac{A_s}{bh_0} = \frac{595}{1000 \times 145} = 0.0041 = 0.41\% > \rho_{\min}\frac{h}{h_0} = 0.2\% \times \frac{180}{145} = 0.25\%$。整个池壁的钢筋数为 150 根，与顶板是一致的。

2）底端。$M_{w1} = +35.80 \text{kN} \cdot \text{m/m}$（壁外受拉），由第二种荷载组合引起，相应的每米宽池壁轴向压力可按下式计算确定：

$$N_{x1} = V_{sl,2} + 每米宽池壁自重设计值 = \left(35.54 + \frac{744 \times 1.2}{\pi \times 9.18}\right) \text{kN/m} = 66.51 \text{kN/m}$$

相对偏心距为

$$\frac{e_0}{h} = \frac{M_{w1}}{N_{x1}h} = \frac{35.80}{66.51 \times 0.18} = 2.99 > 2.0$$

故按受弯构件计算。

$$\alpha_s = \frac{M_{w1}}{\alpha_1 f_c b h_0^2} = \frac{35.80 \times 10^6}{1.0 \times 14.3 \times 1000 \times 145^2} = 0.119$$

相应的 $\gamma_s = 0.936$。

于是有

$$A_s = \frac{M_{w1}}{\gamma_s h_0 f_y} = \frac{35.80 \times 10^6}{0.936 \times 145 \times 360} \text{mm}^2/\text{m} = 732.72 \text{mm}^2/\text{m}$$

选用Φ14@190，$A_s = 810 \text{mm}^2/\text{m}$，置于池壁外侧。

3）外侧跨中及内侧配筋。外侧跨中钢筋按构造配置。两端按计算确定的受力钢筋全部按弯矩图截断，而中部另配Φ10@190构造钢筋搭接于两端的受力钢筋上。池壁内侧钢筋由使内侧受拉的弯矩计算确定。从图 10-22 可以看出，使内侧受拉的弯矩最大值位于 $x = 0.7H$（$x = 3.605 \text{m}$）处，其值 $M_x = -3.618 \text{kN} \cdot \text{m/m}$。该处相应的轴向压力可取 $V_{sl,2}$ 加 $0.7H$ 的池壁自重设计值，即

$$N_x = 35.54\text{kN} + \frac{744.0 \times 1.2}{\pi \times 9.18} \times 0.7\text{kN} = 57.22\text{kN}$$

相对偏心距为

$$\frac{e_0}{h} = \frac{M_x}{N_x h} = \frac{3.618}{57.22 \times 0.18} = 0.351 < 2.0$$

应按偏心受压构件计算，由于 $\frac{e_0}{h} = 0.351 > 0.3$，显然可以按大偏心受压计算。

对于 $b \times h_0 = 1000\text{mm} \times 145\text{mm}$ 的截面来说，N_x 及 M_x 值均很小，故可先按构造配筋，只需复核截面承载力，如果承载力足够，即证明按构造配筋符合要求。根据偏心受压构件受拉钢筋配筋率不应小于 $\rho_{\min} = 0.2\%$ 的要求，受拉一侧（池壁内侧）钢筋截面面积应不小于 $A_{s,\min} = 0.002bh = 0.002 \times 1000 \times 180\text{mm}^2/\text{m} = 360\text{mm}^2/\text{m}$，故采用 $\underline{\Phi}10@220$，$A_s = 357\text{mm}^2$。受压钢筋的最小配筋率为 $\rho'_{\min} = 0.2\%$，故受压钢筋（池壁外侧）截面面积应不小于 $A'_{s,\min} = 0.002bh = 0.002 \times 1000 \times 180\text{mm}^2/\text{m} = 360\text{mm}^2/\text{m}$，采用 $\underline{\Phi}10@190$，$A'_s = 413\text{mm}^2$，按搭接于两端受力钢筋验算截面承载力。

考虑到内力很小，首先按不考虑受压钢筋的作用验算，即根据式（6-28）可计算出混凝土受压区高度为

$$\begin{aligned} x &= \frac{N_x + A_s f_y}{\alpha_1 f_c b} = \frac{57.22 \times 10^3 + 357 \times 360}{1.0 \times 14.3 \times 1000}\text{mm} \\ &= 12.99\text{mm} < 2a'_s = 2 \times 35\text{mm} = 70\text{mm} \end{aligned}$$

说明不考虑受压钢筋作用成立，则截面承载力为

$$\begin{aligned} N_u &= \alpha_1 f_c b x - f_y A_s \\ &= (1.0 \times 14.3 \times 1000 \times 12.99 - 360 \times 357)\text{N/m} \\ &= 185040\text{N/m} = 185.04\text{kN/m} > N_x \\ &= 57.22\text{kN/m} \end{aligned}$$

说明按构造配筋符合要求。

（5）竖向弯矩作用下的裂缝宽度验算　池壁顶部弯矩与配筋均与顶板边缘相同，顶板边缘经验算裂缝宽度未超过允许值，故可以判断池壁顶部裂缝宽度也不会超过允许值。池壁中部弯矩值很小，配筋由构造控制，超出受力筋很多，裂缝宽度不必验算。

在底部，为了确定按荷载效应组合准永久值计算的弯矩值 M_{1q}，近似且偏于安全地取综合荷载分项系数 $\gamma = 1.27$，则

$$M_{1q} = \frac{M_{w1}}{\gamma} = \frac{35.8}{1.27}\text{kN} \cdot \text{m/m} = 28.19\text{kN} \cdot \text{m/m}$$

裂缝截面钢筋应力为

$$\sigma_{sq} = \frac{M_{1q}}{0.87 h_0 A_s} = \frac{28.19 \times 10^6}{0.87 \times 145 \times 810}\text{N/mm}^2 = 275.88\text{N/mm}^2$$

按混凝土有效受拉区面积计算的受拉钢筋配筋率为

$$\rho_{te} = \frac{A_s}{A_{te}} = \frac{810}{0.5 \times 1000 \times 180} = 0.009$$

钢筋应变不均匀系数为

$$\psi = 1.1 - \frac{0.65 f_{tk}}{\rho_{te} \sigma_{sq} \alpha_2} = 1.1 - \frac{0.65 \times 2.01}{0.009 \times 275.88 \times 1.0} = 0.574$$

最大裂缝宽度为

$$\omega_{max} = 1.8 \psi \frac{\sigma_{sq}}{E_s} \left(1.5c + 0.11 \frac{d}{\rho_{te}}\right)(1.0 + \alpha_1)v$$

$$= 1.8 \times 0.574 \times \frac{275.88}{2.0 \times 10^5} \times \left(1.5 \times 30 + 0.11 \times \frac{12}{0.009}\right) \times (1.0 + 0) \times 0.7 mm$$

$$= 0.191 mm < 0.25 mm (符合要求)$$

（六）绘制施工图

顶板内辐射钢筋及池壁内竖向钢筋的截断点位置，可以通过绘制材料图并结合构造要求来确定。图10-24是确定顶板辐射钢筋截断点的材料图，必须注意，由于辐射钢筋是按整个周长上的总量考虑的，故最不利弯矩图也必须是按周长计算的全圈总径向弯矩图，即 $2\pi x M_r$ 的分布图，$2\pi x M_r$ 值已列在表10-2的最后一栏。

截面的抵抗弯矩可按下式确定：

$$M_u = \gamma_s h_0 A_s f_y$$

式中 A_s——半径为 x 处的圆周上实际配置的辐射钢筋总截面面积；

γ_s——内力臂系数，根据配筋指标 ξ 确定，ξ 按下式计算：

$$\xi = \frac{A_s f_y}{2\pi x h_0 \alpha_1 f_c}$$

这里与普通钢筋混凝土梁不同，即纵使 A_s 不变，M_u 图也不是平行于横坐标轴的水平线。随 x 值的减小，M_u 分布线为略带倾斜的直线。

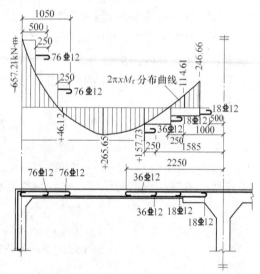

图 10-24 顶板辐射钢筋切断点的确定

中心支柱顶部的径向负弯矩钢筋全部伸过负弯矩区后一次截断。这部分的材料图可以不画，但其伸过反弯点的长度，既要满足锚固长度要求，又必须达到切向弯矩分布图的弯矩变号处，以便于架立柱帽上的环向负弯矩钢筋。根据这一原则本设计所确定的实际切断点在离柱轴线2250mm处。

图10-25所示为1m池壁宽竖条的竖向弯矩包络图及竖向钢筋材料图，其画法与普通梁没有区别。池壁内侧钢筋因不截断，内侧钢筋的材料图不必画。图10-26所示为池壁及支柱配筋图。柱帽钢筋和池壁上、下端腋角处的钢筋是按构造配置的。图10-27所示是顶板配筋图，考虑到构造的方便，支柱顶部负弯矩辐射钢筋改为36Φ12，顶板边缘辐射钢筋改为152根。

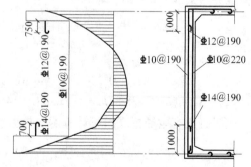

图 10-25 池壁竖向钢筋切断点的确定

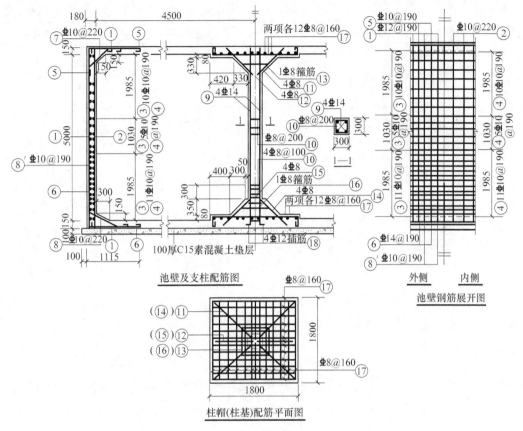

池壁及支柱配筋图

柱帽(柱基)配筋平面图

池壁钢筋展开图

钢 筋 表

构件名称	编号	简图/mm	直径/mm	长度/mm	根数	总长/m
池壁	①	565 ⌐1500	12	2100	76	159.6
	②	3750	10	5370	129	690.73
	③	320 d=9286	10	29613	26	769.94
	④	320 d=9066	10	28922	26	751.97
	⑤	即图10-27中的④号钢筋				
	⑥	1100⌐1115	14	2215	152	336.68
	⑦	100 558 100	10	878	129	113.26

图 10-26 池壁及支柱配筋图

（续）

构件名称	编号	简图/mm	直径/mm	长度/mm	根数	总长/m
池壁	⑧	726 100 100 1 2	10	1046	129	134.93
	⑧′	2620	10	2620	152	398.24
支柱	⑨	3195	14	3355	4	13.42
	⑩	290 240 290 240	8	1060	25	25.44
	⑪	1200	8	1200	4	4.80
	⑫	850	8	850	4	3.40
	⑬	620 570 620 570	8	2380	1	2.38
	⑭	1410	8	1410	4	5.64
	⑮	1000	8	1000	4	4.00
	⑯	690 640 690 640	8	2660	1	2.66
	⑰	200 1750 200	8	2270	48	108.96
	⑱	825 100	12	1005	4	4.02

图 10-26 池壁及支柱配筋图（续）

注：1. 本图尺寸以 mm 为单位。

2. 材料：混凝土为 C30，水泥用量应不少于 350kg/m³，亦不多于 400kg/m³；水灰比不大于 0.6；钢筋为 HRB400 级。

3. 主筋净保护层厚：池壁 30mm；支柱 30mm。

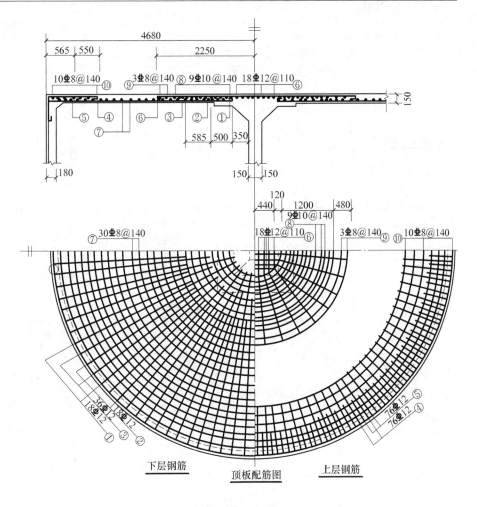

图 10-27 顶板配筋图

钢 筋 表

编号	简图/mm	直径/mm	长度/mm	根数	总长/m
①	4155	12	4315	18	77.67
②	3655	12	3815	18	68.67
③	3070	12	3230	36	116.28
④	1090 / 1500	12	2590	76	196.84

（续）

编号	简图/mm	直径/mm	长度/mm	根数	总长/m
⑤	即图 10-26 中的①号钢筋				
⑥	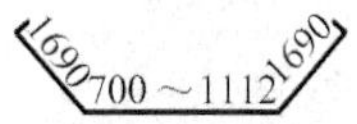 1690 700~1112 1690	12	4300~4712	18	81.87
⑦	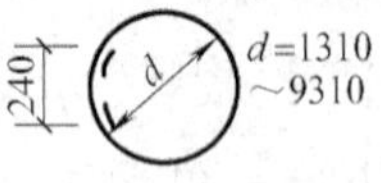 $d=1310$ ~9310 240	8	4436~29568	30	511
⑧	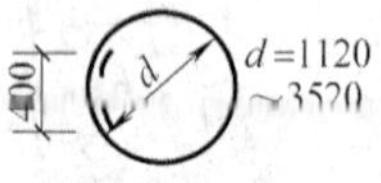 $d=1120$ ~3520	10	4059~11599	9	70.46
⑨	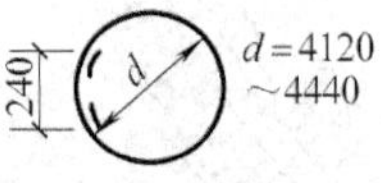 $d=4120$ ~4440 240	8	13264~14269	3	42
⑩	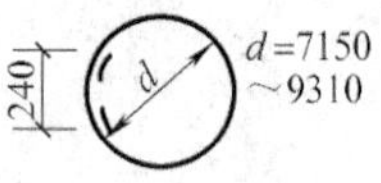 $d=7150$ ~9310 240	8	22782~29568	10	262

图 10-27 顶板配筋图（续）

注：1. 本图尺寸以 mm 为单位。

2. 材料：混凝土为 C30；钢筋为 HRB400 级。

3. 主筋净保护层厚 30mm。

（七）讨论

从以上设计计算结果来看，在计算前所确定的各部分截面尺寸基本上是合适的。整个实例表明，圆形水池的设计相当繁琐，但对有经验的设计人员来说，其中的某些环节可以省略。例如第二种荷载组合下的池壁环向力和第三种荷载组合下的池壁竖向弯矩，通常可以不算。在确有把握的情况下，钢筋切断点也可根据经验来确定而不必绘制材料图。

第五节　钢筋混凝土矩形水池设计

一、矩形水池的计算简图

（一）不同长高比池壁的计算假定

矩形水池是由平面组合而成的。组成矩形水池的各单块平板，不外乎四边支承的板和三边支承、一边自由的板，从严格的理论意义来说，这些板都是双向板。但是为了简化计算，像肋形梁板中周边支承的板一样，矩形水池的板也可根据两个方向的边长比值划分成双向板和单向板来进行计算。矩形水池池壁在侧向荷载（水压力或土压力）作用下按单向板或双向板计算的区分条件，可根据 CECS 138：2002《给水排水工程钢筋混凝土水池结构设计规程》规定按表 10-14 来确定。

表 10-14　池壁在侧向荷载作用下单、双向受力的区分条件

壁板的边界条件	$\dfrac{l}{H}$	板的受力情况
四边支承	$\dfrac{l}{H}<0.5$	$H>2l$ 部分按水平单向计算；板端 $H<2l$ 部分按双向计算，$H=2l$ 处可视为自由端
	$0.5\leqslant\dfrac{l}{H}\leqslant3$	按双向计算
	$\dfrac{l}{H}>2$	按竖向单向计算，水平向角隅处应考虑角隅效应引起的水平向负弯矩
三边支承，顶端自由	$\dfrac{l}{H}<0.5$	$H>2l$ 部分按水平单向计算；底部 $H<2l$ 部分按双向计算，$H=2l$ 处可视为自由端（图 10-28c）
	$0.5\leqslant\dfrac{l}{H}\leqslant3$	按双向计算
	$\dfrac{l}{H}>3$	按竖向单向计算，水平向角隅处应考虑角隅效应引起的水平向负弯矩

注：表中 l 为池壁长度；H 为池壁高度。

图 10-28 所示为开敞式矩形水池的三种典型情况。所有池壁均为三边支承、顶边自由的板。图 10-28a 所示水池按竖向单向计算，通常称为挡土（水）墙式水池；图 10-28b 所示水池按垂直双向计算，通常称为双向板式水池；图 10-28c 所示的水池，由于沿高度方向在大于 $2l$ 的部分沿水平方向传力，如果四周壁板长度接近时，沿高度取 1m 作为计算单元，为一水平封闭框架，故常称为水平框架式水池。后面将以这三种水池为代表来说明矩形水池设计的一般方法。

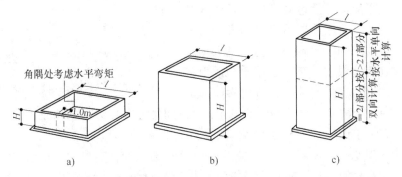

图 10-28　开敞式矩形水池

a) $\dfrac{l}{H}>3$　b) $0.5\leqslant\dfrac{l}{H}\leqslant3$　c) $\dfrac{l}{H}<0.5$

（二）池壁边界（支承）条件的确定

开敞式挡土（水）墙式水池，应按顶端自由、底端固定的边界条件进行计算，此时应从构造上来保证底端具有足够的嵌固刚度。当底板较薄时，应将与池壁连接的部分底板局部加厚，使之形成池壁的条形基础。当有顶盖时，池壁顶端的边界条件应根据顶板与池壁的连接构造来确定。当池壁与顶板连成整体时，边界条件应根据两者线刚度的比值来确定；当顶板为预制装配板搁置在池壁顶端而无其他连接措施时，顶板应视为简支于池壁，池壁顶端应视为自由端；当预制顶板与池壁顶端由抗剪钢筋连接时，该节点应视为铰支承；当顶板与池壁为整体浇筑并配置连接钢筋时，该节点应视为弹性固定；当仅配置抗剪钢筋时，该节点应视为铰支承。池壁与底板或条形基础连接，可视池壁为固端支承；对位于软地基上的水池，应考虑地基变形的影响，宜按弹性固定计算。

双向板式水池的池壁，当为开敞式时，顶边按自由计算；当为封闭式时，顶边边界条件的确定原则与上述封闭式挡土（水）墙式水池相同，底边一般可视为固定支承。当地基较弱时，宜按弹性固定计算。相邻池壁间的连接应按弹性固定考虑。

水平框架式水池，与相邻池壁的连接应按弹性固定考虑，与底板的连接一般可按固定考虑。当为封闭式时，与顶板的连接应根据构造及刚度关系按铰接或弹性固定考虑。

二、矩形水池的结构布置原则

矩形水池的结构布置，在满足工艺要求的前提下，应注意利用地形，减小用地面积；结构方案应受力明确，内力分布尽可能均匀。

矩形水池对混凝土收缩及温度变化比较敏感，当任一个方向的长度超过一定限值时，均应设置伸缩缝。对于现浇钢筋混凝土水池，当地基为土基时，温度区段的长度不宜超过20m；当地基为岩基时不宜超过15m。当水池为地下式或有保温措施，且施工条件良好，施工期间外露时间不长时，上述限制可分别放宽到30m（土基）和20m（岩基）。

伸缩缝宜做成将池壁、基础及底板同时断开的贯通式，缝宽不宜小于20mm。水池的伸缩缝可采用金属、橡胶或塑胶止水带止水。但止水带终归是一个薄弱环节，在设计时应合理布置，尽可能减少伸缩缝，并尽可能避免伸缩缝的交叉。对于多格式水池，宜将变形缝设置在分格墙处，并做成双壁式（图10-29）。中等容量水池的平面尺寸应尽可能控制在不需设置伸缩缝的范围内。对平面尺寸超过温度区段长度限制不太多的水池，也可采用设置后浇带的方法而不设置伸缩缝。当要求的贮水量很大时，宜采用多个水池；当受到用地限制，必须采用单个或由多个水池连成整体的大型贮水池时，宜用横向和纵

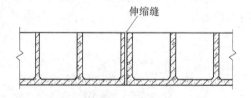

图10-29 多格水池的双壁式变形缝

向伸缩缝将水池划分成平面尺寸相同的单元，并尽可能使各单元的结构布置统一化，以减少单元的类型而有利于设计、施工和使结构的受力工作趋于一致。

水池的埋置深度，一般由生产工艺流程对池底所要求的标高控制。从结构的观点及减少温、湿度变化对水池的不利影响和抗震的角度来说，宜优先采用地下式。对开敞式水池的埋深应适当考虑地下水位的影响。平面尺寸较大的开敞式水池如果埋置较深，地下水位又较高时，往往为了满足抗浮要求将底板做得很厚或需设置锚桩等，从而不经济。

挡土（水）墙式水池的平面尺寸都比较大，当地基良好、地下水位低于水池底面时，通常采用在池壁下设置条形基础，底板则做成铺砌式的结构方案。池壁基础与底板之间的连接必须是不透水的，一般可不留分离缝。当地下水位高于池底面时，如果采取有效措施来消

除地下水压力，也可以将底板做成铺砌式，否则应设计成能够承受地下水压力的整体式底板。对于平面尺寸较大的开敞式水池，这时应考虑设置地梁，即做成整体式肋形底板。双向板式水池及水平框架式水池的平面尺寸一般不会太大，底板通常做成平板。

封闭式矩形水池的顶板，当平面尺寸不大时，一般采用现浇平板；平面尺寸较大时，则多采用现浇无梁板体系，也可采用预制梁板体系。

无梁板挡土（水）墙式水池，池壁顶端一般为自由，壁内弯矩由底向顶迅速减小，故池壁宜做成变厚度，底端厚度可为顶端厚度的 1.5 倍左右。如果能在顶端增加一铰支承，壁内弯矩可大为降低。当水池的平面尺寸不太大时，或有一个方向的臂长较小（如狭长形水池）时，可以考虑在壁顶设置水平框梁和拉梁（图 10-30）。如果壁顶本来就需要设置走道板，可以利用走道板来形成水平框梁。水平框梁作为壁顶的抗侧移支承，可使壁底端弯矩比顶端为自由时大为减小，壁内弯矩沿高度分布也较均匀，这样可使池壁减薄，用钢量降低。对于采用预制梁板顶盖的封闭式水池，应注意梁板与池壁的拉结及梁板间的拉结，以使顶盖能成为池壁的侧向支承。

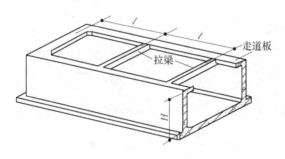

图 10-30　开敞式水池壁顶设置水平
框梁和拉梁示意图

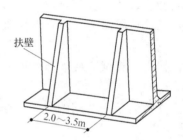

图 10-31　扶壁式池壁

对于 $H > 5.0\text{m}$ 的挡土（水）墙式池壁，可以采用设置扶壁的办法来减小池壁厚度（图 10-31）。扶壁间距通常取 $(1/2 \sim 1/3) H$。扶壁可以看做是池壁所在一侧基础板的支承肋，它将池壁和基础板分隔成双向板或沿池壁长度方向传力的多跨单向板，因而使池壁及基础板的弯矩大为减小。在竖向，扶壁则与池壁共同组成 T 形截面悬臂结构。对于地上式水池，为了使 T 形截面的翼缘处于受压区，宜将扶壁设置在池壁的内侧。在实际工程中，池壁的高度很少有超过 6m 的。

双向板式水池的池壁一般做成等厚度的。当 l/H 在 $1.5 \sim 3.0$，且顶边自由时，可以做成变厚度的。深度较大的水平框架式水池池壁可以沿高度方向分段改变池壁厚度，即做成阶梯形的变厚池壁。

三、矩形水池计算

（一）概述

矩形水池计算的基本内容与圆形水池大体相同，但内力计算方法完全不同。计算矩形水池时，对地下式水池通常只考虑池内满水、池外无土和池内无水、池外有土两种荷载组合。对无保温措施的地面式水池则只考虑池内满水及壁面温差作用两种荷载组合。

挡土墙式池壁和水平框架式池壁都是单向受力，其内力可以用结构力学的方法来计算。

双向板式池壁内力的计算理论，属于弹性力学的范畴，精确计算比较复杂，目前均采用现成的内力系数表来进行计算。

矩形水池的池壁、底板等的受力性质，包括受弯、偏心受拉和偏心受压三种情况，这三种受力状态下的截面设计方法，见前面有关章节中内容。矩形水池的池壁及底板处于受弯、大偏心受压或大偏心受拉状态时，允许出现裂缝，但应限制其最大裂缝宽度（允许值同圆形水池）。处于小偏心受拉状态时，不允许出现裂缝；处于小偏心受压状态时，则不必考虑裂缝问题。

无顶盖的挡土（水）墙式水池采用分离式底板时，应验算池壁的抗倾覆稳定性和抗滑移稳定性。采用整体式底板的地下式矩形水池，当地下水位高于底板底面时，应进行抗浮验算。下面分述各类矩形水池的计算方法。

（二）挡土（水）墙式水池的计算

无顶盖的挡土（水）墙式水池的设计计算，可按下列步骤进行：

1）初步估算池壁底端的厚度，基础底板的厚度一般选成与池壁底端厚度相同。

2）选定基础的宽度和它伸出池壁以外的宽度。

3）按所选的池壁及基础截面验算稳定性及基底土应力。

4）计算池壁和基础的内力及配筋，并验算裂缝宽度。

下面介绍具体计算方法。

1. 抗倾覆及抗滑移稳定性验算

取1m宽的竖条作为计算单元，如图10-32所示，在第一种荷载组合（池内满水、池外无土）时，池壁A点的抗倾覆稳定性按下式验算：

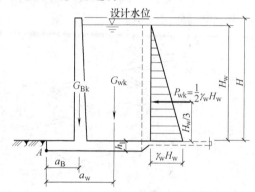

图10-32 矩形水池池壁抗倾覆、抗滑移稳定性验算简图

$$\frac{M_{AGk}}{M_{AP}} \geqslant 1.5 \tag{10-22}$$

式中 M_{AGk}——抗倾覆力矩标准值，即池壁自重、基础自重（以上两项在图10-32中以 G_{Bk} 表示）和基础内伸长度以上的水重（在图10-32中以 G_{wk} 表示）等重力对 A 点所产生的力矩，其值按下式计算：

$$M_{AGk} = G_{Bk}a_B + G_{wk}a_w \tag{10-23}$$

a_B、a_w——G_{Bk} 和 G_{wk} 作用中心到 A 点的水平距离（图10-32）；

M_{APk}——倾覆力矩标准值，即池壁侧向推力对 A 点产生的力矩，在图10-32所示的水压力作用下，M_{APk} 可按下式计算：

$$M_{APk} = P_{wk}\left(\frac{H_w}{3} + h_1\right) \tag{10-24}$$

式（10-22）右边的1.5为抗倾覆安全系数。

当水池被贯通的伸缩缝分割成若干区段，且采用分离式底板，底板与池壁基础间设有分离缝时，应按下式验算池壁的抗滑移稳定性：

$$\frac{\mu(G_{Bk} + G_{wk})}{P_{wk}} \geqslant 1.3 \tag{10-25}$$

式中　μ——基础底面摩擦系数，应根据试验资料确定；无试验资料时，基础底面与土间的摩擦系数可参考表 10-15；

　　　1.3——抗滑移安全系数。

表 10-15　混凝土与地基土间的摩擦系数 μ

土 的 类 型		摩擦系数/μ
粘性土	可塑	0.25 ~ 0.30
	硬塑	0.30 ~ 0.35
	坚硬	0.35 ~ 0.45
粉 土	$S_r \leqslant 0.5$	0.30 ~ 0.40
砂 土		0.40 ~ 0.50
碎石土		0.40 ~ 0.60
软质岩石		0.40 ~ 0.60
表面粗糙的硬质岩石		0.65 ~ 0.75

注：S_r 为土的饱和度，$S_r \leqslant 0.5$，稍湿；$0.5 < S_r \leqslant 0.8$，很湿；$S_r > 0.8$，饱和。

当基础与底板连成整体并采取了必要的拉结措施时，不必验算抗滑移稳定性。或者虽然基础与底板分离，但水池长度不大，无伸缩缝，四周基础形成水平封闭框架时，也可以不验算抗滑移稳定性。

当倾覆稳定性不够时，可以增大池壁内侧的基础悬伸长度，以增大 $G_{wk} a_w$ 值来加强抗倾覆力矩。增大池壁和基础厚度当然也可以增加抗倾覆稳定性，但这样做并不经济，除非改为素混凝土重力式挡土（水）墙结构。

抗滑移稳定性不够时，可以采用增大基础内伸长度以加大 G_{wk} 值的办法来提高其抗滑移稳定性。此外，还可以在两相对的池壁基础间，每隔一定距离设置钢筋混凝土拉杆来避免滑移。

第二种荷载组合（池内无水、池外有土）下的抗倾覆稳定性，一般没有问题，在这种荷载组合下不必进行抗滑移稳定性验算。但当基础在池壁内外两侧的悬伸长度都不大且近乎相等时，则必须验算。

如上所述，由于利用了基础以上的水重来抗倾覆和抗滑移，在设计时必须特别注意池底的防渗漏措施和基土的透水性。如果池底漏水而基土又不透水，则很可能在基底形成向上的渗水压力而使稳定性不可靠。必要时，可在底板下铺设砾石透水层并用盲沟或排水管排水。

顶端有侧向支承的池壁不会有倾覆的危险，但抗滑移稳定性仍需验算，此时引起滑移的力等于池壁底端必须承担的水平反力。

2. 地基承载力验算

池壁基础处于竖向压力和力矩的共同作用下，如图 10-33 所示，基底

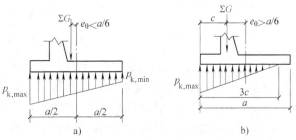

图 10-33　池壁基底应力分布

土应力不是均匀分布的。当 $e_0 = \dfrac{\sum M_k}{\sum G_k} \leqslant \dfrac{a}{6}$ 时，基底应力的分布图形为梯形或底宽为 a 的三角形，基底边缘处的土应力按下式计算：

$$\left. \begin{array}{l} p_{k,max} = \dfrac{\sum G_k}{a}\left(1 + \dfrac{6e_0}{a}\right) \\[3mm] p_{k,min} = \dfrac{\sum G_k}{a}\left(1 - \dfrac{6e_0}{a}\right) \end{array} \right\} \tag{10-26}$$

当 $e_0 > \dfrac{a}{6}$ 时，基底的实际受力宽度将小于 a（图 10-33b），基底应力的分布图形为宽度等于 $3c$ 的三角形，$c = \dfrac{a}{2} - e_0$。此时受压边最大应力按下式计算：

$$p_{k,max} = \dfrac{2\sum G_k}{3c} \tag{10-27}$$

式中　$\sum G_k$　　基底以上的总垂直荷载标准值，包括池壁和基础自重及基础以上的水重或土重等；

　　　　$\sum M_k$——所有垂直荷载及水平荷载（水压力或土压力）对基础底面中心轴的力矩标准值。

以上算得的土应力应满足下列条件：

$$\left. \begin{array}{l} \dfrac{p_{max} + p_{min}}{2} \leqslant f_a \\[3mm] p_{max} \leqslant 1.2f_a \end{array} \right\} \tag{10-28}$$

式中　f_a——修正后的地基承载力特征值（kN/m^2），见 GB 50007—2011《建筑地基基础设计规范》规定。

3. 池壁内力计算和截面设计

（1）侧压力引起的竖向弯矩和剪力

1）等厚池壁。等厚的挡土墙式池壁的竖向弯矩和剪力的计算比较简单，一般力学手册中均可找到现成的计算公式。表 10-16 列出了顶自由、底固定两种常见支承条件下的池壁内力计算公式。表中顶自由、底固定时的内力计算公式也适用于变厚池壁。

2）顶端有约束的变厚池壁。对于顶端有约束的变厚池壁，如能先求出顶端约束力，则不难计算池壁任一高度处的弯矩和剪力。利用结构力学中的力法，视顶端约束力为多余约束，假设顶端的多余约束力为剪力 V_A 和弯矩 M_A，则力法典型方程为

$$\left. \begin{array}{l} V_A\delta_{11} + M_A\delta_{12} = \Delta_{1P} \\[2mm] V_A\delta_{21} + M_A\delta_{22} = \Delta_{2P} \end{array} \right\} \tag{10-29}$$

式中　δ_{11}——顶自由、底固定池壁顶端作用单位剪力（$V_A = 1$）时，顶端的侧移；

　　　　δ_{12}——顶自由、底固定池壁顶端作用单位弯矩（$M_A = 1$）时，顶端的侧移；

　　　　δ_{21}——顶自由、底固定池壁顶端作用单位剪力（$V_A = 1$）时，顶端的转角；

　　　　δ_{22}——顶自由、底固定池壁顶端作用单位弯矩（$M_A = 1$）时，顶端的转角；

Δ_{1P}、Δ_{2P}——顶自由、底固定池壁在侧压力作用下顶端的侧移和转角。

表 10-16　挡土墙式池壁常用内力计算公式

序号	计算简图及弯矩图	计算公式
1	顶自由、底固定，三角形荷载	底端剪力 $V_B = -\dfrac{pH}{2}$ 任意点弯矩 $M_x = -\dfrac{px^3}{6H}$ 底端弯矩 $M_B = -\dfrac{pH^2}{6}$
2	顶自由、底固定，梯形荷载	底端剪力 $V_B = -\dfrac{1}{2}(p_1 + p_2)H$ 任意点弯矩 $M_x = -\dfrac{p_2 x^2}{2} - \dfrac{p_0 x^3}{6H}$ 底端弯矩 $M_B = -\dfrac{1}{6}(p_1 + 2p_2)H^2$ 式中：$p_0 = p_1 - p_2$
3	顶铰支、底固定，三角形荷载 $EI = $ 常数	两端剪力　$V_A = \dfrac{pH}{10}$ $\qquad V_B = -\dfrac{2pH}{5}$ 任意点弯矩 $M_x = \dfrac{pHx}{30}(3 - 5\xi^2)$ 当 $x = 0.447H$ 时，$M_{max} = 0.0298pH^2$ 底端弯矩 $M_B = -\dfrac{pH^2}{15}$ 式中：$\xi = \dfrac{x}{H}$
4	顶铰支、底固定，梯形荷载 $EI = $ 常数	两端剪力　$V_A = \dfrac{(11p_2 + 4p_1)H}{40}$ $\qquad V_B = -\dfrac{(9p_2 + 16p_1)H}{40}$ 任意点弯矩 $M_x = V_A x - \dfrac{p_2 x^2}{2} - \dfrac{p_0 x^3}{6H}$ 当 $x_0 = \dfrac{\nu - \mu}{1 - \mu}H$ 时，$M_{max} = V_A x_0 - \dfrac{p_2 x_0^2}{2} - \dfrac{p_0 x_0^3}{6H}$ 底端弯矩 $M_B = -\dfrac{(7p_2 + 8p_1)}{120}H^2$ 式中：$p_0 = p_1 - p_2$ $\qquad \mu = p_2/p_1$ $\qquad \nu = \sqrt{\dfrac{9\mu^2 + 7\mu + 4}{20}}$

注：1. 荷载以由内向外为正；弯矩以使壁外受拉为正；剪力以使截面顺时针旋转为正。

　　2. 序号 3 和 4 的公式只适用于等厚池壁。

对图 10-34 所示的变厚池壁，令 $\beta = h_2/h_1$，可用结构力学方法导得以上力法方程中的位移系数及自由项，为节约篇幅此处省略推导过程。下面分别介绍几种常见顶端支承情况的约束力计算公式。

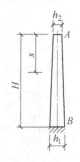

a. 两端固定。对于两端固定的变厚池壁，顶端约束力 V_A 及 M_A 的计算公式可由下面公式求得，即

$$V_A = k_V pH \tag{10-30}$$

$$M_A = k_M pH^2 \tag{10-31}$$

图 10-34 变厚池壁示意图

式中 k_V、k_M——顶端的剪力系数和弯矩系数，可由表 10-17 查得。

表 10-17 两端固定池壁的顶端约束力系数 k_V、k_M

$\beta = h_2/h_1$		0.2	0.3	0.4	0.5	0.6	0.7	0.8	0.9
三角形荷载	k_V	0.0833	0.0973	0.1084	0.1177	0.1257	0.1328	0.1391	0.1448
	k_M	−0.0080	−0.0119	−0.0156	−0.0190	−0.0222	−0.0252	−0.0281	−0.0308
矩形荷载	k_V	0.3465	0.3828	0.4098	0.4313	0.4492	0.4644	0.4777	0.4895
	k_M	−0.0259	−0.0361	−0.0450	−0.0529	−0.0601	−0.0666	−0.0726	−0.0782

b. 顶端弹性固定、底端固定。在实际工程中，池壁顶端一般不可能形成固定支承。对有顶盖的水池，当顶板与池壁的连接设计成刚接时，池壁顶端应按弹性固定计算。此时，顶端的弹性固定弯矩以采用力矩分配法计算比较方便。前面所述两端固定池壁的计算，提供了此时所需的顶端为固端弯矩的计算方法。池壁顶端单位宽度的边缘抗弯刚度如果用符号 $K_{w,2}$ 表示，则 $K_{w,2}$ 可用下式来表示：

$$K_{w,2} = k_{M\beta} \frac{EI_1}{H} \tag{10-32}$$

式中 $k_{M\beta}$——池壁顶端的边缘抗弯刚度系数，见表 10-18；$k_{M\beta}$ 也可用图 9-53 查得的 k 值乘以 4 获得。

表 10-18 变厚池壁顶端边缘刚度系数 $k_{M\beta}$

$\beta = h_2/h_1$	0.2	0.3	0.4	0.5	0.6	0.7	0.8	0.9
$k_{M\beta}$	0.118	0.282	0.527	0.858	1.281	1.803	2.426	3.157

c. 顶端铰接、底端固定。顶端铰接、底端固定时，只有一个多余约束，此时 $M_A = 0$，顶端约束力只有 V_A，即

$$V_A = k_V pH \tag{10-33}$$

式中 k_V——底端约束力系数，见表 10-19。

表 10-19 顶端铰接、底端固定池壁的顶端约束力系数 k_V

$\beta = h_2/h_1$	0.2	0.3	0.4	0.5	0.6	0.7	0.8	0.9
三角形荷载	0.0625	0.0711	0.0776	0.0829	0.0873	0.0911	0.0944	0.0974
矩形荷载	0.2788	0.3032	0.3207	0.3343	0.3453	0.3543	0.3624	0.3689

对于梯形分布侧压力作用时的顶端反力，可将梯形分布侧压力分解为三角形和矩形两部分，分别计算然后叠加。

当池壁顶端的侧向支承为如图 10-30 所示的水平框梁或利用走道板时，先应判别所提供的支承刚度能否形成不动铰支承。只有满足下列条件时，顶端才能按不动铰支承计算，即

$$\beta_I \geq \psi \xi^4 H \tag{10-34}$$

式中　β_I——水平框架截面绕竖轴的惯性矩（I_b）与 1m 宽池壁底端的惯性矩（I_1）之比，即 $\beta_I = I_b/I_1$；

　　　ξ——水平框架的计算跨度 l（图 10-30）与池壁高度 H 的比值，即 $\xi = l/H$；

　　　H——池壁高度（m）；

　　　ψ——与池壁顶、底端厚度比 $\beta = h_2/h_1$、侧压力分布状态及壁顶水平梁的支承状态等因素有关的系数，可从表 10-20 中查得；表中包含了等厚池壁（$\beta = 1$）的 ψ 值。

表 10-20 中的系数是以水平框梁的支承条件为单跨固端导得的。池壁的荷载条件为梯形分布侧压力，顶端侧压力为 p_2，底端侧压力为 p_1。当 $p_2/p_1 = 0$ 时为三角形荷载；$p_2/p_1 = 1$ 时为矩形荷载。表 10-20 对变厚池壁和等厚池壁的常遇荷载都适用。设计时应注意满足水平框梁的支承条件，其纵向钢筋应锚固在垂直方向的相邻池壁中。如果为了减小水平框梁的跨度而设置拉梁时（图 10-30），拉梁应等间距设置。

表 10-20　ψ 值

p_2/p_1 β	0.0	0.1	0.2	0.3	0.4	0.5	0.6	0.7	0.8	0.9	1.0
0.2	0.0300	0.0368	0.0424	0.0471	0.0510	0.0544	0.0573	0.0599	0.0621	0.0641	0.0659
0.3	0.0479	0.0581	0.0665	0.0736	0.0796	0.0848	0.0893	0.0933	0.0968	0.0999	0.1027
0.4	0.0678	0.0816	0.0931	0.1028	0.1111	0.1183	0.1245	0.1301	0.1350	0.1393	0.1433
0.5	0.0898	0.1075	0.1223	0.1348	0.1456	0.1550	0.1632	0.1704	0.1769	0.1827	0.1879
0.6	0.1134	0.1352	0.1536	0.1692	0.1827	0.1944	0.2047	0.2139	0.2221	0.2294	0.2360
0.7	0.1391	0.1651	0.1870	0.2058	0.2220	0.2361	0.2485	0.2596	0.2695	0.2783	0.2863
0.8	0.1664	0.1971	0.2231	0.2454	0.2648	0.2817	0.2966	0.3099	0.3218	0.3325	0.3422
0.9	0.1957	0.2310	0.2609	0.2866	0.3089	0.3285	0.3458	0.3612	0.3749	0.3874	0.3986
1.0	0.2268	0.2663	0.2996	0.3282	0.3529	0.3746	0.3936	0.4106	0.4258	0.4394	0.4517

当利用走道板作水平框梁时，走道板的厚度不宜小于走道板挑出长度的 1/6，也不宜小于 150mm。水平框梁的纵向和横向受拉钢筋均应进行计算确定。

当式（10-34）未能满足时，池壁顶端只能按弹性（可动铰）支承考虑。此时，池壁顶端的弹性支承反力 V_A^e 由下式确定：

$$V_A^e = \eta V_A \tag{10-35}$$

式中　V_A——底端为不动铰支承时的反力，由式（10-33）确定；

　　　η——顶端为弹性（可动铰）支承时的支座位移影响系数，即

$$\eta = \frac{1}{1 + \dfrac{1}{\rho} \xi^4 \left(\dfrac{H}{\beta_I} \right)} \tag{10-36}$$

　　　ξ、β_I——意义同式（10-34）；

ρ——系数，其值由表 10-21 查得。

表 10-21 中包含了等厚池壁（$\beta = 1.0$）的 ρ 值，故也可用来计算等厚池壁。

表 10-21 ρ 值

$\beta = h_2/h_1$	0.2	0.3	0.4	0.5	0.6	0.7	0.8	0.9	1.0
ρ	367	290	242	209	185	166	151	138	128

（2）壁面温差引起的竖向弯矩和剪力　按竖向单向板计算的挡土墙式池壁，在壁面温差作用下，只有在顶端有约束时才会产生内力，其内力仍可用力法求解。在壁面温差作用下，求解池壁顶端多余约束力的力法典型方程，只要将方程组［式（10-29）］中的自由项 Δ_{1P} 和 Δ_{2P} 换成 Δ_{1T} 和 Δ_{2T} 即是。Δ_{1T} 和 Δ_{2T} 分别为壁面温差使顶端为自由的池壁所产生的顶端侧移和转角。因此，关键问题是确定 Δ_{1T} 和 Δ_{2T}。

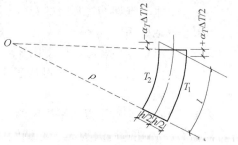

图 10-35　壁面温差计算简图

1）等厚池壁。如果壁面温差 $\Delta T = T_1 - T_2$，则自由池壁的温度较高一侧的温度应变为 $+\dfrac{\alpha_T \Delta T}{2}$，温度较低一侧的温度应变为 $-\dfrac{\alpha_T \Delta T}{2}$。

单位高度池壁的温度变形如图 10-35 所示，由图示几何关系可知，自由池壁任一高度处由温度变形引起的曲率为

$$\frac{1}{\rho} = \frac{\alpha_T \Delta T}{h} \tag{10-37}$$

式中　h——等厚池壁的壁厚；

　　　α_T——池壁材料的线膨胀系数。

由式（10-37）可见变形曲线为圆弧线，利用曲率积分法可以导得 Δ_{1T} 和 Δ_{2T}，即

$$\left.\begin{aligned} \Delta_{1T} &= \frac{\alpha_T \Delta T H^2}{2h} \\[2mm] \Delta_{2T} &= \frac{\alpha_T \Delta T H^2}{h} \end{aligned}\right\} \tag{10-38}$$

式中　H——池壁高度。

对于两端固定的池壁，由壁面温差引起的顶端约束力为

$$\left.\begin{aligned} V_A^T &= 0 \\[2mm] M_A^T &= \frac{\alpha_T \Delta T EI}{h} = \frac{\alpha_T \Delta T E h^2}{12} \end{aligned}\right\} \tag{10-39}$$

对于顶端铰支、底端固定的等厚池壁，壁面温差使顶端产生的反力为

$$V_A^T = \frac{3\alpha_T \Delta T EI}{2hH} = \frac{1}{8} \cdot \frac{\alpha_T \Delta T E h^3}{H} \tag{10-40}$$

离顶端为 x 处的弯矩为

$$M_x^T = \frac{\alpha_T \Delta T E h^2}{8} \cdot \frac{x}{H} \tag{10-41}$$

2）变厚池壁。当两端固定时，壁面温差所引起的顶端约束力为

$$\left. \begin{array}{l} V_A^T = k_V^T \dfrac{\alpha_T \Delta T E I_1}{h_1 H} \\ \\ M_A^T = k_M^T \dfrac{\alpha_T \Delta T E I_1}{h_1} \end{array} \right\} \qquad (10\text{-}42)$$

式中

$$k_V^T = \frac{k_{22}k_{2T} - k_{12}k_{2T}}{k_{11}k_{22} - k_{12}^2}$$

$$k_M^T = \frac{k_{11}k_{2T} - k_{12}k_{1T}}{k_{11}k_{22} - k_{12}^2}$$

$$k_{1T} = \frac{\beta}{(1-\beta)^2}\ln\beta + \frac{1}{1-\beta}$$

$$k_{2T} = -\frac{\ln\beta}{1-\beta}$$

$$k_{11} = -\frac{1}{2(1-\beta)^3}(3 - 4\beta + \beta^2 + 2\ln\beta)$$

$$k_{12} = \frac{1}{2\beta}$$

$$k_{22} = \frac{1+\beta}{2\beta^2}$$

$$\beta = \frac{h_2}{h_1}$$

离顶端为 x 的任意截面的弯矩为

$$M_x^T = k_{Mx}^T \frac{\alpha_T \Delta T E I_1}{h_1} \qquad (10\text{-}43)$$

式中　k_{Mx}^T——内力系数，见表 10-22。

表 10-22　两端固定时的 k_{Mx}^T

x/H　β	0.0	0.1	0.2	0.3	0.4	0.5	0.6	0.7	0.8	0.9	1.0
0.2	0.0069	0.0832	0.1596	0.2359	0.3123	0.3886	0.4650	0.5413	0.6177	0.6940	0.7704
0.3	0.0547	0.1342	0.2137	0.2932	0.3727	0.4522	0.5317	0.6113	0.6908	0.7703	0.8498
0.4	0.1276	0.2051	0.2826	0.3601	0.4376	0.5151	0.5927	0.6702	0.7477	0.8252	0.9027
0.5	0.2235	0.2951	0.3667	0.4382	0.5098	0.5814	0.6529	0.7245	0.7961	0.8676	0.9392
0.6	0.3408	0.4032	0.4655	0.5279	0.5903	0.6526	0.7150	0.7774	0.8398	0.9021	0.9645
0.7	0.4780	0.5284	0.5787	0.6291	0.6795	0.7298	0.7802	0.8305	0.8809	0.9312	0.9816
0.8	0.6342	0.6700	0.7058	0.7417	0.7775	0.8133	0.8491	0.8849	0.9208	0.9566	0.9924
0.9	0.8084	0.8274	0.8464	0.8654	0.8844	0.9033	0.9223	0.9413	0.9603	0.9792	0.9982
1.0	1.0000	1.0000	1.0000	1.0000	1.0000	1.0000	1.0000	1.0000	1.0000	1.0000	1.0000

注：$x/H = 0.0$ 为顶端。

当顶端铰支、底端固定时，壁面温差引起的顶端约束力为

$$V_A^T = k_V^T \frac{\alpha_T \Delta TEI}{h_1 H} \tag{10-44}$$

式中 k_V^T——内力系数，见表 10-23。

表 10-23 顶端铰支、底端固定时的 k_V^T

β	0.2	0.3	0.4	0.5	0.6	0.7	0.8	0.9
k_V^T	0.7816	0.9158	1.0281	1.1256	1.2132	1.2932	1.3670	1.4358

按以上所述方法计算的所有温度内力，均应乘以折减系数 $\eta_{rel} = 0.65$；在承载力极限状态计算时，尚应乘以分项系数 1.4。

（3）水平向角隅处的局部负弯矩和剪力 挡土墙式池壁在端部与相邻池壁相连的角隅处，由于池壁的位移受到约束，其传力已不再沿竖向单向，而是竖向和水平向共同传力。通常将这种角隅处的双向板效应称为"角隅效应"。对挡土墙式池壁考虑角隅效应时，应计算角隅处的水平向局部负弯矩。此负弯矩沿池壁高度的最大值可按下式计算：

$$M_{cx} = m_c p H^2 \tag{10-45}$$

式中 M_{cx}——池壁角隅处的局部水平弯矩；

m_c——角隅处最大水平弯矩系数，按表 10-24 采用；

p——池壁侧向均布荷载或三角形分布荷载的最大值。

角隅弯矩的分布状态如图 10-36 所示。当池壁顶端为铰支或弹性固定时，角隅弯矩最大值 M_{cx} 产生在池壁高度的中部；当池壁顶端为自由时，M_{cx} 产生在顶端。角隅弯矩沿水平向逐渐衰减，当壁顶为铰支或弹性固定时，角隅弯矩的零点在离壁水平端约 0.25H（H 为壁高）处；当壁顶为自由时，角隅弯矩的零点在离水平端约 0.6H 处。

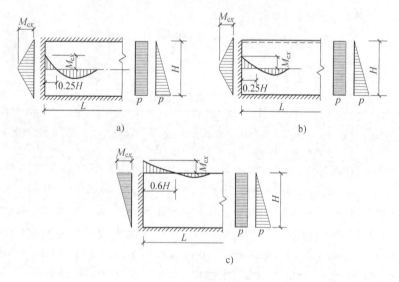

图 10-36 角隅弯矩分布图
a）壁板顶端弹性固定 b）壁板顶端铰支 c）壁板顶端自由

角隅处的剪力一般对池壁的截面设计不起控制作用，但使垂直于本池壁方向的相邻池壁产生拉力（或压力），故仍应计算。对于顶边自由的池壁，可近似按 $l/H = 3.0$ 的双向板计

算，对于顶边铰支的池壁，可近似按 $l/H = 2.0$ 的双向板计算，计算方法详见后面的双向板式水池。

表 10-24　池壁角隅处最大水平弯矩系数 m_c

荷 载 类 型	池壁顶端支承条件	壁板厚度	m_c
均布荷载	自由	$h_1 = h_2$	-0.426
		$h_1 = 1.5h_2$	-0.218
	铰支	$h_1 = h_2$	-0.076
		$h_1 = 1.5h_2$	-0.072
	弹性固定	$h_1 = h_2$	-0.053
三角形荷载	自由	$h_1 = h_2$	-0.104
		$h_1 = 1.5h_2$	-0.054
	铰支	$h_1 = h_2$	-0.035
		$h_1 = 1.5h_2$	-0.032
	弹性固定	$h_1 = h_2$	-0.029

注：1. 表中 h_1、h_2 分别为池壁底端及顶端厚度。
　　2. 系数的"$-$"表示弯矩使受荷面受拉。

（4）截面设计　挡土（水）墙式水池池壁的厚度，当采用等厚池壁时，可取 $\left(\dfrac{1}{20} \sim \dfrac{1}{10}\right)H$；当采用变厚池壁时，可取 $h_1 = \left(\dfrac{1}{20} \sim \dfrac{1}{10}\right)H$，$h_2 = \left(\dfrac{1}{20} \sim \dfrac{1}{30}\right)H$。池壁最小厚度一般不宜小于 180mm。

池壁竖向钢筋根据不同荷载组合下的弯矩和相应的竖向压力计算确定。对于开敞式水池，可以忽略池壁的自重压力，而按受弯构件计算；对于封闭式水池，应考虑顶盖传来的压力，按偏心受压构件计算。对于等厚池壁，可只取支座负弯矩截面和跨中最大正弯矩截面作为计算配筋量的控制截面；对变厚池壁，则应适当增加控制截面。例如，对顶端自由的变厚池壁，宜取 $\dfrac{H}{4}$、$\dfrac{H}{2}$、$\dfrac{3H}{4}$ 和底端等四个截面来进行配筋计算。随着钢筋需要量的减少，可以分批截断。

池壁的水平钢筋，在角隅处应根据角隅弯矩及相邻池壁传来的拉（压）力按偏心受拉（压）计算确定，当相邻池壁的角隅弯矩不相等时，可取较大值计算各相邻池壁的钢筋需要量。在沿壁长的中部区段，虽然在计算上没有或只有很小的水平弯矩，但也仍然需要配一定数量的水平钢筋来抵抗主要由温、湿度变化所引起的次应力，并起分布钢筋的作用。这种温度钢筋的截面面积，当池壁厚度不大于 500mm 时，池壁每侧最小配筋率为 0.15%；当池壁厚度大于 1500mm 时，池壁每侧最小配筋率不宜小于 0.05%；当池壁厚度大于 500mm，但不超过 1500mm 时，配筋率可按上述值用线性插入法确定。池壁转角处的水平钢筋，首先应考虑将中间区段内的温度钢筋伸过来弯入相邻池壁，不够时再补充附加钢筋。对顶端自由的池壁，附加水平钢筋可在离侧端 $H/4$ 处切断；对顶端铰支的池壁，附加水平钢筋可在离侧端 $H/6$ 处切断。

4. 基础内力计算和截面设计

池壁基础同样应根据不同的荷载组合分别计算。基础的内伸部分和外伸部分均视为悬臂板，基础的受力钢筋按悬臂板的固端弯矩计算确定。条形基础不必作抗冲切验算，但应选取内外两侧剪力中的较大值来验算基础的斜截面受剪承载力。池壁基础的厚度应不小于池壁底端厚度，基础的宽度常取（0.4~0.8）H。基础计算的具体方法可参阅后面的设计实例。

（三）双向板式水池的计算

由双向板组成的矩形水池是一种盒子式的空间结构，其内力的精确分析十分复杂，传统的简化计算方法仍被广泛采用。常用的简化计算方法是基于力矩分配法的原理，先按单块双向板计算各块板的边缘固端弯矩，然后对各公共棱边的不平衡弯矩进行分配，并相应地调整跨中弯矩。

单块双向板的边界条件，对于壁板，底边及两侧边按固定考虑，顶边根据无顶板及顶板与池壁的连接构造，按自由、铰支或固定考虑。底板按四边固定考虑。

池壁按单块双向板计算时，在侧压力作用下的弯矩，可利用附录 D 中表 D-4（1）~表 D-4（5）的系数进行计算。在壁面温差作用下的弯矩，可按下列公式计算：

$$\left.\begin{array}{l} M_x^T = k_x^T \alpha_T \Delta T E h^2 \eta_{\rm rel} \\ M_y^T = k_y^T \alpha_T \Delta T E h^2 \eta_{\rm rel} \end{array}\right\} \tag{10-46}$$

式中　M_x^T、M_y^T——壁面温差使壁板产生的水平弯矩和竖向弯矩；

　　　k_x^T、k_y^T——壁板 x（水平）方向和 y（竖）向的弯矩系数；

　　　　h——板的厚度；

　　　　$\eta_{\rm rel}$——折减系数，可取 0.65；

　　　　ΔT——壁面温差。

对于四边固定板，壁面温差引起的温度变形处于被完全约束状态，即壁面温差引起的自由变形不可能发展，此时壁板的温度弯矩系数对板上任一点均为 $k_x^T = k_y^T = 0.1$。对于其他边界条件的双向板，k_x^T 和 k_y^T 可由附录 E 中表 E-2 查得。考虑相邻板之间的变形连续性而对弯矩进行调整的常用简化方法有两种，现分述如下：

1. 按线性刚度调整弯矩的简化方法

这种方法仅对壁板相交的节点水平向不平衡弯矩按壁板的水平向线刚度进行一次分配，不考虑分配弯矩向远端传递。节点弯矩的分配系数 $\rho = \dfrac{i}{\sum i}$，i 为所计算壁板单位宽度水平方向截条的线刚度，即 $i = \dfrac{Eh^3}{12l_x}$；$\sum i$ 为交汇于同一节点各壁板水平线刚度之和。如以图 10-37

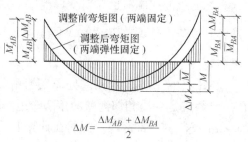

$$\Delta M = \frac{\Delta M_{AB} + \Delta M_{BA}}{2}$$

图 10-37　简化的弯矩调整

来说明任一壁板水平向弯矩调整前后的状态，图中 $\overline{M}_{AB}$ 和 $\overline{M}_{BA}$ 分别为 A 端和 B 端的固端弯矩；ΔM_{AB} 和 ΔM_{BA} 分别为 A 端和 B 端不平衡弯矩分配值；ΔM 为跨中弯矩调整值；M_{AB}、M_{BA} 和 M 分别为调整后的端弯矩和跨中弯矩。

2. 按连续双向板弯矩分配法的近似计算

这种方法是利用连续双向板的弯矩分配法进行近似计算，它原本是针对作用有均布横向荷载的四边支承双向连续板，假设所有的边缘弯矩都是按正弦曲线的半波变化建立起来的。用于承受非均布水压力和土压力的水池壁板，其准确性自然不如均布荷载作用时。同时，这种方法不适用于具有自由边的池壁，但对于四边支承的池壁，这种方法在理论上比第一种方法严谨，因此，对于大型的双向板式水池，宜采用这种方法分析内力。连续双向板弯矩分配法的基本特点是：

1）弯矩分配系数决定于单个板块的边缘刚度。使单个板块的某条边缘中央处产生单位转角所需的作用于该边缘的正弦分布弯矩，被定义为该边缘的刚度，可用下式表达：

$$K = k\frac{D}{l} = k\frac{Eh^3}{12(1 - \nu^2)l} \qquad (10\text{-}47)$$

式中　K——双向板的边缘刚度；

　　　　D——双向板的抗弯刚度，即 $D = \dfrac{Eh^3}{12(1 - \nu^2)}$；

　　　　h——板厚；

　　E、ν——板材料的弹性模量及泊松比；

　　　　l——双向板的短边长；

　　　　k——双向板的边缘刚度系数，可由附录 E 中表 E-3 查得。

分配系数 $\rho = \dfrac{K}{\sum K}$，其中 $\sum K$ 为相交于同一节点的板边缘刚度总和。如果各壁板的厚度均相等，则分配系数可简化为 $\rho = \dfrac{k/l}{\sum (k/l)}$。

2）分配得到的弯矩，不但向对边传递，还向相邻边斜向传递。向对边的传递系数 μ 和向邻边的斜向传递系数 μ' 均可由附录 E 中表 E-3 查得。

3）杆件结构力矩分配法的符号规则（即以使杆端产生顺时针方向转动的弯矩为正的规则）也可以用于双向板的力矩分配法，但应注意以图 10-38 所示的视向为准。同时应注意，在杆件结构中传递系数永远是正号，而在双向板中，传递系数有正也有负，一般符号规律如图 10-38b 所示。

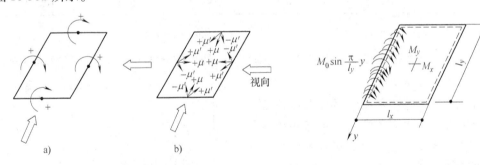

图 10-38　符号规则

a）节点弯矩　b）传递系数

图 10-39　正弦分布弯矩图

4）为了简化计算，只考虑本节点和相邻节点之间的相互影响，因而弯矩的调整过程是：首先对所有节点按固定计算所得的不平衡弯矩进行分配；然后将所有分配弯矩向其邻节点传递；再将各节点由所得传递弯矩引起的第二不平衡弯矩进行分配，调整即告结束。各板边的固定边缘弯矩、两次分配弯矩和一次传递弯矩的代数和即为该板边调整后的弯矩。

5）将板四边视为铰支，将板上的横向荷载和调整后的板边弯矩均视为外荷载，分别求板的跨中弯矩，然后叠加。四边铰支板在横向荷载作用下的跨中弯矩，可利用附录 D 中表

D-3 和表 D-4 中的系数及式（9-16）和式（9-18）计算确定。四边铰支板的一条边上作用有正弦分布弯矩 $M_0 \sin \dfrac{\pi}{l_y} y$ 时（图 10-39），跨中弯矩可按下式计算：

$$\left.\begin{array}{l} M_x = m_x M_0 \\ M_y = m_y M_0 \end{array}\right\} \tag{10-48}$$

式中 m_x、m_y——当 $M_0 = 1$ 时，相应于 x 和 y 方向的跨中弯矩，即跨中弯矩系数，可由表 10-25 查得。

上述方法的应用将通过例 10-2 进一步说明。双向板式池壁在水平方向必须考虑池内水压力引起的轴向拉力或池外土压力引起的轴向压力，此轴向力等于相邻池壁的侧边反力。双向板的边缘反力沿边缘分布是不均匀的，设计时可采用平均值或最大值，在配筋构造上作适当调整。例如采用平均值时，在可能大于平均值的区段配筋适当加强；采用最大值时，则在靠近相邻约束边的配筋可适当减少，如四边支承板的跨中钢筋，当按偏心受拉（或受压）计算时，也可以按第九章图 9-37 所示的原则配筋。双向板的边缘反力平均值及最大值可按附录 E 中表 E-4（1）～表 E-4（5）进行计算。

计算多格的双向板式水池的内力时，应考虑水压力的最不利分布，即有些格满水，有些格无水的状态。

表 10-25 边缘弯矩 $M_0 \sin \dfrac{\pi}{l_y} y$ 作用下四边铰支板的跨中弯矩系数

l_y/l_x	0.5	0.6	0.7	0.8	0.9	1.0	1.1	1.2
m_x	−0.013	−0.006	0.009	0.030	0.053	0.080	0.107	0.133
m_y	0.063	0.090	0.113	0.131	0.144	0.153	0.158	0.160
l_y/l_x	1.3	1.4	1.5	1.6	1.7	1.8	1.9	2.0
m_x	0.159	0.183	0.206	0.227	0.247	0.264	0.281	0.296
m_y	0.162	0.162	0.159	0.157	0.154	0.150	0.147	0.144

注：当沿 l_x 边作用有 $M_0 \sin \dfrac{\pi}{l_x} x$ 时，用 l_x/l_y 替代 l_y/l_x，即可查得相应的 m_x 和 m_y。

双向板式水池的底板通常做成整体式。地基反力一般可按直线分布计算，多格水池的地基反力，可按均匀分布计算。

【例 10-2】 一矩形水池的平面及纵剖面图如图 10-40 所示。池壁顶端有走道板可作为顶端的不动铰支承，池壁与底板的连接按固定设计。池壁采用等厚，所有池壁的厚度均为 200mm。试计算此水池在池内满水时的池壁弯矩。

【解】 1. 计算简图

池壁的水平计算长度取两端相邻池壁的中轴线间距离，则两个方向池壁的水平计算长度分别为 8.0m 和 5.0m。池壁的计算高度，下端为固定从底板顶面计算，上端为铰接，算至走

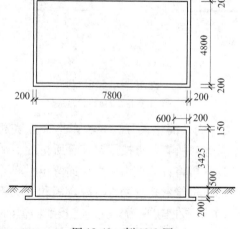

图 10-40 例 10-2 图

道板的厚度中心，则池壁计算高度为 4.0m。池内的计算水深近似地取等于池壁的计算高度，则池底处的最大水压力标准值为

$$p_k = \gamma_m H = 10 \times 4.0 \text{kN/m}^2 = 40 \text{kN/m}^2$$

以下所计算的池壁弯矩均为相应于此水压力的弯矩标准值。为了便于计算，对池壁及棱边编号如图 10-41 所示。

2. 按三边固定、顶边铰支计算单块池壁的弯矩

此时可利用第九章式（9-16）～式（9-18）及附录 D 中表 D-4 的系数进行计算。

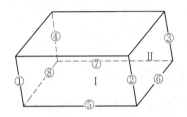

图 10-41　池壁及棱边编号

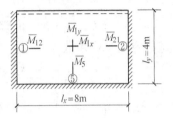

图 10-42　Ⅰ号池壁的弯矩编号

（1）Ⅰ号池壁　Ⅰ号池壁的弯矩编号如图 10-42 所示。

$$\frac{l_y}{l_x} = \frac{4.0}{8.0} = 0.5$$

$$\overline{M}_{12} = \overline{M}_{21} = -0.0367 \times 40 \times 4^2 \text{kN} \cdot \text{m/m} = -23.488 \text{kN} \cdot \text{m/m}$$

$$\overline{M}_5 = -0.0622 \times 40 \times 4^2 \text{kN} \cdot \text{m/m} = -39.808 \text{kN} \cdot \text{m/m}$$

跨中弯矩按第九章式（9-16）和式（9-18）计算，混凝土的泊松比 $\nu = 1/6$，则

$$\overline{M}_{Ix} = \left(0.0045 + \frac{1}{6} \times 0.0253\right) \times 40 \times 4^2 \text{kN} \cdot \text{m/m} = +5.570 \text{kN} \cdot \text{m/m}$$

$$\overline{M}_{Iy} = \left(0.0253 + \frac{1}{6} \times 0.0045\right) \times 40 \times 4^2 \text{kN} \cdot \text{m/m} = +16.672 \text{kN} \cdot \text{m/m}$$

（2）Ⅱ号池壁　Ⅱ号池壁的弯矩编号如图 10-43 所示。

$$\frac{l_y}{l_x} = \frac{4.0}{5.0} = 0.8$$

$$\overline{M}_{23} = \overline{M}_{32} = -0.0333 \times 40 \times 4^2 \text{kN} \cdot \text{m/m} = -21.312 \text{kN} \cdot \text{m/m}$$

$$\overline{M}_6 = -0.0453 \times 40 \times 4^2 \text{kN} \cdot \text{m/m} = -28.992 \text{kN} \cdot \text{m/m}$$

$$\overline{M}_{IIx} = \left(0.01 + \frac{1}{6} \times 0.0144\right) \times 40 \times 4^2 \text{kN} \cdot \text{m/m} = +7.936 \text{kN} \cdot \text{m/m}$$

$$\overline{M}_{IIy} = \left(0.0144 + \frac{1}{6} \times 0.01\right) \times 40 \times 4^2 \text{kN} \cdot \text{m/m} = +10.283 \text{kN} \cdot \text{m/m}$$

3. 用双向板弯矩分配法计算弯矩

（1）分配系数及传递系数　由于池壁的顶端铰支、底端固定，故只需计算侧边的分配系数和传递系数。池壁的边缘刚度系数 k 及传递系数 μ、μ' 可由附录 E 中表 E-3 查得。本例属于附录 E 中表 E-3 中的第 1 种情况。对于Ⅰ号池壁（长壁），$l_x/l_y = 8.0/4.0 = 2.0$，可查得其侧边刚度系数 $k_{12} = k_{21} = 6.5$，传递系数 $\mu = -0.014$，$\mu' = 0.086$。对于Ⅱ号池壁（短壁），$l_x/l_y = 5.0/4.0 = 1.25$，从附录 E 中表 E-3 利用直线插入法可得其侧边刚度系数 $k_{23} =$

$k_{32} = 6.87$，传递系数 $\mu = 0.042$，$\mu' = 0.211$。

由于单格水池具有两个方向的对称性，四条竖向棱边的力学状态是完全相同的，只要算出一条棱边的分配系数，其他棱边也就可以推知。先计算②号棱边的分配系数。由于所有池壁的材料及厚度均相同，且具有相同的短边长（$l_y = 4.0\mathrm{m}$），故在计算分配系数时，D/l 可约去，分配系数直接由边缘刚度系数算得。故对②号棱边，Ⅰ号池壁的弯矩分配系数为

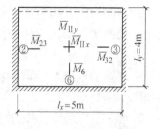

图 10-43　Ⅱ号池壁的
弯矩编号

$$\rho_{21} = \frac{k_{21}}{k_{21} + k_{23}} = \frac{6.5}{6.5 + 6.87} = 0.486$$

Ⅱ号池壁的弯矩分配系数为

$$\rho_{23} = \frac{k_{23}}{k_{21} + k_{23}} = \frac{6.87}{6.5 + 6.87} = 0.514$$

（2）棱边弯矩计算　由于只考虑分配弯矩对近邻池壁的影响，同时考虑到单格水池的对称性，弯矩的分配和传递计算只要取相邻的两池壁即可。现以相交于②号棱边的Ⅰ、Ⅱ号池壁进行计算。弯矩分配与传递过程及计算结果如图 10-44 所示。必须注意到前面计算固端弯矩时，符号规则是以使荷载作用面受压的弯矩为正，现在则应采用图 10-38 所规定的符号规则。特别是传递系数的符号，应将由附录 E 中表 E-3 查得的传递系数再乘以图 10-38b 中所规定的正负号，图 10-44 中标明了分配系数和传递系数。

计算结果得到的池壁边缘弯矩，对所有侧边为 $-22.399\mathrm{kN \cdot m/m}$，对Ⅰ号池壁的底边为 $M_5 = -39.99\mathrm{kN \cdot m/m}$，对Ⅱ号池壁的底边为 $M_6 = -28.52\mathrm{kN \cdot m/m}$。此处的弯矩符号恢复了以使受荷面受压的弯矩为正的符号规则。

对于多格水池，由于交汇于同一节点的池壁可能多于两块，已不便采用图 10-44 所示的过程将池壁展开进行弯矩分配和传递计算，此时宜采用列表计算。

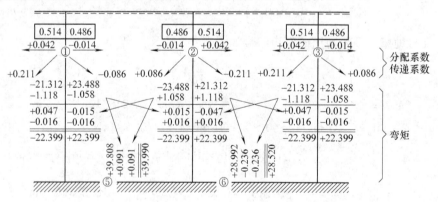

图 10-44　弯矩分配与传递过程及计算结果（弯矩单位：kN·m/m）

（3）池壁跨中弯矩计算　池壁边缘弯矩确定以后，将边缘弯矩与水压力均作为外加作用，作用于四边铰支板，分别求得跨中弯矩再叠加，即得最终跨中弯矩。

对Ⅰ号池壁：

$$\frac{l_y}{l_x} = \frac{4.0}{8.0} = 0.5, \frac{l_x}{l_y} = \frac{8.0}{4.0} = 2.0$$

$$M_{\text{I}x} = (\alpha_{x,\max} + \nu\alpha_{y,\max})pH^2 + \sum m_x M_0$$

$$= \left(0.0117 + \frac{1}{6}\times 0.0504\right)\times 40\times 4^2\text{kN}\cdot\text{m/m} -$$

$$[2\times(-0.013)\times 22.399 + 0.144\times 39.99]\text{kN}\cdot\text{m/m}$$

$$= +7.688\text{kN}\cdot\text{m/m}$$

$$M_{\text{I}y} = (\alpha_{y,\max} + \nu\alpha_{x,\max})pH^2 + \sum m_y M_0$$

$$= \left(0.0504 + \frac{1}{6}\times 0.0117\right)\times 40\times 4^2\text{kN}\cdot\text{m/m} -$$

$$[2\times 0.063\times 22.399 + 0.296\times 39.99]\text{kN}\cdot\text{m/m}$$

$$= +18.845\text{kN}\cdot\text{m/m}$$

以上公式中 $\alpha_{x,\max}$ 和 $\alpha_{y,\max}$ 由附录 D 中表 D-4 查得；m_x、m_y 由表 10-25 查得。以上计算是近似的，因为在水压力作用下两个方向的跨中弯矩及在各边缘弯矩作用下两个方向的跨中最大弯矩，都不一定是发生在同一位置上，所以上列叠加计算是不严格的。

对 II 号池壁：

$$\frac{l_y}{l_x} = \frac{4.0}{5.0} = 0.8, \frac{l_x}{l_y} = \frac{5.0}{4.0} = 1.25$$

$$M_{\text{II}x} = (\alpha_{x,\max} + \nu\alpha_{x,\max})pH^2 + \sum m_x M_0$$

$$= (0.0167 + 1/6\times 0.0310)\times 40\times 4^2\text{kN}\cdot\text{m/m} -$$

$$(2\times 0.03\times 22.399 + 0.161\times 28.52)\text{kN}\cdot\text{m/m}$$

$$= +8.059\text{kN}\cdot\text{m/m}$$

$$M_{\text{II}y} = (\alpha_{y,\max} + \nu\alpha_{x,\max})pH^2 + \sum m_y M_0$$

$$= \left(0.0310 + \frac{1}{6}\times 0.0167\right)\times 40\times 4^2\text{kN}\cdot\text{m/m} -$$

$$(2\times 0.131\times 22.399 + 0.146\times 28.52)\text{kN}\cdot\text{m/m}$$

$$= +11.589\text{kN}\cdot\text{m/m}$$

4. 按线刚度分配法计算弯矩

两个方向池壁的水平向线刚度分别为

$$i_{\text{I}} = \frac{Eh^3}{12\times 8}$$

$$i_{\text{II}} = \frac{Eh^3}{12\times 5}$$

则分配系数为

$$\rho_{\text{I}} = \frac{\dfrac{Eh^3}{12\times 8}}{\dfrac{Eh^3}{12\times 8} + \dfrac{Eh^3}{12\times 5}} = 0.385$$

$$\rho_{\text{II}} = \frac{\dfrac{Eh^3}{12\times 5}}{\dfrac{Eh^3}{12\times 8} + \dfrac{Eh^3}{12\times 5}} = 0.615$$

仍以②号棱边进行分配计算。若在该棱边上的不平衡弯矩分配给Ⅰ号壁板和Ⅱ号壁板的弯矩分别为 ΔM_{21} 和 ΔM_{23}，则

$$
\begin{aligned}
\Delta M_{21} &= -(\overline{M}_{21} + \overline{M}_{23})\rho_{\mathrm{I}} \\
&= -(-23.488 + 21.312) \times 0.385\mathrm{kN \cdot m/m} \\
&= +0.838\mathrm{kN \cdot m/m} \\
\Delta M_{23} &= -(\overline{M}_{21} + \overline{M}_{23})\rho_{\mathrm{II}} \\
&= -(-23.488 + 21.312) \times 0.615\mathrm{kN \cdot m/m} \\
&= +1.338\mathrm{kN \cdot m/m}
\end{aligned}
$$

Ⅰ号壁板和Ⅱ号壁板在②号棱边的边缘弯矩分别为

$$
M_{21} = \overline{M}_{21} + \Delta M_{21} = (-23.488 + 0.838)\mathrm{kN \cdot m/m} = -22.65\mathrm{kN \cdot m/m}
$$

$$
M_{23} = \overline{M}_{23} + \Delta M_{23} = (21.312 + 1.338)\mathrm{kN \cdot m/m} = +22.65\mathrm{kN \cdot m/m}
$$

以上计算表明经过调整的节点弯矩处于平衡状态，$-22.65\mathrm{kN \cdot m/m}$ 即为所有池壁的侧边弯矩。

池壁的跨中弯矩也仅在水平向进行调整，对Ⅰ号池壁和Ⅱ号池壁的水平向跨中弯矩分别为

$$
M_{\mathrm{I}x} = \overline{M}_{\mathrm{I}x} + \Delta M_{\mathrm{I}x} = (+5.579 + 0.838)\mathrm{kN \cdot m/m} = +6.417\mathrm{kN \cdot m/m}
$$

$$
M_{\mathrm{II}x} = \overline{M}_{\mathrm{II}x} + \Delta M_{\mathrm{II}x} = (+7.936 - 1.338)\mathrm{kN \cdot m/m} = +6.598\mathrm{kN \cdot m/m}
$$

垂直向弯矩仍保持为 $M_{\mathrm{I}y} = \overline{M}_{\mathrm{I}y} = +16.672\mathrm{kN \cdot m/m}$，$M_{\mathrm{II}y} = \overline{M}_{\mathrm{II}y} = +10.283\mathrm{kN \cdot m/m}$。

5. 计算结果的比较与讨论

现将两种方法的计算结果汇总于表10-26中。

比较两种方法的计算结果，池壁的边缘弯矩比较接近，而跨中弯矩则相差较大。跨中弯矩相差较大的原因之一，是相对于边缘弯矩来说，跨中弯矩的基数本来就较小，因此，边缘弯矩所采用的分配方法的近似性及相应的跨中弯矩调整方法的近似性所带来的偏差，跨中弯矩都比较敏感。如果不论边缘弯矩采用哪种方法进行分配调整，跨中弯矩均采用按四边铰支双向板在横向压力和板边弯矩作用下分别计算弯矩然后叠加的方法，则其计算结果比较接近，只是这种方法目前还只能用于四边均有支承的板。对于顶边为自由板的简化计算，暂时还只能采用按线刚度分配节点弯矩和按图10-37所示的调整跨中弯矩的方法。

表10-26 弯矩计算结果　　　　　　　　　　（单位：kN·m/m）

计算方法	Ⅰ号壁板				Ⅱ号壁板			
	侧边弯矩	底边弯矩	跨中弯矩		侧边弯矩	底边弯矩	跨中弯矩	
	M_{21}	M_5	$M_{\mathrm{I}x}$	$M_{\mathrm{I}y}$	M_{23}	M_6	$M_{\mathrm{II}x}$	$M_{\mathrm{II}y}$
按双向板分配	-22.399	-39.990	$+7.688$	$+18.845$	-22.399	-28.520	$+8.059$	$+11.589$
按线刚度分配	-22.650	-39.808	$+6.417$	$+16.672$	-22.650	-28.992	$+6.598$	$+10.283$

（四）水平框架式水池的计算

水平框架式水池的水平向传力部分一般截取单位高度的水平壁带按水平封闭框架计算（图10-45）。可沿池壁高度分成若干段，每段均取该段下端的最大水压力或土压力作为计算荷载。

单格水池的水平弯矩可按下列公式计算：

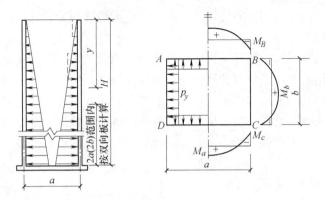

图 10-45　水平框架式池壁内力计算示意图

节点弯矩为

$$M_A = M_B = M_C = M_D = -\frac{p_y(b^2k + a^2)}{12(k+1)} \qquad (10\text{-}49)$$

跨中弯矩为

$$M_a = \frac{p_y a^2}{8} - \frac{p_y(b^2k + a^2)}{12(k+1)} \qquad (10\text{-}50)$$

$$M_b = \frac{p_y b^2}{8} - \frac{p_y(b^2k + a^2)}{12(k+1)} \qquad (10\text{-}51)$$

式中　a、b——水平框架的长边及短边长度；

　　　k——水平框架长边与短边的线刚度比，即

$$k = \frac{a}{b} \cdot \frac{I_a}{I_b}$$

I_a、I_b——长、短边截面惯性矩，当两边壁厚相等时，$k = \dfrac{a}{b}$。

池壁的水平轴向力，可近似地按下列公式计算：

$$\left.\begin{aligned} N_a &= \frac{p_y b}{2} \\[2mm] N_b &= \frac{p_y a}{2} \end{aligned}\right\} \qquad (10\text{-}52)$$

多格的水平框架式池壁的弯矩可利用弯矩分配法进行计算。

四、矩形水池的构造特点

1. 一般构造要求

矩形水池各部分的截面尺寸、钢筋的最小直径、钢筋的最大和最小间距、受力钢筋的净保护层厚度等基本构造要求，均与圆形水池相同。

挡土（水）墙式水池池壁水平构造钢筋的一般要求，在挡（水）土墙式水池池壁截面设计部分已有论述，此处不再赘述。对于顶端自由的挡土（水）墙式池壁，除了按前述要求配置水平钢筋外，顶部还宜配置水平向加强钢筋，其直径不应小于池壁竖向受力钢筋的直径，且不小于 16mm，间距不宜大于 100mm，一般里、外两侧各增设 3 根。

池壁的转角以及池壁与底板的连接处，凡按固定或弹性固定设计的，均宜设置腋角，并配置适量的构造钢筋。

采用分离式底板时，底板厚度不宜小于 120mm，常用 150～200mm，并在底板顶面配置不少于 Φ8@200 的钢筋网。必要时在底板底面也应配置钢筋网，使底板在温、湿度变化影响以及地基中存在局部软弱土时，都不至于开裂。当分离式底板与池壁基础连成整体时，底板内的钢筋应锚固在池壁基础内。当必须利用底板内的钢筋来抵抗基础的滑移时，其锚固长度应不小于按充分受拉考虑的锚固长度 l_a。当必须设置分离缝时，应切实保证填缝的不透水性，并按图 10-46 所示的或类似的方法作辅助排水处理，以免漏水时产生渗水压力。

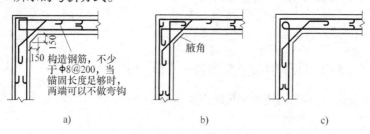

图 10-46 分离式底板构造示意图

2. 配筋方式

矩形水池池壁及整体式底板中均采用网状配筋。壁板的配筋原则与第九章双向板的配筋原则相同，但通常只采用分离式配筋。矩形水池的配筋构造关键在各转角处。图 10-47 所示为池壁转角处水平钢筋布置的几种方式。配筋的总原则是钢筋类型要少，避免过多的交叉重叠，并保证钢筋的锚固长度。特别要注意转角处的内侧钢筋，如果它必须承担池内水压力引起的边缘负弯矩，其伸入支承边的锚固长度不应小于 l_a。为了满足这一要求，常常必须将其弯入相邻池壁（图 10-47b），此时应将它伸至受压区即池壁外侧后再行弯折。如果两相邻池壁的内侧水平钢筋采用连续配筋时，应采用图 10-47c 所示的弯折方式。

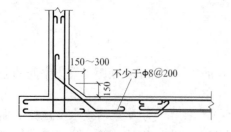

a) b) c)

图 10-47 池壁转角处的水平钢筋布置

池壁和基础的固定连接构造，一般采取如图 10-48 所示的或类似图 10-14d 所示的形式。池壁顶端设置水平框梁作为池壁的侧向支承时，其配筋方式一般如图 10-49 所示。

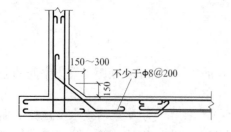

图 10-48 池壁与基础的连接方式

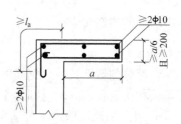

图 10-49 壁顶水平框梁截面配筋方式

3. 伸缩缝的构造处理

　　水池的伸缩缝必须是从顶到底完全贯通的。从功能上说，伸缩缝必须满足两个基本要求：①保证伸缩缝两侧的温度区段具有充裕的伸缩余地；②具有严密的抗漏能力。在符合上述要求的前提下，构造处理和材料的选用要力求经济耐久，施工方便。

　　伸缩缝的宽度一般取 20mm，当温度区段的长度为 30m 或更大时，应适当加宽，但最大宽度通常不超过 25mm。采用双壁式伸缩缝时，缝宽可适当加大。伸缩缝的常用做法如图 10-50 所示。在不与水接触的部分，不必设置止水片。止水片常用金属、橡胶或塑料制成。金属止水片用纯铜或不锈钢片最好，普通钢片易于锈蚀。但这两种材料价格较高，目前用得最多的是橡胶止水带，这种止水带能经受较大的伸缩，在阴暗潮湿的环境下具有很好的耐久性。塑料止水带可用聚氯乙烯、树脂制成。目前国内常用 PVC、EVA 塑料止水带，它的收缩能力不如橡胶，但耐腐蚀和耐干燥性较好，且具有容易热烫熔接的优点，造价也较低廉，主要用于地下防水工程和水工构筑物，如隧道涵洞、沟渠等的变形缝防水。

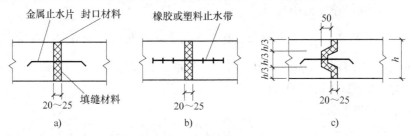

图 10-50　伸缩缝的常用做法

　　伸缩缝的填缝材料应具有良好的防水性、可压缩性和回弹能力。理想的填缝材料体积应能压缩到其原来的一半，而在壁板收缩时又能回弹充满伸缩缝，而且最好能预制成板带形式，以便作为后浇混凝土的一侧模板。最好采用不透水的、但浸水后能膨胀的掺木质纤维的沥青板，也有用油浸木丝板或聚丙烯塑料板的。封口材料是做在伸缩缝迎水面的不透水韧性材料。封口材料应能与混凝土面粘结牢固，可用沥青类材料加入石棉纤维、石粉、橡胶等填充材料，或采用树脂类高分子合成塑胶材料制成封口带。

　　当伸缩缝处采用橡胶或塑料止水带，而板厚小于 250mm 时，为了保证伸缩缝处混凝土的浇灌质量及使止水带两侧的混凝土不至于太薄，应将板局部加厚（图 10-51）。加厚部分的板厚以与止水带宽相等为宜，每侧局部加厚的宽度以 2/3 止水带宽度为宜，加厚处应增设构造钢筋。

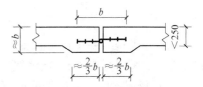

图 10-51　伸缩缝处水池底板局部
加厚构造

　　4. 抗震构造要求

　　建造在地震区的矩形水池，必须满足第四节所述的抗震构造要求。除此以外，对矩形水池还必须注意池壁拐角处的连接构造。当设防烈度为 8 度时，池壁拐角处的里外层水平钢筋配筋率均不宜小于 0.3%，伸入两侧池壁内的长度不应小于 1.0m。

　　五、设计实例

　　一敞口地上式矩形水池的平面净空尺寸为 6.0m × 18.0m，池壁净高 4.0m，设计水深 3.8m（图 10-52），拟沿四周池壁顶部设置宽度为 700mm 的走道板。池壁除考虑水压力作用外，尚应考虑壁面湿差的当量温差 $\Delta T = 10℃$ 的作用。材料采用 C30 混凝土和 HPB300 级钢筋。地基土为粘土，无地下水，修正后的地基承载力特征值 $f_a = 150\text{kN/m}^2$。池底内面相对标高 -0.500m（池外地面为 ± 0.000）。根据以上资料做水池结构设计。

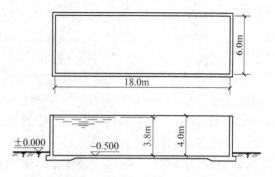

图 10-52　矩形水池平、立剖面图

（一）结构布置方案及计算假定

1. 基本原则

1）利用走道板作为池壁顶端的铰支承。

2）长向池壁的长高比 $\dfrac{l}{H} = \dfrac{18}{4} = 4.5 > 3.0$，故可取 1.0m 宽竖条作为计算单元，按顶铰接、底固定的梁式构件作竖向单向计算。

3）短向池壁的长高比 $\dfrac{l}{H} = \dfrac{6}{4} = 1.5$，在 0.5 与 2.0 之间，属于双向板池壁。

4）由于无地下水作用，底板采用分离式，池壁下设条形基础，与底板连成整体。底板厚 150mm，内配Φ8@200 双层钢筋网。

2. 截面尺寸的初步确定

（1）长壁厚度及基础尺寸　在池内水压力作用下壁底端的最大负弯矩设计值为

$$M = -\frac{1}{15}p_w H^2 = -\frac{1}{15} \times 1.27 \times 38 \times 3.8^2 \text{kN} \cdot \text{m} = -46.46\text{kN} \cdot \text{m}$$

假设配筋率为 $\rho = \dfrac{A_s}{bh_0} = 0.5\%$，则配筋特征值为

$$\xi = \rho\frac{f_y}{\alpha_1 f_c} = 0.005 \times \frac{270}{1.0 \times 14.3} = 0.0944$$

相应的内力臂系数 $\gamma_s = 0.953$，则截面有效高度 h_0 可由下式计算确定：

$$h_0 = \sqrt{\frac{M}{\alpha_1 f_c b \xi \gamma_s}} = \sqrt{\frac{46.46 \times 10^6}{1.0 \times 14.3 \times 1000 \times 0.0944 \times 0.953}}\text{mm} = 190.0\text{mm}$$

据此参考值，初步选定长壁厚度为 250mm，且采用等厚池壁。基础厚度取 300mm，基础宽度经试算采用 2.0m，向池壁内侧挑出 1.25m（图 10-53）。

（2）短壁厚度　取底端竖向弯矩作为估算短壁厚度的依据。由附录 D 中表 D-4 查出，当 $l_y/l_x = 0.67$ 时

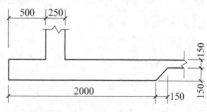

图 10-53　池壁及基础尺寸

$$M_y^0 = -0.0531p_w l_y^2$$
$$= -0.0531 \times 1.27 \times 38 \times 4.0^2 \text{kN} \cdot \text{m/m}$$
$$= -41.00\text{kN} \cdot \text{m/m}$$

同样假设配筋率 $\rho = 0.5\%$，则 $\xi = 0.0944$，$\gamma_s = 0.953$，截面有效高度为

$$h_0 = \sqrt{\frac{M_y^0}{\alpha_1 f_c b \xi \gamma_s}} = \sqrt{\frac{41.0 \times 10^6}{1.0 \times 14.3 \times 1000 \times 0.0944 \times 0.953}}\text{mm}$$
$$= 178.52\text{mm}$$

参照此值，短壁厚度同样取 250mm。

（3）走道板布置及截面尺寸的确定　走道板除沿四周池壁布置外，考虑到需作为池顶部的侧向支承，故对两长向池壁上的走道板每隔 4.5m 设置一根拉梁，且将拉梁截面设计成 T 形，使之也能起走道板的作用。四周走道板的厚度采用 150mm，走道板及拉梁的布置如图 10-54 所示。

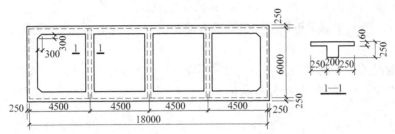

图 10-54　走道板及拉梁布置图

现根据以上布置及所确定的构件截面尺寸，由式（10-34）验算走道板是否满足作为池壁顶端侧向铰支承的条件，此时

$$\beta_I = \frac{I_b}{I_l} = \frac{0.15 \times 0.7^3}{1 \times 0.25^3} = 3.29$$

池壁计算高度由基础顶面取至走道板厚度中心处，即

$$H = \left(4.0 + \frac{0.15}{2}\right)\mathrm{m} = 4.075\mathrm{m}$$

由表 10-20 查得 $\psi = 0.2268$。对于长向池壁，走道板的水平向计算跨度可取为 $l = 4.5\mathrm{m}$，对于短向池壁，可取长向池壁走道板宽度中心的距离，即 $l = (6.0 + 2 \times 0.25 - 0.7)\mathrm{m} = 5.8\mathrm{m}$。可见只要验算短向池壁符合要求，则长向池壁也符合要求。对短向池壁，$\xi = \frac{l}{H} = \frac{5.8}{4.075} = 1.42$，则

$$\psi \xi^4 H = 0.2268 \times 1.42^4 \times 4.075 = 3.76 > \beta_I = 3.29$$

不符合作为侧向不动铰支承的条件。如果将走道板的宽度增大为 0.75m，则

$$\beta_I = \frac{0.15 \times 0.75^3}{1 \times 0.25^3} = 4.05 > \psi \xi^4 H = 3.76$$

符合要求。

（二）池壁内力计算

1. 长向池壁竖向计算

（1）水压力引起的内力　按 3.8m 水深计算的池壁底端最大水压力设计值为

$$p_w = 1.27 \times 10 \times 3.8\mathrm{kN/m^2} = 48.26\mathrm{kN/m^2}$$

池壁计算简图如图 10-55a 所示。池壁内力按表 10-16 序号 3 的公式计算，所算得的弯矩 M_x 如图 10-55b 的弯矩图所示，计算过程从略。弯矩图上标明的弯矩值是与相对坐标 $\frac{x}{H}$ 分别为 0.2、0.4、0.447、0.6、0.8 和 1.0 相对应的。

池壁上、下端的剪力分别为

$$V_2 = \frac{1}{10}p_wH = \frac{1}{10} \times 48.26 \times 4.075\text{kN/m}$$

$$= 19.67\text{kN/m}(\text{指向壁内})$$

$$V_1 = -\frac{2}{5}p_wH = -\frac{2}{5} \times 48.26 \times 4.075\text{kN/m}$$

$$= -78.66\text{kN/m}(\text{指向壁内})$$

严格地说，尚应考虑走道板作为悬臂板对池壁内力的影响，但此处此项影响很小，故忽略不计。

（2）壁面温差引起的内力　由壁面温差引起的池壁弯矩 M_x^T 按式（10-41）计算，并应乘以折减系数 $\eta_{\text{re1}} = 0.65$ 和荷载分项系数 $\gamma_T = 1.4$，即

$$M_x^T = \gamma_T \eta_{\text{re1}} \frac{\alpha_T \Delta T E h^2}{8} \cdot \frac{x}{H}$$

$$= 1.4 \times 0.65 \times \frac{1 \times 10^{-5} \times 10 \times 3.0 \times 10^4 \times 250^2}{8} \cdot \frac{x}{H}\text{N} \cdot \text{mm/mm}$$

$$= 0.0213 \times 10^6 \frac{x}{H}\text{N} \cdot \text{mm/mm} = 21.3\frac{x}{H}\text{kN} \cdot \text{m/m}$$

M_x^T 是底端最大的线性变化弯矩，其正负号与 ΔT 的正负号有关，M_x^T 将使湿度（温度）低的一侧壁面受拉。地上式水池一般总是壁内面的湿度高于壁外面，故当 M_x^T 采用与水压力引起的弯矩（图 10-55b）一致的符号规则时，M_x^T 应为使壁外受拉的正号弯矩。沿池壁高度各点的 M_x^T 值计算结果列于表 10-27 中。

表 10-27　M_x^T 值

x/H	0.2	0.4	0.447	0.6	0.8	1.00
x/m	0.815	1.630	1.822	2.445	3.260	4.075
$M_x^T/$（kN·m/m）	4.26	8.52	9.52	12.78	17.04	21.30

ΔT 使池壁两端产生的剪力为

$$V_1^T = V_2^T = \gamma_T \eta_{\text{re1}} \frac{\alpha_T \Delta T E h^2}{8H}$$

$$= 1.4 \times 0.65 \times \frac{1 \times 10^{-5} \times 10 \times 3.0 \times 10^4 \times 250^2}{8 \times 4075}\text{N/mm}$$

$$= 5.23\text{N/mm} = 5.23\text{kN/m}(V_1^T \text{指向壁外}, V_2^T \text{指向壁内})$$

（3）内力组合　根据以上计算，图 10-55b 所示弯矩为第一种荷载组合（池内满水）下的弯矩设计值；第二种荷载组合（池内满水及壁面湿差作用）下的弯矩设计值为图 10-55b 所示弯矩值与表 10-27 所列弯矩值的叠加，现将两种弯矩组合值列于表 10-28 中。

表 10-28　长向池壁竖向弯矩组合值

	x/H	0.2	0.4	0.447	0.6	0.8	1.0
	x/m	0.815	1.630	1.822	2.445	3.260	4.075
$M_x/$（kN·m/m）	第一种组合	+14.95	+23.50	+23.90	+19.23	-4.28	-53.42
	第二种组合	+19.21	+32.02	+33.42	+32.01	+12.76	-32.12

最不利弯矩包络图如图 10-56 所示。

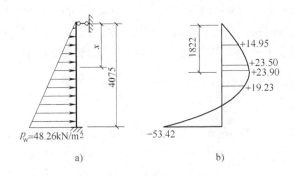 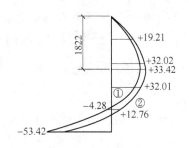

图 10-55　池壁计算简图及弯矩图

a）计算简图　b）弯矩图（kN·m）

图 10-56　最不利弯矩包络图（kN·m）

①—第一种荷载组合　②—第二种荷载组合

池壁上、下端的剪力组合值：

第一种组合　　　　　　$V_2 = 19.67\text{kN/m}$，$V_1 = -78.66\text{kN/m}$

第二种组合　　　　　　$V_2 = 24.90\text{kN/m}$，$V_1 = -73.43\text{kN/m}$

2. 短向池壁内力及长向池壁角隅水平弯矩、水平拉力计算

计算短向池壁内力及长向池壁角隅水平弯矩、水平拉力时，应考虑相邻池壁的相互影响，现按简化的力矩分配法进行计算。

（1）短向池壁在水压力作用下按顶边铰支、其他三边固定计算弯矩　短向池壁竖向计算高度取 $l_y = 4.075\text{m}$，水平向计算长度取 $l_x = (6.0 + 0.25)\text{m} = 6.25\text{m}$，则 $\dfrac{l_y}{l_x} = \dfrac{4.075}{6.25} = 0.65$，弯矩系数可由附录 D 中表 D-4 查得。各项弯矩计算如下：

水平向固端弯矩：

$$\overline{M}_x^0 = -0.0357 p_w l_y^2 = -0.0357 \times 48.26 \times 4.075^2 \text{kN} \cdot \text{m/m}$$
$$= -28.61\text{kN} \cdot \text{m/m}$$

竖向底端固端弯矩：

$$\overline{M}_y^0 = -0.0543 p_w l_y^2 = -0.0543 \times 48.26 \times 4.075^2 \text{kN} \cdot \text{m/m}$$
$$= -43.52\text{kN} \cdot \text{m/m}$$

水平向跨中弯矩：

$$\overline{M}_x = \left(0.0079 + \frac{1}{6} \times 0.0198\right) p_w l_y^2 = 0.0112 \times 48.26 \times 4.075^2 \text{kN} \cdot \text{m/m}$$
$$= 8.97\text{kN} \cdot \text{m/m}$$

竖向跨中弯矩：

$$\overline{M}_y = \left(0.0198 + \frac{1}{6} \times 0.0079\right) p_w l_y^2 = 0.0211 \times 48.26 \times 4.075^2 \text{kN} \cdot \text{m/m}$$
$$= 16.91\text{kN} \cdot \text{m/m}$$

在计算跨中弯矩时，考虑了泊松效应，即弯矩系数是按式（9-18）确定的，计算时取混凝土的泊松比为 $\nu = 1/6$。

（2）水压力作用下长向池壁按固定棱边计算角隅水平弯矩　此时角隅弯矩按式（10-45）计算，弯矩系数可由表 10-24 查得，即

$$\overline{M}_c = -0.035 p_w H^2 = -0.035 \times 48.26 \times 4.075^2 \text{kN} \cdot \text{m/m} = -28.05 \text{kN} \cdot \text{m/m}$$

（3）水压力作用下考虑相邻池壁相互影响的短向池壁弯矩　按简化的力矩分配法进行计算时，仅对水平向弯矩进行分配调整。节点不平衡弯矩按相交于同一节点各池壁的线刚度进行分配。在计算四边支承，但长高比 $\dfrac{l}{H} > 2.0$ 的长壁水平向线刚度时可近似地取有效壁长为 $l = 2H$。

具体到本水池，由于节点不平衡弯矩很小，即 $\overline{M}_x^0 = -28.61 \text{kN} \cdot \text{m/m}$，$\overline{M}_c = -28.05 \text{kN} \cdot \text{m/m}$，相差很小，故可不严格按线刚度进行不平衡弯矩的分配，而近似地取 $\overline{M}_x^0$ 和 $\overline{M}_c$ 的平均值作为短向池壁的水平向端弯矩和长向池壁的角隅弯矩。短向池壁的水平向跨中弯矩按图 10-37 所示的原则进行调整。根据以上所述，可以确定短向池壁在水压力作用下的各项弯矩设计值。

水平向支座弯矩：

$$M_x^0 = \frac{\overline{M}_x^0 + \overline{M}_c}{2} - \frac{28.61 + 28.05}{2} \text{kN} \cdot \text{m/m}$$

$$= -28.33 \text{kN} \cdot \text{m/m}$$

水平向跨中弯矩：

$$M_x = \overline{M}_x + \Delta M_x = 8.97 \text{kN} \cdot \text{m/m} + (28.61 - 28.05) \text{kN} \cdot \text{m/m}$$

$$= 9.53 \text{kN} \cdot \text{m/m}$$

竖向底端弯矩：

$$M_y^0 = \overline{M}_y^0 = -43.52 \text{kN} \cdot \text{m/m}$$

竖向跨中弯矩：

$$M_y = \overline{M}_y = 16.91 \text{kN} \cdot \text{m/m}$$

（4）水压力作用下短向池壁的周边剪力　短向池壁的周边剪力沿边长是不均匀分布的，计算时可取平均值。各边剪力平均值利用附录 E 中表 E-4 的公式及四边铰支板作用有三角形荷载和周边弯矩的反力系数用叠加法求得。三角形荷载作用下的反力系数按 $\dfrac{l_x}{l_y} = \dfrac{6.25}{4.075} = 1.53$ 查附录 E 中表 E-4（2）求得，侧边作用有边缘弯矩时的反力系数按 $\dfrac{l_x}{l_y} = \dfrac{6.25}{4.075} = 1.53$ 查附录 E 中表 E-4（5）求得，底边作用有边缘弯矩时的反力系数应以壁高为 l_x，壁长为 l_y，即 $\dfrac{l_x}{l_y} = \dfrac{4.075}{6.25} = 0.65$ 查附录 E 中表 E-4（5）求得。

顶边剪力平均值：

$$V_{y0.2} = 0.1203 p_w l_y - 2 \times 0.9342 \frac{M_x^0}{l_y} - 0.498 \frac{M_y^0}{l_y}$$

$$= \left(0.1203 \times 48.26 \times 4.075 - 2 \times 0.9342 \times \frac{28.33}{4.075} - 0.498 \times \frac{43.52}{4.075} \right) \text{kN/m}$$

$$= (23.66 - 12.99 - 5.32) \text{kN/m} = 5.35 \text{kN/m}（\text{指向壁内}）$$

底边剪力平均值：

$$V_{y0.1} = 0.2721p_w l_y - 2 \times 0.9342 \frac{M_x^0}{l_y} + 0.8707 \frac{M_y^0}{l_y}$$

$$= \left(0.2721 \times 48.62 \times 4.075 - 2 \times 0.9342 \times \frac{28.33}{4.075} + 0.8707 \times \frac{43.52}{4.075}\right) kN/m$$

$$= (53.91 - 12.99 + 9.37) kN/m = 50.29 kN/m \text{(指向壁内)}$$

侧边剪力平均值：

$$V_{x0} = 0.1212p_w l_x + (1.787 - 0.1307) \frac{M_x^0}{l_x} - 1.9538 \frac{M_y^0}{l_x}$$

$$= 0.1212 \times 48.26 \times 6.25 kN/m + (1.787 - 0.1307) \times \frac{28.33}{6.25} kN/m -$$

$$1.9538 \times \frac{43.52}{6.25} kN/m$$

$$= (36.56 + 7.51 - 13.60) kN/m = 30.47 kN/m \text{(指向壁内)}$$

（5）水压力作用下长向池壁角隅水平弯矩及水平拉力　相邻池壁相互影响的长向池壁角隅水平弯矩等于短向池壁的 M_x^0，即

$$M_c = M_x^0 = -28.33 kN \cdot m/m$$

长向池壁在角隅处的水平拉力等于相邻短向池壁的边缘剪力，即

$$N_{c0} = V_{x0} = 30.47 kN/m$$

N_{c0} 代表长向池壁角隅处水平拉力的平均值。

（6）水压力作用下短向池壁的水平拉力　短向池壁的水平拉力等于长向池壁的侧边剪力，实际为四边支承的长向池壁的侧边剪力可近似地按 $l_x/l_y = 2.0$ 的双向板计算。因此，短向池壁的水平拉力值可按下式计算：

$$N_{x0} = 0.0951p_w \cdot 2l_y + (2.3335 - 0.0478) \frac{M_c}{2l_y} - 2.2311 \frac{M_{x1}}{2l_y}$$

$$= 0.0951 \times 48.26 \times (2 \times 4.075) kN/m + (2.3335 - 0.0478) \times$$

$$\frac{28.33}{2 \times 4.075} kN/m - 2.2311 \times \frac{53.42}{2 \times 4.075} kN/m$$

$$= (37.40 + 7.95 - 14.62) kN/m = 30.73 kN/m$$

式中　M_c——长壁角隅弯矩；

　　　M_{x1}——长壁按竖向单向计算的底端弯矩，即 $M_{x1} = -53.42 kN \cdot m/m$。

在代入上式计算时，M_c 和 M_{x1} 均取正号。

（7）壁面温差作用下的短壁内力、长壁角隅弯矩及水平拉力　短向池壁按顶边铰支、三边固定计算时，壁面温差引起的弯矩可按式（10-46）计算，并再乘以荷载分项系数 $\gamma_T = 1.4$，弯矩系数由附录 E 中表 E-2 查得，各项弯矩计算如下。

底端竖向弯矩：

$$\overline{M}_y^{0T} = 0.1293\alpha_T \Delta T E h^2 \eta_{rel} \gamma_T$$

$$= 0.1293 \times 1 \times 10^{-5} \times 10 \times 3.0 \times 10^4 \times 250^2 \times 0.65 \times 1.4 N \cdot mm/mm$$

$$= 0.0221 \times 10^6 N \cdot mm/mm = 22.1 kN \cdot m/m \text{(壁外受拉)}$$

跨中竖向弯矩：

$$\overline{M}_y^T = 0.0868\alpha_T\Delta TEh^2\eta_{\text{re1}}\gamma_T$$

$$= 0.0868 \times 1 \times 10^{-5} \times 10 \times 3.0 \times 10^4 \times 250^2 \times 0.65 \times 1.4\text{N} \cdot \text{mm/mm}$$

$$= 0.0148 \times 10^6\text{N} \cdot \text{mm/mm} = 14.8\text{kN} \cdot \text{m/m}(\text{壁外受拉})$$

侧边水平弯矩：

$$\overline{M}_x^{0T} = 0.1342\alpha_T\Delta TEh^2\eta_{\text{re1}}\gamma_T$$

$$= 0.1342 \times 1 \times 10^{-5} \times 10 \times 3.0 \times 10^4 \times 250^2 \times 0.65 \times 1.4\text{N} \cdot \text{mm/mm}$$

$$= 0.0229 \times 10^6\text{N} \cdot \text{mm/mm} = 22.9\text{kN} \cdot \text{m/m}(\text{壁外受拉})$$

跨中水平弯矩：

$$\overline{M}_x^T = 0.0856\alpha_T\Delta TEh^2\eta_{\text{re1}}\gamma_T$$

$$= 0.0856 \times 1 \times 10^{-5} \times 10 \times 3.0 \times 10^4 \times 250^2 \times 0.65 \times 1.4\text{N} \cdot \text{mm/mm}$$

$$= 0.0146 \times 10^6\text{N} \cdot \text{mm/mm} = 14.6\text{kN} \cdot \text{m/m}(\text{壁外受拉})$$

求长向池壁在壁面温差作用下的固定棱边角隅弯矩，可近似地将长壁取为 $l_x/l_y = 2.0$ 的三边固定、顶边铰支的双向板，利用附录 E 中表 E-2 进行计算。以 $\overline{M}_c^T$ 表示壁面温差引起的长壁固定棱边角隅弯矩，则

$$\overline{M}_c^T = 0.1324\alpha_T\Delta TEh^2\eta_{\text{re1}}\gamma_T$$

$$= 0.1324 \times 1 \times 10^{-5} \times 10 \times 3.0 \times 10^4 \times 250^2 \times 0.65 \times 1.4\text{N} \cdot \text{mm/mm}$$

$$= 0.0226 \times 10^6\text{N} \cdot \text{mm/mm} = 22.6\text{kN} \cdot \text{m/m}(\text{壁外受拉})$$

$\overline{M}_c^T$ 与短壁的 $\overline{M}_x^{0T}$ 基本相等，取平均值也就是 22.75kN · m/m，因此短壁的跨中弯矩可以不调整。考虑相邻池壁相互影响后的各项弯矩为

$$M_y^{0T} = \overline{M}_y^{0T} = 22.1\text{kN} \cdot \text{m/m}(\text{壁外受拉})$$

$$M_y^T = \overline{M}_y^T = 14.8\text{kN} \cdot \text{m/m}(\text{壁外受拉})$$

$$M_x^{0T} = (\overline{M}_x^{0T} + \overline{M}_c^T)/2 = 22.75\text{kN} \cdot \text{m/m}(\text{壁外受拉})$$

$$M_x^T = \overline{M}_x^T = 14.6\text{kN} \cdot \text{m/m}(\text{壁外受拉})$$

长壁角隅水平弯矩：

$$M_c^T = M_x^{0T} = 22.75\text{kN} \cdot \text{m/m}(\text{壁外受拉})$$

利用以上计算所得边缘弯矩，可以按附录 E 中表 E-4 计算池壁边缘剪力平均值。

对于短壁：

$$V_{y0.2}^T = -2 \times 0.9342\frac{M_x^{0T}}{l_y} - 0.498\frac{M_y^{0T}}{l_y}$$

$$= -2 \times 0.9342 \times \frac{-22.75}{4.075}\text{kN/m} - 0.498 \times \frac{-22.1}{4.075}\text{kN/m}$$

$$= 13.13\text{kN/m}(\text{指向壁内})$$

$$V_{y0.1}^T = -2 \times 0.9342\frac{M_x^{0T}}{l_y} + 0.8707\frac{M_y^{0T}}{l_y}$$

$$= -2 \times 0.9342 \times \frac{-22.75}{4.075}\text{kN/m} + 0.8707 \times \frac{-22.1}{4.075}\text{kN/m}$$

$$= 5.71\text{kN/m}(\text{指向壁内})$$

$$V_{x0}^T = (1.781 - 0.1307) \frac{M_x^{0T}}{l_x} - 1.9538 \frac{M_y^{0T}}{l_x}$$

$$= (1.787 - 0.1307) \times \frac{-22.75}{6.25} \text{kN/m} - 1.9538 \times \frac{-22.1}{6.25} \text{kN/m}$$

$$= 0.88 \text{kN/m}(\text{指向壁内})$$

以上计算中所有边缘弯矩都取"$-$",是因为这些弯矩作用方向和附录 E 中图 E-2 所示边缘弯矩(使壁内受拉)的作用方向相反。

长壁的侧边剪力平均值可将长壁视为 $l_x/l_y = 2.0$ 的三边固定、顶边铰支的双向板进行近似计算,计算此剪力是为了确定短壁的水平轴向力 N_{x0}^T,故直接用此符号表示,即

$$N_{x0}^T = (2.3335 - 0.0478) \frac{M_c^T}{2l_y} - 2.2311 \frac{M_{x1}^T}{2l_y}$$

$$= (2.3335 - 0.0478) \times \frac{-22.75}{2 \times 4.078} \text{kN/m} - 2.2311 \times \frac{-21.3}{2 \times 4.075} \text{kN/m}$$

$$= -0.545 \text{kN/m}(\text{压力})$$

上式中 $M_{x1}^T = 21.3 \text{kN·m/m}$ 为壁面湿差引起的长壁底端弯矩。

(8)内力组合 根据以上计算,现将截面设计所需的内力组合列于表 10-29 中。第一种组合为仅有池内水压力作用;第二种组合为池内水压力和壁面湿差共同作用。由于短向池壁的斜截面受剪承载力不起控制作用,故短壁的剪力组合值未列出。

表 10-29 短壁内力及长壁角隅内力组合值

内力	短向池壁					长向池壁	
	M_y^0	M_y	M_x^0	M_x	N_{x0}	M_c	N_{c0}
第一种组合	-43.52	16.91	-28.33	$+9.53$	$+30.73$	-28.33	$+30.47$
第二种组合	-43.52 $+22.1$ $=+21.42$	$+16.91$ $+14.8$ $=+31.71$	-28.33 $+22.75$ $=-5.58$	$+9.53$ $+14.6$ $=+24.13$	$+30.73$ -0.545 $=+30.19$	-28.33 $+22.75$ $=-5.58$	$+30.47$ $+0.88$ $=+31.35$

注:弯矩以 kN·m/m 为单位;轴向力以 kN/m 为单位;正弯矩使壁外受拉,轴向力为拉力。

(三)池壁截面设计

1. 长向池壁

(1)竖向钢筋设计 池壁竖向按受弯构件计算,内侧钢筋由底端负弯矩确定。由表 10-28 可知,起控制作用的为第一种组合值,即 $M_{x1} = -53.42 \text{kN·m/m}$。取 $h_0 = h - 35 \text{mm} = (250 - 35) \text{mm} = 215 \text{mm}$,则

$$\alpha_s = \frac{M}{\alpha_1 f_c b h_0^2} = \frac{53.42 \times 10^6}{1.0 \times 14.3 \times 1000 \times 215^2} = 0.0808$$

相应的 $\xi = 0.0844 < \xi_b = 0.576$,配筋率 $\rho = \xi \frac{\alpha_1 f_c}{f_y} = 0.0844 \times \frac{1.0 \times 14.3}{270} = 0.447\% > \rho_{min} \frac{h}{h_0} = 0.2\% \times \frac{250}{215} = 0.233\%$,需要的钢筋截面面积为

$$A_s = \rho b h = 0.00447 \times 1000 \times 250 \text{mm}^2 = 1117 \text{mm}^2$$

选用 $\Phi 10/14@100$,$A_s = 1162 \text{mm}^2$。

外侧钢筋由竖向跨中最大弯矩确定，起控制作用的为第二种内力组合值，即 $M_{x,\max} = 33.42\text{kN} \cdot \text{m/m}$，则

$$\alpha_s = \frac{M}{\alpha_1 f_c b h_0^2} = \frac{33.42 \times 10^6}{1.0 \times 14.3 \times 1000 \times 215^2} = 0.0506$$

相应的 $\xi = 0.0519$，$\rho = 0.0519 \times \frac{1.0 \times 14.3}{270} = 0.275\% > 0.2\% \frac{h}{h_0} = 0.2\% \times \frac{250}{215} = 0.233\%$，故

$$A_s = \rho b h = 0.00275 \times 1000 \times 250\text{mm}^2 = 687.5\text{mm}^2$$

选用 $\Phi 10@110$，$A_s = 714\text{mm}^2$。

（2）水平钢筋计算　　长向池壁中间区段的水平钢筋根据构造，按总配筋率 $\frac{A_s}{bh} = 2 \times 0.2\% = 0.4\%$ 配置，则每米高内所需钢筋面积为 $A_s = 0.004 \times 1000 \times 250\text{mm}^2 = 1000\text{mm}^2$。现采用内外侧均配 $\Phi 12@220$，则 $A_s = 1028\text{mm}^2$。

角隅处水平钢筋应根据角隅水平弯矩及水平拉力按偏心受拉构件计算确定，由表 10-29 可知，起控制作用的是第一种组合内力值，即 $M_c = -28.33\text{kN} \cdot \text{m/m}$，$N_{c0} = 30.47\text{kN/m}$。此时偏心距为

$$e_0 = \frac{M}{N} = \frac{28.33}{30.47}\text{m} = 0.93\text{m} = 930\text{mm} > \frac{h}{2} - a_s = \left(\frac{250}{2} - 40\right)\text{mm} = 85\text{mm}$$

故属于大偏心受拉构件。上式中取 $a_s = 40\text{mm}$，即考虑水平钢筋置于竖向钢筋内侧。

偏心拉力对受拉钢筋合力作用点的距离为

$$e = e_0 - \frac{h}{2} + a_s = \left(930 - \frac{250}{2} + 40\right)\text{mm} = 845\text{mm}$$

则

$$Ne = 30470 \times 845\text{N} \cdot \text{mm} = 25.75 \times 10^6\text{N} \cdot \text{mm}$$

而

$$2a_s' b\alpha_1 f_c(h_0 - a_s') = 2 \times 40 \times 1000 \times 1.0 \times 14.3 \times (210 - 40)\text{N} \cdot \text{mm}$$
$$= 194.48 \times 10^6\text{kN} \cdot \text{mm} > Ne = 25.75 \times 10^6\text{N} \cdot \text{mm}$$

故应按不考虑 A_s' 的作用计算 A_s。

$$\alpha_s = \frac{Ne}{\alpha_1 f_c b h_0^2} = \frac{30470 \times 845}{1.0 \times 14.3 \times 1000 \times 210^2} = 0.041$$

相应的内力臂系数 $\gamma_s = 0.979$，A_s 按式（7-14）计算，即

$$A_s = \frac{N}{f_y}\left(\frac{e}{\gamma_s h_0} + 1\right) = \frac{30470}{270} \times \left(\frac{854}{0.979 \times 210} + 1\right)\text{mm}^2 = 581.6\text{mm}^2$$

显然大于按最小配筋率计算所需钢筋截面面积。选用 $\Phi 10@100$，$A_s = 785\text{mm}^2$。即除将中段内侧钢筋 $\Phi 10@200$ 伸入支座外，另增加 $\Phi 10@200$ 短钢筋。受压钢筋 A_s' 则将中段外侧钢筋 $\Phi 10@200$ 伸入支座即可。

（3）裂缝宽度验算

1）池壁竖向壁底截面。该处按荷载效应组合值计算的弯矩值为

$$M_q = \frac{53.42}{1.27}\text{kN} \cdot \text{m/m} = 42.06\text{kN} \cdot \text{m/m}$$

水压力准永久值系数取 $\Psi_q = 1.0$。

裂缝截面的钢筋应力为

$$\sigma_{sq} = \frac{M_q}{0.87h_0A_s} = \frac{42.06 \times 10^6}{0.87 \times 215 \times 1162} \text{N/mm}^2 = 194 \text{N/mm}^2$$

按有效受拉区计算的受拉钢筋配筋率为

$$\rho_{te} = \frac{A_s}{0.5bh} = \frac{1162}{0.5 \times 1000 \times 250} = 0.0093$$

钢筋应变不均匀系数为

$$\psi = 1.1 - 0.65\frac{f_{tk}}{\rho_{te}\sigma_{sq}\alpha_2} = 1.1 - \frac{0.65 \times 2.01}{0.0093 \times 194 \times 1.0} = 0.376 < 0.4, 取 \Psi = 0.4。$$

由于受拉钢筋采用了两种不同直径的钢筋，裂缝验算时受拉区纵向钢筋的等效直径为

$$d = \frac{4A_s}{u} = \frac{4 \times 1162}{5\pi(10 + 14)} \text{mm} = 12.3 \text{mm}$$

最大裂缝宽度为

$$\omega_{max} = 1.8\psi\frac{\sigma_{sq}}{E_s}\left(1.5c + 0.11\frac{d}{\rho_{te}}\right)(1.0 + \alpha_1)\nu$$

$$= 1.8 \times 0.4 \times \frac{194}{2.1 \times 10^5} \times \left(1.5 \times 30 + 0.11 \times \frac{12.3}{0.0093}\right) \times (1.0 + 0) \times 1.0 \text{mm}$$

$$= 0.127 \text{mm} < \omega_{lim} = 0.25 \text{mm}(符合要求)$$

2）竖向跨中截面。

$$M_q = \frac{33.42}{1.27}\text{kN} \cdot \text{m/m} = 26.31 \text{kN} \cdot \text{m/m}$$

$$\sigma_{sq} = \frac{M_q}{0.87h_0A_s} = \frac{26.31 \times 10^6}{0.87 \times 215 \times 714}\text{N/mm}^2 = 197.0 \text{N/mm}^2$$

$$\rho_{te} = \frac{A_s}{0.5bh} = \frac{714}{0.5 \times 1000 \times 250} = 0.0057$$

$$\psi = 1.1 - \frac{0.65f_{tk}}{\rho_{te}\sigma_{sq}\alpha_2} = 1.1 - \frac{0.65 \times 2.01}{0.0057 \times 197 \times 1.0} = -0.06 < 0.4, 取 \Psi = 0.4。$$

$$\omega_{max} = 1.8\psi\frac{\sigma_{sq}}{E_s}\left(1.5c + 0.08\frac{d}{\rho_{te}}\right)(1.0 + \alpha_1)\nu$$

$$= 1.8 \times 0.4 \times \frac{197}{2.1 \times 10^5} \times \left(1.5 \times 30 + 0.11 \times \frac{10}{0.0057}\right) \times (1.0 + 0) \times 1.0 \text{mm}$$

$$= 0.16 \text{mm} < \omega_{lim} = 0.25 \text{mm}(符合要求)$$

3）角隅边缘截面。该处按荷载效应组合值计算的弯矩和轴向力分别为

$$M_q = \frac{28.33}{1.27}\text{kN} \cdot \text{m/m} = 22.31 \text{kN} \cdot \text{m/m}$$

$$N_q = \frac{30.47}{1.27}\text{kN/m} = 23.99 \text{kN/m}$$

此时裂缝宽度应按偏心受拉构件计算，轴向拉力 N_q 相当于具有偏心距

$$e_0 = \frac{M_q}{N_q} = \frac{22.31}{23.99}\text{m} = 0.93 \text{m} = 930 \text{mm}$$

$$\alpha_2 = 1 + 0.35\frac{h_0}{e_0} = 1 + 0.35 \times \frac{210}{930} = 1.08$$

则

$$\sigma_{sq} = \frac{M_q + 0.5N_q(h_0 - a_s')}{A_s(h_0 - a_s')}$$

$$= \frac{22.31 \times 10^6 + 0.5 \times 23.99 \times 10^3 \times (210 - 40)}{785 \times (210 - 40)} \text{N/mm}^2$$

$$= 182.45 \text{N/mm}^2$$

$$\rho_{te} = \frac{A_s}{0.5bh} = \frac{785}{0.5 \times 1000 \times 250} = 0.0063$$

$$\psi = 1.1 - \frac{0.65f_{tk}}{\rho_{te}\sigma_{sq}\alpha_2} = 1.1 - \frac{0.65 \times 2.01}{0.0063 \times 182.45 \times 1.08} = 0.048 < 0.4, \text{取} \ \Psi = 0.4_{\circ}$$

由于水平钢筋置于竖向钢筋内侧，水平钢筋净保护层厚度 $c = 35\text{mm}_{\circ}$

$$\alpha_1 = 0.28 \cdot \frac{1}{1 + 2e_0/h_0} = 0.28 \times \frac{1}{1 + 2 \times 930/210} = 0.028$$

$$\omega_{max} = 1.8\psi \frac{\sigma_{sq}}{E_s}\left(1.5c + 0.11\frac{d}{\rho_{te}}\right)(1.0 + \alpha_1)\nu$$

$$= 1.8 \times 0.4 \times \frac{182.45}{2.1 \times 10^5} \times \left(1.5 \times 35 + 0.11 \times \frac{10}{0.0063}\right) \times$$

$$(1.0 + 0.028) \times 1.0 \text{mm}$$

$$= 0.146\text{mm} < \omega_{lim} = 0.25\text{mm}(\text{符合要求})$$

2. 短向池壁

（1）竖向钢筋计算　竖向钢筋按受弯构件计算，内侧钢筋按底端负弯矩确定。由表 10-29 可知，起控制作用的为第一种组合弯矩值 $M_y^0 = -43.52\text{kN} \cdot \text{m/m}$，钢筋计算如下：

$$\alpha_s = \frac{M}{\alpha_1 f_c bh_0^2} = \frac{43.52 \times 10^6}{1.0 \times 14.3 \times 1000 \times 215^2} = 0.066$$

相应的 $\xi = 0.068 < \xi_b = 0.576$，配筋率为

$$\rho = \xi\frac{\alpha_1 f_c}{f_y} = 0.068 \times \frac{1.0 \times 14.3}{270} = 0.361\% > 0.2\%\frac{h}{h_0}$$

$$= 0.2\% \times \frac{250}{210} = 0.232\%$$

则 $A_s = \rho bh = 0.00361 \times 1000 \times 215\text{mm}^2 = 776.1\text{mm}^2$，选用 Φ10@100，$A_s = 785\text{mm}^2_{\circ}$

外侧钢筋按竖向跨中正弯矩确定。由表 10-29 可知，起控制作用的是第二种组合弯矩值 $M_y = 31.71\text{kN} \cdot \text{m/m}$，钢筋计算如下：

$$\alpha_s = \frac{M}{\alpha_1 f_c bh_0^2} = \frac{31.71 \times 10^6}{1.0 \times 14.3 \times 1000 \times 215^2} = 0.048$$

相应的 $\xi = 0.049 < \xi_b = 0.576$，配筋率为

$$\rho = \xi\frac{\alpha_1 f_c}{f_y} = 0.049 \times \frac{1.0 \times 14.3}{270} = 0.260\% > \rho_{min}\frac{h}{h_0}$$

$$= 0.2\% \times \frac{250}{215} = 0.233\%$$

则 $A_s = \rho bh = 0.0026 \times 1000 \times 215\text{mm}^2 = 560.0\text{mm}^2$，选用 Φ10@140，$A_s = 561\text{mm}^2_{\circ}$

（2）水平钢筋计算　水平钢筋按偏心受拉构件计算，支座钢筋决定于支座负弯矩及相

应的水平拉力。由表 10-29 可知，起控制作用的是第一种组合的 $M_x^0 = -28.33 \text{kN} \cdot \text{m/m}$ 及 $N_{x0} = 30.73 \text{kN/m}$。考虑到 M_x^0 与长壁角隅弯矩 M_c 相等，N_{x0} 与长壁的角隅水平拉力 N_{c0}（$= 30.47 \text{kN/m}$）也非常接近，故短壁的侧边支座水平钢筋可以采用与长壁角隅处水平钢筋相同的配筋，即内侧用 $\Phi 10@100$，$A_s = 785 \text{mm}^2$；外侧用 $\Phi 10@200$，$A_s' = 393 \text{mm}^2$。

跨中水平钢筋（外侧受拉）由水平向跨中弯矩及相应的水平拉力（与支座截面处相等）确定。由表 10-29 可知，起控制作用的是第二种组合的 $M_x = 24.13 \text{kN} \cdot \text{m/m}$，$N_{x0} = 30.19 \text{kN/m}$。轴向拉力相当于具有偏心距

$$e_0 = \frac{M}{N} = \frac{24.13}{30.19} \text{m} = 0.799 \text{m} = 799 \text{mm}$$

而 $\dfrac{h}{2} - a_s = \left(\dfrac{250}{2} - 40\right) \text{mm} = 85 \text{mm} < e_0$，故属于大偏心受拉构件。

偏心拉力至受拉钢筋合力作用点的距离为

$$e = e_0 - \frac{h}{2} + a_s = \left(799 - \frac{250}{2} + 40\right) \text{mm} = 589 \text{mm}$$

则　　　　　　　$Ne = 30.19 \times 10^3 \times 589 \text{N} \cdot \text{mm} = 17.78 \times 10^6 \text{N} \cdot \text{mm}$

而　　　$2a_s' b \alpha_1 f_c (h_0 - a_s') = 2 \times 40 \times 1000 \times 1.0 \times 14.3 \times (210 - 40) \text{N} \cdot \text{mm}^2$

$$= 194.48 \times 10^6 \text{N} \cdot \text{mm} > Ne = 17.78 \times 10^6 \text{N} \cdot \text{mm}$$

故应按不考虑 A_s' 的作用计算 A_s。

$$\alpha_s = \frac{Ne}{\alpha_1 f_c b h_0^2} = \frac{17.78 \times 10^6}{1.0 \times 14.3 \times 1000 \times 210^2} = 0.028$$

相应的内力臂系数 $\gamma_s = 0.986$，则

$$A_s = \frac{N}{f_y}\left(\frac{e}{\gamma_s h_0} + 1\right) = \frac{30190}{270} \times \left(\frac{589}{0.986 \times 210} + 1\right) \text{mm}^2 = 429.9 \text{mm}^2$$

选用 $\Phi 8/10@100$，$A_s = 644 \text{mm}^2$；内侧用 $\Phi 10@200$，$A_s = 393 \text{mm}^2$。

（3）裂缝宽度验算　短向池壁各控制截面经验算裂缝宽度均未超过限值，验算过程从略。

3. 按斜截面受剪承载力验算池壁厚度

池壁最大剪力为第一种荷载组合下长向池壁的底端剪力，$V_1 = 78.66 \text{kN/m}$。池壁的受剪承载力为

$$V_u = 0.7 f_t b h_0 = 0.7 \times 1.43 \times 1000 \times 215 \text{N/m} = 215.22 \times 10^3 \text{N/m}$$

$$\approx 215 \text{kN/m} > V_1 = 78.66 \text{kN/m}$$

说明池壁厚度足够抵抗剪力。

（四）走道板及拉梁设计

1. 计算简图及荷载

走道板及拉梁组成一封闭式水平框架。取构件中轴线代表各杆件，则各杆件的计算长度和框架的计算简图如图 10-57 所示。作用于长向池壁走道板上的水平荷载为长壁顶端剪力 $V_2 = 24.90 \text{kN/m}$；短向池壁走道板上的水平荷载为短壁顶端剪力 $V_{y0.2} = （5.35 + 13.13）\text{kN/m} = 18.48 \text{kN/m}$，其中 5.35kN/m 由水压力引起，13.13kN/m 由壁面湿差引起。两个方向走道板的水平荷载由第二种荷载组合引起。

走道板和拉梁在垂直方向尚应考虑使用荷载和自重引起的弯矩和剪力。走道板和拉梁上的使用荷载标准值取 $2.0\mathrm{kN/m^2}$，荷载分项系数 $\gamma_q = 1.4$。走道板按悬臂板计算，拉梁按简支梁计算，其计算跨度取 $6.25\mathrm{m}$。

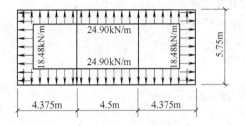 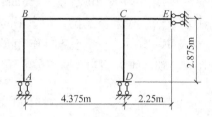

图 10-57　池顶封闭框架计算简图　　　　图 10-58　按对称性考虑框架简化后的计算简图

2. 内力计算

封闭框架的弯矩可用力矩分配法进行计算。考虑到封闭框架及其荷载在两个方向对称，故可取 1/4 个框架按图 10-58 所示进行计算。

根据前面已经确定的走道板截面尺寸（厚 150mm，宽 750mm）和拉梁截面尺寸（图 10-54 截面 1—1），各杆件的线刚度为

$$i_{AB} = \frac{EI_{AB}}{l_{AB}} = \frac{0.15 \times 0.75^3}{12 \times 2.875}E = 1.83 \times 10^{-3}E$$

$$i_{BC} = \frac{EI_{BC}}{l_{BC}} = \frac{0.15 \times 0.75^3}{12 \times 4.375}E = 1.21 \times 10^{-3}E$$

$$i_{CD} = \frac{EI_{CD}}{l_{CD}} = \frac{0.06 \times 0.7^3 + 0.19 \times 0.2^3}{12 \times 2.875}E = 0.641 \times 10^{-3}E$$

$$i_{CE} = \frac{EI_{CE}}{l_{CE}} = \frac{0.15 \times 0.75^3}{12 \times 2.25}E = 2.344 \times 10^{-3}E$$

各杆件的分配系数和传递系数：

AB 杆：

$$\rho_{BA} = \frac{i_{BA}}{i_{BA} + 4i_{BC}} = \frac{1.83 \times 10^{-3}E}{1.83 \times 10^{-3}E + 4 \times 1.21 \times 10^{-3}E} = 0.274$$

$$\mu_{BA} = -1$$

BC 杆：

$$\rho_{BC} = \frac{4i_{BC}}{i_{AB} + 4i_{BC}} = \frac{4 \times 1.21 \times 10^{-3}E}{1.83 \times 10^{-3}E + 4 \times 1.21 \times 10^{-3}E} = 0.726$$

$$\rho_{CB} = \frac{4i_{BC}}{4i_{BC} + i_{CD} + i_{CE}}$$

$$= \frac{4 \times 1.21 \times 10^{-3}E}{4 \times 1.21 \times 10^{-3}E + 0.641 \times 10^{-3}E + 2.344 \times 10^{-3}E} = 0.618$$

$$\mu_{BC} = \mu_{CB} = \frac{1}{2}$$

CD 杆：

$$\rho_{CD} = \frac{i_{CD}}{4i_{BC} + i_{CD} + i_{CE}} = \frac{0.641 \times 10^{-3}E}{4 \times 1.21 \times 10^{-3}E + 0.641 \times 10^{-3}E + 2.344 \times 10^{-3}E}$$
$$= 0.082$$

$$\mu_{CD} = -1$$

CE 杆：

$$\rho_{CE} = \frac{i_{CE}}{4i_{BC} + i_{CD} + i_{CE}} = \frac{2.344 \times 10^{-3}E}{4 \times 1.21 \times 10^{-3} + 0.641 \times 10^{-3}E + 2.344 \times 10^{-3}E}$$
$$= 0.300$$

$$\mu_{CE} = -1$$

各杆件的固端弯矩：

AB 杆：

$$\overline{M}_{AB} = \frac{1}{6}q_{AB}l_{AB}^2 = \frac{1}{6} \times 18.48 \times 2.875^2 \mathrm{kN \cdot m} = 25.46 \mathrm{kN \cdot m}$$

$$\overline{M}_{BA} = \frac{1}{3}q_{AB}l_{AB}^2 = \frac{1}{3} \times 18.48 \times 2.875^2 \mathrm{kN \cdot m} = 50.92 \mathrm{kN \cdot m}$$

BC 杆：

$$\overline{M}_{BC} = -\overline{M}_{CB} = -\frac{1}{12}q_{BC}l_{BC}^2 = -\frac{1}{12} \times 24.90 \times 4.375^2 \mathrm{kN \cdot m} = -39.72 \mathrm{kN \cdot m}$$

CD 杆：

$$\overline{M}_{CD} = \overline{M}_{DC} = 0$$

CE 杆：

$$\overline{M}_{CE} = -\frac{1}{3}q_{CE}l_{CE}^2 = -\frac{1}{3} \times 24.90 \times 2.25^2 \mathrm{kN \cdot m} = -42.02 \mathrm{kN \cdot m}$$

$$\overline{M}_{EC} = -\frac{1}{6}q_{CE}l_{CE}^2 = -\frac{1}{6} \times 24.90 \times 2.25^2 \mathrm{kN \cdot m} = -21.01 \mathrm{kN \cdot m}$$

以上弯矩的符号，以使节点顺时针方向转动为正。按力矩分配法计算各杆端弯矩的过程列于表 10-30 中。

表 **10-30**　杆端弯矩的计算　　　　　　　（单位：kN · m）

节点	A	B		C			D	E
杆端	AB	BA	BC	CB	CD	CE	DC	EC
分配系数	定向端	0.274	0.726	0.618	0.082	0.300	定向端	定向端
固端弯矩	+25.46	+50.92	-39.72	+39.72	0	-42.02	0	-21.01
B 分配传递	+3.07	-3.07	-8.13	-4.06			-0.52	-1.91
C 分配传递			+1.97	+3.93	+0.52	+1.91		
B 分配传递	+0.54	-0.54	-1.43	-0.72			-0.06	-0.22
C 分配传递			+0.22	+0.44	+0.06	+0.22		
B 分配传递	+0.06	-0.06	-0.16	-0.08			-0.007	-0.024
C 分配传递			+0.01	+0.05	0.007	+0.024		
最终弯矩	+29.13	+47.25	-47.24	39.28	+0.587	-39.87	-0.587	-23.16

以上计算所得的 M_{AB} 和 M_{EC} 分别为短向池壁上走道板的水平跨中弯矩和长向池壁上走道板水平向中间跨的跨中弯矩。长向池壁上走道板水平向边跨（即 BC 跨）的跨中弯矩可按下式计算确定：

$$M = \frac{1}{8}q_{BC}l_{BC}^2 - \frac{|M_{BC}| + |M_{CB}|}{2}$$

$$= \left(\frac{1}{8} \times 24.90 \times 4.375^2 - \frac{47.24 + 39.28}{2}\right)kN \cdot m = 16.32kN \cdot m$$

水平封闭框架的杆端剪力为

$$V_{BA} = 18.48 \times 2.875kN = 53.13kN$$

$$V_{BC} = \left(24.90 \times \frac{4.375}{2} + \frac{47.24 - 39.28}{4.375}\right)kN = 56.29kN$$

$$V_{CB} = \left(-24.90 \times \frac{4.375}{2} + \frac{47.24 - 39.28}{4.375}\right)kN = -52.65kN$$

$$V_{CE} = 24.90 \times 2.25kN = 56.025kN$$

$$V_{CD} = V_{DC} = 0$$

水平框架的杆件拉力：

短向走道板 $N_{AB} = V_{BC} = 56.91kN$

长向走道板 $N_{BC} = N_{CE} = V_{AB} = 53.13kN$

拉梁 $N_{CD} = -V_{CB} + V_{CE} = (52.03 + 56.025)\ kN = 108.06kN$

周边走道板的悬臂固端弯矩为

$$M = -\frac{1}{2}(g + q)l^2$$

$$= -\frac{1}{2} \times (1.2 \times 0.15 \times 25 + 1.4 \times 2) \times 0.5^2kN \cdot m/m$$

$$= -0.913kN \cdot m/m$$

拉梁在竖平面内的跨中弯矩设计值

$$M = -\frac{1}{2}(g + q)l^2$$

$$= -\frac{1}{2} \times [1.2 \times (0.06 \times 0.7 + 0.19 \times 0.2) \times 25 + 1.4 \times 0.7 \times 2] \times$$

$$6.25^2kN \cdot m/m = 21.29kN \cdot m/m$$

支座边缘截面剪力设计值为

$$V = \frac{1}{2}(g + q)l_n$$

$$= \frac{1}{2} \times [1.2 \times (0.06 \times 0.7 + 0.19 \times 0.2) \times 25 + 1.4 \times 0.7 \times 2] \times 6.0kN$$

$$= 13.08kN$$

3. 构件截面设计

（1）水平封闭框架周边梁（走道板） 按偏心受拉构件计算，考虑到对称性，仍以图 10-58 所示的节点编号表示各杆件的编号。

1）AB 杆。

B 端截面：此端为实际的支座端，截面配筋计算应以支座边缘截面为准，该截面的弯矩设计值和剪力设计值为

$$M_{BA,e} = M_{BA} - \frac{1}{2}V_{BA}b + \frac{1}{4}q_{AB}b^2$$

$$= \left(47.25 - \frac{1}{2} \times 53.13 \times 0.75 + \frac{1}{4} \times 18.48 \times 0.75^2\right)\text{kN} \cdot \text{m}$$

$$= 29.93\text{kN} \cdot \text{m}(内侧受拉)$$

$$V_{BA,e} = V_{BA} - \frac{1}{2}q_{AB}b = \left(53.13 - \frac{1}{2} \times 18.48 \times 0.75\right)\text{kN} = 46.20\text{kN}$$

AB 杆的轴向拉力设计值 $N_{AB} = 56.91$kN，偏心距为

$$e_0 = \frac{M_{BA,e}}{N_{AB}} = \frac{29.93}{56.91}\text{m} = 0.526\text{m} = 526\text{mm}$$

纵向钢筋的净保护层厚度取 30mm，a_s 和 a'_s 估计为 40mm，则 $h_0 = (750 - 40)\text{mm} = 710\text{mm}$。

$$\frac{h}{2} - a_s = \left(\frac{750}{2} - 40\right)\text{mm} = 335\text{mm} < e_0 = 526\text{mm}$$

故属于大偏心受拉构件。偏心拉力至受拉钢筋合力作用点的距离为

$$e = e_0 - \frac{h}{2} + a_s = \left(526 - \frac{750}{2} + 40\right)\text{mm} = 191\text{mm}$$

$$Ne = 56.91 \times 10^3 \times 191\text{N} \cdot \text{mm} = 10.87 \times 10^6 \text{N} \cdot \text{mm}$$

$$2a'_s b\alpha_1 f_c(h_0 - a'_s) = 2 \times 40 \times 150 \times 1.0 \times 14.3 \times (710 - 40)\text{N} \cdot \text{mm}$$

$$= 114.97 \times 10^6 \text{N} \cdot \text{mm} > Ne$$

$$= 10.87 \times 10^6 \text{N} \cdot \text{mm}$$

故不考虑受压钢筋的作用。

$$\alpha_s = \frac{Ne}{\alpha_1 f_c bh_0^2} = \frac{10.87 \times 10^6}{1.0 \times 14.3 \times 150 \times 710^2} = 0.01$$

$$\gamma_s = 0.995$$

$$A_s = \frac{N}{f_y}\left(\frac{e}{\gamma_s h_0} + 1\right) = \frac{56.91 \times 10^3}{270} \times \left(\frac{191}{0.995 \times 710} + 1\right)\text{mm}^2$$

$$= 267.76\text{mm}^2 > \rho_{min}bh = 0.002 \times 150 \times 750\text{mm}^2 = 225\text{mm}^2$$

选用 $2\Phi12 + 1\Phi10$，$A_s = 304.5\text{mm}^2$。

受压钢筋按最小配筋率配筋，即：$A_{smin} = 0.002bh = 0.002 \times 150 \times 750\text{mm}^2 = 225\text{mm}^2$，选用 $2\Phi12$，$A'_s = 226\text{mm}^2$。

根据斜截面受剪承载力要求计算箍筋。

$$V = 46.2\text{kN} < 0.25f_c bh_0 = 0.25 \times 14.3 \times 150 \times 710\text{kN} = 380.74\text{kN}$$

截面尺寸符合要求。

斜截面受剪承载力按式（7-19）计算。由于构件横向荷载为均布荷载，故取计算剪跨比 $\lambda = 1.5$，混凝土所能抵抗的剪力为

$$V_c = \frac{1.75}{\lambda + 1} f_t b h_0 - 0.2N$$

$$= \left(\frac{1.75}{1.5 + 1} \times 1.43 \times 150 \times 710 - 0.2 \times 56.91 \times 10^3 \right) N$$

$$= 95.22 \times 10^3 N > V = 46.20 \times 10^3 N$$

故箍筋可按构造要求配置，即

$$\frac{A_{sv}}{s} \geqslant 0.36b \frac{f_t}{f_{yv}} = 0.36 \times 150 \times \frac{1.43}{270} = 0.286$$

考虑到箍筋尚应参与抵抗走道板的垂直向悬臂弯矩，故初步确定箍筋间距 $s = 200mm$，则受剪需要的箍筋截面面积为 $A_{sv} = 0.286s = 0.286 \times 200mm^2 = 57.2mm^2$。采用 Φ8 双肢箍筋，$A_{sv} = 100.6mm^2$，其中靠近走道板顶面的一肢可以被认为尚有 $(100.6 - 57.2)/2mm^2 = 21.70mm^2$ 可以参与抵抗悬臂弯矩。计算结果表明，抵抗悬臂弯矩 $M = -0.913kN \cdot m/m$ 的钢筋只需按最小配筋率配置，即每米宽度需要的钢筋截面面积为 $A_{sv} = 0.002bh = 0.002 \times 1000 \times 150mm^2 = 300mm^2$。如果在利用箍筋的基础上再增配 Φ8@200 的受弯钢筋，则每米板宽内的实际钢筋截面面积可达 $A_{sv} = (5 \times 21.7 + 251)mm^2 = 360.0mm^2$，满足 $A_{sv} = 300mm^2$ 的要求。

A 截面（实际的跨中截面）：按 $M_{AB} = 29.13kN \cdot m$（外侧受拉），$N_{AB} = 56.91kN$ 计算。

$$e_0 = \frac{M_{AB}}{N_{AB}} = \frac{29.13}{56.91}m = 0.512m = 512mm > \frac{h}{2} - a_s = 335mm$$

属于大偏心受拉。

$$e = e_0 - \frac{h}{2} + a_s = \left(512 - \frac{750}{2} + 40 \right)mm = 177mm$$

$$Ne = 56.91 \times 10^3 \times 177N \cdot mm = 10.07 \times 10^6 N \cdot mm$$

$$\alpha_s = \frac{Ne}{\alpha_1 f_c b h_0^2} = \frac{10.07 \times 10^6}{1.0 \times 14.3 \times 150 \times 710^2} = 0.0093$$

$$\gamma_s = \frac{1 + \sqrt{1 - 2\alpha_s}}{2} = 0.9953$$

$$A_s = \frac{N}{f_y} \left(\frac{e}{\gamma_s h_0} + 1 \right) = \frac{56.91 \times 10^3}{270} \times \left(\frac{177}{0.9953 \times 710} + 1 \right)mm^2 = 263.57mm^2$$

选用 2Φ10 + 1Φ12，$A_s = 270.1mm^2$；受压钢筋采用 2Φ12，$A_s' = 226mm^2$。

2）BC 杆及 CE 杆。

BC 杆的 B 端采用与 AB 杆 B 端同样的配筋。BC 杆及 CE 杆的 C 端采用同样的配筋，根据 CE 杆 C 端内力确定，$M_{CE} = -39.87kN \cdot m$，$N_{CE} = 53.13kN$。由于 C 支座宽度 b 只有 200mm，相对较窄，支座边缘弯矩可按式（9-11）确定，即

$$M_{CE,e} = M_{CE} - \frac{1}{2}V_0 b = \left(39.87 - \frac{1}{2} \times 56.025 \times 0.2 \right)kN \cdot m = 34.27kN \cdot m$$

则

$$e_0 = \frac{M_{CE,e}}{N_{CE}} = \frac{34.27}{53.13}m = 0.645m = 645mm > \frac{h}{2} - a_s = 335mm$$

属于大偏心受拉。

$$e = e_0 - \frac{h}{2} + a_\mathrm{s} = \left(645 - \frac{750}{2} + 40\right)\mathrm{mm} = 310\mathrm{mm}$$

$$Ne = 53.13 \times 10^3 \times 310\mathrm{N} \cdot \mathrm{mm} = 16.47 \times 10^6 \mathrm{N} \cdot \mathrm{mm} < 2a_\mathrm{s}'b\alpha_1 f_\mathrm{c}(h_0 - a_\mathrm{s}')$$

$$= 114.97 \times 10^6 \mathrm{N} \cdot \mathrm{mm}$$

$$\alpha_\mathrm{s} = \frac{Ne}{\alpha_1 f_\mathrm{c} b h_0^2} = \frac{16.47 \times 10^6}{1.0 \times 14.3 \times 150 \times 710^2} = 0.015$$

$$\gamma_\mathrm{s} = 0.992$$

$$A_\mathrm{s} = \frac{N}{f_\mathrm{y}}\left(\frac{e}{\gamma_\mathrm{s} h_0} + 1\right) = \frac{53.13 \times 10^3}{270} \times \left(\frac{310}{0.992 \times 710} + 1\right)\mathrm{mm}^2 = 283.39\mathrm{mm}^2$$

选用 $2\Phi12 + 1\Phi10$，$A_\mathrm{s} = 304.5\mathrm{mm}^2$；$A_\mathrm{s}'$ 按最小配筋率配筋，采用 $2\Phi12$。

BC 杆及 CE 杆的跨中截面配筋统一按 CE 杆的 E 截面内力计算确定，即 $M_{EC} = 23.16$ kN·m，$N_{CE} = 53.13$ kN。

$$e_0 = \frac{M_{EC}}{N_{CE}} = \frac{23.16}{53.13}\mathrm{m} = 0.436\mathrm{m} = 436\mathrm{mm} > \frac{h}{2} - a_\mathrm{s} = \left(\frac{750}{2} - 400\right)\mathrm{mm} = 335\mathrm{mm}$$

属于大偏心受拉。

$$e = e_0 - \frac{h}{2} + a_\mathrm{s} = \left(436 - \frac{750}{2} + 40\right)\mathrm{mm} = 101\mathrm{mm}$$

$$Ne = 53.13 \times 10^3 \times 101\mathrm{N} \cdot \mathrm{mm} = 5.37 \times 10^6 \mathrm{N} \cdot \mathrm{mm} < 114.97 \times 10^6 \mathrm{N} \cdot \mathrm{mm}$$

$$\alpha_\mathrm{s} = \frac{Ne}{\alpha_1 f_\mathrm{c} b h_0^2} = \frac{5.37 \times 10^6}{1.0 \times 14.3 \times 150 \times 710^2} = 0.005$$

$$\gamma_\mathrm{s} = \frac{1 + \sqrt{1 - 2\alpha_\mathrm{s}}}{2} = \frac{1 + \sqrt{1 - 2 \times 0.005}}{2} = 0.997$$

$$A_\mathrm{s} = \frac{N}{f_\mathrm{y}}\left(\frac{e}{\gamma_\mathrm{s} h_0} + 1\right) = \frac{53.13 \times 10^3}{270} \times \left(\frac{101}{0.997 \times 710} + 1\right)\mathrm{mm}^2 = 224.9\mathrm{mm}^2$$

$$< \rho_{\min}bh = 0.002 \times 150 \times 750\mathrm{mm}^2 = 225\mathrm{mm}^2$$

选用 $3\Phi10$，$A_\mathrm{s} = 236\mathrm{mm}^2$。$A_\mathrm{s}'$ 按最小配筋率配筋，采用 $2\Phi12$。

BC 杆和 CE 杆的箍筋和悬臂受弯钢筋的采用与 AB 杆一致。

（2）拉梁（CD 杆）　拉梁的水平弯矩很小（$M_{CD} = M_{DC} = 0.587\mathrm{kN} \cdot \mathrm{m}$），可以忽略不计，故拉梁按垂直平面内的偏心受拉构件计算。已算得 $M = 21.29\mathrm{kN} \cdot \mathrm{m}$，$N = N_{CD} = 108.06\mathrm{kN}$。

$$e_0 = \frac{M}{N} = \frac{21.29}{108.06}\mathrm{m} = 0.197\mathrm{m} = 197\mathrm{mm}$$

根据图 10-54 所示的截面形状和尺寸，可算得截面形心至底边的距离为

$$y = \frac{0.06 \times 0.7 \times (0.25 - 0.03) + (0.25 - 0.06) \times 0.2 \times (0.26 - 0.06)/2}{0.06 \times 0.7 + (0.25 - 0.06) \times 2}\mathrm{m}$$

$$= 0.161\mathrm{m} = 161\mathrm{mm}$$

钢筋净保护层厚度取 30mm，估计 $a_\mathrm{s} = a_\mathrm{s}' = 40\mathrm{mm}$。

$$y - a_\mathrm{s} = (161 - 40)\mathrm{mm} = 121\mathrm{mm} < e_0 = 197\mathrm{mm}$$

故属于大偏心受拉构件。

$$e = e_0 - y + a_s = (197 - 161 + 40)\text{mm} = 76\text{mm}$$

$$\alpha_1 f_c b'_f h'_f \left(h_0 - \frac{h'_f}{2} \right) = 1.0 \times 14.3 \times 700 \times 60 \times \left(210 - \frac{60}{2} \right) \text{N} \cdot \text{mm}$$

$$= 108.11 \times 10^6 \text{N} \cdot \text{mm}$$

$$Ne = 108.06 \times 10^3 \times 76\text{N} \cdot \text{mm} = 8.21 \times 10^6 \text{N} \cdot \text{mm} < 108.11 \times 10^6 \text{N} \cdot \text{mm}$$

说明混凝土受压区高度小于受压翼缘高度（$x < h'_f$），属于第一类 T 形截面，可按宽度为 b'_f 的矩形截面计算。由于 $2a'_s = 2 \times 40\text{mm} = 80\text{mm} > h'_f = 60\text{mm}$，故不必考虑受压钢筋的作用。

$$\alpha_s = \frac{Ne}{\alpha_1 f_c b h_0^2} = \frac{8.21 \times 10^6}{1.0 \times 14.3 \times 700 \times 210^2} = 0.019$$

$$\gamma_s = 0.990$$

$$A_s = \frac{N}{f_y} \left(\frac{e}{\gamma_s h_0} + 1 \right) = \frac{108.06 \times 10^3}{270} \times \left(\frac{76}{0.990 \times 210} + 1 \right) \text{mm}^2$$

$$= 546.5\text{mm}^2 > \rho_{\min} bh = 0.002 \times 200 \times 250\text{mm}^2 = 100\text{mm}^2$$

选用 3Φ16，$A_s = 603\text{mm}^2$。

A'_s 按最小配筋率配筋，即 $A'_s = 0.002 \times [(b'_f - b) h'_f + bh_0] = 0.002 \times [(700 - 200) \times 60 + 200 \times 250]$ $\text{mm}^2 = 160\text{mm}^2$。选用 2Φ10，$A'_s = 157\text{mm}^2$。

根据斜截面受剪承载力要求计算箍筋。已算得支座边缘剪力设计值 $V = 13.08\text{kN}$，由于拉梁承受均布荷载，取 $\lambda = 1.5$。

$$0.25\beta_c f_c b h_0 = 0.25 \times 1.0 \times 14.3 \times 200 \times 210\text{N} = 150.1\text{kN} > V = 13.08\text{kN}$$

截面尺寸符合要求。混凝土所能抵抗的剪力为

$$V_c = \frac{1.75}{\lambda + 1} f_t b h_0 - 0.2N = \left(\frac{1.75}{1.5 + 1} \times 1.43 \times 200 \times 210 - 0.2 \times 108.06 \times 10^3 \right) \text{N}$$

$$= 20430\text{N} = 20.43\text{kN} > V = 13.08\text{kN}$$

按构造要求确定箍筋，采用双肢Φ8@200 箍筋。

截面翼缘应按悬臂板计算所需的受弯钢筋，悬臂弯矩为

$$M = \frac{1}{2}(g + q)l^2 = \frac{1}{2} \times (1.2 \times 0.06 \times 25 + 1.4 \times 2.0) \times 0.25^2 \text{kN} \cdot \text{m/m}$$

$$= 0.144\text{kN} \cdot \text{m/m}$$

取 $a_s = 30\text{mm}$，则 $h_0 = h - a_s = (60 - 30)$ mm = 30mm。

$$\alpha_s = \frac{M}{\alpha_1 f_c b h_0^2} = \frac{0.144 \times 10^6}{1.0 \times 14.3 \times 1000 \times 30^2} = 0.011$$

$$\xi = 0.011$$

$$\rho = \xi \frac{\alpha_1 f_c}{f_y} = 0.011 \times \frac{1.0 \times 14.3}{270} = 0.058\% < \rho_{\min} \frac{h}{h_0} = 0.2\% \times \frac{60}{30} = 0.4\%$$

故按最小配筋率确定 A_s，即

$$A_s = 0.002bh = 0.002 \times 1000 \times 60\text{mm}^2 = 120\text{mm}^2$$

根据构造采用Φ8@200，$A_s = 251\text{mm}^2$。

（3）所有构件的控制截面裂缝宽度验算 最大裂缝宽度都未超过限值，验算过程从略。

（五）基础设计

池壁条形基础的尺寸已初步确定，如图 10-53 所示。现沿长向池壁取 1m 长基础进行计算。

1. 地基承载力验算

每米长度基础底面以上的垂直荷载设计值为

走道板自重　$1.2 \times 25 \times 0.15 \times 0.75\text{kN} = 3.375\text{kN}$

池壁自重　$1.2 \times 25 \times 0.25 \times 4.0\text{kN} = 30\text{kN}$

以上两项之和　$G_\text{b} = 33.375\text{kN}$

基础板自重　$G_\text{f} = 1.2 \times 25 \times 0.3 \times 2.0\text{kN} = 18\text{kN}$

作用于池壁内侧基础板上的水重

$$G_\text{w} = 1.27 \times 10 \times 3.8 \times 1.25\text{kN} = 60.33\text{kN}$$

走道板上活荷载　$G_\text{q} = 1.4 \times 2 \times 0.75\text{kN} = 2.1\text{kN}$

G_b、G_f、G_w、G_q 的作用位置如图 10-59 所示。

池壁底部传给基础板顶面的弯矩和剪力设计值分别为 $M = 53.42\text{kN} \cdot \text{m}$ 和 $V = 78.66\text{kN}$（图 10-59）。

在进行地基承载力计算时，采用的是标准值，上述荷载在基底产生的垂直荷载标准值为

$$\begin{aligned}
\sum G_\text{k} &= G_\text{bk} + G_\text{fk} + G_\text{wk} + G_\text{qk} \\
&= (33.375/1.2 + 2.1/1.4 + 18/1.2 + 60.33/1.27)\ \text{kN} \\
&= 91.81\text{kN}
\end{aligned}$$

各作用力对基础底面中心线产生的力矩标准值为

$$\begin{aligned}
\sum M_\text{k} &= 53.42/1.2\text{kN} \cdot \text{m} + 78.66/1.2 \times 0.3\text{kN} \cdot \text{m} + (33.375/1.2 + \\
&\quad 2.1/1.4) \times 0.375\text{kN} \cdot \text{m} - 60.33/1.27 \times 0.375\text{kN} \cdot \text{m} \\
&= 57.36\text{kN} \cdot \text{m}
\end{aligned}$$

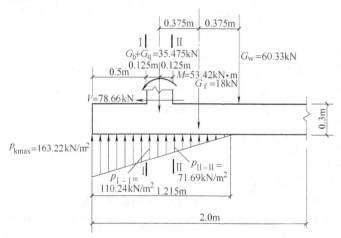

图 10-59　池壁基础受力图

将 $\sum G_\text{k}$ 和 $\sum M_\text{k}$ 的共同作用用一等效偏心力代替，则等效偏心力的偏心距为

$$e_{0\text{k}} = \frac{\sum M_\text{k}}{\sum G_\text{k}} = \frac{57.36}{91.81}\text{m} = 0.625\text{m} > \frac{a}{6} = \frac{2.0}{6}\text{m} = 0.333\text{m}$$

说明基础底面压应力分布状态为分布宽度小于基础宽度的三角形（图 10-59）。基础外边缘处的土最大压应力按式（10-27）计算，即

$$p_{k,max} = \frac{2\sum G_k}{3\left(\dfrac{a}{2} - e_{0k}\right)} = \frac{2 \times 91.81}{3 \times \left(\dfrac{2.0}{2} - 0.625\right)} kN/m^2 = 163.22 kN/m^2$$

修正后的地基承载力特征值 $f_a = 150 kN/m^2$，则

$$p_{k,max} = 163.22 kN/m^2 < 1.2f_a = 1.2 \times 150 kN/m^2 = 180 kN/m^2$$

$$\frac{p_{k,max} + p_{k,min}}{2} = \frac{163.22}{2} kN/m^2 = 81.61 kN/m^2 < f_a = 150 kN/m^2$$

基础宽度满足地基承载力要求。

2. 基础板配筋计算

基础板为向池壁内外悬伸的悬臂板，受力钢筋决定于悬臂板的固定端弯矩，即图 10-59 中 Ⅰ—Ⅰ 截面和 Ⅱ—Ⅱ 截面的弯矩。基础底板配筋计算应采用设计值，上述作用于基底的垂直荷载设计值和力矩设计值分别为 $\sum G = 113.805 kN$，$\sum M = 67.7 kN \cdot m$。相应偏心矩 $e_0 = 0.595 m > a/6 = 0.333 m$，基础外边缘处的土最大压应力为

$$p_{max} = \frac{2\sum G}{3\left(\dfrac{a}{2} - e_0\right)} = \frac{2 \times 113.805}{3 \times \left(\dfrac{2.0}{2} - 0.595\right)} kN/m^2 = 187.33 kN/m^2$$

使 Ⅰ—Ⅰ 截面产生弯矩的荷载为向下作用的基础底板自重和向上作用的地基土反力。地基土应力的分布宽度为

$$3c = 3\left(\frac{a}{2} - e_0\right) = 3 \times \left(\frac{2.0}{2} - 0.595\right) m = 1.215 m$$

Ⅰ—Ⅰ 截面处的地基土应力为

$$p_{Ⅰ-Ⅰ} = p_{max} \frac{1.215 - 0.5}{1.215} = 187.33 \times \frac{1.215 - 0.5}{1.215} kN/m^2 = 110.24 kN/m^2$$

Ⅰ—Ⅰ 截面的弯矩为

$$M_{Ⅰ-Ⅰ} = \frac{1}{2} \times 110.24 \times 0.5^2 kN \cdot m + \frac{1}{3} \times (187.33 - 110.24) \times 0.5^2 kN \cdot m -$$

$$\frac{1}{2} \times (1.2 \times 25 \times 0.3) \times 0.5^2 kN \cdot m$$

$$= 19.08 kN \cdot m (使底面受拉)$$

Ⅰ—Ⅰ 截面的配筋计算：

$$\alpha_s = \frac{M_{Ⅰ-Ⅰ}}{\alpha_1 f_c b h_0^2} = \frac{19.08 \times 10^6}{1.0 \times 14.3 \times 1000 \times 255^2} = 0.0205$$

此处 $h_0 = 255 mm$，是取受力钢筋净保护层厚度为 40mm（有垫层），估计 $a_s = 45 mm$。由 $\alpha_s = 0.0205$ 可查得 $\xi = 0.0207$，则需要的配筋率为

$$\rho = \xi \frac{\alpha_1 f_c}{f_y} = 0.0207 \times \frac{1.0 \times 14.3}{270} = 0.11\% < \rho_{min} \frac{h}{h_0} = 0.2\% \times \frac{300}{255} = 0.235\%$$

故按最小配筋率配筋，则

$$A_s = \rho_{min} bh = 0.002 \times 1000 \times 300 mm^2 = 600 mm^2$$

选用$\Phi 12/14@220$，$A_s = 607\text{mm}^2$，置于基础板底面。

使 II—II 截面产生弯矩的荷载为向下作用的基础板上水重和基础板自重及向上作用的地基土反力。池底地基土应力为

$$p_{II-II} = \frac{1.215 - 0.75}{1.215}p_{max} = 187.33 \times \frac{0.465}{1.215}\text{kN/m}^2 = 71.69\text{kN/m}^2$$

则

$$M_{II-II} = \frac{1}{6} \times 71.69 \times (1.215 - 0.75)^2\text{kN} \cdot \text{m} -$$

$$\frac{1}{2} \times (1.2 \times 25 \times 0.3 + 1.27 \times 10 \times 3.8) \times 1.25^2\text{kN} \cdot \text{m}$$

$$= -42.15\text{kN} \cdot \text{m}(使顶面受拉)$$

$$\alpha_s = \frac{M_{II-II}}{\alpha_1 f_c b h_0^2} = \frac{42.15 \times 10^6}{1.0 \times 14.3 \times 1000 \times 255^2} = 0.045$$

$$\xi = 0.046$$

$$\rho = \xi \frac{\alpha_1 f_c}{f_y} = 0.046 \times \frac{1.0 \times 14.3}{270} = 0.24\% > \rho_{min}\frac{h}{h_0}$$

$$= 0.2\% \times \frac{300}{255} = 0.235\%$$

$$A_s = \rho b h = 0.0024 \times 1000 \times 300\text{mm}^2 = 730.9\text{mm}^2$$

选用$\Phi 10@100$，$A_s = 785\text{mm}^2$，置于基础板顶面。

3. 基础板的斜截面受剪承载力验算

I—I 截面的剪力设计值为

$$V_{I-I} = \frac{1}{2} \times (187.33 + 110.24) \times 0.5\text{kN} - 1.2 \times 25 \times 0.3 \times 0.5\text{kN} = 69.89\text{kN}$$

II—II 截面的剪力设计值为

$$V_{II-II} = \frac{1}{2} \times 71.69 \times (1.215 - 0.75)\text{kN} - 1.27 \times 25 \times 0.3 \times 1.25\text{kN} -$$

$$1.27 \times 10 \times 3.8 \times 1.25\text{kN} = -54.91\text{kN}$$

故起控制作用的为 I—I 截面。受剪承载力为

$$V_u = 0.7 f_t b h_0 = 0.7 \times 1.43 \times 1000 \times 255\text{N}$$

$$= 255255\text{N} = 255.3\text{kN} > V_{I-I} = 69.89\text{kN}(符合要求)$$

4. 裂缝宽度验算

最大裂缝宽度未超过限值，验算过程从略。

（六）构件配筋图

1. 长向池壁及基础板配筋图

长向池壁及基础板配筋图如图 10-60 所示。

根据图 10-56 所示长向池壁的竖向弯矩包络图，池壁内侧钢筋的理论截断点在离池壁底端以上约 1m 处，故将$\Phi 14$钢筋在离底端 1250mm 处截断，$\Phi 10$钢筋则伸至池顶。基础板的上层钢筋也没有必要全部贯通基础板宽度，故采用交替截断的配筋方式，即图 10-60 中的⑥号钢筋和⑦号钢筋。⑥号钢筋在离池壁内侧 650mm 处截断，截断点以外用⑦号钢筋已足够抵抗弯矩。⑦号钢筋在池壁外侧 50mm 处截断，这是由该钢筋从 II—II 截面算起的锚固长度

确定的。⑥号钢筋延伸到基础板在池壁外侧的悬伸端,是由于构造上的考虑。基础板沿长度方向的钢筋(⑩号钢筋)由构造确定,为了抵抗可能出现的收缩应力,采用Φ10@200,总配筋率基本上满足0.4%。

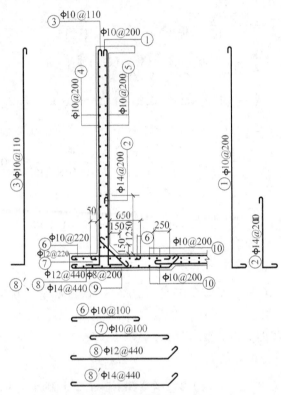

图 10-60 长向池壁及基础板配筋图

2. 短向池壁配筋图及池壁转角配筋构造

短向池壁的配筋如图 10-61 所示。由于短向池壁为双向板,其配筋原则与第九章所述双向板的配筋原则基本一致。在图 10-61 中,池壁外侧采用了中密方格网的配筋方式,这与图

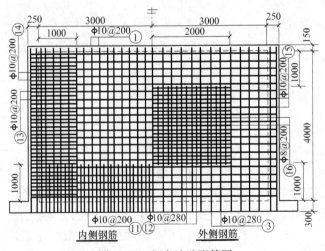

图 10-61 短向池壁配筋图

9-37 所表达的原则相同。

池壁转角处的配筋构造如图 10-62 所示。长向池壁内侧为抵抗角隅水平弯矩和拉力而增设的附加水平钢筋（图中⑭号钢筋）的截断点，是根据图 10-36b 所示角隅弯矩在水平方向的反弯点位置确定的，通常可以在反弯点处将附加水平钢筋截断。

3. 走道板及拉梁配筋图

周边走道板的配筋图如图 10-63 所示。作为水平封闭框架杆件的受力钢筋，外侧钢筋全部伸入支座，内侧抵抗节点（支座）负弯矩的钢筋，则在相当于净跨的 1/3 处切断一根。图中㉕号钢筋，为构造钢筋，应沿四周兜通。

拉梁的配筋图如图 10-64 所示。必须注意，拉梁在支座处相当于轴心受拉构件，故上、下部的所有纵向钢筋的锚固长度都应不小于充分利用纵向受拉钢筋强度时规定的基本锚固长度 l_{ab}［由式（1-19）计算］，图中拉梁钢筋伸入池壁的长度是根据这一原则确定的。

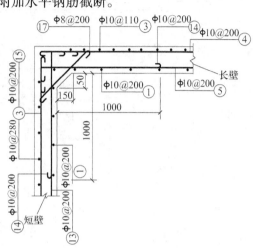

图 10-62 池壁转角处配筋构造图

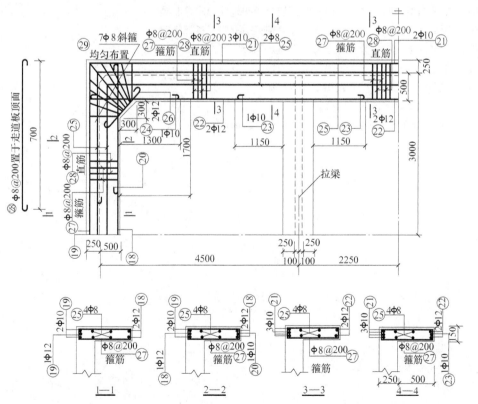

图 10-63 周边走道板的配筋图

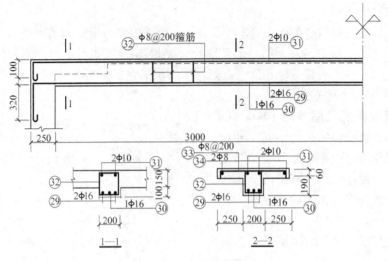

图 10-64 拉梁的配筋图

思 考 题

10-1 分别按用途和几何形状分类，水池各分为几类？分别是什么水池？

10-2 水池基础形式可分为几种？各是什么？

10-3 作用在水池上的主要荷载有哪些？荷载分别沿着什么方向传递？

10-4 对池内有中间支柱的封闭水池应进行哪些抗浮稳定性验算？

10-5 圆形水池池壁上、下端边界条件分别包括哪些连接方式？

10-6 圆形水池池壁内力计算中有几个假定条件？其内容是什么？

10-7 挡土墙式水池池壁主要沿什么方向传力，其内力计算时如何取计算单元？

10-8 双向板式水池池壁常被用于什么水池中？

10-9 矩形水池计算特点有哪些？

10-10 在无顶盖水池中挡土墙式水池池壁的设计计算步骤有哪些内容？

* 第十一章
中小型地面泵房结构设计概要

给水泵房（二级泵房）是整个给水系统的一个重要组成部分，它通常属于中小型单层混合结构房屋。大中型泵房的结构形式多采用钢筋混凝土结构，而中小型地面泵房通常采用混合结构。混合结构是指主要承重结构构件由不同的材料组成，如屋盖、楼盖采用钢筋混凝土材料，而墙、柱、基础等竖向承重结构构件通常采用砌体（砖、石、砌块）材料。单层混合结构房屋一般是由屋盖、墙柱和基础三部分组成的。

屋面结构又分为无檩体系和有檩体系两种类型。有檩体系是屋盖结构中设置檩条，屋面板搁置在檩条上，檩条支撑在屋面大梁（屋架）上；而无檩体系是指屋面板直接搁置在屋面梁（或屋架）上。屋面板承受的荷载主要包括：屋面恒荷载（面层、板自重等）、屋面活荷载和雪荷载等。

房屋承重墙体一般包括外纵墙和山墙，主要承受由屋面大梁（屋架）传来的竖向荷载、墙身自重以及水平作用的风荷载。当泵房内设有起重机时还承受起重机荷载。基础位于承重墙柱的下面，承受并传递墙柱传来的荷载，一般墙下多采用条形基础。

单层混合结构竖向荷载传递路线为

屋面荷载→屋面板→屋面梁（屋架）→墙柱→基础→地基

水平风荷载传递路线为

$$水平风荷载 \rightarrow \begin{cases} 屋盖 \rightarrow 横墙或山墙 \rightarrow 基础 \rightarrow 地基 \\ 外纵墙 \rightarrow 基础 \rightarrow 地基 \end{cases}$$

本章将重点讨论混合结构的小型泵房设计中墙、柱的结构设计。

第一节　中小型泵房墙体设计

一、结构布置方案

设计中小型泵房时，首先要进行墙、柱的结构布置，然后根据房屋结构的实际受力情况确定房屋的静力计算方案，进行墙、柱内力分析，最后验算墙、柱的承载力并采取相应的构造措施。承重墙、柱的布置不仅影响房屋的平面划分、房间的大小布局和使用要求，还影响房屋的空间刚度，同时也决定着荷载传递路径。工程中承重结构布置方案一般有以下四种类型：

1）横墙承重。屋盖搁置在横墙上，横墙将承担屋盖传下来的荷载，而纵墙仅起围护作用。这样的布置方案称为横墙承重结构布置，如图11-1所示。此时荷载的传递路径是：屋盖荷载→板→横墙→基础→地基。横墙承重结构主要用于开间较小的房屋。

2）纵墙承重。屋盖传下来的荷载由纵墙承重，这样的布置方案，称为纵墙承重结构布置，如图11-2所示。此时荷载的传递路径是：

$$屋盖荷载→\genfrac{}{}{0pt}{}{板}{板→梁}→纵墙→基础→地基。$$纵墙承重结构主要用于开间较大的房屋，是中小型泵房的常用方案。

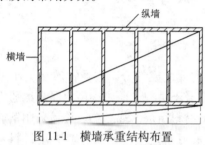

图 11-1 横墙承重结构布置

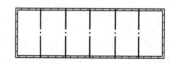

图 11-2 纵墙承重结构布置

3）纵横墙承重。屋盖传下来的荷载由纵墙、横墙共同承重，这样的布置方案称为纵横墙承重结构布置，如图11-3所示。荷载的传递路径是：

$$屋盖荷载→板（→梁）→\genfrac{}{}{0pt}{}{纵墙}{横墙}→\genfrac{}{}{0pt}{}{纵墙基础}{横墙基础}→地基。$$该方案在一般房屋建筑工程上应用广泛。

4）内框架承重。屋盖传来的荷载由房屋内部的钢筋混凝土框架和外部砌体墙、柱共同承重的布置方案，称为内框架承重结构布置，如图11-4所示。这种承重结构抵抗地基不均匀沉降和抗震能力较弱。

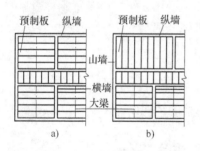

图 11-3 纵横墙承重结构布置

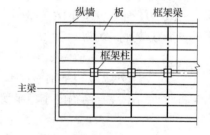

图 11-4 内框架承重结构布置

二、房屋的静力计算方案

房屋的静力计算方案是确定房屋的计算简图，计算墙柱内力的依据。为了说明问题，先假定房屋两端没有山墙，中间也不设横墙，如图11-5所示。考察屋顶在风荷载作用下的顶点横向水平位移（顶点侧移）可知，由于房屋承受纵向均布荷载，房屋横向刚度沿纵向没有变化，顶点侧移沿房屋纵向处处相等（u_p）。因此，房屋纵墙计算可化为平面问题来处理。一般取一个开间为计算单元，计算单元按平面排架计算（屋盖搁置在纵墙上，对纵墙无转动约束，故可认为梁柱铰接）。风荷载的传力路线为：纵墙→纵墙基础→地基。

如果在房屋两端设有山墙（图11-6），在风荷载作用下房屋的顶点位移比 u_p 要小，且沿房屋纵向变化。实际上，纵墙底部支承在基础上，顶部支承屋盖；屋盖两端看做是支承在山墙顶上的一根水平放置的梁；山墙是支承在其基础上的悬臂杆。风荷载的传力途径发生了变化：

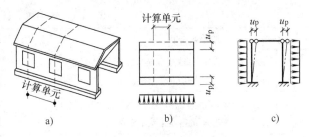

图11-5　无山墙房屋计算图示

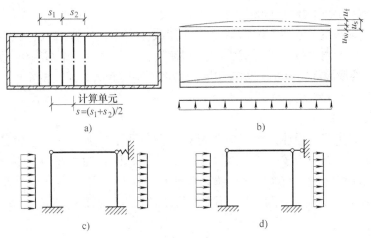

图11-6　一般房屋计算方法

$$纵墙 \rightarrow \frac{屋（楼）盖}{纵墙基础} \rightarrow 横墙 \rightarrow 横墙基础 \rightarrow 地基。$$

由于山墙具有一定的刚度，顶点侧移有限；屋盖也具有一定的平面刚度，受荷后将发生弯曲变形。因此房屋的受力体系已不是平面体系，纵墙通过屋盖和山墙组成了空间受力体系。在实际工程设计时，仍可简化为平面问题，但计算墙柱内力时应考虑房屋空间受力的影响。

设 u_s 为计算单元顶点侧移，u_f 为屋盖的平面内弯曲变形，u_w 为山墙顶点侧移，则 $u_s = u_f + u_w$。房屋空间性能影响系数可按下式计算：

$$\eta = \frac{u_s}{u_p} \tag{11-1}$$

式中　u_s——计算单元顶点侧移；

　　　u_p——无山墙房屋顶点侧移。

η 值越大，房屋的位移越接近平面排架的位移，说明房屋的空间性能越差。反之，η 值越小，房屋的空间刚度则越大。房屋考虑空间受力后侧移减小，因此 η 又称为考虑空间受力后的侧移折减系数。它可作为衡量房屋空间刚度大小的尺度，同时也是确定房屋静力计算方案的依据。GB 50003—2011《砌体结构设计规范》根据影响房屋空间刚度的两个主要因素即屋盖或楼盖的类别和横墙的间距，将混合结构房屋静力计算方案划分为三种，具体可按表11-1选用。

表 11-1 房屋静力计算方案

	屋盖或楼盖类别	刚性方案	刚弹性方案	弹性方案
1	整体式、装配整体式和装配式无檩体系钢筋混凝土屋盖或钢筋混凝土楼盖	$s < 32$	$32 \leq s \leq 72$	$s > 72$
2	装配式有檩体系钢筋混凝土屋盖、轻钢屋盖和有密铺望板的木屋盖或木楼盖	$s < 20$	$20 \leq s \leq 48$	$s > 48$
3	瓦材屋面的木屋盖和轻钢屋盖	$s < 16$	$16 \leq s \leq 36$	$s > 36$

注：1. 表中 s 为房屋横墙间距，其长度单位为 m。

2. 对无山墙或伸缩缝处无横墙的房屋，应按弹性方案考虑。

（1）刚性方案房屋 刚性方案房屋是指在荷载作用下，房屋的水平位移很小，可忽略不计，墙（或柱）的内力按屋架（或大梁）与墙（或柱）为不动铰支承的竖向构件计算的房屋。这种房屋的横墙间距较小、楼盖和屋盖的水平刚度较大、房屋的空间刚度也较大，因而在水平荷载作用下房屋墙、柱顶端的相对位移 u_s/H（H 为墙、柱高度）很小，房屋的空间性能影响系数 $\eta < 0.33$。

（2）弹性方案房屋 弹性方案房屋是指在荷载作用下，房屋的水平位移较大，不能忽略不计，墙（或柱）的内力按屋架（或大梁）与墙（或柱）为铰接的、不考虑空间工作的平面排架或框架计算的房屋。这种房屋横墙间距较大、屋（楼）盖的水平刚度较小、房屋的空间刚度也较小，因而在水平荷载作用下房屋墙柱顶端的水平位移较大，房屋的空间性能影响系数 $\eta > 0.82$。

（3）刚弹性方案房屋 刚弹性方案房屋是指介于"刚性"与"弹性"两种方案之间的房屋，即在荷载作用下，墙（或柱）的内力按屋架（或大梁）与墙（或柱）为铰接的考虑空间工作的平面排架或框架计算的房屋。这种房屋在水平荷载作用下，墙（或柱）顶端的相对水平位移较弹性方案房屋的小，但又不可忽略不计，房屋的空间性能影响系数为 $0.33 < \eta < 0.82$。刚弹性方案房屋墙柱的内力计算，可根据房屋刚度的大小，将其水平荷载作用下的反力进行折减，然后按平面排架或框架计算。

刚性方案和刚弹性方案房屋中的横墙应具有足够的刚度，因此，刚性方案和刚弹性方案房屋的横墙应符合下列条件：

1）横墙的厚度不宜小于 180mm。

2）横墙中开有洞口时，洞口的水平截面面积不应超过横墙截面面积的 50%。

3）单层房屋的横墙长度不宜小于其高度，多层房屋的横墙长度不宜小于 $H/2$（H 为横墙总高度）。

当横墙不能同时符合上述要求时，应对横墙的刚度进行验算。如其最大水平位移值 $u_{max} \leq H/4000$，仍可视作刚性或刚弹性方案房屋的横墙。

计算横墙的水平位移时，可将其视作竖向悬臂梁，如图 11-7 所示。在水平集中力 P 作用下，墙顶最大水平位移由其弯曲变形和剪切变形两部

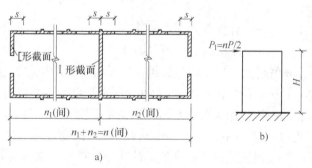

图 11-7 横墙 u_{max} 计算

分组成，即

$$u_{max} = \frac{P_1 H^3}{3EI} + \frac{\tau}{G}H = \frac{nPH^3}{6EI} + \frac{2nPH}{EA} \tag{11-2}$$

式中　P_1——作用于横墙顶端的水平集中力，$P_1 = nP/2$，$P = W + R$；

　　　n——与该横墙相邻的两横墙的开间数；

　　　W——每开间作用于屋架下弦、由屋面风荷载产生的集中力；

　　　R——假定排架无侧移时，每开间的柱顶反力；

　　　H——横墙高度；

　　　E——砌体的弹性模量；

　　　I——横墙截面的惯性矩；

　　　τ——水平截面上的切应力，$\tau = \zeta \dfrac{P}{A}$；

　　　ζ——应力分布不均匀系数，可近似取 $\zeta = 2.0$；

　　　G——砌体的抗剪模量，$G = 0.5E$；

　　　A——横墙截面面积。

三、刚性方案房屋墙体的计算

一般小型泵房的屋盖采用钢筋混凝土无檩楼盖，房屋长度不长，两端设置山墙，因此属于刚性方案。

（一）荷载计算

（1）屋盖自重　屋盖自重包括防水层、保温层、吊顶以及承重构件自重。可以查 GB 50009—2012《建筑结构荷载规范》中有关材料的重度进行计算，如果采用的是通用构件，其自重可以直接查有关的通用图。

（2）屋面雪荷载和屋面活荷载　根据屋面使用情况（如是否上人屋面），活荷载大小不同，北方降雪地区必须考虑雪荷载。这两种荷载的标准值可从《建筑结构荷载规范》直接查到，但在设计时两种荷载不同时考虑，应选二者中较大值。

上述竖向荷载是通过屋面梁的支座反力 N_l 传给墙柱的，N_l 作用位置通常取离墙柱内边 $0.4a_0$（a_0 为屋面梁的支承长度），如图 11-8 所示。

（3）墙柱自重　墙柱自重标准值应按实际重量计算，其作用位置在墙柱截面形心。

（4）风荷载　风荷载是一种沿水平方向作用的活荷载，垂直作用于建筑物外表面。以房屋所在地的基本风压 w_0 为基准，对房屋高度、体形加以修正，得出房屋距室外地坪高度 z 点的风载标准值，《建筑结构荷载规范》给出的计算公式如下：

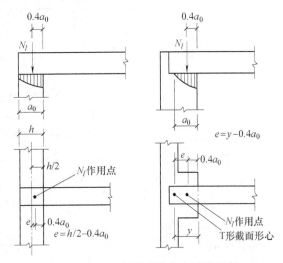

图 11-8　屋面梁传递集中力 N 的位置

$$w_k = \beta_z \mu_s \mu_z w_0 \tag{11-3}$$

式中 w_0——基本风压值，可由《建筑结构荷载规范》查得（kN/m^2）；

β_z——高度 z 处的风振系数，对于高度低于30m或高宽比小于1.5的房屋取1；

μ_s——风荷载体形系数，常见单跨单层房屋的风载体形系数如图11-9所示；

μ_z——风压高度变化系数，应根据地面粗糙度类别确定；表11-2列出了离地面高度20m及以下的 μ_z 值。

α	μ_s
$0° \sim 5°$	-0.6
$30°$	0
$\geq 60°$	$+0.8$

注：中间值按插入法计算。

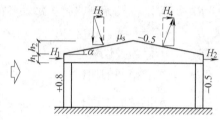

图 11-9 单层封闭式双坡屋面房屋的风荷载体形系数 μ_s

表 11-2 风压高度变化系数 μ_z

离地面或海平面高度/m	地面粗糙度类别			
	A	B	C	D
5	1.17	1.00	0.74	0.62
10	1.38	1.00	0.74	0.62
15	1.52	1.14	0.74	0.62
20	1.63	1.25	0.84	0.62

注：A、B、C、D 四类，A 类指近海海面和海岛、海岸、湖岸及沙漠地区；B 类指田野、乡村、丛林、丘陵以及房屋比较稀疏的乡镇；C 类指有密集建筑群的城市市区；D 类指有密集建筑群且房屋较高的城市市区。

单层泵房建筑所受风荷载可分为两部分：屋面上的风力（可简化为作用在屋面梁处的集中力 W_k）和墙面上的风力（近似简化为均布线荷载 w_{1k}、w_{2k}），计算风荷载还应考虑房屋受到两种可能的作用方向：即左风和右风，如图11-10b、c所示。

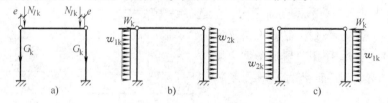

图 11-10 荷载作用图

a) 屋盖集中力 N、墙柱自重 G b) 左风 c) 右风

设房屋计算单元 s（通常为房屋开间尺寸），风荷载标准值可按下式计算：

集中力 $\quad W_k = H_1 + H_2 + H_3 + H_4$

$$= (0.8 + 0.5)\mu_z w_0 h_1 s + (\mu_s + 0.5)\mu_z w_0 s c \sin\alpha$$

$$= 1.3\mu_z w_0 h_1 s + (\mu_s + 0.5)\mu_z w_0 h_2 s \tag{11-4}$$

上式中 $c\sin\alpha = h_2$。

迎风墙面压力 $\qquad\qquad w_{1k} = 0.8\mu_z w_0 s \tag{11-5}$

背风墙面吸力 $\qquad\qquad w_{2k} = -0.5\mu_z w_0 s \tag{11-6}$

（5）起重机荷载 在中小型泵房内常设置悬挂式起重机，悬挂式起重机荷载通过轨道（工字钢）传到屋架下弦节点或屋面梁下部，再通过屋架或屋面梁传到墙柱上。具体起重机荷载的计算见《建设结构荷载规范》。

（二）内力分析

图 11-11 所示为某单层刚性方案房屋计算单元（常取一个开间为计算单元，图 11-6a）内墙、柱的计算简图，墙、柱为上端不动铰支承于屋（楼）盖、下端嵌固于基础的竖向构件。

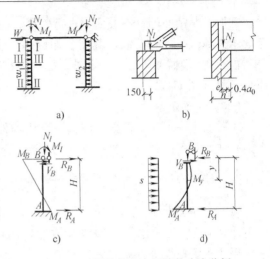

图 11-11 刚性方案房屋墙柱内力分析

a）计算简图 b）作用点

c）竖向荷载作用下内力 d）风荷载作用下内力

（1）竖向荷载作用下的内力计算 竖向荷载包括屋盖自重、屋面活荷载或雪荷载以及墙、柱自重。屋面荷载通过屋架或大梁作用于墙体顶部，屋架支承反力 N_l 作用点对于墙体截面形心线往往有一偏心距 e_1，墙柱自重则作用于墙柱截面的重心。屋面荷载作用下墙柱截面的内力为

$$\left.\begin{aligned} R_A &= -R_B = -\frac{3M_l}{2H} \\ M_B &= M_l \\ M_A &= -\frac{M_l}{2} \end{aligned}\right\} \tag{11-7}$$

其中，$M_l = N_l e_1$。

（2）风荷载作用下的内力计算 房屋所受的风荷载作用于纵墙面、女儿墙面（屋盖端面）、屋盖顶面。纵墙顶以上风荷载以集中力的形式作用在屋盖上，并通过屋架和横墙传递至横墙基础（在刚性方案中通过不动铰支点由屋盖传给横墙），这部分荷载不由纵墙承受。在墙面风荷载作用下墙、柱内力为（图 11-11d）

$$\left.\begin{aligned} R_A &= \frac{5wH}{8} \\ R_B &= \frac{3wH}{8} \\ M_B &= \frac{wH^2}{8} \\ M_y &= -\frac{wHy}{8}\left(3 - 4\frac{y}{H}\right) \\ M_{ymax} &= -\frac{9wH^2}{128} \quad （当 y = \frac{3H}{8}时） \end{aligned}\right\} \tag{11-8}$$

计算时，迎风面 $w = w_1$，背风面 $w = w_2$。

（三）内力组合

根据上述各种荷载单独作用下的内力，按照使用过程中可能同时作用的荷载效应进行组

合，并取控制截面的最不利内力进行验算。在承载力计算中一般只考虑荷载基本组合，即只考虑永久荷载与可变荷载，其组合原则和要求见第二章内容。控制截面通常有三个，即墙（或柱）的上端截面Ⅰ—Ⅰ、下端截面（基础顶）Ⅱ—Ⅱ和均布风荷载作用下的最大弯矩截面Ⅲ—Ⅲ（图11-11a）。

（四）截面承载力验算

对截面Ⅰ—Ⅰ～Ⅲ—Ⅲ，按偏心受压构件进行承载力验算。对截面Ⅰ—Ⅰ即屋架（或大梁）支承处的砌体还应进行砌体局部受压承载力验算。

四、墙（或柱）的计算高度和计算截面

（1）**墙（或柱）的计算高度** 在墙（或柱）内力分析、承载力计算及高厚比验算中需采用计算高度，混合结构房屋墙（或柱）的计算高度 H_0 与房屋的静力计算方案和墙（或柱）周边支承条件等有关，见表11-3。

表11-3 受压构件的计算高度 H_0

房屋类别			柱		带壁柱墙或周边拉结的墙		
			排架方向	垂直排架方向	$s > 2H$	$2H \geqslant s > H$	$s \leqslant H$
有起重机的单层房屋	变截面柱上段	弹性方案	$2.5H_u$	$1.25H_u$	$2.5H_u$		
		刚性、刚弹性方案	$2.0H_u$	$1.25H_u$	$2.0H_u$		
	变截面柱下段		$1.0H_l$	$0.8H_l$	$1.0H_l$		
无起重机的单层和多层房屋	单跨	弹性方案	$1.5H$	$1.0H$	$1.5H$		
		刚弹性方案	$1.2H$	$1.0H$	$1.5H$		
	多跨	弹性方案	$1.25H$	$1.0H$	$1.25H$		
		刚弹性方案	$1.10H$	$1.0H$	$1.1H$		
	刚性方案		$1.0H$	$1.0H$	$1.0H$	$0.4s + 0.2H$	$0.6s$

注：1. 表中 H_u 为变截面柱的上段高度；H_l 为变截面柱的下段高度。

2. 对于上端为自由端的构件，$H_0 = 2H$。

3. 独立砖柱，当无柱间支撑时，柱在垂直排架方向的 H_0 应按表中数值乘以1.25后采用。

4. s——房屋横墙间距。

表11-3中墙（或柱）的高度 H，对于单层房屋应按下列规定采用：

1）在房屋底层，墙、柱的高度 H 为楼板顶面到构件下端支点的距离。下端支点的位置，可取到基础顶面。当墙、柱基础埋置较深且有刚性地坪时，可取室外地面以下500mm处。

2）对于无柱的山墙，其高度 H 可取层高加山墙尖高度的1/2；对于带壁柱的山墙 H 则可取壁柱处的山墙高度。

（2）**计算截面** 确定混合结构房屋中墙、柱的计算截面，关键在于正确取用截面翼缘宽度 b_f：单层房屋中，带壁柱墙的计算截面翼缘宽度 b_f 可取壁柱宽加2/3墙高，但不大于窗间墙宽度和相邻壁柱间距离；计算带壁柱墙的条形基础时，计算截面翼缘宽度 b_f 可取相邻壁柱间的距离；当转角墙段角部受竖向集中荷载时，计算截面的长度可从角点算起，每侧宜取层高的1/3；当上述墙体范围内有门窗洞口时，则计算截面取至洞边，但不宜大于层高的1/3。

五、墙、柱高厚比的控制

墙（或柱）的高厚比是指墙、柱的计算高度和墙厚或矩形柱较小边长的比值，用符号 β 表示。墙（或柱）的高厚比越大，其稳定性越差，越易产生倾斜或变形，从而影响墙、柱的正常使用甚至发生倒塌事故。因此，必须对墙（或柱）高厚比加以限制，即墙（或柱）的高厚比要满足允许高厚比 $[\beta]$ 的要求。

1. 矩形截面墙（或柱）高厚比的验算

矩形截面墙（或柱）高厚比应按下式验算：

$$\beta = \frac{H_0}{h} \leqslant \mu_1 \mu_2 [\beta] \tag{11-9}$$

式中　H_0——墙、柱的计算高度，查表 11-3 确定；

　　　h——墙厚或矩形柱与 H_0 相对应的边长；

　　　$[\beta]$——墙、柱的允许高厚比，查表 11-4 确定；

　　　μ_1——自承重墙（$h \leqslant 240\text{mm}$）允许高厚比的修正系数，当 $h = 240\text{mm}$ 时，$\mu_1 = 1.2$；当 $h = 90\text{mm}$ 时，$\mu_1 = 1.5$；当 $240\text{mm} > h > 90\text{mm}$ 时，可按直线插入法计算取值；

　　　μ_2——有门窗洞口墙允许高厚比的修正系数，应按下式计算：

$$\mu_2 = 1 - 0.4 \frac{b_s}{s} \tag{11-10}$$

式中　b_s——在宽度 s 范围内的门窗洞口总宽度（图 11-12）；

　　　s——相邻窗间墙或壁柱之间的距离。

当按式（11-10）计算的 μ_2 值小于 0.7 时，取 $\mu_2 = 0.7$。当洞口高度等于或小于墙高的 1/5 时，可取 $\mu_2 = 1.0$；当洞口高度大于或等于墙高的 4/5 时，可按独立墙段验算高厚比。

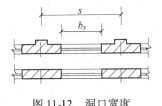

图 11-12　洞口宽度

2. 带壁柱墙和带构造柱墙的高厚比验算

表 11-4　墙、柱的允许高厚比 $[\beta]$ 值

砂浆强度等级	墙	柱
M2.5	22	15
M5.0	24	16
≥M7.5	26	17

注：1. 毛石墙、柱允许高厚比应按表中数值降低 20%。

　　2. 砖砌体和钢筋混凝土面层或钢筋砂浆面层的组合砌体构件的允许高厚比，可按表中数值提高 20%，但不得大于 28。

　　3. 验算施工阶段砂浆尚未硬化的新砌砌体高厚比时，允许高厚比对墙取 14，对柱取 11。

带壁柱或带构造柱的墙体，需分别对整片墙和壁柱间墙或构造柱间墙进行高厚比验算。

（1）整片墙的高厚比验算　对于带壁柱墙，由于其截面为 T 形，因此按公式验算高厚比时公式中的 h 应改为带壁柱墙面的折算厚度 h_T，即

$$\beta = \frac{H_0}{h_T} \leqslant \mu_1 \mu_2 [\beta] \tag{11-11}$$

式中 h_T——带壁柱墙截面折算厚度，$h_T = 3.5i$，i 为带壁柱墙截面的回转半径，$i = \sqrt{\dfrac{I}{A}}$；

    I、A——带壁柱墙截面的惯性矩和面积。

确定带壁柱墙的计算高度 H_0 时，墙长 s 取相邻横墙间的距离。

对于带构造柱的墙，当构造柱截面宽度不小于墙厚 h 时，墙的高厚比 β 可按下式验算：

$$\beta = \frac{H_0}{h} \leqslant \mu_1 \mu_2 \mu_c [\beta] \tag{11-12}$$

$$\mu_c = 1 + \gamma \frac{b_c}{l} \tag{11-13}$$

式中 μ_c——带构造柱的墙允许高厚比提高系数；

    γ——系数，对细料石、半细料石砌体，取 0；对混凝土砌块、粗料石、毛料石及毛石砌体，取 1.0；其他砌体，取 1.5；

    b_c——构造柱沿墙长方向的宽度；

    l——构造柱的间距。

当 $b_c/l > 0.25$ 时，取 $b_c/l = 0.25$；当 $b_c/l < 0.05$ 时，取 $b_c/l = 0$。

确定式（11-12）中的墙体计算高度 H_0 时，s 取相邻横墙间的距离，h 取墙厚。

（2）壁柱间墙或构造柱间墙的高厚比验算　验算壁柱间墙或构造柱间墙的高厚比时，可将壁柱或构造柱视为壁柱间墙或构造柱间墙的不动铰支点，按矩形截面墙验算。因此，确定 H_0 时，墙长 s 取相邻壁柱间或相邻构造柱间的距离。

对于设有钢筋混凝土圈梁的带壁柱或带构造柱墙，当 $b/s \geqslant 1/30$（b 为圈梁宽度）时，圈梁可视作壁柱间墙或构造柱间墙的不动铰支点。当不满足上述条件且不允许增加圈梁宽度时，可按墙体平面外等刚度原则增加圈梁高度，以满足壁柱间墙或构造柱间墙不动铰支点的要求。此时墙体的 H_0 为圈梁之间的距离。

第二节　无筋砌体构件的承载力计算

一、受压构件的承载力计算

混合结构房屋的窗间墙和柱，承受上部传来的竖向荷载和自身重量，一般均属于无筋砌体受压。受压构件又分为轴心受压和偏心受压。根据对轴心受压和偏心受压、短柱和长柱的分析，GB 50003—2011《砌体结构设计规范》给出了无筋砌体受压承载力计算公式：

$$N \leqslant \varphi f A \tag{11-14}$$

式中 N——轴向力设计值；

    f——砌体抗压强度设计值；

    A——截面面积，对各类砌体均应按毛截面计算；

    φ——高厚比 β 和轴向力偏心距 e 对受压构件承载力的影响系数。

φ 按下述方法计算：当 $\beta < 3$ 时，按 $\varphi = \dfrac{1}{1 + (e/h)^2}$ 计算；当 $\beta > 3$ 时，按 $\varphi =$

$\dfrac{1}{1+12\left[\dfrac{e}{h}+\sqrt{\dfrac{1}{12}\left(\dfrac{1}{\varphi_0}-1\right)}\right]}$ 计算，其中 $\varphi_0=\dfrac{1}{1+\alpha\beta^2}$，$\alpha$ 是与砂浆强度等级 f_2 有关的系数。当

砂浆强度等级 f_2 大于或等于 M5 时，α 等于 0.0015；当砂浆强度等级 f_2 等于 M2.5 时，α 等于 0.002；当砂浆强度等级 f_2 等于 0 时，α 等于 0.009。式中 h 是矩形截面的轴向力偏心方向边长，T 形截面应由折算厚度 h_T 代替；φ 值也可直接由《砌体结构设计规范》的相关表中查得。应注意的是，在计算影响系数 φ 或查 φ 值表时，构件高厚比 β 应乘以修正系数 γ_β（表 11-5）。

表 11-5　高厚比修正系数 γ_β

砌 体 类 别	γ_β
烧结普通砖、烧结多孔砖	1.0
混凝土及轻集料混凝土砌块	1.1
蒸压灰砂砖、蒸压粉煤灰砖、细料石、半细料石	1.2
粗料石、毛石	1.5

注：对灌孔混凝土砌块砌体，$\gamma_\beta=1.0$。

对矩形截面构件，当轴向力偏心方向的截面边长大于另一方向的边长时，除按偏心受压计算外，还应对较小边长方向按轴心受压进行计算。轴向力的偏心距 e 按内力设计值计算，并要求偏心距 $e\leqslant 0.6y$，y 为截面重心到受压边缘的距离。

二、轴心受拉构件的承载力计算

由于砌体材料的轴心抗拉能力很低，因此工程上很少采用砌体轴心受拉构件。对于容积较小的圆形水池或筒仓，在液体或松散物料的侧压力作用下池壁或筒壁内只产生环向拉力时有时采用砌体结构（图 11-13a）。

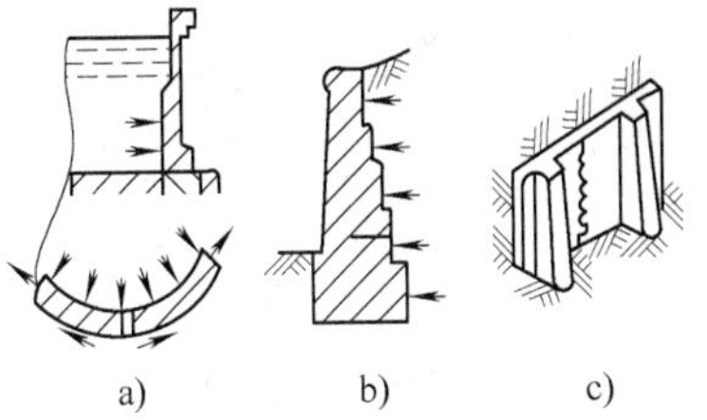

砌体结构轴心受拉承载力计算公式为

$$N_t\leqslant f_t A \qquad (11\text{-}15)$$

式中　N_t——轴向拉力设计值；

　　　f_t——砌体抗拉强度设计值；

　　　A——轴心受拉构件截面面积。

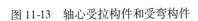

图 11-13　轴心受拉构件和受弯构件

三、受弯构件的承载力

过梁及挡土墙属于受弯构件，在弯矩作用下砌体可能沿通缝截面（图 11-13b）或沿齿缝截面（图 11-13c）因弯曲受拉而破坏，应进行抗弯承载力计算。此外，在支座处还存在较大的剪力，因而还应对抗剪承载力进行验算。

（1）受弯承载力计算　受弯构件的受弯承载力应按下式计算：

$$M\leqslant f_{tm}W \qquad (11\text{-}16)$$

式中　M——弯矩设计值；

　　　f_{tm}——砌体弯曲抗拉强度设计值；

　　　W——截面抵抗矩，对矩形截面 $W=bh^3/6$。

（2）受剪承载力计算　受弯构件的抗剪承载力按下式计算：

$$V \leqslant f_{v0}bz \tag{11-17}$$

$$z = I/S \tag{11-18}$$

式中　V——剪力设计值；

f_{v0}——砌体的抗剪强度设计值；

z——内力臂，当截面为矩形时取 $z = 2h/3$；

b、h——截面的宽度和高度；

I、S——截面的惯性矩和面积矩。

四、受剪构件的承载力

工程中的砌体结构很少有单纯受剪状态，一般是受弯构件中存在受剪情况。墙体在水平地震力或风荷载作用下或无拉杆的拱支座，在水平截面受剪，但这些情况往往同时还作用有竖向荷载，墙体实际处于复合受力状态。

图 11-14 所示无筋砌体墙在垂直压力和水平剪力作用下，可能产生沿水平通缝截面或沿阶梯形截面的受剪破坏。GB 50003—2011《砌体结构设计规范》给出了沿通缝或沿阶梯形截面破坏时受剪构件的承载力计算公式。

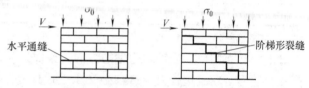

图 11-14　无筋砌体墙的受剪破坏

$$V \leqslant (f_v + \alpha\mu\sigma_0) A \tag{11-19}$$

当 $\gamma_G = 1.2$ 时：

$$\mu = 0.26 - 0.082 \frac{\sigma_0}{f} \tag{11-20}$$

当 $\gamma_G = 1.35$ 时：

$$\mu = 0.23 - 0.065 \frac{\sigma_0}{f} \tag{11-21}$$

式中　V——剪力设计值；

f_v——砌体的抗剪强度设计值，对灌孔的混凝土砌块砌体取 f_{vg}；

f_{vg}——单排孔且对穿孔的混凝土砌块灌孔砌体抗压强度设计值（简称灌孔砌体抗剪强度设计值）；

A——水平截面面积，当有孔洞时，取净截面面积；

α——修正系数，当 $\gamma_G = 1.2$ 时，砖砌体取 0.60，混凝土砌块砌体取 0.64；当 $\gamma_G = 1.35$ 时，砖砌体取 0.64，混凝土砌块砌体取 0.66；

μ——剪压复合受力影响系数；

σ_0——永久荷载设计值产生的水平截面平均压应力；

f——砌体抗压强度设计值；

σ_0/f——轴压比，且不大于 0.8。

五、砌体局部受压承载力计算

局部受压是指轴向力仅作用在砌体的部分截面上。工程中分为局部均匀受压（如承受上部砖或墙传来压力的基础顶面）和局部不均匀受压（如支承梁或屋架的墙柱在梁或屋架端部支承处的砌体顶面）两种类型。砌体在局部范围内受到较大的荷载作用时，周围未直接受到压力作用的砌体会约束局部受压面积下砌体的横向变形，使得该部分砌体处于三向受压状态，从而大大提高局部受压面积处砌体的抗压强度。

（一）砌体局部均匀受压

（1）砌体局部抗压强度提高系数　当砌体抗压强度设计值为 f 时，砌体局部均匀受压时的抗压强度可取为 γf，γ 称为砌体局部抗压强度提高系数。试验研究表明，γ 的大小与周边约束局部受压面积的砌体截面面积的大小以及局部受压砌体所处的位置有关，可按下式计算：

$$\gamma = 1 + 0.35\sqrt{\frac{A_0}{A_l} - 1} \tag{11-22}$$

式中　A_0——影响砌体局部抗压强度的计算面积，可按图 11-15 确定；

$\quad\quad A_l$——局部受压面积。

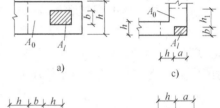

在按上式计算 γ 值时，为了避免 $\dfrac{A_0}{A_l}$ 大于某一限值时会出现危险的劈裂破坏，γ 值尚应符合下列规定：

1）在图 11-15a 的情况下，$\gamma \leqslant 2.5$。

2）在图 11-15b 的情况下，$\gamma \leqslant 2.0$。

3）在图 11-15c 的情况下，$\gamma \leqslant 1.5$。

4）在图 11-15d 的情况下，$\gamma \leqslant 1.25$。

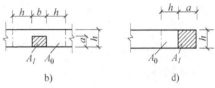

图 11-15　影响砌体局部抗压强度的计算面积

5）对多孔砖砌体孔洞难以灌实时，应按 $\gamma = 1.0$ 取用；当设置混凝土垫块时，应按垫块下的砌体局部受压计算。

（2）承载力计算　砌体截面受局部均匀压力时的承载力应按下式计算：

$$N_l \leqslant \gamma f A_l \tag{11-23}$$

式中　N_l——局部受压面积上的轴向力设计值；

$\quad\quad A_l$——局部受压面积；

$\quad\quad f$——砌体的抗压强度设计值，局部受压面积小于 0.3m^2，可不考虑强度调整系数 γ_a 的影响；

$\quad\quad \gamma$——砌体局部抗压强度的提高系数。

（二）梁端支承处砌体的局部受压

（1）上部荷载对局部抗压强度的影响　作用在梁端砌体上的轴向力，除了有梁端支承压力 N_l 外，还有由上部荷载产生的轴向力 N_0。对梁上砌体作用均匀压应力 σ_0 的试验结果表明，如果 σ_0 较小，当梁上荷载增加时，与梁端底部接触的砌体产生较大的压缩变形，梁端顶部与砌体的接触面将减小，甚至与砌体脱开，砌体形成内拱来传递上部荷载（图 11-16），砌体内部产生内力重分布。σ_0 的存在和扩散对下部砌体有横向约束作用，提高了砌体局部抗压承

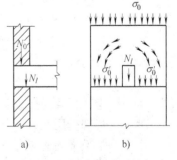

图 11-16　上部荷载对局部抗压的影响

力。但如果 σ_0 较大，上部砌体的压缩变形增大，梁端顶部与砌体的接触面也增大，内拱作用逐渐减小，其有利效应也变小。这一影响用折减系数 ψ 表示。

$$\psi = 1.5 - 0.5\frac{A_0}{A_l} \tag{11-24}$$

试验结果表明，当 $A_0/A_l > 2$ 时，上部荷载对砌体局部抗压强度的影响很小，可忽略不计。为偏于安全，《砌体结构设计规范》规定当 $A_0/A_l \geq 3$ 时，不考虑上部荷载的影响。

（2）梁端有效支承长度 梁端支承在砌体上时，由于梁的挠曲变形和支承处砌体压缩变形的影响，在梁端的支承长度由实际支承长度 a 变为有效支承长度 a_0，而砌体局部受压面积应为 $A_l = a_0 b$（b 为梁的宽度），而且梁下砌体的局部压应力也是非均匀分布的（图11-17）。

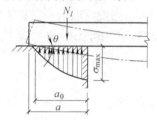

图11-17 梁端局部受压

假定梁端砌体的变形和压应力按线性分布，对砌体边缘的位移为 $y_{max} = a_0\tan\theta$（θ 为梁端转角），其压应力为 $\sigma_{max} = ky_{max}$（k 为梁端支承处砌体的压缩刚度系数）。由于梁端砌体内实际的压应力为曲线分布，设压应力图形的完整系数为 η，取平均压应力为 $\sigma = \eta ky_{max}$。按照竖向力的平衡条件得

$$N_l = \eta ky_{max}a_0 b = \eta ka_0^2 b\tan\theta \tag{11-25}$$

$$a_0 = \sqrt{\frac{N_l}{\eta kb\tan\theta}} \tag{11-26}$$

由试验得到

$$a_0 = 38\sqrt{\frac{N_l}{bf\tan\theta}} \tag{11-27}$$

对于承受均布荷载 q 作用的钢筋混凝土简支梁，可取 $N_l = ql/2$，$\tan\theta \approx \theta = \dfrac{ql^3}{24B_c}$（$B_c$ 为梁的刚度），$h_c/l = 1/11$（h_c 为梁的截面高度），$B_c \approx 0.3E_cI_c$（E_c 为混凝土弹性模量，I_c 为梁的惯性矩），当采用强度等级为 C20 的混凝土时 $E_c = 25.5\text{kN/mm}^2$。由式（11-27）得

$$a_0 = 10\sqrt{\frac{h_c}{f}} \tag{11-28}$$

式中 a_0——梁端有效支承长度（mm），当 a_0 大于 a 时，取 a_0 等于 a，a 为梁端实际支承长度；

$\quad\quad h_c$——梁的截面高度（mm）；

$\quad\quad f$——砌体抗压强度设计值（N/mm²）。

（3）梁端支承处砌体的局部受压承载力计算 根据试验结果，梁端支承处砌体的局部受压承载力计算公式为

$$\psi N_0 + N_l \leq \eta\gamma fA_l \tag{11-29}$$

式中 ψ——上部荷载的折减系数，当 $A_0/A_l \geq 3$ 时，$\psi = 0$；

$\quad\quad N_0$——局部受压面积内上部轴向力设计值，$N_0 = \sigma_0 A_l$；

$\quad\quad \sigma_0$——上部平均压应力设计值；

$\quad\quad N_l$——梁端荷载设计值产生的支承压力；

$\quad\quad A_l$——局部受压面积，$A_l = a_0 b$，a_0 用式（11-28）计算；

η——梁端底面应力图形的完整系数，取 0.7，对于过梁和墙梁取 1.0。

(三) 梁端下设有刚性垫块时砌体的局部受压

当梁端局部受压承载力不足时，在梁端下设置预制或现浇垫块增大局部受压面积，是有效措施之一。当垫块的高度 $t_b \geq 180mm$，且垫块自梁边缘起挑出的长度不大于垫块的高度时，称为刚性垫块。刚性垫块不但可以增大局部受压面积，还可使梁端压力能较好地传至砌体表面。

在梁端下设有刚性垫块的砌体局部受压承载力按下列公式计算：

$$N_0 + N_l \leq \varphi \gamma_1 f A_b \tag{11-30}$$

式中　N_0——垫块面积 A_b 内上部轴向力设计值，$N_0 = \sigma_0 A_b$；

N_l——梁端荷载设计值产生的支承压力；

φ——垫块上 N_0 及 N_l 合力的影响系数，应采用 $\beta \leq 3$ 时的值，见式（11-14）；

γ_1——垫块外砌体面积的有利影响系数，$\gamma_1 = 0.8\gamma$，但不小于 1，γ 按式（11-22）以 A_b 代替 A_l 计算；

A_b——垫块面积，$A_b = a_b b_b$；

a_b——垫块伸入墙内的长度；

b_b——垫块的宽度。

在带壁柱墙的壁柱内设刚性垫块时（图 11-18），其计算面积应取壁柱范围内的面积，而不应计算翼缘部分，同时壁柱上垫块伸入翼墙内的长度不应小于 120mm；当现浇垫块与梁端整体浇筑时，垫块可在梁高范围内设置；刚性垫块的高度不应少于 180mm，自梁边算起的垫块挑出长度不应大于垫块高度。

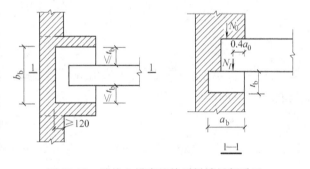

图 11-18　壁柱上设有垫块时梁端局部受压

梁端设有刚性垫块时，梁端有效支承长度 a_0 采用刚性垫块上表面梁端有效支承长度，按下式确定：

$$a_0 = \delta_1 \sqrt{\frac{h_c}{f}} \tag{11-31}$$

式中　δ_1——刚性垫块的影响系数，按表 11-6 采用。其他符号意义同前。

垫块上 N_l 作用点的位置可取 $0.4a_0$ 处（图 11-18）。

表 11-6　刚性垫块的影响系数 δ_1

σ_0/f	0	0.2	0.4	0.6	0.8
δ_1	5.4	5.7	6.0	6.9	7.8

注：表中其间的数值可采用插入法求得。

(四) 梁下设有长度大于 πh_0 的钢筋混凝土垫梁时砌体的局部受压

当梁下设有长度大于 πh_0 的钢筋混凝土垫梁时，由于垫梁是柔性的，垫梁置于墙上，在屋面梁或楼面梁的作用下，相当于承受集中荷载的"弹性地基"上的无限长梁（图 11-19）。此时，"弹性地基"的宽度即为墙厚 h，按照弹性力学的平面应力问题求解，可得梁下最大压应力为

$$\sigma_{y_{max}} = 0.306 \sqrt[3]{\frac{Eh}{E_c I_c}} \cdot \frac{N_l}{b_b} \qquad (11\text{-}32)$$

式中 E_c、I_c——垫梁的混凝土弹性模量和截面惯性矩；

$\quad\quad b_b$——垫梁的宽度；

$\quad\quad E$——砌体的弹性模量。

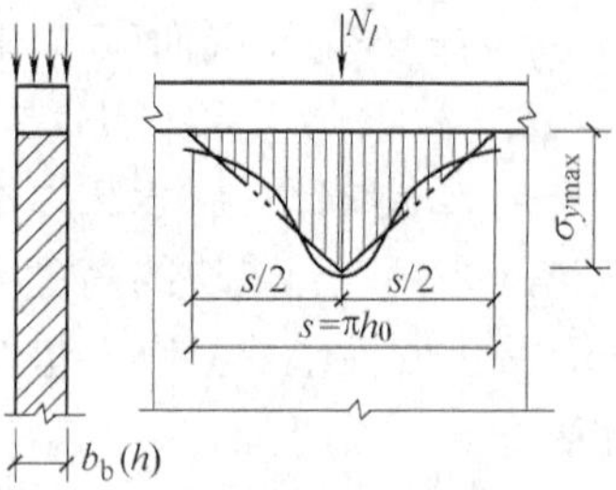

为简化计算，以三角形应力图形来代替实际曲线分布应力图形，应力分布长度取为 $s = \pi h_0$，则可由静力平衡条件求得

$$N_l = \frac{1}{2}\pi h_0 b_b \sigma_{y,max} \qquad (11\text{-}33)$$

将式（11-33）代入式（11-32），则得到垫梁的折算高度为

$$h_0 = 2.08 \sqrt[3]{\frac{E_c I_c}{Eh}} \approx 2 \sqrt[3]{\frac{E_c I_c}{Eh}} \qquad (11\text{-}34)$$

由于垫梁下应力分布不均匀，最大应力发生在局部范围内。根据试验，最大压应力与砌体抗压强度之比为 $1.5 \sim 1.6$。当垫梁出现开裂时，刚度降低，应力更为集中，建议

$$\sigma_{y_{max}} \leqslant 1.5f \qquad (11\text{-}35)$$

考虑垫梁 $\frac{\pi b_b h_0}{2}$ 范围内上部荷载设计值产生的轴力 N_0，则有

$$N_0 + N_l \leqslant \frac{\pi b_b h_0}{2} \cdot 1.5f \approx 2.4 b_b h_0 f \qquad (11\text{-}36)$$

考虑荷载沿墙方向分布不均匀的影响，《砌体结构设计规范》规定，梁下设有长度大于 πh_0 的垫梁下的砌体局部受压承载力公式为

$$N_0 + N_l \leqslant 2.4 \delta_2 b_b h_0 f \qquad (11\text{-}37)$$

式中 N_0——垫梁上部轴向力设计值，$N_0 = \frac{1}{2}\pi h_0 b_b \sigma_0$；

$\quad\quad \delta_2$——垫梁底面压应力分布系数，当荷载沿墙厚方向均匀分布时 $\delta_2 = 1.0$，不均匀分布时 $\delta_2 = 0.8$；

$\quad\quad h_0$——垫梁的折算高度；

$\quad\quad h$——墙厚。

图右上角图注：

图 11-19 垫梁局部受压

第三节 门窗过梁和圈梁

一、过梁的类型

为了承担门、窗洞口以上墙体自重及屋（楼）面传来的荷载，常在门、窗洞口上设置过梁。常用的过梁有砖砌过梁和钢筋混凝土过梁，其中砖砌过梁又分砖砌平拱过梁和钢筋砖过梁两种，如图 11-20 所示。

砖砌过梁具有节约钢材和水泥的优点，但其整体性差，承载力低，对地基不均匀沉降和振动荷载比较敏感，因此其使用范围应加以限制。砖砌平拱过梁的高度一般为 240mm 和 370mm，厚度与墙厚相同，将砖侧立砌筑而成，其净跨度 l_n 不应超过 1.2m；钢筋砖过梁是

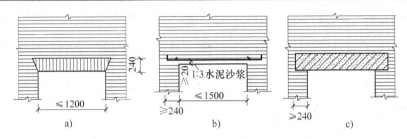

图 11-20　过梁的类型

a）平拱砖过梁　b）钢筋砖过梁　c）钢筋混凝土过梁

在其底部水平灰缝内配置纵向受力钢筋，梁的净跨度 l_n 不应超过 1.5m。对有较大振动荷载或可能产生不均匀沉降的房屋，应采用钢筋混凝土过梁。

二、过梁的荷载计算

过梁上的荷载是指作用于过梁上的墙体自重和过梁计算高度范围内的梁、板荷载。试验表明，过梁在墙体自重作用下，墙体内存在内拱效应。对于砖砌体过梁，当过梁上砌体的高度超过 $l_n/3$ 后，部分墙体自重将直接传递到过梁支座（如两端的窗间墙）上，过梁挠度并不会随墙体高度增大而增大。同理，当外荷载作用在过梁上 $0.8l_n$ 高度处时，过梁挠度几乎没有变化。过梁上的荷载应按下列规定采用。

（1）墙体自重荷载　对砖砌体，当过梁上的墙体高度 $h_w < l_n/3$ 时，应按墙体的均布自重计算（图 11-21a）；当墙体高度 $h_w \geq l_n/3$ 时，应按高度为 $l_n/3$ 墙体的均布自重计算（图 11-21b），与门窗洞口上 45° 斜方向围成的三角形范围内墙体自重基本接近。

对混凝土砌块砌体，当过梁上的墙体高度 $h_w < l_n/2$ 时，墙体荷载应按墙体的均布自重采用，如图 11-21c 所示；当墙体高度 $h_w \geq l_n/2$ 时，应按高度为 $h_w = l_n/2$ 墙体的均布自重采用，如图 11-21d 所示。

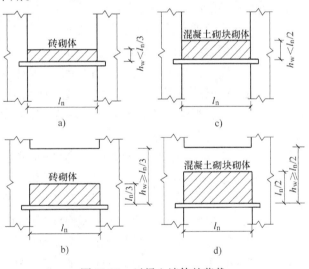

图 11-21　过梁上墙体的荷载

（2）梁、板荷载　对于砖和混凝土小型砌块砌体，当梁、板下的墙体高度 $h_w < l_n$ 时，应考虑梁、板传来的荷载；当梁、板下的墙体高度 $h_w \geq l_n$ 时，可不考虑梁、板传来的荷载，如图 11-22 所示。

三、过梁的承载力计算

在竖向荷载作用下，砖砌过梁可能出现如图 11-23 所示的几种裂缝。其中裂缝①是由于正截面受弯承载力不足引起的；裂缝②是由于砌体受剪承载力不足引起的，在支座附近沿灰缝产生大致 45° 方向的阶梯形裂缝；当洞口侧墙宽度较小时，还有可能在墙端部由于沿灰缝截面的受剪承载力不足引起水平裂缝③。

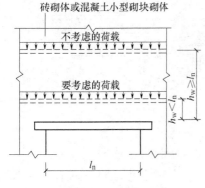

图 11-22 过梁上的梁、板荷载

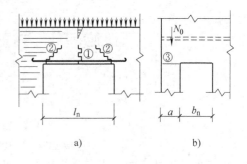

图 11-23 过梁裂缝分布图

a）平拱砖过梁 b）钢筋砖过梁

（1）砖砌平拱 为了防止正截面受弯破坏出现裂缝①，砖砌平拱可按式（11-16）进行抗弯承载力验算，其中 f_{tm} 取沿齿缝截面的弯曲抗拉强度设计值。斜截面抗剪承载力按式（11-17）计算，一般情况下均能满足。

（2）钢筋砖过梁 钢筋砖过梁跨中正截面受弯承载力可按下式验算：

$$M \leqslant 0.85 h_0 f_y A_s \tag{11-38}$$

式中 M——按简支梁计算的跨中弯矩设计值；

f_y——钢筋的抗拉强度设计值；

A_s——受拉钢筋的截面面积；

h_0——过梁截面的有效高度，$h_0 = h - a_s$；

a_s——受拉钢筋中心至截面下边缘的距离；

h——过梁的截面计算高度，取过梁底面以上的墙体高度，但不大于 $l_n/3$；当考虑梁、板传来的荷载时，则按梁、板下的墙体高度采用；

0.85——内力臂折减系数。

（3）钢筋混凝土过梁 钢筋混凝土过梁按钢筋混凝土受弯构件设计，同时应验算过梁端支承处砌体的局部受压承载力。由于过梁与上部墙体共同工作，梁端变形极小，因此，过梁端支承处砌体的局部受压验算时可不考虑上部荷载的影响，即取 $\psi = 0$，$\eta = 1.0$，$\gamma = 1.25$，$a_0 = a$。

（4）过梁的构造要求 砖砌过梁截面计算高度内的砂浆不宜低于 M5（Mb5、Ms5）；砖砌平拱用竖砖砌筑部分的高度不应小于 240mm；钢筋砖过梁底面砂浆层处的钢筋，其直径不应小于 5mm，间距不宜大于 120mm，伸入支座砌体内的长度不宜小于 240mm，砂浆层的厚度不宜小于 30mm。钢筋混凝土过梁端部的支承长度不宜小于 240mm。

四、圈梁

为了增强房屋的整体刚度，防止由于地基不均匀沉降或较大振动荷载等对房屋引起的不利影响，应在房屋的檐口、窗顶、楼层、吊车梁顶或基础顶面标高处，沿砌体墙水平方向设置封闭状的现浇钢筋混凝土梁，称为圈梁。设在房屋檐口处的圈梁，常称为檐口梁。设在基础顶面标高处的圈梁，常称为基础圈梁。跨过门窗洞口的圈梁配筋量不小于过梁配筋量，圈梁可兼做过梁。

（1）圈梁的设置 圈梁设置的位置和数量通常取决于房屋的类型、层数、所受的振动荷载以及地基情况等因素。在单层混合结构中可按下面要求设置：

1）比较空旷的单层房屋，如泵房、车间、仓库、食堂等，檐口标高为 5~8m（砖砌体房屋）或 4~5m（砌块及料石砌体房屋）时，应在檐口标高处设置一道圈梁；檐口标高大于 8m（砖砌体房屋）或 5m（砌块及料石砌体房屋）时，应增加圈梁设置数量。

2）对有起重机或较大振动设备的单层工业房屋，除在檐口或窗顶标高处设置现浇钢筋混凝土圈梁外，尚应增加设置数量。

3）建筑在软弱地基或不均匀地基上的砌体房屋，除按上述规定设置圈梁外，尚应符合 GB 50007—2011《建筑地基基础设计规范》的有关规定。

（2）圈梁的构造要求　圈梁受力及内力分析比较复杂，目前尚难以计算，一般均按构造要求设置。

1）圈梁宜连续地设在同一水平面上，并形成封闭状；当圈梁被门窗洞口截断时，应在洞口上部增设相同截面的附加圈梁。附加圈梁与圈梁的搭接长度，不应小于其（中到中）垂直间距的二倍，且不得小于1m，如图 11-24 所示。

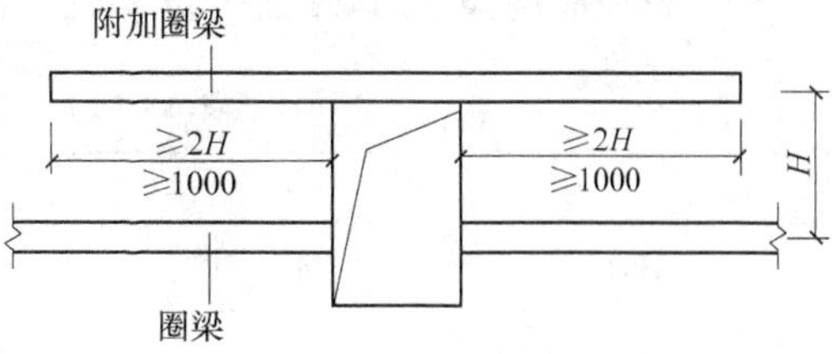

图 11-24　附加圈梁

2）纵横墙交接处的圈梁应有可靠的连接。刚弹性和弹性方案房屋，圈梁应与屋架、大梁等构件可靠连接。

3）钢筋混凝土圈梁的宽度宜与墙厚相同，当墙厚 $h \geqslant 240mm$ 时，其宽度不宜小于 $2h/3$。圈梁高度不应小于120mm。纵向钢筋不应少于 4Φ10，绑扎接头的搭接长度按受拉钢筋考虑，箍筋间距不应大于300mm。

4）圈梁兼作过梁时，过梁部分的钢筋应按计算用量另外增配。

思　考　题

11-1　混合结构房屋有哪几种承重形式？各自的特点是什么？

11-2　确定混合结构房屋静力计算方案的目的是什么？方案分为哪几类？

11-3　混合结构房屋的墙、柱为何应进行高厚比验算？带壁柱墙和带构造柱墙的高厚比如何验算？

11-4　刚性和刚弹性方案房屋的横墙应满足哪些要求？

11-5　设计混合结构房屋墙、柱时，应对哪些部位或截面进行承载力验算？

11-6　砌体构件受压承载力计算中系数 φ 表示什么意义？与哪些因素有关？

11-7　砌体局部受压有哪些特点？什么是砌体局部抗压强度提高系数？它与哪些因素有关？

11-8　如何采用影响局部抗压强度的计算面积 A_0？

11-9　过梁有哪几种类型？各种类型过梁的应用范围如何？

11-10　设置圈梁的目的是什么？在单层混合结构中圈梁设置要求主要有哪些？

习　题

11-1　某泵房内砖柱，柱计算高度为5.1m，柱顶处由荷载设计值产生的轴心压力为195kN，已知供应的烧结普通砖为 MU10，混合砂浆为 M2.5，施工质量控制等级为 B 级。试设计该柱截面（考虑柱自重）。

11-2　截面为 $b \times h = 490mm \times 620mm$ 的砖柱，采用 MU10 烧结普通砖及 M5 混合砂浆砌筑，施工质量控制等级为 B 级，柱长短边方向的计算高度相等，即 $H_0 = 7m$，柱顶截面承受的轴向压力设计值 $N = 280kN$，沿长边方向弯矩设计值 $M = 8.7kN \cdot m$，柱底截面按轴心受压计算。试验算该砖柱柱顶及柱底的受压承载力是否满足要求。

附　　录

附录 A　钢筋和混凝土的性质、受弯构件的允许挠度值及裂缝控制

一、钢筋和混凝土的强度值［表 A-1(1) ~ 表 A-1(4)］

表 A-1(1)　普通钢筋强度标准值　　　　（单位：N/mm²）

	种　　类	符号	d/mm	f_{yk}	f_{sk}
热轧钢筋	HPB300	Φ	8 ~ 22	300	420
	HRB335、HRBF335	Φ、Φ^F	6 ~ 50	335	455
	HRB400、HRBF400	Φ、Φ^F	6 ~ 50	400	540
	RRB400	Φ^R	6 ~ 50	400	540
	HRB500、HRBF500	Φ、Φ^F	6 ~ 50	500	630

表 A-1(2)　普通钢筋强度设计值　　　　（单位：N/mm²）

	种　　类	符号	f_y	f_y'
热轧钢筋	HPB300	Φ	270	270
	HRB335、HRBF335	Φ、Φ^F	300	300
	HRB400、HRBF400、RRB400	Φ、Φ^F、Φ^R	360	360
	RRB500、HRBF500	Φ、Φ^F	435	410

注：在钢筋混凝土结构中，当用作受剪、受扭、受冲切承载力计算时的钢筋抗拉强度设计值大于 360N/mm² 时，仍应按 360N/mm² 取用。

表 A-1(3)　混凝土强度标准值　　　　（单位：N/mm²）

强度种类	混凝土强度等级													
	C15	C20	C25	C30	C35	C40	C45	C50	C55	C60	C65	C70	C75	C80
f_{ck}	10.0	13.4	16.7	20.1	23.4	26.8	29.6	32.4	35.5	38.5	41.5	44.5	47.4	50.2
f_{tk}	1.27	1.54	1.78	2.01	2.20	2.39	2.51	2.64	2.74	2.85	2.93	2.99	3.05	3.11

表 A-1(4)　混凝土强度设计值　　　　（单位：N/mm²）

强度种类	混凝土强度等级													
	C15	C20	C25	C30	C35	C40	C45	C50	C55	C60	C65	C70	C75	C80
f_c	7.2	9.6	11.9	14.3	16.7	19.1	21.1	23.1	25.3	27.5	29.7	31.8	33.8	35.9
f_t	0.91	1.10	1.27	1.43	1.57	1.71	1.80	1.89	1.96	2.04	2.09	2.14	2.18	2.22

二、钢筋和混凝土的弹性模量[表 A-2(1)、表 A-2(2)]

表 A-2(1)　钢筋弹性模量 E_s　　　　　　（单位：$\times 10^5 \, \text{N/mm}^2$）

种　　类	E_s
HPB300 级钢筋	2.1
HRB335 级钢筋、HRBF335 级钢筋、HRB400 级钢筋、HRBF400 级钢筋、RRB400 级钢筋、HRB500 级钢筋、HRBF500 级钢筋、预应力螺纹钢筋	2.0
消除应力钢丝、中强度预应力钢丝	2.05
钢绞线	1.95

注：必要时钢绞线可采用实测的弹性模量。

表 A-2(2)　混凝土的弹性模量 E_c　　　　　　（单位：$\times 10^4 \text{N/mm}^2$）

混凝土强度等级	C15	C20	C25	C30	C35	C40	C45	C50	C55	C60	C65	C70	C75	C80
E_c	2.20	2.55	2.80	3.00	3.15	3.25	3.35	3.45	3.55	3.60	3.65	3.70	3.75	3.80

注：1. 当有可靠试验依据时，弹性模量可根据实测数据确定。

　　2. 当混凝土中掺有大量矿物掺和料时，弹性模量可按规定龄期实测数据确定。

三、受弯构件的允许挠度值(表 A-3)

表 A-3　受弯构件的挠度限值 $a_{f,lim}$

构 件 类 型	挠 度 限 值
吊车梁：手动吊车 　　　　电动吊车	$l_0/500$ $l_0/600$
屋盖、楼盖及楼梯构件： 　当 $l_0 < 7\text{m}$ 时 　当 $7\text{m} \leqslant l_0 \leqslant 9\text{m}$ 时 　当 $l_0 > 9\text{m}$ 时	 $l_0/200(l_0/250)$ $l_0/250(l_0/300)$ $l_0/300(l_0/400)$

注：1. 表中 l_0 为构件的计算跨度。

　　2. 表中括号内的数值适用于使用上对挠度有较高要求的构件。

　　3. 如果构件制作时预先起拱，且使用上也允许，则在验算挠度时，可将计算所得的挠度值减去起拱值；对预应力混凝土构件，尚可减去预加力所产生的反拱值。

　　4. 计算悬臂构件的挠度限值时，其计算跨度 l_0 按实际悬臂长度的 2 倍取用。

　　5. 构件制作时的起拱值和预加力所产生的反拱值，不宜超过构件在相应荷载组合作用下的计算挠度值。

四、裂缝控制等级及最大裂缝宽度限值[表 A-4(1)、表 A-4(2)]

表 A-4(1)　《混凝土结构设计规范》对结构构件的裂缝控制等级及最大裂缝宽度限值

环境类别	钢筋混凝土结构		预应力混凝土结构	
	裂缝控制等级	ω_{lim}/mm	裂缝控制等级	ω_{lim}/mm
一	三	0.3(0.4)	三	0.2
二 a	三	0.2	三	0.1

（续）

环境类别	钢筋混凝土结构		预应力混凝土结构	
	裂缝控制等级	ω_{lim}/mm	裂缝控制等级	ω_{lim}/mm
二 b	三	0.2	二	—
三 a、三 b	三	0.2	一	—

注:1. 对于烟囱、筒仓和处于液体压力的结构其裂缝控制要求可按专门标准确定。
　2. 对处于年平均相对湿度小于60%地区一类环境下的受弯构件,其最大裂缝宽度限值可采用括号内的数值。
　3. 在一类环境下,对钢筋混凝土屋架、托架及需作疲劳验算的吊车梁,其最大裂缝宽度限值应取为 0.2mm;对钢筋混凝土屋面梁和托梁,其最大裂缝宽度限值应取为 0.3mm。
　4. 在一类环境下,对预应力混凝土、屋架、托架及双向板体系,应按二级裂缝控制等级进行验算;对一类环境下预应力混凝土屋面梁、托梁、单向板,应按表中二 a 级环境的要求进行验算。在一类和二 a 类环境下,对需作疲劳验算的预应力混凝土吊车梁,应按不低于二级裂缝控制等级进行验算。
　5. 表中规定的预应力混凝土构件的裂缝控制等级和最大裂缝宽度限值仅适用于正截面的验算;预应力混凝土构件的斜截面裂缝控制验算应按计算采用。
　6. 对于四、五类环境下的结构构件,其裂缝控制要求应符合专门标准的有关规定。
　7. 表中最大裂缝宽度限值用于验算荷载作用引起的最大裂缝宽度。

表 A-4(2) 《给水排水工程构筑物结构设计规范》对钢筋混凝土构筑物构件的最大裂缝宽度限值

类　　别	部位及环境条件	ω_{lim}/mm
水处理构筑物、水池、水塔	清水池、给水水质净化处理构筑物	0.25
	污水处理构筑物、水塔的水柜	0.20
泵　房	贮水间、格栅间	0.20
	其他地面以下部分	0.25
取水头部	常水位以下部分	0.25
	常水位以上湿度变化部分	0.20

注:沉井结构的施工阶段最大裂缝宽度限值可取 0.2mm。

附录 B　钢筋混凝土构件计算用表

一、钢筋混凝土受弯构件正截面承载力计算系数（表 B-1）

表 B-1　矩形和 T 形截面钢筋混凝土受弯构件正截面承载力计算系数

ξ	γ_s	α_s	ξ	γ_s	α_s
0.01	0.995	0.010	0.05	0.975	0.049
0.02	0.990	0.020	0.06	0.970	0.058
0.03	0.985	0.030	0.07	0.965	0.068
0.04	0.980	0.039	0.08	0.960	0.077

（续）

ξ	γ_s	α_s	ξ	γ_s	α_s
0.09	0.955	0.086	0.38	0.810	0.308
0.10	0.950	0.095	0.39	0.805	0.314
0.11	0.945	0.104	0.40	0.800	0.320
0.12	0.940	0.113	0.41	0.795	0.326
0.13	0.935	0.122	0.42	0.790	0.332
0.14	0.930	0.130	0.43	0.785	0.338
0.15	0.925	0.139	0.44	0.780	0.343
0.16	0.920	0.147	0.45	0.775	0.349
0.17	0.915	0.156	0.46	0.770	0.354
0.18	0.910	0.164	0.47	0.765	0.360
0.19	0.905	0.172	0.48	0.760	0.365
0.20	0.900	0.180	0.49	0.755	0.370
0.21	0.895	0.188	0.50	0.750	0.375
0.22	0.890	0.196	0.51	0.745	0.380
0.23	0.885	0.204	0.518	0.741	0.384
0.24	0.880	0.211	0.52	0.740	0.385
0.25	0.875	0.219	0.528	0.736	0.389
0.26	0.870	0.226	0.530	0.735	0.390
0.27	0.865	0.234	0.540	0.730	0.394
0.28	0.860	0.241	0.544	0.728	0.396
0.29	0.855	0.248	0.550	0.725	0.399
0.30	0.850	0.255	0.556	0.722	0.401
0.31	0.845	0.262	0.560	0.720	0.403
0.32	0.840	0.269	0.570	0.715	0.408
0.33	0.835	0.276	0.576	0.712	0.410
0.34	0.830	0.282	0.580	0.710	0.412
0.35	0.825	0.289	0.590	0.705	0.416
0.36	0.820	0.295	0.600	0.700	0.420
0.37	0.815	0.302	0.610	0.695	0.424
			0.614	0.693	0.426

注:1. 表中系数 α_s、ξ 可分别按下列公式计算确定:

$$\alpha_s = \frac{M}{\alpha_1 f_c b h_0^2}; \xi = \frac{A_s f_y}{b h_0 \alpha_1 f_c}$$

2. 表中 $\xi = 0.52$ 以下的数值不适用于 HRB400 级钢筋; $\xi = 0.550$ 以下的数值不适用于钢筋直径 $d \leqslant 25$mm 的 HRB335 级钢筋; $\xi = 0.556$ 以下的数值不适用于钢筋直径 $d = 28 \sim 40$mm 的 HRB335 级钢筋。

二、钢筋表[表 B-2(1)、表 B-2(2)]

表 B-2(1)　钢筋的计算截面面积及公称直径

公称直径 d/mm	当根数 n 为下值时的计算截面面积/mm²									单根钢筋理论质量/(kg/m)
	1	2	3	4	5	6	7	8	9	
3	7.1	14.1	21.2	28.3	35.3	42.4	49.5	56.5	63.6	0.055
4	12.6	25.1	37.7	50.2	62.8	75.4	87.9	100.5	113	0.099
5	19.6	39	59	79	98	118	138	157	177	0.154
6 *	28.3	57	85	113	142	170	198	226	255	0.222
6.5 *	33.2	66	100	133	166	199	232	265	299	0.260
7	38.5	77	115	154	192	231	269	308	346	0.303
8 *	50.3	101	151	201	252	302	352	402	453	0.395
8.2 *	52.8	106	158	211	264	317	370	423	475	0.432
9	63.5	127	191	254	318	382	445	509	572	0.499
10 *	78.5	157	236	314	393	471	550	628	707	0.617
11	95.0	190	285	380	475	570	665	760	855	0.750
12 *	113.1	226	339	452	565	678	791	904	1017	0.888
13	132.7	262	398	531	664	796	929	1062	1195	1.040
14 *	153.9	308	461	615	769	923	1077	1230	1387	1.208
15	176.7	353	530	707	884	1050	1237	1414	1512	1.390
16 *	201.1	402	603	804	1005	1206	1407	1608	1809	1.578
17	227.0	454	681	908	1135	1305	1589	1816	2043	1.780
18 *	254.5	509	763	1017	1272	1526	1780	2036	2290	1.998
19	283.5	567	851	1134	1418	1701	1985	2268	2552	2.230
20 *	314.2	628	941	1256	1570	1884	2200	2513	2827	2.466
21	346.4	693	1039	1385	1732	2078	2425	2771	3117	2.720
22 *	380.1	760	1140	1520	1900	2281	2661	3041	3421	2.984
23	415.5	831	1246	1662	2077	2498	2908	3324	3739	3.260
24	452.4	904	1356	1808	2262	2714	3167	3619	4071	3.551
25 *	490.9	982	1473	1964	2454	2945	3436	3927	4418	3.850
26	530.9	1062	1593	2124	2655	3186	3717	4247	4778	4.170
27	572.6	1144	1716	2291	2865	3435	4008	4580	5153	4.495
28 *	615.3	1232	1847	2463	3079	3695	4310	4926	5542	4.830
30 *	706.9	1413	2121	2827	3534	4241	4948	5655	6362	5.550
32 *	804.3	1609	2418	3217	4021	4826	5630	6434	7238	6.310
34	907.9	1816	2724	3632	4540	5448	6355	7263	8171	7.130
35	962.0	1924	2886	3848	4810	5772	6734	7696	8658	7.500
36 *	1017.9	2036	3054	4072	5086	6107	7125	8143	9161	7.990
40 *	1256.1	2513	3770	5027	6283	7540	8796	10053	11310	9.865

注:1. 表中带 * 号的直径为国内常规供货直径。

2. 表中直径 $d=8.2$mm 的计算截面面积及理论重量仅适用于有纵肋的热处理钢筋。

表 B-2(2)　钢筋混凝土板每米板宽内的钢筋截面面积

钢筋间距 /mm	当钢筋直径为下列数值时的钢筋截面面积/mm²													
	3	4	5	6	6/8	8	8/10	10	10/12	12	12/14	14	14/16	16
70	101.0	179	281	404	561	719	920	1121	1369	1616	1908	2199	2536	2872
75	94.3	167	262	377	524	671	859	1047	1277	1508	1780	2053	2367	2681
80	88.4	157	245	354	491	629	805	981	1198	1414	1669	1924	2218	2513
85	83.2	148	231	333	462	592	758	924	1127	1331	1571	1811	2088	2365
90	78.5	140	218	314	437	559	716	872	1064	1257	1484	1710	1972	2234
95	74.5	132	207	298	414	529	678	826	1008	1190	1405	1620	1868	2116
100	70.6	126	196	283	393	503	644	785	958	1131	1335	1539	1775	2011
110	64.2	114	178	257	357	457	585	714	871	1028	1214	1399	1614	1828
120	58.9	105	163	236	327	419	537	654	798	942	1112	1283	1480	1676
125	56.5	100	157	226	314	402	515	628	766	905	1068	1232	1420	1608
130	54.4	96.6	151	218	302	387	495	604	737	870	1027	1184	1366	1547
140	50.5	89.7	140	202	281	359	460	561	684	808	954	1100	1268	1436
150	47.1	83.8	131	189	262	335	429	523	639	754	890	1026	1183	1340
160	44.1	78.5	123	177	246	314	403	491	599	707	834	962	1110	1257
170	41.5	73.9	115	166	231	296	379	462	564	665	786	906	1044	1183
180	39.2	69.8	109	157	218	279	358	436	532	628	742	855	985	1117
190	37.2	66.1	103	149	207	265	339	413	504	595	702	810	934	1058
200	35.3	62.8	98.2	141	196	251	322	393	479	565	668	770	888	1005
220	32.1	57.1	89.3	129	178	228	292	357	436	514	607	700	807	914
240	29.4	52.4	81.9	118	164	209	268	327	399	471	556	641	740	838
250	28.3	50.2	78.5	113	157	201	258	314	383	452	534	616	710	804
260	27.2	48.3	75.5	109	151	193	248	302	368	435	514	592	682	773
280	25.2	44.9	70.1	101	140	180	230	281	342	404	477	550	634	718
300	23.6	41.9	65.5	94	131	168	215	262	320	377	445	513	592	670
320	22.1	39.2	61.4	88	123	157	201	245	299	353	417	481	554	628

注：表中钢筋直径中的 6/8、8/10、…是指两种直径的钢筋间隔放置。

三、钢筋混凝土构件中纵向受力钢筋的最小配筋百分率(表 B-3)

表 B-3　钢筋混凝土构件中纵向受力钢筋的最小配筋率

受力类型			最小配筋百分率(%)
受压构件	全部纵向钢筋	强度等级 500MPa	0.50
		强度等级 400MPa	0.55
		强度等级 300MPa、335MPa	0.60
	一侧纵向钢筋		0.20
受弯构件,偏心受拉、轴心受拉构件一侧的受拉钢筋			0.20 和 $45f_t/f_y$ 中的较大值

注：1. 受压构件全部纵向钢筋最小配筋百分率,当采用 C60 以上强度等级的混凝土时,应按表中规定增加 0.10。

2. 板类受弯构件(不包括悬臂板)的受拉钢筋,当采用强度等级 400MPa、500MPa 的钢筋时,其最小配筋百分率应允许采用 0.15 和 $45f_t/f_y$ 中的较大值。

3. 偏心受拉构件中的受压钢筋,应按受压构件一侧纵向钢筋考虑。

4. 受压构件的全部纵向钢筋和一侧纵向钢筋的配筋率以及轴心受拉构件和小偏心受拉构件一侧受拉钢筋的配筋率均应按构件的全截面面积计算。

5. 受弯构件、大偏心受拉构件一侧受拉钢筋的配筋率应按全截面面积扣除受压翼缘面积$(b_f' - b)h_f'$后的截面面积计算。

6. 当钢筋沿构件截面周边布置时,"一侧纵向钢筋"指沿受力方向两个对边中一边布置的纵向钢筋。

附录 C 钢筋混凝土构件不需作验算的条件

一、钢筋混凝土构件不需作裂缝宽度验算的最大钢筋直径

1) 对配置带肋钢筋且混凝土保护层厚度(从最外排纵向受拉钢筋外边缘至受拉底边的距离)$c_s \leq 25mm$ 的受弯构件,当其纵向受拉钢筋直径不超过图 C-1 查得的钢筋直径时,可不进行裂缝宽度验算;当配置光面钢筋时,应将计算的光面钢筋应力 σ_{sq} 值乘以系数 1.4 后,再行查图。

2) 对混凝土保护层厚度 $c_s \leq 25mm$ 的轴心受拉构件,当配置带肋钢筋时,应将计算的钢筋应力 σ_{sq} 值乘以系数 1.3 后,再行查图;当配置光面钢筋时,应将计算的钢筋应力 σ_{sq} 值乘以系数 1.8 后,再行查图。

二、钢筋混凝土受弯构件不需作挠度验算的最大跨高比

1) 对配置 HRB335 级钢筋、混凝土强度等级为 C20 ~ C30、允许挠度值为 $l/200$、结构构件的重要性系数 $\gamma_0 = 1$、活荷载的准永久值系数 $\psi_q = 0.4$,且承受均布荷载的简支受弯构件,其跨高比不大于图 C-2 的相应数值时,在一般情况下可不进行挠度验算。

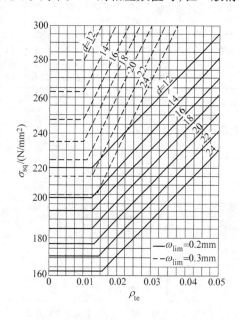

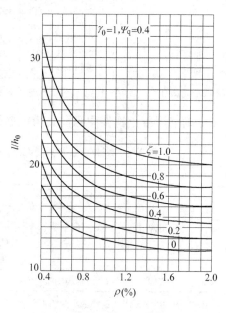

图 C-1 钢筋混凝土受弯构件不需作
裂缝宽度验算的最大钢筋直径

图 C-2 钢筋混凝土受弯构件不需作
挠度验算的最大跨高比 l/h_0

注:当 $\rho_{te} < 0.02$ 时,不宜采用计算的钢筋应力 σ_{sq} 值乘以系数后再行查图的方法,宜采用第五章式(5-12)进行验算。

2) 当不符合上述条件时, 对图 C-2 的跨高比应乘以下列修正系数:

① 采用 HPB300 级钢筋作为纵向受拉钢筋时, 应乘以系数 1.35。

② 当允许挠度值为 $l/250$ 时, 应乘以系数 0.8; 当允许挠度值为 $l/300$ 时, 应乘以系

数 0.67。

③　当准永久值系数 ψ_q 为不同数值时，应乘以下列系数：

$$\eta = \frac{2 - 0.6\zeta}{2 - (1 - \psi_q)\,\zeta}$$

式中　ζ——系数，$\zeta = 1 - \dfrac{M_{Gk}}{M_q}$，$M_{Gk}$ 为永久荷载标准值在计算截面产生的弯矩标准值。

④　根据构件类型及支承条件除以表 C-1 规定的修正系数。

表 C-1　构件类型及支承条件修正系数

构　件　类　型	简　支	两　端　连　续	悬　臂
板和独立梁	1.0	0.8	2.0
整体肋形梁	0.8	0.65	—

3）如使用上对构件挠度有特殊要求，或构件的配筋率较大（如 $\rho > 2\%$），或采用的混凝土强度等级为 C30 且配筋率较小（如 $\rho < 0.8\%$）时，构件的挠度应按第五章第二节计算公式进行验算。

附录 D　常用系数及静力计算表

一、给水排水构筑物的活荷载及其准永久值系数 ψ_q（表 D-1）

表 D-1　构筑物楼面和屋面的活荷载及其准永久值系数 ψ_q

构筑物的部位	活荷载标准值/ （kN/m²）	准永久值系数 ψ_q
不上人的屋面、贮水或水处理构筑物的顶板	0.70	0.0
上人屋面或顶板	2.0	0.4
操作平台或泵房等楼面	2.0	0.5
楼梯或走道板	2.0	0.4
操作平台、楼梯的栏杆	水平向 1.0kN/m	0.0

注：1. 对水池顶板，尚应根据施工或运输条件验算施工机械设备荷载或运输车辆荷载。

　　2. 对操作平台、泵房等楼面，尚应根据实际情况验算设备、运输工具、堆放物料等局部集中荷载。

　　3. 对预制楼梯踏步，尚应按集中活荷载标准值 1.5kN 验算。

二、均布荷载、集中荷载、三角形分布荷载作用下等跨连续梁的弯矩和剪力系数及挠度系数［表 D-2（1）～表 D-2（4）］

1）在均布及三角形分布荷载作用下：

$$M = 表中系数 \times ql^2；\quad V = 表中系数 \times ql；\quad f = 表中系数 \times \frac{ql^4}{100EI}$$

2）在集中荷载作用下：

$$M = 表中系数 \times Pl；\quad V = 表中系数 \times P；\quad f = 表中系数 \times \frac{Pl^3}{100EI}$$

3）剪力以对邻近截面所产生的力矩沿顺时针方向者为正；弯矩以使截面上部受压、下部受拉者为正；挠度以向下变位者为正。

表 D-2（1） 两跨梁

荷载图	跨内最大弯矩		支座弯矩	剪力				跨度中点挠度	
	M_1	M_2	M_B	V_A	$V_{B左}$	$V_{B右}$	V_C	f_1	f_2
	0.070	0.0703	-0.125	0.375	-0.625	0.625	-0.375	0.521	0.521
	0.096	—	-0.063	0.437	-0.563	0.063	0.063	0.912	-0.391
	0.048	0.048	-0.078	0.172	-0.328	0.328	-0.172	0.345	0.345
	0.064	—	-0.039	0.211	-0.289	0.039	0.039	0.589	-0.244
	0.156	0.156	-0.188	0.312	-0.688	0.688	-0.312	0.911	0.911
	0.203	—	-0.094	0.406	-0.594	0.094	0.094	1.497	-0.586
	0.222	0.222	-0.333	0.667	-1.333	1.333	-0.667	1.466	1.466
	0.278	—	-0.167	0.833	-1.167	0.167	0.167	2.508	-1.042

表 D-2（2） 三跨梁

荷载图	跨内最大弯矩		支座弯矩		剪 力						跨度中点挠度		
	M_1	M_2	M_B	M_C	V_A	$V_{B左}$	$V_{B右}$	$V_{C左}$	$V_{C右}$	V_D	f_1	f_2	f_3
	0.080	0.025	-0.100	-0.100	0.400	-0.600	0.500	-0.500	0.600	-0.400	0.677	0.052	0.677
	0.101	—	-0.050	-0.050	0.450	-0.550	0	0	0.550	-0.450	0.990	-0.625	0.990
	—	0.075	-0.050	-0.050	-0.050	-0.050	0.500	-0.500	0.050	0.050	-0.313	0.677	-0.313
	0.073	0.054	-0.117	-0.033	0.383	-0.617	0.583	-0.417	0.033	0.033	0.573	0.365	-0.208
	0.094	—	-0.067	0.017	0.433	-0.567	0.083	0.083	-0.017	-0.017	0.885	-0.313	0.104

（续）

荷载图	跨内最大弯矩		支座弯矩		剪　力						跨度中点挠度		
	M_1	M_2	M_B	M_C	V_A	$V_{B左}$	$V_{B右}$	$V_{C左}$	$V_{C右}$	V_D	f_1	f_2	f_3
	0.054	0.021	-0.063	-0.063	0.188	-0.313	0.250	-0.250	0.313	-0.188	0.443	0.052	0.443
	0.068	—	-0.031	-0.031	0.219	-0.281	0	0	0.281	-0.219	0.638	-0.391	0.638
	—	0.052	-0.031	-0.031	-0.031	-0.031	0.250	-0.250	0.031	0.031	-0.195	0.443	-0.195
	0.050	0.038	-0.073	-0.021	0.177	-0.323	0.302	-0.198	0.021	0.021	0.378	0.248	-0.130
	0.063	—	-0.042	0.010	0.208	-0.292	0.052	0.052	-0.010	-0.010	0.573	-0.195	0.065
	0.175	0.100	-0.150	-0.150	0.350	-0.650	0.500	-0.500	0.650	-0.350	1.146	0.208	1.146
	0.213	—	-0.075	-0.075	0.425	-0.575	0	0	0.575	-0.425	1.615	-0.937	1.615
	—	0.175	-0.075	-0.075	-0.075	-0.075	0.500	-0.500	0.075	0.075	-0.469	1.146	-0.469
	0.162	0.137	-0.175	-0.050	0.325	-0.675	0.625	-0.375	0.050	0.050	0.990	0.677	-0.312
	0.200	—	-0.100	0.025	0.400	-0.600	0.125	0.125	-0.025	-0.025	1.458	-0.469	0.156
	0.244	0.067	-0.267	-0.267	0.733	-1.267	1.000	-1.000	1.267	-0.733	1.883	0.216	1.883
	0.289	—	-0.133	-0.133	0.866	-1.134	0	0	1.134	-0.866	2.716	-1.667	2.716
	—	0.200	-0.133	-0.133	-0.133	-0.133	1.000	-1.000	0.133	0.133	-0.833	1.883	-0.833
	0.229	0.170	-0.311	-0.089	0.689	-1.311	1.222	-0.778	0.089	0.089	1.605	1.049	-0.556
	0.274	—	-0.178	0.044	0.822	-1.178	0.222	0.222	-0.044	-0.044	2.438	-0.833	0.278

表 D-2（3） 四跨梁

荷载图	跨内最大弯矩				支座弯矩			剪力								跨度中点挠度			
	M_1	M_2	M_3	M_4	M_B	M_C	M_D	V_A	$V_{B左}$	$V_{B右}$	$V_{C左}$	$V_{C右}$	$V_{D左}$	$V_{D右}$	V_E	f_1	f_2	f_3	f_4
(荷载图)	0.077	0.036	0.036	0.077	−0.107	−0.071	−0.107	0.393	−0.607	0.536	−0.464	0.464	−0.536	0.607	−0.393	0.632	0.186	0.186	0.632
(荷载图)	0.100	—	0.081	—	−0.054	−0.036	−0.054	0.446	−0.554	0.018	0.018	0.482	−0.518	0.054	0.054	0.967	−0.558	0.744	−0.335
(荷载图)	0.072	0.061	—	0.098	−0.121	−0.018	−0.058	0.380	−0.620	0.603	−0.397	−0.040	−0.040	0.558	−0.442	0.549	0.437	−0.474	0.939
(荷载图)	—	0.056	0.056	—	−0.036	−0.107	−0.036	−0.036	−0.036	0.429	−0.571	0.571	−0.429	0.036	0.036	−0.223	0.409	0.409	−0.223
(荷载图)	0.094	—	—	—	−0.067	0.018	−0.004	0.433	−0.567	0.085	0.085	−0.022	−0.022	0.004	0.004	0.884	−0.307	0.084	−0.028
(荷载图)	—	0.074	—	—	−0.049	−0.054	0.013	−0.049	−0.049	0.496	−0.504	0.067	−0.067	0.013	−0.013	−0.307	0.660	−0.251	0.084
(荷载图)	0.052	0.028	0.028	0.052	−0.067	−0.045	−0.067	0.183	−0.317	0.272	−0.228	0.228	−0.272	0.317	−0.183	0.415	0.136	0.136	0.415
(荷载图)	0.067	—	0.055	—	−0.034	−0.022	−0.034	0.217	−0.284	0.011	0.011	0.239	−0.261	0.034	0.034	0.624	−0.349	0.485	−0.209
(荷载图)	0.049	0.042	0.040	0.066	−0.075	−0.011	−0.036	0.175	−0.325	0.314	−0.186	−0.025	−0.025	0.286	−0.214	0.363	0.293	−0.296	0.607
(荷载图)	—	0.040	0.040	—	−0.022	−0.067	−0.022	−0.022	−0.022	0.205	−0.295	0.295	−0.205	0.022	0.022	−0.140	0.275	0.275	−0.140
(荷载图)	0.063	—	—	—	−0.042	0.011	−0.003	0.208	−0.292	0.053	0.253	−0.014	−0.014	0.003	0.003	0.572	−0.192	0.052	−0.017
(荷载图)	—	0.051	—	—	−0.031	−0.034	0.008	−0.031	−0.031	0.247	−0.253	0.042	0.042	−0.008	−0.008	−0.192	0.432	−0.157	0.052

（续）

荷载图	跨内最大弯矩				支座弯矩			剪力								跨度中点挠度			
	M_1	M_2	M_3	M_4	M_B	M_C	M_D	V_A	$V_{B左}$	$V_{B右}$	$V_{C左}$	$V_{C右}$	$V_{D左}$	$V_{D右}$	V_E	f_1	f_2	f_3	f_4
	0.169	0.116	0.116	0.169	-0.161	-0.107	-0.161	0.339	-0.661	0.554	-0.446	0.446	-0.554	0.661	-0.339	1.079	0.409	0.409	1.079
	0.210	—	0.183	—	-0.080	-0.054	-0.080	0.420	-0.580	0.027	0.027	0.473	-0.527	0.080	0.080	1.581	-0.837	1.246	-0.502
	0.159	0.146	—	0.206	-0.181	-0.027	-0.087	0.319	-0.681	0.654	-0.346	-0.060	-0.060	0.587	-0.413	0.953	0.786	-0.711	1.539
	—	0.142	0.142	—	-0.054	-0.161	-0.054	-0.054	-0.054	0.393	-0.607	0.607	-0.393	0.054	0.054	-0.335	0.744	0.744	-0.335
	0.200	—	—	—	-0.100	0.027	-0.007	0.400	-0.600	0.127	0.127	-0.033	-0.033	0.007	0.007	1.456	-0.460	0.126	-0.042
	—	0.173	—	—	-0.074	-0.080	0.020	-0.074	-0.074	0.493	-0.507	0.100	0.100	-0.020	-0.020	-0.460	1.121	-0.377	0.126
	0.238	0.111	0.111	0.238	-0.286	-0.191	-0.286	0.714	-1.286	1.095	-0.905	0.905	-1.095	1.286	-0.714	1.764	0.573	0.573	1.764
	0.286	—	0.222	—	-0.143	-0.095	-0.143	0.857	-1.143	0.048	0.048	0.952	-1.048	0.143	0.143	2.657	-1.488	2.061	-0.892
	0.226	0.194	—	0.282	-0.321	-0.048	-0.155	0.679	-1.321	1.274	-0.726	-0.107	-0.107	1.155	-0.845	1.541	1.243	-1.265	2.582
	—	0.175	0.175	—	-0.095	-0.286	-0.095	-0.095	-0.095	0.810	-1.190	1.190	-0.810	0.095	0.095	-0.595	1.168	1.168	-0.595
	0.274	—	—	—	-0.178	0.048	-0.012	0.822	-1.178	0.226	0.226	-0.060	-0.060	0.012	0.012	2.433	-0.819	0.223	-0.074
	—	0.198	—	—	-0.131	-0.143	0.036	-0.131	-0.131	0.988	-1.012	0.178	0.178	-0.036	-0.036	-0.819	1.838	-0.670	0.223

表 D-2(4)

荷载图	跨内最大弯矩			支座弯矩			
	M_1	M_2	M_3	M_B	M_C	M_D	M_E
	0.078	0.033	0.046	−0.105	−0.079	−0.079	−0.105
	0.100	—	0.086	−0.053	−0.040	−0.040	−0.053
	—	0.079	—	−0.053	−0.040	−0.040	−0.053
	0.073	$\dfrac{0.059^{②}}{0.078}$	—	−0.119	0.022	−0.044	−0.051
	$\dfrac{—^{①}}{0.098}$	0.055	0.064	−0.035	−0.111	−0.020	−0.057
	0.094	—	—	−0.067	0.018	−0.005	0.001
	—	0.074	—	−0.049	−0.054	0.014	−0.004
	—	—	0.072	0.013	−0.053	−0.053	0.013
	0.053	0.026	0.034	−0.066	−0.049	−0.049	−0.066
	0.067	—	0.059	−0.033	−0.025	−0.025	−0.033
	—	0.055	—	−0.033	−0.025	−0.025	−0.033
	0.049	$\dfrac{0.041^{②}}{0.03}$	—	−0.075	−0.014	−0.028	−0.032
	$\dfrac{—^{①}}{0.066}$	0.039	0.044	−0.022	−0.070	−0.013	−0.036
	0.063	—	—	−0.042	0.011	−0.003	0.001
	—	0.051	—	−0.031	−0.034	0.009	−0.002
	—	—	0.050	0.008	−0.033	−0.033	0.008

五跨梁

	剪　力					跨度中点挠度				
V_A	$V_{B左}$ $V_{B右}$	$V_{C左}$ $V_{C右}$	$V_{D左}$ $V_{D右}$	$V_{E左}$ $V_{E右}$	V_F	f_1	f_2	f_3	f_4	f_5
0.394	−0.606 0.526	−0.474 0.500	−0.500 0.474	−0.526 0.606	−0.394	0.644	0.151	0.315	0.151	0.644
0.447	−0.553 0.013	0.013 0.500	−0.500 −0.013	−0.013 0.553	−0.447	0.973	−0.576	0.809	−0.576	0.973
−0.053	−0.053 0.513	−0.487 0	0 0.487	−0.513 0.053	0.053	−0.329	0.727	−0.493	0.727	−0.329
0.380	−0.620 0.598	−0.402 −0.023	−0.023 0.493	−0.507 0.052	0.052	0.555	0.420	−0.411	0.704	−0.321
−0.035	−0.035 0.424	−0.576 0.591	−0.409 −0.037	−0.037 0.557	−0.443	−0.217	0.390	0.480	−0.486	0.943
0.433	−0.567 0.085	0.085 −0.023	−0.023 0.006	0.006 −0.001	−0.001	0.883	−0.307	0.082	−0.022	0.008
−0.049	−0.049 0.495	−0.505 0.068	0.068 −0.018	−0.018 0.004	0.004	−0.307	0.659	−0.247	0.067	−0.022
0.013	0.013 −0.066	−0.066 0.500	−0.500 0.066	0.066 −0.013	−0.013	0.082	−0.247	0.644	−0.247	0.082
0.184	−0.316 0.266	−0.234 0.250	−0.250 0.234	−0.266 0.316	−0.184	0.422	0.114	0.217	0.114	0.422
0.217	−0.283 0.008	0.008 0.250	−0.250 −0.008	−0.008 0.283	−0.217	0.628	−0.360	0.525	−0.360	0.628
−0.033	−0.033 0.258	−0.242 0	0 0.242	−0.258 0.033	0.033	−0.205	0.474	−0.308	0.474	−0.205
0.175	−0.325 0.311	−0.189 −0.014	−0.014 0.246	−0.255 0.032	0.032	0.366	0.282	−0.257	0.460	−0.201
−0.022	−0.022 0.202	−0.298 0.307	−0.193 −0.023	−0.023 0.286	−0.214	−0.136	0.263	0.319	−0.304	0.609
0.208	−0.292 0.053	0.053 −0.014	−0.014 0.004	0.004 −0.001	−0.001	0.572	−0.192	0.051	−0.014	0.005
−0.031	−0.031 0.247	−0.253 0.043	0.043 −0.011	−0.011 0.002	0.002	−0.192	0.432	−0.154	0.042	−0.014
0.008	0.008 −0.041	−0.041 0.250	−0.250 0.041	0.041 −0.008	−0.008	0.051	−0.154	0.422	−0.154	0.051

荷载图	跨内最大弯矩			支座弯矩			
	M_1	M_2	M_3	M_B	M_C	M_D	M_E
	0.171	0.112	0.132	-0.158	-0.118	-0.118	-0.158
	0.211	—	0.191	-0.079	-0.059	-0.059	-0.079
	—	0.181	—	-0.079	-0.059	-0.059	-0.079
	0.160	0.144[2] / 0.178	—	-0.179	-0.032	-0.066	-0.077
	— / 0.207 [1]	0.140	0.151	-0.052	0.167	-0.031	-0.086
	0.200	—	—	-0.100	0.027	-0.007	0.002
	—	0.173	—	-0.073	-0.081	0.022	-0.005
	—	—	0.171	0.020	-0.079	-0.079	0.020
	0.240	0.100	0.122	-0.281	-0.211	-0.211	-0.281
	0.287	—	0.228	-0.140	-0.105	-0.105	-0.140
	—	0.216	—	-0.140	-0.105	-0.105	-0.140
	0.227	0.189[2] / 0.209	—	-0.319	-0.057	-0.118	-0.137
	— / 0.282 [1]	0.172	0.198	-0.093	-0.297	-0.054	-0.153
	0.274	—	—	-0.179	0.048	-0.013	0.003
	—	0.198	—	-0.131	-0.144	0.038	-0.010
	—	—	0.193	0.035	-0.140	-0.140	0.035

① 分子及分母分别为 M_1 和 M_5 的弯矩系数。

② 分子及分母分别为 M_2 和 M_4 的弯矩系数。

（续）

剪　力						跨度中点挠度				
V_A	$V_{B左}$ $V_{B右}$	$V_{C左}$ $V_{C右}$	$V_{D左}$ $V_{D右}$	$V_{E左}$ $V_{E右}$	V_F	f_1	f_2	f_3	f_4	f_5
0.342	−0.658 0.540	−0.460 0.500	−0.500 0.460	−0.540 0.658	−0.342	1.097	0.356	0.603	0.356	1.097
0.421	−0.579 0.020	0.020 0.500	−0.500 −0.020	−0.020 0.579	−0.421	1.590	−0.863	1.343	−0.863	1.590
−0.079	−0.079 0.520	−0.480 0	0 0.480	−0.520 0.079	0.079	−0.493	1.220	−0.740	1.220	−0.493
0.321	−0.679 0.647	−0.353 −0.034	−0.034 0.489	−0.511 0.077	0.077	0.962	0.760	−0.617	1.186	−0.482
−0.052	−0.052 0.385	−0.615 0.637	−0.363 −0.056	−0.056 0.586	−0.414	−0.325	0.715	0.850	−0.729	1.545
0.400	−0.600 0.127	0.127 −0.034	−0.034 0.009	0.009 −0.002	−0.002	1.455	−0.460	0.123	−0.034	0.011
−0.073	−0.073 0.493	−0.507 0.102	0.102 −0.027	−0.027 0.005	0.005	−0.460	1.119	−0.370	0.101	−0.034
0.020	0.020 −0.099	−0.099 0.500	−0.500 0.099	0.099 −0.020	−0.020	0.123	−0.370	1.097	−0.370	0.123
0.719	−1.281 1.070	−0.930 1.000	−1.000 0.930	−1.070 1.281	−0.719	1.795	0.479	0.918	0.479	1.795
0.860	−1.140 0.035	0.035 1.000	−1.000 −0.035	−0.035 1.140	−0.860	2.672	−1.535	2.234	−1.535	2.672
−0.140	−0.140 1.035	−0.965 0	0 0.965	−1.035 0.140	0.140	−0.877	2.014	−1.316	2.014	−0.877
0.681	−1.319 1.262	−0.738 −0.061	−0.061 0.981	−1.019 0.137	0.137	1.556	1.197	−1.096	1.955	−0.857
−0.093	−0.093 0.796	−1.204 1.243	−0.757 −0.099	−0.099 1.153	−0.847	−0.578	1.117	1.356	−1.296	2.592
0.821	−1.179 0.227	0.227 −0.061	−0.061 0.016	0.016 −0.003	−0.003	2.433	−0.817	0.219	−0.060	0.020
−0.131	−0.131 0.987	−1.013 0.182	0.182 −0.048	−0.048 0.010	0.010	−0.817	1.835	−0.658	0.179	−0.060
0.035	0.035 −0.175	−0.175 1.000	−1.000 0.175	0.175 −0.035	−0.035	0.219	−0.658	1.795	−0.658	0.219

三、矩形板在均布荷载作用下静力计算表（表 D-3）

符号说明：

M_x、M_{xmax}——平行于 l_x 方向板中心点的弯矩和板跨内的最大弯矩；

M_y、M_{ymax}——平行于 l_y 方向板中心点的弯矩和板跨内的最大弯矩；

M_{0x}、M_{0y}——平行于 l_x 和 l_y 方向自由边的中点弯矩；

M_x^0、M_y^0——固定边中点沿 l_x 和 l_y 方向的弯矩；

M_{xz}^0——平行于 l_x 方向自由边上固定端的支座弯矩；

ν——泊松比。

ⅬⅬⅬⅬⅬⅬⅬⅬⅬ　　 ------------　　 ▬▬▬▬▬▬▬

代表固定边　　　　代表简支边　　　　代表自由边

弯矩符号——使板的受荷载面受压者为正。

表内的弯矩系数均为单位板宽的弯矩系数。

表 D-3　矩形板在均布荷载作用下静力计算

$\nu = 0$

弯矩 = 表中系数 $\times ql^2$，

式中 l 取 l_x 和 l_y 中较小者

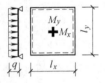

$\nu = 0$

弯矩 = 表中系数 $\times ql^2$，

式中 l 取 l_x 和 l_y 中较小者

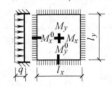

l_x/l_y	α_x	α_y	α_x	α_y	α_x^0	α_y^0
0.50	0.0965	0.0174	0.0400	0.0038	−0.0829	−0.0570
0.55	0.0892	0.0210	0.0385	0.0056	−0.0814	−0.0571
0.60	0.0820	0.0242	0.0367	0.0076	−0.0793	−0.0571
0.65	0.0750	0.0271	0.0345	0.0095	−0.0766	−0.0571
0.70	0.0683	0.0296	0.0321	0.0113	−0.0735	−0.0569
0.75	0.0620	0.0317	0.0296	0.0130	−0.0701	−0.0565
0.80	0.0561	0.0334	0.0271	0.0144	−0.0664	−0.0559
0.85	0.0506	0.0348	0.0246	0.0156	−0.0626	−0.0551
0.90	0.0456	0.0358	0.0221	0.0165	−0.0588	−0.0541
0.95	0.0410	0.0364	0.0198	0.0172	−0.0550	−0.0528
1.00	0.0368	0.0368	0.0176	0.0176	−0.0513	−0.0513

（续）

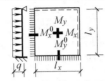

$\nu = 0$,

弯矩 = 表中系数 $\times ql^2$,

式中 l 取 l_x 和 l_y 中较小者

l_x/l_y	α_x	α_{xmax}	α_y	α_{ymax}	α_x^0	α_y^0
0.50	0.0559	0.0562	0.0079	0.0135	−0.1179	−0.0786
0.55	0.0529	0.0530	0.0104	0.0135	−0.1140	−0.0785
0.60	0.0496	0.0498	0.0129	0.0169	−0.1095	−0.0782
0.65	0.0461	0.0465	0.0151	0.0183	−0.1045	−0.0777
0.70	0.0426	0.0432	0.0172	0.0195	−0.0992	−0.0770
0.75	0.0390	0.0396	0.0189	0.0206	−0.0938	−0.0760
0.80	0.0356	0.0361	0.0204	0.0218	−0.0883	−0.0748
0.85	0.0322	0.0328	0.0215	0.0229	−0.0829	−0.0733
0.90	0.0291	0.0297	0.0224	0.0238	−0.0776	−0.0716
0.95	0.0261	0.0267	0.0230	0.0244	−0.0726	−0.0698
1.00	0.0234	0.0240	0.0234	0.0249	−0.0677	−0.0677

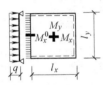

$\nu = 0$,

弯矩 = 表中系数 $\times ql^2$,

式中 l 取 l_x 和 l_y 中较小者

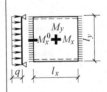

$\nu = 0$, 弯矩 = 表中系数 $\times ql^2$, 式中 l 取 l_x 和 l_y 中较小者

l_x/l_y	l_y/l_x	α_x	α_{xmax}	α_y	α_{ymax}	α_x^0	α_x	α_y	α_x^0
0.50		0.0583	0.0646	0.0060	0.0063	−0.1212	0.0416	0.0017	−0.0843
0.55		0.0563	0.0618	0.0081	0.0087	−0.1187	0.0410	0.0028	−0.0840
0.60		0.0539	0.0589	0.0104	0.0111	−0.1158	0.0402	0.0042	−0.0834
0.65		0.0513	0.0559	0.0126	0.0133	−0.1124	0.0392	0.0057	−0.0826
0.70		0.0485	0.0529	0.0148	0.0154	−0.1087	0.0379	0.0072	−0.0814
0.75		0.0457	0.0496	0.0168	0.0174	−0.1048	0.0366	0.0088	−0.0799
0.80		0.0428	0.0463	0.0187	0.0193	−0.1007	0.0351	0.0103	−0.0782
0.85		0.0400	0.0431	0.0204	0.0211	−0.0965	0.0335	0.0118	−0.0763
0.90		0.0372	0.0400	0.0219	0.0226	−0.0922	0.0319	0.0133	−0.0743
0.95		0.0345	0.0369	0.0232	0.0239	−0.0880	0.0302	0.0146	−0.0721
1.00	1.00	0.0319	0.0340	0.0243	0.0249	−0.0889	0.0285	0.0158	−0.0698
	0.95	0.0324	0.0345	0.0280	0.0287	−0.0882	0.0296	0.0189	−0.0746
	0.90	0.0328	0.0347	0.0322	0.0330	−0.0926	0.0306	0.0224	−0.0797
	0.85	0.0329	0.0347	0.0370	0.0378	−0.0970	0.0314	0.0266	−0.0850
	0.80	0.0326	0.0343	0.0424	0.0433	−0.1014	0.0319	0.0316	−0.0904
	0.75	0.0319	0.0335	0.0485	0.0494	−0.1056	0.0321	0.0374	−0.0959
	0.70	0.0308	0.0323	0.0553	0.0562	−0.1096	0.0318	0.0441	−0.1013
	0.65	0.0291	0.0306	0.0627	0.0637	−0.1133	0.0308	0.0518	−0.1066
	0.60	0.0268	0.0289	0.0707	0.0717	−0.1166	0.0292	0.0604	−0.1114
	0.55	0.0239	0.0271	0.0792	0.0801	−0.1193	0.0267	0.0698	−0.1156
	0.50	0.0205	0.0249	0.0880	0.0888	−0.1215	0.0234	0.0798	−0.1191

(续)

$$\nu = 0,$$
弯矩 = 表中系数 $\times ql^2$，
式中 l 取 l_x 和 l_y 中较小者

l_x/l_y	l_y/l_x	α_x	α_{xmax}	α_y	α_{ymax}	α_x^0	α_y^0
0.50		0.0408	0.0409	0.0028	0.0089	−0.0836	−0.0569
0.55		0.0398	0.0399	0.0042	0.0093	−0.0827	−0.0570
0.60		0.0384	0.0386	0.0059	0.0105	−0.0814	−0.0571
0.65		0.0368	0.0371	0.0076	0.0116	−0.0796	−0.0572
0.70		0.0350	0.0354	0.0093	0.0127	−0.0774	−0.0572
0.75		0.0331	0.0335	0.0109	0.0137	−0.0750	−0.0572
0.80		0.0310	0.0314	0.0124	0.0147	−0.0722	−0.0570
0.85		0.0289	0.0293	0.0138	0.0155	−0.0693	−0.0567
0.90		0.0268	0.0273	0.0159	0.0163	−0.0663	−0.0563
0.95		0.0247	0.0252	0.0160	0.0172	−0.0631	−0.0558
1.00	1.00	0.0227	0.0231	0.0168	0.0180	−0.0600	−0.0550
	0.95	0.0229	0.0234	0.0194	0.0207	−0.0629	−0.0599
	0.90	0.0228	0.0234	0.0223	0.0238	−0.0656	−0.0653
	0.85	0.0225	0.0231	0.0255	0.0273	−0.0683	−0.0711
	0.80	0.0219	0.0224	0.0290	0.0311	−0.0707	−0.0772
	0.75	0.0208	0.0214	0.0329	0.0354	−0.0729	−0.0837
	0.70	0.0194	0.0200	0.0370	0.0400	−0.0748	−0.0903
	0.65	0.0175	0.0182	0.0412	0.0446	−0.0762	−0.0970
	0.60	0.0153	0.0160	0.0454	0.0493	−0.0773	−0.1033
	0.55	0.0127	0.0133	0.0496	0.0541	−0.0780	−0.1093
	0.50	0.0099	0.0103	0.0534	0.0588	−0.0784	−0.1146

$$\nu = \frac{1}{6}$$
弯矩 = 表中系数 $\times ql_x$

$$\nu = \frac{1}{6}$$
弯矩 = 表中系数 $\times ql_x$

l_x/l_y	α_x^ν	α_y^ν	α_{0x}	α_x^ν	α_y^ν	α_{0x}	α_y^0
0.30	0.0145	0.0103	0.0250	0.0007	−0.0060	0.0052	−0.0388
0.35	0.0192	0.0131	0.0327	0.0022	−0.0058	0.0093	−0.0489
0.40	0.0242	0.0159	0.0407	0.0045	−0.0048	0.0147	−0.0588
0.45	0.0294	0.0186	0.0487	0.0073	−0.0031	0.0210	−0.0680
0.50	0.0346	0.0210	0.0564	0.0108	−0.0008	0.0280	−0.0764
0.55	0.0397	0.0231	0.0639	0.0146	0.0018	0.0355	−0.0839
0.60	0.0447	0.0250	0.0709	0.0188	0.0045	0.0431	−0.0905
0.65	0.0495	0.0266	0.0773	0.0232	0.0074	0.0508	−0.0962
0.70	0.0542	0.0279	0.0833	0.0277	0.0162	0.0582	−0.1011
0.75	0.0585	0.0289	0.0886	0.0323	0.0129	0.0652	−0.1052
0.80	0.0626	0.0298	0.0935	0.0368	0.0154	0.0719	−0.1087
0.85	0.0665	0.0304	0.0979	0.0413	0.0177	0.0781	−0.1116
0.90	0.0702	0.0309	0.1018	0.0456	0.0198	0.0838	−0.1140
0.95	0.0736	0.0313	0.1052	0.0499	0.0217	0.0890	−0.1160
1.00	0.0768	0.0315	0.1083	0.0539	0.0233	0.0938	−0.1176
1.10	0.0826	0.0317	0.1135	0.0615	0.0259	0.1018	−0.1200
1.20	0.0877	0.0315	0.1175	0.0684	0.0277	0.1083	−0.1216
1.30	0.0922	0.0312	0.1205	0.0746	0.0289	0.1134	−0.1227
1.40	0.0961	0.0307	0.1229	0.0802	0.0297	0.1173	−0.1234
1.50	0.0995	0.0301	0.1247	0.0852	0.0300	0.1204	−0.1239
1.75	0.1065	0.0286	0.1276	0.0955	0.0298	0.1254	−0.1245
2.00	0.1115	0.0271	0.1291	0.1033	0.0288	0.1279	−0.1248

（续）

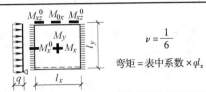

$$\nu = \frac{1}{6}$$

弯矩 = 表中系数 $\times ql_x$

l_y/l_x	α_x^{ν}	α_y^{ν}	α_{0x}	α_x^0	α_{xz}^0
0.30	0.0127	0.0084	0.0211	−0.0372	−0.0643
0.35	0.0157	0.0100	0.0256	−0.0421	−0.0673
0.40	0.0185	0.0114	0.0295	−0.0467	−0.0688
0.45	0.0210	0.0125	0.0328	−0.0508	−0.0694
0.50	0.0232	0.0133	0.0355	−0.0546	−0.0692
0.55	0.0252	0.0139	0.0376	−0.0579	−0.0686
0.60	0.0270	0.0143	0.0393	−0.0610	−0.0677
0.65	0.0286	0.0146	0.0406	−0.0637	−0.0667
0.70	0.0301	0.0146	0.0415	−0.0662	−0.0656
0.75	0.0314	0.0146	0.0422	−0.0684	−0.0646
0.80	0.0326	0.0145	0.0427	−0.0704	−0.0637
0.85	0.0336	0.0142	0.0431	−0.0721	−0.0629
0.90	0.0346	0.0140	0.0433	−0.0737	−0.0622
0.95	0.0354	0.0136	0.0434	−0.0751	−0.0616
1.00	0.0362	0.0133	0.0435	−0.0763	−0.0612
1.10	0.0375	0.0125	0.0435	−0.0783	−0.0607
1.20	0.0386	0.0118	0.0434	−0.0799	−0.0605
1.30	0.0394	0.0110	0.0433	−0.0811	−0.0606
1.40	0.0401	0.0104	0.0433	−0.0820	−0.0608
1.50	0.0406	0.0098	0.0432	−0.0826	−0.0612
1.75	0.0414	0.0086	0.0431	−0.0836	−0.0624
2.00	0.0417	0.0078	0.0431	−0.0839	−0.0637

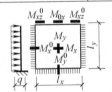

$$\nu = \frac{1}{6}$$

弯矩 = 表中系数 $\times ql_x$

l_y/l_x	α_x^{ν}	α_y^{ν}	α_x^0	α_y^0	α_{xz}^0	α_{0x}
0.30	0.0018	−0.0039	−0.0135	−0.0344	−0.0345	0.0068
0.35	0.0039	−0.0026	−0.0179	−0.0406	−0.0432	0.0112
0.40	0.0063	−0.0008	−0.0227	−0.0454	−0.0506	0.0160
0.45	0.0090	0.0014	−0.0275	−0.0489	−0.0564	0.0207
0.50	0.0116	0.0034	−0.0322	−0.0513	−0.0607	0.0250
0.55	0.0142	0.0054	−0.0368	−0.0530	−0.0635	0.0288
0.60	0.0166	0.0072	−0.0412	−0.0541	−0.0652	0.0320
0.65	0.0188	0.0087	−0.0453	−0.0548	−0.0661	0.0347
0.70	0.0209	0.0100	−0.0490	−0.0553	−0.0663	0.0368
0.75	0.0228	0.0111	−0.0526	−0.0557	−0.0661	0.0385
0.80	0.0246	0.0119	−0.0558	−0.0560	−0.0656	0.0399
0.85	0.0262	0.0125	−0.0588	−0.0562	−0.0651	0.0409
0.90	0.0277	0.0129	−0.0615	−0.0563	−0.0644	0.0417
0.95	0.0291	0.0132	−0.0639	−0.0564	−0.0638	0.0422
1.00	0.0304	0.0133	−0.0662	−0.0565	−0.0632	0.0427
1.10	0.0327	0.0133	−0.0701	−0.0566	−0.0623	0.0431
1.20	0.0345	0.0130	−0.0732	−0.0567	−0.0617	0.0433
1.30	0.0361	0.0125	−0.0758	−0.0568	−0.0614	0.0434
1.40	0.0374	0.0119	−0.0778	−0.0568	−0.0614	0.0433
1.50	0.0384	0.0113	−0.0794	−0.0569	−0.0616	0.0433
1.75	0.0402	0.0099	−0.0819	−0.0569	−0.0625	0.0431
2.00	0.0411	0.0087	−0.0832	−0.0569	−0.0637	0.0431

四、矩形板在三角形荷载作用下静力计算表（表D-4，符号说明同附录 D 中表 D-3）

表 D-4 矩形板在三角形荷载作用下静力计算

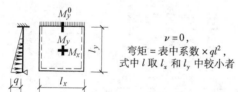

$\nu = 0$，

弯矩 = 表中系数 $\times ql^2$，

式中 l 取 l_x 和 l_y 中较小者

l_x/l_y	l_y/l_x	α_x	α_{xmax}	α_y	α_{ymax}
	0.50	0.0087	0.0117	0.0482	0.0504
	0.55	0.0105	0.0126	0.0446	0.0467
	0.60	0.0121	0.0135	0.0410	0.0432
	0.65	0.0136	0.0142	0.0375	0.0399
	0.70	0.0148	0.0149	0.0342	0.0368
	0.75	0.0159	0.0159	0.0310	0.0338
	0.80	0.0167	0.0167	0.0280	0.0310
	0.85	0.0174	0.0174	0.0253	0.0284
	0.90	0.0179	0.0179	0.0228	0.0260
	0.95	0.0182	0.0183	0.0205	0.0239
1.00	1.00	0.0184	0.0185	0.0184	0.0220
0.95		0.0205	0.0207	0.0182	0.0223
0.90		0.0228	0.0230	0.0179	0.0225
0.85		0.0253	0.0256	0.0174	0.0228
0.80		0.0280	0.0285	0.0167	0.0230
0.75		0.0310	0.0316	0.0159	0.0231
0.70		0.0342	0.0349	0.0148	0.0231
0.65		0.0375	0.0386	0.0136	0.0230
0.60		0.0410	0.0427	0.0121	0.0226
0.55		0.0446	0.0470	0.0105	0.0219
0.50		0.0482	0.0515	0.0087	0.0210

$\nu = 0$，

弯矩 = 表中系数 $\times ql^2$，

式中 l 取 l_x 和 l_y 中较小者

l_x/l_y	l_y/l_x	α_x	α_{xmax}	α_y	α_{ymax}	α_y^0
	0.50	0.0034	0.0070	0.0309	0.0389	-0.0561
	0.55	0.0046	0.0076	0.0298	0.0373	-0.0547
	0.60	0.0058	0.0082	0.0284	0.0357	-0.0530
	0.65	0.0070	0.0090	0.0270	0.0340	-0.0511
	0.70	0.0082	0.0098	0.0255	0.0323	-0.0490
	0.75	0.0093	0.0106	0.0239	0.0305	-0.0469
	0.80	0.0103	0.0113	0.0223	0.0286	-0.0446
	0.85	0.0112	0.0120	0.0208	0.0268	-0.0423
	0.90	0.0120	0.0126	0.0192	0.0251	-0.0400
	0.95	0.0126	0.0133	0.0178	0.0234	-0.0378
1.00	1.00	0.0132	0.0139	0.0164	0.0218	-0.0356
0.95		0.0152	0.0160	0.0166	0.0223	-0.0369
0.90		0.0174	0.0184	0.0167	0.0228	-0.0381
0.85		0.0199	0.0210	0.0166	0.0232	-0.0392
0.80		0.0227	0.0241	0.0164	0.0236	-0.0401
0.75		0.0259	0.0275	0.0159	0.0238	-0.0407
0.70		0.0294	0.0313	0.0152	0.0238	-0.0410
0.65		0.0332	0.0355	0.0143	0.0237	-0.0409
0.60		0.0372	0.0400	0.0130	0.0232	-0.0402
0.55		0.0414	0.0448	0.0114	0.0225	-0.0390
0.50		0.0457	0.0500	0.0096	0.0214	-0.0371

（续）

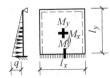

$\nu = 0$，

弯矩 = 表中系数 $\times ql^2$，

式中 l 取 l_x 和 l_y 中较小者

l_x/l_y	l_y/l_x	α_x	$\alpha_{x\max}$	α_y	$\alpha_{y\max}$	α_y^0
	0.50	0.0026	0.0051	0.0274	0.0277	−0.0651
	0.55	0.0036	0.0059	0.0265	0.0265	−0.0641
	0.60	0.0046	0.0067	0.0254	0.0254	−0.0628
	0.65	0.0056	0.0076	0.0243	0.0243	−0.0613
	0.70	0.0066	0.0084	0.0231	0.0231	−0.0597
	0.75	0.0076	0.0089	0.0218	0.0218	−0.0579
	0.80	0.0084	0.0093	0.0205	0.0205	−0.0561
	0.85	0.0092	0.0097	0.0192	0.0192	−0.0542
	0.90	0.0100	0.0102	0.0179	0.0179	−0.0522
	0.95	0.0106	0.0107	0.0167	0.0167	−0.0503
1.00	1.00	0.0111	0.0112	0.0155	0.0156	−0.0483
0.95		0.0128	0.0129	0.0158	0.0161	−0.0513
0.90		0.0148	0.0148	0.0161	0.0165	−0.0545
0.85		0.0171	0.0171	0.0162	0.0168	−0.0578
0.80		0.0197	0.0197	0.0162	0.0171	−0.0613
0.75		0.0226	0.0226	0.0160	0.0174	−0.0649
0.70		0.0259	0.0259	0.0155	0.0175	−0.0686
0.65		0.0295	0.0295	0.0148	0.0173	−0.0725
0.60		0.0335	0.0335	0.0138	0.0169	−0.0764
0.55		0.0378	0.0381	0.0125	0.0161	−0.0804
0.50		0.0423	0.0430	0.0108	0.0149	−0.0844

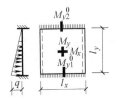

$\nu = 0$，

弯矩 = 表中系数 $\times ql^2$，

式中 l 取 l_x 和 l_y 中较小者

l_x/l_y	l_y/l_x	α_x	$\alpha_{x\max}$	α_y	$\alpha_{y\max}$	α_{y1}^0	α_{y2}^0
	0.50	0.0009	0.0037	0.0208	0.0214	−0.0505	−0.0338
	0.55	0.0014	0.0042	0.0205	0.0209	−0.0503	−0.0337
	0.60	0.0021	0.0048	0.0201	0.0205	−0.0501	−0.0334
	0.65	0.0028	0.0054	0.0196	0.0201	−0.0496	−0.0329
	0.70	0.0036	0.0060	0.0190	0.0197	−0.0490	−0.0324
	0.75	0.0044	0.0065	0.0183	0.0189	−0.0474	−0.0316
	0.80	0.0052	0.0069	0.0175	0.0182	−0.0464	−0.0308
	0.85	0.0059	0.0072	0.0168	0.0175	−0.0454	−0.0299
	0.90	0.0066	0.0075	0.0159	0.0167	−0.0443	−0.0289
	0.95	0.0073	0.0077	0.0151	0.0159	−0.0431	−0.0279
1.00	1.00	0.0079	0.0079	0.0142	0.0150	−0.0431	−0.0269
0.95		0.0094	0.0094	0.0148	0.0157	−0.0463	−0.0284
0.90		0.0112	0.0112	0.0153	0.0164	−0.0497	−0.0300
0.85		0.0133	0.0133	0.0157	0.0171	−0.0534	−0.0316
0.80		0.0158	0.0159	0.0160	0.0176	−0.0573	−0.0331
0.75		0.0187	0.0188	0.0160	0.0180	−0.0615	−0.0344
0.70		0.0221	0.0223	0.0159	0.0182	−0.0658	−0.0356
0.65		0.0259	0.0263	0.0154	0.0184	−0.0702	−0.0364
0.60		0.0302	0.0308	0.0146	0.0184	−0.0747	−0.0367
0.55		0.0349	0.0358	0.0134	0.0182	−0.0792	−0.0364
0.50		0.0399	0.0412	0.0117	0.0181	−0.0837	−0.0354

（续）

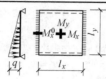

$\nu = 0$,

弯矩 = 表中系数 × ql^2,

式中 l 取 l_x 和 l_y 中较小者

l_x/l_y	l_y/l_x	α_x	$\alpha_{x\max}$	α_y	$\alpha_{y\max}$	α_x^0
	0.50	0.0117	0.0117	0.0399	0.0424	−0.0595
	0.55	0.0134	0.0134	0.0349	0.0376	−0.0578
	0.60	0.0146	0.0146	0.0302	0.0332	−0.0557
	0.65	0.0154	0.0154	0.0259	0.0292	−0.0533
	0.70	0.0159	0.0159	0.0221	0.0258	−0.0507
	0.75	0.0160	0.0161	0.0187	0.0228	−0.0480
	0.80	0.0160	0.0161	0.0158	0.0201	−0.0452
	0.85	0.0157	0.0158	0.0133	0.0179	−0.0425
	0.90	0.0153	0.0155	0.0112	0.0160	−0.0399
	0.95	0.0148	0.0150	0.0094	0.0144	−0.0373
1.00	1.00	0.0142	0.0145	0.0079	0.0129	−0.0349
0.95		0.0151	0.0154	0.0073	0.0128	−0.0361
0.90		0.0159	0.0164	0.0066	0.0127	−0.0371
0.85		0.0168	0.0174	0.0059	0.0125	−0.0382
0.80		0.0175	0.0185	0.0052	0.0122	−0.0391
0.75		0.0183	0.0195	0.0044	0.0118	−0.0400
0.70		0.0190	0.0206	0.0036	0.0113	−0.0407
0.65		0.0196	0.0217	0.0028	0.0107	−0.0413
0.60		0.0201	0.0229	0.0021	0.0100	−0.0417
0.55		0.0205	0.0240	0.0014	0.0090	−0.0420
0.50		0.0208	0.0254	0.0009	0.0079	−0.0421

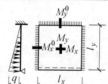

$\nu = 0$,

弯矩 = 表中系数 × ql^2,

式中 l 取 l_x 和 l_y 中较小者

l_x/l_y	l_y/l_x	α_x	$\alpha_{x\max}$	α_y	$\alpha_{y\max}$	α_x^0	α_y^0
	0.50	0.0055	0.0058	0.0282	0.0357	−0.0418	−0.0524
	0.55	0.0071	0.0075	0.0261	0.0332	−0.0415	−0.0494
	0.60	0.0085	0.0089	0.0238	0.0306	−0.0411	−0.0461
	0.65	0.0097	0.0102	0.0214	0.0280	−0.0405	−0.0426
	0.70	0.0107	0.0111	0.0191	0.0255	−0.0397	−0.0390
	0.75	0.0114	0.0119	0.0169	0.0229	−0.0386	−0.0354
	0.80	0.0119	0.0125	0.0148	0.0206	−0.0374	−0.0319
	0.85	0.0122	0.0129	0.0129	0.0185	−0.0360	−0.0286
	0.90	0.0124	0.0130	0.0112	0.0167	−0.0346	−0.0256
	0.95	0.0123	0.0130	0.0096	0.0150	−0.0330	−0.0229
1.00	1.00	0.0122	0.0129	0.0083	0.0135	−0.0314	−0.0204
0.95		0.0132	0.0141	0.0078	0.0134	−0.0330	−0.0199
0.90		0.0143	0.0153	0.0072	0.0132	−0.0345	−0.0194
0.85		0.0153	0.0165	0.0065	0.0129	−0.0360	−0.0187
0.80		0.0163	0.0177	0.0058	0.0126	−0.0373	−0.0178
0.75		0.0173	0.0190	0.0050	0.0121	−0.0386	−0.0169
0.70		0.0182	0.0203	0.0041	0.0115	−0.0397	−0.0158
0.65		0.0190	0.0215	0.0033	0.0109	−0.0406	−0.0147
0.60		0.0197	0.0228	0.0025	0.0100	−0.0413	−0.0135
0.55		0.0202	0.0240	0.0017	0.0091	−0.0417	−0.0123
0.50		0.0206	0.0254	0.0010	0.0079	−0.0420	−0.0111

（续）

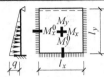

$\nu = 0$，

弯矩 = 表中系数 $\times ql^2$，

式中 l 取 l_x 和 l_y 中较小者

l_x/l_y	l_y/l_x	α_x	$\alpha_{x\max}$	α_y	$\alpha_{y\max}$	α_x^0	α_y^0
	0.50	0.0044	0.0045	0.0252	0.0253	−0.0367	−0.0622
	0.55	0.0056	0.0059	0.0235	0.0235	−0.0365	−0.0599
	0.60	0.0068	0.0071	0.0217	0.0217	−0.0362	−0.0572
	0.65	0.0079	0.0081	0.0198	0.0198	−0.0357	−0.0543
	0.70	0.0087	0.0089	0.0178	0.0178	−0.0351	−0.0513
	0.75	0.0094	0.0096	0.0160	0.0160	−0.0343	−0.0483
	0.80	0.0099	0.0100	0.0142	0.0144	−0.0333	−0.0453
	0.85	0.0103	0.0103	0.0126	0.0129	−0.0322	−0.0424
	0.90	0.0105	0.0105	0.0111	0.0116	−0.0311	−0.0397
	0.95	0.0106	0.0106	0.0097	0.0105	−0.0298	−0.0371
1.00	1.00	0.0105	0.0105	0.0085	0.0095	−0.0286	−0.0347
0.95		0.0115	0.0115	0.0082	0.0094	−0.0301	−0.0358
0.90		0.0125	0.0125	0.0078	0.0094	−0.0318	−0.0369
0.85		0.0136	0.0136	0.0072	0.0094	−0.0333	−0.0381
0.80		0.0147	0.0147	0.0066	0.0093	−0.0349	−0.0392
0.75		0.0158	0.0159	0.0059	0.0094	−0.0364	−0.0403
0.70		0.0168	0.0171	0.0051	0.0093	−0.0373	−0.0414
0.65		0.0178	0.0183	0.0043	0.0092	−0.0390	−0.0425
0.60		0.0187	0.0197	0.0034	0.0093	−0.0401	−0.0436
0.55		0.0195	0.0211	0.0025	0.0092	−0.0410	−0.0447
0.50		0.0202	0.0225	0.0017	0.0088	−0.0416	−0.0458

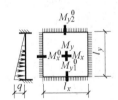

$\nu = 0$，

弯矩 = 表中系数 $\times ql^2$，

式中 l 取 l_x 和 l_y 中较小者

l_x/l_y	l_y/l_x	α_x	$\alpha_{x\max}$	α_y	$\alpha_{y\max}$	α_x^0	α_{y1}^0	α_{y2}^0
	0.50	0.0019	0.0050	0.0200	0.0207	−0.0285	−0.0498	−0.0331
	0.55	0.0028	0.0051	0.0193	0.0198	−0.0285	−0.0490	−0.0324
	0.60	0.0038	0.0052	0.0183	0.0188	−0.0286	−0.0480	−0.0313
	0.65	0.0048	0.0055	0.0172	0.0179	−0.0285	−0.0466	−0.0300
	0.70	0.0057	0.0058	0.0161	0.0168	−0.0284	−0.0451	−0.0285
	0.75	0.0065	0.0066	0.0148	0.0156	−0.0283	−0.0433	−0.0268
	0.80	0.0072	0.0072	0.0135	0.0144	−0.0280	−0.0414	−0.0250
	0.85	0.0078	0.0078	0.0123	0.0133	−0.0276	−0.0394	−0.0232
	0.90	0.0082	0.0082	0.0111	0.0122	−0.0270	−0.0374	−0.0214
	0.95	0.0086	0.0086	0.0099	0.0111	−0.0264	−0.0354	−0.0196
1.00	1.00	0.0088	0.0088	0.0088	0.0100	−0.0257	−0.0334	−0.0179
0.95		0.0099	0.0100	0.0086	0.0100	−0.0275	−0.0348	−0.0179
0.90		0.0111	0.0112	0.0082	0.0100	−0.0294	−0.0362	−0.0178
0.85		0.0123	0.0125	0.0078	0.0100	−0.0313	−0.0376	−0.0175
0.80		0.0135	0.0138	0.0072	0.0098	−0.0332	−0.0389	−0.0171
0.75		0.0148	0.0152	0.0065	0.0097	−0.0350	−0.0401	−0.0164
0.70		0.0161	0.0166	0.0057	0.0096	−0.0368	−0.0413	−0.0156
0.65		0.0172	0.0181	0.0048	0.0094	−0.0383	−0.0425	−0.0146
0.60		0.0183	0.0195	0.0038	0.0094	−0.0396	−0.0436	−0.0135
0.55		0.0193	0.0210	0.0028	0.0092	−0.0407	−0.0447	−0.0123
0.50		0.0200	0.0225	0.0019	0.0088	−0.0414	−0.0458	−0.0112

（续）

$\nu = \dfrac{1}{6}$ 弯矩 = 表中系数 × ql_x

$\nu = \dfrac{1}{6}$ 弯矩 = 表中系数 × ql_x

l_y/l_x	α_x^ν	α_y^ν	α_{xz}^0	α_{xz}^0	α_{0x}	α_x^ν	α_y^ν	α_x^0	α_y^0
0.30	0.0052	0.0052	0.0083	− 0.0079	0.0019	0.0007	0.0001	− 0.0050	− 0.0122
0.35	0.0069	0.0067	0.0109	− 0.0098	0.0031	0.0014	0.0008	− 0.0067	− 0.0149
0.40	0.0088	0.0083	0.0135	− 0.0112	0.0044	0.0022	0.0017	− 0.0085	− 0.0173
0.45	0.0108	0.0098	0.0161	− 0.0121	0.0056	0.0031	0.0028	− 0.0104	− 0.0195
0.50	0.0128	0.0111	0.0186	− 0.0126	0.0068	0.0040	0.0038	− 0.0124	− 0.0215
0.55	0.0148	0.0124	0.0210	− 0.0126	0.0078	0.0050	0.0048	− 0.0144	− 0.0232
0.60	0.0168	0.0135	0.0231	− 0.0122	0.0085	0.0059	0.0057	− 0.0164	− 0.0249
0.65	0.0188	0.0145	0.0250	− 0.0116	0.0091	0.0069	0.0065	− 0.0183	− 0.0264
0.70	0.0208	0.0154	0.0266	− 0.0107	0.0095	0.0078	0.0071	− 0.0202	− 0.0279
0.75	0.0227	0.0161	0.0281	− 0.0098	0.0098	0.0087	0.0077	− 0.0220	− 0.0292
0.80	0.0246	0.0167	0.0293	− 0.0089	0.0099	0.0096	0.0081	− 0.0237	− 0.0305
0.85	0.0264	0.0172	0.0302	− 0.0079	0.0099	0.0105	0.0085	− 0.0254	− 0.0317
0.90	0.0281	0.0176	0.0310	− 0.0070	0.0097	0.0114	0.0087	− 0.0270	− 0.0329
0.95	0.0297	0.0179	0.0316	− 0.0061	0.0096	0.0122	0.0088	− 0.0284	− 0.0340
1.00	0.0313	0.0181	0.0321	− 0.0053	0.0093	0.0129	0.0089	− 0.0298	− 0.0350
1.10	0.0343	0.0184	0.0325	− 0.0040	0.0088	0.0144	0.0088	− 0.0323	− 0.0368
1.20	0.0371	0.0184	0.0325	− 0.0030	0.0082	0.0156	0.0085	− 0.0344	− 0.0384
1.30	0.0396	0.0183	0.0322	− 0.0023	0.0075	0.0167	0.0081	− 0.0361	− 0.0398
1.40	0.0419	0.0180	0.0316	− 0.0018	0.0070	0.0176	0.0076	− 0.0376	− 0.0410
1.50	0.0441	0.0177	0.0308	− 0.0015	0.0065	0.0184	0.0071	− 0.0387	− 0.0421
1.75	0.0486	0.0166	0.0285	− 0.0011	0.0054	0.0197	0.0059	− 0.0406	− 0.0442
2.00	0.0521	0.0155	0.0260	− 0.0011	0.0047	0.0204	0.0050	− 0.0415	− 0.0458

$\nu = \dfrac{1}{6}$ 弯矩 = 表中系数 × ql_x

$\nu = \dfrac{1}{6}$ 弯矩 = 表中系数 × ql_x

l_y/l_x	α_x^ν	α_y^ν	α_{0x}	α_y^0	α_{xz}^0	α_x^ν	α_y^ν	α_{0x}	α_x^0
0.30	0.0004	− 0.0005	0.0014	− 0.0134	− 0.0189	0.0046	0.0046	0.0070	− 0.0140
0.35	0.0009	− 0.0001	0.0025	− 0.0172	− 0.0190	0.0058	0.0056	0.0085	− 0.0162
0.40	0.0016	0.0007	0.0040	− 0.0211	− 0.0185	0.0069	0.0066	0.0097	− 0.0183
0.45	0.0025	0.0016	0.0057	− 0.0250	− 0.0175	0.0079	0.0074	0.0107	− 0.0204
0.50	0.0037	0.0027	0.0077	− 0.0288	− 0.0163	0.0090	0.0081	0.0114	− 0.0224
0.55	0.0050	0.0039	0.0098	− 0.0324	− 0.0148	0.0099	0.0087	0.0118	− 0.0242
0.60	0.0064	0.0052	0.0119	− 0.0358	− 0.0133	0.0108	0.0091	0.0120	− 0.0260
0.65	0.0080	0.0066	0.0139	− 0.0390	− 0.0118	0.0117	0.0094	0.0121	− 0.0277
0.70	0.0096	0.0079	0.0159	− 0.0421	− 0.0104	0.0126	0.0096	0.0120	− 0.0292
0.75	0.0113	0.0091	0.0178	− 0.0450	− 0.0090	0.0133	0.0096	0.0118	− 0.0307
0.80	0.0130	0.0103	0.0196	− 0.0477	− 0.0078	0.0141	0.0096	0.0115	− 0.0320
0.85	0.0148	0.0114	0.0212	− 0.0503	− 0.0066	0.0148	0.0095	0.0111	− 0.0332
0.90	0.0165	0.0124	0.0226	− 0.0527	− 0.0056	0.0155	0.0093	0.0107	− 0.0344
0.95	0.0183	0.0133	0.0238	− 0.0549	− 0.0048	0.0161	0.0091	0.0103	− 0.0354
1.00	0.0200	0.0141	0.0248	− 0.0571	− 0.0041	0.0166	0.0088	0.0098	− 0.0363
1.10	0.0234	0.0154	0.0265	− 0.0611	− 0.0029	0.0176	0.0083	0.0090	− 0.0378
1.20	0.0267	0.0163	0.0275	− 0.0647	− 0.0022	0.0184	0.0077	0.0082	− 0.0390
1.30	0.0298	0.0170	0.0281	− 0.0680	− 0.0017	0.0191	0.0070	0.0075	− 0.0400
1.40	0.0327	0.0174	0.0283	− 0.0711	− 0.0014	0.0196	0.0065	0.0069	− 0.0407
1.50	0.0354	0.0176	0.0282	− 0.0739	− 0.0012	0.0200	0.0060	0.0064	− 0.0412
1.75	0.0415	0.0174	0.0270	− 0.0800	− 0.0011	0.0206	0.0049	0.0054	− 0.0419
2.00	0.0464	0.0167	0.0252	− 0.0850	− 0.0011	0.0209	0.0042	0.0047	− 0.0421

五、圆形平板的弯矩系数（$\nu = 1/6$）（表 D-5）

表 D-5　无中心支柱圆形平板内力系数

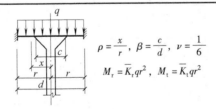

$\rho = \dfrac{x}{r}$	径向弯矩系数 K_r	切向弯矩系数 K_t	径向弯矩系数 K_r	切向弯矩系数 K_t
0.0	0.1979	0.1979	0.0729	0.0729
0.1	0.1959	0.1970	0.0709	0.0720
0.2	0.1900	0.1942	0.0650	0.0692
0.3	0.1801	0.1895	0.0551	0.0645
0.4	0.1662	0.1829	0.0412	0.0579
0.5	0.1484	0.1745	0.0234	0.0495
0.6	0.1267	0.1642	0.0167	0.0392
0.7	0.1009	0.1520	−0.0241	0.0270
0.8	0.0712	0.1379	−0.0538	0.0129
0.9	0.0376	0.1220	−0.0874	−0.0030
1.0	0.0000	0.1042	−0.1250	−0.0208

注：表中符号以下边受拉为正，上边受拉为负。

六、有中心支柱圆板的内力系数［表 D-6（1）～表 D-6（4）］

表 D-6（1）　周边固定、均布荷载作用下的弯矩系数

$$\rho = \frac{x}{r}, \ \beta = \frac{c}{d}, \ \nu = \frac{1}{6}$$

$$M_r = \overline{K}_r qr^2, \ M_t = \overline{K}_t qr^2$$

弯矩系数 $\diagdown$ β ρ	径向弯矩系数 $\overline{K}_r$					切向弯矩系数 $\overline{K}_t$				
	0.05	0.10	0.15	0.20	0.25	0.05	0.10	0.15	0.20	0.25
0.05	−0.2098					−0.0350				
0.10	−0.0709	−0.1433				−0.0680	−0.0239			
0.15	−0.0258	−0.0614	−0.1088			−0.0535	−0.0403	−0.0181		
0.20	−0.0012	−0.0229	−0.0514	−0.0862		−0.0383	−0.0348	−0.0268	−0.0144	
0.25	0.0143	−0.0002	−0.0193	−0.0425	−0.0698	−0.0257	−0.0259	−0.0238	−0.0190	−0.0116
0.30	0.0245	0.0143	0.0008	0.0156	−0.0349	−0.0154	−0.0174	−0.0178	−0.0167	−0.0139
0.40	0.0344	0.0293	0.0224	0.0137	0.0033	−0.0010	−0.0037	−0.0060	−0.0075	−0.0084
0.50	0.0347	0.0326	0.0294	0.0250	0.0196	0.0073	0.0049	0.0026	0.0005	−0.0012
0.60	0.0275	0.0275	0.0268	0.0253	0.0231	0.0109	0.0090	0.0072	0.0054	0.0038
0.70	0.0140	0.0156	0.0167	0.0174	0.0176	0.0105	0.0093	0.0081	0.0069	0.0058
0.80	−0.0052	−0.0023	0.0004	0.0027	0.0047	0.0067	0.0062	0.0057	0.0052	0.0046
0.90	−0.0296	−0.0256	−0.0217	−0.0179	−0.0144	−0.0001	0	0.0002	0.0003	0.0005
1.00	−0.0589	−0.0540	−0.0490	−0.0441	−0.0393	−0.0098	−0.0090	−0.0082	−0.0074	−0.0066

注：表中符号以下边受拉为正，上边受拉为负。以下各表均相同。

表 D-6（2） 周边铰支、均布荷载作用下的弯矩系数

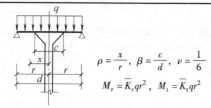

$$\rho = \frac{x}{r}, \ \beta = \frac{c}{d}, \ \nu = \frac{1}{6}$$

$$M_r = \overline{K}_r q r^2, \quad M_t = \overline{K}_t q r^2$$

弯矩系数	径向弯矩系数$\overline{K}_r$					切向弯矩系数$\overline{K}_t$				
ρ ＼ β	0.05	0.10	0.15	0.20	0.25	0.05	0.10	0.15	0.20	0.25
0.05	− 0.3674					− 0.0612				
0.10	− 0.1360	− 0.2497				− 0.1244	− 0.0416			
0.15	− 0.0613	− 0.1167	− 0.1876			− 0.1030	− 0.0736	− 0.0131		
0.20	− 0.0198	− 0.0539	− 0.0970	− 0.1470		− 0.0788	− 0.0671	− 0.0487	− 0.0245	
0.25	0.0077	− 0.0160	− 0.0456	− 0.0797	− 0.1175	− 0.0579	− 0.0539	− 0.0459	− 0.0343	− 0.0196
0.30	0.0270	0.0094	− 0.0124	− 0.0373	− 0.0644	− 0.0405	− 0.0402	− 0.0375	− 0.0323	− 0.0251
0.40	0.0510	0.0400	0.0267	0.0116	− 0.0050	− 0.0141	− 0.0169	− 0.0186	− 0.0191	− 0.0184
0.50	0.0617	0.0544	0.0456	0.0357	0.0249	0.0038	0.0001	− 0.0030	− 0.0054	− 0.0072
0.60	0.0630	0.0580	0.0521	0.0455	0.0384	0.0153	0.0115	0.0081	0.0050	0.0025
0.70	0.0566	0.0533	0.0494	0.0452	0.0405	0.0218	0.0182	0.0148	0.0117	0.0090
0.80	0.0435	0.0416	0.0393	0.0367	0.0340	0.0239	0.0206	0.0175	0.0147	0.0122
0.90	0.0245	0.0236	0.0226	0.0214	− 0.0202	0.0223	0.0194	0.0167	0.0142	0.0120
1.00	0	0	0	0	0	0.0173	0.0149	0.0126	0.0104	0.0086

表 D-6（3） 周边铰支、周边均布力矩作用下的弯矩系数

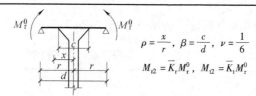

$$\rho = \frac{x}{r}, \ \beta = \frac{c}{d}, \ \nu = \frac{1}{6}$$

$$M_{r2} = \overline{K}_r M_r^0, \quad M_{t2} = \overline{K}_t M_r^0$$

弯矩系数	径向弯矩系数$\overline{K}_r$					切向弯矩系数$\overline{K}_t$				
ρ ＼ β	0.05	0.10	0.15	0.20	0.25	0.05	0.10	0.15	0.20	0.25
0.05	− 2.6777					− 0.4463				
0.10	− 1.1056	− 1.9702				− 0.9576	− 0.3284			
0.15	− 0.6024	− 1.0236	− 1.6076			− 0.8403	− 0.6163	− 0.2679		
0.20	− 0.3148	− 0.5739	− 0.9286	− 1.3770		− 0.6877	− 0.5986	− 0.4467	− 0.2295	
0.25	− 0.1128	− 0.2927	− 0.5361	− 0.8415	− 1.2142	− 0.5482	− 0.5173	− 0.4512	− 0.3476	− 0.2024
0.30	0.0437	− 0.0903	− 0.2697	− 0.4934	− 0.7650	− 0.4257	− 0.4236	− 0.4006	− 0.3546	− 0.2830
0.40	0.2807	0.1974	0.0876	− 0.0478	− 0.2108	− 0.2225	− 0.2439	− 0.2577	− 0.2620	− 0.2555
0.50	0.4592	0.4037	0.3312	0.2427	0.1367	− 0.0595	− 0.0877	− 0.1133	− 0.1350	− 0.1519
0.60	0.6030	0.5653	0.5167	0.4576	0.3873	0.0757	0.0469	0.0182	− 0.0088	0.0338
0.70	0.7235	0.6987	0.6670	0.6286	0.5830	0.1911	0.1639	0.1360	0.1086	0.0821
0.80	0.8273	0.8125	0.7936	0.7708	0.7439	0.2916	0.2670	0.2415	0.2162	0.1912
0.90	0.9186	0.9118	0.9032	0.8929	0.8808	0.3806	0.3591	0.3367	0.3144	0.2925
1.00	1.0000	1.0000	1.0000	1.0000	1.0000	0.4604	0.4420	0.4231	0.4045	0.3863

表 D-6（4） 有中心支柱圆板的中心支柱荷载系数 K_N 及板边抗弯刚度系数 k

	c/d	0.05	0.10	0.15	0.20	0.25
中心支柱荷载系数 K_N	均布荷载周边固定	0.839	0.919	1.007	1.101	1.200
	均布荷载周边铰支	1.320	1.387	1.463	1.542	1.625
	沿周边作用 M	8.160	8.660	9.290	9.990	10.810
圆板抗弯刚度系数 k		0.290	0.309	0.332	0.358	0.387

附录 E　圆形水池池壁内力系数、双向受力壁板壁面温差作用下的弯矩系数、四边支承双向板的边缘刚度系数及弯矩传递系数、双向板的边缘反力

一、圆形水池池壁内力系数

荷载情况：三角形荷载 q

支承条件：底固定，顶自由

符号规定：外壁受拉为正

竖向弯矩 $M_x = k_{M_x} q H^2$

环向弯矩 $M_\theta = \dfrac{1}{6} M_x$

表 E-1（1）

竖 向 弯 矩 系 数 k_{M_x}（0.0H 为池顶，1.0H 为池底）

$\dfrac{H^2}{dh}$	0.0H	0.1H	0.2H	0.3H	0.4H	0.5H	0.6H	0.7H	0.75H	0.8H	0.85H	0.9H	0.95H	1.0H
0.2	0.0000	0.0001	0.0003	-0.0024	-0.0071	-0.0155	-0.0287	-0.0478	-0.0598	-0.0737	-0.0896	-0.1077	-0.1279	-0.1506
0.4	0.0000	0.0006	0.0015	0.0015	-0.0004	-0.0056	-0.0151	-0.0302	-0.0402	-0.0520	-0.0658	-0.0817	-0.0993	-0.1203
0.6	0.0000	0.0009	0.0029	0.0046	0.0048	0.0023	-0.0430	-0.0161	-0.0243	-0.0344	-0.0463	-0.0604	-0.0767	-0.0954
0.8	0.0000	0.0011	0.0037	0.0063	0.0079	0.0071	0.0026	-0.0069	-0.0139	-0.0227	-0.0334	-0.0462	-0.0613	-0.0786
1	0.0000	0.0012	0.0040	0.0073	0.0097	0.0099	0.0068	-0.0012	-0.0074	-0.0153	-0.0251	-0.0370	-0.0511	-0.0675
1.5	0.0000	0.0012	0.0041	0.0076	0.0107	0.0122	0.0109	0.0053	-0.0005	-0.0060	-0.0143	-0.0246	-0.0371	-0.0519
2	0.0000	0.0010	0.0035	0.0068	0.0099	0.0118	0.0114	0.0074	0.0035	-0.0020	-0.0092	-0.0184	-0.0207	-0.0434
3	0.0000	0.0006	0.0023	0.0046	0.0071	0.0091	0.0097	0.0077	0.0051	0.0012	-0.0043	-0.0117	-0.0212	-0.0331
4	0.0000	0.0003	0.0013	0.0028	0.0046	0.0065	0.0076	0.0068	0.0052	0.0024	-0.0019	-0.0080	-0.0162	-0.0266
5	0.0000	0.0001	0.0006	0.0016	0.0029	0.0046	0.0059	0.0059	0.0049	0.0028	-0.0006	-0.0057	-0.0128	-0.0222
6	0.0000	0.0000	0.0003	0.0008	0.0018	0.0032	0.0046	0.0051	0.0045	0.0030	-0.0003	-0.0041	-0.0104	-0.0190
7	0.0000	0.0000	0.0001	0.0004	0.0011	0.0023	0.0036	0.0044	0.0041	0.0030	0.0008	-0.0030	-0.0087	-0.0166
8	0.0000	0.0000	0.0000	0.0001	0.0007	0.0016	0.0029	0.0038	0.0037	0.0030	0.0011	-0.0022	-0.0074	-0.0148
9	0.0000	0.0000	-0.0001	0.0000	0.0004	0.0011	0.0023	0.0033	0.0034	0.0028	0.0013	-0.0016	-0.0063	-0.0139
10	0.0000	0.0000	-0.0001	-0.0001	0.0002	0.0008	0.0018	0.0029	0.0031	0.0027	0.0016	-0.0011	-0.0055	-0.0121

（续）

竖 向 弯 矩 系 数 k_{M_x}（0.0H 为池顶,1.0H 为池底）

$\dfrac{H^2}{dh}$	0.0H	0.1H	0.2H	0.3H	0.4H	0.5H	0.6H	0.7H	0.75H	0.8H	0.85H	0.9H	0.95H	1.0H
12	0.0000	0.0000	-0.0001	-0.0001	0.0000	0.0004	0.0012	0.0022	0.0025	0.0024	0.0016	-0.0005	-0.0043	-0.0103
14	0.0000	0.0000	-0.0001	-0.0001	-0.0001	0.0002	0.0008	0.0017	0.0021	0.0022	0.0016	-0.0001	-0.0034	-0.0089
16	0.0000	0.0000	0.0000	-0.0001	-0.0001	0.0000	0.0005	0.0013	0.0017	0.0019	0.0015	-0.0002	-0.0028	-0.0079
20	0.0000	0.0000	0.0000	0.0000	-0.0001	0.0000	0.0002	0.0008	0.0012	0.0015	0.0014	0.0004	-0.0020	-0.0064
24	0.0000	0.0000	0.0000	0.0000	0.0000	-0.0001	0.0001	0.0005	0.0008	0.0012	0.0012	0.0006	-0.0014	-0.0054
28	0.0000	0.0000	0.0000	0.0000	0.0000	0.0000	0.0000	0.0003	0.0006	0.0009	0.0011	0.0006	-0.0010	-0.0047
32	0.0000	0.0000	0.0000	0.0000	0.0000	0.0000	0.0000	0.0002	0.0004	0.0007	0.0010	0.0007	-0.0008	-0.0041
40	0.0000	0.0000	0.0000	0.0000	0.0000	0.0000	0.0000	0.0001	0.0002	0.0005	0.0007	0.0006	-0.0004	-0.0033
48	0.0000	0.0000	0.0000	0.0000	0.0000	0.0000	0.0000	0.0000	0.0001	0.0003	0.0006	0.0006	-0.0002	-0.0028
56	0.0000	0.0000	0.0000	0.0000	0.0000	0.0000	0.0000	0.0000	0.0000	0.0002	0.0004	0.0005	-0.0001	-0.0024

（续）$\dfrac{H^2}{dh}$ 列：12, 14, 16, 20, 24, 28, 32, 40, 48, 56

荷载情况:三角形荷载 q

支承条件:底固定,顶自由

符号规定:环向力受拉为正,剪力向外为正

环向力 $N_\theta = k_{N_\theta} qr$

剪 力 $V_x = k_{V_x} qH$

表 E-1(2)

环 向 力 系 数 k_{N_θ}（0.0H 为池顶,1.0H 为池底）

$\dfrac{H^2}{dh}$	0.0H	0.1H	0.2H	0.3H	0.4H	0.5H	0.6H	0.7H	0.75H	0.8H	0.85H	0.9H	0.95H	1.0H	剪力系数 k_{V_x} 顶端	剪力系数 k_{V_x} 底端	$\dfrac{H^2}{dh}$
0.2	0.054	0.047	0.041	0.034	0.027	0.021	0.015	0.009	0.007	0.005	0.003	0.001	0.000	0.000	0.000	-0.477	0.2
0.4	0.152	0.134	0.116	0.098	0.080	0.062	0.045	0.028	0.021	0.014	0.008	0.004	0.001	0.000	0.000	-0.434	0.4
0.6	0.225	0.201	0.177	0.152	0.126	0.100	0.073	0.047	0.035	0.024	0.015	0.007	0.002	0.000	0.000	-0.398	0.6
0.8	0.266	0.241	0.216	0.190	0.161	0.131	0.098	0.065	0.049	0.034	0.021	0.010	0.003	0.000	0.000	-0.372	0.8
1	0.283	0.262	0.240	0.216	0.189	0.157	0.121	0.082	0.063	0.044	0.027	0.013	0.004	0.000	0.000	-0.354	1
1.5	0.271	0.269	0.266	0.258	0.243	0.216	0.177	0.126	0.098	0.071	0.04	0.022	0.006	0.000	0.000	-0.322	1.5
2	0.229	0.251	0.272	0.286	0.287	0.270	0.231	0.172	0.137	0.100	0.06	0.032	0.009	0.000	0.000	-0.298	2
3	0.135	0.202	0.267	0.322	0.357	0.363	0.332	0.260	0.212	0.158	0.103	0.053	0.015	0.000	0.000	-0.261	3
4	0.066	0.162	0.256	0.340	0.403	0.431	0.411	0.336	0.278	0.212	0.143	0.073	0.021	0.000	0.000	-0.234	4
5	0.021	0.135	0.244	0.346	0.428	0.476	0.471	0.398	0.336	0.259	0.175	0.093	0.027	0.000	0.000	-0.213	5

（续）

环向力系数 k_{N_θ}（0.0H 为池顶，1.0H 为池底）

$\frac{H^2}{dh}$	0.0H	0.1H	0.2H	0.3H	0.4H	0.5H	0.6H	0.7H	0.75H	0.8H	0.85H	0.9H	0.95H	1.0H	剪力系数 k_{V_x} 顶端	底端	$\frac{H^2}{dh}$
6	0.002	0.119	0.234	0.345	0.441	0.505	0.516	0.450	0.386	0.303	0.207	0.111	0.033	0.000	0.000	−0.196	6
7	−0.008	0.109	0.225	0.340	0.445	0.524	0.550	0.494	0.429	0.342	0.238	0.129	0.039	0.000	0.000	−0.184	7
8	−0.011	0.103	0.218	0.334	0.445	0.534	0.575	0.531	0.468	0.378	0.266	0.147	0.045	0.000	0.000	−0.173	8
9	−0.011	0.100	0.212	0.328	0.442	0.541	0.595	0.563	0.503	0.411	0.293	0.164	0.051	0.000	0.000	−0.164	9
10	−0.010	0.098	0.208	0.322	0.438	0.543	0.610	0.590	0.533	0.441	0.319	0.180	0.057	0.000	0.000	−0.156	10
12	−0.006	0.097	0.202	0.312	0.428	0.543	0.629	0.634	0.586	0.496	0.366	0.211	0.068	0.000	0.000	−0.144	12
14	−0.003	0.098	0.199	0.306	0.420	0.538	0.639	0.667	0.628	0.542	0.409	0.241	0.079	0.000	0.000	−0.134	14
16	−0.001	0.098	0.198	0.302	0.413	0.532	0.643	0.691	0.662	0.583	0.448	0.269	0.090	0.000	0.000	−0.126	16
20	0.000	0.099	0.198	0.299	0.404	0.521	0.641	0.721	0.712	0.648	0.515	0.321	0.111	0.000	0.000	−0.114	20
24	0.000	0.100	0.199	0.298	0.400	0.511	0.635	0.736	0.745	0.698	0.572	0.367	0.131	0.000	0.000	−0.104	24
28	0.000	0.100	0.200	0.299	0.398	0.505	0.627	0.742	0.767	0.735	0.620	0.410	0.150	0.000	0.000	−0.097	28
32	0.000	0.100	0.200	0.299	0.398	0.502	0.620	0.743	0.780	0.764	0.661	0.449	0.169	0.000	0.000	−0.091	32
40	0.000	0.100	0.200	0.300	0.399	0.499	0.609	0.738	0.792	0.803	0.726	0.517	0.204	0.000	0.000	−0.082	40
48	0.000	0.100	0.200	0.300	0.400	0.498	0.603	0.729	0.793	0.826	0.773	0.575	0.237	0.000	0.000	−0.075	48
56	0.000	0.100	0.200	0.300	0.400	0.499	0.600	0.721	0.789	0.837	0.809	0.625	0.268	0.000	0.000	−0.070	56

表 E-1（3）

荷载情况：三角形荷载 q

支承条件：两端固定

符号规定：外壁受拉为正

竖向弯矩 $M_x = k_{M_x} q H^2$

环向弯矩 $M_\theta = \dfrac{1}{6} M_x$

竖向弯矩系数 k_{M_x}（0.0H 为池顶，1.0H 为池底）

$\frac{H^2}{dh}$	0.0H	0.1H	0.2H	0.3H	0.4H	0.5H	0.6H	0.7H	0.75H	0.8H	0.85H	0.9H	0.95H	1.0H	$\frac{H^2}{dh}$
0.2	−0.0332	−0.0184	−0.0047	0.0071	0.0159	0.0208	0.0206	0.0145	0.0088	0.0013	−0.0081	−0.0198	−0.0336	−0.0499	0.2
0.4	−0.0328	−0.0182	−0.0046	0.0070	0.0157	0.0205	0.0204	0.0143	0.0088	0.0014	−0.0080	−0.0195	−0.0333	−0.0494	0.4
0.6	−0.0322	−0.0179	−0.0045	0.0069	0.0154	0.0201	0.0200	0.0142	0.0087	0.0014	−0.0078	−0.0192	−0.0328	−0.0488	0.6
0.8	−0.0313	−0.0174	−0.0044	0.0066	0.0149	0.0196	0.0196	0.0139	0.0086	0.0015	−0.0075	−0.0187	−0.0321	−0.0479	0.8
1	−0.0302	−0.0168	−0.0043	0.0064	0.0144	0.0189	0.0190	0.0136	0.0085	0.0016	−0.0072	−0.0181	−0.0312	−0.0467	1

（续）

竖 向 弯 矩 系 数 k_{M_x}（0.0H 为池顶，1.0H 为池底）

$\dfrac{H^2}{dh}$	0.0H	0.1H	0.2H	0.3H	0.4H	0.5H	0.6H	0.7H	0.75H	0.8H	0.85H	0.9H	0.95H	1.0H	$\dfrac{H^2}{dh}$
1.5	-0.0270	-0.0151	-0.0040	0.0055	0.0127	0.0169	0.0172	0.0126	0.0081	0.0019	-0.0062	-0.0163	-0.0287	-0.0434	1.5
2	-0.0235	-0.0131	-0.0036	0.0046	0.0109	0.0147	0.0153	0.0116	0.0077	0.0022	-0.0051	-0.0144	-0.0258	-0.0396	2
3	-0.0169	-0.0095	-0.0028	0.0029	0.0075	0.0106	0.0116	0.0095	0.0068	0.0027	-0.0030	-0.0106	-0.0203	-0.0323	3
4	-0.0120	-0.0068	-0.0022	0.0017	0.0050	0.0074	0.0087	0.0077	0.0060	0.0030	-0.0015	-0.0077	-0.0160	-0.0266	4
5	-0.0086	-0.0049	-0.0017	0.0010	0.0032	0.0052	0.0065	0.0064	0.0053	0.0031	-0.0004	-0.0056	-0.0128	-0.0223	5
6	-0.0063	-0.0036	-0.0013	0.0005	0.0021	0.0037	0.0050	0.0054	0.0047	0.0031	0.0003	-0.0041	-0.0105	-0.0191	6
7	-0.0048	-0.0027	-0.0010	0.0002	0.0014	0.0026	0.0039	0.0046	0.0042	0.0031	0.0008	-0.0030	-0.0087	-0.0167	7
8	-0.0038	-0.0020	-0.0008	0.0001	0.0009	0.0018	0.0030	0.0039	0.0038	0.0030	0.0011	-0.0022	-0.0074	-0.0149	8
9	-0.0031	-0.0016	-0.0006	0.0000	0.0006	0.0013	0.0024	0.0034	0.0034	0.0029	0.0013	-0.0016	-0.0064	-0.0134	9
10	-0.0026	-0.0013	-0.0004	0.0000	0.0003	0.0009	0.0019	0.0029	0.0031	0.0027	0.0014	-0.0012	-0.0055	-0.0122	10
12	-0.0019	-0.0008	-0.0002	0.0000	0.0001	0.0005	0.0012	0.0022	0.0025	0.0021	0.0016	-0.0005	-0.0043	-0.0103	12
14	-0.0015	-0.0006	-0.0001	0.0000	0.0000	0.0002	0.0008	0.0017	0.0021	0.0021	0.0016	-0.0001	-0.0034	-0.0089	14
16	-0.0012	-0.0004	-0.0001	0.0000	0.0000	0.0001	0.0005	0.0013	0.0017	0.0019	0.0015	-0.0002	-0.0028	-0.0079	16
20	-0.0009	-0.0003	0.0000	0.0000	0.0000	0.0000	0.0002	0.0008	0.0012	0.0015	0.0014	0.0004	-0.0020	-0.0064	20
24	-0.0007	-0.0002	0.0000	0.0000	0.0000	0.0000	0.0001	0.0005	0.0008	0.0012	0.0012	0.0006	-0.0014	-0.0054	24
28	-0.0005	-0.0001	0.0000	0.0000	0.0000	0.0000	0.0000	0.0003	0.0006	0.0009	0.0011	0.0006	-0.0010	-0.0047	28
32	-0.0004	-0.0001	0.0000	0.0000	0.0000	0.0000	0.0000	0.0002	0.0004	0.0007	0.0010	0.0007	-0.0008	-0.0041	32
40	-0.0003	0.0000	0.0000	0.0000	0.0000	0.0000	0.0000	0.0001	0.0002	0.0005	0.0007	0.0006	-0.0004	-0.0033	40
48	-0.0002	0.0000	0.0000	0.0000	0.0000	0.0000	0.0000	0.0000	0.0001	0.0003	0.0006	0.0006	-0.0002	-0.0028	48
56	-0.0002	0.0000	0.0000	0.0000	0.0000	0.0000	0.0000	0.0000	0.0000	0.0002	0.0004	0.0005	-0.0001	-0.0024	56

荷载情况：三角形荷载 q

支承条件：两端固定

符号规定：环向力受拉为正，剪力向外为正

环向力 $N_\theta = k_{N_\theta} qr$

剪力 $V_x = k_{V_x} qH$

表 E-1（4）

环 向 力 系 数 k_{N_θ}（0.0H 为池顶，1.0H 为池底）

$\dfrac{H^2}{dh}$	0.0H	0.1H	0.2H	0.3H	0.4H	0.5H	0.6H	0.7H	0.8H	0.85H	0.9H	0.95H	1.0H
0.2	0.000	0.000	0.001	0.002	0.002	0.002	0.002	0.002	0.001	0.001	0.000	0.000	0.000
0.4	0.000	0.001	0.003	0.006	0.008	0.010	0.010	0.007	0.004	0.003	0.001	0.000	0.000
0.6	0.000	0.002	0.008	0.014	0.019	0.021	0.020	0.016	0.010	0.006	0.003	0.001	0.000
0.8	0.000	0.004	0.013	0.024	0.032	0.037	0.035	0.028	0.017	0.011	0.006	0.002	0.000
1	0.000	0.006	0.020	0.036	0.049	0.056	0.053	0.043	0.026	0.017	0.008	0.002	0.000

剪力系数 k_{V_x}

顶端	底端	$\dfrac{H^2}{dh}$
-0.149	-0.349	0.2
-0.148	-0.347	0.4
-0.145	-0.344	0.6
-0.141	-0.340	0.8
-0.136	-0.335	1

（续）

环 向 力 系 数 k_{N_θ}（0.0H 为池顶,1.0H 为池底）

$\frac{H^2}{dh}$	0.0H	0.1H	0.2H	0.3H	0.4H	0.5H	0.6H	0.7H	0.75H	0.8H	0.85H	0.9H	0.95H	1.0H	剪力系数 k_{V_x} 顶端	底端	$\frac{H^2}{dh}$
1.5	0.000	0.012	0.040	0.072	0.099	0.113	0.109	0.087	0.071	0.053	0.035	0.018	0.005	0.000	-0.121	-0.318	1.5
2	0.000	0.019	0.062	0.112	0.154	0.176	0.171	0.138	0.113	0.085	0.055	0.028	0.008	0.000	-0.105	-0.300	2
3	0.000	0.030	0.101	0.184	0.255	0.295	0.291	0.239	0.198	0.150	0.099	0.051	0.015	0.000	-0.075	-0.265	3
4	0.000	0.038	0.127	0.233	0.327	0.384	0.386	0.325	0.272	0.208	0.139	0.073	0.021	0.000	-0.053	-0.237	4
5	0.000	0.043	0.143	0.263	0.373	0.445	0.457	0.394	0.334	0.259	0.175	0.093	0.028	0.000	-0.039	-0.215	5
6	0.000	0.045	0.151	0.279	0.400	0.484	0.508	0.449	0.386	0.304	0.208	0.112	0.034	0.000	-0.029	-0.198	6
7	0.000	0.047	0.155	0.288	0.414	0.510	0.546	0.495	0.431	0.343	0.239	0.130	0.040	0.000	-0.023	-0.184	7
8	0.000	0.048	0.157	0.291	0.422	0.526	0.575	0.533	0.470	0.380	0.267	0.148	0.045	0.000	-0.019	-0.173	8
9	0.000	0.048	0.158	0.292	0.425	0.536	0.596	0.565	0.505	0.412	0.294	0.164	0.051	0.000	-0.016	-0.164	9
10	0.000	0.049	0.159	0.295	0.425	0.541	0.611	0.592	0.535	0.443	0.319	0.181	0.057	0.000	-0.014	-0.157	10
12	0.000	0.051	0.161	0.291	0.421	0.543	0.631	0.636	0.587	0.497	0.366	0.212	0.068	0.000	-0.012	-0.144	12
14	0.000	0.053	0.164	0.290	0.416	0.540	0.641	0.668	0.629	0.543	0.409	0.241	0.079	0.000	-0.010	-0.134	14
16	0.000	0.056	0.168	0.290	0.412	0.534	0.644	0.691	0.662	0.583	0.448	0.269	0.090	0.000	-0.009	-0.126	16
20	0.000	0.061	0.175	0.292	0.405	0.522	0.642	0.721	0.712	0.648	0.515	0.321	0.111	0.000	-0.007	-0.114	20
24	0.000	0.065	0.182	0.295	0.401	0.513	0.635	0.736	0.745	0.698	0.572	0.367	0.131	0.000	-0.006	-0.104	24
28	0.000	0.068	0.186	0.297	0.400	0.506	0.627	0.742	0.767	0.735	0.620	0.410	0.150	0.000	-0.005	-0.097	28
32	0.000	0.071	0.190	0.299	0.399	0.502	0.620	0.743	0.780	0.764	0.661	0.449	0.169	0.000	-0.005	-0.091	32
40	0.000	0.076	0.194	0.301	0.400	0.499	0.609	0.738	0.792	0.803	0.726	0.517	0.204	0.000	-0.004	-0.082	40
48	0.000	0.079	0.197	0.301	0.400	0.498	0.603	0.729	0.792	0.825	0.773	0.574	0.236	0.000	-0.003	-0.075	48
56	0.000	0.082	0.198	0.301	0.400	0.499	0.600	0.721	0.789	0.837	0.808	0.623	0.269	0.000	-0.003	-0.070	56

荷载情况：三角形荷载 q

支承条件：两端铰支

符号规定：外壁受拉为正

竖向弯矩 $M_x = k_{M_x} q H^2$

环向弯矩 $M_\theta = \dfrac{1}{6} M_x$

表 E-1(5)

竖 向 弯 矩 系 数 k_{M_x}（0.0H 为池顶,1.0H 为池底）

$\frac{H^2}{dh}$	0.0H	0.1H	0.2H	0.3H	0.4H	0.5H	0.6H	0.7H	0.75H	0.8H	0.85H	0.9H	0.95H	1.0H
0.2	0.0000	0.0161	0.0313	0.0445	0.0549	0.0613	0.0628	0.0585	0.0558	0.0473	0.0388	0.0281	0.0152	0.0000

（续）

竖 向 弯 矩 系 数 k_{M_x} （0.0H 为池顶，1.0H 为池底）

$\dfrac{H^2}{dh}$	0.0H	0.1H	0.2H	0.3H	0.4H	0.5H	0.6H	0.7H	0.75H	0.8H	0.85H	0.9H	0.95H	1.0H
0.4	0.0000	0.0151	0.0293	0.0418	0.0517	0.0579	0.0596	0.0557	0.0514	0.0453	0.0372	0.0271	0.0147	0.0000
0.6	0.0000	0.0136	0.0265	0.0379	0.0470	0.0530	0.0549	0.0517	0.0479	0.0423	0.0349	0.0255	0.0139	0.0000
0.8	0.0000	0.0119	0.0232	0.0334	0.0417	0.0474	0.0495	0.0471	0.0438	0.0389	0.0323	0.0237	0.0130	0.0000
1	0.0000	0.0102	0.0199	0.0288	0.0363	0.0416	0.0440	0.0424	0.0397	0.0355	0.0296	0.0219	0.0121	0.0000
1.5	0.0000	0.0064	0.0128	0.0189	0.0245	0.0291	0.0319	0.0319	0.0305	0.0278	0.0237	0.0178	0.0100	0.0000
2	0.0000	0.0039	0.0079	0.0120	0.0162	0.0202	0.0232	0.0244	0.0238	0.0222	0.0193	0.0148	0.0085	0.0000
3	0.0000	0.0012	0.0027	0.0047	0.0073	0.0103	0.0133	0.0155	0.0159	0.0155	0.0140	0.0112	0.0066	0.0000
4	0.0000	0.0003	0.0008	0.0017	0.0034	0.0056	0.0083	0.0108	0.0116	0.0118	0.0111	0.0091	0.0056	0.0000
5	0.0000	-0.0001	0.0000	0.0005	0.0016	0.0033	0.0056	0.0080	0.0089	0.0094	0.0091	0.0078	0.0049	0.0000
6	0.0000	-0.0002	-0.0002	0.0000	0.0007	0.0019	0.0039	0.0061	0.0071	0.0078	0.0078	0.0068	0.0044	0.0000
7	0.0000	-0.0002	-0.0003	-0.0002	0.0002	0.0012	0.0027	0.0048	0.0058	0.0065	0.0067	0.0060	0.0040	0.0000
8	0.0000	-0.0001	-0.0002	-0.0002	0.0000	0.0007	0.0020	0.0038	0.0048	0.0056	0.0059	0.0054	0.0036	0.0000
9	0.0000	-0.0001	-0.0002	-0.0002	-0.0001	0.0004	0.0014	0.0031	0.0040	0.0047	0.0052	0.0049	0.0034	0.0000
10	0.0000	-0.0001	-0.0001	-0.0002	-0.0002	0.0002	0.0010	0.0025	0.0034	0.0042	0.0047	0.0045	0.0031	0.0000
12	0.0000	-0.0002	-0.0001	-0.0001	-0.0002	0.0000	0.0005	0.0017	0.0025	0.0032	0.0038	0.0038	0.0028	0.0000
14	0.0000	-0.0002	0.0000	-0.0001	-0.0001	-0.0001	0.0002	0.0012	0.0013	0.0025	0.0032	0.0033	0.0025	0.0000
16	0.0000	-0.0001	0.0000	0.0000	-0.0001	-0.0001	0.0001	0.0008	0.0014	0.0021	0.0027	0.0029	0.0023	0.0000
20	0.0000	-0.0001	0.0000	0.0000	0.0000	-0.0001	0.0000	0.0004	0.0008	0.0014	0.0020	0.0024	0.0019	0.0000
24	0.0000	-0.0001	0.0000	0.0000	0.0000	-0.0001	-0.0001	0.0002	0.0005	0.0010	0.0015	0.0019	0.0017	0.0000
28	0.0000	0.0000	0.0000	0.0000	0.0000	0.0000	0.0001	0.0001	0.0003	0.0007	0.0012	0.0016	0.0015	0.0000
32	0.0000	0.0000	0.0000	0.0000	0.0000	0.0000	0.0001	0.0000	0.0002	0.0005	0.0010	0.0014	0.0014	0.0000
40	0.0000	0.0000	0.0000	0.0000	0.0000	0.0000	0.0000	0.0000	0.0000	0.0003	0.0006	0.0010	0.0011	0.0000
48	0.0000	0.0000	0.0000	0.0000	0.0000	0.0000	0.0000	0.0000	0.0000	0.0001	0.0004	0.0008	0.0010	0.0000
56	0.0000	0.0000	0.0000	0.0000	0.0000	0.0000	0.0000	0.0000	0.0000	0.0001	0.0003	0.0006	0.0008	0.0000

表　E-1(6)

荷载情况:三角形荷载 q

支承条件:两端铰支

符号规定:环向力受拉为正,剪力向外为正

环向力 $N_\theta = k_{N_\theta} qr$

剪　力 $V_x = k_{v_x} qH$

环　向　力　系　数　k_{N_θ}（0.0H 为池顶,1.0H 为池底）

$\dfrac{H^2}{dh}$	0.0H	0.1H	0.2H	0.3H	0.4H	0.5H	0.6H	0.7H	0.75H	0.8H	0.85H	0.9H	0.95H	1.0H	剪力系数 k_{v_x} 顶端	剪力系数 k_{v_x} 底端	$\dfrac{H^2}{dh}$
0.2	0.000	0.004	0.007	0.009	0.011	0.012	0.012	0.010	0.009	0.007	0.006	0.004	0.002	0.000	-0.163	-0.329	0.2
0.4	0.000	0.013	0.025	0.035	0.042	0.045	0.044	0.038	0.034	0.028	0.022	0.015	0.008	0.000	-0.152	-0.319	0.4
0.6	0.000	0.027	0.052	0.073	0.087	0.093	0.091	0.079	0.070	0.059	0.046	0.031	0.016	0.000	-0.137	-0.303	0.6
0.8	0.000	0.043	0.083	0.115	0.138	0.149	0.145	0.127	0.112	0.094	0.074	0.051	0.026	0.000	-0.120	-0.285	0.8
1	0.000	0.059	0.113	0.159	0.190	0.205	0.201	0.176	0.156	0.131	0.103	0.071	0.036	0.000	-0.102	-0.266	1
1.5	0.000	0.092	0.177	0.249	0.301	0.328	0.324	0.287	0.255	0.216	0.170	0.117	0.060	0.000	-0.064	-0.225	1.5
2	0.000	0.112	0.218	0.308	0.376	0.414	0.414	0.371	0.333	0.283	0.224	0.155	0.079	0.000	-0.038	-0.194	2
3	0.000	0.127	0.248	0.358	0.448	0.507	0.523	0.483	0.440	0.379	0.303	0.212	0.109	0.000	-0.012	-0.157	3
4	0.000	0.125	0.248	0.365	0.468	0.546	0.582	0.555	0.512	0.448	0.363	0.256	0.133	0.000	-0.002	-0.135	4
5	0.000	0.119	0.238	0.357	0.469	0.562	0.617	0.607	0.568	0.504	0.412	0.294	0.154	0.000	0.001	-0.121	5
6	0.000	0.112	0.227	0.345	0.462	0.567	0.639	0.646	0.613	0.550	0.455	0.328	0.173	0.000	0.002	-0.110	6
7	0.000	0.107	0.217	0.333	0.453	0.567	0.653	0.676	0.649	0.590	0.493	0.359	0.190	0.000	0.002	-0.102	7
8	0.000	0.108	0.210	0.323	0.444	0.563	0.661	0.699	0.679	0.624	0.527	0.386	0.206	0.000	0.001	-0.096	8
9	0.000	0.100	0.204	0.316	0.435	0.558	0.665	0.717	0.704	0.653	0.557	0.412	0.221	0.000	0.001	-0.090	9
10	0.000	0.099	0.201	0.310	0.428	0.552	0.667	0.731	0.725	0.678	0.584	0.435	0.235	0.000	0.001	-0.086	10
12	0.000	0.098	0.198	0.302	0.416	0.541	0.665	0.750	0.756	0.720	0.631	0.477	0.261	0.000	0.000	-0.078	12
14	0.000	0.098	0.197	0.299	0.408	0.530	0.659	0.761	0.778	0.753	0.670	0.514	0.284	0.000	0.000	-0.072	14
16	0.000	0.099	0.197	0.297	0.403	0.521	0.651	0.766	0.793	0.779	0.703	0.547	0.306	0.000	0.000	-0.068	16
20	0.000	0.100	0.199	0.297	0.398	0.509	0.636	0.766	0.810	0.816	0.756	0.604	0.344	0.000	0.000	-0.060	20
24	0.000	0.100	0.200	0.298	0.397	0.502	0.624	0.760	0.816	0.839	0.796	0.650	0.378	0.000	0.000	-0.055	24
28	0.000	0.100	0.200	0.299	0.397	0.499	0.614	0.752	0.817	0.853	0.826	0.690	0.409	0.000	0.000	-0.051	28
32	0.000	0.100	0.200	0.300	0.398	0.497	0.608	0.743	0.813	0.861	0.849	0.724	0.436	0.000	0.000	-0.048	32
40	0.000	0.100	0.200	0.300	0.399	0.497	0.600	0.728	0.803	0.867	0.881	0.778	0.485	0.000	0.000	-0.043	40
48	0.000	0.100	0.200	0.300	0.400	0.498	0.598	0.716	0.791	0.865	0.900	0.820	0.527	0.000	0.000	-0.039	48
56	0.000	0.100	0.200	0.300	0.400	0.490	0.597	0.708	0.780	0.859	0.911	0.853	0.564	0.000	0.000	-0.036	56

表 E-1(7)

荷载情况：三角形荷载 q

支承条件：底固定，顶铰支

符号规定：外壁受拉为正

竖向弯矩 $M_x = k_{M_x} qH^2$

环向弯矩 $M_\theta = \dfrac{1}{6} M_x$

竖向弯矩系数 k_{M_x}（0.0H 为池顶，1.0H 为池底）

$\dfrac{H^2}{dh}$	0.0H	0.1H	0.2H	0.3H	0.4H	0.5H	0.6H	0.7H	0.75H	0.8H	0.85H	0.9H	0.95H	1.0H
0.2	0.0000	0.0097	0.0185	0.0253	0.0291	0.0289	0.0238	0.0128	0.0047	-0.0052	-0.0172	-0.0313	-0.0476	-0.0663
0.4	0.0000	0.0095	0.0180	0.0246	0.0283	0.0283	0.0234	0.0126	0.0047	-0.0050	-0.0167	-0.0306	-0.0467	-0.0651
0.6	0.0000	0.0090	0.0171	0.0235	0.0272	0.0273	0.0227	0.0124	0.0048	-0.0046	-0.0160	-0.0295	-0.0452	-0.0633
0.8	0.0000	0.0084	0.0161	0.0221	0.0257	0.0259	0.0217	0.0121	0.0049	-0.0041	-0.0151	-0.0281	-0.0434	-0.0610
1	0.0000	0.0078	0.0149	0.0206	0.0240	0.0214	0.0207	0.0118	0.0050	-0.0036	-0.0140	-0.0265	-0.0413	-0.0584
1.5	0.0000	0.0060	0.0116	0.0163	0.0194	0.0203	0.0178	0.0108	0.0052	-0.0020	-0.0111	-0.0222	-0.0355	-0.0511
2	0.0000	0.0044	0.0086	0.0124	0.0152	0.0164	0.0150	0.0098	0.0054	-0.0006	-0.0084	-0.0181	-0.0300	-0.0442
3	0.0000	0.0021	0.0044	0.0067	0.0089	0.0105	0.0107	0.0082	0.0054	0.0013	-0.0044	-0.0119	-0.0216	-0.0336
4	0.0000	0.0009	0.0020	0.0035	0.0052	0.0069	0.0079	0.0069	0.0052	0.0024	-0.0020	-0.0081	-0.0163	-0.0268
5	0.0000	0.0003	0.0009	0.0018	0.0031	0.0046	0.0060	0.0059	0.0049	0.0028	-0.0006	-0.0057	-0.0128	-0.0222
6	0.0000	0.0001	0.0003	0.0008	0.0018	0.0032	0.0046	0.0051	0.0045	0.0030	0.0003	-0.0041	-0.0104	-0.0196
7	0.0000	-0.0001	0.0000	0.0004	0.0011	0.0023	0.0036	0.0044	0.0041	0.0030	0.0008	-0.0030	-0.0087	-0.0166
8	0.0000	-0.0001	-0.0001	0.0001	0.0006	0.0016	0.0029	0.0038	0.0037	0.0030	0.0011	-0.0022	-0.0074	-0.0148
9	0.0000	-0.0001	-0.0001	0.0000	0.0004	0.0011	0.0023	0.0033	0.0034	0.0028	0.0013	-0.0016	-0.0063	-0.0133
10	0.0000	-0.0001	-0.0001	-0.0001	0.0002	0.0008	0.0018	0.0029	0.0031	0.0027	0.0015	-0.0011	-0.0055	-0.0121
12	0.0000	0.0000	-0.0001	-0.0001	0.0000	0.0004	0.0012	0.0022	0.0025	0.0024	0.0016	-0.0005	-0.0043	-0.0103
14	0.0000	0.0000	-0.0001	-0.0001	-0.0001	0.0002	0.0008	0.0017	0.0021	0.0022	0.0016	-0.0001	-0.0034	-0.0089
16	0.0000	0.0000	0.0000	-0.0001	-0.0001	0.0000	0.0005	0.0013	0.0017	0.0019	0.0015	0.0002	-0.0028	-0.0079
20	0.0000	0.0000	0.0000	0.0000	-0.0001	0.0000	0.0002	0.0008	0.0012	0.0015	0.0014	0.0004	-0.0020	-0.0064
24	0.0000	0.0000	0.0000	0.0000	0.0000	-0.0001	0.0001	0.0005	0.0008	0.0012	0.0012	0.0006	-0.0014	-0.0054
28	0.0000	0.0000	0.0000	0.0000	0.0000	0.0000	0.0001	0.0003	0.0006	0.0009	0.0011	0.0006	-0.0010	-0.0047
32	0.0000	0.0000	0.0000	0.0000	0.0000	0.0000	0.0001	0.0002	0.0004	0.0007	0.0010	0.0007	-0.0008	-0.0041
40	0.0000	0.0000	0.0000	0.0000	0.0000	0.0000	0.0000	0.0001	0.0002	0.0005	0.0007	0.0006	-0.0004	-0.0033
48	0.0000	0.0000	0.0000	0.0000	0.0000	0.0000	0.0000	0.0000	0.0001	0.0003	0.0006	0.0006	-0.0002	-0.0028
56	0.0000	0.0000	0.0000	0.0000	0.0000	0.0000	0.0000	0.0000	0.0000	0.0002	0.0004	0.0005	-0.0001	-0.0024

表 E-1（8）

荷载情况：三角形荷载 q

支承条件：底固定，顶铰支

符号规定：环向受拉为正，剪力向外为正

环向力 $N_\theta = k_{N_\theta} qr$

剪力 $V_x = k_{V_x} qH$

环向力系数 k_{N_θ}（0.0H 为池顶，1.0H 为池底）

$\dfrac{H^2}{dh}$	0.0H	0.1H	0.2H	0.3H	0.4H	0.5H	0.6H	0.7H	0.75H	0.8H	0.85H	0.9H	0.95H	1.0H	剪力系数 k_{V_x} 顶端	底端	$\dfrac{H^2}{dh}$
0.2	0.000	0.002	0.004	0.003	0.004	0.004	0.004	0.003	0.002	0.002	0.001	0.001	0.000	0.000	-0.099	-0.398	0.2
0.4	0.000	0.006	0.011	0.015	0.017	0.017	0.015	0.011	0.009	0.006	0.004	0.002	0.001	0.000	-0.096	-0.394	0.4
0.6	0.000	0.013	0.024	0.032	0.037	0.037	0.032	0.024	0.019	0.014	0.009	0.004	0.001	0.000	-0.092	-0.387	0.6
0.8	0.000	0.021	0.040	0.055	0.062	0.062	0.055	0.041	0.032	0.023	0.015	0.007	0.002	0.000	-0.086	-0.377	0.8
1	0.000	0.031	0.059	0.080	0.091	0.092	0.081	0.060	0.048	0.035	0.022	0.011	0.003	0.000	-0.079	-0.367	1
1.5	0.000	0.057	0.109	0.148	0.170	0.172	0.152	0.115	0.092	0.067	0.043	0.021	0.006	0.000	-0.061	-0.337	1.5
2	0.000	0.080	0.153	0.209	0.242	0.247	0.222	0.170	0.136	0.100	0.064	0.032	0.009	0.000	-0.044	-0.309	2
3	0.000	0.109	0.209	0.291	0.345	0.362	0.335	0.264	0.215	0.161	0.105	0.054	0.015	0.000	-0.021	-0.265	3
4	0.000	0.120	0.233	0.330	0.401	0.433	0.415	0.339	0.281	0.213	0.142	0.074	0.022	0.000	-0.009	-0.234	4
5	0.000	0.121	0.237	0.343	0.429	0.478	0.473	0.399	0.337	0.260	0.175	0.093	0.028	0.000	-0.003	-0.213	5
6	0.000	0.117	0.234	0.345	0.441	0.505	0.516	0.450	0.386	0.303	0.207	0.111	0.033	0.000	0.000	-0.196	6
7	0.000	0.113	0.227	0.340	0.445	0.523	0.549	0.494	0.429	0.342	0.237	0.129	0.039	0.000	0.001	-0.184	7
8	0.000	0.109	0.220	0.334	0.444	0.534	0.575	0.531	0.468	0.378	0.266	0.147	0.045	0.000	0.001	-0.173	8
9	0.000	0.105	0.214	0.328	0.441	0.540	0.594	0.563	0.503	0.411	0.293	0.164	0.051	0.000	0.001	-0.164	9
10	0.000	0.103	0.209	0.322	0.437	0.543	0.609	0.590	0.533	0.441	0.319	0.180	0.057	0.000	0.001	-0.156	10
12	0.000	0.100	0.203	0.312	0.428	0.543	0.629	0.634	0.586	0.496	0.366	0.211	0.068	0.000	0.000	-0.144	12
14	0.000	0.099	0.200	0.306	0.420	0.538	0.639	0.667	0.628	0.542	0.409	0.241	0.079	0.000	0.000	-0.134	14
16	0.000	0.099	0.198	0.302	0.413	0.532	0.643	0.691	0.662	0.583	0.448	0.269	0.090	0.000	0.000	-0.126	16
20	0.000	0.099	0.198	0.299	0.404	0.521	0.641	0.721	0.712	0.648	0.515	0.321	0.111	0.000	0.000	-0.114	20
24	0.000	0.100	0.199	0.298	0.400	0.511	0.635	0.736	0.745	0.698	0.572	0.367	0.131	0.000	0.000	-0.104	24
28	0.000	0.100	0.200	0.299	0.398	0.505	0.627	0.742	0.767	0.735	0.620	0.410	0.150	0.000	0.000	-0.097	28
32	0.000	0.100	0.200	0.299	0.398	0.502	0.627	0.743	0.780	0.764	0.661	0.449	0.169	0.000	0.000	-0.091	32
40	0.000	0.100	0.200	0.300	0.399	0.499	0.609	0.738	0.792	0.803	0.726	0.517	0.204	0.000	0.000	-0.082	40
48	0.000	0.100	0.200	0.300	0.400	0.498	0.603	0.729	0.793	0.826	0.773	0.575	0.237	0.000	0.000	-0.075	48
56	0.000	0.100	0.200	0.300	0.400	0.499	0.600	0.721	0.789	0.837	0.809	0.625	0.268	0.000	0.000	-0.070	56

表 E-1(9)

荷载情况：梯形荷载 $q+p$

支承条件：底铰支，顶自由

符号规定：外壁受拉为正

竖向弯矩 $M_x = k_{M_x}(q+p)H^2$

环向弯矩 $M_\theta = \dfrac{1}{6} M_x$

竖向弯矩系数 k_{M_x}（0.0H 为池顶，1.0H 为池底）

$\dfrac{H^2}{dh}$	0.0H	0.1H	0.2H	0.3H	0.4H	0.5H	0.6H	0.7H	0.75H	0.8H	0.85H	0.9H	0.95H	1.0H
0.2	0.0000	0.0022	0.0079	0.0156	0.0238	0.0310	0.0357	0.0365	0.0349	0.0318	0.0269	0.0201	0.0112	0.0000
0.4	0.0000	0.0022	0.0077	0.0151	0.0231	0.0302	0.0349	0.0357	0.0342	0.0312	0.0265	0.0198	0.0111	0.0000
0.6	0.0000	0.0020	0.0073	0.0144	0.0221	0.0290	0.0336	0.0346	0.0332	0.0303	0.0258	0.0193	0.0108	0.0000
0.8	0.0000	0.0019	0.0068	0.0135	0.0208	0.0274	0.0319	0.0330	0.0318	0.0292	0.0249	0.0187	0.0105	0.0000
1	0.0000	0.0017	0.0063	0.0125	0.0193	0.0256	0.0300	0.0313	0.0302	0.0278	0.0238	0.0180	0.0101	0.0000
1.5	0.0000	0.0013	0.0048	0.0097	0.0153	0.0207	0.0249	0.0265	0.0259	0.0241	0.0209	0.0160	0.0091	0.0000
2	0.0000	0.0009	0.0035	0.0072	0.0116	0.0162	0.0200	0.0220	0.0219	0.0207	0.0182	0.0141	0.0081	0.0000
3	0.0000	0.0004	0.0016	0.0035	0.0063	0.0095	0.0127	0.0151	0.0156	0.0153	0.0139	0.0111	0.0066	0.0000
4	0.0000	0.0001	0.0006	0.0016	0.0032	0.0056	0.0088	0.0108	0.0118	0.0113	0.0111	0.0091	0.0056	0.0000
5	0.0000	0.0000	0.0001	0.0006	0.0016	0.0033	0.0056	0.0080	0.0089	0.0094	0.0091	0.0078	0.0049	0.0000
6	0.0000	-0.0001	-0.0001	0.0001	0.0007	0.0020	0.0039	0.0061	0.0071	0.0078	0.0078	0.0068	0.0044	0.0000
7	0.0000	-0.0001	-0.0002	-0.0001	0.0003	0.0012	0.0027	0.0048	0.0058	0.0065	0.0067	0.0060	0.0040	0.0000
8	0.0000	-0.0001	-0.0002	-0.0002	0.0000	0.0007	0.0020	0.0038	0.0043	0.0056	0.0059	0.0054	0.0036	0.0000
9	0.0000	0.0000	-0.0001	-0.0002	-0.0001	0.0004	0.0014	0.0031	0.0040	0.0048	0.0052	0.0049	0.0034	0.0000
10	0.0000	0.0000	-0.0001	-0.0002	-0.0002	0.0002	0.0010	0.0025	0.0034	0.0042	0.0047	0.0045	0.0031	0.0000
12	0.0000	0.0000	-0.0001	-0.0001	-0.0002	0.0000	0.0005	0.0017	0.0025	0.0032	0.0038	0.0038	0.0028	0.0000
14	0.0000	0.0000	0.0000	-0.0001	-0.0001	-0.0001	0.0002	0.0012	0.0018	0.0026	0.0032	0.0033	0.0025	0.0000
16	0.0000	-0.0001	-0.0001	0.0000	-0.0001	-0.0001	0.0001	0.0008	0.0014	0.0021	0.0027	0.0029	0.0023	0.0000
20	0.0000	0.0000	0.0000	0.0000	0.0000	-0.0001	0.0001	0.0004	0.0008	0.0014	0.0020	0.0024	0.0019	0.0000
24	0.0000	0.0000	0.0000	0.0000	0.0000	-0.0001	-0.0001	0.0002	0.0005	0.0010	0.0015	0.0019	0.0017	0.0000
28	0.0000	0.0000	0.0000	0.0000	0.0000	0.0000	-0.0001	0.0001	0.0003	0.0007	0.0012	0.0016	0.0015	0.0000
32	0.0000	0.0000	0.0000	0.0000	0.0000	0.0000	-0.0001	0.0000	0.0002	0.0005	0.0010	0.0014	0.0014	0.0000
40	0.0000	0.0000	0.0000	0.0000	0.0000	0.0000	0.0000	0.0000	0.0000	0.0002	0.0006	0.0010	0.0011	0.0000
48	0.0000	0.0000	0.0000	0.0000	0.0000	0.0000	0.0000	0.0000	0.0000	0.0001	0.0004	0.0008	0.0010	0.0000
56	0.0000	0.0000	0.0000	0.0000	0.0000	0.0000	0.0000	0.0000	0.0000	0.0001	0.0003	0.0006	0.0008	0.0000

表　**E-1**(10)

荷载情况：三角形荷载 q

支承条件：底铰支，顶自由

符号规定：环向力受拉为正，剪力向外为正

环向力 $N_\theta = k_{N_\theta} qr$

剪力 $V_x = k_{V_x} qH$

$\frac{H^2}{dh}$	环向力系数 k_{N_θ}（0.0H 为池顶，1.0H 为池底）														剪力系数 k_{V_x}		$\frac{H^2}{dh}$
	0.0H	0.1H	0.2H	0.3H	0.4H	0.5H	0.6H	0.7H	0.75H	0.8H	0.85H	0.9H	0.95H	1.0H	顶端	底端	
0.2	0.494	0.447	0.399	0.351	0.302	0.253	0.204	0.154	0.128	0.103	0.077	0.052	0.026	0.000	0.000	-0.249	0.2
0.4	0.478	0.437	0.395	0.352	0.308	0.263	0.215	0.165	0.139	0.112	0.084	0.057	0.028	0.000	0.000	-0.246	0.4
0.6	0.453	0.421	0.388	0.354	0.318	0.278	0.233	0.182	0.155	0.126	0.096	0.064	0.032	0.000	0.000	-0.241	0.6
0.8	0.421	0.401	0.380	0.357	0.330	0.297	0.255	0.204	0.175	0.144	0.110	0.075	0.038	0.000	0.000	-0.234	0.8
1	0.385	0.378	0.371	0.360	0.344	0.319	0.281	0.230	0.199	0.165	0.127	0.086	0.044	0.000	0.000	-0.227	1
1.5	0.287	0.317	0.345	0.368	0.381	0.377	0.352	0.301	0.265	0.223	0.174	0.119	0.061	0.000	0.000	-0.206	1.5
2	0.198	0.260	0.320	0.373	0.413	0.431	0.419	0.370	0.330	0.280	0.220	0.153	0.078	0.000	0.000	-0.186	2
3	0.076	0.179	0.280	0.375	0.454	0.506	0.519	0.479	0.435	0.376	0.300	0.210	0.108	0.000	0.000	-0.156	3
4	0.016	0.135	0.254	0.367	0.469	0.545	0.581	0.554	0.512	0.448	0.362	0.256	0.133	0.000	0.000	-0.135	4
5	-0.009	0.113	0.235	0.356	0.469	0.563	0.618	0.607	0.569	0.504	0.413	0.294	0.154	0.000	0.000	-0.121	5
6	-0.017	0.102	0.222	0.344	0.463	0.569	0.640	0.647	0.614	0.551	0.456	0.328	0.173	0.000	0.000	-0.110	6
7	-0.017	0.097	0.213	0.333	0.454	0.568	0.654	0.677	0.650	0.590	0.493	0.359	0.190	0.000	0.000	-0.102	7
8	-0.015	0.095	0.207	0.323	0.445	0.564	0.662	0.700	0.679	0.624	0.527	0.386	0.206	0.000	0.000	-0.096	8
9	-0.011	0.095	0.203	0.316	0.436	0.559	0.666	0.718	0.704	0.653	0.557	0.412	0.221	0.000	0.000	-0.090	9
10	-0.008	0.095	0.200	0.310	0.428	0.553	0.667	0.731	0.725	0.678	0.584	0.435	0.235	0.000	0.000	-0.086	10
12	-0.003	0.097	0.197	0.303	0.416	0.541	0.665	0.750	0.756	0.720	0.631	0.477	0.261	0.000	0.000	-0.078	12
14	0.000	0.098	0.197	0.300	0.408	0.530	0.659	0.761	0.778	0.753	0.670	0.514	0.284	0.000	0.000	-0.072	14
16	0.001	0.099	0.197	0.297	0.403	0.521	0.651	0.766	0.793	0.779	0.703	0.547	0.306	0.000	0.000	-0.068	16
20	0.001	0.100	0.199	0.297	0.398	0.509	0.636	0.766	0.810	0.816	0.756	0.604	0.344	0.000	0.000	-0.061	20
24	0.000	0.100	0.200	0.298	0.397	0.502	0.624	0.760	0.816	0.839	0.796	0.650	0.378	0.000	0.000	-0.055	24
28	0.000	0.100	0.200	0.299	0.397	0.499	0.614	0.752	0.817	0.853	0.826	0.690	0.409	0.000	0.000	-0.051	28
32	0.000	0.100	0.200	0.300	0.398	0.497	0.608	0.743	0.813	0.861	0.849	0.724	0.436	0.000	0.000	-0.048	32
40	0.000	0.100	0.200	0.300	0.399	0.497	0.600	0.728	0.803	0.867	0.881	0.778	0.485	0.000	0.000	-0.043	40
48	0.000	0.100	0.200	0.300	0.400	0.498	0.598	0.716	0.791	0.865	0.900	0.820	0.527	0.000	0.000	-0.039	48
56	0.000	0.100	0.200	0.300	0.400	0.499	0.597	0.708	0.780	0.859	0.911	0.853	0.564	0.000	0.000	-0.036	56

表 E-1(11)

荷载情况:矩形荷载 p

支承条件:底铰支,顶自由

符号规定:环向力受拉为正,剪力向外为正

环向力 $N_\theta = k_{N_\theta} pr$

剪 力 $V_x = k_{v_x} pH$

$\dfrac{H^2}{dh}$	环向力系数 k_{N_θ}（0.0H 为池顶,1.0H 为池底）														剪力系数 k_{v_x}		$\dfrac{H^2}{dh}$
	0.0H	0.1H	0.2H	0.3H	0.4H	0.5H	0.6H	0.7H	0.75H	0.8H	0.85H	0.9H	0.95H	1.0H	顶端	底端	
0.2	1.494	1.347	1.199	1.051	0.902	0.753	0.604	0.454	0.378	0.303	0.227	0.152	0.076	0.000	0.000	−0.249	0.2
0.4	1.478	1.337	1.195	1.052	0.908	0.763	0.615	0.465	0.380	0.312	0.234	0.157	0.078	0.000	0.000	−0.246	0.4
0.6	1.453	1.321	1.188	1.054	0.918	0.778	0.633	0.482	0.405	0.326	0.246	0.164	0.082	0.000	0.000	−0.241	0.6
0.8	1.421	1.301	1.180	1.057	0.930	0.797	0.655	0.504	0.425	0.344	0.260	0.175	0.088	0.000	0.000	−0.234	0.8
1	1.385	1.278	1.171	1.060	0.944	0.819	0.681	0.530	0.449	0.365	0.277	0.186	0.094	0.000	0.000	−0.227	1
1.5	1.287	1.217	1.145	1.068	0.981	0.877	0.752	0.601	0.515	0.423	0.324	0.219	0.111	0.000	0.000	−0.206	1.5
2	1.198	1.160	1.120	1.073	1.013	0.931	0.819	0.670	0.580	0.480	0.370	0.253	0.128	0.000	0.000	−0.186	2
3	1.076	1.079	1.080	1.075	1.054	1.006	0.919	0.779	0.685	0.576	0.450	0.310	0.158	0.000	0.000	−0.156	3
4	1.016	1.035	1.054	1.067	1.069	1.045	0.981	0.854	0.762	0.648	0.512	0.356	0.183	0.000	0.000	−0.135	4
5	0.991	1.013	1.035	1.056	1.069	1.063	1.018	0.907	0.819	0.704	0.563	0.394	0.204	0.000	0.000	−0.121	5
6	0.983	1.002	1.022	1.044	1.063	1.069	1.040	0.947	0.864	0.751	0.606	0.428	0.223	0.000	0.000	−0.110	6
7	0.983	0.997	1.013	1.033	1.054	1.068	1.054	0.977	0.900	0.790	0.643	0.459	0.240	0.000	0.000	−0.102	7
8	0.985	0.995	1.007	1.023	1.045	1.064	1.062	1.000	0.929	0.824	0.677	0.486	0.256	0.000	0.000	−0.096	8
9	0.989	0.995	1.003	1.016	1.036	1.059	1.066	1.018	0.954	0.853	0.707	0.512	0.271	0.000	0.000	−0.090	9
10	0.992	0.995	1.000	1.010	1.028	1.053	1.067	1.031	0.975	0.878	0.734	0.535	0.285	0.000	0.000	−0.086	10
12	0.997	0.997	0.997	1.003	1.016	1.041	1.065	1.050	1.006	0.920	0.781	0.577	0.311	0.000	0.000	−0.078	12
14	1.000	0.998	0.997	0.999	1.008	1.030	1.059	1.061	1.028	0.953	0.820	0.614	0.334	0.000	0.000	−0.072	14
16	1.001	0.999	0.997	0.997	1.003	1.021	1.051	1.066	1.043	0.979	0.853	0.647	0.356	0.000	0.000	−0.068	16
20	1.001	1.000	0.999	0.997	0.998	1.009	1.036	1.066	1.060	1.016	0.906	0.704	0.394	0.000	0.000	−0.061	20
24	1.000	1.000	1.000	0.998	0.997	1.002	1.024	1.060	1.066	1.039	0.946	0.750	0.428	0.000	0.000	−0.055	24
28	1.000	1.000	1.000	0.999	0.997	0.999	1.014	1.052	1.067	1.053	0.976	0.790	0.459	0.000	0.000	−0.051	28
32	1.000	1.000	1.000	1.000	0.998	0.997	1.008	1.043	1.063	1.061	0.999	0.824	0.486	0.000	0.000	−0.048	32
40	1.000	1.000	1.000	1.000	0.999	0.997	1.000	1.028	1.053	1.067	1.031	0.878	0.535	0.000	0.000	−0.043	40
48	1.000	1.000	1.000	1.000	1.000	0.998	0.998	1.016	1.041	1.065	1.050	0.920	0.577	0.000	0.000	−0.039	48
56	1.000	1.000	1.000	1.000	1.000	0.999	0.997	1.008	1.030	1.059	1.061	0.953	0.614	0.000	0.000	−0.036	56

表　**E-1**(12)

荷载情况:矩形荷载 p

支承条件:底固定,顶铰支

符号规定:外壁受拉为正

竖向弯矩 $M_x = k_{M_x} pH^2$

环向弯矩 $M_\theta = \dfrac{1}{6} M_x$

竖向弯矩系数 k_{M_x} (0.0H 为池顶,1.0H 为池底)

$\dfrac{H^2}{dh}$	0.0H	0.1H	0.2H	0.3H	0.4H	0.5H	0.6H	0.7H	0.75H	0.8H	0.85H	0.9H	0.95H	1.0H	$\dfrac{H^2}{dh}$
0.2	0.0000	-0.0040	-0.0163	-0.0371	-0.0667	-0.1053	-0.1531	-0.2105	-0.2428	-0.2776	-0.3148	-0.3545	-0.3967	-0.4414	0.2
0.4	0.0000	-0.0022	-0.0095	-0.0224	-0.0418	-0.0685	-0.1030	-0.1461	-0.1710	-0.1983	-0.2280	-0.2601	-0.2946	-0.2617	0.4
0.6	0.0000	-0.0008	-0.0040	-0.0106	-0.0219	-0.0388	-0.0625	-0.0938	-0.1127	-0.1338	-0.1572	-0.1830	-0.2113	-0.2421	0.6
0.8	0.0000	0.0001	-0.0005	-0.0032	-0.0091	-0.0197	-0.0361	-0.0596	-0.0744	-0.0913	-0.1106	-0.1321	-0.1561	-0.1826	0.8
1	0.0000	0.0006	0.0015	0.0013	-0.0014	-0.0079	-0.0197	-0.0381	-0.0502	-0.0644	-0.0808	-0.0995	-0.1207	-0.1443	1
1.5	0.0000	0.0011	0.0037	0.0066	0.0085	0.0083	0.0046	-0.0042	-0.0108	-0.0193	-0.0298	-0.0424	-0.0572	-0.0745	1.5
2	0.0000	0.0011	0.0036	0.0065	0.0088	0.0091	0.0060	-0.0019	-0.0082	-0.0164	-0.0266	-0.0389	-0.0537	-0.0709	2
3	0.0000	0.0007	0.0026	0.0050	0.0074	0.0089	0.0084	0.0043	0.0003	-0.0052	-0.0126	-0.0221	-0.0339	-0.0482	3
4	0.0000	0.0004	0.0015	0.0032	0.0051	0.0068	0.0074	0.0054	0.0028	-0.0011	-0.0068	-0.0144	-0.0242	-0.0365	4
5	0.0000	0.0002	0.0008	0.0019	0.0034	0.0050	0.0060	0.0052	0.0036	0.0007	-0.0037	-0.0099	-0.0184	-0.0293	5
6	0.0000	0.0001	0.0004	0.0010	0.0021	0.0036	0.0048	0.0048	0.0038	0.0017	-0.0019	-0.0072	-0.0146	-0.0244	6
7	0.0000	0.0000	0.0001	0.0005	0.0013	0.0026	0.0038	0.0043	0.0037	0.0021	-0.0007	-0.0053	-0.0119	-0.0209	7
8	0.0000	0.0000	0.0000	0.0002	0.0008	0.0018	0.0031	0.0038	0.0035	0.0023	0.0000	-0.0040	-0.0100	-0.0183	8
9	0.0000	0.0000	-0.0001	0.0001	0.0005	0.0013	0.0025	0.0033	0.0032	0.0024	0.0005	-0.0030	-0.0085	-0.0163	9
10	0.0000	0.0000	-0.0001	0.0000	0.0003	0.0009	0.0020	0.0030	0.0030	0.0024	0.0008	-0.0023	-0.0073	-0.0146	10
12	0.0000	0.0000	-0.0001	-0.0001	0.0000	0.0005	0.0013	0.0023	0.0025	0.0023	0.0011	-0.0013	-0.0056	-0.0122	12
14	0.0000	0.0000	-0.0001	-0.0001	-0.0001	0.0002	0.0009	0.0018	0.0021	0.0021	0.0013	-0.0007	-0.0045	-0.0105	14
16	0.0000	0.0000	0.0000	-0.0001	-0.0001	0.0001	0.0006	0.0014	0.0018	0.0019	0.0014	-0.0003	-0.0036	-0.0091	16
20	0.0000	0.0000	0.0000	0.0000	-0.0001	0.0000	0.0002	0.0009	0.0013	0.0015	0.0013	0.0002	-0.0025	-0.0073	20
24	0.0000	0.0000	0.0000	0.0000	0.0000	-0.0001	0.0001	0.0005	0.0009	0.0012	0.0012	0.0004	-0.0018	-0.0061	24
28	0.0000	0.0000	0.0000	0.0000	0.0000	0.0000	0.0000	0.0003	0.0006	0.0010	0.0011	0.0005	-0.0013	-0.0052	28
32	0.0000	0.0000	0.0000	0.0000	0.0000	0.0000	0.0000	0.0002	0.0005	0.0008	0.0010	0.0006	-0.0010	-0.0046	32
40	0.0000	0.0000	0.0000	0.0000	0.0000	0.0000	0.0000	0.0001	0.0002	0.0005	0.0007	0.0006	-0.0006	-0.0037	40
48	0.0000	0.0000	0.0000	0.0000	0.0000	0.0000	0.0000	0.0000	0.0001	0.0003	0.0006	0.0006	-0.0003	-0.0030	48
56	0.0000	0.0000	0.0000	0.0000	0.0000	0.0000	0.0000	0.0000	0.0001	0.0002	0.0004	0.0005	-0.0002	-0.0026	56

表 E-1 (13)

荷载情况：矩形荷载 p

支承条件：底固定，顶自由

符号规定：环向力受拉为正，剪力向外为正

环向力 $N_\theta = k_{N_\theta} pr$

剪 力 $V_x = k_{V_x} pH$

| $\dfrac{H^2}{dh}$ | 环向力系数 k_{N_θ} (0.0H 为池顶，1.0H 为池底) | | | | | | | | | | | | | | 剪力系数 k_{V_x} | | $\dfrac{H^2}{dh}$ |
	0.0H	0.1H	0.2H	0.3H	0.4H	0.5H	0.6H	0.7H	0.75H	0.8H	0.85H	0.9H	0.95H	1.0H	顶端	底端	
0.2	0.202	0.175	0.149	0.122	0.097	0.072	0.050	0.030	0.022	0.014	0.008	0.004	0.001	0.000	0.000	-0.919	0.2
0.4	0.577	0.502	0.427	0.352	0.279	0.209	0.145	0.088	0.064	0.042	0.025	0.011	0.003	0.000	0.000	-0.766	0.4
0.6	0.875	0.763	0.652	0.541	0.432	0.327	0.228	0.140	0.102	0.068	0.040	0.019	0.005	0.000	0.000	-0.640	0.6
0.8	1.061	0.930	0.799	0.668	0.538	0.412	0.291	0.181	0.132	0.089	0.053	0.025	0.006	0.000	0.000	-0.555	0.8
1	1.167	1.029	0.891	0.752	0.613	0.474	0.339	0.214	0.157	0.107	0.064	0.030	0.008	0.000	0.000	-0.498	1
1.5	1.258	1.131	1.002	0.869	0.730	0.584	0.433	0.283	0.212	0.147	0.089	0.043	0.011	0.000	0.000	-0.416	1.5
2	1.248	1.146	1.042	0.931	0.807	0.668	0.513	0.347	0.264	0.185	0.114	0.055	0.015	0.000	0.000	-0.369	2
3	1.161	1.113	1.061	0.997	0.913	0.798	0.646	0.461	0.360	0.259	0.163	0.081	0.023	0.000	0.000	-0.309	3
4	1.084	1.072	1.057	1.029	0.978	0.889	0.749	0.555	0.442	0.324	0.208	0.106	0.030	0.000	0.000	-0.270	4
5	1.035	1.043	1.047	1.043	1.015	0.949	0.824	0.632	0.512	0.381	0.249	0.128	0.037	0.000	0.000	-0.242	5
6	1.008	1.024	1.038	1.045	1.034	0.987	0.881	0.695	0.571	0.432	0.287	0.150	0.044	0.000	0.000	-0.221	6
7	0.995	1.012	1.029	1.042	1.043	1.012	0.923	0.747	0.623	0.478	0.322	0.171	0.051	0.000	0.000	-0.204	7
8	0.989	1.005	1.021	1.037	1.045	1.027	0.955	0.791	0.668	0.520	0.354	0.190	0.057	0.000	0.000	-0.191	8
9	0.988	1.001	1.015	1.030	1.043	1.037	0.979	0.829	0.708	0.558	0.385	0.209	0.064	0.000	0.000	-0.180	9
10	0.990	0.999	1.010	1.024	1.040	1.041	0.998	0.861	0.744	0.592	0.414	0.228	0.070	0.000	0.000	-0.171	10
12	0.993	0.997	1.003	1.014	1.031	1.043	1.022	0.913	0.804	0.654	0.467	0.262	0.082	0.000	0.000	-0.156	12
14	0.997	0.998	1.000	1.007	1.022	1.040	1.035	0.951	0.853	0.707	0.515	0.295	0.094	0.000	0.000	-0.145	14
16	0.999	0.998	0.998	1.003	1.015	1.034	1.042	0.979	0.892	0.752	0.558	0.325	0.106	0.000	0.000	-0.135	16
20	1.000	0.999	0.998	0.999	1.005	1.022	1.042	1.015	0.949	0.825	0.632	0.382	0.129	0.000	0.000	-0.121	20
24	1.000	1.000	0.999	0.998	1.000	1.013	1.036	1.033	0.986	0.880	0.694	0.432	0.150	0.000	0.000	-0.110	24
28	1.000	1.000	1.000	0.999	0.999	1.006	1.028	1.041	1.011	0.922	0.747	0.478	0.171	0.000	0.000	-0.102	28
32	1.000	1.000	1.000	0.999	0.998	1.002	1.021	1.043	1.026	0.954	0.791	0.520	0.190	0.000	0.000	-0.096	32
40	1.000	1.000	1.000	1.000	0.999	0.999	1.010	1.039	1.041	0.997	0.861	0.592	0.228	0.000	0.000	-0.086	40
48	1.000	1.000	1.000	1.000	0.999	0.998	1.003	1.030	1.043	1.022	0.913	0.654	0.262	0.000	0.000	-0.078	48
56	1.000	1.000	1.000	1.000	1.000	1.000	1.000	1.022	1.040	1.035	0.951	0.707	0.295	0.000	0.000	-0.072	56

表 E-1(14)

荷载情况：矩形荷载 p
支承条件：两端固定
符号规定：外壁受拉为正

竖向弯矩 $M_x = k_{M_x} p H^2$

环向弯矩 $M_\theta = \dfrac{1}{6} M_x$

竖向弯矩系数 k_{M_x}（0.0H 为池顶，1.0H 为池底）

$\dfrac{H^2}{dh}$	0.0H	0.1H	0.2H	0.3H	0.4H	0.5H	0.6H	0.7H	0.75H	0.8H	0.85H	0.9H	0.95H	1.0H	$\dfrac{H^2}{dh}$
0.2	-0.0831	-0.0382	-0.0033	0.0216	0.0365	0.0415	0.0365	0.0216	0.0104	-0.0033	-0.0195	-0.0382	-0.0594	-0.0381	0.2
0.4	-0.0822	-0.0377	-0.0032	0.0214	0.0361	0.0410	0.0361	0.0214	0.0103	-0.0032	-0.0192	-0.0377	-0.0587	-0.0822	0.4
0.6	-0.0809	-0.0370	-0.0031	0.0210	0.0354	0.0402	0.0354	0.0210	0.0102	-0.0031	-0.0188	-0.0370	-0.0577	-0.0809	0.6
0.8	-0.0791	-0.0361	-0.0029	0.0205	0.0345	0.0391	0.0345	0.0205	0.0100	-0.0029	-0.0183	-0.0361	-0.0564	-0.0791	0.8
1	-0.0770	-0.0349	-0.0027	0.0199	0.0334	0.0378	0.0334	0.0199	0.0098	-0.0027	-0.0176	-0.0349	-0.0547	-0.0770	1
1.5	-0.0704	-0.0314	-0.0021	0.0181	0.0300	0.0339	0.0300	0.0181	0.0091	-0.0021	-0.0156	-0.0314	-0.0497	-0.0704	1.5
2	-0.0631	-0.0275	-0.0014	0.0162	0.0262	0.0295	0.0262	0.0162	0.0084	-0.0014	-0.0133	-0.0275	-0.0441	-0.0631	2
3	-0.0493	-0.0201	-0.0001	0.0124	0.0191	0.0212	0.0191	0.0124	0.0070	-0.0001	-0.0091	-0.0201	-0.0335	-0.0493	3
4	-0.0386	-0.0145	0.0008	0.0095	0.0136	0.0148	0.0136	0.0095	0.0058	0.0008	-0.0058	-0.0145	-0.0253	-0.0386	4
5	-0.0309	-0.0104	0.0015	0.0074	0.0098	0.0104	0.0098	0.0074	0.0050	0.0015	-0.0036	-0.0104	-0.0195	-0.0309	5
6	-0.0255	-0.0076	0.0019	0.0059	0.0071	0.0073	0.0071	0.0059	0.0044	0.0019	-0.0020	-0.0076	-0.0154	-0.0255	6
7	-0.0215	-0.0057	0.0021	0.0048	0.0052	0.0052	0.0052	0.0048	0.0039	0.0021	-0.0010	-0.0057	-0.0024	-0.0215	7
8	-0.0186	-0.0042	0.0022	0.0040	0.0039	0.0037	0.0039	0.0040	0.0035	0.0022	-0.0002	-0.0042	-0.0103	-0.0186	8
9	-0.0164	-0.0032	0.0023	0.0034	0.0030	0.0026	0.0030	0.0034	0.0032	0.0023	0.0003	-0.0032	-0.0087	-0.0164	9
10	-0.0147	-0.0024	0.0023	0.0029	0.0023	0.0019	0.0023	0.0029	0.0029	0.0023	0.0007	-0.0024	-0.0074	-0.0147	10
12	-0.0122	-0.0014	0.0022	0.0022	0.0013	0.0009	0.0013	0.0022	0.0024	0.0022	0.0011	-0.0014	-0.0056	-0.0122	12
14	-0.0104	-0.0007	0.0020	0.0017	0.0008	0.0004	0.0008	0.0017	0.0020	0.0020	0.0013	-0.0007	-0.0045	-0.0104	14
16	-0.0091	-0.0003	0.0019	0.0013	0.0005	0.0001	0.0005	0.0013	0.0017	0.0019	0.0013	-0.0003	-0.0036	-0.0091	16
20	-0.0073	0.0002	0.0015	0.0008	0.0002	-0.0001	0.0002	0.0008	0.0012	0.0015	0.0013	0.0002	-0.0025	-0.0073	20
24	-0.0061	0.0004	0.0012	0.0005	0.0002	-0.0001	0.0000	0.0005	0.0009	0.0012	0.0012	0.0004	-0.0018	-0.0061	24
28	-0.0052	0.0005	0.0010	0.0003	0.0000	-0.0001	0.0000	0.0003	0.0006	0.0010	0.0011	0.0005	-0.0013	-0.0052	28
32	-0.0046	0.0006	0.0008	0.0002	0.0000	-0.0001	0.0000	0.0002	0.0005	0.0008	0.0010	0.0006	-0.0010	-0.0046	32
40	-0.0037	0.0006	0.0005	0.0001	0.0000	0.0000	0.0000	0.0001	0.0002	0.0005	0.0007	0.0006	-0.0006	-0.0037	40
48	-0.0030	0.0006	0.0003	0.0000	0.0000	0.0000	0.0000	0.0000	0.0001	0.0003	0.0006	0.0006	-0.0004	-0.0030	48
56	-0.0026	0.0005	0.0002	0.0000	0.0000	0.0000	0.0000	0.0000	0.0001	0.0002	0.0005	0.0005	-0.0004	-0.0026	56

表 E-1(15)

荷载情况:矩形荷载 p
支承条件:两端固定
符号规定:环向力受拉为正,剪力向外为正

环向力 $N_\theta = k_{N_\theta} pr$

剪 力 $V_x = k_{V_x} pH$

环向力系数 k_{N_θ}（0.0H 为池顶,1.0H 为池底）

$\dfrac{H^2}{dh}$	0.0H	0.1H	0.2H	0.3H	0.4H	0.5H	0.6H	0.7H	0.75H	0.8H	0.85H	0.9H	0.95H	1.0H	剪力系数 k_{V_x} 顶端	剪力系数 k_{V_x} 底端	$\dfrac{H^2}{dh}$
0.2	0.000	0.001	0.002	0.003	0.004	0.005	0.004	0.003	0.003	0.002	0.001	0.001	0.000	0.000	−0.499	−0.499	0.2
0.4	0.000	0.002	0.008	0.014	0.018	0.013	0.018	0.014	0.011	0.008	0.005	0.002	0.001	0.000	−0.495	−0.495	0.4
0.6	0.000	0.005	0.017	0.030	0.039	0.042	0.039	0.030	0.024	0.017	0.011	0.005	0.002	0.000	−0.489	−0.489	0.6
0.8	0.000	0.010	0.030	0.052	0.068	0.073	0.068	0.052	0.041	0.030	0.019	0.010	0.003	0.000	−0.480	−0.480	0.8
1	0.000	0.014	0.046	0.079	0.102	0.111	0.102	0.079	0.063	0.046	0.029	0.014	0.004	0.000	−0.470	−0.470	1
1.5	0.000	0.030	0.093	0.160	0.208	0.225	0.208	0.160	0.128	0.092	0.059	0.030	0.008	0.000	−0.440	−0.440	1.5
2	0.000	0.047	0.147	0.251	0.326	0.352	0.326	0.251	0.201	0.147	0.094	0.047	0.013	0.000	−0.405	−0.405	2
3	0.000	0.081	0.251	0.423	0.545	0.589	0.545	0.423	0.340	0.251	0.161	0.081	0.023	0.000	−0.341	−0.341	3
4	0.000	0.111	0.336	0.558	0.713	0.767	0.713	0.558	0.452	0.336	0.218	0.111	0.032	0.000	−0.290	−0.290	4
5	0.000	0.136	0.402	0.657	0.829	0.889	0.829	0.657	0.536	0.402	0.263	0.136	0.039	0.000	−0.253	−0.253	5
6	0.000	0.157	0.455	0.729	0.908	0.969	0.908	0.729	0.601	0.455	0.301	0.157	0.046	0.000	−0.227	−0.227	6
7	0.000	0.177	0.499	0.782	0.961	1.020	0.961	0.782	0.651	0.499	0.335	0.177	0.052	0.000	−0.207	−0.207	7
8	0.000	0.195	0.537	0.824	0.996	1.052	0.996	0.824	0.693	0.537	0.365	0.195	0.058	0.000	−0.192	−0.192	8
9	0.000	0.213	0.571	0.857	1.020	1.071	1.020	0.857	0.729	0.571	0.392	0.213	0.064	0.000	−0.180	−0.180	9
10	0.000	0.230	0.602	0.884	1.036	1.081	1.036	0.884	0.760	0.602	0.419	0.230	0.070	0.000	−0.171	−0.171	10
12	0.000	0.263	0.658	0.926	1.052	1.086	1.052	0.926	0.812	0.658	0.468	0.263	0.082	0.000	−0.156	−0.156	12
14	0.000	0.294	0.707	0.958	1.057	1.079	1.057	0.958	0.255	0.707	0.514	0.294	0.094	0.000	−0.144	−0.144	14
16	0.000	0.325	0.751	0.981	1.056	1.068	1.056	0.981	0.892	0.751	0.556	0.325	0.106	0.000	−0.135	−0.135	16
20	0.000	0.381	0.823	1.013	1.047	1.044	1.047	1.013	0.947	0.823	0.631	0.381	0.128	0.000	−0.121	−0.121	20
24	0.000	0.432	0.879	1.031	1.036	1.025	1.036	1.031	0.985	0.879	0.694	0.432	0.149	0.000	−0.110	−0.110	24
28	0.000	0.478	0.922	1.040	1.027	1.012	1.027	1.040	0.010	0.922	0.747	0.478	0.171	0.000	−0.102	−0.102	28
32	0.000	0.520	0.954	1.042	1.019	1.004	1.019	1.042	0.026	0.954	0.793	0.520	0.193	0.000	−0.096	−0.096	32
40	0.000	0.593	0.398	1.039	1.008	0.997	1.008	1.039	0.042	0.998	0.863	0.593	0.226	0.000	−0.086	−0.086	40
48	0.000	0.654	1.022	1.030	1.003	0.996	1.003	1.030	0.043	1.022	0.909	0.654	0.255	0.000	−0.078	−0.078	48
56	0.000	0.707	1.035	1.022	1.000	0.997	1.000	1.022	0.038	1.035	0.936	0.707	0.298	0.000	−0.072	−0.072	56

表　E-1(16)

荷载情况：矩形荷载 p
支承条件：两端铰支
符号规定：外壁受拉为正

竖向弯矩 $M_x = k_{M_x} p H^2$

环向弯矩 $M_\theta = \dfrac{1}{6} M_x$

竖向弯矩系数 k_{M_x} （0.0H 为池顶，1.0H 为池底）

$\dfrac{H^2}{dh}$	0.0H	0.1H	0.2H	0.3H	0.4H	0.5H	0.6H	0.7H	0.75H	0.8H	0.85H	0.9H	0.95H	1.0H
0.2	0.0000	0.0442	0.0786	0.1030	0.1177	0.1226	0.1177	0.1030	0.0920	0.0786	0.0626	0.0442	0.0234	0.0000
0.4	0.0000	0.0422	0.0746	0.0976	0.1113	0.1158	0.1113	0.0976	0.0873	0.0746	0.0596	0.0422	0.0223	0.0000
0.6	0.0000	0.0391	0.0688	0.0896	0.1020	0.1060	0.1020	0.0896	0.0803	0.0688	0.0551	0.0391	0.0208	0.0000
0.8	0.0000	0.0356	0.0622	0.0805	0.0912	0.0947	0.0912	0.0805	0.0723	0.0622	0.0500	0.0356	0.0190	0.0000
1	0.0000	0.0321	0.0554	0.0712	0.0803	0.0832	0.0803	0.0712	0.0642	0.0554	0.0448	0.0321	0.0172	0.0000
1.5	0.0000	0.0243	0.0406	0.0508	0.0564	0.0581	0.0564	0.0508	0.0464	0.0406	0.0333	0.0243	0.0133	0.0000
2	0.0000	0.0187	0.0301	0.0364	0.0394	0.0403	0.0394	0.0364	0.0337	0.0301	0.0252	0.0187	0.0104	0.0000
3	0.0000	0.0124	0.0182	0.0202	0.0205	0.0205	0.0205	0.0202	0.0195	0.0182	0.0160	0.0124	0.0073	0.0000
4	0.0000	0.0094	0.0125	0.0126	0.0117	0.0113	0.0117	0.0126	0.0128	0.0125	0.0115	0.0094	0.0057	0.0000
5	0.0000	0.0077	0.0094	0.0085	0.0071	0.0065	0.0071	0.0085	0.0091	0.0094	0.0091	0.0077	0.0048	0.0000
6	0.0000	0.0066	0.0075	0.0061	0.0045	0.0039	0.0045	0.0061	0.0070	0.0075	0.0075	0.0066	0.0043	0.0000
7	0.0000	0.0059	0.0063	0.0046	0.0030	0.0023	0.0030	0.0046	0.0055	0.0063	0.0065	0.0059	0.0039	0.0000
8	0.0000	0.0053	0.0053	0.0036	0.0020	0.0013	0.0020	0.0036	0.0045	0.0053	0.0057	0.0053	0.0036	0.0000
9	0.0000	0.0048	0.0046	0.0028	0.0013	0.0007	0.0013	0.0028	0.0038	0.0046	0.0051	0.0048	0.0033	0.0000
10	0.0000	0.0044	0.0040	0.0023	0.0009	0.0003	0.0009	0.0023	0.0032	0.0040	0.0046	0.0044	0.0031	0.0000
12	0.0000	0.0038	0.0032	0.0015	0.0003	-0.0001	0.0003	0.0015	0.0024	0.0032	0.0038	0.0038	0.0028	0.0000
14	0.0000	0.0033	0.0025	0.0011	0.0001	-0.0002	0.0001	0.0011	0.0018	0.0025	0.0032	0.0033	0.0025	0.0000
16	0.0000	0.0029	0.0021	0.0007	0.0000	-0.0002	0.0000	0.0007	0.0014	0.0021	0.0027	0.0029	0.0023	0.0000
20	0.0000	0.0024	0.0014	0.0004	-0.0001	-0.0002	-0.0001	0.0004	0.0008	0.0014	0.0020	0.0024	0.0019	0.0000
24	0.0000	0.0019	0.0010	0.0002	-0.0001	-0.0001	-0.0001	0.0002	0.0005	0.0010	0.0015	0.0019	0.0017	0.0000
28	0.0000	0.0016	0.0007	0.0001	-0.0001	-0.0001	-0.0001	0.0001	0.0003	0.0007	0.0012	0.0016	0.0015	0.0000
32	0.0000	0.0014	0.0005	0.0000	-0.0001	0.0000	0.0001	0.0000	0.0002	0.0005	0.0010	0.0014	0.0013	0.0000
40	0.0000	0.0010	0.0003	0.0000	0.0000	0.0000	0.0000	0.0000	0.0000	0.0003	0.0006	0.0010	0.0011	0.0000
48	0.0000	0.0008	0.0001	0.0000	0.0000	0.0000	0.0000	0.0000	0.0000	0.0001	0.0004	0.0008	0.0009	0.0000
56	0.0000	0.0006	0.0001	0.0000	0.0000	0.0000	0.0000	0.0000	0.0000	0.0001	0.0003	0.0006	0.0008	0.0000

表 E-1(17)

荷载情况:矩形荷载 p
支承条件:两端铰支
符号规定:环向力受拉为正,剪力向外为正

环向力 $N_\theta = k_{N_\theta} pr$
剪 力 $V_x = k_{V_x} pH$

$\dfrac{H^2}{dh}$	环向力系数 k_{N_θ}（0.0H 为池顶, 1.0H 为池底）														剪力系数 k_{V_x}	
	0.0H	0.1H	0.2H	0.3H	0.4H	0.5H	0.6H	0.7H	0.75H	0.8H	0.85H	0.9H	0.95H	1.0H	顶端	底端
0.2	0.000	0.007	0.014	0.019	0.023	0.024	0.023	0.019	0.017	0.014	0.011	0.007	0.004	0.000	−0.492	−0.492
0.4	0.000	0.028	0.054	0.073	0.086	0.090	0.086	0.073	0.064	0.054	0.042	0.025	0.014	0.000	−0.471	−0.471
0.6	0.000	0.059	0.111	0.152	0.178	0.186	0.178	0.152	0.133	0.111	0.086	0.059	0.030	0.000	−0.440	−0.440
0.8	0.000	0.094	0.177	0.242	0.283	0.297	0.283	0.242	0.212	0.177	0.137	0.094	0.048	0.000	−0.405	−0.405
1	0.000	0.130	0.245	0.334	0.391	0.410	0.391	0.334	0.293	0.245	0.190	0.130	0.066	0.000	−0.368	−0.368
1.5	0.000	0.209	0.393	0.536	0.625	0.655	0.625	0.536	0.471	0.393	0.306	0.209	0.106	0.000	−0.289	−0.289
2	0.000	0.267	0.501	0.679	0.790	0.828	0.790	0.679	0.598	0.501	0.390	0.267	0.136	0.000	−0.233	−0.233
3	0.000	0.339	0.628	0.841	0.970	1.014	0.970	0.841	0.745	0.628	0.491	0.339	0.173	0.000	−0.169	−0.169
4	0.000	0.381	0.696	0.920	1.050	1.092	1.050	0.920	0.820	0.696	0.549	0.381	0.196	0.000	−0.137	−0.137
5	0.000	0.413	0.742	0.963	1.086	1.125	1.086	0.963	0.866	0.742	0.590	0.413	0.213	0.000	−0.120	−0.120
6	0.000	0.440	0.777	0.990	1.101	1.135	1.101	0.990	0.898	0.777	0.624	0.440	0.229	0.000	−0.109	−0.109
7	0.000	0.465	0.807	1.009	1.106	1.134	1.106	1.009	0.924	0.807	0.654	0.465	0.243	0.000	−0.100	−0.100
8	0.000	0.489	0.833	1.023	1.105	1.127	1.105	1.023	0.945	0.833	0.682	0.489	0.257	0.000	−0.094	−0.094
9	0.000	0.512	0.857	1.033	1.101	1.116	1.101	1.033	0.963	0.857	0.708	0.512	0.271	0.000	−0.089	−0.089
10	0.000	0.534	0.879	1.041	1.095	1.105	1.095	1.041	0.979	0.879	0.733	0.534	0.284	0.000	−0.085	−0.085
12	0.000	0.575	0.918	1.053	1.081	1.081	1.081	1.053	1.005	0.918	0.778	0.575	0.310	0.000	−0.078	−0.078
14	0.000	0.612	0.950	1.060	1.067	1.060	1.067	1.060	1.025	0.950	0.817	0.612	0.333	0.000	−0.072	−0.072
16	0.000	0.646	0.976	1.063	1.054	1.042	1.054	1.063	1.040	0.976	0.851	0.646	0.355	0.000	−0.068	−0.068
20	0.000	0.703	1.014	1.063	1.034	1.018	1.034	1.063	1.058	1.014	0.905	0.703	0.394	0.000	−0.061	−0.061
24	0.000	0.750	1.038	1.058	1.021	1.004	1.021	1.058	1.065	1.038	0.946	0.750	0.428	0.000	−0.055	−0.055
28	0.000	0.790	1.053	1.051	1.012	0.997	1.012	1.051	1.066	1.053	0.976	0.790	0.459	0.000	−0.051	−0.051
32	0.000	0.823	1.062	1.043	1.006	0.995	1.006	1.043	1.063	1.062	0.999	0.823	0.486	0.000	−0.048	−0.048
40	0.000	0.878	1.067	1.028	1.000	0.995	1.000	1.028	1.052	1.067	1.030	0.878	0.537	0.000	−0.043	−0.043
48	0.000	0.920	1.065	1.017	0.993	0.997	0.998	1.017	1.040	1.065	1.052	0.920	0.588	0.000	−0.039	−0.039
56	0.000	0.973	1.059	1.008	0.997	0.999	0.997	1.007	1.092	1.059	1.066	0.973	0.652	0.000	−0.036	−0.036

表 E-1(18)

荷载情况：矩形荷载 p
支承条件：底固定，顶铰支
符号规定：外壁受拉为正

竖向弯矩 $M_x = k_{M_x} p H^2$

环向弯矩 $M_\theta = \dfrac{1}{6} M_x$

竖向弯矩系数 k_{M_x}（0.0H 为池顶，1.0H 为池底）

$\dfrac{H^2}{dh}$	0.0H	0.1H	0.2H	0.3H	0.4H	0.5H	0.6H	0.7H	0.75H	0.8H	0.85H	0.9H	0.95H	1.0H
0.2	0.0000	0.0323	0.0546	0.0670	0.0694	0.0620	0.0447	0.0174	0.0000	-0.0198	-0.0421	-0.0670	-0.0943	-0.1241
0.4	0.0000	0.0316	0.0534	0.0654	0.0678	0.0605	0.0436	0.0171	0.0002	-0.0192	-0.0411	-0.0654	-0.0923	-0.1216
0.6	0.0000	0.0306	0.0515	0.0629	0.0651	0.0582	0.0421	0.0166	0.0003	-0.0183	-0.0394	-0.0630	-0.0891	-0.1176
0.8	0.0000	0.0292	0.0490	0.0597	0.0618	0.0552	0.0400	0.0160	0.0006	-0.0172	-0.0373	-0.0599	-0.0850	-0.1125
1	0.0000	0.0277	0.0462	0.0561	0.0579	0.0518	0.0377	0.0153	0.0008	-0.0159	-0.0349	-0.0564	-0.0802	-0.1060
1.5	0.0000	0.0235	0.0386	0.0462	0.0474	0.0425	0.0314	0.0134	0.0016	-0.0123	-0.0283	-0.0467	-0.0674	-0.0906
2	0.0000	0.0196	0.0314	0.0370	0.0376	0.0338	0.0254	0.0115	0.0022	-0.0090	-0.0222	-0.0376	-0.0554	-0.0756
3	0.0000	0.0139	0.0208	0.0233	0.0231	0.0209	0.0165	0.0087	0.0031	-0.0041	-0.0130	-0.0241	-0.0373	-0.0530
4	0.0000	0.0104	0.0144	0.0151	0.0144	0.0131	0.0110	0.0069	0.0035	-0.0012	-0.0076	-0.0158	-0.0263	-0.0392
5	0.0000	0.0083	0.0106	0.0102	0.0092	0.0084	0.0076	0.0056	0.0036	0.0004	-0.0043	-0.0108	-0.0195	-0.0306
6	0.0000	0.0069	0.0082	0.0072	0.0061	0.0056	0.0055	0.0048	0.0035	0.0013	-0.0023	-0.0077	-0.0152	-0.0250
7	0.0000	0.0060	0.0066	0.0053	0.0041	0.0037	0.0041	0.0041	0.0034	0.0018	-0.0011	-0.0056	-0.0122	-0.0212
8	0.0000	0.0053	0.0055	0.0040	0.0028	0.0025	0.0031	0.0036	0.0032	0.0021	-0.0002	-0.0042	-0.0101	-0.0184
9	0.0000	0.0048	0.0047	0.0031	0.0019	0.0017	0.0024	0.0031	0.0030	0.0022	0.0003	-0.0031	-0.0085	-0.0163
10	0.0000	0.0044	0.0041	0.0024	0.0013	0.0011	0.0018	0.0027	0.0028	0.0023	0.0007	-0.0024	-0.0073	-0.0146
12	0.0000	0.0038	0.0031	0.0016	0.0005	0.0004	0.0011	0.0022	0.0024	0.0022	0.0011	-0.0013	-0.0056	-0.0122
14	0.0000	0.0033	0.0025	0.0011	0.0002	0.0001	0.0007	0.0017	0.0021	0.0021	0.0013	-0.0007	-0.0044	-0.0104
16	0.0000	0.0029	0.0020	0.0007	0.0000	0.0000	0.0005	0.0013	0.0018	0.0019	0.0014	-0.0003	-0.0036	-0.0091
20	0.0000	0.0024	0.0014	0.0003	-0.0001	-0.0001	0.0002	0.0009	0.0013	0.0015	0.0013	0.0002	-0.0025	-0.0073
24	0.0000	0.0019	0.0010	0.0002	-0.0001	-0.0001	0.0000	0.0005	0.0009	0.0012	0.0012	0.0004	-0.0018	-0.0061
28	0.0000	0.0016	0.0007	0.0001	-0.0001	-0.0001	0.0000	0.0003	0.0006	0.0010	0.0011	0.0005	-0.0013	-0.0052
32	0.0000	0.0014	0.0005	0.0000	-0.0001	-0.0001	0.0000	0.0002	0.0005	0.0008	0.0010	0.0006	-0.0010	-0.0046
40	0.0000	0.0010	0.0003	0.0000	0.0000	0.0000	0.0000	0.0001	0.0002	0.0005	0.0007	0.0006	-0.0006	-0.0036
48	0.0000	0.0008	0.0001	0.0000	0.0000	0.0000	0.0000	0.0000	0.0001	0.0003	0.0006	0.0006	-0.0003	-0.0030
56	0.0000	0.0006	0.0001	0.0000	0.0000	0.0000	0.0000	0.0000	0.0001	0.0002	0.0005	0.0005	-0.0003	-0.0028

表 E-1(19)

荷载情况：矩形荷载 p

支承条件：底固定，顶铰支

符号规定：环向力受拉为正，剪力向外为正

环向力 $N_\theta = k_{N_\theta} pr$

剪力 $V_x = k_{v_x} pH$

环向力系数 k_{N_θ}（$0.0H$ 为池顶，$1.0H$ 为池底）

$\dfrac{H^2}{dh}$	$0.0H$	$0.1H$	$0.2H$	$0.3H$	$0.4H$	$0.5H$	$0.6H$	$0.7H$	$0.75H$	$0.8H$	$0.85H$	$0.9H$	$0.95H$	$1.0H$	剪力系数 k_{v_x} 顶端	剪力系数 k_{v_x} 底端	$\dfrac{H^2}{dh}$
0.2	0.000	0.004	0.007	0.009	0.010	0.010	0.008	0.006	0.005	0.003	0.002	0.001	0.000	0.000	-0.373	-0.622	0.2
0.4	0.000	0.015	0.027	0.035	0.039	0.038	0.032	0.023	0.018	0.013	0.008	0.004	0.001	0.000	-0.366	-0.612	0.4
0.6	0.000	0.032	0.059	0.077	0.085	0.082	0.069	0.050	0.038	0.027	0.017	0.008	0.002	0.000	-0.355	-0.596	0.6
0.8	0.000	0.054	0.099	0.130	0.143	0.138	0.117	0.084	0.065	0.046	0.029	0.014	0.004	0.000	-0.0341	-0.576	0.8
1	0.000	0.079	0.146	0.191	0.210	0.203	0.172	0.123	0.096	0.068	0.042	0.021	0.006	0.000	-0.0326	-0.552	1
1.5	0.000	0.148	0.272	0.356	0.392	0.379	0.321	0.232	0.180	0.129	0.080	0.039	0.011	0.000	-0.283	-0.498	1.5
2	0.000	0.213	0.390	0.510	0.561	0.543	0.462	0.335	0.262	0.188	0.118	0.058	0.016	0.000	-0.243	-0.429	2
3	0.000	0.311	0.566	0.736	0.809	0.785	0.675	0.496	0.391	0.283	0.179	0.089	0.025	0.000	-0.183	-0.339	3
4	0.000	0.374	0.674	0.869	0.951	0.927	0.806	0.603	0.481	0.352	0.226	0.114	0.032	0.000	-0.147	-0.282	4
5	0.000	0.416	0.741	0.945	1.030	1.008	0.887	0.678	0.547	0.406	0.264	0.135	0.039	0.000	-0.125	-0.246	5
6	0.000	0.447	0.786	0.990	1.073	1.053	0.939	0.733	0.599	0.451	0.298	0.155	0.045	0.000	-0.111	-0.222	6
7	0.000	0.473	0.820	1.018	1.096	1.078	0.974	0.777	0.644	0.491	0.329	0.174	0.051	0.000	-0.102	-0.204	7
8	0.000	0.497	0.846	1.036	1.105	1.090	0.998	0.814	0.682	0.528	0.359	0.192	0.058	0.000	-0.095	-0.190	8
9	0.000	0.518	0.869	1.048	1.108	1.094	1.014	0.845	0.717	0.562	0.387	0.210	0.064	0.000	-0.089	-0.179	9
10	0.000	0.539	0.889	1.055	1.106	1.093	1.026	0.871	0.749	0.594	0.414	0.227	0.070	0.000	-0.085	-0.170	10
12	0.000	0.577	0.924	1.064	1.095	1.084	1.039	0.916	0.804	0.653	0.466	0.261	0.082	0.000	-0.078	-0.156	12
14	0.000	0.613	0.953	1.067	1.080	1.070	1.044	0.950	0.850	0.704	0.513	0.294	0.094	0.000	-0.072	-0.144	14
16	0.000	0.646	0.977	1.068	1.066	1.055	1.045	0.976	0.889	0.750	0.556	0.325	0.106	0.000	-0.068	-0.135	16
20	0.000	0.703	1.014	1.065	1.041	1.031	1.040	1.012	0.947	0.824	0.631	0.381	0.128	0.000	-0.061	-0.121	20
24	0.000	0.750	1.038	1.058	1.024	1.015	1.033	1.031	0.985	0.880	0.694	0.432	0.150	0.000	-0.055	-0.110	24
28	0.000	0.790	1.053	1.051	1.013	1.005	1.026	1.040	1.011	0.922	0.747	0.478	0.170	0.000	-0.051	-0.102	28
32	0.000	0.824	1.061	1.043	1.006	0.999	1.019	1.043	1.026	0.954	0.791	0.520	0.190	0.000	-0.048	-0.096	32
40	0.000	0.878	1.067	1.028	0.999	0.996	1.009	1.039	1.041	0.998	0.862	0.594	0.230	0.000	-0.043	-0.085	40
48	0.000	0.920	1.065	1.016	0.997	0.997	1.003	1.030	1.043	1.023	0.916	0.660	0.268	0.000	-0.039	-0.076	48
56	0.000	0.953	1.059	1.009	0.997	0.998	1.000	1.023	1.041	1.034	0.942	0.703	0.285	0.000	-0.039	-0.073	56

表　**E-1**（20）

荷载情况：底端力矩 M_0
支承条件：两端自由
符号规定：外壁受拉为正

竖向弯矩 $M_x = k_{M_x} M_0$

环向弯矩 $M_\theta = \dfrac{1}{6} M_x$

竖向弯矩系数 k_{M_x}（0.0H 为池顶，1.0H 为池底）

$\dfrac{H^2}{dh}$	0.0H	0.1H	0.2H	0.3H	0.4H	0.5H	0.6H	0.7H	0.75H	0.8H	0.85H	0.9H	0.95H	1.0H	$\dfrac{H^2}{dh}$
0.2	0.0000	0.0278	0.1032	0.2145	0.3499	0.4976	0.6456	0.7821	0.8422	0.8948	0.9385	0.9716	0.9926	1.0000	0.2
0.4	0.0000	0.0270	0.1007	0.2100	0.3437	0.4904	0.6387	0.7765	0.8376	0.8914	0.9363	0.9705	0.9923	1.0000	0.4
0.6	0.0000	0.0258	0.0967	0.2027	0.3336	0.4788	0.6274	0.7674	0.8302	0.8859	0.9327	0.9687	0.9918	1.0000	0.6
0.8	0.0000	0.0243	0.0915	0.1930	0.3201	0.4633	0.6123	0.7552	0.8202	0.8784	0.9278	0.9662	0.9911	1.0000	0.8
1	0.0000	0.0224	0.0851	0.1813	0.3038	0.4445	0.5938	0.7402	0.8079	0.8692	0.9218	0.9631	0.9902	1.0000	1
1.5	0.0000	0.0168	0.0609	0.1462	0.2546	0.3873	0.5374	0.6940	0.7699	0.8407	0.9031	0.9535	0.9875	1.0000	1.5
2	0.0000	0.0108	0.0457	0.1082	0.2008	0.3237	0.4737	0.6411	0.7259	0.8074	0.8811	0.9421	0.9842	1.0000	2
3	0.0000	0.0009	0.0111	0.0419	0.1038	0.2055	0.3509	0.5352	0.6364	0.7383	0.8348	0.9177	0.9770	1.0000	3
4	0.0000	-0.0048	0.0101	-0.0015	0.0358	0.1163	0.2515	0.4435	0.5563	0.6746	0.7907	0.8939	0.9698	1.0000	4
5	0.0000	-0.0071	0.0198	-0.0246	-0.0055	0.0555	0.1764	0.3678	0.4787	0.6180	0.7502	0.8713	0.9628	1.0000	5
6	0.0000	-0.0072	-0.0221	-0.0340	-0.0281	0.0155	0.1202	0.3053	0.4286	0.5674	0.7128	0.8499	0.9560	1.0000	6
7	0.0000	-0.0061	-0.0205	-0.0355	-0.0387	-0.0101	0.0779	0.2530	0.3771	0.5218	0.6781	0.8294	0.9494	1.0000	7
8	0.0000	-0.0047	-0.0171	-0.0328	-0.0421	-0.0261	0.0457	0.2088	0.3318	0.4803	0.6456	0.8097	0.9428	1.0000	8
9	0.0000	-0.0033	-0.0132	-0.0282	-0.0415	-0.0356	0.0212	0.1711	0.2917	0.4423	0.6150	0.7907	0.9364	1.0000	9
10	0.0000	-0.0020	-0.0095	-0.0231	-0.0386	-0.0407	0.0025	0.1389	0.2560	0.4075	0.5861	0.7724	0.9300	1.0000	10
12	0.0000	-0.0003	-0.0038	-0.0138	-0.0302	-0.0430	-0.0221	0.0874	0.1957	0.3459	0.5331	0.7377	0.9177	1.0000	12
14	0.0000	0.0005	-0.0005	-0.0070	-0.0217	-0.0397	-0.0354	0.0494	0.1474	0.2932	0.4854	0.7051	0.9056	1.0000	14
16	0.0000	0.0008	0.0011	-0.0027	-0.0146	-0.0341	-0.0415	0.0212	0.1084	0.2480	0.4424	0.6745	0.8940	1.0000	16
20	0.0000	0.0005	0.0016	0.0012	-0.0051	-0.0222	-0.0422	-0.0146	0.0512	0.1751	0.3678	0.6183	0.8715	1.0000	20
24	0.0000	0.0002	0.0010	0.0019	-0.0004	-0.0126	-0.0361	-0.0329	0.0136	0.1200	0.3056	0.5678	0.8500	1.0000	24
28	0.0000	0.0000	0.0004	0.0015	0.0014	-0.0061	-0.0283	-0.0411	-0.0109	0.0779	0.2533	0.5220	0.8294	1.0000	28
32	0.0000	0.0000	0.0001	0.0009	0.0019	-0.0020	-0.0209	-0.0432	-0.0264	0.0458	0.2090	0.4804	0.8097	1.0000	32
40	0.0000	0.0000	-0.0001	0.0002	0.0013	0.0014	-0.0097	-0.0387	-0.0408	0.0025	0.1389	0.4075	0.7724	1.0000	40
48	0.0000	0.0000	-0.0001	-0.0001	0.0005	0.0018	-0.0031	-0.0302	-0.0431	-0.0222	0.0874	0.3458	0.7377	1.0000	48
56	0.0000	0.0000	0.000	-0.0001	0.0001	0.0014	0.0002	-0.0218	-0.0397	-0.0355	0.0494	0.2932	0.7051	1.0000	56

表 E-1（21）

荷载情况：底端力矩 M_0
支承条件：两端自由
符号规定：环向受拉为正，剪力向外为正

环向力 $N_\theta = k_{N_\theta}\dfrac{M_0}{h}$

剪 力 $V_x = k_{V_x}\dfrac{M_0}{H}$

$\dfrac{H^2}{dh}$	环向力系数 k_{N_θ}（0.0H 为池顶，1.0H 为池底）														剪力系数 k_{V_x}		$\dfrac{H^2}{dh}$
	0.0H	0.1H	0.2H	0.3H	0.4H	0.5H	0.6H	0.7H	0.75H	0.8H	0.85H	0.9H	0.95H	1.0H	顶端	底端	
0.2	14.856	11.915	8.974	6.027	3.070	0.097	−2.900	−5.926	−7.453	−8.989	−10.536	−12.093	−13.663	−15.243	0.000	0.000	0.2
0.4	7.216	5.834	4.448	3.053	1.638	0.191	−1.301	−2.854	−3.656	−4.478	−5.321	−6.186	−7.073	−7.984	0.000	0.000	0.4
0.6	4.583	3.755	2.923	2.077	1.203	0.281	−0.707	−1.783	−2.361	−2.967	−3.604	−4.274	−4.978	−5.716	0.000	0.000	0.6
0.8	3.210	2.682	2.150	1.599	1.012	0.365	−0.368	−1.216	−1.691	−2.204	−2.759	−3.356	−3.999	−4.687	0.000	0.000	0.8
1	2.350	2.016	1.677	1.318	0.915	0.441	−0.136	−0.852	−1.273	−1.741	−2.259	−2.831	−3.460	−4.146	0.000	0.000	1
1.5	1.135	1.085	1.028	0.948	0.815	0.593	0.234	−0.313	−0.674	−0.102	−1.604	−2.185	−2.849	−3.599	0.000	0.000	1.5
2	0.510	0.603	0.691	0.756	0.769	0.687	0.454	−0.002	−0.337	−0.756	−1.270	−1.887	−2.613	−3.453	0.000	0.000	2
3	−0.033	0.156	0.343	0.522	0.669	0.741	0.667	0.345	0.052	−0.352	−0.886	−1.566	−2.405	−3.416	0.000	0.000	3
4	−0.179	−0.006	0.172	0.359	0.544	0.693	0.728	0.525	0.280	−0.096	−0.628	−1.345	−2.270	−3.420	0.000	0.000	4
5	−0.184	−0.057	0.078	0.235	0.419	0.605	0.721	0.624	0.429	0.092	−0.426	−1.162	−2.151	−3.421	0.000	0.000	5
6	−0.145	−0.066	0.024	0.144	0.310	0.512	0.684	0.678	0.532	0.236	−0.258	−1.004	−2.045	−3.419	0.000	0.000	6
7	−0.101	−0.060	−0.007	0.079	0.222	0.423	0.633	0.704	0.603	0.348	−0.120	−0.866	−1.949	−3.417	0.000	0.000	7
8	−0.064	−0.049	−0.023	0.034	0.152	0.345	0.578	0.711	0.652	0.437	−0.003	−0.744	−1.862	−3.416	0.000	0.000	8
9	−0.036	−0.037	−0.031	0.005	0.099	0.277	0.521	0.705	0.683	0.507	−0.097	−0.635	−1.781	−3.416	0.000	0.000	9
10	−0.017	−0.028	−0.032	−0.014	0.059	0.220	0.466	0.689	0.701	0.562	−0.183	−0.537	−1.707	−3.416	0.000	0.000	10
12	0.003	−0.013	−0.028	−0.030	0.008	0.130	0.365	0.642	0.709	0.638	0.322	−0.368	−1.574	−3.416	0.000	0.000	12
14	0.008	−0.005	−0.020	−0.031	−0.017	0.069	0.279	0.583	0.694	0.682	0.427	−0.227	−1.455	−3.416	0.000	0.000	14
16	0.008	−0.001	−0.012	−0.027	−0.028	0.027	0.207	0.521	0.665	0.704	0.507	−0.106	−1.348	−3.416	0.000	0.000	16
20	0.003	0.001	−0.003	−0.014	−0.029	−0.016	0.103	0.402	0.586	0.706	0.614	0.087	−1.162	−3.416	0.000	0.000	20
24	0.001	0.001	0.001	−0.006	−0.021	−0.029	0.039	0.299	0.500	0.675	0.673	0.234	−1.003	−3.416	0.000	0.000	24
28	0.000	0.001	0.001	−0.001	−0.013	−0.030	0.001	0.215	0.417	0.629	0.702	0.348	−0.865	−3.416	0.000	0.000	28
32	0.000	0.001	0.001	0.001	−0.007	−0.025	−0.019	0.149	0.342	0.576	0.710	0.437	−0.744	−3.416	0.000	0.000	32
40	0.000	0.000	0.000	0.001	0.000	−0.013	−0.031	0.059	0.219	0.466	0.689	0.562	−0.537	−3.416	0.000	0.000	40
48	0.000	0.000	0.000	0.001	0.001	−0.005	−0.027	0.009	0.139	0.365	0.642	0.638	−0.368	−3.416	0.000	0.000	48
56	0.000	0.000	0.000	0.001	0.001	−0.001	−0.019	−0.017	0.061	0.279	0.583	0.682	−0.227	−3.416	0.000	0.000	56

表　E-1（22）

荷载情况：底端水平力 H_0

支承条件：两端自由

符号规定：外壁受拉为正

竖向弯矩 $M_x = k_{M_x} H_0 H$

环向弯矩 $M_\theta = \dfrac{1}{6} M_x$

竖向弯矩系数 k_{M_x}（0.0H 为池顶，1.0H 为池底）

$\dfrac{H^2}{dh}$	0.0H	0.1H	0.2H	0.3H	0.4H	0.5H	0.6H	0.7H	0.75H	0.8H	0.85H	0.9H	0.95H	1.0H	$\dfrac{H^2}{dh}$
0.2	0.0000	-0.0089	-0.0318	-0.0627	-0.0955	-0.1245	-0.1435	-0.1466	-0.1403	-0.1278	-0.1082	-0.0809	-0.0451	0.0000	0.2
0.4	0.0000	-0.0088	-0.0313	-0.0616	-0.0942	-0.1229	-0.1420	-0.1455	-0.1394	-0.1271	-0.1078	-0.0807	-0.0450	0.0000	0.4
0.6	0.0000	-0.0085	-0.0304	-0.0600	-0.0919	-0.1204	-0.1396	-0.1436	-0.1379	-0.1260	-0.1071	-0.0804	-0.0449	0.0000	0.6
0.8	0.0000	-0.0081	-0.0291	-0.0578	-0.0889	-0.1171	-0.1364	-0.1411	-0.1359	-0.1245	-0.1062	-0.0799	-0.0448	0.0000	0.8
1	0.0000	-0.0077	-0.0277	-0.0552	-0.0853	-0.1130	-0.1325	-0.1380	-0.1334	-0.1227	-0.1050	-0.0793	-0.0447	0.0000	1
1.5	0.0000	-0.0064	-0.0233	-0.0472	-0.0744	-0.1005	-0.1206	-0.1286	-0.1258	-0.1171	-0.1014	-0.0775	-0.0442	0.0000	1.5
2	0.0000	-0.0050	-0.0185	-0.0385	-0.0623	-0.0867	-0.1073	-0.1180	-0.1172	-0.1107	-0.0973	-0.0755	-0.0436	0.0000	2
3	0.0000	-0.0025	-0.0100	-0.0227	-0.0401	-0.0608	-0.0817	-0.0971	-0.1001	-0.0980	-0.0891	-0.0713	-0.0424	0.0000	3
4	0.0000	-0.0008	-0.0043	-0.0116	-0.0239	-0.0411	-0.0613	-0.0798	-0.0856	-0.0870	-0.0818	-0.0675	-0.0413	0.0000	4
5	0.0000	0.0001	-0.0009	-0.0048	-0.0132	-0.0273	-0.0462	-0.0662	-0.0739	-0.0778	-0.0756	-0.0643	-0.0404	0.0000	5
6	0.0000	0.0005	0.0008	-0.0009	-0.0066	-0.0179	-0.0351	-0.0555	-0.0644	-0.0702	-0.0703	-0.0614	-0.0365	0.0000	6
7	0.0000	0.0006	0.0015	0.0011	-0.0026	-0.0115	-0.0268	-0.0468	-0.0566	-0.0637	-0.0657	-0.0589	-0.0388	0.0000	7
8	0.0000	0.0006	0.0017	0.0020	-0.0002	-0.0071	-0.0205	-0.0398	-0.0500	-0.0582	-0.0617	-0.0566	-0.0381	0.0000	8
9	0.0000	0.0005	0.0016	0.0022	0.0011	-0.0041	-0.0156	-0.0340	-0.0443	-0.0533	-0.0580	-0.0545	-0.0374	0.0000	9
10	0.0000	0.0004	0.0013	0.0022	0.0018	-0.0020	-0.0119	-0.0291	-0.0394	-0.0489	-0.0547	-0.0526	-0.0368	0.0000	10
12	0.0000	0.0002	0.0008	0.0017	0.0021	0.0004	-0.0066	-0.0215	-0.0315	-0.0416	-0.0490	-0.0492	-0.0357	0.0000	12
14	0.0000	0.0001	0.0004	0.0011	0.0019	0.0014	-0.0033	-0.0159	-0.0253	-0.0356	-0.0441	-0.0462	-0.0347	0.0000	14
16	0.0000	0.0000	0.0002	0.0007	0.0015	0.0018	-0.0013	-0.0177	-0.0205	-0.0307	-0.0400	-0.0435	-0.0338	0.0000	16
20	0.0000	0.0000	0.0000	0.0002	0.0008	0.0016	0.0007	-0.0062	-0.0135	-0.0231	-0.0331	-0.0389	-0.0321	0.0000	20
24	0.0000	0.0000	0.0000	0.0000	0.0004	0.0012	0.0014	-0.0030	-0.0088	-0.0175	-0.0278	-0.0351	-0.0307	0.0000	24
28	0.0000	0.0000	0.0000	-0.0001	0.0001	0.0008	0.0014	-0.0011	-0.0060	-0.0134	-0.0235	-0.0319	-0.0295	0.0000	28
32	0.0000	0.0000	0.0000	-0.0001	0.0000	0.0004	0.0013	-0.0001	-0.0035	-0.0103	-0.0199	-0.0291	-0.0283	0.0000	32
40	0.0000	0.0000	0.0000	0.0000	-0.0001	0.0001	0.0008	0.0009	-0.0001	-0.0059	-0.0146	-0.0245	-0.0263	0.0000	40
48	0.0000	0.0000	0.0000	0.0000	0.0000	0.0000	0.0004	0.0011	0.0002	-0.0033	-0.0107	-0.0208	-0.0246	0.0000	48
56	0.0000	0.0000	0.0000	0.0000	0.0000	0.0000	0.0002	0.0010	0.0007	-0.0017	-0.0080	-0.0178	-0.0231	0.0000	56

表 E-1 (23)

荷载情况:底端水平力 H_0

支承条件:两端自由

符号规定:环向力受拉为正,剪力向外为正

环向力 $N_\theta = k_{N_\theta} \dfrac{H}{h} H_0$

剪力 $V_x = k_{V_x} H_0$

$\dfrac{H^2}{dh}$	环向力系数 k_{N_θ}(0.0H 为池顶,1.0H 为池底)														剪力系数 k_{V_x}		$\dfrac{H^2}{dh}$
	0.0H	0.1H	0.2H	0.3H	0.4H	0.5H	0.6H	0.7H	0.75H	0.8H	0.85H	0.9H	0.95H	1.0H	顶端	底端	
0.2	−4.967	−3.481	−1.995	−0.507	0.983	2.478	3.979	5.486	6.243	7.001	7.760	8.521	9.282	10.044	0.000	1.000	0.2
0.4	−2.434	−1.713	−0.990	−0.265	0.467	1.207	1.958	2.723	3.110	3.501	3.895	4.291	4.689	5.088	0.000	1.000	0.4
0.6	−1.570	−1.112	−0.652	−0.188	0.285	0.770	1.272	1.793	2.062	2.335	2.612	2.893	3.177	3.463	0.000	1.000	0.6
0.8	−1.125	−0.804	−0.481	−0.152	0.187	0.543	0.920	1.323	1.534	1.752	1.975	2.203	2.435	2.669	0.000	1.000	0.8
1	−0.849	−0.614	−0.377	−0.133	0.124	0.400	0.703	1.036	1.215	1.402	1.595	1.795	1.999	2.206	0.000	1.000	1
1.5	−0.464	−0.351	−0.234	−0.110	0.031	0.199	0.401	0.645	0.784	0.934	1.094	1.262	1.438	1.617	0.000	1.000	1.5
2	−0.266	−0.215	−0.161	−0.098	−0.017	0.093	0.243	0.443	0.563	0.697	0.844	1.002	1.169	1.341	0.000	1.000	2
3	−0.082	−0.085	−0.086	−0.080	−0.057	−0.007	0.087	0.237	0.337	0.454	0.589	0.739	0.901	1.070	0.000	1.000	3
4	−0.015	−0.033	−0.049	−0.062	−0.063	−0.042	0.018	0.135	0.221	0.326	0.451	0.596	0.756	0.925	0.000	1.000	4
5	0.008	−0.011	−0.029	−0.046	−0.057	−0.052	−0.015	0.077	0.150	0.245	0.362	0.501	0.658	0.827	0.000	1.000	5
6	0.013	−0.002	−0.017	−0.033	−0.047	−0.052	−0.030	0.040	0.103	0.188	0.298	0.432	0.587	0.755	0.000	1.000	6
7	0.012	0.002	−0.009	−0.023	−0.038	−0.048	−0.038	0.016	0.070	0.147	0.249	0.378	0.531	0.699	0.000	1.000	7
8	0.010	0.003	−0.005	−0.015	−0.029	−0.042	−0.040	0.000	0.046	0.115	0.211	0.336	0.486	0.654	0.000	1.000	8
9	0.007	0.003	−0.002	−0.010	−0.022	−0.036	−0.041	−0.011	0.028	0.091	0.181	0.301	0.449	0.616	0.000	1.000	9
10	0.005	0.003	0.000	−0.006	−0.017	−0.031	−0.039	−0.018	0.015	0.071	0.156	0.272	0.418	0.584	0.000	1.000	10
12	0.002	0.002	0.001	−0.001	−0.009	−0.022	−0.034	−0.027	−0.003	0.042	0.117	0.226	0.368	0.534	0.000	1.000	12
14	0.000	0.001	0.001	0.001	−0.004	−0.015	−0.029	−0.030	−0.014	0.023	0.089	0.191	0.329	0.494	0.000	1.000	14
16	0.000	0.001	0.001	0.001	0.001	−0.010	−0.024	−0.030	−0.020	0.010	0.068	0.163	0.298	0.462	0.000	1.000	16
20	0.000	0.000	0.001	0.001	0.000	−0.004	−0.015	−0.027	−0.025	−0.006	0.039	0.123	0.250	0.413	0.000	1.000	20
24	0.000	0.000	0.000	0.000	0.000	−0.001	−0.009	−0.023	−0.025	−0.015	0.020	0.094	0.216	0.377	0.000	1.000	24
28	0.000	0.000	0.001	0.000	0.001	0.000	−0.005	−0.018	−0.023	−0.019	0.008	0.073	0.189	0.349	0.000	1.000	28
32	0.000	0.000	0.001	0.000	0.001	0.001	−0.003	−0.014	−0.021	−0.020	0.000	0.058	0.168	0.327	0.000	1.000	32
40	0.000	0.000	0.000	0.000	0.000	0.001	0.000	−0.008	−0.015	−0.020	−0.009	0.036	0.136	0.292	0.000	1.000	40
48	0.000	0.000	0.000	0.000	0.000	0.000	0.001	−0.004	−0.011	−0.017	−0.013	0.021	0.113	0.267	0.000	1.000	48
56	0.000	0.000	0.000	0.000	0.000	0.000	0.001	−0.002	−0.017	−0.014	−0.015	0.012	0.095	0.247	0.000	1.000	56

表 **E-1**(24)

荷载情况：底端力矩 M_0　　竖向弯矩 $M_x = k_{M_x} M_0$

支承条件：底端铰支，顶自由

符号规定：外壁受拉为正　　环向弯矩 $M_\theta = \dfrac{1}{6} M_x$

竖向弯矩系数 k_{M_x} （0.0H 为池顶,1.0H 为池底）

$\dfrac{H^2}{dh}$	0.0H	0.1H	0.2H	0.3H	0.4H	0.5H	0.6H	0.7H	0.75H	0.8H	0.85H	0.9H	0.95H	1.0H	$\dfrac{H^2}{dh}$
0.2	0.000	0.014	0.055	0.119	0.205	0.309	0.428	0.560	0.629	0.701	0.774	0.849	0.924	1.000	0.2
0.4	0.000	0.013	0.052	0.113	0.196	0.298	0.416	0.548	0.619	0.692	0.767	0.844	0.922	1.000	0.4
0.6	0.000	0.012	0.047	0.104	0.182	0.280	0.397	0.530	0.603	0.678	0.756	0.836	0.918	1.000	0.6
0.8	0.000	0.010	0.040	0.091	0.164	0.258	0.373	0.507	0.582	0.660	0.741	0.826	0.912	1.000	0.8
1	0.000	0.008	0.033	0.078	0.143	0.232	0.345	0.481	0.557	0.639	0.725	0.814	0.906	1.000	1
1.5	0.000	0.003	0.014	0.041	0.089	0.163	0.269	0.408	0.490	0.580	0.677	0.781	0.889	1.000	1.5
2	0.000	-0.002	-0.002	0.009	0.040	0.100	0.197	0.337	0.424	0.522	0.630	0.748	0.872	1.000	2
3	0.000	-0.007	-0.021	-0.031	0.024	0.011	0.090	0.225	0.317	0.426	0.550	0.690	0.842	1.000	3
4	0.000	-0.008	-0.026	-0.045	-0.053	-0.036	0.025	0.148	0.240	0.353	0.488	0.644	0.817	1.000	4
5	0.000	-0.007	-0.024	-0.044	-0.060	-0.057	-0.015	0.094	0.182	0.296	0.438	0.606	0.796	1.000	5
6	0.000	-0.005	-0.019	-0.038	-0.058	-0.065	-0.039	0.054	0.137	0.249	0.394	0.572	0.777	1.000	6
7	0.000	-0.003	-0.013	-0.030	-0.051	-0.066	-0.053	0.024	0.101	0.210	0.357	0.541	0.760	1.000	7
8	0.000	0.002	-0.008	-0.023	-0.043	-0.063	-0.061	0.001	0.071	0.176	0.323	0.514	0.744	1.000	8
9	0.000	0.000	-0.005	-0.016	-0.035	-0.058	-0.065	-0.017	0.046	0.147	0.293	0.488	0.729	1.000	9
10	0.000	0.000	-0.002	-0.001	-0.028	-0.052	-0.067	-0.031	0.025	0.122	0.266	0.465	0.715	1.000	10
12	0.000	0.001	0.001	-0.003	-0.016	-0.041	-0.065	-0.050	-0.006	0.080	0.219	0.423	0.689	1.000	12
14	0.000	0.001	0.002	0.001	-0.008	-0.030	-0.058	-0.061	-0.028	0.047	0.180	0.386	0.666	1.000	14
16	0.000	0.001	0.002	0.002	-0.003	-0.021	-0.051	-0.066	-0.043	0.021	0.147	0.353	0.644	1.000	16
20	0.000	0.000	0.001	0.003	0.002	-0.009	-0.036	-0.066	-0.060	-0.016	0.094	0.296	0.606	1.000	20
24	0.000	0.000	0.000	0.002	0.003	-0.002	-0.024	-0.060	-0.066	-0.039	0.054	0.250	0.572	1.000	24
28	0.000	0.000	0.000	0.001	0.003	0.001	-0.014	-0.052	-0.067	-0.053	0.024	0.210	0.541	1.000	28
32	0.000	0.000	0.000	0.000	0.001	0.003	-0.008	-0.043	-0.063	-0.061	0.001	0.176	0.514	1.000	32
40	0.000	0.000	0.000	0.000	0.000	0.003	0.000	-0.028	-0.053	-0.067	-0.031	0.122	0.465	1.000	40
48	0.000	0.000	0.000	0.000	0.000	0.001	0.002	-0.016	-0.041	-0.065	-0.050	0.080	0.423	1.000	48
56	0.000	0.000	0.000	0.000	0.000	0.001	0.003	-0.008	-0.030	-0.059	-0.061	0.047	0.386	1.000	56

表 E-1（25）

荷载情况：底端力矩 M_0
支承条件：底铰支，顶自由
符号规定：环向力受拉为正，剪力向外为正

$$环向力\ N_\theta = k_{N_\theta}\frac{M_0}{h}$$

$$剪力\ V_x = k_{V_x}\frac{M_0}{H}$$

$\dfrac{H^2}{dh}$	环向力系数 k_θ（0.0H 为池顶，1.0H 为池底）														剪力系数 k_{V_x}		$\dfrac{H^2}{dh}$
	0.0H	0.1H	0.2H	0.3H	0.4H	0.5H	0.6H	0.7H	0.75H	0.8H	0.85H	0.9H	0.95H	1.0H	顶端	底端	
0.2	7.318	6.633	5.946	5.257	4.562	3.858	3.139	2.400	2.021	1.635	1.241	0.837	0.424	0.000	0.000	1.518	0.2
0.4	3.396	3.146	2.895	2.638	2.371	2.085	1.772	1.419	1.225	1.016	0.790	0.547	0.284	0.000	0.000	1.569	0.4
0.6	1.991	1.920	1.847	1.767	1.673	1.552	1.392	1.177	1.043	0.887	0.708	0.502	0.267	0.000	0.000	1.651	0.6
0.8	1.235	1.271	1.305	1.331	1.340	1.318	1.248	1.107	1.003	0.872	0.710	0.513	0.278	0.000	0.000	1.756	0.8
1	0.754	0.863	0.969	1.068	1.148	1.194	1.185	1.095	1.011	0.893	0.739	0.542	0.297	0.000	0.000	1.879	1
1.5	0.102	0.305	0.507	0.704	0.885	1.035	1.127	1.123	1.071	0.976	0.830	0.625	0.351	0.000	0.000	2.226	1.5
2	−0.175	0.050	0.276	0.503	0.724	0.926	1.079	1.139	1.114	1.040	0.904	0.695	0.398	0.000	0.000	2.576	2
3	−0.294	−0.115	0.069	0.267	0.486	0.720	0.944	1.101	1.127	1.097	0.993	0.792	0.469	0.000	0.000	3.192	3
4	−0.234	−0.126	−0.011	0.129	0.310	0.537	0.795	1.024	1.095	1.109	1.041	0.858	0.524	0.000	0.000	3.698	4
5	−0.152	−0.101	−0.042	0.045	0.183	0.391	0.661	0.941	1.049	1.103	1.070	0.909	0.571	0.000	0.000	4.135	5
6	−0.086	−0.073	−0.052	−0.005	0.096	0.277	0.546	0.861	0.999	1.088	1.089	0.951	0.612	0.000	0.000	4.528	6
7	−0.042	−0.050	−0.052	−0.032	0.038	0.191	0.449	0.784	0.949	1.066	1.098	0.984	0.648	0.000	0.000	4.890	7
8	−0.014	−0.033	−0.047	−0.045	0.000	0.126	0.366	0.712	0.893	1.039	1.101	1.011	0.680	0.000	0.000	5.227	8
9	0.002	−0.020	−0.040	−0.050	−0.024	0.076	0.296	0.644	0.840	1.009	1.099	1.033	0.709	0.000	0.000	5.544	9
10	0.010	−0.012	−0.033	−0.048	−0.038	0.039	0.237	0.582	0.788	0.977	1.093	1.051	0.735	0.000	0.000	5.844	10
12	0.013	−0.002	−0.019	−0.039	−0.048	−0.009	0.145	0.470	0.689	0.910	1.071	1.076	0.780	0.000	0.000	6.402	12
14	0.009	0.002	−0.010	−0.028	−0.046	−0.034	0.079	0.376	0.599	0.842	1.042	1.091	0.819	0.000	0.000	6.915	14
16	0.006	0.003	−0.003	−0.018	−0.039	−0.045	0.033	0.297	0.518	0.775	1.009	1.099	0.853	0.000	0.000	7.393	16
20	0.001	0.002	0.002	−0.005	−0.023	−0.046	−0.021	0.176	0.381	0.652	0.935	1.099	0.907	0.000	0.000	8.265	20
24	0.000	0.001	0.002	0.000	−0.011	−0.036	−0.042	0.093	0.273	0.513	0.859	1.087	0.950	0.000	0.000	9.054	24
28	0.000	0.000	0.001	0.002	−0.004	−0.025	−0.048	0.037	0.190	0.448	0.784	1.065	0.984	0.000	0.000	9.779	28
32	0.000	0.000	0.001	0.002	0.000	−0.016	−0.045	0.001	0.126	0.366	0.712	1.039	1.011	0.000	0.000	10.454	32
40	0.000	0.000	0.000	0.001	0.002	−0.004	−0.032	−0.037	0.040	0.237	0.582	0.977	1.050	0.000	0.000	11.688	40
48	0.000	0.000	0.000	0.000	0.002	−0.001	−0.019	−0.047	−0.008	0.145	0.470	0.910	1.076	0.000	0.000	12.804	48
56	0.000	0.000	0.000	0.000	0.001	−0.002	−0.009	−0.046	−0.033	0.079	0.376	0.812	1.091	0.000	0.000	13.830	56

表　**E-1**(26)

荷载情况：顶端力矩 M_0
支承条件：底固定，顶自由
符号规定：外壁受拉为正

竖向弯矩 $M_x = k_{M_x} M_0$

环向弯矩 $M_\theta = \dfrac{1}{6} M_x$

竖向弯矩系数 k_{M_x}（$0.0H$ 为池顶，$1.0H$ 为池底）

$\dfrac{H^2}{dh}$	$0.0H$	$0.1H$	$0.2H$	$0.3H$	$0.4H$	$0.5H$	$0.6H$	$0.7H$	$0.75H$	$0.8H$	$0.85H$	$0.9H$	$0.95H$	$1.0H$	$\dfrac{H^2}{dh}$
0.2	1.000	0.996	0.986	0.970	0.950	0.928	0.903	0.878	0.865	0.851	0.838	0.825	0.811	0.798	0.2
0.4	1.000	0.989	0.958	0.912	0.855	0.791	0.721	0.648	0.611	0.573	0.536	0.498	0.460	0.423	0.4
0.6	1.000	0.981	0.932	0.860	0.772	0.673	0.568	0.459	0.404	0.348	0.292	0.237	0.181	0.125	0.6
0.8	1.000	0.975	0.911	0.819	0.709	0.588	0.462	0.332	0.267	0.201	0.136	0.070	0.005	-0.061	0.8
1	1.000	0.970	0.893	0.786	0.661	0.526	0.387	0.248	0.178	0.109	0.040	-0.029	-0.098	-0.167	1
1.5	1.000	0.957	0.853	0.717	0.567	0.416	0.270	0.131	0.064	-0.002	-0.066	-0.131	-0.194	-0.258	1.5
2	1.000	0.945	0.815	0.653	0.487	0.332	0.193	0.069	0.013	-0.042	-0.094	-0.146	-0.197	-0.248	2
3	1.000	0.919	0.741	0.539	0.354	0.202	0.087	0.003	-0.031	-0.061	-0.087	-0.113	-0.137	-0.161	3
4	1.000	0.894	0.676	0.445	0.251	0.111	0.022	-0.029	-0.045	-0.057	-0.065	-0.072	-0.078	-0.084	4
5	1.000	0.872	0.619	0.368	0.176	0.051	-0.015	-0.043	-0.047	-0.047	-0.046	-0.043	-0.030	-0.035	5
6	1.000	0.850	0.568	0.305	0.119	0.013	-0.034	-0.045	-0.043	-0.038	-0.031	-0.024	-0.016	-0.008	6
7	1.000	0.829	0.522	0.253	0.077	-0.012	-0.043	-0.042	-0.036	-0.030	-0.020	-0.012	-0.003	0.005	7
8	1.000	0.810	0.480	0.209	0.045	-0.027	-0.045	-0.037	-0.029	-0.021	-0.013	-0.005	0.003	0.011	8
9	1.000	0.791	0.442	0.171	0.021	-0.037	-0.043	-0.030	-0.022	-0.015	-0.007	-0.001	0.005	0.012	9
10	1.000	0.772	0.408	0.139	0.002	-0.041	-0.040	-0.024	-0.017	-0.010	-0.004	0.001	0.006	0.010	10
12	1.000	0.738	0.346	0.087	-0.022	-0.043	-0.031	-0.014	-0.008	-0.003	0.000	0.003	0.005	0.007	12
14	1.000	0.705	0.293	0.049	-0.035	-0.040	-0.022	-0.007	-0.003	0.000	0.002	0.002	0.003	0.003	14
16	1.000	0.675	0.248	0.021	-0.042	-0.034	-0.015	-0.003	0.000	0.002	0.002	0.002	0.001	0.001	16
20	1.000	0.618	0.175	-0.015	-0.042	-0.022	-0.005	0.001	0.002	0.002	0.001	0.001	0.000	0.000	20
24	1.000	0.568	0.120	-0.033	-0.036	-0.013	0.000	0.002	0.002	0.001	0.000	0.000	0.000	-0.001	24
28	1.000	0.522	0.078	-0.041	-0.028	-0.006	0.001	0.002	0.001	0.001	0.000	0.000	0.000	0.000	28
32	1.000	0.480	0.046	-0.043	-0.021	-0.002	0.002	0.001	0.001	0.000	0.000	0.000	0.000	0.000	32
40	1.000	0.408	0.003	-0.039	-0.010	0.001	0.001	0.000	0.000	0.000	0.000	0.000	0.000	0.000	40
48	1.000	0.346	-0.022	-0.030	-0.003	0.002	0.000	0.000	0.000	0.000	0.000	0.000	0.000	0.000	48
56	1.000	0.293	-0.035	-0.022	0.000	0.000	0.000	0.000	0.000	0.000	0.000	0.000	0.000	0.000	56

表 E-1(27)

荷载情况：顶端力矩 M_0

支承条件：底端固定，顶自由

符号规定：环向力受拉为正，剪力向外为正

$$N_\theta = k_{N_\theta}\frac{M_0}{h}$$

$$V_x = k_{V_x}\frac{M_0}{H}$$

$\frac{H^2}{dh}$	环向力系数 k_{N_θ} (0.0H 为池顶,1.0H 为池底) 0.0H	0.1H	0.2H	0.3H	0.4H	0.5H	0.6H	0.7H	0.75H	0.8H	0.85H	0.9H	0.95H	1.0H	剪力系数 k_{V_x} 顶端	底端	$\frac{H^2}{dh}$
0.2	-2.060	-1.654	-1.295	-0.982	-0.715	-0.491	-0.311	-0.173	-0.120	-0.076	-0.043	-0.019	-0.005	0.000	0.000	-0.268	0.2
0.4	-3.066	-2.427	-1.851	-1.364	-0.962	-0.639	-0.391	-0.209	-0.142	-0.088	-0.048	-0.021	-0.005	0.000	0.000	-0.755	0.4
0.6	-3.389	-2.562	-1.873	-1.314	-0.875	-0.544	-0.307	-0.149	-0.095	-0.056	-0.028	-0.011	-0.003	0.000	0.000	-1.117	0.6
0.8	-3.409	-2.466	-1.705	-1.113	-0.674	-0.367	-0.170	-0.059	-0.028	-0.010	-0.001	0.002	0.001	0.000	0.000	-1.309	0.8
1	-3.368	-2.322	-1.502	-0.889	-0.460	-0.184	-0.032	0.031	0.038	0.035	0.026	0.014	0.004	0.000	0.000	-1.379	1
1.5	-3.300	-2.018	-1.069	-0.417	-0.017	0.186	0.243	0.205	0.166	0.121	0.077	0.038	0.010	0.000	0.000	-1.277	1.5
2	-3.309	-1.817	-0.764	-0.089	0.281	0.422	0.409	0.305	0.237	0.168	0.103	0.050	0.013	0.000	0.000	-1.019	2
3	-3.371	-1.550	-0.366	0.300	0.587	0.625	0.520	0.351	0.263	0.180	0.108	0.051	0.013	0.000	0.000	-0.484	3
4	-3.404	-1.341	-0.104	0.502	0.690	0.639	0.480	0.298	0.215	0.142	0.082	0.037	0.010	0.000	0.000	-0.118	4
5	-3.414	-1.161	0.087	0.612	0.702	0.580	0.393	0.219	0.150	0.093	0.051	0.022	0.005	0.000	0.000	0.077	5
6	-3.416	-1.004	0.233	0.672	0.674	0.499	0.300	0.145	0.091	0.051	0.025	0.009	0.002	0.000	0.000	0.156	6
7	-3.416	-0.866	0.347	0.700	0.628	0.417	0.219	0.086	0.045	0.020	0.006	0.000	-0.001	0.000	0.000	0.171	7
8	-3.415	-0.744	0.436	0.709	0.575	0.342	0.152	0.042	0.014	-0.001	-0.006	-0.005	-0.002	0.000	0.000	0.153	8
9	-3.415	-0.635	0.506	0.703	0.520	0.276	0.100	0.012	-0.007	-0.014	-0.013	-0.008	-0.002	0.000	0.000	0.122	9
10	-3.415	-0.538	0.561	0.689	0.466	0.219	0.060	-0.008	-0.009	-0.020	-0.016	-0.009	-0.003	0.000	0.000	0.090	10
12	-3.416	-0.368	0.638	0.641	0.365	0.130	0.009	-0.027	-0.027	-0.022	-0.015	-0.007	-0.002	0.000	0.000	0.038	12
14	-3.416	-0.227	0.682	0.583	0.279	0.069	-0.017	-0.030	-0.025	-0.018	-0.011	-0.005	-0.001	0.000	0.000	0.006	14
16	-3.416	-0.106	0.704	0.521	0.207	0.027	-0.028	-0.026	-0.019	-0.012	-0.006	-0.002	0.000	0.000	0.000	-0.006	16
20	-3.416	0.087	0.705	0.402	0.103	-0.016	-0.029	-0.014	-0.008	-0.003	-0.001	0.000	0.000	0.000	0.000	-0.003	20
24	-3.416	0.234	0.675	0.299	0.039	-0.029	-0.021	-0.006	-0.002	0.000	-0.001	0.000	-0.001	0.000	0.000	0.000	24
28	-3.416	0.348	0.629	0.215	0.001	-0.030	-0.013	-0.001	-0.001	0.000	-0.001	0.000	0.000	0.000	0.000	0.000	28
32	-3.416	0.437	0.576	0.149	-0.019	-0.025	-0.006	0.001	0.000	0.000	0.000	0.000	0.000	0.000	0.000	0.000	32
40	-3.416	0.562	0.466	0.059	-0.031	-0.013	0.000	0.000	0.000	0.000	0.000	0.000	0.000	0.000	0.000	0.000	40
48	-3.416	0.638	0.365	0.009	-0.027	-0.005	0.000	0.000	0.000	0.000	0.000	0.000	0.000	0.000	0.000	0.000	48
56	-3.416	0.682	0.279	-0.017	-0.019	0.000	0.000	0.000	0.000	0.000	0.000	0.000	0.000	0.000	0.000	0.000	56

表 E-1(28)

荷载情况：顶端水平力 H_0
支承条件：底固定，顶自由
符号规定：外壁受拉为正

竖向弯矩 $M_x = k_{M_x} H_0 H$

环向弯矩 $M_\theta = \dfrac{1}{6} M_x$

竖向弯矩系数 k_{M_x}（0.0H 为池顶，1.0H 为池底）

$\dfrac{H^2}{dh}$	0.0H	0.1H	0.2H	0.3H	0.4H	0.5H	0.6H	0.7H	0.75H	0.8H	0.85H	0.9H	0.95H	1.0H
0.2	0.0000	−0.0974	−0.1902	−0.2792	−0.3652	−0.4488	−0.5308	−0.6116	−0.6518	−0.6918	−0.7317	−0.7716	−0.8115	−0.8514
0.4	0.0000	−0.0925	−0.1717	−0.2400	−0.2996	−0.3526	−0.4009	−0.4461	−0.4679	−0.4894	−0.5108	−0.5320	−0.5531	−0.5743
0.6	0.0000	−0.0884	−0.1561	−0.2071	−0.2451	−0.2732	−0.2943	−0.3110	−0.3182	−0.3251	−0.3316	−0.3379	−0.3442	−0.3504
0.8	0.0000	−0.0854	−0.1451	−0.1842	−0.2076	−0.2193	−0.2230	−0.2215	−0.2196	−0.2172	−0.2144	−0.2115	−0.2085	−0.2055
1	0.0000	−0.0832	−0.1372	−0.1682	−0.1820	−0.1833	−0.1763	−0.1640	−0.1567	−0.1489	−0.1408	−0.1325	−0.1242	−0.1158
1.5	0.0000	−0.0794	−0.1240	−0.1427	−0.1432	−0.1315	−0.1125	−0.0894	−0.0771	−0.0644	−0.0516	−0.0387	−0.0258	−0.0129
2	0.0000	−0.0765	−0.1145	−0.1254	−0.1189	−0.1020	−0.0798	−0.0542	−0.0429	−0.0304	−0.0180	−0.0055	0.0069	0.0193
3	0.0000	−0.0717	−0.0993	−0.0997	−0.0854	−0.0652	−0.0440	−0.0242	−0.0150	−0.0062	0.0022	0.0104	0.0185	0.0266
4	0.0000	−0.0677	−0.0875	−0.0808	−0.0627	−0.0424	−0.0244	−0.0102	−0.0043	0.0008	0.0056	0.0100	0.0142	0.0184
5	0.0000	−0.0643	−0.0781	−0.0666	−0.0467	−0.0276	−0.0130	−0.0032	0.0003	0.0030	0.0052	0.0072	0.0092	0.0107
6	0.0000	−0.0615	−0.0703	−0.0556	−0.0353	−0.0179	−0.0062	0.0003	0.0022	0.0034	0.0042	0.0047	0.0052	0.0056
7	0.0000	−0.0589	−0.0638	−0.0469	−0.0269	−0.0114	−0.0023	0.0019	0.0028	0.0031	0.0032	0.0030	0.0027	0.0025
8	0.0000	−0.0566	−0.0582	−0.0399	−0.0205	−0.0070	0.0000	0.0025	0.0028	0.0027	0.0023	0.0018	0.0013	0.0008
9	0.0000	−0.0545	−0.0533	−0.0340	−0.0156	−0.0040	0.0013	0.0026	0.0025	0.0021	0.0016	0.0011	0.0005	−0.0001
10	0.0000	−0.0526	−0.0489	−0.0291	−0.0119	−0.0020	0.0019	0.0024	0.0021	0.0016	0.0011	0.0006	0.0000	−0.0005
12	0.0000	−0.0492	−0.0416	−0.0215	−0.0066	0.0004	0.0022	0.0018	0.0013	0.0009	0.0005	0.0001	−0.0002	−0.0006
14	0.0000	−0.0462	−0.0356	−0.0159	−0.0033	0.0014	0.0019	0.0012	0.0007	0.0004	0.0001	0.0000	−0.0002	−0.0004
16	0.0000	−0.0435	−0.0307	−0.0117	−0.0013	0.0018	0.0015	0.0007	0.0004	0.0001	0.0000	−0.0001	−0.0002	−0.0002
20	0.0000	−0.0389	−0.0231	−0.0062	0.0007	0.0016	0.0008	0.0002	0.0000	−0.0001	−0.0001	0.0000	0.0000	0.0000
24	0.0000	−0.0354	−0.0175	−0.0030	0.0014	0.0012	0.0004	0.0000	−0.0001	−0.0001	0.0000	0.0000	0.0000	0.0000
28	0.0000	−0.0319	−0.0134	−0.0011	0.0014	0.0008	0.0001	−0.0001	0.0000	0.0000	0.0000	0.0000	0.0000	0.0000
32	0.0000	−0.0291	−0.0103	0.0000	0.0013	0.0004	0.0000	−0.0001	−0.0001	0.0000	0.0000	0.0000	0.0000	0.0000
40	0.0000	−0.0245	−0.0059	0.0009	0.0008	0.0001	0.0000	0.0000	0.0000	0.0000	0.0000	0.0000	0.0000	0.0000
48	0.0000	−0.0208	−0.0033	0.0011	0.0004	0.0000	0.0000	0.0000	0.0000	0.0000	0.0000	0.0000	0.0000	0.0000
56	0.0000	−0.0178	−0.0017	0.0010	0.0002	0.0000	0.0000	0.0000	0.0000	0.0000	0.0000	0.0000	0.0000	0.0000

表 E-1（29）

荷载情况：顶端水平力 H_0

支承条件：底固定，顶自由

符号规定：环向力受拉为正，剪力向外为正

环向力 $N_\theta = k_{N_\theta} \dfrac{H}{h} H_0$

剪力 $V_x = k_{V_x} H_0$

$\dfrac{H^2}{dh}$	环向力系数 k_{N_θ}（0.0H 为池顶，1.0H 为池底）														剪力系数 k_{V_x}		$\dfrac{H^2}{dh}$
	0.0H	0.1H	0.2H	0.3H	0.4H	0.5H	0.6H	0.7H	0.75H	0.8H	0.85H	0.9H	0.95H	1.0H	顶端	底端	
0.2	1.357	1.152	0.951	0.760	0.581	0.419	0.278	0.162	0.114	0.075	0.043	0.019	0.005	0.000	1.000	-0.798	0.2
0.4	1.973	1.665	1.365	1.082	0.820	0.587	0.386	0.223	0.157	0.102	0.058	0.026	0.007	0.000	1.000	-0.423	0.4
0.6	2.053	1.716	1.392	1.089	0.815	0.575	0.373	0.213	0.149	0.096	0.054	0.024	0.006	0.000	1.000	-0.125	0.6
0.8	1.941	1.603	1.281	0.985	0.723	0.500	0.318	0.178	0.123	0.078	0.044	0.019	0.005	0.000	1.000	0.061	0.8
1	1.792	1.459	1.164	0.862	0.618	0.416	0.257	0.139	0.095	0.059	0.033	0.014	0.003	0.000	1.000	0.167	1
1.5	1.483	1.158	0.860	0.604	0.399	0.242	0.132	0.061	0.038	0.021	0.010	0.004	0.001	0.000	1.000	0.258	1.5
2	1.285	0.961	0.671	0.433	0.254	0.129	0.052	0.012	0.002	-0.003	-0.004	-0.003	-0.001	0.000	1.000	0.248	2
3	1.056	0.729	0.449	0.238	0.095	0.012	-0.048	-0.032	-0.022	-0.024	-0.015	-0.007	-0.002	0.000	1.000	0.161	3
4	0.920	0.593	0.325	0.136	0.023	0.033	-0.048	-0.041	-0.033	-0.024	-0.015	-0.007	-0.002	0.000	1.000	0.084	4
5	0.825	0.500	0.244	0.078	-0.012	-0.047	-0.050	-0.037	-0.028	-0.019	-0.012	-0.006	-0.001	0.000	1.000	0.035	5
6	0.754	0.431	0.188	0.041	-0.029	-0.049	-0.044	-0.029	-0.021	-0.014	-0.008	-0.004	-0.001	0.000	1.000	0.008	6
7	0.698	0.378	0.147	0.017	-0.037	-0.046	-0.036	-0.021	-0.015	-0.009	-0.005	-0.002	-0.001	0.000	1.000	-0.005	7
8	0.653	0.336	0.115	0.000	-0.040	-0.041	-0.028	-0.015	-0.009	-0.005	-0.003	-0.001	0.000	0.000	1.000	-0.011	8
9	0.616	0.301	0.091	-0.011	-0.040	-0.036	-0.022	-0.010	-0.006	-0.003	-0.001	0.000	0.000	0.000	1.000	-0.012	9
10	0.584	0.272	0.071	-0.018	-0.039	-0.031	-0.016	-0.006	-0.003	-0.001	-0.001	0.000	0.000	0.000	1.000	-0.010	10
12	0.534	0.226	0.042	-0.027	-0.034	-0.022	-0.009	-0.002	0.000	0.001	0.001	0.000	0.000	0.000	1.000	-0.007	12
14	0.494	0.191	0.023	-0.030	-0.029	-0.015	-0.004	0.000	0.001	0.001	0.001	0.000	0.000	0.000	1.000	-0.003	14
16	0.462	0.163	0.010	-0.030	-0.024	-0.010	-0.001	0.001	0.001	0.001	0.001	0.000	0.000	0.000	1.000	-0.001	16
20	0.415	0.012	-0.006	-0.027	-0.015	-0.004	0.001	0.001	0.001	0.001	0.000	0.000	0.000	0.000	1.000	0.000	20
24	0.377	0.043	-0.015	-0.023	-0.009	-0.001	0.001	0.001	0.000	0.000	0.000	0.000	0.000	0.000	1.000	0.000	24
28	0.349	0.073	-0.019	-0.018	-0.005	0.000	0.001	0.000	0.000	0.000	0.000	0.000	0.000	0.000	1.000	0.000	28
32	0.327	0.058	-0.020	-0.014	-0.003	0.001	0.001	0.000	0.001	0.000	0.000	0.000	0.000	0.000	1.000	0.000	32
40	0.292	0.036	-0.020	-0.008	0.000	0.001	0.000	0.000	0.001	0.000	0.000	0.000	0.000	0.000	1.000	0.000	40
48	0.267	0.021	-0.017	-0.004	0.001	0.000	0.000	0.000	0.000	0.000	0.000	0.000	0.000	0.000	1.000	0.000	48
56	0.247	0.012	-0.014	-0.002	0.001	0.000	0.000	0.000	0.000	0.000	0.000	0.000	0.000	0.000	1.000	0.000	56

表 E-1（30）　　池壁刚度系数 $k_{M\beta}$

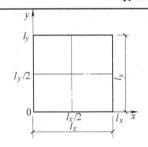

$$i = M_{F\beta} = k_{M\beta}\frac{Eh^3}{H}$$

式中　$M_{F\beta}$——使固定端产生单位转角（$\beta = 1$）所需要
的弯矩

$\dfrac{H^2}{dh}$	$k_{M\beta}$	
	顶自由、底固定	两端固定
0.2	0.0465	0.3444
0.4	0.1353	0.3489
0.6	0.2112	0.3562
0.8	0.2663	0.3661
1	0.3072	0.3782
1.5	0.3812	0.4158
2	0.4404	0.4597
3	0.5431	0.5504
4	0.6311	0.6342
5	0.7075	0.7090
6	0.7758	0.7765
7	0.8382	0.8386
8	0.8961	0.8963
9	0.9504	0.9506
10	1.002	1.002
12	1.098	1.098
14	1.185	1.185
16	1.267	1.267
20	1.417	1.417
24	1.552	1.552
28	1.676	1.676
32	1.792	1.792
40	2.004	2.004
48	2.195	2.195
56	2.371	2.371

二、双向受力壁板壁面温差作用下的弯矩系数（表 E-2）

表 E-2　双向受力壁板壁面温差作用下的弯矩系数

$$M_x^T = k_x^T \alpha_T \Delta T E h^2 \eta_{\text{rel}}$$
$$M_y^T = k_y^T \alpha_T \Delta T E h^2 \eta_{\text{rel}}$$

边界条件	l_x/l_y	$x=0,\ y=\dfrac{l_y}{2}$		$x=\dfrac{l_x}{2},\ y=\dfrac{l_y}{2}$		$x=\dfrac{l_x}{2},\ y=0$		$x=\dfrac{l_x}{2},\ y=l_y$	
		k_x^T	k_y^T	k_x^T	k_y^T	k_x^T	k_y^T	k_x^T	k_y^T
四边铰支	0.50	0	0.0833	0.0742	0.0092	0.0833	0	0.0833	0
	0.75	0	0.0833	0.0578	0.0256	0.0833	0	0.0833	0
	1.00	0	0.0833	0.0417	0.0417	0.0833	0	0.0833	0
	1.25	0	0.0833	0.0291	0.0543	0.0833	0	0.0833	0
	1.50	0	0.0833	0.0199	0.0635	0.0833	0	0.0833	0
	1.75	0	0.0833	0.0136	0.0698	0.0833	0	0.0833	0
	2.00	0	0.0833	0.0092	0.0742	0.0833	0	0.0833	0

（续）

边界条件	l_x/l_y 计算截面 弯矩系数	$x=0$, $y=\dfrac{l_y}{2}$		$x=\dfrac{l_x}{2}$, $y=\dfrac{l_y}{2}$		$x=\dfrac{l_x}{2}$, $y=0$		$x=\dfrac{l_x}{2}$, $y=l_y$	
		k_x^T	k_y^T	k_x^T	k_y^T	k_x^T	k_y^T	k_x^T	k_y^T
三边固定、顶边铰支	0.50	0.1045	0.0987	0.0973	0.0998	0.0972	0.1000	0.0833	0
	0.75	0.1139	0.0999	0.0926	0.1003	0.0982	0.1021	0.0833	0
	1.00	0.1233	0.1008	0.0885	0.0961	0.0981	0.1094	0.0833	0
	1.25	0.1288	0.1011	0.0869	0.0917	0.0993	0.1175	0.0833	0
	1.50	0.1344	0.1016	0.0853	0.0873	0.1008	0.1286	0.0833	0
	1.75	0.1329	0.1013	0.0877	0.0829	0.1014	0.1344	0.0833	0
	2.00	0.1324	0.1008	0.0901	0.0784	0.1019	0.1402	0.0833	0
三边固定、顶边自由	0.50	0.1018	0.0983	0.0948	0.0974	0.0973	0.0975	0.0955	0
	0.75	0.1057	0.0980	0.0925	0.0913	0.0973	0.1004	0.0993	0
	1.00	0.1085	0.0968	0.0919	0.0851	0.0974	0.1050	0.1028	0
	1.25	0.1072	0.0957	0.0931	0.0768	0.0979	0.1085	0.1057	0
	1.50	0.1006	0.0965	0.0951	0.0696	0.0983	0.1091	0.1083	0
	1.75	0.0997	0.0943	0.0969	0.0633	0.0975	0.1013	0.1111	0
	2.00	0.0981	0.0933	0.0985	0.0570	0.0963	0.0957	0.1118	0
	2.25	0.0939	0.0908	0.0988	0.0503	0.0950	0.0861	0.1119	0
	2.50	0.0921	0.0908	0.0986	0.0460	0.0934	0.0755	0.1114	0
	2.75	0.0918	0.0902	0.0977	0.0409	0.0918	0.0649	0.1098	0
	3.00	0.0882	0.0888	0.0965	0.0361	0.0903	0.0551	0.1079	0

三、四边支承双向板的边缘刚度系数及弯矩传递系数（表 E-3）

表 E-3　四边支承双向板的边缘刚度系数及弯矩传递系数

边缘刚度：$K = k\dfrac{D}{l}$ 　　　　　传递系数：μ——对边传递系数；

$D = \dfrac{Eh^3}{12(1-\nu^2)}$ 　　　　　μ'——邻边传递系数。

k——边缘刚度系数；　　　　━━━━━　固定边

l——板的短边长。　　　　　━ ━ ━ ━　铰支边

序号		1			2		3		
$\dfrac{l_x}{l_y}$	$\dfrac{l_y}{l_x}$								
		k	μ	μ'	k	μ'	k	μ	μ'
∞		~6.50	0	0	3.00	~0.380	~6.60	0	0
2.0		6.50	−0.014	0.086	4.23	0.382	6.60	−0.030	0.062
1.9		6.53	−0.013	0.098	4.38	0.382	6.66	−0.031	0.072

（续）

$\dfrac{l_x}{l_y}$	$\dfrac{l_y}{l_x}$	1			2			3		
		k	μ	μ'	k	μ'		k	μ	μ'
1.8		6.57	−0.011	0.111	4.55	0.380		6.71	−0.032	0.083
1.7		6.61	−0.008	0.126	4.75	0.376		6.78	−0.033	0.095
1.6		6.66	−0.002	0.142	4.99	0.369		6.86	−0.032	0.109
1.5		6.70	0.005	0.160	5.27	0.358		6.94	−0.029	0.126
1.4		6.76	0.016	0.180	5.59	0.345		7.04	−0.024	0.144
1.3		6.83	0.032	0.200	5.97	0.327		7.15	−0.015	0.164
1.2		6.90	0.052	0.221	6.40	0.305		7.25	0.000	0.186
1.1		6.99	0.080	0.241	6.91	0.278		7.38	0.023	0.109
1.0	1.0	7.10	0.114	0.259	7.49	0.246		7.51	0.054	0.233
	1.1	6.60	0.153	0.273	7.37	0.214		6.97	0.092	0.252
	1.2	6.19	0.189	0.279	7.25	0.186		6.51	0.131	0.265
	1.3	5.86	0.220	0.282	7.14	0.162		6.14	0.166	0.273
	1.4	5.59	0.249	0.281	7.04	0.140		5.82	0.200	0.276
	1.5	5.38	0.276	0.277	6.94	0.122		5.57	0.232	0.275
	1.6	5.20	0.301	0.272	6.85	0.106		5.36	0.262	0.272
	1.7	5.05	0.322	0.266	6.77	0.092		5.18	0.288	0.268
	1.8	4.93	0.340	0.259	6.71	0.080		5.04	0.310	0.262
	1.9	4.83	0.355	0.252	6.65	0.070		4.92	0.330	0.256
	2.0	4.74	0.369	0.245	6.60	0.061		4.82	0.348	0.249
	∞	4.00	0.500	~0.240	~6.60	0		4.00	0.500	~0.240

四、双向板的边缘反力

1）双向板在侧向荷载作用下（图 E-1）的边缘反力可按下列公式计算：

$$R_{x,\max} = \alpha_{x,\max}pl_x \tag{E-1}$$

$$R_{x0} = \alpha_{x0}pl_x \tag{E-2}$$

$$R_{y,\max} = \alpha_{y,\max}pl_y \tag{E-3}$$

$$R_{y0} = \alpha_{y0}pl_y \tag{E-4}$$

式中　　　　$R_{x,\max}$——跨度 l_x 两端支座（沿 l_y 边）的反力最大值；

　　　　　　R_{x0}——跨度 l_x 两端支座（沿 l_y 边）的反力平均值；

　　　　　　$R_{y,\max}$——跨度 l_y 两端支座（沿 l_x 边）的反力最大值；

　　　　　　R_{y0}——跨度 l_y 两端支座（沿 l_x 边）的反力平均值；

　　　　　　p——矩形分布侧向荷载设计值或三角形分布荷载的底端最大设计值；

$\alpha_{x,\max}$、α_{x0}、$\alpha_{y,\max}$、α_{y0}——反力系数。

　　　　四边铰支板在矩形荷载作用下的反力系数可由表 E-4（1）查得；四边铰支板在三角形

荷载作用下的反力系数可由表 E-4（2）查的得；三边固定、顶边自由的双向板，在矩形或三角形荷载作用下的反力系数可分别由表 E-4（3）和表 E-4（4）查得。

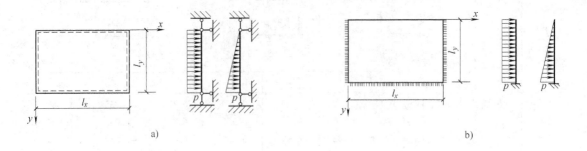

图 E-1　承受矩形或三角形侧向荷载的双向板
a）四边铰支板　b）三边固定、顶边自由板

2）四边铰支双向板在边缘弯矩作用下（图 E-2）的边缘反力，可按下列公式计算：

$$R_{x,cen} = \alpha_{x,cen} \frac{M_0}{l_x} \qquad (E-5)$$

$$R_{x0} = \alpha_{x0} \frac{M_0}{l_x} \qquad (E-6)$$

$$R_{y,cen} = \alpha_{y,cen} \frac{M_0}{l_y} \qquad (E-7)$$

$$R_{y0} = \alpha_{y0} \frac{M_0}{l_y} \qquad (E-8)$$

式中　　$R_{x,cen}$——跨度 l_x 两端支座在 l_y 中点处的反力；

$\qquad R_{y,cen}$——跨度 l_y 两端支座在 l_x 中点处的反力；

$\alpha_{x,cen}$，$\alpha_{y,cen}$——$R_{x,cen}$ 和 $R_{y,cen}$ 的反力系数；

$\qquad M_0$——假设按正弦曲线分布的边缘弯矩的最大值；

R_{x0}、R_{y0}、α_{x0}、α_{y0} 的意义同前，各反力系数可由表 E-4（5）查得。

3）具有各种边界条件的四边支承双向板的边缘反力，可按式（E-1）~式（E-8），用四边铰支板作用有侧向荷载时的边缘反力和四边铰支板作用有边缘弯矩时的边缘反力叠加求得。

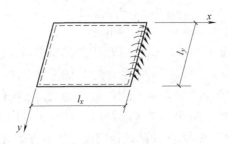

图 E-2　$x = l_x$ 的边缘上作用有弯矩 $M_0 \sin \dfrac{\pi y}{l_y}$ 的四边铰支板

表 E-4（1）　　四边铰支的双向板在均布荷载作用下的边缘反力系数

边缘反力系数　l_x/l_y	0.50	0.75	1.00	1.25	1.50	1.75	2.00
$\alpha_{y,max}$	0.2599	0.3660	0.4362	0.4766	0.4974	0.5071	0.5107
α_{y0}	0.1905	0.2702	0.3274	0.3652	0.3903	0.4075	0.4199
$\alpha_{x,max}$	0.5107	0.4852	0.4362	0.3829	0.3344	0.2935	0.2599
α_{x0}	0.4199	0.3747	0.3274	0.2835	0.2460	0.2153	0.1905

注：当 $l_x/l_y > 2.0$ 时，l_y 边上的反力系数 $\alpha_{x,max}$、α_{x0} 可按 $l_x/l_y = 2.0$ 计算。

表 E-4（2）　　四边铰支的双向板在三角形荷载作用下的边缘反力系数

边缘反力系数　l_x/l_y	0.50	0.75	1.00	1.25	1.50	1.75	2.00
$\alpha_{y,max}\left(\begin{array}{c}x=l_x/2\\y=0\end{array}\right)$	0.0542	0.0997	0.1334	0.1537	0.1645	0.1697	0.1717
$\alpha_{y,max}\left(\begin{array}{c}x=l_x/2\\y=l_y\end{array}\right)$	0.2057	0.2662	0.3029	0.3229	0.3329	0.3374	0.3390
$\alpha_{y0}\ (y=0)$	0.0363	0.0674	0.0918	0.1083	0.1194	0.1269	0.1323
$\alpha_{y0}\ (y=l_y)$	0.1540	0.2028	0.2356	0.2568	0.2709	0.2806	0.2876
$\alpha_{x,max}\left(y=\dfrac{2}{3}l_y\right)$	0.3271	0.2913	0.2519	0.2166	0.1872	0.1635	0.1444
α_{x0}	0.2099	0.1873	0.1637	0.1417	0.1230	0.1076	0.0951

注：当 $l_x/l_y > 2.0$ 时，l_y 边上的反力系数 $\alpha_{x,max}$、α_{x0} 可按 $l_x/l_y = 2.0$ 计算。

表 E-4（3）　　三边固定、顶端自由的双向板在均布荷载作用下的边缘反力系数

边缘反力系数　l_x/l_y	0.50	0.75	1.00	1.50	2.00	3.00
$\alpha_{y,max}$	0.2301	0.3410	0.4572	0.6725	0.8450	1.0123
α_{y0}	0.1325	0.1906	0.2553	0.3769	0.4836	0.6408
$\alpha_{x,max}$	0.5046	0.5844	0.5331	0.5727	0.6057	0.5422
α_{x0}	0.4337	0.4552	0.3723	0.3115	0.2581	0.1867

注：当 $l_x/l_y > 3.0$ 时，l_y 边上的反力系数 $\alpha_{x,max}$、α_{x0} 可按 $l_x/l_y = 3.0$ 计算。

表 E-4（4）　　三边固定、顶端自由的双向板在三角形荷载作用下的边缘反力系数

边缘反力系数　l_x/l_y	0.50	0.75	1.00	1.50	2.00	3.00
$\alpha_{y,max}$	0.2336	0.2645	0.3236	0.4055	0.4584	0.5047
α_{y0}	0.1220	0.1603	0.2018	0.2654	0.3111	0.3694
$\alpha_{x,max}$	0.2988	0.3160	0.2421	0.1695	0.1282	0.1014
α_{x0}	0.1909	0.1911	0.1491	0.1172	0.0944	0.0652

注：当 $l_x/l_y > 3.0$ 时，l_y 边上的反力系数 $\alpha_{x,max}$、α_{x0} 可按 $l_x/l_y = 3.0$ 计算。

表 E-4（5）　四边铰支的双向板在边缘弯矩作用下的边缘反力系数

边缘反力系数 　　l_x/l_y	0.50	0.75	1.00	1.25	1.50	1.75	2.00
$\alpha_{y,\text{cen}}$	-1.9196	-1.2611	-0.7719	-0.4527	-0.2565	-0.1396	-0.0717
α_{y0}	-2.2311	-1.7689	-1.4033	-1.1391	-0.9507	-0.8136	-0.7106
$\alpha_{x,\text{cen}}\left(\begin{matrix}x=0\\y=\dfrac{l_y}{2}\end{matrix}\right)$	-0.8853	-1.7134	-0.5161	-0.3438	-0.2157	-0.1294	-0.0751
$\alpha_{x,\text{cen}}\left(\begin{matrix}x=l_x\\y=\dfrac{l_y}{2}\end{matrix}\right)$	1.1932	1.4840	1.8703	2.3025	2.7523	3.2080	3.6654
$\alpha_{x0}\ (x=0)$	-0.5636	-0.4542	-0.3286	-0.2189	-0.1373	-0.0824	-0.0478
$\alpha_{x0}\ (x=l_x)$	0.7596	0.9447	1.1907	1.4658	1.7522	2.0423	2.3335

注：1. 表中负值表示边缘反力指向板下。

　　2. $l_x/l_y > 2.0$ 时，M_0 作用边上（即 $x=l_x$）$R_{x,\text{cen}}$、R_{x0} 的系数 $\alpha_{x,\text{cen}}$、α_{x0}，按 $l_x/l_y = 2.0$ 计算。

附录 F　CECS 138：2002《给水排水工程钢筋混凝土水池结构设计规程》给出钢筋混凝土矩形截面处于受弯或大偏心受压（拉）状态时的最大裂缝宽度计算

一、受弯、大偏心受拉或受压构件的最大裂缝宽度

$$\omega_{\max} = 1.8\psi \frac{\sigma_{\text{sq}}}{E_{\text{s}}}\left(1.5c + 0.11\frac{d}{\rho_{\text{te}}}\right)(1+\alpha_1)\nu \tag{F-1}$$

$$\psi = 1.1 - \frac{0.65f_{\text{tk}}}{\rho_{\text{te}}\sigma_{\text{sq}}\alpha_2} \tag{F-2}$$

式中　$\omega_{\max}$——最大裂缝宽度（mm）；

　　　ψ——裂缝间受拉钢筋应变不均匀系数，当 $\psi < 0.4$ 时，取 0.4；当 $\psi > 1.0$ 时，取 1.0；

　　　σ_{sq}——按作用效应准永久组合计算的截面纵向受拉钢筋应力（N/mm²）；

　　　E_{s}——钢筋的弹性模量（N/mm²）；

　　　c——最外层纵向受拉钢筋的混凝土保护层厚度（mm）；

　　　d——纵向受拉钢筋直径（mm），当采用不同钢筋直径时，应取 $d = \dfrac{4A_{\text{s}}}{u}$，其中 u 为纵向受拉钢筋截面的总周长（mm），A_{s} 为受拉钢筋截面面积（mm²）；

　　　ρ_{te}——以有效受拉混凝土截面面积计算的纵向受拉钢筋配筋率，即 $\rho_{\text{te}} = \dfrac{A_{\text{s}}}{0.5bh}$，其中 b 为截面计算宽度，h 为截面计算高度，A_{s} 对偏心受拉构件取偏心一侧的

钢筋截面面积；若 $\rho_{te} < 0.01$，取 $\rho_{te} = 0.01$；

α_1——系数，对受弯、大偏心受压构件取 $\alpha_1 = 0$，对大偏心受拉构件取 $\alpha_1 = 0.28$

$$\left(\frac{1}{1 + \dfrac{2e_0}{h_0}} \right);$$

e_0——纵向力对截面中心的偏心距（mm）；

h_0——计算截面的有效高度（mm）；

ν——纵向受拉钢筋表面特征系数，对光面钢筋取 1.0，对带肋钢筋 0.7；

f_{tk}——混凝土轴心抗拉强度标准值（N/mm^2）；

α_2——系数，对受弯构件取 $\alpha_2 = 1.0$，对大偏心受压构件取 $\alpha_2 = 1 - 0.2\dfrac{h_0}{e_0}$，对大偏

心受拉构件取 $\alpha_2 = 1 + 0.35\dfrac{h_0}{e_0}$。

二、受弯、大偏心受压、大偏心受拉构件的计算截面纵向受拉钢筋应力 σ_{sq}

1）受弯构件的纵向受拉钢筋应力为

$$\sigma_{sq} = \frac{M_q}{0.87 A_s h_0} \tag{F-3}$$

式中　M_q——在作用效应准永久组合下，计算截面处的弯矩（N·mm）。

2）大偏心受压构件的纵向受拉钢筋应力为

$$\sigma_{sq} = \frac{M_q - 0.35 N_q (h_0 - 0.3 e_0)}{0.87 A_s h_0} \tag{F-4}$$

式中　N_q——在作用效应准永久组合下，计算截面处的纵向力（N）。

3）大偏心受拉构件的纵向受拉钢筋应力为

$$\sigma_{sq} = \frac{M_q + 0.5 N_q (h_0 - a_s')}{A_s (h_0 - a_s')} \tag{F-5}$$

式中　a_s'——位于偏心力一侧的钢筋至截面近侧边缘的距离（mm）。

参 考 文 献

[1]　中国建筑科学研究院. GB 50010—2010 混凝土结构设计规范 [S]. 北京：中国建筑工业出版社，2010.

[2]　北京市市政工程设计研究总院. GB 50069—2002 给水排水工程构筑物结构设计规范 [S]. 北京：中国建筑工业出版社，2004.

[3]　北京市市政工程设计研究总院. CECS 138：2002 给水排水工程钢筋混凝土水池结构设计规程 [S]. 北京：中国建筑工业出版社，2003.

[4]　中国建筑科学研究院. GB 50009—2012 建筑结构荷载规范 [S]. 北京：中国建筑工业出版社，2012.

[5]　中国建筑东北设计研究院有限公司. GB 50003—2011 砌体结构设计规范 [S]. 北京：中国建筑工业出版社，2011.

[6]　中国建筑科学研究院. GB 50007—2011 建筑地基基础设计规范 [S]. 北京：中国建筑工业出版社，2011.

[7]　中国建筑科学研究院. GB/T 15229—2011 轻集料混凝土小型空心砌块 [S]. 北京：中国标准出版社，2012.

[8]　四川省建筑科学研究院，等. JGJ/T 14—2011 混凝土小型空心砌块建筑技术规程 [S]. 北京：中国建筑工业出版社，2011.

[9]　中国建筑科学研究院. JGJ 137—2001 多孔砖砌体结构设计规范 [S]. 北京：中国建筑工业出版社，2004.

[10]　《给水排水工程结构设计手册》编委会. 给水排水工程结构设计手册 [M]. 2 版. 北京：中国建筑工业出版社，2007.

[11]　张飘，等. 给水排水工程结构 [M]. 北京：机械工业出版社，2010.

[12]　刘健行，郭先瑚，苏景春. 给水排水工程结构 [M]. 北京：中国建筑工业出版社，1999.

[13]　张飘. 土建工程基础 [M]. 北京：化学工业出版社，2004.

[14]　施楚贤. 砌体结构疑难释疑 [M]. 2 版. 北京：中国建筑工业出版社，1998.

[15]　建筑结构试件手册丛书编委会《砌体结构试件手册》编写组. 砌体结构试件手册 [M]. 2 版. 北京：中国建筑工业出版社，1992.

[16]　藤智明. 混凝土结构及砌体结构学习指导 [M]. 北京：清华大学出版社，1994.

[17]　张良成，翟爱良. 混凝土结构：上册 [M]. 北京：中国水利水电出版社，2003.

[18]　张锡增，彭亚萍. 混凝土结构：下册 [M]. 北京：中国水利水电出版社，2004.

[19]　吴培明. 混凝土结构 [M]. 武汉：武汉理工大学出版社，2006.

[20]　廖莎，等. 给水排水工程结构 [M]. 北京：中国建筑工业出版社，2007.

[21]　杨伟军，司马玉洲. 砌体结构 [M]. 北京：高等教育出版社，2004.

[22]　东南大学，等. 砌体结构 [M]. 北京：中国建筑工业出版社，2005.

[23]　王协群，章宝华. 基础工程 [M]. 北京：北京大学出版社，2006.

[24]　白晓红. 基础工程设计原理 [M]. 北京：科学出版社，2005.

[25]　东南大学，天津大学，同济大学. 混凝土结构学习辅导与习题精解 [M]. 北京：中国建筑工业出版社，2006.

[26]　国振喜. 简明钢筋混凝土结构构造手册 [M]. 北京：机械工业出版社，2002.

[27]　程文瀼，等. 钢筋混凝土结构学习指导 [M]. 南京：江苏科学技术出版社，1988.

[28]　丁大钧. 砌体结构学 [M]. 北京：中国建筑工业出版社，1997.

信息反馈表

尊敬的老师：

您好！感谢您多年来对机械工业出版社的支持和厚爱！为了进一步提高我社教材的出版质量，更好地为我国高等教育发展服务，欢迎您对我社的教材多提宝贵意见和建议。另外，如果您在教学中选用了《给水排水工程结构》第2版（张飘主编），欢迎您提出修改建议和意见。索取课件的授课教师，请填写下面的信息，发送邮件即可。

一、基本信息

姓名：_____ 性别：_____ 职称：_____ 职务：_____

邮编：_____ 地址：_____

学校：_____学院：_____ 专业：_____

任教课程：_____ 电话：____—_____（H）_____（O）

电子邮件：_____ 手机：_____ QQ：_____

二、您对本书的意见和建议

（欢迎您指出本书的疏误之处）

三、您对我们的其他意见和建议

请与我们联系：

100037　机械工业出版社·高等教育分社　刘涛

Tel：010 - 88379542（O）

E-mail：ltao929@163.com

http：//www.cmpedu.com（机械工业出版社·教育服务网）

http：//www.cmpbook.com（机械工业出版社·门户网）